Zeitsparende Vorrichtungen

im

Maschinen- und Apparatebau

Von

O. M. Müller

Beratender Ingenieur, Berlin

Mit 987 Abbildungen

Berlin
Verlag von Julius Springer
1926

Softcover reprint of the hardcover 1st edition 1926

ISBN-13: 978-3-642-98379-5 e-ISBN-13: 978-3-642-99191-2
DOI: 10.1007/978-3-642-99191-2

Dr.-Ing. e. h. Ernst Huhn

zum Gedenken

Vorwort.

Die Literatur über Vorrichtungen nimmt nur einen recht bescheidenen Raum in der deutschen technischen Literatur ein; es liegt das in der Hauptsache daran, daß über das Wesen des Vorrichtungenbaues in Fachkreisen zu wenig bekannt ist; ferner daran, daß der Stoff so umfangreich und vielgestaltig ist, daß es außerordentlich schwierig ist, ihn einigermaßen methodisch zu ordnen und erschöpfend zu behandeln.

Die Tatsache aber, daß jede moderne Fabrikation in der Metallindustrie mit dem Vorrichtungenbau steht und fällt, macht es notwendig, der Heranbildung guter Vorrichtungenkonstrukteure künftig mehr Beachtung zuzuwenden, als bisher.

Diese Erkenntnis bewog einige führende Persönlichkeiten in der Industrie, mit dem Ersuchen an mich heranzutreten, meine Kenntnisse im Vorrichtungenbau in einem Buche der Allgemeinheit zugänglich zu machen. Ich übernahm die Aufgabe und übergebe die Arbeit — deren Fertigstellung sich durch besondere Umstände um einige Jahre verzögert hat — hiermit der Öffentlichkeit.

Allgemein ist bei den Betrachtungen und Beispielen von den Gesichtspunkten der Genauigkeitsarbeit ausgegangen. Es mag oft erscheinen, daß die dabei zutage tretenden Folgerungen zu streng oder gar übertrieben sind; das trifft für Genauigkeitsfabrikate nicht zu; dagegen ist zuzugeben, daß es für viele andere Fabrikate zweckmäßig erscheinen kann, von den angeführten Gesichtspunkten hier und da abzuweichen. Im allgemeinen kann es aber nur nutzen, wenn auch die Vorrichtungen für rohere Fabrikate konstruktiv einwandfrei durchgebildet sind.

Die Konstruktionselemente sind in ihren Grundlagen und so behandelt, daß dem Falschen das Richtige gegenübergestellt ist, so daß das Erkennen des Wesentlichen nach Möglichkeit erleichtert ist.

Einzelheiten sind zum Teil ausführlich behandelt, so daß es scheinen könnte, als ob zu viel Selbstverständliches betont sei. Dies ist Absicht, denn gerade bei diesen einfachen Dingen werden so häufig grobe Fehler begangen, daß die Wirtschaftlichkeit der geschaffenen Einrichtung dadurch oft in Frage gestellt wird.

Bei der großen Ausdehnung des Gebietes, das unter den Begriff Vorrichtungen fällt, war es nicht möglich, aus allen Gebieten der Metallindustrie Beispiele zu bringen; zumal die Beschaffung von geeignetem Material aus der Praxis außerordentlich schwierig ist. Ich habe mich bemüht, typische Fälle zu behandeln und das Gesagte durch Gegenbeispiele deutlich zu machen. Die gebrachten Skizzen und Zeichnungen sind fast alle eigene Entwürfe.

Für die Überlassung der übrigen Abbildungen habe ich folgenden Firmen zu danken:

Ludw. Loewe u. Co. A.-G., Berlin,
Fritz Werner A.-G., Berlin,
Habersang u. Zinzen G. m. b. H., Düsseldorf,
F. G. Kretschmar u. Co., Frankfurt a. M.,
The Cincinnati Milling Co., Cincinnati, USA.,
Kearney u. Trecker, Corp., Milwaukee, USA.,
Newton Machine Tool Works, Inc., Philadelphia, USA.,
The Oesterlein Machine Co., Cincinnati, USA.

Berlin, im April 1926.

Otto Max Müller.

Inhaltsverzeichnis.

Einleitung.

Beim Bearbeiten von Einzelteilen von Maschinen und Apparaten handelt es sich in der Hauptsache darum, die an sich bekannten Arbeitsverfahren wie Hobeln, Fräsen, Drehen, Bohren und Schleifen richtig anzuwenden. Die dabei benutzten Werkzeugmaschinen sind im allgemeinen geeignet, bei Verwendung richtiger Schneidwerkzeuge die Arbeiten ohne Verwendung von Sondereinrichtungen auszuführen.

Dies geschah, solange die Metallindustrie noch im Entwicklungsstadium stand, die Erzeugnisse einfacher Art, die Ansprüche bezüglich Genauigkeit der ausgeführten Arbeit nicht groß und Dinge wie Austauschbau und Massenfabrikation noch unbekannt waren. Ferner die Notwendigkeit, auf dem einzelnen Arbeitsplatz möglichst viel an Produkten zu erzeugen, nicht in dem Maße bestand wie heute. Die zu bearbeitenden Teile wurden gewöhnlich auf der Anreißplatte angerissen, von Facharbeitern mit Hilfe allgemein verwendbarer Spannmittel aufgespannt, nach dem Riß ausgerichtet und bearbeitet. Mehr oder weniger große Ungenauigkeiten der Arbeitsausführung wurden durch Nacharbeiten und Anpassen in der Montage ausgeglichen. Die Anwendung von Vorrichtungen, die das Anreißen ersparen, das Einspannen der Werkstücke erleichtern, gleichmäßigere und genauere Arbeit ergeben, die Herstellungszeiten herabsetzen und die Verwendung ungelernter Arbeitskräfte gestattet, war zwar nicht fremd, wurde aber bei weitem nicht in dem Umfange gepflegt, wie es heute nötig ist. Man überließ die Schaffung solcher Vorrichtungen den Meistern und geschickten Facharbeitern. Die Einrichtung eines Konstruktionsbureaus für Vorrichtungen wurde vielfach als Luxus angesehen; man „baute" Vorrichtungen, wie man Maschinen und Apparate „baute".

Mit dem fortschreitenden Ausbau der Erzeugnisse aber, mit dem Auftauchen immer neuer Arten von Maschinen und Apparaten von oft recht komplizierter Konstruktion, mit der Steigerung der Genauigkeitsansprüche, der Verwendung zahlreicher Sorten von Baustoffen, mit dem ständig steigenden Bedarf und der daraus sich ergebenden Bewältigung großer Fabrikatmengen und mit der entwickelten Konkurrenz im In- und Auslande werden an den, der die Fabrikationseinrichtungen heute zu schaffen hat, ganz andere Anforderungen gestellt, als vor einigen Jahrzehnten.

Dieser Entwicklung ist bei uns leider nicht die Beachtung geschenkt worden, die nötig war, um unsere Fabrikationstechnik überall auf der Höhe zu halten, so daß wir heute sehen müssen, wie auf vielen Gebieten ausländische Erzeugnisse die unsrigen vom Markte verdrängen. Die Erkenntnis, daß hier ein Wandel eintreten muß, ist heute Allgemeingut aller Einsichtigen; nicht so klar erkannt aber sind die Mittel zur Wiedererlangung unserer Konkurrenzfähigkeit. Neben anderen Dingen, deren Erörterung nicht in den Rahmen dieses Buches fällt, ist das wichtigste der Ausbau unserer Herstellungsverfahren, und hierzu nimmt wiederum der Vorrichtungenbau in weitestem Sinne betrachtet mit die erste Stelle ein.

Wie sehr dieser Ausbau der Fabrikationsmittel nötig ist, wird klar, wenn man heute noch Fabriken antrifft, die tausende von Arbeitern beschäftigen und die kein Konstruktionsbureau für Vorrichtungen haben; höchstens einige schwache Zeichner. Die unumgänglich nötigen Vorrichtungen werden von Meistern oder Vorarbeitern schlecht und recht hergestellt und es ist zuzugeben, daß dabei in Einzelfällen recht beachtenswerte Leistungen zutage kommen; eine planmäßige Fabrikation kann sich aber dabei nie entwickeln. Oft kommt es sogar vor, daß ein derartiges „Bauen“ von Vorrichtungen zur Bastelei ausartet. Das Geld, das dabei am Konstruktionsbureau gespart wird, geht vielfach verloren für häufiges Ändern oder gar Erneuern der Vorrichtungen, bis ein einigermaßen befriedigendes Ergebnis erzielt wird. Daß so entstandene Vorrichtungen selten allen Ansprüchen der modernen Fabrikationstechnik genügen, ist klar. Das schlimmste aber ist, daß dabei auf das Ineinandergreifen der Fabrikationsstufen meist keinerlei Rücksicht genommen wird; daß die Stellen an Einzelteilen, die mit zugehörigen Teilen in Beziehung stehen und für die Zweckerfüllung des Fabrikates oft entscheidend sind, nicht beachtet werden. Die Folge davon ist in der Regel, daß beim Zusammenbau an allen möglichen Stellen Nacharbeiten und Paßarbeiten nötig werden, die sich bei planmäßigem Vorgehen bei der Teilfabrikation hätten vermeiden lassen. Es wird auf diese Weise nicht nur unverhältnismäßig viel Lohn ausgeworfen; in der Regel leidet auch die Güte des Fabrikates unter solchen Zuständen. Oft wird die Leitung des Unternehmens sich dieser Zustände erst bewußt, wenn Absatzschwierigkeiten eintreten, oder wenn die Herstellungskosten in ungünstigem Verhältnis zu den zu erzielenden Verkaufspreisen stehen. Nicht selten geschieht es auch, daß ein gut eingerichtetes Unternehmen trotz bester Qualität der Erzeugnisse diese billiger liefern kann, als alte zurückgebliebene Unternehmungen; der Untergang mancher früher angesehenen und rentablen Fabrik ist darauf zurückzuführen, daß die Leitung nicht zur rechten Zeit den Wert moderner Fabrikationsmittel erkannt hat, und viele aussichtsreiche Gründungen konnten sich nicht halten, weil man es nicht für nötig hielt, den Fabrikationsmethoden die diesen zukommende Beachtung zu schenken.

Zur Zeit drängt die Entwicklung gewaltsam dahin, die Gestehungskosten unserer Industrieerzeugnisse erheblich zu verringern; dazu gehört die Anwendung der besten Methoden und die Vermeidung aller Umstände, die die Fabrikation hemmen.

Die planmäßige großzügige Anwendung von Vorrichtungen erfolgte zuerst in der Waffenindustrie, und zwar wurden die ersten mustergültigen Einrichtungen für die Fabrikation von Gewehren in den 70er Jahren des vorigen Jahrhunderts in Amerika geschaffen. Die damals entstandenen Vorrichtungen, besonders aber die Spezialmaschinen sind zum Teil bis heute unübertroffen. Das Wesentliche der zuerst in Amerika angewandten Methode war, daß es nicht der Werkstatt überlassen wurde, wie und mit welchen Mitteln die einzelnen Teile hergestellt wurden, sondern daß vor Beginn der Herstellung für jedes einzelne Teil die Reihenfolge der vorzunehmenden Arbeitsoperationen und die Art und Anzahl der nötigen Maschinen angegeben; die nötigen Vorrichtungen und Spezialwerkzeuge konstruiert und die Abnahmevorschriften festgelegt wurden. Damit war der Schritt vom „Bauen“ zum „Fabrizieren“ getan. Das Wesen der Fabrikation liegt also in der Planmäßigkeit.

Das Ziel einer planmäßigen Fabrikation ist, die jeweilig in Betracht kommenden Fabrikate mit denkbar geringstem Aufwand an menschlicher Arbeitskraft und größter Güte der Ausführung herzustellen. Also gute und billige Ware zu liefern.

Das entscheidende Mittel zur Erreichung dieses Zieles ist die Arbeitsteilung, die wiederum grundlegend derart durchgeführt wird, daß alle Denkarbeit über Funktion und Zusammenhang der Teile, Art des zu verwendenden Materials, Art der zu verwendenden Maschinen, Konstruktion von Spezialmaschinen, Vorrichtungen und Werkzeugen dem Techniker übertragen und der Werkstatt nur die Ausführung überlassen wird. Die Werkstattarbeit wird gleichfalls möglichst weit unterteilt, so daß die einzelnen Arbeitsvorgänge von größter Einfachheit sind und von ungelernten Arbeitskräften ausgeführt werden können.

Im Gegensatz hierzu steht das „Bauen“, bei dem die Werkstatt lediglich die Konstruktionszeichnungen oder gar nur Angaben für die herzustellenden Teile bekommt und alles andere ihr überlassen bleibt.

Die rationelle Fabrikation fängt bei der Konstruktion der Fabrikate an; d. h. schon bei der Formgebung und Bemessung der Teile muß bereits auf die Herstellungsmöglichkeit Rücksicht genommen werden. Hier werden allerorts noch schwere Fehler begangen; sei es, indem die Teile unnötig kompliziert gestaltet werden; sei es, daß z. B. bei Gußstücken keine oder nicht genügende Rücksicht auf die Aufspannmöglichkeit auf die Bearbeitungsmaschinen genommen wird. Die Einstellung vieler Konstrukteure ist eben eine ganz falsche; sie stellen sich, sofern sie überhaupt an eine Herstellungsmöglichkeit denken, höchstens die Frage, „kann man das herstellen“? Statt „wie kann ich das am billigsten herstellen?“ Oder „ist die angenommene Herstellungsart wirtschaftlich“? Da es in der Metallindustrie nicht gerade häufig vorkommt, daß man auf die Frage: „kann man dieses oder jenes Teil herstellen“ mit Nein antworten muß, so kommen eben Fehler der angeführten Art sehr häufig vor; denn die Frage der Herstellungskosten wird dabei nicht berührt.

Aus wirtschaftlichen Gründen sollte daher in einer gut geleiteten Fabrik jede neue Konstruktion mit dem Fabrikationsleiter durchgesprochen und alles, was die Herstellung unnötig verteuert oder verzögert, ausgemerzt werden. Auch ein sehr guter Konstrukteur vergibt sich dabei durchaus nichts, denn die Fabrikationstechnik stellt heute ein außerordentlich verwickeltes und schwieriges Gebiet dar; es genügt durchaus nicht mehr, zu wissen, daß eine Welle auf der Drehbank gedreht, ein Loch auf der Bohrmaschine gebohrt, oder eine Fläche gefräst oder gehobelt wird; man muß heute wissen, wie diese Arbeiten am wirtschaftlichsten ausgeführt werden und die Mittel dazu kennen! Die Vielartigkeit der Herstellungsverfahren; die außerordentlich zahlreichen Werkzeuge, Werkzeugmaschinentypen, von denen ständig neue auftauchen, die großen Genauigkeitsansprüche an die auszuführenden Arbeiten, die verschiedenartigen zu bearbeitenden Materialsorten stellen schon an die Spezialisten in Fabrikationsfragen große Ansprüche; wie soll sich da der Nichtspezialist auskennen?

Die planmäßige Fabrikation ermöglichte es aber nicht nur, gute Ware billig herzustellen; sie wirkte auch außerordentlich befruchtend zunächst auf den Werkzeugmaschinen- und Werkzeugbau. Immer neue Typen von stetig steigender Leistungsfähigkeit entstanden und die Genauigkeit der Werkstattausführung wurde immer mehr gesteigert, bis zu einem Maße, das man noch vor einigen Jahrzehnten für phantastisch gehalten hätte. Dadurch wurde es weiter anderen Industriezweigen ermöglicht, Konstruktionen zu schaffen, die Anforderungen an die Genauigkeit und Billigkeit der Werkstattausführung stellten, die zu erfüllen früher unmöglich war. Ein typisches Beispiel hierfür bildet der moderne Automobil- und Flugzeugmotor.

Das Rückgrat einer planmäßigen Fabrikation stellt der Vorrichtungenbau dar. Der Vorrichtungenkonstrukteur hat den Fabrikationsplan aufzustellen und danach die nötigen Vorrichtungen und Spezialwerkzeuge zu konstruieren.

Bei der außerordentlich großen Mannigfaltigkeit der vorkommenden Teile bezüglich Form, Größe und Baustoff lassen sich allgemein gültige Regeln nur vereinzelt aufstellen; zudem muß auch auf die herzustellende Stückzahl, auf die Genauigkeitsansprüche, auf die zur Verfügung stehenden Arbeitsmaschinen und auf die Kapitalkraft des Unternehmens Rücksicht genommen werden. Es wäre durchaus falsch, Einrichtungen, die sich in einem Betriebe unter Voraussetzung ganz bestimmter Umstände bewährt haben, schematisch auf einen anderen Betrieb zu übertragen. Man darf eben bei Schaffung von Fabrikationseinrichtungen nicht nur das jeweilig zu bearbeitende Teil betrachten, sondern muß auch den Zusammenhang der Dinge übersehen.

Kalkulation.

Wirtschaftlich arbeiten heißt, mit möglichst geringem Aufwand an menschlicher Arbeit in jeder Form eine möglichst große Leistung hervorbringen. Da der Vorrichtungenkonstrukteur an erster Stelle berufen ist, durch seine Arbeiten die Wirtschaftlichkeit zu erhöhen, sei es dadurch, daß die Arbeitsmenge erhöht, sei es, daß die Arbeitsgüte gesteigert wird, so liegt es nahe, daß ein Wertmesser vorhanden sein muß, mit dessen Hilfe eindeutig und objektiv festgestellt werden kann, ob und in welchem Grade in dem einzelnen Falle eine Erhöhung der Wirtschaftlichkeit zu erzielen ist.

Diesen Wertmesser stellt eine richtig durchgeführte Kalkulation dar. Es ist nun nicht beabsichtigt, eine ausführliche Abhandlung über die Kalkulation an dieser Stelle zu bringen, sondern es sollen nur die wesentlichen Grundlagen derselben dargelegt werden.

Die Kalkulation bezweckt nicht nur die Stücklöhne der Einzelteile und den Verkaufspreis der Erzeugnisse festzustellen, sondern sie gibt auch, sofern sie richtig gehandhabt wird, den Schlüssel, um die Ursachen zu hoher Gestehungskosten zu ermitteln.

Der Vorrichtungenkonstrukteur muß, wenn er den an ihn zu stellenden Ansprüchen gerecht werden will, auch von der Kalkulation so viel wissen, um überprüfen zu können, ob seine Schöpfungen wirklich zur Verbilligung der Gestehungskosten beitragen. Bei Schaffung umfangreicher Fabrikationseinrichtungen ist eine klare Gegenüberstellung der Anschaffungskosten der Einrichtung und der zu erwartenden Ersparnisse an Lohn selbstverständlich. Bei weniger umfangreichen Einrichtungen, einzelnen Vorrichtungen und Spezialwerkzeugen dagegen unterbleibt oft eine Prüfung in dieser Richtung; als Folge können 2 Fehler in Erscheinung treten: Die Einrichtung kann so teuer werden, daß die Ersparnis an Lohn und Unkosten nicht ausreichen, um die Anschaffungskosten der Einrichtung zu amortisieren; oder es kann so viel gespart werden, daß sich eine leistungsfähigere Einrichtung als die vorgesehene bezahlt machen würde; z. B. eine Spezialmaschine, von deren Anschaffung man wegen der anscheinend zu hohen Kosten absah.

Ferner kann es vorkommen, daß eine Einrichtung keine Ersparnis an Lohn bringt, wohl aber die Güte des Fabrikates hebt. Auch in diesem Falle ist es von Vorteil, zu wissen, um wieviel die Verfeinerung des Fabrikates dieses verteuert. Schließlich kann auch der Fall eintreten, daß die für einen Teil vorgesehene Vorrichtung dessen Herstellung nicht billiger gestaltet, daß aber bei der Herstellung anderer, zugehöriger

Teile oder bei der Montage Ersparnisse erzielt werden und dadurch das Gesamterzeugnis billiger wird.

Selbstkostenbestimmung. Ausschlaggebend für die Höhe des Verkaufspreises eines Fabrikates sind die Gesamtherstellungskosten; allgemein Selbstkosten genannt. Diese setzen sich folgendermaßen zusammen:

Materialkosten
+ Lohn
+ Unkosten
= Selbstkosten.

Die Materialkosten sollen in diesem Zusammenhang hier nicht weiter behandelt werden, da es Sache des Fabrikatkonstrukteurs ist, die jeweilig günstigsten Materialien zu wählen.

Lohnkosten. Die Lohnkosten kann der Vorrichtungenkonstrukteur wesentlich beeinflussen; um dies planmäßig tun zu können, ist es aber nötig, zu wissen, für was der Lohn bezahlt wird. Die Beantwortung dieser Frage lautet für den Werkstattmann, daß so viel Zeit zu bezahlen sei, als zur Ausführung der vorgesehenen Arbeit nötig ist oder verbraucht wird. Für uns genügt die summarische Antwort nicht; es ist vielmehr nötig, den Arbeitsgang in seine Einzelheiten zu zerlegen. Erst wenn dies geschieht, wird erkennbar, welch reiches Feld der Betätigung der Fabrikationsingenieur hat und wo überall der Hebel angesetzt werden kann, um Zeit und damit Lohn zu sparen.

Unterteilung der Arbeitszeit. Die Zeit, die zur Ausführung irgendeines Arbeitsvorganges an Werkzeugmaschinen nötig ist, setzt sich folgendermaßen zusammen:

Einrichtezeit
+ Schnittzeit
+ Nebenzeit
= Gesamtzeit.

Die Einrichtezeit ist die Zeit, die nötig ist zur Vorbereitung des Arbeitsvorganges. Dazu gehört:

1. Das Prüfen des Arbeitsauftrages;
2. das Studium der Zeichnung;
3. das Heranholen der Werkstücke, der Werkzeuge und Vorrichtungen;
4. das Einrichten der Maschine;
5. das Abliefern der fertigen Arbeit.

Die Einrichtezeit ist also bei jedem Arbeitsauftrag nur einmal aufzuwenden; zu ihrer Verminderung kann der Vorrichtungenkonstrukteur dadurch erheblich beitragen, daß er seine Schöpfungen so gestaltet, daß zu deren Inbetriebnahme möglichst wenig Zeitaufwand nötig ist. Jeder

Handgriff und jeder Schritt, der gespart wird, trägt zur Minderung des Zeitaufwandes und damit des Lohnes bei. Wenn möglich sind die Einrichtungen aber auch so zu gestalten, daß das Einrichten ohne die Verwendung besonderer Einrichter erfolgen kann. Die Einrichter sind besonders hoch bezahlte Leute und der diesen gezahlte Lohn belastet das Unkostenkonto, worauf weiter unten hingewiesen werden wird.

Das Studium der Zeichnung geht nicht immer so schnell vor sich, wie es im Interesse der Wirtschaftlichkeit wünschenswert wäre. Das liegt nicht etwa an mangelndem Verständnis der Werkstattsleute, sondern in den allermeisten Fällen daran, daß die Zeichnungen nicht deutlich lesbar, oftmals unverständlich oder gar falsch sind. Dadurch entstehen allerlei Zeitverluste durch Rückfragen beim Meister oder im technischen Bureau, Warten auf Auskunft usw. Der Vorrichtungenkonstrukteur, der weiß, daß jede Minute unnütz aufgewandte Zeit die Herstellungskosten erhöht, sollte seinen Ehrgeiz darein setzen, seine Zeichnungen so auszuführen, daß sie Konstrukteuren anderer Zweiggebiete, die naturgemäß nicht so wie er mit den Werkstattvorgängen vertraut sind, als Muster dienen können.

Unter Schnittzeit wird die Zeit verstanden, während welcher das Schneidwerkzeug arbeitet, also Späne abnimmt. Leerlaufzeiten, sowie die Zeiten zum Ausführen der Schaltbewegungen fallen nicht unter die Schnittzeiten, sondern gehören zu den Nebenzeiten. Vielfach wird noch angenommen, daß die Schnittzeit den Hauptteil der Gesamtzeit ausmacht; das ist nun leider meist nicht der Fall, sondern das Gegenteil. Die Nebenzeiten nehmen fast auf allen Gebieten der spanabnehmenden Metallbearbeitung den größten Teil der Gesamtarbeitszeit in Anspruch. Unter die Nebenzeit fällt:

1. Das Aus- und Einspannen der Arbeitsstücke;
2. das Messen;
3. das Nachprüfen von Werkzeugen;
4. das Reinigen der Maschinen und Werkzeuge;
5. das Schmieren der Maschine;
6. das Einstellen der Maschine auf richtige Umlaufzahlen und Vorschübe,
7. das Verrechnen der Löhnung;
8. das Holen und Abgeben ständig gebrauchter Werkzeuge, Schmier- und Reinigungsmittel;
9. persönliche Bedürfnisse.

Einfluß der Nebenzeiten. Diese umfangreiche Aufzählung aller einzelnen Faktoren eines Arbeitsvorganges ist für jeden, der mit dem Betriebe in Berührung kommt, außerordentlich lehrreich. Bis vor einigen Jahren war der Begriff Nebenzeit noch nicht populär; erst die eingehende Behandlung des ganzen Stoffes führte zu dieser Analyse der

Arbeitsvorgänge; wobei berücksichtigt wurde, daß der die Arbeit in der Werkstatt Ausführende ein Mensch ist. Das ist durchaus nicht unwichtig, besonders der Vorrichtungenkonstrukteur muß das sehr beachten; wie später noch gezeigt wird, ist die Berücksichtigung des menschlichen Faktors bei der Ausbildung der Vorrichtungen von großer Bedeutung.

Auf Grund der für jeden Werkzeugstahl festgelegten zulässigen Schnittgeschwindigkeiten und Vorschübe sind die Schnittzeiten für die einzelnen Arbeiten leicht zu berechnen. Die Differenzen zwischen der errechneten Schnittzeit und wirklich verbrauchten Zeiten stellen die Nebenzeiten dar. Bei Arbeiten an mittelschweren Werkzeugmaschinen und beim Bearbeiten von Stahl und Eisen beträgt die Nebenzeit oft schon das Mehrfache der reinen Schnittzeit; beim Bearbeiten von kleineren Teilen aus Messing, Aluminium usw. sind die Nebenzeiten oft so groß, daß die Schnittzeiten kaum in Rechnung zu stellen sind.

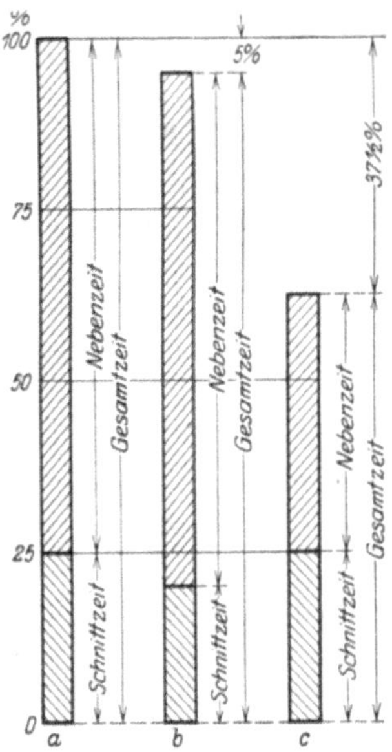

Abb. 1.

Seit Einführung des Schnellschnittstahles haben die Werkzeugmaschinenfabriken ihre Maschinen immer weiter verstärkt; die Stahlwerke wiederum bringen ständig neue Stahlmarken von gesteigerter Schneidfähigkeit auf den Markt; so daß sich ähnlich wie auf anderen Gebieten ein gewisser Wettkampf zwischen Maschine und Werkzeug entwickelte. Dabei richtete man die Aufmerksamkeit nur auf die eigentliche Schneidarbeit, ohne in genügendem Maße auf die Handlichkeit und bequeme Bedienbarkeit der Maschine zu achten. Als Folgeerscheinung kamen Maschinen auf den Markt, die wohl gute Spanleistungen in der Zeiteinheit hervorbringen, die aber infolge der Schwere ihrer Glieder und der Unhandlichkeit der Bedienungselemente übergroße Nebenzeiten beanspruchen. Es ist daher durchaus keine Seltenheit, daß Maschinen, die handlich gebaut sind, aber nicht den Ansprüchen an höchste Schnittleistungen genügen, wirtschaftlicher arbeiten als modernste schwerste Maschinen.

Ein großer Teil der Nebenzeiten wird für das Spannen und Messen verbraucht; hier kann und soll nun der Vorrichtungenkonstrukteur einsetzen und seine Konstruktionen so gestalten, daß diese Arbeiten in einem Mindestmaß von Zeit auszuführen sind. Besonders bei Vor-

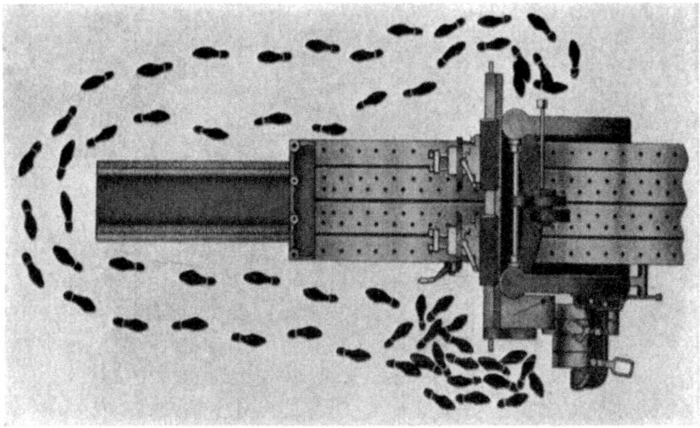

Abb. 2a.

richtungen für reine Massenfabrikation ist das meist ausschlaggebend für die Leistung.

In Abb. 1 ist das Verhältnis der Schnitt- und Nebenzeiten an einem Beispiel gezeigt; zum besseren Verständnis sind die Zeiten graphisch dargestellt. Die Gesamtarbeitszeit für eine Arbeitsoperation an einem Teil betrage x Minuten; dieser Wert ist mit $100\,^0/_0$ in Säule a dargestellt. Von diesen $100\,^0/_0$ entfallen auf die Schnittzeit $25\,^0/_0$ und auf Nebenzeiten $75\,^0/_0$. Um die Arbeit schneller zu erledigen, wird ein besseres Schneidwerkzeug beschafft, das $20\,^0/_0$ Ersparnis an Schnittzeit erbringt, die Nebenzeiten aber unverändert läßt; das Ergebnis zeigt Säule b mit

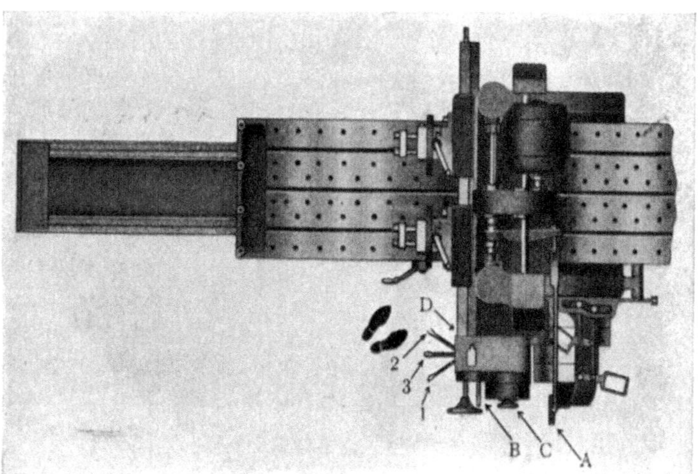

Abb. 2b.

Abb. 3.

5 % Ersparnis an der Gesamtzeit. Säule *c* zeigt dagegen, wie bei unveränderter Schnittzeit, aber um die Hälfte verringerter Nebenzeit eine Ersparnis von $37\frac{1}{2}$ % der Gesamtzeit erreicht wird. Damit soll nicht etwa gesagt sein, daß es keinen Zweck habe, die Schnittzeiten zu verringern, im Gegenteil soll man den Werkzeugen so viel zumuten, wie sie es zu leisten vermögen, doch soll man nicht an die Grenze der Leistungsfähigkeit gehen, sondern etwas darunter bleiben, da sonst der Werkzeugverbrauch zu groß wird und dadurch die Unkosten erhöht werden. Vor allem aber wird durch zu häufiges Stumpfwerden der Werkzeuge fast immer die

Abb. 4.

Nebenzeit vergrößert, da die stumpfen Werkzeuge ausgewechselt und geschärft werden müssen und während dieser Zeit die Maschine steht. Der Vorrichtungenkonstrukteur soll deshalb in engster Fühlung mit dem Betriebe stehen und wenn möglich recht oft in die Werkstatt gehen und sich durch eigene Beobachtung einzelner Arbeitsvorgänge überzeugen, in welchem Verhältnis die Schnittzeit zur Gesamtzeit steht; er wird hierbei manche Beobachtung machen können, die ihm bei seinen Konstruktionen sehr zu statten kommt.

Um auf einige Quellen von Nebenzeiten hinzuweisen, seien einige Beispiele gebracht: Abb. 2 zeigt zwei Abbildungen einer Hobelmaschine;

Abb. 5.

im oberen Bilde ist zu sehen, wie der Arbeiter, um gewisse Elemente der Maschine bedienen zu können, um die Maschine herumgehen muß. Vergegenwärtigt man sich, wie oft dieser Weg im Laufe eines Jahres gemacht werden muß, so wird man ermessen können, in welchem Maße das die Nebenzeiten erhöht. Das untere Bild zeigt eine neuere Maschine desselben Herstellers, bei dem gezeigt ist, wie der Arbeiter keinen Fuß zu rühren braucht, um die Maschine in allen Teilen zu beherrschen.

Ähnlich verhält es sich bei dem in Abb. 3 und 4 gezeigten Beispiele; auf dem Bilde ist gezeigt, wie der Arbeiter beim Bearbeiten eines sperrigen Teiles auf einer älteren Fräsmaschine Kletterkünste verrichten muß; das andere Bild zeigt, wie beim Bearbeiten desselben Stückes an einer neuesten Maschine derselben Firma der Arbeiter von seinem Standplatz aus die Arbeit verrichtet. Es ist klar, daß im ersten

Falle die Arbeit länger dauern wird als im zweiten. Abb. 5 zeigt eine Anordnung der Bedienungselemente einer Schleifmaschine, wie sie sein soll; der Arbeiter kann von seinem Standort aus alle Bedienungselemente betätigen. Schließlich ist in Abb. 6 und 7 die viel zu wenig beachtete Frage der Drehstähle illustriert; Abb. 6 zeigt, wie ein Dreher auf einem Brettchen seines Werkzeugkastens 3 Drehstahlhalter hat; einen geraden, einen rechts- und einen linksgekröpften, sowie eine Anzahl Einsatzstähle. Durch die übersichtliche Anordnung der Stähle an einem bequem erreichbaren Platze wird das Auffinden des jeweilig gebrauchten Stahles natürlich erleichtert. Abb. 7 zeigt, wie eine ganze Gruppe von Drehern am Schleifstein wartet, bis dieser frei ist. Diese anscheinend so nebensächlichen Dinge, von denen es noch eine große Anzahl gibt, sind die Hauptquellen der Nebenzeiten; geht man in einem Betriebe solchen Erscheinungen nach, so stößt man oft auf

Abb. 6.

Abb. 7.

ganz unwahrscheinliche Dinge, von denen viele oft ohne Kosten oder einfache Maßnahmen abgestellt werden können. Sehr häufig aber sind durch Einrichtungen irgendwelcher Art, deren Schaffung in der Regel dem Vorrichtungenkonstrukteur obliegt, Besserungen der Zustände zu erzielen.

Betriebsunkosten. Die Betriebsunkosten werden von der Betriebsbuchhaltung ermittelt; sie setzen sich zusammen aus

1. Abschreibung auf Gebäude,
2. Abschreibung auf Werkzeugmaschinen,
3. Abschreibung auf Werkzeuge,
4. Abschreibung auf Utensilien,
5. Abschreibung auf Motore und Transmissionen,
6. Abschreibung auf Modelle,
7. Reparatur an Werkzeugmaschinen,
8. Kraft,
9. Beleuchtung,
10. Heizung und Lüftung,
11. Gas,
12. Wasser,
13. Reinigung,
14. Transporte,
15. Feuerversicherungsprämie,
16. Gesetzliche Kassenbeiträge,
17. Reparaturen,
18. Versuche,
19. Ersatz, Ausschuß, Verluste,
20. Verwaltung,
21. Technisches Bureau,
22. Revision.

Diese Betriebsunkosten stellen einen großen, oft den größten Teil der Selbstkosten dar, und der Vorrichtungenkonstrukteur soll nicht nur dazu beitragen, diese Unkosten zu mindern; er soll auch ihre Höhe bei Überprüfung der Wirtschaftlichkeit der von ihm zu schaffenden Einrichtungen richtig einsetzen.

Aus der oben gebrachten Aufzählung der Einzelposten, aus denen sich die Unkosten zusammensetzen, sollen den Vorrichtungenkonstrukteur am meisten interessieren: die Abschreibungen für Gebäude und Maschinen, die Werkzeugkosten, die Kosten für den Antrieb der Werkzeugmaschinen, für Beleuchtung und Heizung der Räume, die Transportkosten und die Ausgaben für sogenannte unproduktive Arbeitskräfte.

Die Unkosten werden im allgemeinen zu den gezahlten produktiven Löhnen in Verhältnis gestellt und prozentual auf die Löhne aufgeschlagen. In vielen Betrieben ist es noch üblich, diesen Prozentsatz summarisch für alle Abteilungen gleich anzunehmen; andere, schon weiter entwickelte Betriebe setzen den Unkostensatz für jede Abteilung, wie Schmiede, Schlosserei, Dreherei, Fräserei, Hobelei usw., besonders fest. Nur verhältnismäßig wenige Betriebe sind schon so weit, wie es nötig ist, auch innerhalb der einzelnen Abteilungen den Unkostensatz zu staffeln. Es gibt jedoch auch schon Fabriken, in denen für jede einzelne Maschine die Unkosten festgesetzt werden.

Diese scharfe Festsetzung der Unkosten ist durchaus nicht einfach; sie erfordert eine sehr gut durchdachte und von fester Hand durchgeführte Betriebsorganisation. Immer aber erfordert sie einen gewissen Verwaltungsapparat, der dann leicht so umfangreich wird, daß die Verwaltungskosten die eventuell erreichten Vorteile, die aus einer scharfen

Selbstkostenbestimmung entspringen, übersteigen. Es muß also hier ein gewisses Maß eingehalten werden.

Werden die Unkosten nicht richtig einkalkuliert, so geschieht es oft, daß die Selbstkosten zu niedrig festgesetzt werden und demzufolge das Fabrikat zu billig, d. h. mit Verlust verkauft wird; oder die Selbstkosten und weiterhin der Verkaufspreis werden zu hoch berechnet und das Fabrikat kann nicht abgesetzt werden. Beides ist für das Unternehmen schädlich.

Es kann aber auch der Fall eintreten, daß infolge unrichtiger Einsetzung der Unkostensätze Arbeitsverfahren als wirtschaftlich angesehen werden, die es gar nicht sind, und als Folge davon Maßnahmen im Betriebe getroffen werden, die dessen Wirtschaftlichkeit schädlich beeinflussen. Das kann dadurch geschehen, daß Teile auf Maschinen bearbeitet werden, die zwar geringe Löhne, aber sehr hohe Unkosten bedingen, oder daß komplizierte neue Maschinen angeschafft werden für Arbeiten, die mit Hilfe einer Vorrichtung auf einfacheren, vielleicht sogar vorhandenen Maschinen wirtschaftlicher hergestellt werden können.

Um sich im Einzelfalle schnell einen Überblick über die ungefähren Unkosten zu verschaffen, die zu den Löhnen für eine Arbeit zugeschlagen werden müssen, kann man folgendermaßen vorgehen: Man stelle fest, welchen ungefähren Anschaffungswert die Maschinen und sonstigen Einrichtungen haben, die der Arbeiter zur Verfügung hat, der die Arbeit ausführt. Bei Maschinen nehme man 20—30 % des Anschaffungswertes als jährliche Abschreibung; dazu müssen, wenn außergewöhnlich hohe Werkzeugkosten in Frage kommen, oder großer Verbrauch an Antriebskraft, an sonstigen Mitteln, Hilfsarbeiterdienste usw., die Jahreskosten hierfür in voller Höhe hinzugerechnet werden. Die ermittelte Summe stellt man in Verhältnis zum ungefähren Jahresverdienst des Arbeiters; zu dem so ermittelten Wert muß aber noch für die allgemeinen Unkosten ein Zuschlag gemacht werden. Die auf solche Weise ermittelten Zahlen können natürlich keinen Anspruch auf große Genauigkeit machen, sie geben aber immerhin ein genaueres Bild der wirklichen Unkosten, als das fast allgemein übliche Verfahren, für alle Abteilungen und für alle Arbeiten einen Durchschnittssatz zu verrechnen.

Die großen Unterschiede in der Höhe der Unkosten bei verschiedenen Arbeiten gehen aus Abb. 8 hervor, hier sind für die einzelnen Abteilungen einer Maschinenfabrik die Unkosten in Prozenten zu den produktiven Löhnen dargestellt. Der Durchschnittsunkostensatz beträgt 210 %, er ist durch eine punktierte Wagerechte in der Abbildung dargestellt. Die höchsten Unkosten haben die Automatendreherei und die Zahnradfräserei. Bei der Automatendreherei ist dies dadurch begründet, daß die Maschinen sehr teuer sind, einem großen Verschleiß unterworfen sind und daher viel Reparaturen erfordern; vor allem aber dadurch, daß ein

Arbeiter eine ganze Anzahl solcher Maschinen bedient, der auf eine Maschine entfallende Lohnteil also verhältnismäßig gering ist. Bei den Zahnradfräsmaschinen liegen die Verhältnisse ähnlich, doch kommen hier die hohen Fräserkosten noch hinzu.

Die nächsthöheren Unkosten weisen die Abteilungen mit großen Arbeitsmaschinen auf. Hier sind die oft sehr hohen Anschaffungskosten, der große Platzbedarf und die hohen Kosten für die Antriebskraft ausschlaggebend für die Höhe der Unkosten. Die Abteilung mit mittelschweren und leichten Maschinen haben in der Regel einen Unkostensatz, der sich in der Nähe des Durchschnittssatzes bewegt. Dagegen liegen die Unkosten für Montage, Tischlereien usw. meist weit unter dem Durchschnittssatz, da diese Abteilungen nur wenige Maschinen, wenige und billige Werkzeuge, wenig Antriebskraft und meist auch wenig Platz pro Arbeiter benötigen.

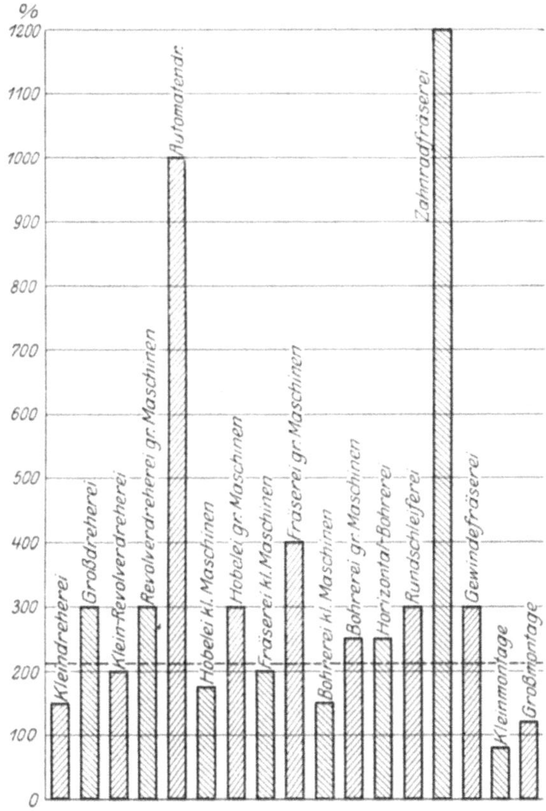

Abb. 8.

Die Verhältnisse liegen natürlich in jedem Betriebe anders, es wäre daher durchaus falsch, wollte man die angegebenen Werte schematisch auf irgendeinen Betrieb anwenden. Das Beispiel soll nur dazu dienen, die großen Unterschiede der Unkosten vor Augen zu führen.

Beispiele für die Unkostenverrechnung. Um weiter zu zeigen, wie sich die Unkosten bei der Selbstkostenberechnung auswirken, seien einige Rechnungsbeispiele gebracht.

Beispiel 1:

Eine Fabrik stellt große Maschinen her, von denen die Hauptteile auf großen Hobelmaschinen von 6 m Hobellänge bearbeitet werden müssen.

Die Hobelarbeit erfordert an Lohn 30 ℳ. Die Abteilung Hobelei arbeitete mit durchschnittlich 200 % Unkosten. Die Kalkulation berechnet:

Lohn	30,00 ℳ
200 % Unkosten	60,00 ℳ
Lohn + Unkosten	90,00 ℳ

Die betreffende Hobelei hat aber außer den wenigen großen Maschinen eine große Anzahl kleinerer sowie Shapingmaschinen; auf die an diesen Maschinen beschäftigten Leute kommt infolge ihrer größeren Anzahl der größte Teil an Lohn, der in der Abteilung gezahlt wird. Darauf ist es zurückzuführen, daß der Unkostensatz verhältnismäßig niedrig ist. In Wirklichkeit verursachen die großen Maschinen infolge ihrer hohen Abschreibungskosten, des großen Platzbedarfes und des großen Kraftverbrauches 300 % Unkosten. Die Rechnung müßte also lauten:

Lohn	30,00 ℳ
300 % Unkosten	90,00 ℳ
Lohn + Unkosten	120,00 ℳ

Die erste Rechnung ist also um 30 ℳ zu niedrig.

Beispiel 2:

Eine Fabrik hat einige Räderfräsmaschinen, auf denen die Zahnräder für die herzustellenden Maschinen gefräst werden. Die Fabrik verrechnet ihre Löhne mit einem Durchschnittssatz von 200 %. Die Kalkulation berechnet an Fräskosten für ein bestimmtes Rad:

Lohn	0,75 ℳ
200 % Unkosten	1,50 ℳ
Lohn + Unkosten	2,25 ℳ

Es werden 3 Räderfräsmaschinen von einem Mann bedient; das erwähnte Rad erfordert eine Laufzeit von 2 Stunden. Die 3 Maschinen verbrauchen jährlich für 10000 ℳ Abwalzfräser. Das Nachschleifen der Fräser kostet einschließlich Schleifscheibenverbrauch etwa so viel, wie der Fräser Lohn bekommt. Ferner sind die Räderfräsmaschinen sehr teuer, erfordern viel Reparaturen und verbrauchen viel Kraft, so daß sich die jährlichen Unkosten für die Räderfräsmaschinen folgendermaßen zusammensetzen:

Abschreibungen für Maschinen	5000 ℳ
Kraft	2700 ℳ
Werkzeugkosten einschließlich Scharfschleifen . .	12000 ℳ
Allgemeine Betriebsunkosten	3000 ℳ
Gesamtkosten	22700 ℳ

Der Arbeiter, der die 3 Maschinen bedient, verdient im Jahr 2000 ℳ.

Es stehen also 2000 ℳ Lohn 22700 ℳ Unkosten gegenüber; das sind 1135 % des Lohnes. Danach müßte die Aufrechnung für das oben erwähnte Rad lauten:

Lohn	0,75 ℳ
1135 % Unkosten	8,51 ℳ
Lohn + Unkosten	9,26 ℳ

Die Fräsarbeit kostet also viermal so viel, wie die Kalkulation ursprünglich errechnete.

Beispiel 3:

In einem Betriebe sind ständig Teile in großer Anzahl herzustellen, die nur Dreharbeit erfordern. Die Teile werden auf gewöhnlichen Drehbänken von Drehern hergestellt und erfordern einen Lohnaufwand von 0,60 ℳ. In dem Betriebe sind Dreherei und Revolverdreherei zusammengelegt; es werden für beide Abteilungen 250 % Unkosten verrechnet.

Um die Teile billiger heruzstellen, wird eine schwere Revolverbank für 5000 ℳ angeschafft, auf der die Teile für 0,40 ℳ Lohn hergestellt werden. Die Kalkulation macht folgende Rechnung auf:

	Herstellung auf	
	Drehbank	Revolverbank
Lohn	0,60 ℳ	0,40 ℳ
Unkosten 250 %	1,50 ℳ	1,00 ℳ
Lohn + Unkosten	2,10 ℳ	1,40 ℳ

Also Ersparnis 2,10 ℳ — 1,40 ℳ = 0,70 ℳ pro Stück.

In Wirklichkeit betragen die Unkosten jedoch für die Dreherei 200 % und für die Revolverdreherei 300 %. Die Rechnung müßte also lauten:

	Herstellung auf	
	Drehbank	Revolverbank
Lohn	0,60 ℳ	0,40 ℳ
Unkosten 200 %	1,20 ℳ	300 % 1,20 ℳ
Lohn + Unkosten	1,80 ℳ	1,60 ℳ

Also Ersparnis 1,80 ℳ — 1,60 ℳ = 0,20 ℳ.

Die Arbeit hätte aber auch auf den bisher benutzten einfachen Drehbänken rationell hergestellt werden können, wenn ein mehrfacher Stahlhalter und ein Anschlag mit Endmaßen benutz worden wäre; die Anschaffung dieser Einrichtung hätte etwa 500 ℳ gekostet. Diese 500 ℳ sollen in 1 Jahr abgeschrieben werden, wodurch der Unkostensatz der Drehbank um 25 % erhöht wird. Die Rechnung stellt sich also jetzt folgendermaßen:

Lohn	0,38 ℳ
225 % Unkosten	0,86 ℳ
Lohn + Unkosten	1,24 ℳ

Das Teil könnte also um 1,80 ℳ — 1,24 ℳ = 0,56 ℳ oder 31 % billiger als bisher auf der Drehbank und

1,60 ℳ — 1,24 ℳ = 0,36 ℳ oder 22,5 % billiger als auf der Revolverbank hergestellt werden.

Beispiel 4:

Auf einem Horizontalbohrwerk werden Maschinenteile mit einer Anzahl verschieden großer Bohrungen versehen; die Teile kommen in Serien von 20—50 Stück vor; es sind pro Jahr 200 Stück herzustellen.

Die Bohrarbeit erfordert an Lohn 5,00 ℳ pro Stück. Die Horizontalbohrerei arbeitet mit 250 % Unkosten, so daß sich folgende Rechnung ergibt:

Lohn	5,00 ℳ
250 % Unkosten	12,50 ℳ
Lohn + Unkosten	17,50 ℳ

Durch Schaffung einer Bohrvorrichtung kann das Teil auf einer Vertikalbohrmaschine bearbeitet werden. Die Arbeitet kostet jetzt 2,50 ℳ. Die Bohrvorrichtung verursacht insgesamt 600 ℳ Herstellungskosten. Die Vertikalbohrerei arbeitet mit 200 % Unkosten.

Die Kostenrechnung stellt sich folgendermaßen:

Lohn	2,50 ℳ
200 % Unkosten	5,00 ℳ
Lohn + Unkosten	7,50 ℳ

Sollen die Kosten der Bohrvorrichtung in 1 Jahr abgeschrieben werden, so kommen bei 200 Teilen im Jahr auf das Stück 600 : 200 = 3 ℳ Vorrichtungenkosten. Das Teil wird also trotz der hohen Abschreibung für die Vorrichtung um 17,50 — (7,50 + 3) = 7 ℳ oder 40 % billiger als vorher.

Würden die Kosten von 600 ℳ für die Vorrichtung auf 500 Teile verteilt, was berechtigt wäre, so würde sich die Ersparnis auf 17,50 — (7,50 + 1,20) = 8,80 ℳ = 50 % stellen.

Beispiel 5:

In ein Teil sind 8 Befestigungslöcher zu bohren, die bisher angerissen wurden. Das Anreißen erforderte 10 Minuten Zeit; für das Bohren wurden 12 Pf. pro Stück bezahlt. Für das Teil wurde eine Vorrichtung hergestellt. Bei der erstmaligen Benutzung der Vorrichtung stellte sich heraus, daß der bisher für das Bohren bezahlte Preis von 12 Pf. pro Stück nicht ausreichte, sondern daß der Bohrer bei Benutzung der Vorrichtung 3 Minuten mehr Zeit pro Stück brauchte als beim Arbeiten ohne Vorrichtung. Das war erklärlich, denn bisher brauchten die Teile beim Bohren nicht gespannt, sondern nur auf den Bohrmaschinentisch aufgelegt zu werden; während bei Benutzung der Bohrvorrichtung das Teil in die Vorrichtung eingelegt, festgespannt und nach dem Bohren wieder losgespannt und aus der Vorrichtung wieder herausgenommen werden mußte. Es trat also durch Benutzung der Vorrichtung eine Verlängerung der Bohrzeit um 3 Minuten ein; dagegen wurden die 10 Minuten für das Anreißen gespart. Die Vorrichtung kostet 60 ℳ; es werden jährlich ca. 500 Teile hergestellt; die Kosten der Vorrichtungen sollen auf 2 Jahre, also 1000 Teile verrechnet werden, so daß auf das Stück 0,06 ℳ kommt. Die Aufrechnung der Kosten stellt sich folgendermaßen:

	bisher	jetzt
Lohn für Anreißen	0,10 ℳ	—
Unkosten 50 %	0,05 ℳ	—
Lohn für das Bohren	0,12 ℳ	0,14 ℳ
Unkosten 200 %	0,24 ℳ	0,28 ℳ
Abschreibung für die Vorrichtung	—	0,06 ℳ
	0,51 ℳ	0,48 ℳ

Es ergibt sich also eine direkte Ersparnis von 0,03 ℳ oder 6 %. Indirekt wird aber noch dadurch gespart, daß der Transport zu und von der Anreißplatte fortfällt und die Montage vereinfacht und damit billiger wird.

Die Beispiele ließen sich noch beliebig vermehren; sie mögen aber genügen, da hier nur Anregungen zum Nachdenken auf diesem Gebiete gegeben werden sollen.

Arbeitsfehler.

Bei der Bestimmung der anzuwendenden Fabrikationsmittel muß berücksichtigt werden, daß alle diese Mittel mangelhaft und die damit hergestellten Teile mehr oder weniger fehlerhaft sind. Selbst unsere besten und feinsten Bearbeitungsmaschinen gestatten wohl so genaue Arbeiten auszuführen, wie man es früher nicht für möglich gehalten hat; die Meßtechnik brachte aber neue Meßmethoden und neue Meßwerkzeuge hervor, die uns dann immer wieder zeigten, daß wir noch weit davon entfernt sind, mathematisch genau arbeiten zu können. Im Gegenteil hat uns die eingehendere Beschäftigung mit den Meßverfahren und die gesteigerten Ansprüche an die Maschinenleistungen in bezug auf Güte und Menge erst gezeigt, wie verhältnismäßig grobe Fehler nicht nur früher gemacht wurden, sondern auch heute noch an der Tagesordnung sind.

Es wird uns wahrscheinlich nie gelingen, die Arbeitsfehler ganz aus der Welt zu schaffen; wir müssen uns damit begnügen, die Möglichkeit zu schaffen, die Fehler auf ein Mindestmaß zu bringen. Wie weit von dieser Möglichkeit Gebrauch gemacht wird, ist natürlich Sache der einzelnen Fabrikleiter. Es wäre durchaus falsch, Teile mit großer Genauigkeit herzustellen, wenn der Verwendungszweck der Teile diese große Genauigkeit nicht verlangt; denn in der Regel wachsen unter sonst gleichen Umständen mit den Ansprüchen an die Genauigkeit der Ausführung auch die Herstellungskosten. Die Kunst, hier den richtigen

Mittelweg einzuhalten, besteht nun darin, zu erkennen, worauf es bei der Herstellung eines Erzeugnisses ankommt. Die Stellen und die Maße, die für die Zweckerfüllung des Erzeugnisses von Bedeutung sind, führe man mit möglichster Genauigkeit aus, während man für die übrigen Teile und Abmessungen dann größere Maßabweichungen zulassen kann. Die Ausdehnung, die das Grenzlehrverfahren (das als bekannt vorausgesetzt wird) genommen hat, verleitet oft dazu, Arbeitsgenauigkeiten für verhältnismäßig rohe Teile anzugeben, die viel zu fein sind, nur schwierig oder überhaupt nicht einzuhalten und durch den Verwendungszweck des Teiles nicht bedingt sind.

Der Vorrichtungenkonstrukteur muß seinen Einfluß dahin geltend machen, daß derartige Übertreibungen und Verallgemeinerungen nicht in den Betrieb gelangen. Vor allem muß er sich aber hüten, selbst Fehler zu begehen etwa derart, daß er von der Werkstatt, ganz gleich ob allgemeiner Betrieb oder Werkzeugmacherei, größere Genauigkeiten verlangt, als notwendig sind, oder daß er für die Ausführungen seiner Konstruktionen für gewisse Maße so enge Toleranzen angibt, daß deren Einhaltung überhaupt nicht möglich ist, oder nur unter besonders großem Aufwand an sorgfältiger Arbeit der besten Facharbeiter und unter Aufwand entsprechender Kosten. Der Vorrichtungenkonstrukteur sollte sich immer darüber völlig klar sein, wie seine Konstruktionen in der Werkstatt ausgeführt, besonders auch wie die Messungen vorgenommen werden können; dabei sollte er beachten, welche Mittel die Werkstatt wirklich zur Verfügung hat. Setzt er Mittel voraus, die im Betriebe nicht vorhanden sind, so muß er dafür sorgen, daß diese Mittel beschafft werden.

Es tritt aber auch sehr häufig der Fall ein, daß von Teilen, die in Vorrichtungen bearbeitet werden sollen, und die schon einen oder mehrere Arbeitsgänge durchlaufen haben, an den schon bearbeiteten Stellen in der Vorrichtung aufgenommen werden müssen. Dabei wird dann oft der Fehler begangen, daß ohne weiteres angenommen wird, die bearbeiteten Stellen seien fehlerlos ausgeführt. Werden dann die Teile in der Vorrichtung bearbeitet, so stellen sich häufig Maßabweichungen und sonstige Fehler heraus, deren Ursache nicht immer gleich erkannt, oft überhaupt nicht ermittelt wird. Schon manche Vorrichtung ist wegen solcher falschen Voraussetzungen nach kurzem Gebrauche beiseite gestellt oder überhaupt nicht benutzt worden.

Der Vorrichtungenkonstrukteur muß eben in ganz anderem Maße wie der Konstrukteur auf anderen Gebieten nicht nur mit den landläufigen Maßabweichungen für Durchmessermaße rechnen, er muß vielmehr für alle überhaupt vorkommenden Abmessungen, und nicht nur für die Maße, sondern auch für die Form der Teile Fehler voraussetzen. Er muß demzufolge seine Konstruktionen so ausbilden, daß diese Fehler bei der Weiterverarbeitung unschädlich gemacht werden und die Arbeiten in den Vorrichtungen so ausgeführt werden können, daß sie möglichst fehlerlos ausfallen.

Die Fehler, die den Teilen anhaften, sind durchaus nicht immer ohne weiteres erkennbar; sie sind sogar oftmals nur mit Hilfe von Spezialwerkzeugen feststellbar; vor allem sind sie nicht immer bekannt. Die am häufigsten vorkommenden Fehler sollen daher kurz behandelt werden.

Fehler an Gußstücken. Daß Gußstücke recht beträchtliche Abweichungen aufweisen können, ist bekannt, wird aber bei der Konstruktion von Vorrichtungen nicht immer genügend beachtet. Bei kleineren Stücken aus Gußeisen muß mit 3 mm, bei mittelschweren Teilen mit 10 mm und bei großen Teilen oft mit 15—20 mm Maßabweichung gerechnet werden. Kleine und mittelschwere Teile, die auf der Formmaschine mit Plattenmodellen geformt werden, fallen genauer aus; auch Messing- und Aluminiumteile weisen meist nicht so große Fehler auf. Daß Rippen, Augen und Angüsse aller Art oft versetzt sind, darf ebenfalls nicht außer acht gelassen werden; desgleichen nicht, daß dünnwandige und sperrige Teile, besonders aber solche aus Temperguß oft verzerrte Formen haben.

Fehler an Schmiedestücken. Schmiedestücke haben je nach Größe und Form meist beträchtliche Maßabweichungen. Nur Gesenkschmiedeteile machen dabei eine Ausnahme, doch ist bei diesen die Naht zu beachten. Werden die Gesenkschmiedeteile in großen Mengen verarbeitet, so daß ein Gesenk nicht ausreicht oder öfter nachgearbeitet werden muß, so treten auch meist in der Form der Teile Veränderungen ein, da die einzelnen Gesenke unter sich nicht genau gleich sind.

Fehler an Stanzteilen. Stanzteile sind unter sich so weit gleich, daß die wirklich vorhandenen Differenzen meist nicht beachtet werden brauchen, vorausgesetzt, daß alle Teile von einem Schnitt stammen. Sind mehrere gleiche Schnitte in Tätigkeit, so sind meist die von den einzelnen Schnitten gelieferten Teile unter sich nicht gleich; die hierbei auftretenden Differenzen können schon zu Störungen in der Fabrikation Anlaß geben. Selbstverständlich muß bei Stanzteilen die Gratseite von der glatten Seite unterschieden werden; oft kommen auch die Differenzen in der Blechstärke, die bis 10% der Blechstärke betragen kann, störend zum Ausdruck.

Fehler ebener Flächen. Ebene Flächen, auf der Hobel- oder Fräsmaschine, auf der Drehbank oder Flächenschleifmaschine bearbeitet, sind durchaus nicht immer in dem Maße wirklich eben, daß sie ohne weiteres als Aufnahme zur Weiterbearbeitung geeignet sind. Die Flächen sind oft hohl, ballig oder windschief. Werden an die Teile große Ansprüche bezüglich Genauigkeit gestellt, so ist vor der Weiterbearbeitung eine genaue Kontrolle und wenn nötig, ein Nachschaben angebracht. Sollen mehrere Flächen in einer Ebene liegen, so können diese Höhenunterschiede aufweisen, Maß *b* in Abb. 9; oder die Flächen können schief zueinander stehen, Abb. 10.

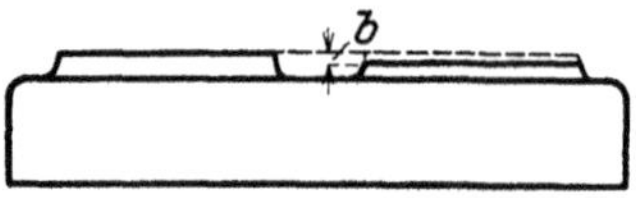

Abb. 9.

Abb. 10.

Fehler abgesetzter paralleler Flächen. Abgesetzte parallele Flächen können im Abstand Differenzen aufweisen, Maß h_1 und h_2 in Abb. 11; oder die Flächen können schief zueinander stehen, Abb. 12.

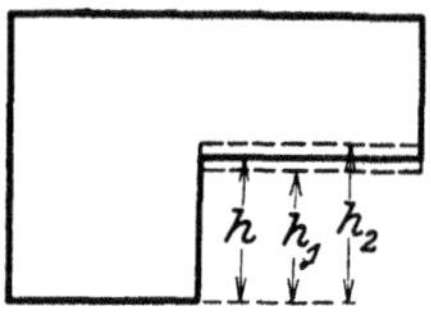

Abb. 11.

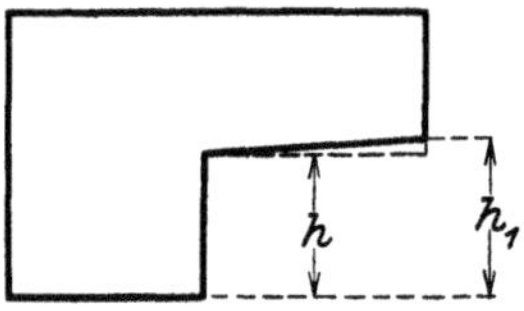

Abb. 12.

Fehler an Leisten mit parallelen Flächen. Leisten und ähnliche Teile mit parallel liegenden Flächen können ungleich stark sein, Maß h und h_1, Abb. 13 und 14, d. h. die Flächen sind dann nicht genau parallel. Außerdem können die Teile noch krumm sein.

Abb. 13.

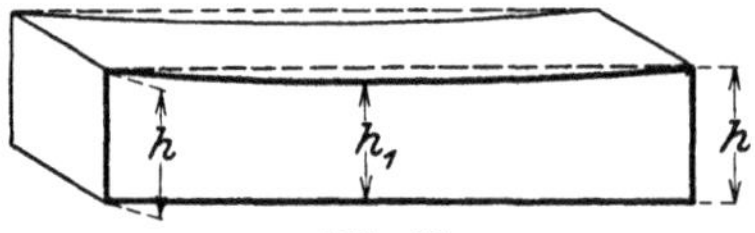

Abb. 14.

Fehler an Winkelteilen. Die Winkel, in denen aneinanderstoßende Flächen zueinander geneigt sind, weisen gleichfalls oft nicht unerhebliche Fehler auf. Das punktiert gezeichnete Bild in Abb. 15 zeigt ein Rechteck; die stark gezeichnete Figur deutet vorkommende Abweichungen an. Natürlich können schiefwinklige Profile auch noch die vorher erwähnten Fehler aufweisen.

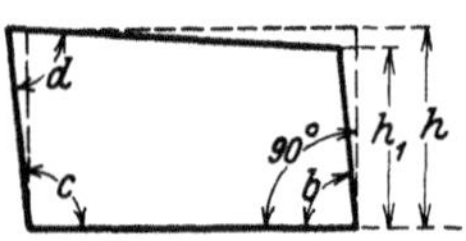

Abb. 15.

Fehler an Drehteilen. Drehteile sind sehr vielen Fehlermöglichkeiten ausgesetzt. Abgesehen von den üblichen Abweichungen in den Durchmessermaßen können Wellen sowohl wie Bohrungen unrund sein, und zwar derart, daß die Teile oval sind, Abb. 16, oder daß sie eckig sind, Abb. 17.

Die Teile können aber auch in den Längenmaßen Unterschiede aufweisen, diese sind sogar oft recht beträchtlich und können nicht immer einwandfrei festgestellt werden, weil die Meßwerkzeuge für Längenmessung bedauerlicherweise wenig entwickelt sind.

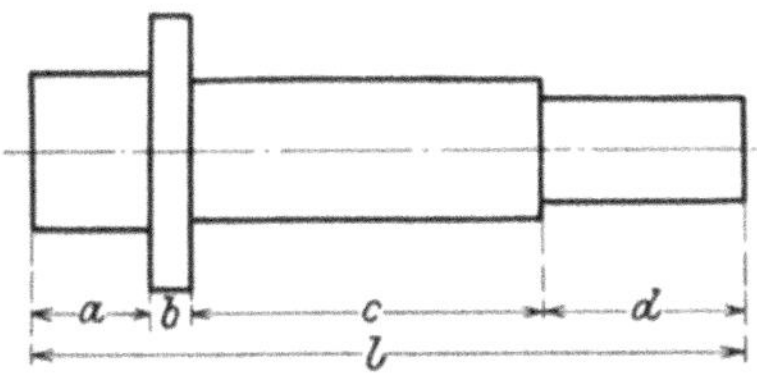

Abb. 18.

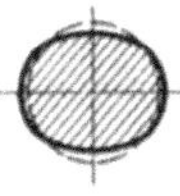
Abb. 16.

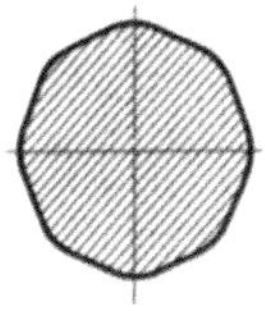
Abb. 17.

Das in Abb. 18 dargestellte Teil kann in den Maßen *a*, *b*, *c* und *d* Maßabweichungen aufweisen, die sich in der Gesamtlänge *l* summieren.

Abgesetzte Wellen und Bohrungen können ferner den Fehler haben, daß die Achsen der einzelnen Ansätze nicht zusammenfallen, d. h. die einzelnen Ansätze schlagen zueinander, Maß *a* in Abb. 19. Die Achsen der einzelnen Zylinder können auch schief zueinander stehen (Zylinder *c* in Abb. 19). Bund- und Ansatzflächen weisen gleichfalls häufig Schlag auf, Maß *b* und b_1 in Abb. 19.

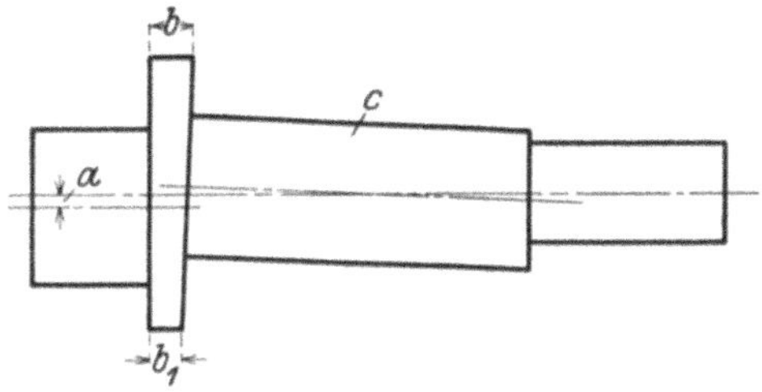

Abb. 19.

Wellen sowohl als auch Bohrungen sind häufig nicht gerade, sondern krumm, Abb. 20 und 31. Die Krümmung kann sich entweder über die ganze Länge der Welle oder der Bohrung erstrecken, oder auf einen Teil der ganzen Länge.

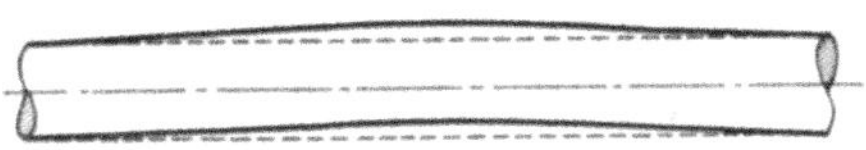
Abb. 20.

Abb. 21.

Abb. 22.

Ferner können sowohl Wellen wie auch Bohrungen wellenförmig starke und schwache Stellen aufweisen, Abb. 21. Bei langen schwachen Wellen kommt es auch vor, daß sich die Erhöhungen schraubenlinienförmig um den Umfang herumziehen, Abb. 22; der Dreher bezeichnet solche Teile mit „Knotenstock“.

Drehteile mit Bohrungen haben als häufigsten Fehler den, daß sie sowohl im Durchmesser, als auch seitlich schlagen, Abb. 23—25.

Fehler an Bohrungen. Bohrungen weisen die meisten Fehler auf, diese sind deswegen besonders unangenehm und oft von ausschlaggebender

Bedeutung für Güte und die Herstellungskosten des Fabrikates, weil die Fehler nicht immer mit der wünschenswerten Deutlichkeit erkennbar sind und weil die Mittel zum Feststellen dieser Fehler teils recht mangel-

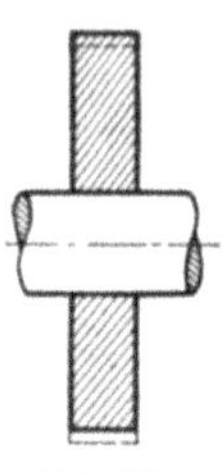

Abb. 23.

Abb. 24.

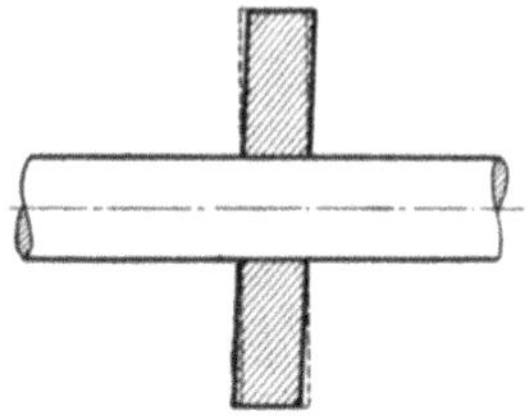

Abb. 25.

haft und bestehende, entwickelte Meßverfahren zu wenig bekannt sind. Bei der großen Bedeutung, die die Frage der Herstellung genauer Bohrungen gerade für den Vorrichtungenbau hat, ist es für den Vorrichtungenkonstrukteur besonders wichtig, diesem Thema seine ganze Aufmerksamkeit zu widmen.

Bohrungen können von der in Abb. 26 dargestellten korrekten Ausführung derart abweichen, daß sie konisch sind, Abb. 27, oder daß sie Vorweite haben, Abb. 28, ferner können sie innen weiter sein als an den Enden, Abb. 29, oder eine schiefe Lage einnehmen, Abb. 30, und schließlich können sie krumm sein, Abb. 31.

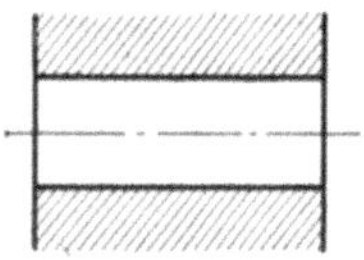

Abb. 26.

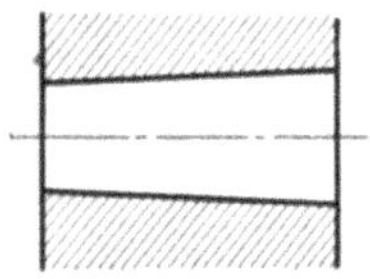

Abb. 27.

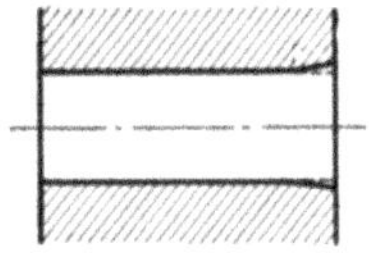

Abb. 28.

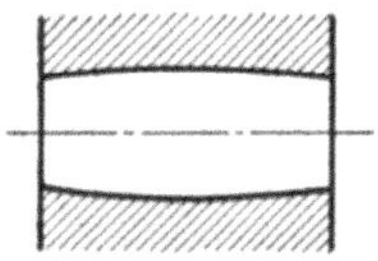

Abb. 29.

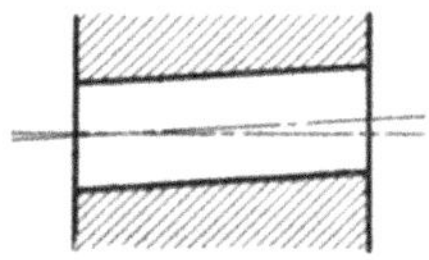

Abb. 30.

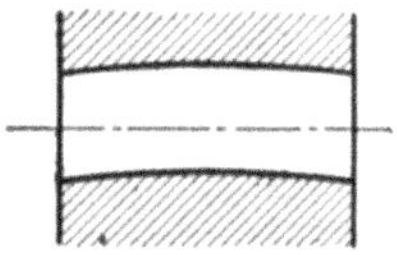

Abb. 31.

Fehler bei Lochabständen. Die hier aufgezählten Fehler betreffen die einzelne Bohrung an sich. Unangenehmer und schwieriger zu behandeln sind die Fehler, die die Lage der Bohrungen betreffen.

Sollen zwei oder mehr Bohrungen hintereinander in einer Achse liegen, Abb. 32, so spricht man von „Fluchten". Die Löcher fluchten nicht, wenn das eine derselben versetzt ist (Abb. 33), oder schief steht, Abb. 34. Die Lage der Bohrungen ist aber auch fehlerhaft, wenn die Bohrungen zwar fluchten, die gemeinsame Achse aber von der gewünschten Lage abweicht, d. h. schief steht. In dem in Abb. 32 angeführten Beispiel soll die Achse der Bohrungen parallel zu der Auflagefläche *a* liegen und den Abstand *h* von dieser haben. Es kann nun geschehen, daß der Abstand *h* nicht eingehalten ist oder daß die Bohrungen nicht parallel zur Fläche *a* liegen, Abb. 35.

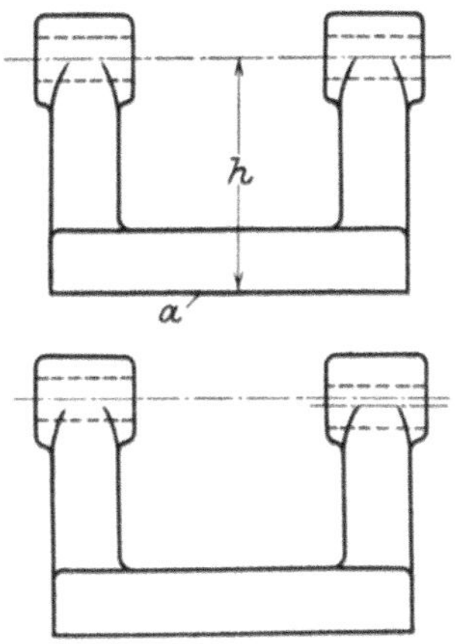

Abb. 32 und 33.

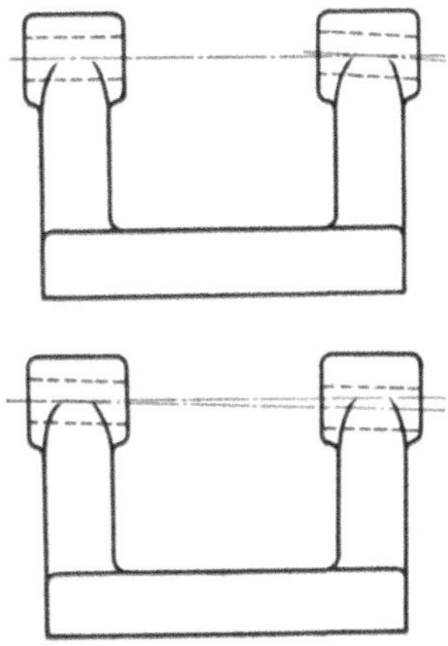

Abb. 34 und 35.

Bohrungen in Winkelstellung zueinander können im Abstande der Achsen von Meßflächen von den Sollmaßen abweichen, Maß *b* und b_1 in Abb. 36; sollen die Achsen in einer Ebene liegen, so kann auch hierbei eine Abweichung eintreten, Maß *a* in Abb. 37. Ferner kann noch der Fehler auftreten, daß eins oder beide Löcher schief stehen, Abb. 38.

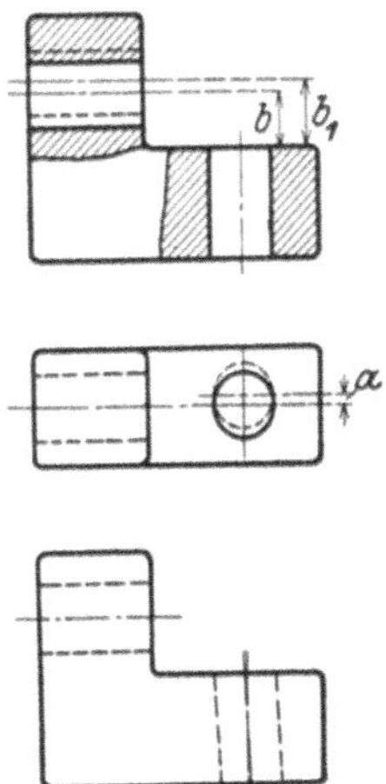

Abb. 36 bis 38.

Die meisten Fehler kommen vor, wenn es sich darum handelt, ein oder mehrere Löcher in genauem Abstande von zwei parallelen Flächen zu bohren, Abb. 39. Wird z. B. das Maß *a* um 0,1 mm zu eng gehalten, so fällt das Maß *b* gleich um 0,2 mm zu groß aus, Abb. 40.

Noch schwieriger wird der Fall, wenn es sich darum handelt, das Loch in bestimmtem Abstande von mehr als zwei Flächen zu bohren. Wird z. B. die Aufgabe gestellt, in ein Stück

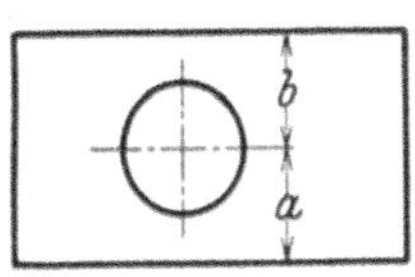

Abb. 39.

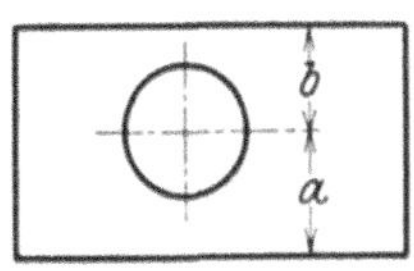

Abb. 40

von quadratischem Querschnitt ein Loch genau in die Mitte zu bohren, Abb. 41, so wird diese Arbeit selbst bei Benutzung bester Einrichtungen und unter Aufwand von viel Geschick und Sorgfalt nie genau ausfallen. Die Fehler sind hierbei durch Umschlagmessung leicht festzustellen, Abb. 42 und 43.

Sind mehrere Löcher in bestimmten Abständen voneinander und von parallelen Flächen zu bohren, Abb. 44, so häufen sich die Schwierig-

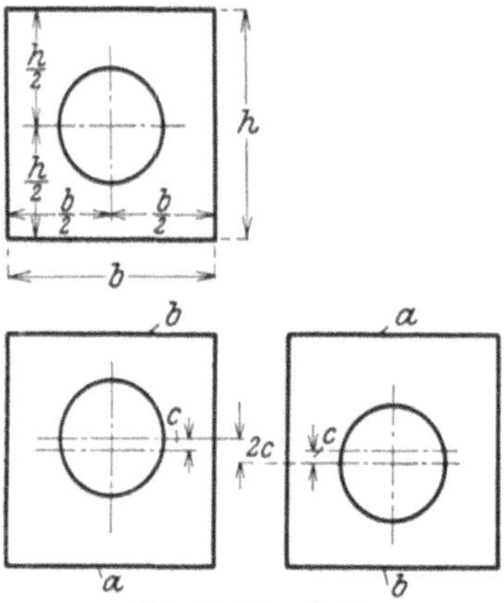

Abb. 41, 42 und 43.

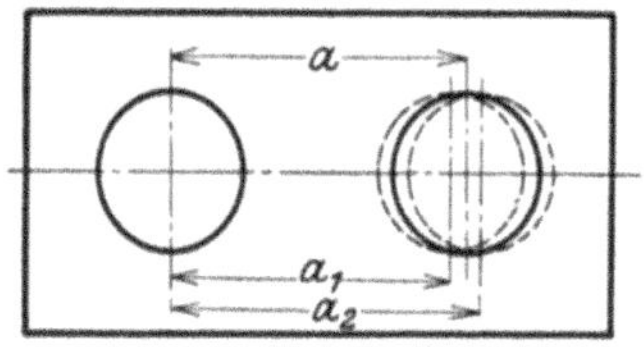

Abb. 44.

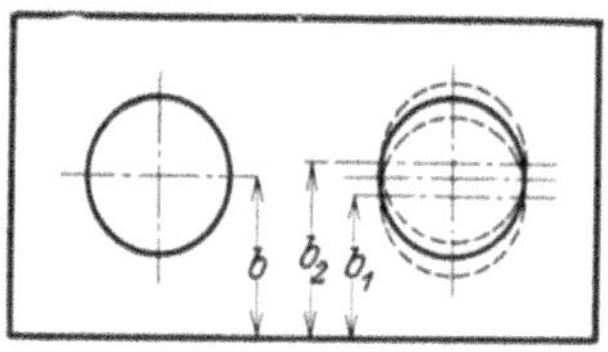

Abb. 45.

keiten und Fehler. Das Maß a kann zu groß oder zu klein ausfallen und das Maß b in Abb. 45 kann bei allen Löchern Abweichungen aufweisen.

Zu den schwierigsten aber sehr häufig vorkommenden Arbeiten gehört es, Löcher in einer Kreisteilung zu bohren, Abb. 46. Der Abstand r soll für alle Löcher der gleiche und außerdem die Maße $a \div f$ untereinander gleich sein. Diese

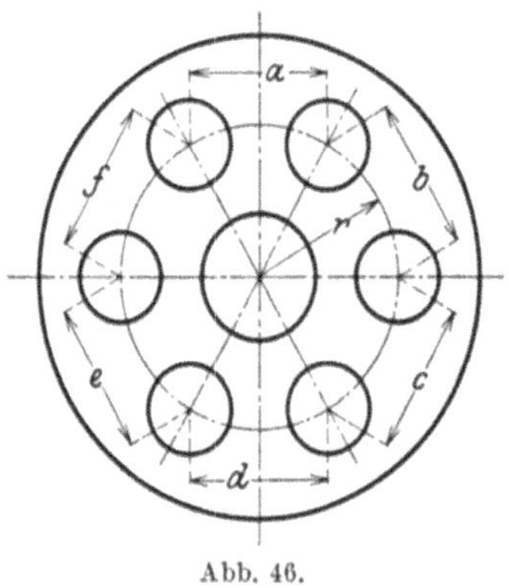

Abb. 46.

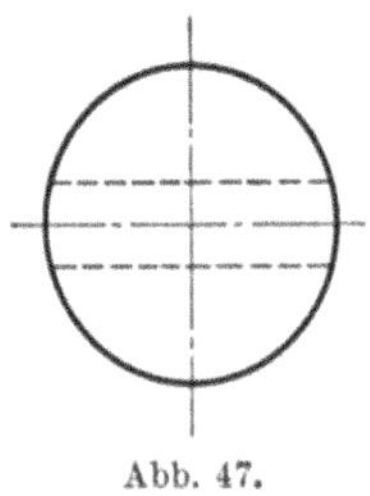

Abb. 47.

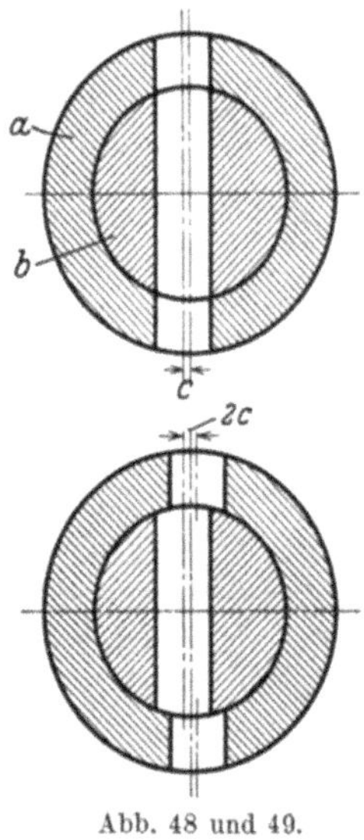

Abb. 48 und 49.

Forderung wird nie erfüllt; die Fehler sind oft beträchtlich.

Ebenso verhält es sich bei runden Teilen, in die quer zur Längsachse ein Loch genau durch die Mitte gebohrt werden soll, Abb. 47. Wird solch ein Loch, wie es häufig vorkommt, mit einem Ring oder einer Hülse zusammen gebohrt, Abb. 48, und die Mitte nicht genau getroffen, so entsteht, wenn der Ring auf der Welle um 180° gedreht wird, eine Lage der Löcher nach Abb. 49.

Die für die einzelnen Fälle aufgezählten Fehlermöglichkeiten können sich selbstverständlich kombinieren; so daß z. B. an einem Teil, das gehobelt ist, die Flächen eine schiefe Lage haben können und außerdem noch windschief sind; eine Welle kann krumm sein, die einzelnen Durchmesser können nicht passen, die einzelnen Ansätze können zueinander Schlag haben und die Bundflächen können schlagen. Dasselbe gilt von den Löchern und von solchen Teilen, die mehrere Bearbeitungsverfahren durchlaufen. Jeder einzelne Arbeitsvorgang kann mit allen in Betracht kommenden Fehlern ausgeführt sein.

Die Behandlung der Fehlermöglichkeiten ist gerade für den Vorrichtungenkonstrukteur deshalb wichtig, weil er mit den Dingen, wie sie wirklich sind, rechnen muß und nicht damit, wie sie sein sollen.

Es ist nicht zu verkennen, daß in manchen Kreisen des Maschinenbaues wenig Sinn für die Feinheiten des Fachgebietes vorhanden ist und die oben behandelten Fehler, sofern sie nicht grob sind, von der Leitung kaum beachtet werden. Machen sich dann die Fehler bei der Montage bemerkbar, so hilft der Monteur so gut er kann durch Nacharbeiten aller Art nach; hohe Montagekosten sind die Folge. Schlimmer ist es, wenn durch die Fehler die Zweckerfüllung der Erzeugnisse leidet oder in Frage gestellt wird, und diese Fälle sind leider durchaus nicht selten. Schon viele gute Konstruktionen, die neue Ideen verkörperten, sind an nicht erkannten Fehlern der Werkstattarbeit gescheitert; bei vielen andern hat es lange Zeit gedauert, bis man nach vielen Versuchen nach und nach durch Erkennen und Beseitigen von Ausführungsfehlern das Erzeugnis mühevoll auf einen befriedigenden Stand der Entwicklung gebracht hat. Die Erfahrungen, die einzelne Hersteller bestimmter Maschinentypen auf ihrem Gebiete besitzen, sind zum großen Teil weiter nichts als die Kenntnis dessen, was von den Einzelheiten verlangt wird, und die Vermeidung oder Beschränkung von Arbeitsfehlern an gewissen Stellen. Würden die Erfahrungen des Präzisionsmaschinenbaues auf andere Teile des Maschinenbaues übertragen, so wäre es in vielen Fällen möglich, deren Erzeugnisse leistungsfähiger zu gestalten oder in besserer Ausführung als bisher auf den Markt zu bringen, ohne daß dadurch die Gestehungskosten erhöht würden.

Die Herstellung austauschbarer Teile.

Die Wirtschaftlichkeit eines Betriebes wird wesentlich dadurch gesteigert, wenn die Einzelteile der Fabrikate so hergestellt werden, daß sie austauschbar sind. Eine planmäßige Fabrikation hat immer eine

Austauschbarkeit der Einzelteile zum Ziel. Wie nahe man im Einzelfalle diesem Ziele kommt, hängt in erster Linie von der Entwicklungsstufe der angewandten Herstellungsmethoden und der angewandten Mittel ab; in zweiter Linie von der Festigkeit der Betriebsleitung und von der Betriebsdisziplin.

Man kann zwei Arten der Austauschbarkeit gelten lassen; eine absolute und eine bedingte. Unter absoluter Austauschbarkeit ist zu verstehen, daß die Teile so hergestellt sind, daß sie wahllos aus einer großen Anzahl gleicher Stücke herausgegriffen zu den zugehörigen Teilen ohne Nacharbeit passen. Beispiele hierfür sind Befestigungsschrauben mit ihren Muttern, Glühlampen und deren Fassungen, Gewehr und Bajonett, Schußwaffe und Geschoß, Transmissionswellen mit Riemenscheiben und Lagern. Die Aufzählung kann noch weiter ausgedehnt werden, doch zeigt sie, daß nur Teile in Betracht kommen, bei denen keine allzugroßen Ansprüche an die Genauigkeit der Ausführung gestellt werden; eine Ausnahme bilden die Schußwaffen, bei denen sich die zulässigen Maßabweichungen in ziemlich engen Grenzen bewegen. Das ist auf diesem Gebiete möglich, weil die Erzeugung in so großen Mengen erfolgt, daß die Fabrikationseinrichtungen für jedes Einzelteil ein sehr hohes Maß der Vollkommenheit erreicht haben. Die Vorteile, die durch solche Art der Austauschbarkeit erreicht werden, liegen auf der Hand und brauchen hier nicht weiter erörtert werden.

Im Maschinen- und Apparatebau wird eine absolute Austauschbarkeit nur dann erreicht, wenn die herzustellende Anzahl von Teilen so groß ist, daß von einer reinen Massenfabrikation gesprochen werden kann und alle Abmessungen der Teile nach Grenzlehren hergestellt werden, oder wenn die Genauigkeitsansprüche, die an das Fabrikat gestellt werden, nicht groß sind. Im andern Falle kann von einer absoluten Austauschbarkeit keine Rede sein; man muß sich gewöhnlich mit einer bedingten Austauschbarkeit begnügen, d. h. man stellt die einzelnen Teile unabhängig von den zugehörigen Teilen her, so daß sie innerhalb gewisser Fehlergrenzen von gleichen Abmessungen sind und so in die Montage gelangen. In der Montage werden dann die am besten zueinander passenden Teile ausgesucht und bei den nicht genau passenden störende Ungenauigkeiten durch Nacharbeiten und Nachpassen beseitigt. Die vielen Fehlermöglichkeiten, die im vorigen Abschnitte beschrieben sind, bringen es mit sich, daß die den einzelnen Teilen anhaftenden Fehler an verschiedenen Stellen auftreten können, so daß das Nacharbeiten in der Montage bei den einzelnen Teilen ebenfalls an verschiedenen Stellen der Teile vorgenommen werden muß. Daraus folgt, daß, wenn das Anpassen erfolgt ist, eine Austauschbarkeit der angepaßten Teile untereinander nicht mehr möglich ist. Trotz dieser starken Beschränkung bringt die bedingte Austauschbarkeit große wirtschaftliche Vorteile dadurch, daß sowohl die Herstellung der Einzelteile als auch die Montage wesentlich vereinfacht wird.

Die wichtigsten Mittel zur Herstellung austauschbarer Teile sind die Grenzlehren und die Vorrichtungen im weitesten Sinne. Die Grenzlehren sind bisher nur für Bohrungen und Wellendurchmesser allgemein bekannt und für die verschiedenen Sitzarten vom Normenausschuß der deutschen Industrie genormt. Da es aber oft schon zur Erreichung einer bedingten Austauschbarkeit nötig ist, daß außer den Bohrungen und Wellen auch alle anderen bearbeiteten Stellen innerhalb gewisser Fehlergrenzen maßhaltig sein müssen, so ergibt sich daraus die Erklärung für die Schwierigkeit, auch nur eine bedingte Austauschbarkeit zu erzielen. Will man alle oder die wichtigsten Bearbeitungsstellen so herstellen, daß eine bedingte Austauschbarkeit möglich wird, so müssen Speziallehren aller Art angewandt werden. Die Aufgabe, diese Lehren zu schaffen, fällt dem Vorrichtungenkonstrukteur zu. Hierbei ist das wichtigste und schwierigste, diejenigen Teile und diejenigen Stellen an den einzelnen Teilen festzustellen, die für die Zweckerfüllung des Fabrikates entscheidend sind; mit andern Worten, festzustellen, worauf es ankommt. Für diese Stellen legt man zweckmäßig die Fehlergrenzen so eng, wie sie von der Werkstatt ohne übertriebene Anstrengung innegehalten werden können. Der Vorrichtungenkonstrukteur soll sich aber nicht darauf beschränken, diese engen Fehlergrenzen festzulegen und die entsprechenden Lehren zu konstruieren; er soll, wenn möglich, Einrichtungen schaffen, die die Einhaltung der engen Fehlergrenzen der Werkstatt erleichtern oder überhaupt erst ermöglichen. Wie später noch gezeigt werden wird, brauchen sich Lehren nicht auf die passive Funktion zu beschränken, festzustellen, daß ein Teil paßt oder nicht paßt; vielmehr lassen sich auch viele Lehren so gestalten, daß sie aktiv wirken, indem sie angeben, wieviel z. B. von einer Fläche Material abzunehmen ist, um das richtige Maß zu erhalten.

Die Kosten für die Beschaffung von Speziallehren und Vorrichtungen sind natürlich groß, so daß sich ihre Einführung nur lohnt, wenn die auszuführenden Arbeiten sich häufig wiederholen. Je größer die anzufertigende Stückzahl und je sicherer die Aussicht ist, daß die zu schaffenden Einrichtungen lange Zeit wirklich Anwendung finden, um so weitgehender kann das System von Vorrichtungen ausgebaut werden. Sind dagegen die Stückzahlen, die jeweilig herzustellen sind, nicht sehr groß, so daß nur Serienfabrikation in Betracht kommt, so muß schon eine Beschränkung in der Beschaffung der Vorrichtungen und Lehren erfolgen, um die Wirtschaftlichkeit nicht in Frage zu stellen. Das gilt insbesondere für solche Fabrikate, die aus sehr vielen Einzelteilen bestehen, und solchen, die sehr vielen Konstruktionsänderungen unterworfen sind. Eine Anleitung, sich in solchen Fällen Klarheit über die Wirtschaftlichkeit zu schaffen, bietet der Abschnitt über Kalkulation.

Mit der Beschaffung von Grenzlehren und Vorrichtungen ist aber noch keine Gewähr gegeben, daß auch nur eine bedingte Austauschbarkeit erreicht wird. Es ist vielmehr nötig, daß die Fehlergrenzen, die durch die Grenzlehren festgelegt sind, auch wirklich innegehalten werden; das heißt nicht mehr und nicht weniger als: Alle Teile, bei denen die Fehlergrenzen nach der Auschußseite hin überschritten ist, sind Ausschuß und müssen verworfen werden. Geschieht das nicht, so sind die Grenzlehren nutzlos und bilden nur eine Dekoration für die Werkzeugläger, und das Unternehmen kommt nicht in den Genuß der durch die Grenzlehren erreichbaren Vorteile. Denn durch die Abnahme nicht passender Teile ist auch eine bedingte Austauschbarkeit nicht denkbar; weiterhin kommt aber noch in Betracht, daß solche Teile oft auch nicht in den vorgesehenen Vorrichtungen bearbeitet werden können; nämlich dann, wenn die Vorrichtungen die Teile in den fehlerhaften Maßstellen aufzunehmen haben.

Bevor sich ein Unternehmen zur Einführung von Grenzlehren entschließt, sollte geprüft werden, ob die Fabrikationsmittel, wie Maschinen und Werkzeuge, sowie die Herstellungsverfahren so entwickelt sind, daß die durch die Grenzlehren festgelegten Fehlergrenzen in dem Betriebe im normalen Fabrikationsgange einzuhalten sind. Ferner sollte geprüft werden, bis zu welchen Abmessungen die Grenzlehren vorgesehen werden sollen. Bei großen Teilen von hohem Materialwert kann es unwirtschaftlich sein, bei Ausschuß die Teile in den Schrott zu werfen; besonders da für große Maschinenteile in der Regel nur Einzelherstellung, bestenfalls eine beschränkte Serienfabrikation und selten eine Nachlieferung der Hauptteile in Betracht kommt.

Es ist also eine durchaus irrige aber weit verbreitete Auffassung, daß durch bloße Anwendung von Grenzlehren und Vorrichtungen eine absolute Austauschbarkeit erreicht wird, das zu beachten ist für den Vorrichtungenkonstrukteur wichtig.

Massen-, Serien- und Einzelfabrikation.

Die Frage, wann Massen- oder Serienfabrikation, Serien- oder Einzelfabrikation vorliegt, ist generell nicht zu beantworten, da die bloße Angabe der Anzahl der herzustellenden Stücke nicht immer entscheidend dafür ist, welche der drei Formen vorliegt. Handelt es sich um kleine Teile komplizierter Apparate usw., so muß die Anzahl der herzustellenden Stücke schon sehr groß sein, um von einer Massenfabrikation sprechen zu können. So kann man bei Erzeugnissen für den Massenkonsum in der Regel von Massenfabrikation reden; hierzu gehören z. B.

Beleuchtungskörper, Stahlkugeln, Gas- und Wasserleitungsarmaturen, Kugellager, Fahrradteile, Nähmaschinen, Schreibmaschinen, verschiedene Sorten Uhren, viele Werkzeuge usw. Dagegen werden Automobile, (in Deutschland) Eisenbahnwagen und Werkzeugmaschinen, die dem Auge wohl in großer Zahl in Erscheinung treten, selten in Massenfabrikation hergestellt, da ihre Art, Form und Abmessungen so große Unterschiede aufweisen, daß von einer Ausführung die Stückzahl verhältnismäßig klein ist, so daß im günstigen Falle eine gute Serienfabrikation in Frage kommt. Bei Maschinen, die in kleineren Stückzahlen hergestellt werden und deren Ausführung häufigen Konstruktionsänderungen unterworfen ist, kann man kaum noch von Serienherstellung, sondern nur von Einzelherstellung reden.

An sich kann es natürlich gleichgültig sein, ob man eine Fabrikation als Massen- oder Serienfabrikation anspricht; doch begegnet man oft der Neigung, jede Fabrikation, bei der Vorrichtungen angewandt werden, als Massenfabrikation zu bezeichnen. Durch die falsche Anwendung solcher Bezeichnungen werden dann oft ebenso falsche Vorstellungen von dem Wesen der Massenfabrikation erweckt und verbreitet, die nicht selten zu falscher Anwendung von an sich guten Fabrikationsmitteln führen.

Naturgemäß kommen die Vorteile einer planmäßigen Arbeitsteilung und der Anwendung von Vorrichtungen bei der reinen Massenfabrikation am klarsten zum Ausdruck, doch ist auch bei der Serienfabrikation ohne planmäßige Arbeitsteilung und Anwendung von Vorrichtungen ein wirtschaftliches Arbeiten nicht denkbar. Während aber bei der Massenfabrikation schließlich mit jeder Vorrichtung eine Arbeitsersparnis erzielt wird und nur zu prüfen ist, ob und wie weit andere Vorrichtungen eine noch größere Zeitersparnis ergeben, ist bei der Serienfabrikation nötig, bei jedem Teil zu prüfen, ob die Anfertigung und Benutzung einer Vorrichtung einen wirtschaftlichen Erfolg mit sich bringt. Bei solcher Prüfung muß die Anzahl der herzustellenden Teile, die Genauigkeit, mit der die Arbeit auszuführen ist, die Kosten der Vorrichtung und die in Aussicht stehende Ersparnis an Arbeitszeit in Rechnung gestellt werden. Der Vorrichtungenkonstrukteur muß also viel vorsichtiger zu Werke gehen, als bei Einrichtungen für reine Massenfabrikation. Im allgemeinen müssen die Vorrichtungen für Serienfabrikation mit Rücksicht auf die Kosten einfacher sein als die für Massenfabrikation; man muß deshalb oft auf Mittel, die bei Massenfabrikation mit Vorteil angewandt werden, verzichten, wenn sie die Anschaffungskosten der Vorrichtungen so stark erhöhen, daß ihre Wirtschaftlichkeit in Frage gestellt wird.

Der Begriff „Fabrikation“ als Gegensatz zum „Bauen“ ist nicht notwendig mit Massenherstellung und Serienherstellung verbunden; im

Gegenteil kann man unter gewissen Umständen auch bei Einzelherstellung von Fabrikation sprechen, nämlich dann, wenn die Herstellung der Teile zwangläufig nach einem bestimmten Plan vor sich geht. Dies geschieht z. B., wenn für alle gleichartigen Stücke ein für allemal eine bestimmte Arbeitsfolge bei möglichst weitgehender Arbeitsteilung vorgeschrieben ist und zwangläufig durchgeführt wird, wobei bestimmte Hilfseinrichtungen, Vorrichtungen, Werkzeuge und Lehren benutzt werden müssen und die Genauigkeit der Abmessungen durch Grenzlehren festgelegt ist. Die Einrichtung einer solchen Fabrikation stellt an den Vorrichtungenkonstrukteur mindestens so hohe Anforderungen wie die einer Massen- oder Serienfabrikation. Es ist dabei nötig, die allgemein verwendbaren Spann-, Schneid- und Meßwerkzeuge auf einen solchen Grad der Vollkommenheit zu bringen, daß sowohl die Schnittzeiten als auch die Zeiten für das Auswechseln der Werkzeuge, das Auf- und Abspannen, und für das Messen auf das geringste Maß vermindert werden. Daneben muß natürlich die ganze Betriebsorganisation und die Betriebsdisziplin gleich hohen Ansprüchen genügen.

Die Ausbildung der allgemein verwendbaren Spann-, Schneid- und Meßwerkzeuge ist also für Betriebe, die Serien- und Einzelherstellung betreiben, zumindest von gleich großer Bedeutung wie die Schaffung von Einzelvorrichtungen. Leider wird die Bedeutung dieser oft sehr einfachen Hilfsmittel für ein wirtschaftliches Arbeiten sehr unterschätzt, meist sind sie in nur unvollkommener Form und in ungenügender Zahl vorhanden, die Aufbewahrung ist meist den Arbeitern überlassen, eine Unterweisung der Arbeiter für ihre richtige Anwendung hält man meist für überflüssig. Aus diesem Grunde sind in den folgenden Abschnitten diese Werkzeuge mit behandelt, da sie streng genommen auch Vorrichtungen darstellen.

Das Spannen.

a) Aufnahme der Werkstücke.

Bei allen Arbeiten auf spanabnehmenden Werkzeugmaschinen ist das richtige Aufspannen der Werkstücke von ausschlaggebender Bedeutung für die Leistung in bezug auf Arbeitsgüte und -menge. Das gilt sowohl für Teile, die in Vorrichtungen bearbeitet, als auch für solche, die ohne Sondereinrichtungen mit den normalen Einrichtungen auf den Werkzeugmaschinentischen befestigt werden. Bei vielen Arbeitsvorgängen, z. B. auf Hobel- und Fräsmaschinen, ist das Aufspannen oft nicht nur der schwierigste, sondern auch der zeitraubendste Teil des ganzen Arbeitsvorganges. Ganz ähnlich verhält es sich beim Konstruieren von Vorrichtungen; mit der Klärung der Frage, wie gespannt werden soll, ist in der Regel der schwierigste Teil der Konstruktionsaufgabe gelöst. Da während des Spannens meist die Maschine nicht arbeitet, so fällt die Aufspannzeit unter die Nebenzeiten; es ist daher von großer Bedeutung für die Wirtschaftlichkeit, die Aufspannzeiten so weit wie irgend möglich zu verringern.

Als größtes Hindernis beim Spannen macht sich die Elastizität des Materials bemerkbar. Viel mehr, als der Konstrukteur auf anderen Gebieten der Technik, muß der Vorrichtungenkonstrukteur mit diesem Faktor rechnen. Wenn beim Spannen durch unrichtige Lage des Teiles oder durch unrichtige Wahl der Spannstellen das Arbeitsstück oder die Vorrichtung verzogen wird, so ist die ausgeführte Arbeit meist fehlerhaft. Um ein Teil beim Aufspannen zu verziehen, ist durchaus nicht immer ein großer Kraftaufwand nötig; schon mit verhältnismäßig schwachem Spannorgan kann ein Teil erheblich aus seiner ursprünglichen Form gebracht werden. Das tritt naturgemäß bei dünnwandigen und sperrigen Teilen leichter ein als bei solchen von kompakter Form.

Aber nicht nur beim Spannen, sondern auch beim Bearbeiten kann sich die Elastizität des Materials störend bemerkbar machen, nämlich dann, wenn der Schnittdruck so groß ist, daß das Werkstück abfedert. Beim Aufhören oder Nachlassen des Schnittdruckes geht dann das Teil gewöhnlich in seine ursprüngliche Form zurück, doch wird die so ausgeführte Arbeit meist ungenau; außerdem ist die Abnahme kräftiger Späne wegen des Abfederns der Teile nicht möglich. Auch dem Abfedern sind dünnwandige und sperrige Teile mehr unterworfen als stabile. Sache des Vorrichtungenkonstrukteurs ist es, beim Konstruieren der Vorrichtung der Möglichkeit des Abfederns zu begegnen, indem er an geeigneten Stellen das Werkstück abstückt.

Beim Aufspannen sind drei verschiedene Faktoren zu unterscheiden

1. die Aufnahme,
2. das Ausrichten,
3. das Festspannen.

Mit der Festlegung des Arbeitsganges ist oft auch die Aufnahme bestimmt; hat man die Wahl zwischen mehreren Aufnahmen, so ist die zu wählen, die das sicherste Spannen zuläßt. Denn die Forderung, mit kräftigen Spänen und hohen Schnittgeschwindigkeiten genaues Arbeitsergebnis zu erzielen, erfordert eine sichere Einspannung. Aus diesen Gründen ist der Wahl der Einspannstelle große Sorgfalt zu widmen. Dabei ist auf den Zustand des zu spannenden Teiles Rücksicht zu nehmen; dies geschieht am besten auf die Weise, daß bei Aufstellung des Arbeitsplanes ein rohes Werkstück zur Hand liegt, damit alle Abweichungen der Teile in Form und Abmessung berücksichtigt werden können. Erfolgt die Aufnahme an einer bereits bearbeiteten Stelle, so sind die möglichen Arbeitsfehler zu berücksichtigen und die Aufnahme so zu wählen und so zu gestalten, daß diese Fehler sich nicht bei den folgenden Arbeitsgängen schädlich bemerkbar machen.

Bei Teilen, die mehrere Operationen durchlaufen müssen, ist die Wahl der Aufnahmestelle für die erste Operation die wichtigste, da diese meist bestimmend ist für die Aufnahme für die folgenden Operationen. Wird die erste Aufnahme nicht richtig gewählt, so leidet in der Regel der ganze Arbeitsgang darunter; die Arbeit wird ungenau, zu teuer, oder beides. Man darf also bei Bestimmung der Arbeitsgänge nicht nur jeweilig die einzelne Operation betrachten, sondern muß den Arbeitsgang bis zur Fertigstellung des Werkstückes übersehen.

Besteht über die Aufnahmestelle Klarheit, so ist die weitere Aufgabe die, das Teil festzulegen, d. h. in die richtige Lage zum Werkzeug zu bringen. Zu diesem Zwecke sind an den Vorrichtungen entsprechende Anlagen und Anschläge anzuordnen, gegen die das Werkstück durch Spannmittel angedrückt werden muß. Dabei ist zu beachten, daß die Lage des Teiles eindeutig bestimmt, jedoch nicht überstimmt wird.

Beim Spannen ist folgendes zu beachten:

1. Die Spannstellen sind so zu wählen, daß weder das Werkstück, noch die Vorrichtung, noch der Aufspanntisch der Maschine verzogen wird.
2. Weder das Werkstück, noch die Vorrichtung, noch Teile der Maschine, noch die Spannschrauben sollen auf Biegung beansprucht werden.
3. Die Festspannung muß so kräftig sein, daß sie das Werkstück während des Arbeitsvorganges sicher in der gegebenen Lage festhält.
4. Das Werkstück darf beim Spannen nicht aus seiner Lage herausgedrängt werden.
5. Bei Anordnung mehrerer Spannstellen dürfen die einzelnen Spannmittel nicht gegeneinander wirken.
6. Das Spannen soll mit möglichst wenig und möglichst einfachen Mitteln in denkbar kürzester Zeit erfolgen.
7. Bei Ausbildung der Spannorgane ist auf Sinnfälligkeit der Bewegungen zu achten.

Die Formen der vorkommenden Teile sind so außerordentlich zahlreich, daß es nicht möglich ist, alle vorkommenden Fälle hier anzuführen, es können nur die wichtigsten im Prinzip und an Hand von Beispielen erörtert werden; diese Art der Behandlung hat den Vorteil, daß das Gesagte sinngemäß angewandt, für alle Anwendungsfälle richtig ist.

Die Aufnahme von Teilen auf ebenen Flächen. Der in Abb. 50 dargestellte Körper soll so aufgenommen und festgespannt werden, daß seine Form nicht durch das Spannen und seine Lage nicht durch die beim Bearbeiten auftretenden Kräfte verändert werden kann. Das Teil wird unter Berücksichtigung der gestellten Forderung zweckmäßig in der dargestellten Art aufgenommen. Um eindeutige Bezeichnungen zu haben, wollen für dieses Beispiel und alle nachfolgenden benennen:

die Fläche *a*, auf der das Teil in der Vorrichtung aufliegt, mit „Auflagefläche“,
die Flächen *b* mit „Anlagefläche“,
die Fläche *c* mit „Anschlagfläche“.

Liegt das Teil an diesen drei Flächen an, so ist seine Lage im Raume bestimmt. Um die Anlage zu sichern, muß es durch Spannmittel an diese Flächen angedrückt werden; diese Spannmittel sind sehr mannigfaltig und sollen später behandelt werden; sie sind in vorliegendem Beispiele durch Pfeile angedeutet. Die Pfeile P_a stellen die auf die Auflagefläche, P_b die auf die Anlagefläche und P_c die auf die Anschlagfläche wirkenden Kräfte dar. Wie aus der Abbildung zu ersehen, ist als Auflage die größte Fläche, als Anlage die längere und als Anschlag die kurze schmale Fläche gewählt. Nach diesem Prinzip sollen alle Teile mit ebenen Flächen aufgenommen werden. Die Anwendung der durch die Pfeile P_a angedeuteten Spannung auf die Auflagefläche ist nicht immer möglich; in solchen Fällen muß die durch die Pfeile P_b angedeutete Anpressung an die Anlagefläche genügend groß sein, daß die beim Bearbeiten auftretenden Kräfte das Teil nicht herausreißen können. Beispiele für solche Fälle werden später noch gebracht.

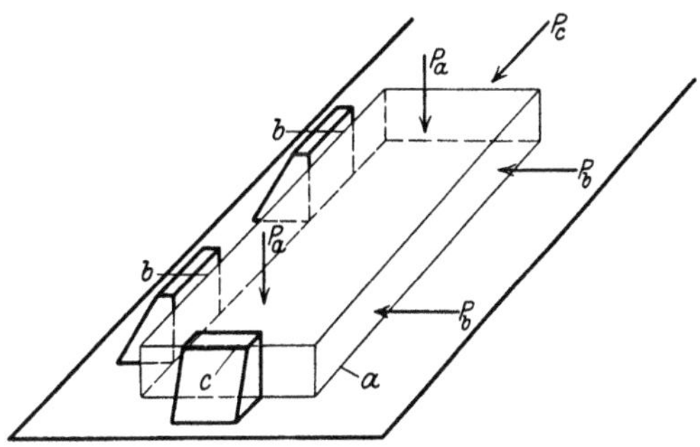

Abb. 50.

Bei der Ausbildung der Anlage- und Anschlagflächen, sowie bei Anordnung der Spannstellen werden häufig Fehler begangen, von denen einige angeführt werden sollen. Abb. 51 zeigt eine Aufnahme des in Abb. 50 dargestellten Teiles. Die Aufnahme entspricht im wesentlichen der in Abb. 50 gezeigten, doch erfolgt die Anlage und der Anschlag an zwei aneinanderstoßenden Flächen *a* und *b*. Die Spannstellen sind durch Pfeile angedeutet. Die Aufnahme ist unrichtig, weil sowohl am Werkstück als auch an der Vorrichtung die beiden aneinanderstoßenden Flächen nicht genau rechtwinklig zueinander stehen werden. Das Ergebnis ist eine Lage des Teiles nach Abb. 52, wenn die Spannstellen *d* und *e* zuerst betätigt werden; wird die Spannstelle *c* zuerst benutzt, so nimmt das Teil die in Abb. 53 angegebene Lage ein. Richtiger ist die Aufnahme nach Abb. 54, bei der das Teil an der langen Fläche *a* anliegt und in der Mitte der Fläche *g* anschlägt. Da aber die Fläche *a* gleichfalls Ungenauigkeiten aufweisen kann, so ist es zweckmäßiger, die Anlagefläche in der Vorrichtung zu unterbrechen und nur zwei kurze Anlagestellen zu geben, Abb. 55; diese Aufnahme wäre die richtige. Falsch wäre es ferner noch, wenn statt der langen Fläche *a* die kurze *b* als Anlage gewählt würde und die lange Fläche *a* als Anschlagfläche, Abb. 56, da bei geringer Ungenauigkeit des Winkels eine größere Ungenauigkeit der Lage des Teiles erfolgt, als bei der Ausführung nach Abb. 55. Man wähle also möglichst große Flächen zur Auflage und Anlage.

Die Spannstellen wähle man so, daß sie den Anlagestellen gegenüberliegen, Abb. 55, und nicht so, daß sie an schädlichen Hebelarmen wirken, Abb. 57, oder das Werkstück durchbiegen, Abb. 58.

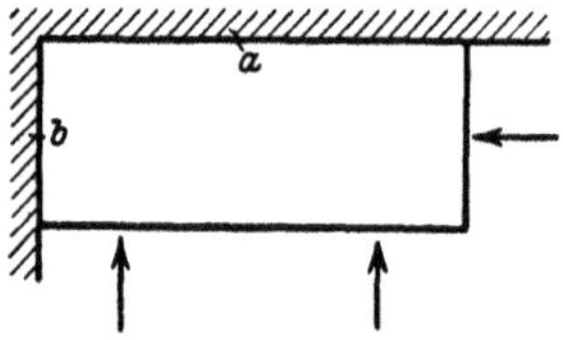

Abb. 51.

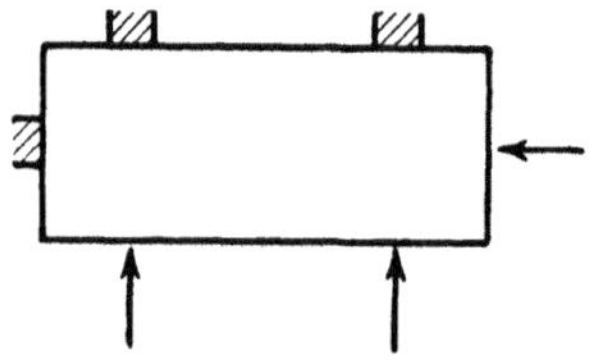
Abb. 55.

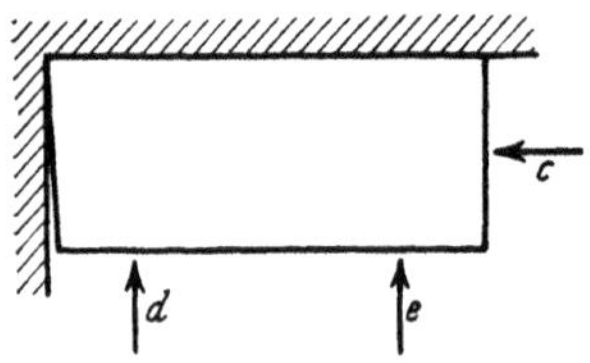

Abb. 52.

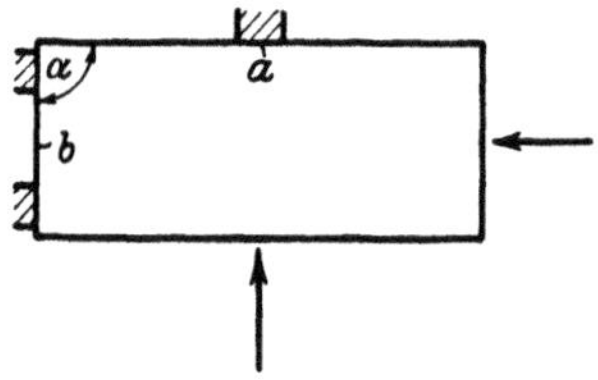

Abb. 56.

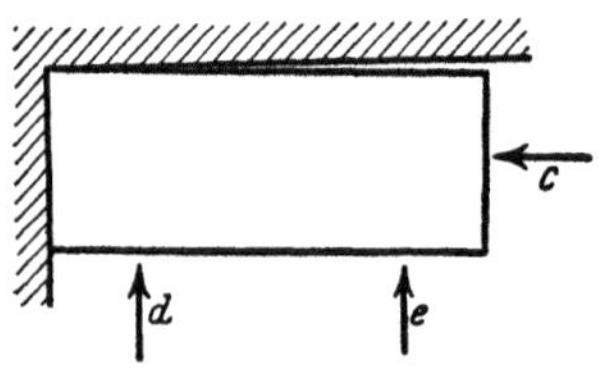

Abb. 53.

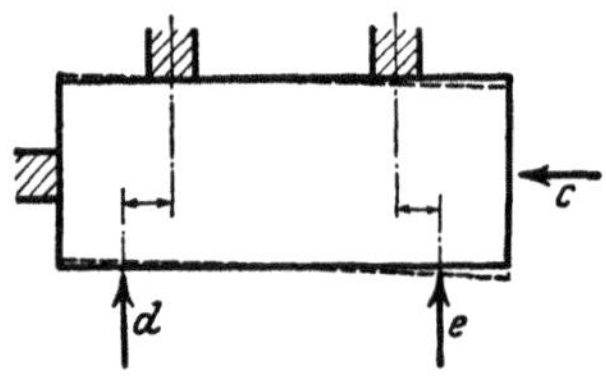

Abb. 57.

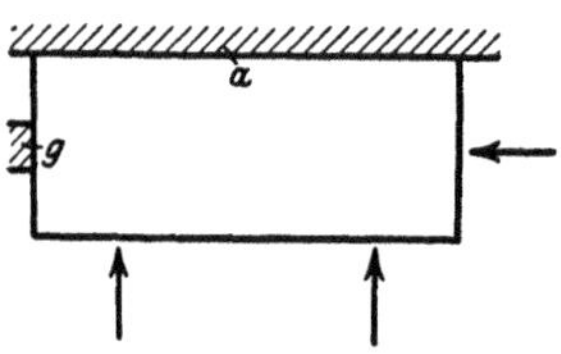

Abb. 54.

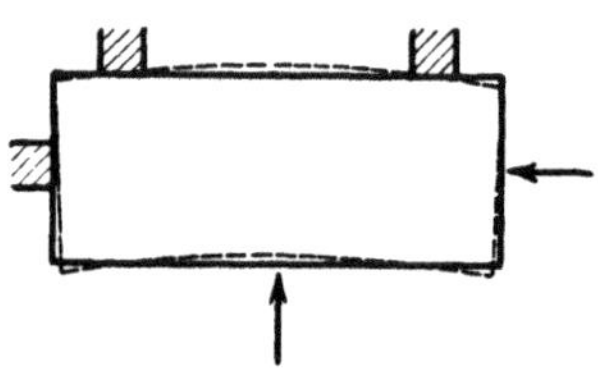
Abb. 58.

Die Ausbildung der Anlageflächen ist so vorzunehmen, daß den Teilen anhaftender Grat, sowie Späne und Schmutz die richtige Anlage nicht hindern. Die Ausführung nach Abb. 59 ist unrichtig, da die Anlagefläche *a* bis zur Auflagefläche *m* heruntergeht. Die von *a* und *m* gebildete scharfe Ecke ist schwierig herzustellen und läßt sich nicht gut von Spänen und Schmutz reinigen. Bleiben Späne oder Schmutz beim Einlegen eines Werkstückes haften, so kommen die Flächen nicht zur Anlage. Das gleiche geschieht, wenn sich an der Kante des Werkstückes Grat befindet. Ist die von den Flächen *a* und *m* gebildete Ecke ausgespart, Abb. 60, so können diese Fehler nicht eintreten.

Bei Ausbildung der Anlageflächen muß auch die Wirkung der Spannelemente beachtet werden. Ist die Anlagefläche zu niedrig, so daß die Druckstelle des Spannmittels höher liegt als die obere Kante der Anlagefläche, Abb. 61, so kippt das Werkstück von der Auflagefläche ab. Ist das Werkstück schwach, Abb. 62, und ist sowohl die Anlage als auch die Spannstelle zu niedrig gelegt, so kann das Teil nach oben ausbauchen. Die richtige Spannung zeigt Abb. 60.

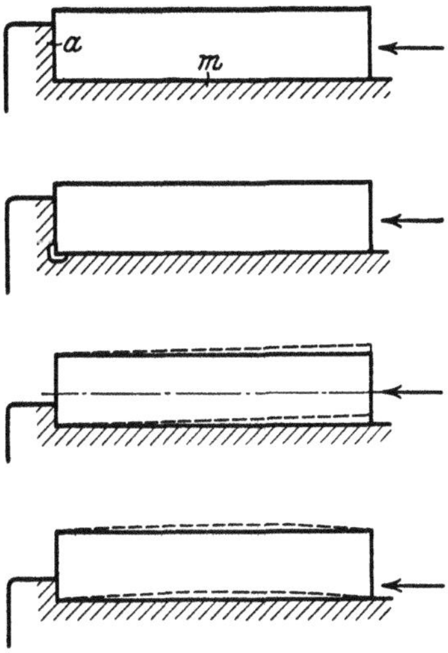

Abb. 59 bis 62.

Für Teile mit parallel liegenden Paßflächen, Abb. 63, darf die Aufnahme nur dann in der in der Abbildung dargestellten Art in einer entsprechenden Nut erfolgen, wenn die auszuführende Arbeit nicht sehr genau auszuführen ist. Soll die Arbeit dagegen genau ausfallen, so ist als Anlage nur eine der parallelen Flächen zu benutzen, Abb. 64, und das Werkstück wie in der Abbildung durch Pfeil angedeutet, an diese Fläche anzudrücken.

Ein Gegenstück zu diesem Fall ist der in Abb. 65 dargestellte. Das Werkstück ist im ersten Arbeitsgange an den Innenflächen *a* und *b* auf das Maß *s* bearbeitet worden und soll nun zur Weiterbearbeitung an diesen Flächen aufgenommen werden. Erfolgt die Aufnahme, wie in der Abbildung gezeigt, in einer Vorrichtung, die das Teil auf einem Steg von der Breite *s* aufnimmt, so werden die Teile, bei denen das Maß *s* größer ist als die Breite des Aufnahmesteges, wie in der Abbildung gezeigt, beim Festspannen zusammengedrückt, während Teile mit zu kleinem Maß *s* überhaupt nicht aufzustecken sind, Abb. 66. Die richtige Ausführung zeigt Abb. 67; der Aufnahmesteg der Vorrichtung ist schmaler gehalten als das Maß *s* des Werkstückes. Das Teil kommt an der Fläche *a* zur Anlage, während die Fläche *b* der Spannschraube gegenüber durch einen Butzen abgestützt wird. Soll das Teil aufgespannt werden, so wird die Spannschraube *m* gelöst und das Teil aufgesteckt. Der Butzen *u* wird dann durch die Feder an die Fläche *b* des Werkstückes angedrückt. Das

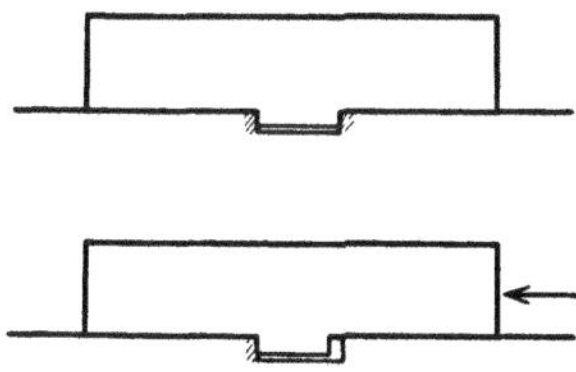
Abb. 63 und 64.

Festspannen erfolgt zuerst durch die Schraube *e* (durch Pfeil angedeutet), dann wird der Butzen *u* durch die Schraube *m* fest angezogen und schließlich die durch Pfeil *t* angedeutete Spannung betätigt. Eine andere Lösung ist in Abb. 68 und 69 dargestellt, bei der die Fläche *b* durch einen Keil *k* gestützt wird.

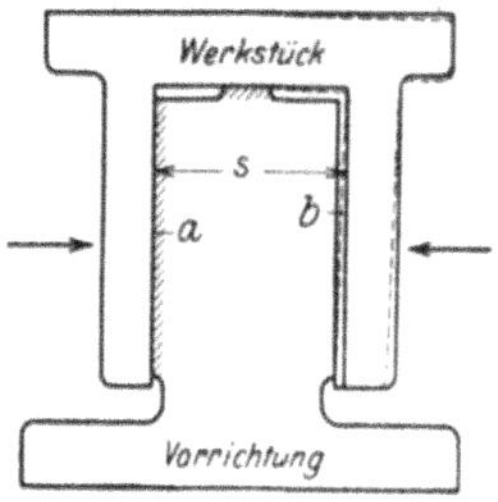

Abb. 65.

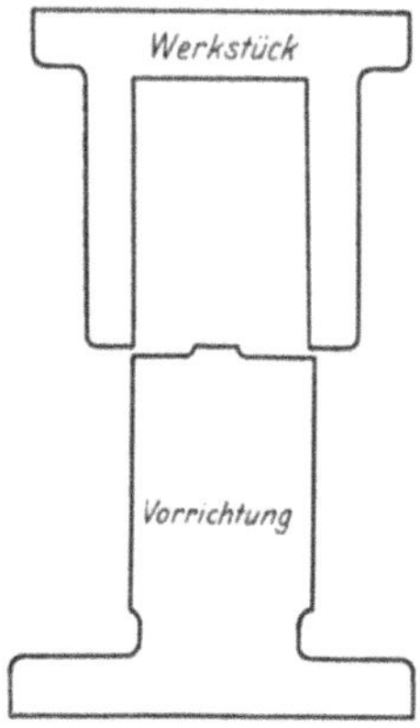

Abb. 66.

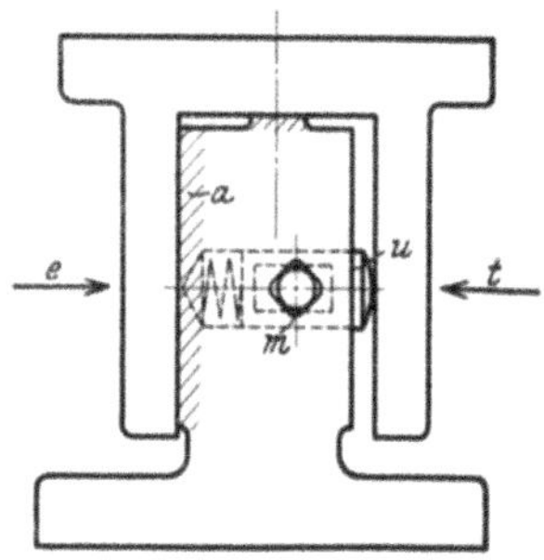

Abb. 67.

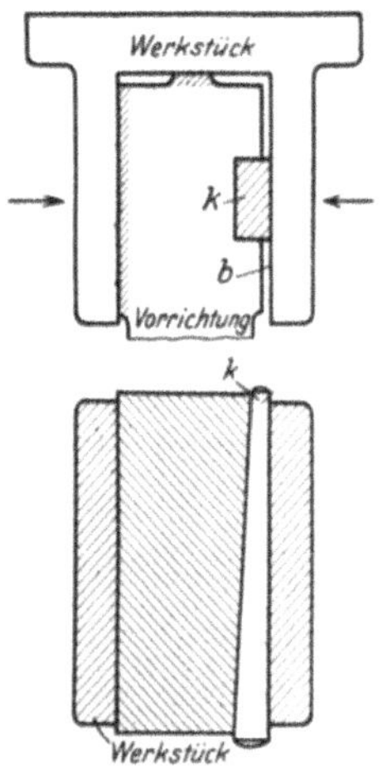

Abb. 68 und 69.

Stützmittel für unstabile Teile. Die Fälle, in denen Teile in der eben beschriebenen Weise abgestützt werden müssen, sind recht zahlreich, es sollen daher verschiedene Ausführungsformen der Stützmittel angeführt werden. Die in Abb. 67 gezeigte Konstruktion ist in Abb. 70 und 71 besonders dargestellt; sie ist mit die einfachste und arbeitet sicher, weil sie keine gefühlsmäßige Einstellung durch den Arbeiter verlangt. Allerdings muß bei der Ausführung folgendes beachtet werden: Die Spannschraube zum Festklemmen des Bolzens muß kräftig angezogen werden; da sie als Druckschraube wirkt, so muß der Druckbutzen hart sein, weil er sich sonst nach kurzem Gebrauch breitdrückt. Würde man die Druckschraube direkt auf die Fläche des Bolzens wirken lassen, so würde in kurzer Zeit eine Deformierung des Bolzens eintreten. Aus diesem Grunde ist ein Druckbutzen zwischen Druckschraube und Bolzen angebracht; dieser Druckbutzen drückt nur stumpf gegen den Bolzen. Der Bolzen muß reichlichen Querschnitt haben, daß keine Gefahr besteht, daß der durch die Schraube erzeugte Druck den Bolzen breitdrückt. Als Material für Bolzen und Druckbutzen wähle man Gußstahl; beide Teile sind, um

Deformationen vorzubeugen, zu härten. Der billigen Herstellung wegen ist zu empfehlen, gezogenes Material zu verwenden.

Eine andere Ausführung der Festklemmung der Federbolzen zeigt Abb. 72 und 73; die Art der Klemmung ist ohne weiteres aus der Abbildung zu erkennen. Die Konstruktion hat den Vorteil, daß der Bolzen *b* im Durchmesser schwächer sein kann als im Beispiele nach Abb. 70, und daß die Klemmung ungemein fest hält. Bei der Herstellung ist zu beachten, daß das Aufnahmeloch für den Bolzen *b* im Vorrichtungenkörper mit dem im Spannbolzen *s* genau fluchtet; das Loch wird der Einfachheit halber in beide Teile zugleich gebohrt; d. h. vor dem Bohren wird der Bolzen *s* in sein Aufnahmeloch eingesteckt und dann das Loch für *b* gebohrt. Der Bolzen *b* darf an der Spannstelle nicht hart sein, da sonst Gefahr besteht, daß er beim Festspannen zerbricht.

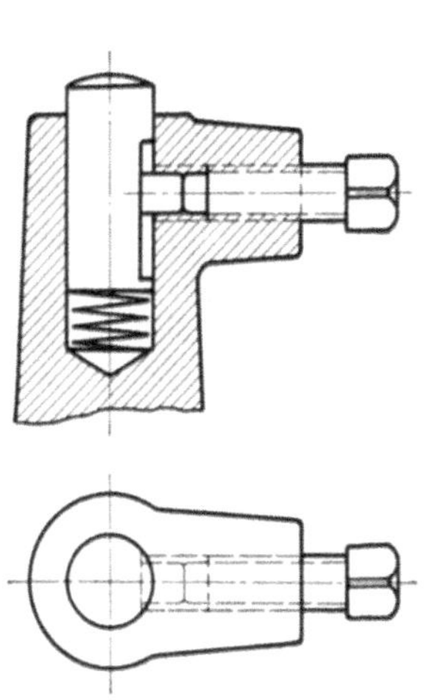

Abb. 70 und 71.

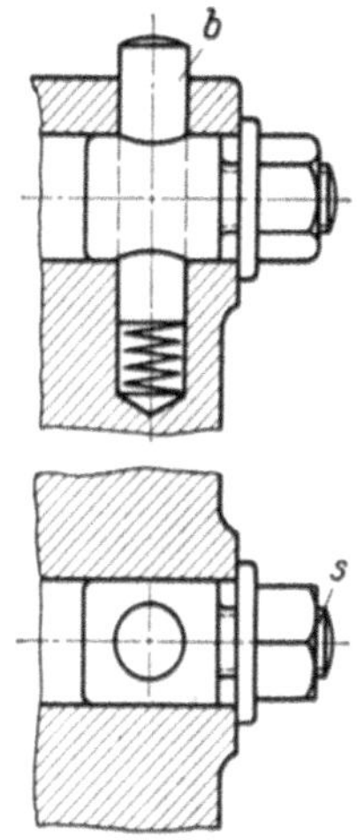

Abb. 72 und 73.

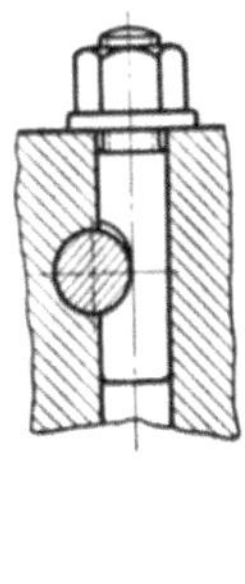

Abb. 74.

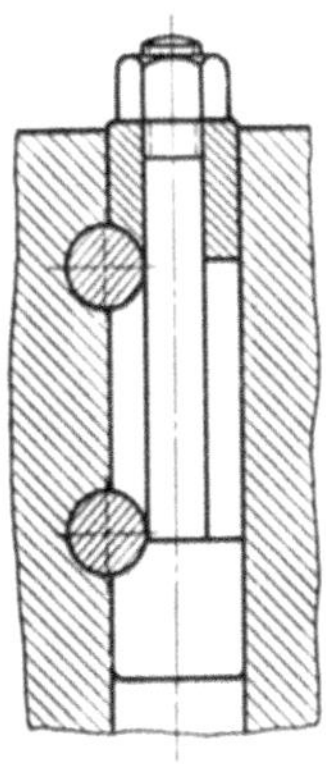

Abb. 75.

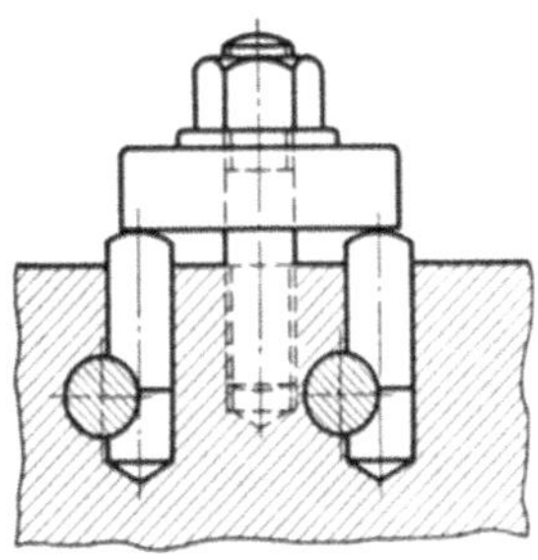

Abb. 76.

Die in Abb. 74 gezeigte Ausführung ist noch einfacher, billiger und erfordert wenig Raum; die Klemmung ist gut, doch nicht so sicher, wie die in Abb. 72 gezeigte. In Abb. 75 und 76 ist eine der vorhergehenden gleiche Klemmung dargestellt, die jedoch größere Druckflächen aufweist und so eingerichtet ist, daß zwei Bolzen gleichzeitig mit einer Schraube festgespannt werden.

Werden Schrauben als Stützen angewandt, so kommt die Ausführung nach Abb. 77 und 78 in Frage. In Abb. 77 ist die Schraube *s* in eine entsprechende Bohrung der Vorrichtung eingesteckt, in der sie gegen Drehung durch einen Stift *i*, der sich in einer Nut der Bohrung führt, gesichert ist. Die Höhenverstellung erfolgt durch die kordierte Mutter *m*. Diese Ausführung ist besser als die in Abb. 78 gezeigte, weil sich die Schraube *s* stumpf gegen das Werkstück legt, während die Schraube nach Abb. 78 gedreht werden muß und, wenn die Anlage am Werkstück nicht in der Drehachse der Schraube erfolgt, die Schraube die Lage des Werkstückes quer zur Schraubenachse verändern kann.

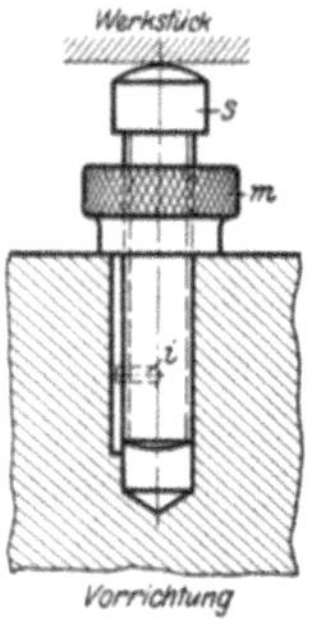

Abb. 77.

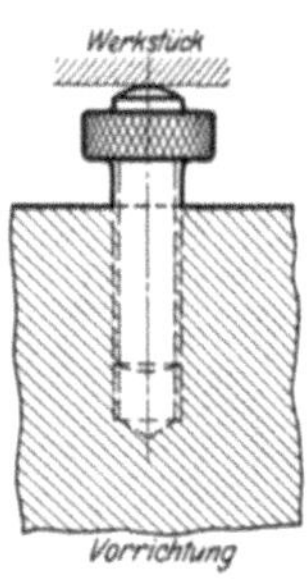

Abb. 78.

Teile, die auf mehr als einer und in verschiedenen Ebenen liegenden Flächen oder auf einer Fläche und in einem Loch oder auf runden Zapfen aufgenommen werden müssen, werden in ihrer Lage überstimmt; dies sollte unter keinen Umständen geschehen, da hierdurch Maßabweichungen aller Art eintreten können. Es darf daher bei solchen Teilen nur eine Fläche oder nur ein Zylinder starre Aufnahme haben; die übrigen Aufnahmen müssen einstellbar ausgebildet werden.

In Abb. 79 ist ein Teil mit zwei abgesetzten Flächen dargestellt, das so aufgespannt werden muß, daß beide Flächen Auflage finden. Die dargestellte Aufnahme ist durchaus falsch, denn die Maße *h* und *l* werden weder bei den Werkstücken noch bei der Vorrichtung absolut genau eingehalten; wird die Aufnahme trotzdem in der angegebenen Art ausgebildet, so erfolgt ein schiefes Spannen der Teile nach Abb. 80 oder 81. In Abb. 82 ist die richtige Aufnahme des Teiles gezeigt. Die Fläche *a* liegt fest auf, während die Fläche *b* durch einen Butzen *u* unterstützt wird, der durch eine Feder an *b* angedrückt und dann durch eine Spannschraube *s* in dieser Stellung festgespannt wird, so daß der Butzen eine feste Auflage darstellt.

Gußteile von sperriger Form haben oft nur kleine Aufnahmeflächen, so daß das richtige Aufnehmen in verschiedenen Arbeitsgängen nicht immer einfach ist; dieser Umstand verführt nicht selten dazu, das Werkstück mehrmals in den rohen Formen aufzunehmen. Das sollte jedoch unter keinen Umständen vorkommen; denn damit werden die Vorbedingungen für die gröbsten Arbeitsfehler gegeben. In Abb. 83 ist ein solches Teil dargestellt; die Fläche *a* ist bearbeitet und es sollen nun die

Flächen *b* und *c* gefräst werden. Die Aufnahme erfolgt an der Fläche *a*, die durch Spanneisen an die Aufnahmefläche der Vorrichtung angedrückt wird. Um das Teil vor dem Abbiegen durch den Fräserdruck

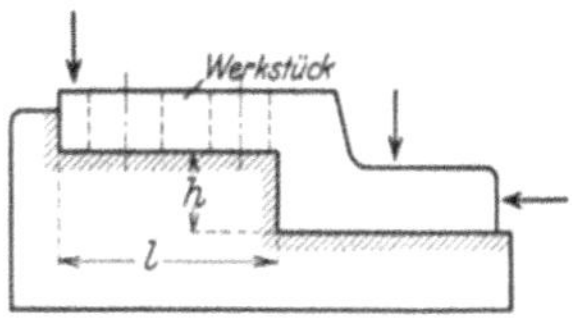

Abb. 79.

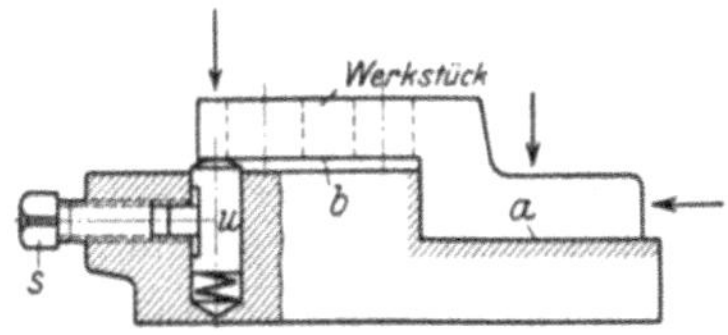

Abb. 82.

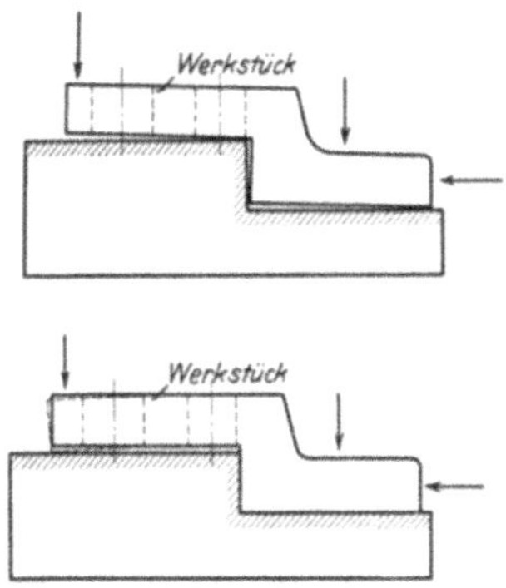

Abb. 80 und 81.

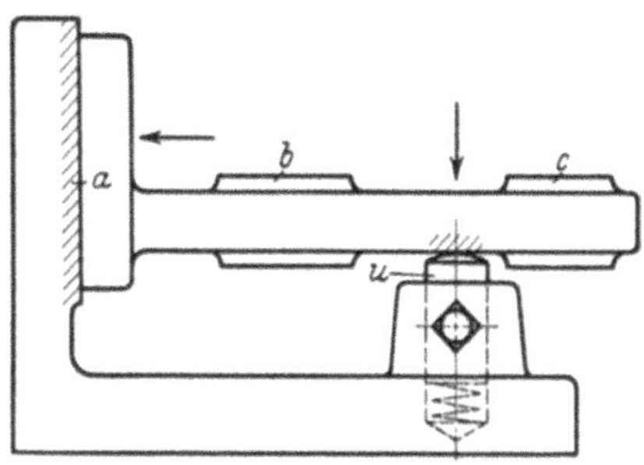

Abb. 83.

und vor Vibrationen zu schützen, wird der schon bekannte Stützbutzen *u* angewandt und ein Spanneisen an der durch Pfeil angedeuteten Stelle angebracht.

Die Aufnahme runder Teile. Runde Teile werden zweckmäßig in V-förmigen Auflagen aufgenommen, Abb. 84, durch die die Achsenlage des Teiles in ihrer Richtung bestimmt wird. Die Höhenlage der Achse wird dabei durch Unterschiede im Durchmesser oder durch Unrundsein des Werkstückes beeinflußt. Besteht die Aufgabe darin, ein Loch genau durch die Mitte des Werkstückes und quer zu seiner Achse zu bohren, so darf dies nicht wie in Abb. 85 dargestellt ausgeführt werden, da dann die Arbeit die Fehler der Höhenlage des Teiles aufweisen würde (Maß *a* in der Abbildung), sondern so, wie es Abb. 84 zeigt.

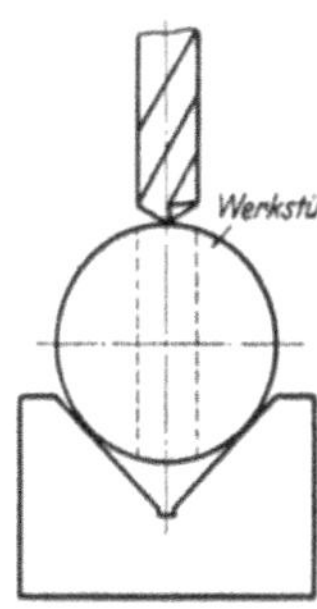

Abb. 84.

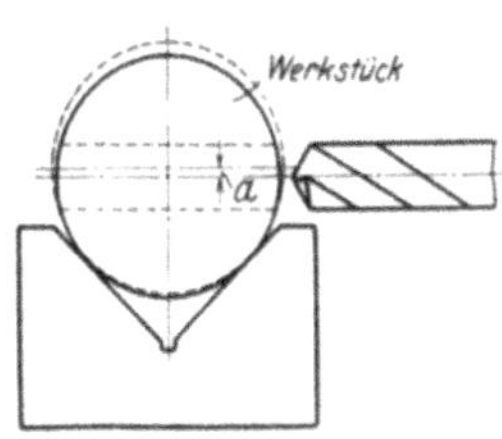

Abb. 85.

Sind an runden Teilen Fräs- oder Hobelarbeiten vorzunehmen, so muß die Art der Aufnahme danach bestimmt werden, ob der Abstand der herzustellenden Flächen von Mitte Werkstück in der Querrichtung oder in der Höhenrichtung genau sein soll. Abb. 86 zeigt eine Welle, in die eine Keilnut eingefräst werden soll. Wird die Aufnahme in der dargestellten Weise gewählt, so fallen die Nuten bei Differenzen im Werkstückdurchmesser verschieden tief aus, Maß h und h_1; jedoch stehen die Nuten, sofern der Fräser richtig eingestellt ist, immer auf Mitte. Wird dagegen die Aufnahme nach Abb. 87 gewählt, so wirken sich die Differenzen im Durchmesser in zwei Richtungen aus; die Nuten werden verschieden tief, Maß h und h_1, und einseitig, Maß e der Abbildung.

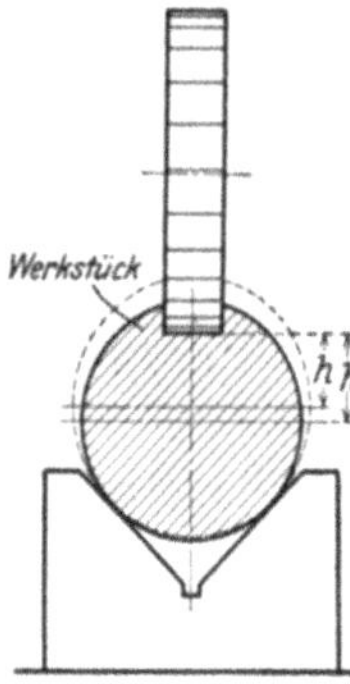

Abb. 86.

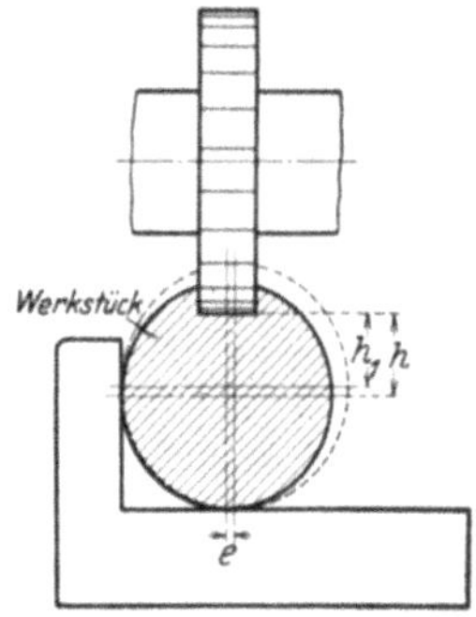

Abb. 87.

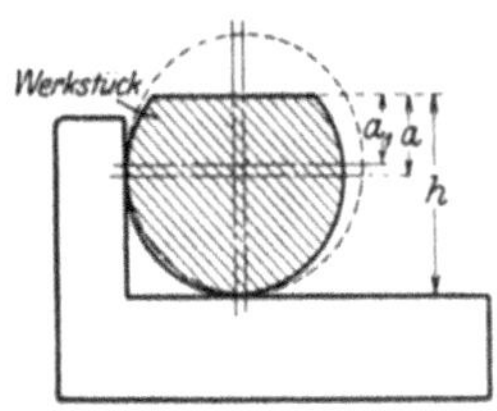

Abb. 88.

In Abb. 88 ist ein Teil gezeigt, das eine Fläche in genauem Abstande a von der Mitte erhalten soll. Die dargestellte Aufnahme würde bei allen Teilen das gleiche Maß h und damit alle Differenzen im Durchmesser in das Maß a hineinbringen. Die Aufnahme nach Abb. 86 würde gleichfalls fehlerhaft sein. Wird das Teil wie in Abb. 89 und 90 gezeigt aufgenommen, so fällt das Maß a bei allen Teilen, die in einer Stellung der Aufnahme bearbeitet werden, immer gleich groß aus.

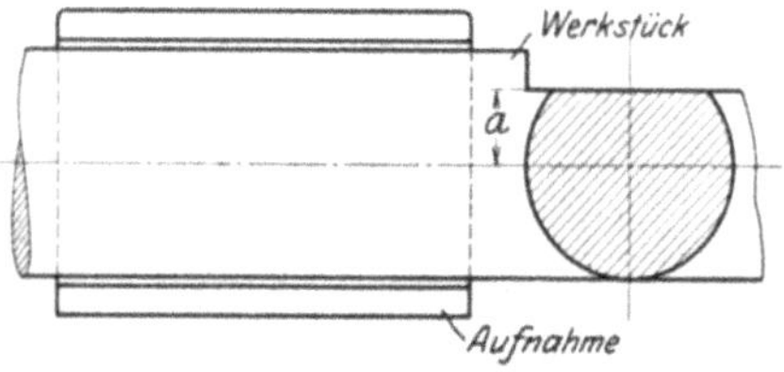

Abb. 89.

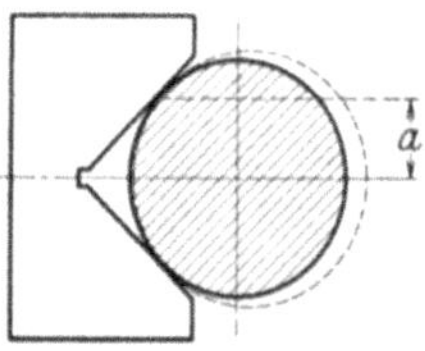

Abb. 90.

Runde Teile mit verschieden großem Durchmesser, z. B. abgesetzte Wellen, sollten nicht in zwei oder mehr verschiedenen Durchmessern in V-förmigen Prismen aufgenommen werden, Abb. 91 und 92, da jede einzelne solcher Auflagen, je nach der Größe der Maßabweichung des aufliegenden Wellenteiles deren Achse eine andere Höhenlage gibt. Außerdem ist es schwierig, mehrere solcher Auflageprismen so herzustellen, daß die Mitten der aufzunehmenden Teile bei genauen Abmessungen gleiche Höhenlage haben. Richtiger ist es, Teile der beschriebenen Art in einem möglichst langen zylindrischen Teil in einer langen Prismenlage aufzunehmen und die überhängenden Teile durch Stellschrauben oder andere Mittel abzustützen, Abb. 93.

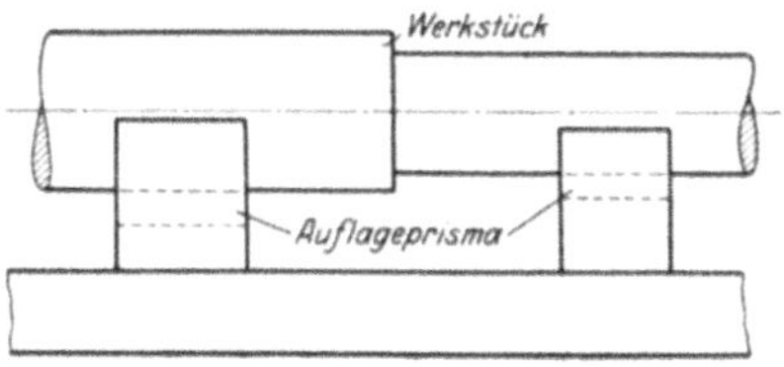

Abb. 91.

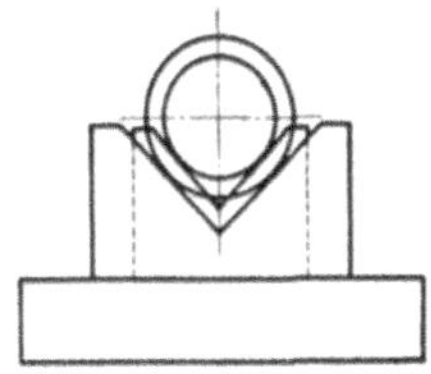
Abb. 92.

Die Aufnahme von Teilen mit mehreren Aufnahmestellen. Sehr häufig kommen Guß-, Schmiede- und Stanzteile mit mehreren runden Augen vor, die zum Bearbeiten nach diesen Augen ausgerichtet werden müssen. Auch in diesen Fällen ist das V-förmige Prisma die einfachste und sicherste Aufnahme; doch ist hierbei zu beachten, daß die Anwendung richtig erfolgt und die Lage des Teiles

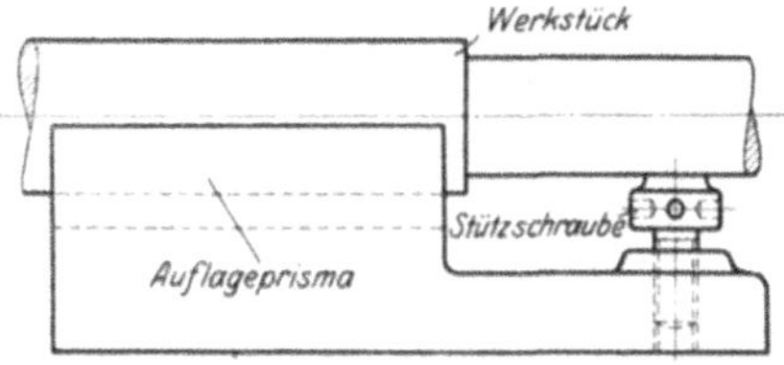

Abb. 93.

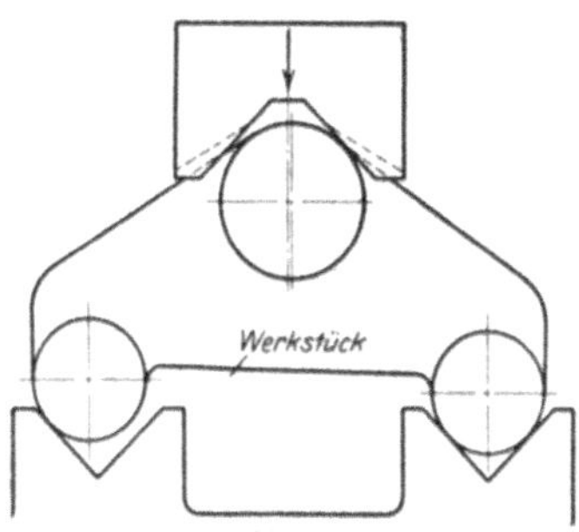

Abb. 94.

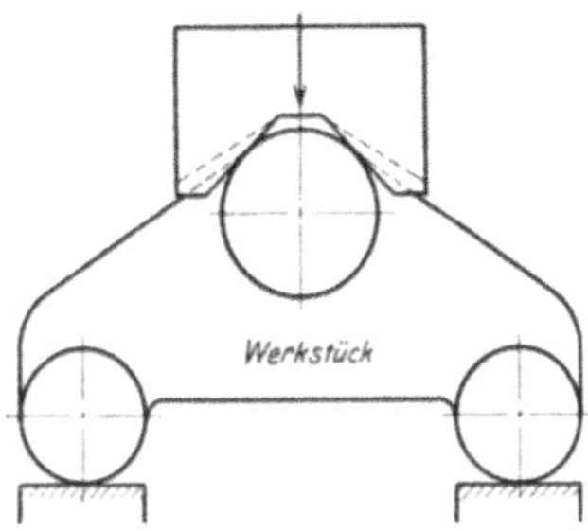

Abb. 95.

nicht überbestimmt wird. In Abb. 94 ist eine solche falsche Aufnahme dargestellt; die drei Augen des Werkstückes werden je durch ein Prisma in ihrer Lage bestimmt. Das Bild zeigt, daß nur ein Auge die richtige Lage einnehmen kann und das Teil sonst schief eingespannt wird. Richtig ist, nur ein Auge im Prisma aufzunehmen und die beiden anderen gegen ebene Anlageflächen zu drücken, Abb. 95 und 96. Welche der Ausführungen zu wählen ist,

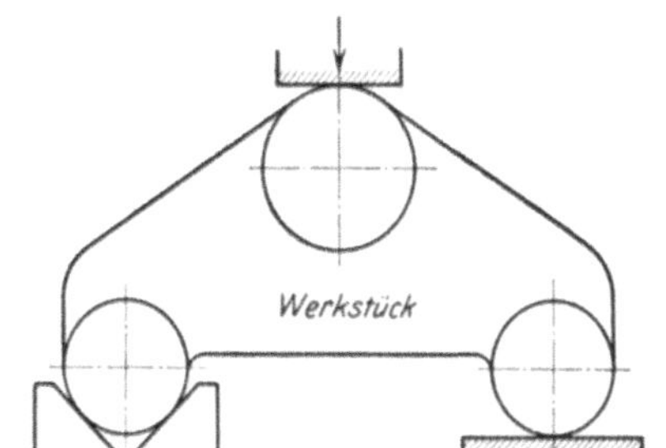

Abb. 96.

richtet sich danach, welches Auge das für die Maßeinhaltung das wichtigere ist.

Teile, die auf einer Fläche und einem runden Auge aufgenommen werden müssen, sind gleichfalls der Gefahr unterworfen, in ihrer Aufnahme überstimmt zu werden. In Abb. 97 ist ein Teil gezeigt, das auf die bearbeitete Fläche *a* aufgespannt werden soll, das aber auch an dem runden Auge anliegen muß. Wird nun als Anlage für das runde Auge

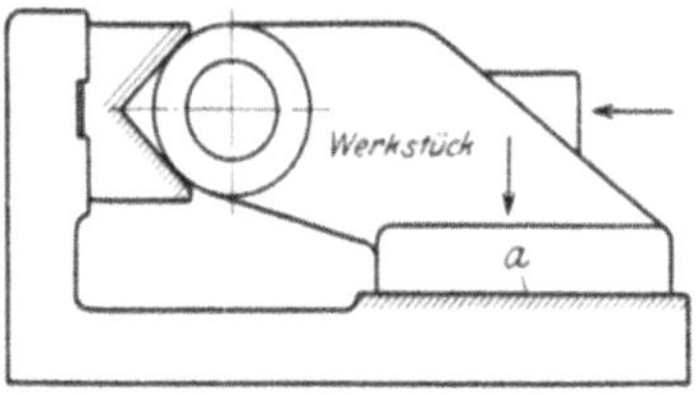

Abb. 97.

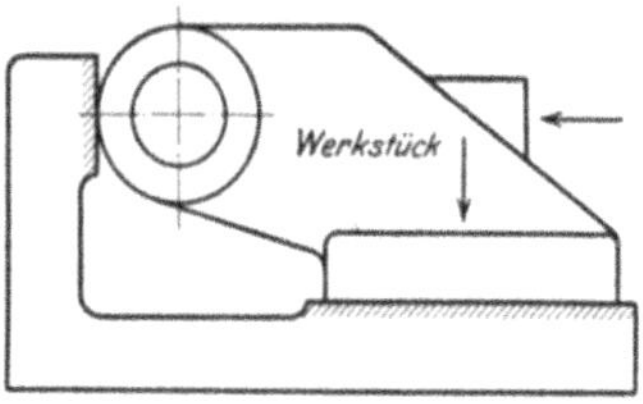

Abb. 98.

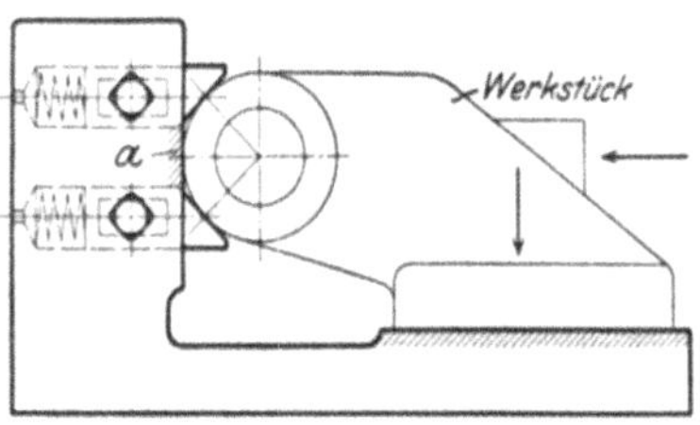

Abb. 99.

ein Prisma gewählt, wie in der Abbildung gezeigt, so wird damit die Höhenlage des Teiles doppelt bestimmt; einmal durch die Fläche *a* und das andere Mal durch das Prisma. Die Aufnahme ist also falsch. Abb. 98 zeigt die richtigere Aufnahme, bei der das runde Auge des Teiles an einer ebenen Fläche zur Anlage kommt. Eine weitere Lösung zeigt Abb. 99, die dann angebracht wäre, wenn bei der Bearbeitung auf das Auge quer zur Achse wirkende Kräfte auftreten. Das Auge wird wieder an die Fläche *a* angedrückt, in der Höhenlage aber durch zwei Bolzen, die durch Federn an das Auge angedrückt und dann festgespannt werden, abgestützt.

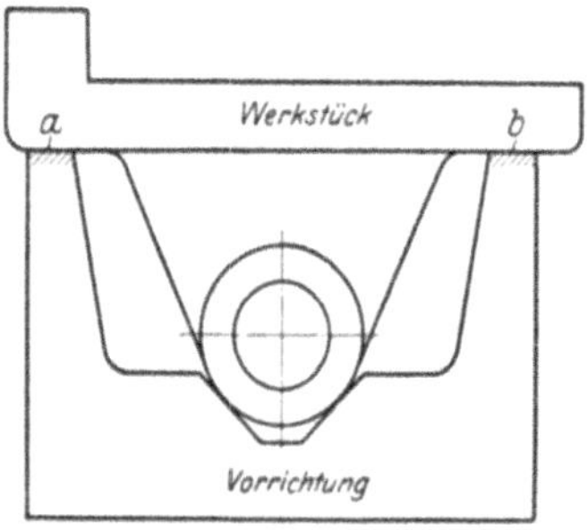

Abb. 100.

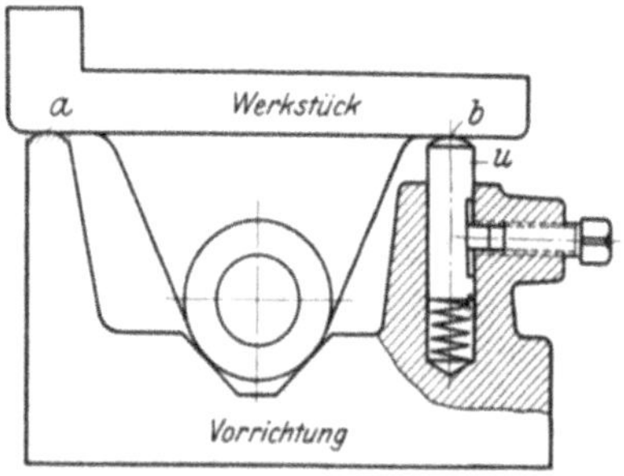

Abb. 101.

Abb. 100 zeigt ein anderes Beispiel; hier soll die Auflage sowohl an dem runden Auge, als auch an den Stellen *a* und *b* erfolgen. Auch hier ist in der dargestellten Form die Höhenlage des Teiles überbestimmt; ein Beispiel für die richtige Aufnahme stellt Abb. 101 dar, bei der die

Auflage *b* nicht starr ist, sondern durch den schon mehrfach erwähnten Butzen *u* sich selbst richtig einstellt.

Das in Abb. 102—107 dargestellte Teil soll in der fertig bearbeiteten Bohrung aufgenommen und nach der ebenfalls fertig bearbeiteten Grundfläche ausgerichtet werden. Wird die Aufnahme nach Abb. 102 und 103 ausgebildet, d. h. so, daß der Aufnahmezapfen für die Bohrung den Abstand des Sollmaßes des Werkstückes hat, so wird es vorkommen, daß ein Teil der Werkstücke, bei denen das Maß *s* kleiner ausgefallen ist, auf der Fläche *a* nicht zur Auflage kommt, Abb. 102, während ein anderer

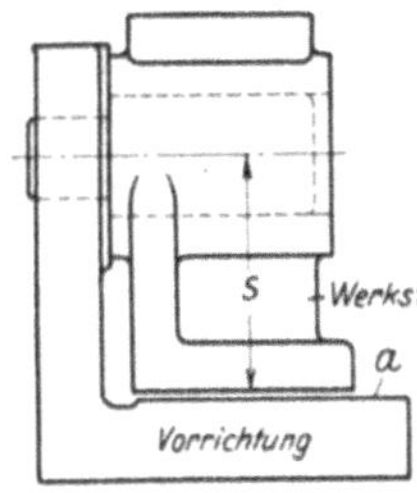

Abb. 102.

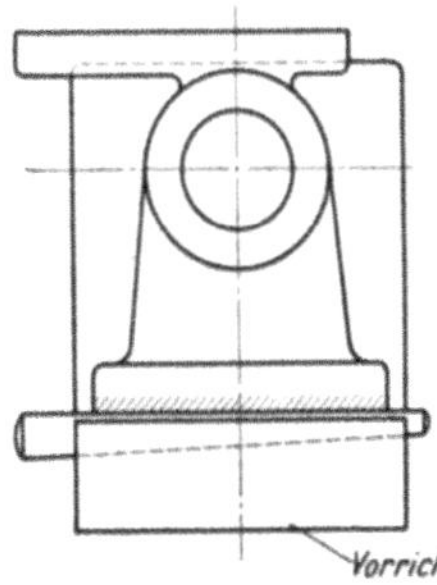

Abb. 104.

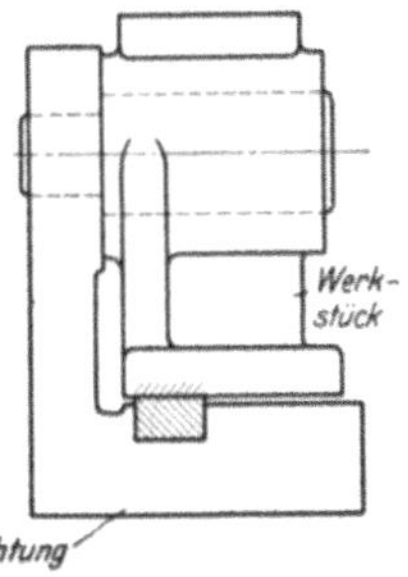

Abb. 105.

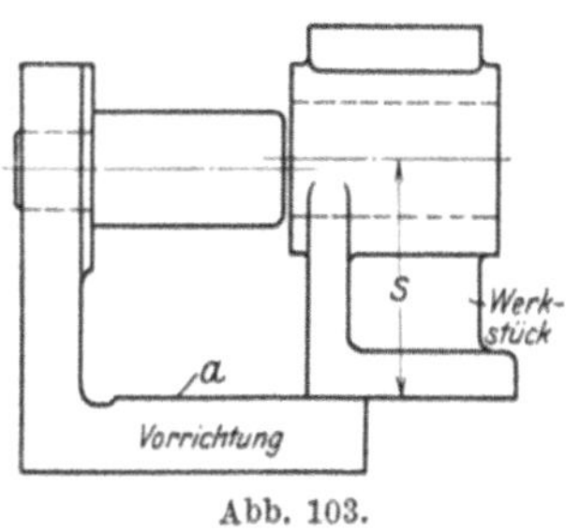

Abb. 103.

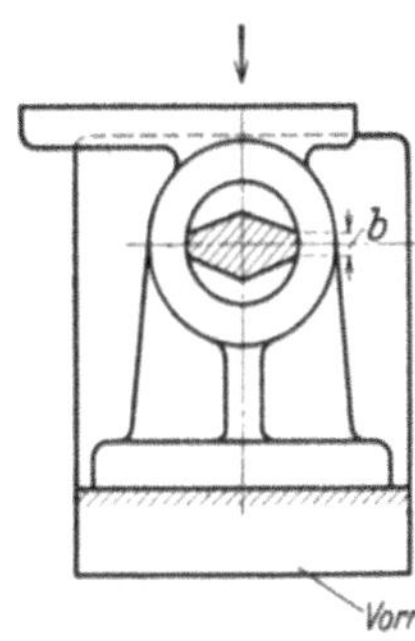

Abb. 106.

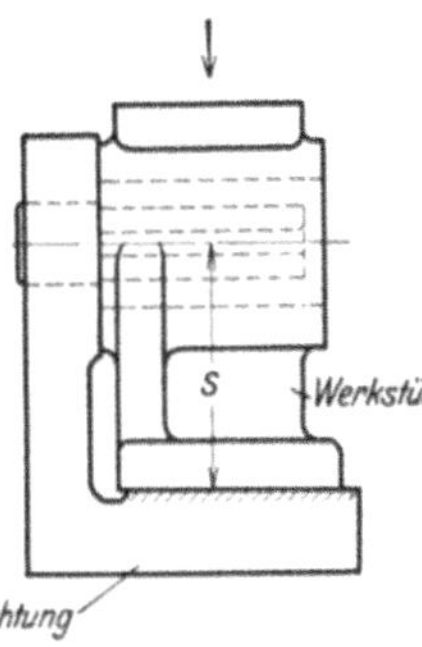

Abb. 107.

Teil, bei dem *s* größer als das Sollmaß ist, überhaupt nicht auf den Dorn aufzustecken ist, Abb. 103. Die Aufnahme ist also überbestimmt. Richtige Ausführung zeigen Abb. 104 und 105, bei der die Aufnahme der Bohrung auf dem festen Aufnahmedorn erfolgt, während die Fläche durch einen verschiebbaren Keil ausgerichtet wird. Einfacher ist die Ausführung nach Abb. 106 und 107; hier hat der Aufnahmezapfen den festen Abstand *S* von der Auflagefläche, doch ist der Zapfen abgeflacht, so daß er nur mit schmaler Fläche von der Breite *b* die Bohrung des Werkstückes berührt. Geringe Differenzen im Maße *S* des Werkstückes können sich dadurch ausgleichen, daß sich die Bohrung um die Differenz in der Senkrechten auf dem Aufnahmebolzen verschiebt. Allerdings ist bei dieser Aufnahme nötig, das Werkstück in der Pfeilrichtung auf die Auflagefläche durch Spannmittel anzudrücken.

Ist ein Teil in 2 Bohrungen aufzunehmen, Abb. 108 und 109, so muß, um ein Überbestimmen der Aufnahme zu vermeiden, der eine Aufnahmebolzen abgeflacht sein, damit sich geringe Differenzen im Abstande der Bohrungen ausgleichen können (Zapfen *b* in Abb. 108). Um das Auf-

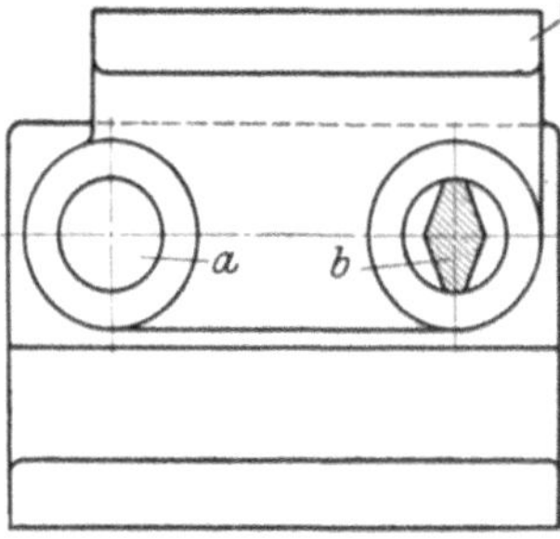

Abb. 108.

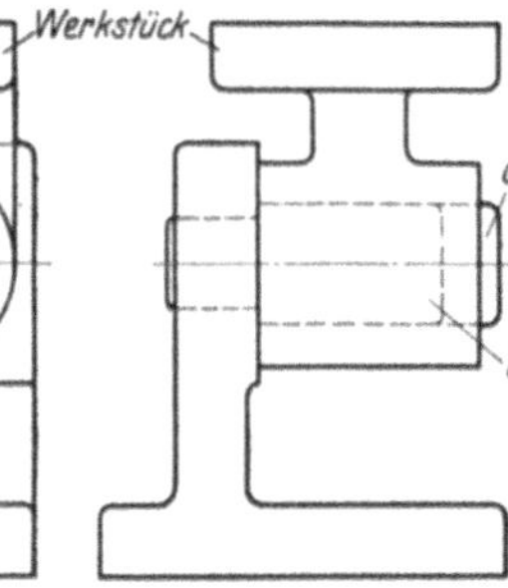

Abb. 109.

stecken der Teile zu erleichtern, ist es auch angebracht, den Zapfen *b* kürzer zu machen als den Zapfen *a*, Abb. 109. Das Werkstück wird erst ein Stück auf den Zapfen *a* aufgesteckt und hat schon etwas Führung, wenn es den Zapfen *b* berührt. Die zweite Bohrung ist dann leichter zu finden.

b) Allgemein verwendbare Spannmittel.

Das Festspannen der Teile ist, wie schon erwähnt, mit der wichtigste Teil fast aller Arbeitsvorgänge; nicht nur wegen des dafür nötigen Zeitaufwandes, sondern auch deswegen, weil vom richtigen Ausführen des Spannens das gute Gelingen der Arbeit abhängt. Dies gilt nicht nur bei Anwendung von Vorrichtungen, sondern ganz allgemein beim Aufspannen irgendwelcher Teile auf Werkzeugmaschinen. Wegen dieser großen Bedeutung des richtigen Spannens für ein wirtschaftliches Arbeiten sollen die Spannmittel hier ganz allgemein mit behandelt werden; d. h. auch solche, die ohne besondere Vorrichtungen darzustellen, allgemein zum Festspannen von Teilen auf Hobel-, Fräs- und Bohrmaschinen benutzt werden.

Es geschieht dies vor allem auch deshalb, weil bei den hierbei behandelten einfachen Beispielen das, worauf es beim Spannen ankommt, am klarsten zu erkennen ist, und die Mittel, die dabei angewandt werden, in allen erdenklichen Formen bei den Vorrichtungen wiederkehren. Das, was für die allgemein verwendbaren Spannmittel gesagt ist, gilt also sinngemäß auch für die Spannmittel der eigentlichen Vorrichtungen. Aber noch ein anderer Grund war maßgebend für die Aufnahme der allgemeinen Spannmittel; bei der Serien- und Einzelherstellung besonders größerer Teile, die auf Hobel- und Fräsmaschinen oft ohne besondere Vorrichtungen bearbeitet werden müssen, nimmt, wie schon erwähnt, die Aufspannzeit einen großen Teil der Gesamtarbeitszeit in Anspruch. Sind nun die zur Verfügung stehenden Spannmittel nicht in allen gebrauchten Arten, oder nicht in genügender Anzahl vorhanden, oder sind die vorhandenen nicht in Ordnung, so werden die Aufspannzeiten dadurch verlängert, die Arbeitsausführung wird durch Mängel der Aufspannung unsicher und leidet an Güte, und Arbeiter und Meister werden durch Herumsuchen nach geeigneten Spannmitteln unlustig. Leider wird der Ausbildung und Pflege der allgemein verwendbaren Spannmittel in vielen Betrieben sehr mit Unrecht viel zu wenig Beachtung geschenkt. Aus den oben ausgeführten Gründen sollte aber auch diesen Werkzeugen dieselbe Bedeutung zugemessen werden wie den Schneidwerkzeugen und den Vorrichtungen. Es lohnt sich durchaus, auch die hier behandelten Werkzeuge zu normen, sie in Werkzeugausgaben in reichlicher Anzahl vorrätig zu halten und auf ihre richtige Anwendung und gute Behandlung zu achten. Der Aufwand an Kosten und Mühe macht sich durch Zeitersparnis und Hebung der Arbeitsfreudigkeit reichlich bezahlt; daneben wird der indirekte Vorteil erzielt, daß richtig durchgebildete und gut hergestellte Werkzeuge einen großen erzieherischen Einfluß auf die ganzen Betriebe und eine nicht zu unterschätzende Wirkung auf die Güte der ausgeführten Arbeit ausüben. Als Beispiel dafür, wie die Normung allgemein verwendbarer Spannmittel durchgeführt werden kann, mögen die in diesem Abschnitt folgenden Tabellen dienen.

Den Konstrukteuren, die im Vorrichtungenbau noch nicht sehr bewandert sind, ist sehr zu empfehlen, recht oft Gelegenheit zu nehmen, sich im Betriebe anzusehen, wie geschickte Hobler, Dreher oder Fräser schwierig zu spannende Teile aufnehmen und festspannen. Es gibt darunter sehr geschickte Leute, die es oft meisterhaft verstehen, mit den einfachsten Mitteln auch schwierige Teile einwandfrei festzuspannen. Der Konstrukteur kann sich hier durch Anschauung manche Anregung holen.

Spannschrauben. Die Aufspanntische der Hobel-, Fräs- und Bohrmaschinen sind mit T-Nuten versehen, die zur Aufnahme verschiedener Befestigungsmittel dienen. Das gebräuchlichste Mittel sind Spannschrauben mit Vierkantkopf nach Abb. 110 u. 111. Die Schrauben müssen vom Stirnende des Tisches in die Nuten eingeschoben werden; dabei kommt es bei Anwendung mehrerer Schrauben in einer Nut vor, daß sich die Notwendigkeit herausstellt, zwischen zwei bereits festgespannte Schrauben noch eine weitere anzubringen, Abb. 112. Um dies zu tun, muß ein Teil der Schrauben wieder gelöst und nachgerückt oder zum Einführen der neuen Schraube nochmals entfernt werden. Zur Vermeidung des dadurch entstehenden Zeitverlustes werden häufig Spannschrauben nach Abb. 113 u. 114 angewandt; bei diesen ist der

Kopf so ausgebildet, daß er von oben in die Nut eingeführt werden kann; die Schraube wird dann in der Nut so weit gedreht, bis die Lappen des Kopfes in den weiten Teil der T-Nut eingreifen und die in Abb. 112 angegebene Stellung eingenommen haben. Die bequemere Handhabung dieser Schrauben sollte aber nicht dazu führen, sie überhaupt an Stelle der in Abb. 111 gezeigten zu verwenden; denn wie in Abb. 112 durch

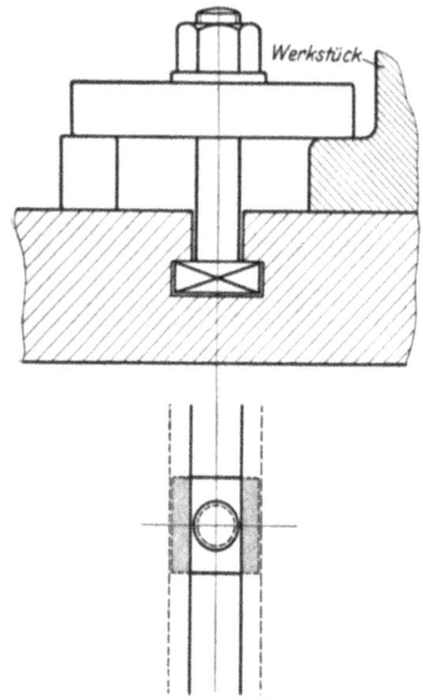

Abb. 110 und 111.

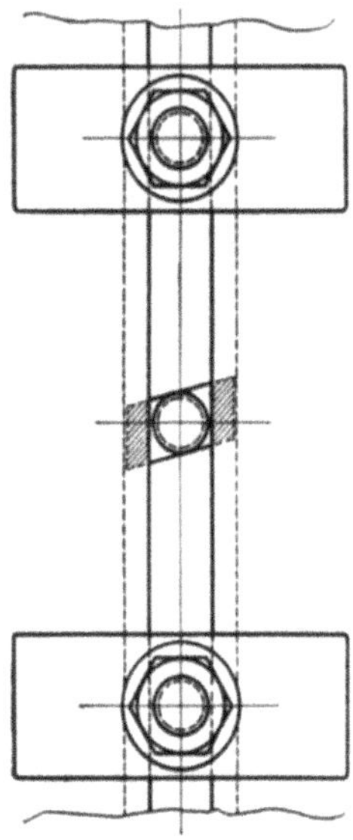
Abb. 112.

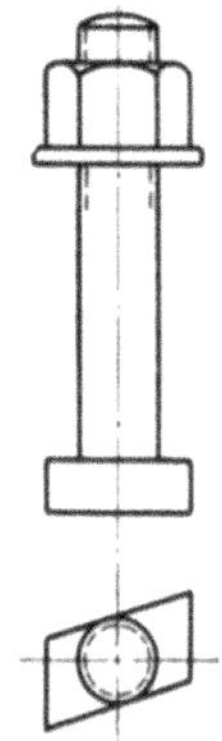
Abb. 113 und 114.

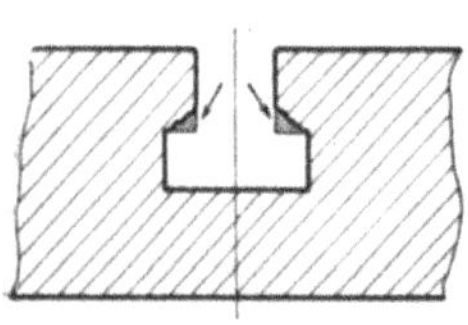
Abb. 115.

Schraffierung angedeutet, findet der Schraubenkopf in der T-Nut nur kleine Auflageflächen zur Aufnahme der Zugkraft der Schraube; im Gegensatz zu der Schraube nach Abb. 111, die eine weit größere Auflagefläche hat. Der spezifische Druck auf die Auflagefläche wird also sehr groß und es kann bei häufigem Gebrauch solcher Schrauben dahin kommen, daß die Kanten der T-Nuten nach und nach ausbröckeln, Abb. 115. Die Schrauben sollten daher nur als Notbehelf dienen.

Spanneisen. In Verbindung mit den Spannschrauben mit Mutter werden Spanneisen der verschiedensten Form zum Spannen der Teile benutzt. Die einfachste Form dieser Spanneisen ist in Abb. 116 gezeigt; die durch die Spannschraube bewirkte Zugkraft P wird, wenn die Hebelarme a und b gleich groß sind, nur zur Hälfte an der Spannstelle des Werkstückes wirksam. Der Wirkungsgrad der Spannung ist also sehr ungünstig; aus diesem Grunde sollte bei solcher Anwendung der Hebel a möglichst größer als b, niemals aber kleiner gewählt werden. Gegen diese Forderung wird nicht nur bei behelfsmäßigem Spannen in der Werkstatt, sondern auch bei der Konstruktion von Vorrichtungen recht

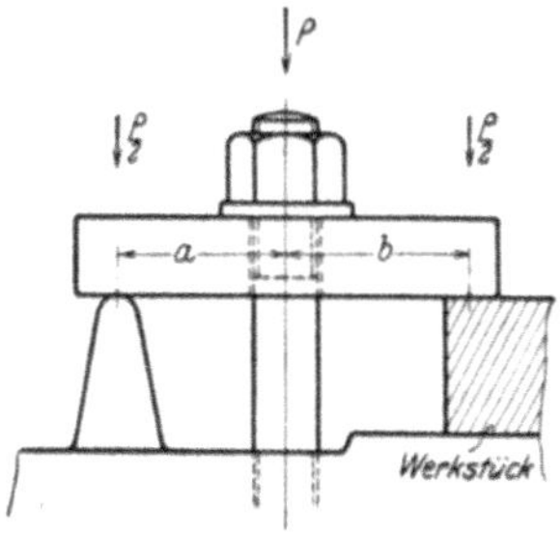

Abb. 116.

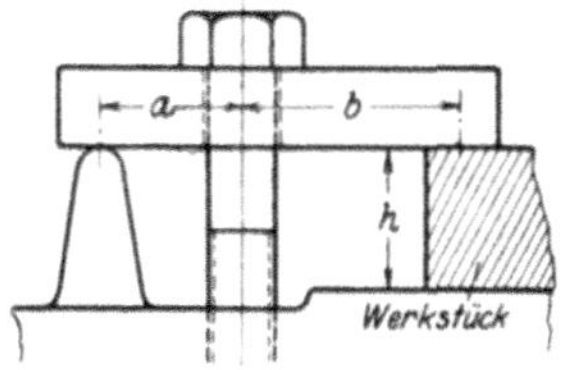

Abb. 117.

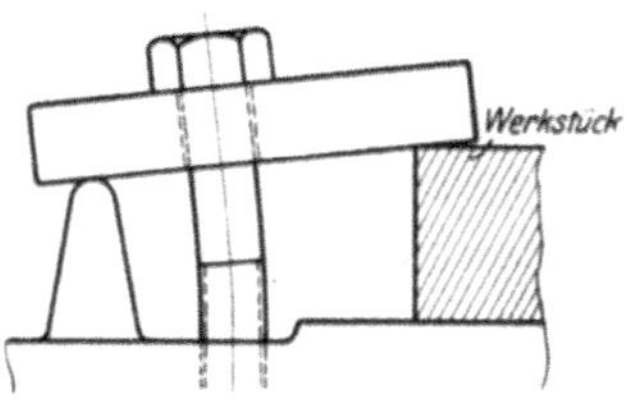

Abb. 118.

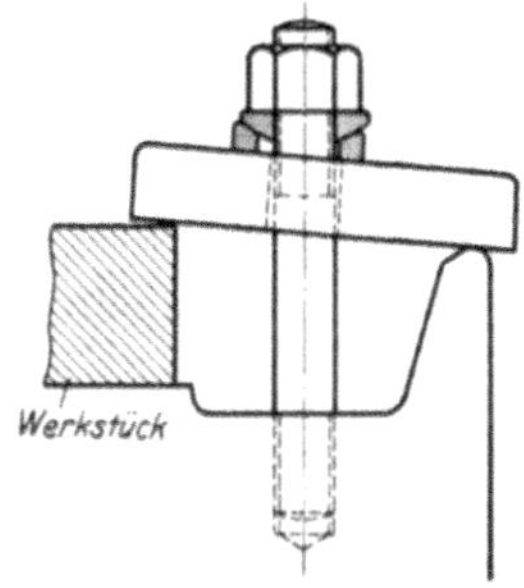

Abb. 119.

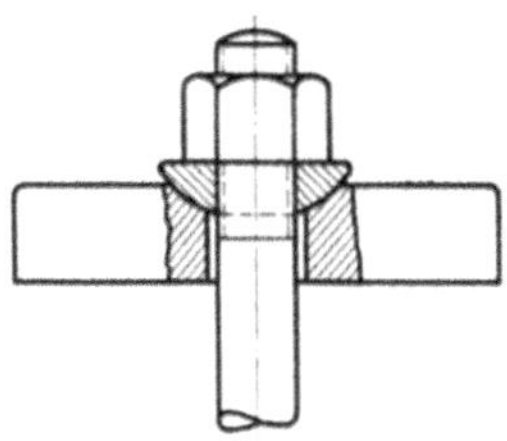
Abb. 120.

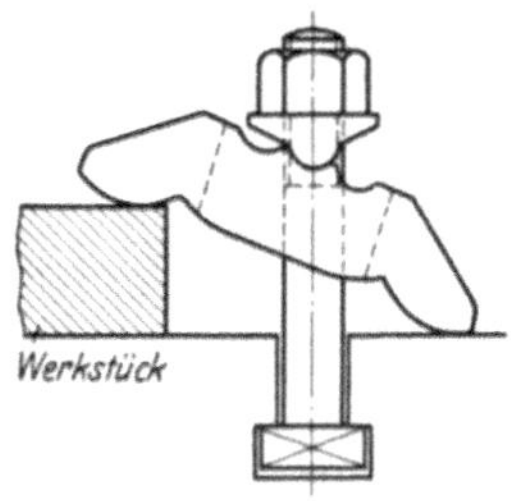

Abb. 121.

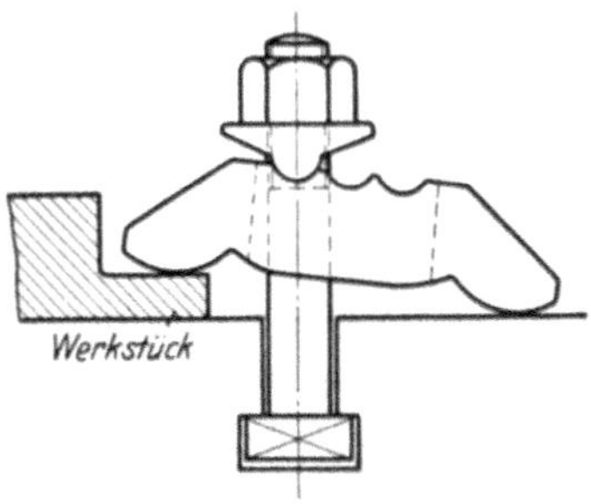

Abb. 122.

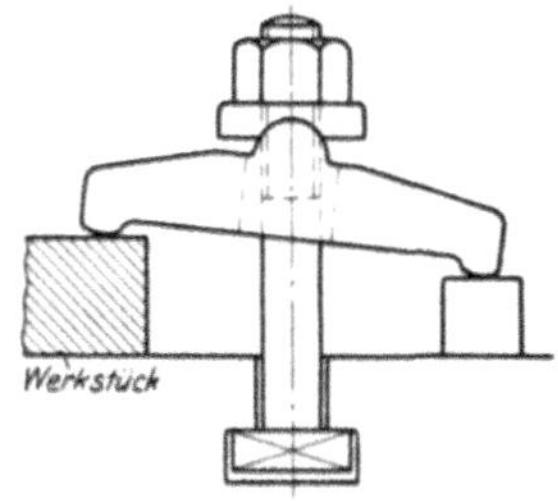

Abb. 123.

häufig verstoßen. Abb. 117 zeigt eine solche fehlerhafte Spannung. Das Beispiel zeigt noch einen weiteren Fehler: Als Spannschraube ist eine gewöhnliche Sechskantschraube mit dem Anzuggewinde im Vorrichtungenkörper gewählt; diese Ausführung ist ungünstig, weil bei einem Verschleiß des Muttergewindes der Vorrichtungenkörper nachgearbeitet werden muß oder ganz unbrauchbar wird. Ferner nimmt die Konstruktion nicht Rücksicht auf die Maßunterschiede des Werkstückes in der Spannstelle. Weisen die Werkstücke an der Spannstelle im Maß *h* größere Unterschiede auf, so legt sich das Spanneisen schief und die Spannschraube wird verbogen, Abb. 118. Um diesen Maßunterschieden der Werkstücke Rechnung zu tragen, wende man Unterlegsscheiben an, deren eine Seite kugelförmig gedreht ist und in einer entsprechend ausgedrehten zweiten Scheibe Auflage findet, Abb. 119. Die Spannschraube wird bei dieser Konstruktion nicht auf Biegung beansprucht. In Abb. 120 ist das Spanneisen mit einer kugelförmigen Ausdrehung zur Aufnahme der Kugelscheibe versehen; die Ausführung hat den Vorteil, daß sie weniger hoch baut als die nach Abb. 119. Die in Abb. 121 u. 122 gezeigte Ausführung bringt eine amerikanische Firma auf den Markt; das Spanneisen ist mit halbrunden Rillen versehen, in die sich eine Unterlegscheibe mit halbrunder Wulst legt; die Konstruktion hat den großen Vorteil, daß das Spanneisen sich in weiten Grenzen schief einstellen kann. Eine ähnliche Konstruktion, jedoch in umgekehrter Anordnung der halbrunden Auflage der Unterlegscheibe zeigt Abb. 123.

Wird es durch die Art des Arbeitsvorganges nötig, die Spannschraube wenig oder gar nicht über das Spanneisen vorstehen zu lassen,

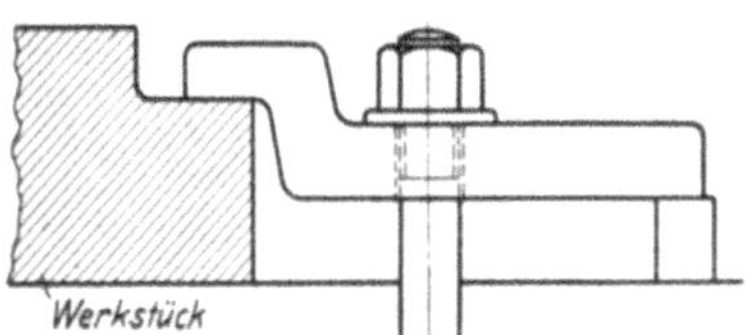

Abb. 124.

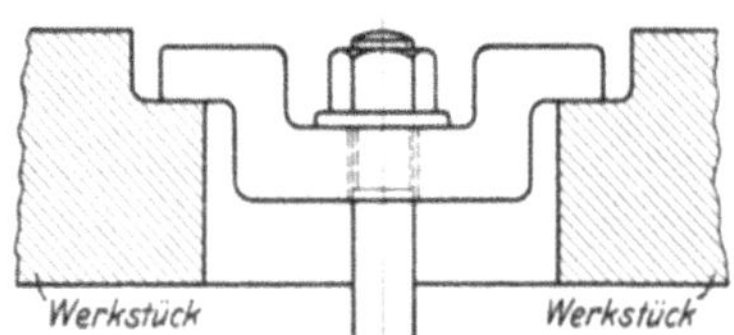

Abb. 125.

so werden gekröpfte Spanneisen benutzt, Abb. 124. Sind mehrere solcher Teile dicht nebeneinander aufzuspannen, so wendet man doppelt gekröpfte Spanneisen an, Abb. 125.

Spannkloben, Spannkeile und Anschlagleisten für Hobelmaschinen. An Hobelmaschinen werden zum Festspannen in vielseitigster Weise Spannkloben nach Abb. 126 u. 127 benutzt; in Abb. 128 ist die Anwendung dieser Kloben dargestellt. Der Spannkloben *S* in Verbindung mit dem Spannkeil *K* und der Anschlagleiste *L* dient zum Festspannen einer schwachen Leiste. Die Spannkloben sind sehr einfach zu handhaben, da sie nur mit ihrem runden Zapfen in die in den Hobelmaschinentischen vorgesehenen Löcher eingesteckt werden. Die Spannschraube muß aus Stahl hergestellt und die runden Druckzapfen in Öl gehärtet sein. Abb. 129 zeigt ein weiteres Beispiel, das Spannen einer stärkeren Leiste; hier ist die Anschlagleiste von anderer Form als in Abb. 128. Immer müssen die Anschlagleisten eine angehobelte Feder haben, die in eine genaue T-Nut des Hobelmaschinentisches eingreift. Bei genauen Arbeiten wird die Anlagefläche *a* der Anschlagleiste nach dem Festspannen leicht nachgehobelt, um die Gewähr zu haben, daß die Anlage wirklich genau gerade und parallel zur Tischführung ist. Die Anschlagleisten werden aus Gußeisen hergestellt (Tabelle 9 und 10). Eine andere Form von Anschlägen für das Spannen zeigt Abb. 130; hier wird das Teil gegen einen Anschlagkloben *B* gespannt; dieser Anschlagkloben besitzt einen Vierkantkopf und einen runden Zapfen, der in gleicher Weise wie der Spannkloben *S* in die Aufnahmelöcher des Hobelmaschinentisches eingesteckt wird. Bei langen Werkstücken müssen natürlich mehrere solcher Anschlagkloben in mehrere hintereinander lie-

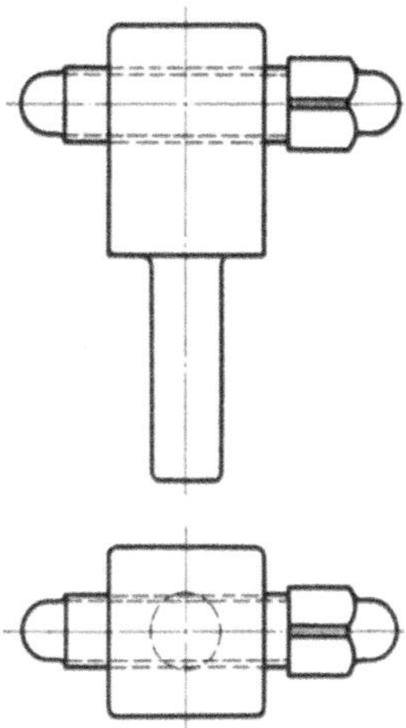

Abb. 126 und 127.

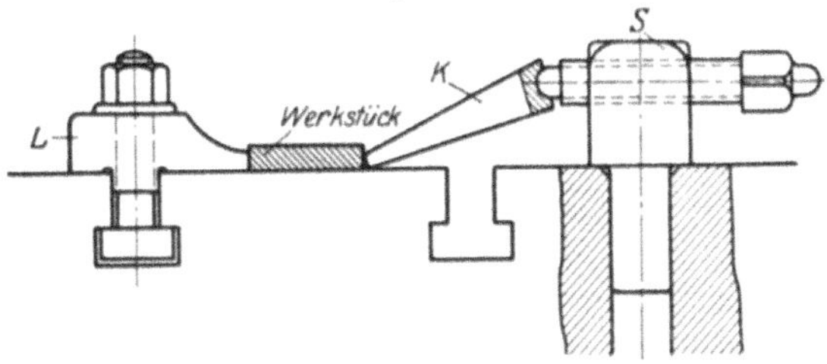

Abb. 128.

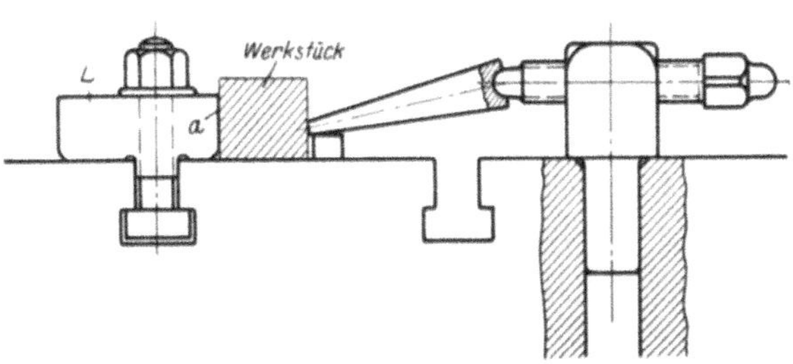

Abb. 129.

gende Löcher eingesteckt werden; da diese aber nicht genau in einer Flucht liegen, so würde das Werkstück verspannt werden. In der Praxis helfen sich die Hobler dadurch, daß sie bei den Anschlagkloben, an denen das Werkstück nicht zur Anlage kommt, Bleche oder dünne Keile als Zwischenlagen benutzen. Die Anschlagkloben werden ebenso wie die Spannkloben aus Flußstahl hergestellt und nicht gehärtet. Abb. 131

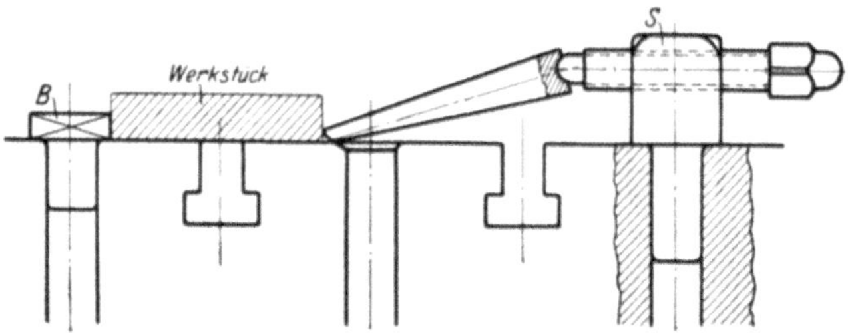

Abb. 130.

bis 133 zeigen zwei Ausführungen von Spannkeilen; eine aus Flachmaterial, eine andere aus Rundmaterial; sie werden aus gewöhnlichem Flußstahl geschmiedet und ebenfalls nicht gehärtet. Um allen vorkommenden Ansprüchen zu genügen, sollten diese Spannkeile in verschiedenen Längen und in nicht zu geringer Anzahl vorhanden sein, s. Tabelle Nr. 11.

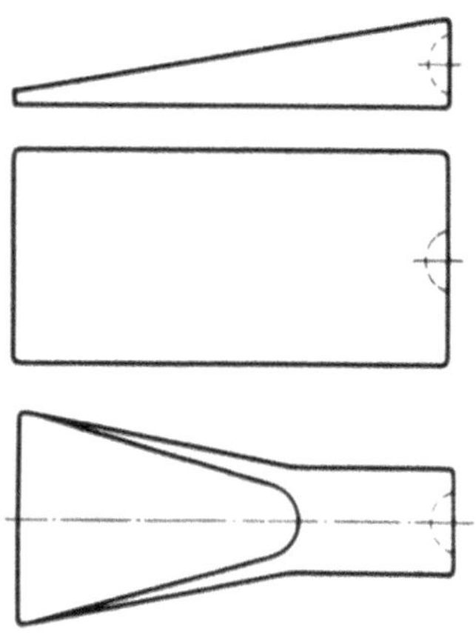
Abb. 131 bis 133.

Abb. 134 zeigt einen Hobelmaschinentisch mit den Aufnahmelöchern für die beschriebenen Anschlag- und

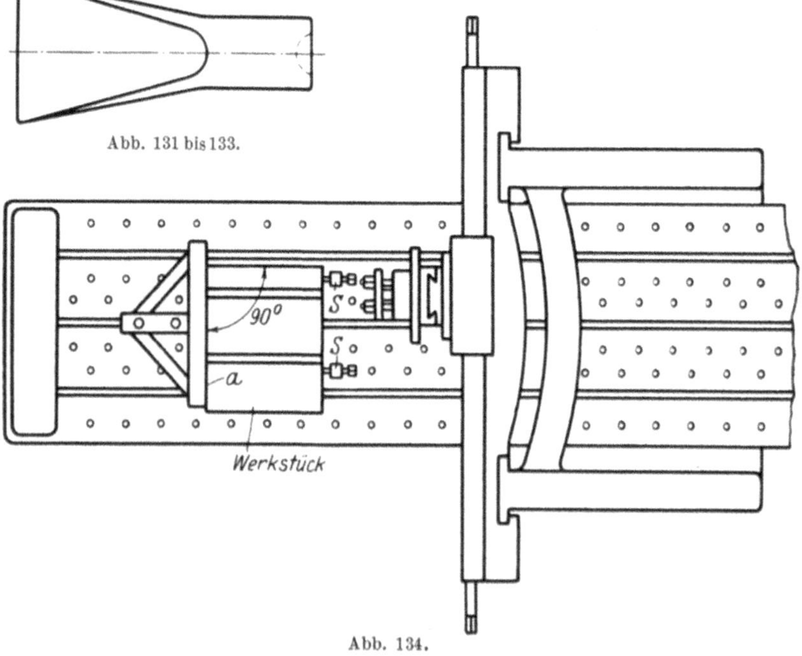

Abb. 134.

Spannkloben; die Löcher sind zwischen den Aufspannuten und parallel zu diesen in großer Anzahl vorhanden, so daß die Kloben sehr zahlreich angesetzt werden können. Leider ist diese außerordentlich praktische Einrichtung, die es gestattet, die Aufspannzeiten wesentlich abzukürzen, fast nur bei Hobelmaschinen amerikanischen Ursprungs anzutreffen, die deutschen Maschinen haben meist nur Aufspannuten. Die Abb. 134 zeigt übrigens ein weiteres Hilfsmittel, das sog. Spannkreuz, das in Abb. 135 gesondert gezeigt ist. Dieses Spannkreuz dient Teilen, die winklig gehobelt werden sollen, als Anschlag. Die Anschlagfläche *a* ist genau rechtwinklig zur Tischführung ausgerichtet; die Werkstücke werden mittels Spannkloben *S* (Abb. 134) gegen die Anschlagfläche gespannt, so daß in dieser Stellung alle in das Werkstück gehobelten senkrechten Flächen, Nuten usw. genau senkrecht zu der an dem Spannkreuz anliegenden Fläche werden müssen. Damit das Spannkreuz bei jedesmaligem Aufspannen immer wieder in genaue Lage kommt, ist an der Auflageseite eine Feder angehobelt, die in die Aufspannute des Tisches eingreift. Meist wird hierfür die mittelste Nut des Tisches benutzt, die deshalb besonders sorgfältig behandelt werden sollte.

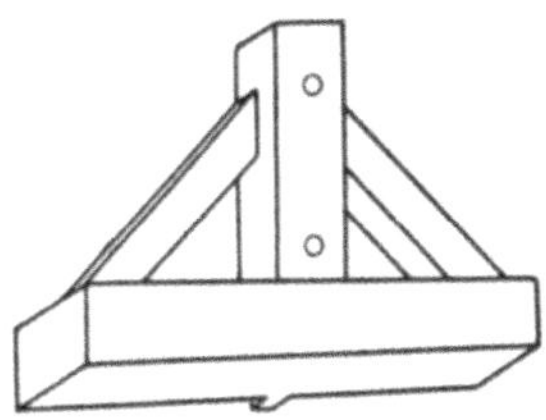

Abb. 135.

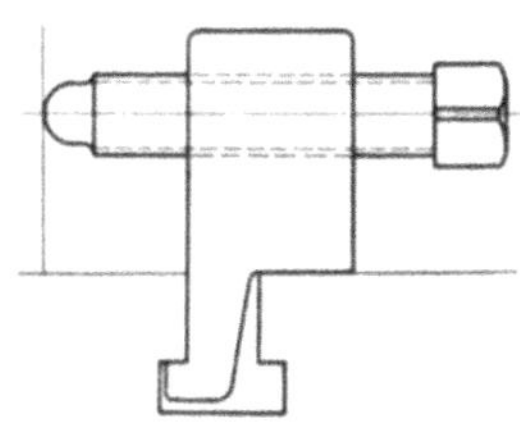

Abb. 136.

Eine andere Art von Spannkloben ist in Abb. 136 dargestellt; bei diesem werden die Aufspannuten zur Aufnahme benutzt. Diese Kloben sind nicht so praktisch wie der in Abb. 126 gezeigte, da sie nicht quer zur Arbeitsrichtung gestellt werden können, wie in Abb. 134 dargestellt. Außerdem werden die Aufspannuten leicht an den unteren Kanten ausgebröckelt, Abb. 115.

Untersätze für Spanneisen. Bei einfach wirkenden Spanneisen muß deren nicht auf dem Werkstück aufliegendes Ende eine Unterlage erhalten; hierfür werden beim Spannen ohne besondere Vorrichtung oft alle möglichen Materialstücke genommen, die dem Arbeiter gerade erreichbar sind und ihm zweckdienlich erscheinen. Mit dem Zusammensuchen dieser Hilfsmittel wird viel Zeit vertrödelt und die Aufspannzeit über Gebühr verlängert. Außerdem leidet durch die Verwendung von Unterlagen, deren Auswahl, Zusammensetzung und Anwendung dem Arbeiter überlassen bleibt, die Sicherheit der Spannung und damit die Sicherheit des ganzen Arbeitsvorganges; auch macht die ganze Anordnung meist einen unordentlichen Eindruck. Alle diese Schäden treten am deutlichsten in Erscheinung, wenn mehrere gleichartige Teile gleichzeitig aufgespannt werden, wie dies bei Hobel- und Fräsarbeiten häufig vorkommt, weil dabei die Anzahl der gebrauchten Spanneisen sehr groß ist und demzufolge auch viel Unterlagen gebraucht werden.

Um diesem Übelstande abzuhelfen, bestehen eine ganze Anzahl Mittel; das einfachste sind stufenförmige Untersätze aus Gußeisen nach Abb. 137; je nach der Höhe der Spannstelle wird die am besten passende Stufe zur Auflage für das Spanneisen gewählt. Bei der gewöhnlichen

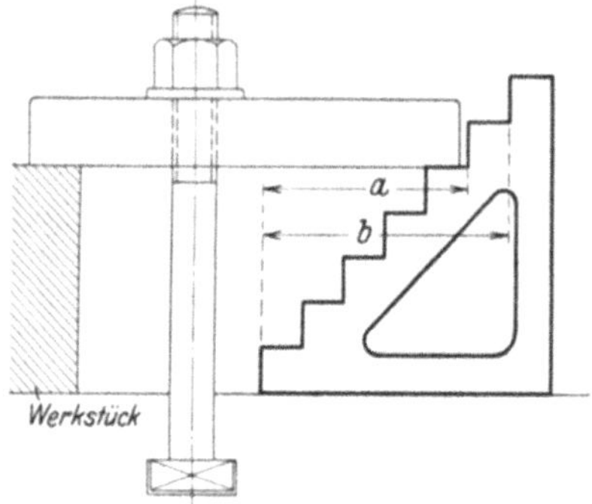

Abb. 137.

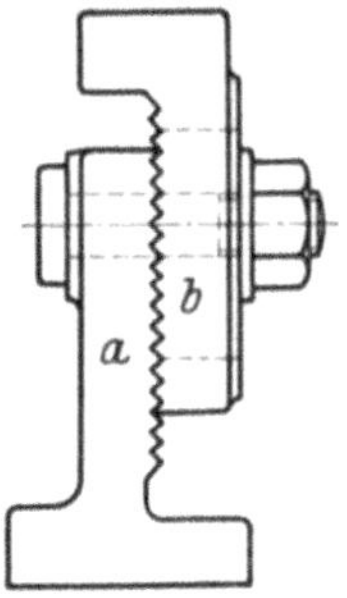

Abb. 138.

Ausführung beträgt die Höhe der einzelnen Stufen etwa 12 mm; es kann also vorkommen, daß die eine Stufe zu niedrig, die nächste zu hoch ist und das Spanneisen schief liegt. Ferner muß bei Benutzung der oberen Stufen das Spanneisen verhältnismäßig lang sein (Maß *a* und *b*). Außerdem nehmen diese Art Untersätze viel Platz auf dem Aufspanntisch ein. Diese Nachteile gaben Veranlassung zur Konstruktion des verstellbaren Untersatzes nach Abb. 138, dessen beide Teile *a* und *b* mit Rasten versehen sind und durch eine Schraube zusammengehalten werden. Diese Untersätze haben den Vorteil, daß sie verhältnismäßig genau auf Höhe eingestellt werden können und daß sie wenig Platz beanspruchen. Der Nachteil ist, daß das Einstellen Zeit in Anspruch nimmt und daß sie verhältnismäßig teuer sind. Eine dritte Konstruktion zeigt Abb. 139; die einzelnen Stufen, die als Auflage für das Spanneisen dienen, sind hier niedriger als in Abb. 137; die Spanneisen können sich bei richtiger Wahl der Auflagestufe nur wenig schief legen. Auch ist das Maß *a*, das für die Länge des Spanneisens bestimmend ist, kleiner, desgleichen die Grundfläche. Tabelle 12 zeigt die Größenabstufung der Untersatzböcke.

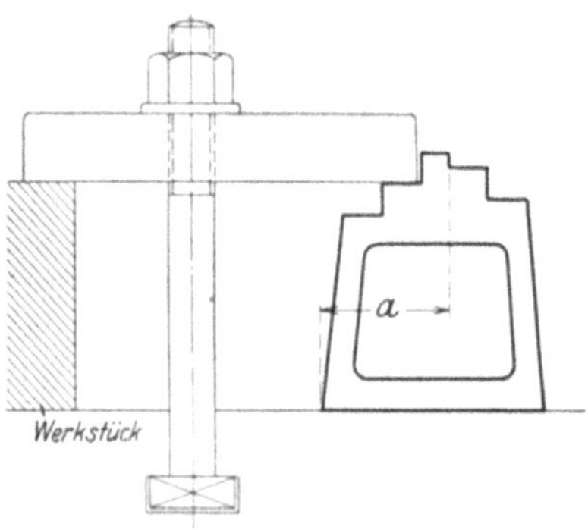

Abb. 139.

Parallel-Unterlagen. Teile mit bearbeiteten ebenen Flcähen, die auf diese Flächen zur Weiterbearbeitung aufgelegt werden müssen, können mit diesen nicht immer direkt auf den Arbeitstisch aufgelegt werden; z. B. dann nicht, wenn irgendwelche Angüsse oder bereits anmontierte Teile dies verhindern, Abb. 140. In solchen Fällen werden, wie in der

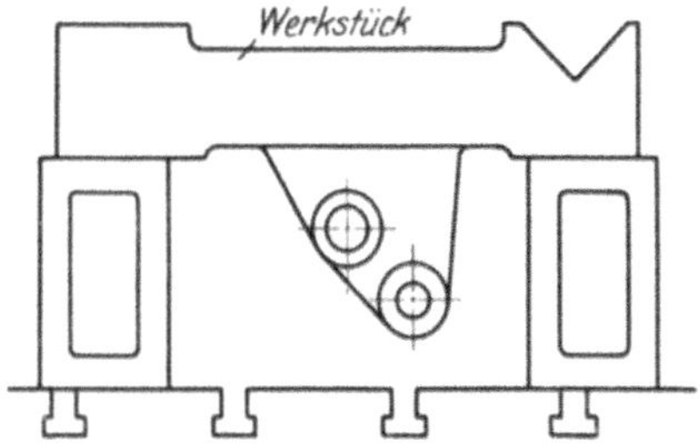

Abb. 140.

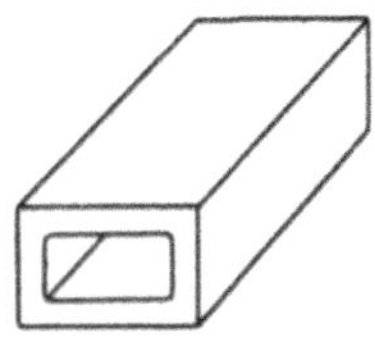

Abb. 141.

Abbildung gezeigt, paarweise genau auf gleiche Maße gehobelte Parallelstücke als Unterlagen benutzt. Bei größeren Abmessungen dieser Parallelstücke werden diese als rechteckige Hohlkörper oder rahmenartig ausgebildet, Abb. 141 und Tabellen Nr. 13—15.

Stützböcke und Stüzschrauben. Sperrige Teile müssen oft an unbearbeiteten Stellen abgestützt werden, um ihr Durchbiegen oder Kippen zu vermeiden. Diesem Zwecke dienen Stützböcke, die in der Höhe

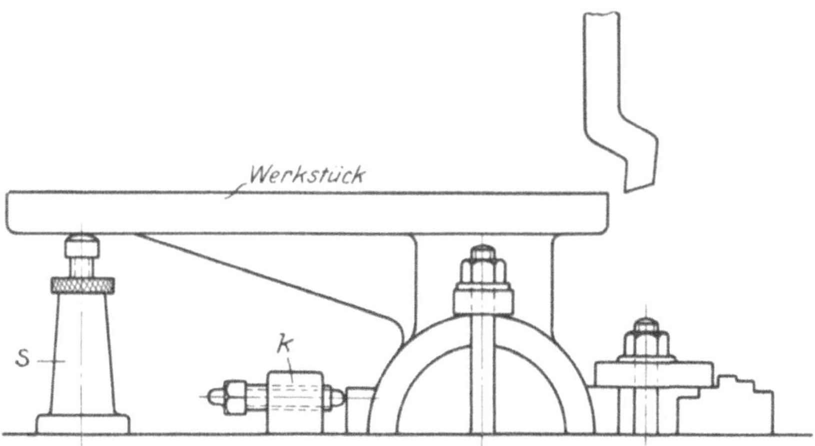

Abb. 142.

durch Schrauben verstellbar sind. Abb. 142 zeigt die Anwendung solchen Stützbockes. Die frei ausladende Platte des Werkstücks würde beim Bearbeiten auf der Hobelmaschine durchbiegen; dies zu verhindern, ist der Stützbock *S* angesetzt. Das Beispiel zeigt ferner, auf wie einfache Weise die in Abb. 126 gezeigten Spannkloben zur Aufnahme der Schubkräfte angewandt werden können. Auch die Stützböcke sind in einer Tabelle zusammengefaßt, Tabelle 16.

Werkstücke von verhältnismäßig großer Höhe, bei denen die eigentliche Festspannung zur Aufnahme der beim Arbeiten auftretenden Kräfte nicht genügt, und bei denen auch eine Abstützung nach Abb. 142 nicht möglich ist oder zu umständlich

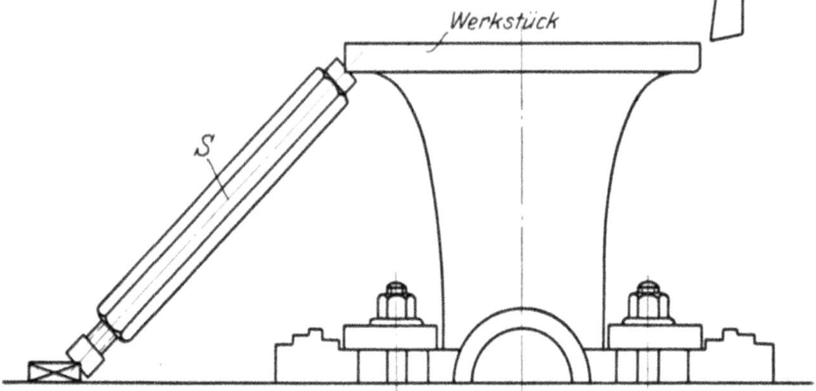

Abb. 143.

Abb. 143a.

wird, können durch Stützschrauben *S*, Abb. 143 und Tabelle 17, abgestützt werden.

Abb. 143b.

Abb. 143c.

Einige weitere Beispiele dafür, wie durch Anwendung gut durchgebildeter Hilfsmittel das Aufspannen sperriger Teile erleichtert wird, sind in Abb. 143a—c dargestellt. Die in den Abbildungen angewandten dargestellten Spannmittel entsprechen den in diesem Abschnitt gebrachten Tabellen.

Tabelle 1. Spanneisen.

Verwendungszweck: Aufspannen von Arbeitsstücken auf Fräs- und Hobelmaschinen.

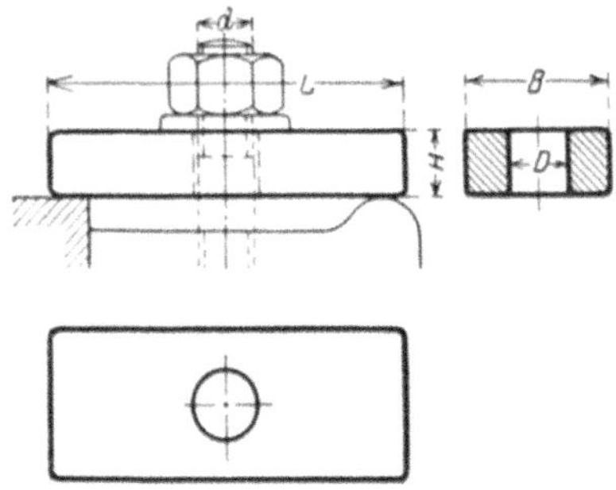

Nr.	d	D	L	H	B	Nr.	d	D	L	H	B	Nr.	d	D	L	H	B
1						**41**	16	17	70	18	40	**81**	22	24	140	24	50
2	6	7	40	6	18	**42**	16	17	80	18	40	**82**	22	24	160	24	50
3	6	7	50	6	18	**43**	16	17	90	18	40	**83**	22	24	180	24	50
4	6	7	60	6	18	**44**	16	17	100	18	40	**84**	22	24	200	26	55
5						**45**	16	17	120	18	40	**85**	22	24	220	26	55
6	8	9	40	8	22	**46**	16	17	140	20	44	**86**	22	24	240	26	55
7	8	9	50	8	22	**47**	16	17	160	20	44	**87**	22	24	270	26	55
8	8	9	60	8	22	**48**	16	17	180	20	44	**88**	22	24	300	28	60
9	8	9	70	8	22	**49**	16	17	200	20	44	**89**	22	24	350	28	60
10	8	9	80	8	22	**50**	16	17	220	22	48	**90**					
11						**51**						**91**					
12	10	11	50	10	26	**52**						**92**	24	26	160	26	55
13	10	11	60	10	26	**53**	18	20	80	20	44	**93**	24	26	180	26	55
14	10	11	70	10	26	**54**	18	20	90	20	44	**94**	24	26	200	26	55
15	10	11	80	10	26	**55**	18	20	100	20	44	**95**	24	26	220	26	55
16	10	11	90	12	30	**56**	18	20	120	20	44	**96**	24	26	240	28	60
17	10	11	100	12	30	**57**	18	20	140	20	44	**97**	24	26	270	28	60
18						**58**	18	20	160	22	48	**98**	24	26	300	28	60
19						**59**	18	20	180	22	48	**99**	24	26	350	32	65
20	12	13	50	12	30	**60**	18	20	200	22	48	**100**	24	26	400	32	65
21	12	13	60	12	30	**61**	18	20	220	22	48	**101**					
22	12	13	70	12	30	**62**	18	20	240	24	50	**102**	27	30	180	28	60
23	12	13	80	12	30	**63**	18	20	270	24	50	**103**	27	30	200	28	60
24	12	13	90	12	30	**64**						**104**	27	30	220	28	60
25	12	13	100	15	35	**65**						**105**	27	30	240	28	60
26	12	13	120	15	35	**66**	20	22	90	22	48	**106**	27	30	270	32	65
27	12	13	140	15	35	**67**	20	22	100	22	48	**107**	27	30	300	32	65
28						**68**	20	22	120	22	48	**108**	27	30	350	32	65
29						**69**	20	22	140	22	48	**109**	27	30	400	40	80
30	14	15	60	15	35	**70**	20	22	160	22	48	**110**	27	30	450	40	80
31	14	15	70	15	35	**71**	20	22	180	24	50	**111**					
32	14	15	80	15	35	**72**	20	22	200	24	50	**112**	30	33	200	32	65
33	14	15	90	15	35	**73**	20	22	220	24	50	**113**	30	33	220	32	65
34	14	15	100	15	35	**74**	20	22	240	24	50	**114**	30	33	240	32	65
35	14	15	120	18	40	**75**	20	22	270	26	55	**115**	30	33	270	32	65
36	14	15	140	18	40	**76**	20	22	300	26	55	**116**	30	33	300	40	80
37	14	15	160	18	40	**77**						**117**	30	33	350	40	80
38	14	15	180	18	40	**78**						**118**	30	33	400	40	80
39						**79**	22	24	100	24	50	**119**	30	33	450	40	80
40						**80**	22	24	120	24	50	**120**					

Tabelle 2. Spanneisen.

Verwendungszweck: Aufspannen von Arbeitsstücken auf Fräs- und Hobelmaschinen.

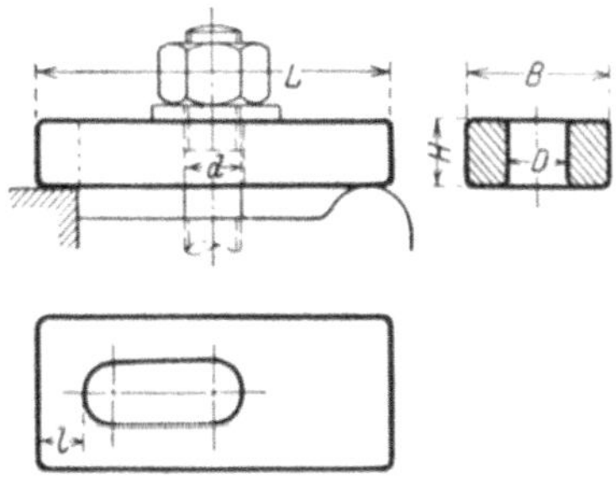

Nr.	d	D	L	H	B	l	Nr.	d	D	L	H	B	l	Nr.	d	D	L	H	B	l
1							**41**	16	17	70	18	40	12	**81**	22	24	140	24	50	13
2	6	7	40	6	18	6	**42**	16	17	80	18	40	12	**82**	22	24	160	24	50	13
3	6	7	50	6	18	6	**43**	16	17	90	18	40	12	**83**	22	24	180	24	50	13
4	6	7	60	6	18	6	**44**	16	17	100	18	40	12	**84**	22	24	200	26	55	16
5							**45**	16	17	120	18	40	12	**85**	22	24	220	26	55	16
6	8	9	40	8	22	7	**46**	16	17	140	20	44	14	**86**	22	24	240	26	55	16
7	8	9	50	8	22	7	**47**	16	17	160	20	44	14	**87**	22	24	270	26	55	16
8	8	9	60	8	22	7	**48**	16	17	180	20	44	14	**88**	22	24	300	28	60	18
9	8	9	70	8	22	7	**49**	16	17	200	20	44	14	**89**	22	24	350	28	60	18
10	8	9	80	8	22	7	**50**	16	17	220	22	48	14	**90**						
11							**51**							**91**						
12	10	11	50	10	26	8	**52**							**92**	24	26	160	26	55	15
13	10	11	60	10	26	8	**53**	18	20	80	20	44	12	**93**	24	26	180	26	55	15
14	10	11	70	10	26	8	**54**	18	20	90	20	44	12	**94**	24	26	200	26	55	15
15	10	11	80	10	26	8	**55**	18	20	100	20	44	12	**95**	24	26	220	26	55	15
16	10	11	90	12	30	10	**56**	18	20	120	20	44	12	**96**	24	26	240	28	60	17
17	10	11	100	12	30	10	**57**	18	20	140	20	44	12	**97**	24	26	270	28	60	17
18							**58**	18	20	160	22	48	14	**98**	24	26	300	28	60	17
19							**59**	18	20	180	22	48	14	**99**	24	26	350	32	65	20
20	12	13	50	12	30	9	**60**	18	20	200	22	48	14	**100**	24	26	400	32	65	20
21	12	13	60	12	30	9	**61**	18	20	220	22	48	14	**101**						
22	12	13	70	12	30	9	**62**	18	20	240	24	50	15	**102**	27	30	180	28	60	15
23	12	13	80	12	30	9	**63**	18	20	270	24	50	15	**103**	27	30	200	28	60	15
24	12	13	90	12	30	9	**64**							**104**	27	30	220	28	60	15
25	12	13	100	15	35	11	**65**							**105**	27	30	240	28	60	15
26	12	13	120	15	35	11	**66**	20	22	90	22	48	13	**106**	27	30	270	32	65	18
27	12	13	140	15	35	11	**67**	20	22	100	22	48	13	**107**	27	30	300	32	65	18
28							**68**	20	22	120	22	48	13	**108**	27	30	350	32	65	18
29							**69**	20	22	140	22	48	13	**109**	27	30	400	40	80	25
30	14	15	60	15	35	10	**70**	20	22	160	22	48	13	**110**	27	30	450	40	80	25
31	14	15	70	15	35	10	**71**	20	22	180	24	50	14	**111**						
32	14	15	80	15	35	10	**72**	20	22	200	24	50	14	**112**	30	33	200	32	65	16
33	14	15	90	15	35	10	**73**	20	22	220	24	50	14	**113**	30	33	220	32	65	16
34	14	15	100	15	35	10	**74**	20	22	240	24	50	14	**114**	30	33	240	32	65	16
35	14	15	120	18	40	13	**75**	20	22	270	26	55	17	**115**	30	33	270	32	65	16
36	14	15	140	18	40	13	**76**	20	22	300	26	55	17	**116**	30	33	300	40	80	24
37	14	15	160	18	40	13	**77**							**117**	30	33	350	40	80	24
38	14	15	180	18	40	13	**78**							**118**	30	33	400	40	80	24
39							**79**	22	24	100	24	50	13	**119**	30	33	450	40	80	24
40							**80**	22	24	120	24	50	13	**120**						

Tabelle 3. Gekröpfte Spanneisen.

Verwendungszweck: Aufspannen von Arbeitsstücken auf Fräs- und Hobelmaschinen.

Nr.	L	B	l	h	a	b	c	d	e	f
1	130	44	20	30	20	25	88	17	68	17
2	130	44	20	38	20	25	88	17	68	19
3	160	48	24	38	22	28	108	20	80	20
4	160	48	24	46	22	28	108	20	80	20
5	180	50	28	36	24	30	124	22	94	22
6	180	50	28	50	24	30	124	22	94	23
7	210	55	35	42	26	32	143	24	106	24
8	210	55	35	56	26	32	143	24	106	25

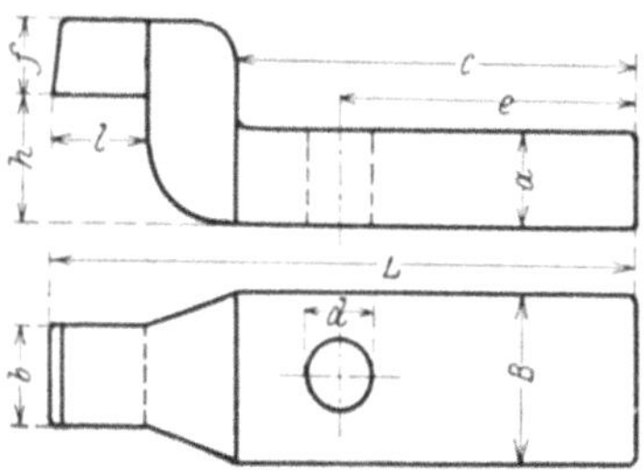

Abb. zu Tabelle 3.

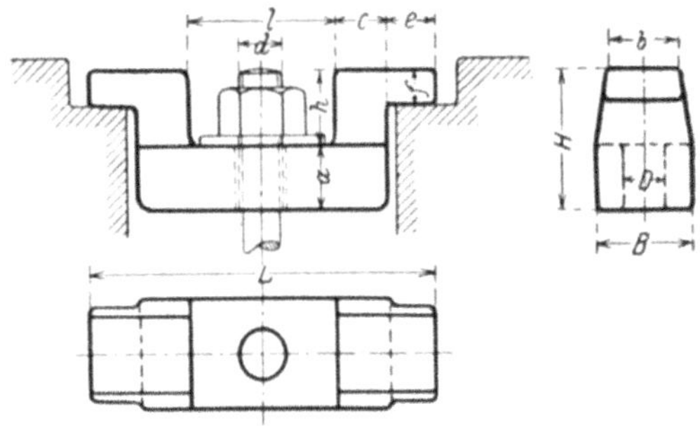

Abb. zu Tabelle 4.

Tabelle 4. Doppeltgekröpfte Spanneisen.

Verwendungszweck: Aufspannen von Arbeitsstücken auf Fräs- und Hobelmaschinen.

Nr.	d	D	L	B	H	l	h	a	c	b	f	e
1	16	17	120	40	48	44	26	22	18	28	10	20
2	16	17	140	40	50	60	26	24	20	30	10	20
3	16	17	160	40	50	72	26	24	22	30	10	22
4	16	17	200	45	51	106	26	25	25	32	10	22
5												
6	18	20	120	40	52	44	28	24	18	30	12	20
7	18	20	140	45	53	60	28	25	20	30	12	20
8	18	20	160	45	56	72	28	28	22	30	12	22
9	18	20	200	50	56	106	28	28	25	32	12	22
10	18	20	240	50	60	134	28	32	28	34	12	25
11												
12	20	22	140	45	58	56	30	28	20	30	14	22
13	20	22	160	50	58	68	30	28	24	34	14	22
14	20	22	180	50	58	86	30	28	25	34	14	22
15	20	22	200	50	62	96	30	32	28	34	14	24
16	20	22	240	55	62	130	30	32	30	35	14	25
17												
18	22	24	160	50	64	68	32	32	24	34	16	22
19	22	24	180	55	64	86	32	32	25	34	16	22
20	22	24	200	55	64	96	32	32	28	35	16	24
21	22	24	220	55	67	112	32	35	30	35	16	24
22	22	24	260	60	67	146	32	35	32	38	16	25

Tabelle 5. Zapfenspanneisen, rund, einseitig.

Verwendungszweck: Aufspannen von Arbeitsstücken auf Fräs- und Hobelmaschinen.

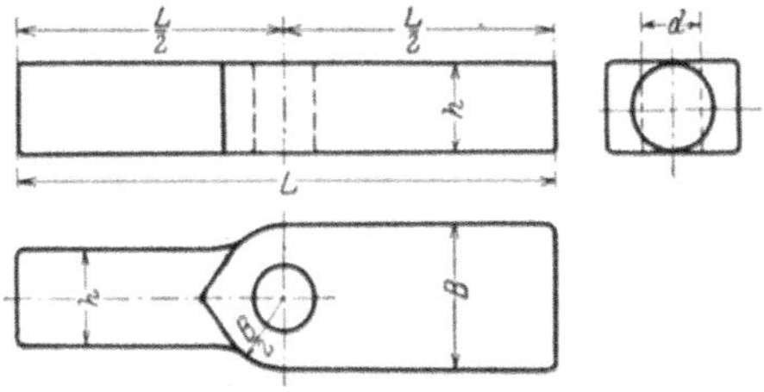

Nr.	L	h	B	d	Schrauben-durchmesser	Nr.	L	h	B	d	Schrauben-durchmesser
1	100	18	40	17	16	**9**	140	22	48	22	20
2	120	18	40	17	16	**10**	160	22	48	22	20
3	140	20	44	17	16	**11**	180	24	50	22	20
4	160	20	44	17	16	**12**	200	24	50	22	20
5	120	20	44	20	18	**13**	160	24	50	24	22
6	140	20	44	20	18	**14**	180	24	50	24	22
7	160	22	48	20	18	**15**	200	26	55	24	22
8	180	22	48	20	18	**16**	220	26	55	24	22

Tabelle 6. Zapfenspanneisen, rund, doppelseitig.

Verwendungszweck: Aufspannen von Arbeitsstücken auf Fräs- und Hobelmaschinen.

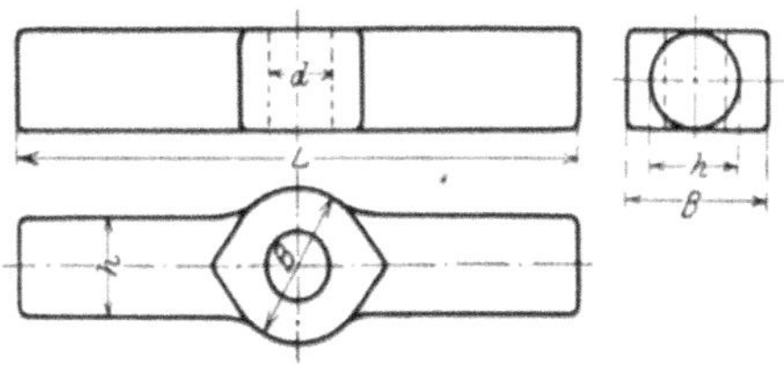

Nr.	L	h	B	d	Schrauben-durchmesser	Nr.	L	h	B	d	Schrauben-durchmesser
1	100	18	40	17	16	**20**					
2	120	18	40	17	16	**21**	140	22	48	22	20
3	140	20	44	17	16	**22**	160	22	48	22	20
4	160	20	44	17	16	**23**	180	24	50	22	20
5	180	20	44	17	16	**24**	200	24	50	22	20
6	200	20	44	17	16	**25**	220	24	50	22	20
7						**26**	240	24	50	22	20
8						**27**	270	26	55	22	20
9						**28**	300	26	55	22	20
10						**29**					
11	120	20	44	20	18	**30**					
12	140	20	44	20	18	**31**	160	24	50	24	22
13	160	22	48	20	18	**32**	180	24	50	24	22
14	180	22	48	20	18	**33**	200	26	55	24	22
15	200	22	48	20	18	**34**	220	26	55	24	22
16	220	22	48	20	18	**35**	240	26	55	24	22
17	240	24	50	20	18	**36**	270	26	55	24	22
18						**37**	300	28	60	24	22
19						**38**	350	28	60	24	22

Tabelle 7. Zapfenspanneisen, Vierkant.

Verwendungszweck: Aufspannen von Arbeitsstücken auf Fräs- und Hobelmaschinen.

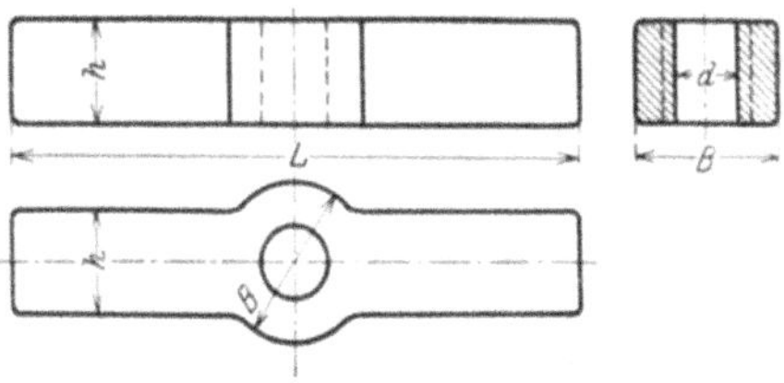

Nr.	L	h	B	d	Schrauben-durchmesser	Nr.	L	h	B	d	Schrauben-durchmesser
1	100	18	40	17	16	**21**	140	22	48	22	20
2	120	18	40	17	16	**22**	160	22	48	22	20
3	140	20	44	17	16	**23**	180	24	50	22	20
4	160	20	44	17	16	**24**	200	24	50	22	20
11	120	20	44	20	18	**31**	160	24	50	24	22
12	140	20	44	20	18	**32**	180	24	50	24	22
13	160	22	48	20	18	**33**	200	26	55	24	22
14	180	22	48	20	18	**34**	220	26	55	24	22

Tabelle 8. Spanneisen, U-förmig.

Verwendungszweck: Aufspannen von Arbeitsstücken auf Fräs- und Hobelmaschinen.

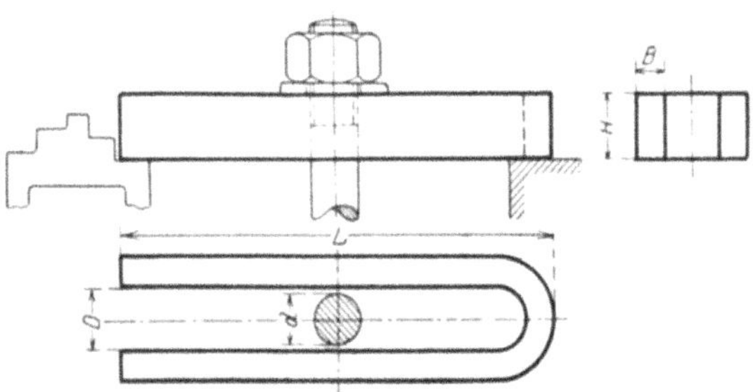

Schraubendurchmesser 16 und 18					Schraubendurchmesser 20 und 22				
Nr.	L	D	B	H	Nr.	L	D	B	H
1	150	20	10	20	**16**	150	24	13	26
2	200	20	10	20	**17**	200	24	13	26
3	250	20	13	26	**18**	250	24	13	26
4	350	20	13	26	**19**	350	24	16	32
5	450	20	16	32	**20**	450	24	16	32
					21	600	24	19	38
					22	750	24	22	44
					23	1000	24	26	52

Tabelle 9.

Vorlagen für Hobelmaschinen.

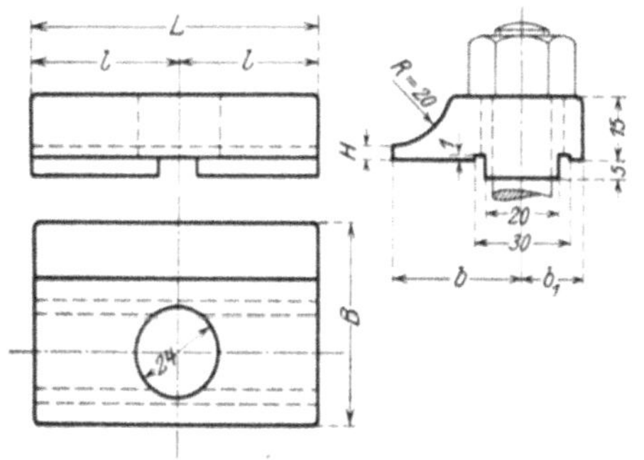

Nr.	H	B	b	b_1	L	l
1	2	75	50	25	100	50
2	2	95	70	25	120	60
3	5	75	50	25	100	50
4	5	95	70	25	120	60
5	10	75	50	25	100	50
6	10	95	70	25	120	60

Tabelle 10.

Vorlagen für Hobelmaschinen.

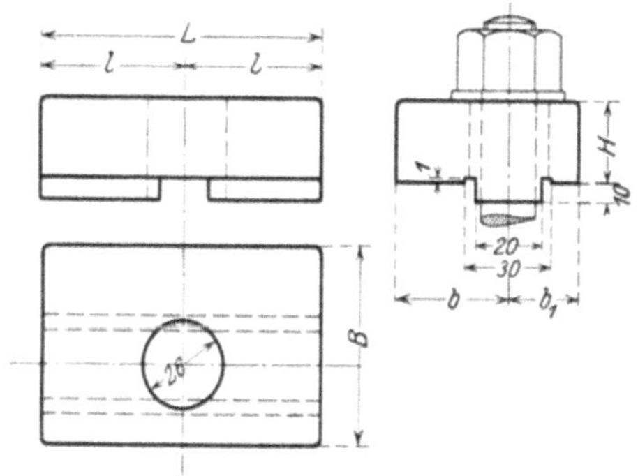

Nr.	H	B	b	b_1	L	l
1	30	80	50	30	100	50
2	60	90	55	35	110	55
3	100	100	60	40	120	60

Tabelle 11. Spannkeile für Hobelmaschinen.

Verwendungszweck: Aufspannen von Arbeitsstücken auf Hobel- und Fräsmaschinen.

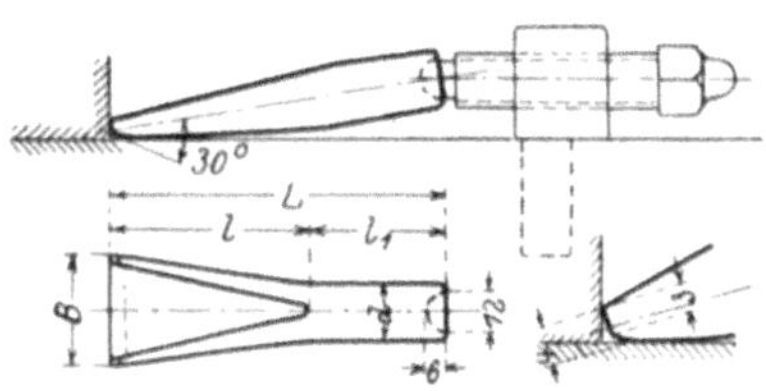

Nr.	L	B	d	l	l_1	Nr.	L	B	d	l	l_1
1	40	30	16	32	8	**6**	140	35	18	100	40
2	60	30	16	40	20	**7**	160	40	20	110	50
3	80	30	16	50	30	**8**	180	40	20	120	60
4	100	35	18	60	40	**9**	200	40	20	130	70
5	120	35	18	80	40						

Tabelle 12. Untersatzböcke.

Verwendungszweck: Aufspannen von Arbeitsstücken auf Fräs- und Hobelmaschinen.

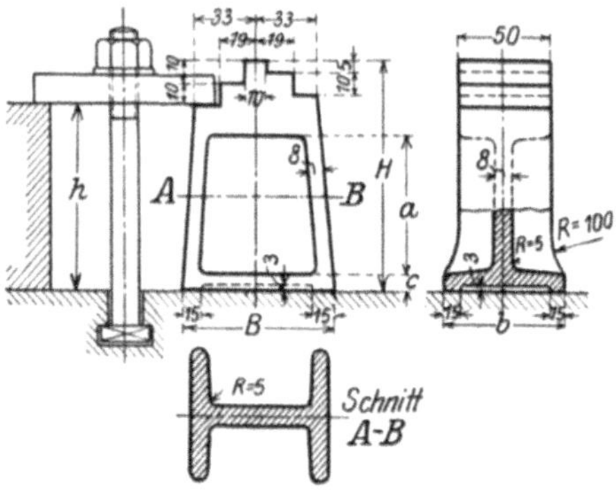

Nr.	H	h	B	b	a	c	Nr.	H	h	B	b	a	c
1	30	10	62	50			**12**	195	175	92	70	150	8
2	45	25	65	50			**13**	210	190	95	70	165	8
3	60	40	68	50			**14**	225	205	98	70	180	8
4	75	55	70	50			**15**	240	220	100	70	195	8
5	90	70	72	60	50	7	**16**	255	235	102	80	210	8
6	105	85	75	60	65	7	**17**	270	250	105	80	225	8
7	120	100	78	60	80	7	**18**	285	265	108	80	240	8
8	135	115	80	70	95	7	**19**	300	280	110	80	255	8
9	150	130	85	70	110	8	**20**	315	295	112	80	270	8
10	165	145	88	70	120	8	**21**	330	310	115	80	285	8
11	180	160	90	70	135	8	**22**	345	325	118	80	300	8

Tabelle 13. Parallelstücke.

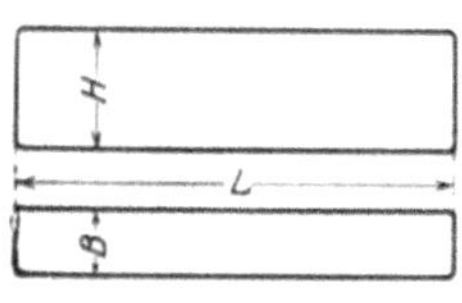

Nr.	B	H	L	Nr.	B	H	L
1	2	12	40	**11**	2	12	60
2	4	14	45	**12**	4	14	70
3	6	16	50	**13**	6	16	80
4	8	20	55	**14**	8	20	90
5	10	24	60	**15**	10	24	100
6	16	30	70	**16**	16	30	120
7	20	36	80	**17**	20	36	140
8	26	44	90	**18**	26	44	160
9	32	50	100	**19**	32	50	200
10	40	64	120	**20**	40	64	240

Tabelle 14. Parallelkästen (Lange Sorte).

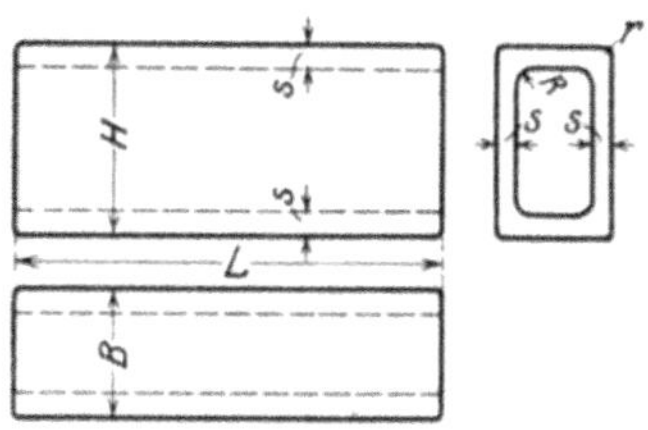

Nr.	B	H	L	R	s	Nr.	B	H	L	R	s
1	50	85	140	3	10	**6**	50	85	280	3	10
2	60	100	170	4	14	**7**	60	100	340	4	14
3	80	120	210	5	16	**8**	80	120	420	5	16
4	100	160	250	6	17	**9**	100	160	500	6	17
5	120	200	300	8	18	**10**	120	200	600	8	18

Tabelle 15. Parallelkästen (Hohe Sorte).

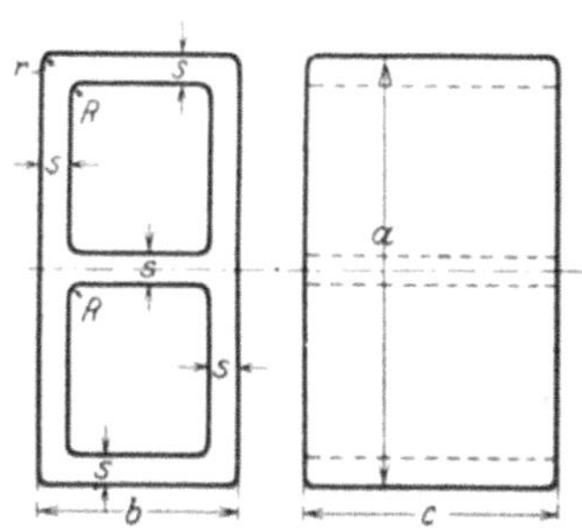

Abb. 1.

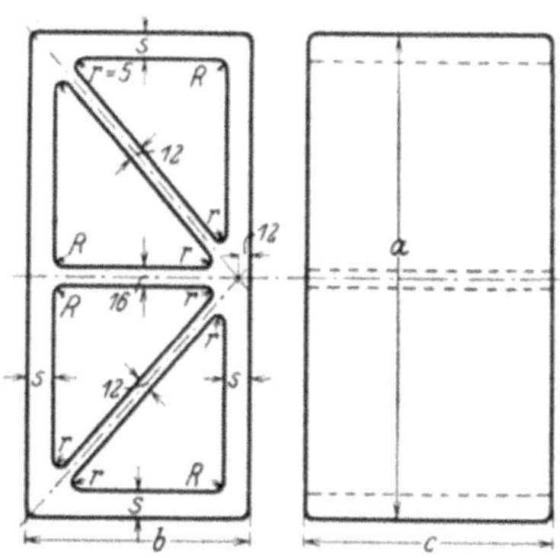

Abb. 2.

Nr.	a	b	c	s	R	nach Abbildung
1	100	50	75	10	3	1
2	140	70	100	14	6	1
3	180	90	140	16	7	1
4	220	110	160	18	8	1
5	260	130	170	18	9	1
6	300	150	190	20	9	1
7	350	175	200	22	9	2
8	400	200	220	22	10	2
9						

Tabelle 16. Stützböcke.

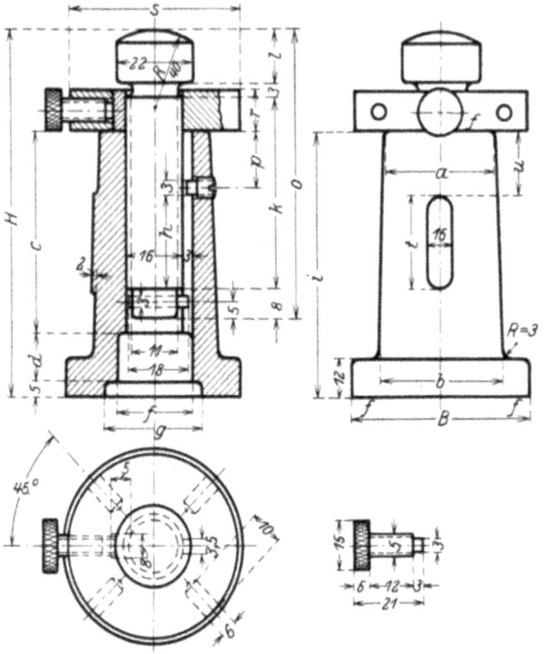

Nr.	H	B	h	a	b	c	d	f	g	i	k	l	o	p	r	s	t	u	kleinste u. größte Höhe
1	50	40	15	30	32	25	—	—	20	30	28	10	49	6	10	45	14	2	50— 65
2	60	45	25	30	32	35	—	—	20	40	38	10	59	6	10	45	20	4	60— 85
3	80	50	30	30	35	50	—	—	25	55	53	14	78	14	10	45	30	7	80—110
4	100	55	40	30	35	70	—	—	25	75	73	14	98	16	10	45	40	12	100—140
5	125	60	50	35	40	90	—	—	30	95	95	16	122	36	12	50	50	27	125—175
6	160	70	50	35	45	90	35	25	35	130	95	16	122	36	12	50	50	34	160—210
7	195	70	50	35	45	100	60	25	35	165	95	16	122	36	12	50	50	52	195—245
8	230	80	50	35	50	100	95	25	40	200	95	16	122	36	12	50	50	70	230—280
9	265	80	50	35	50	100	130	25	40	235	95	16	122	36	12	50	50	88	265—315
10	300	80	50	35	55	100	165	25	40	270	95	16	122	36	12	50	50	104	300—350
11	335	80	50	35	55	100	200	25	40	305	95	16	122	36	12	50	50	122	335—385
12	370	80	50	35	55	100	235	25	40	340	95	16	122	36	12	50	50	140	370—420

c) Die Spannmittel an Vorrichtungen.

Die eben beschriebenen allgemein verwendbaren Spannmittel sind zum größten Teil roherer Art. Für die Konstruktion der Spannmittel an Vorrichtungen gilt sinngemäß angewandt das gleiche, was zu den allgemein verwendbaren Spannmitteln gesagt ist, doch können bei den Vorrichtungen, da es sich immer darum handelt, ein bestimmtes Stück an einer bestimmten Stelle zu spannen, die Spannmittel diesem Einzelfall angepaßt werden; die Auswahl der Mittel ist wesentlich größer,

Tabelle 17. Stützschrauben.

Verwendungszweck: Abstützen von Werkstücken auf Hobel- und Fräsmaschinen.

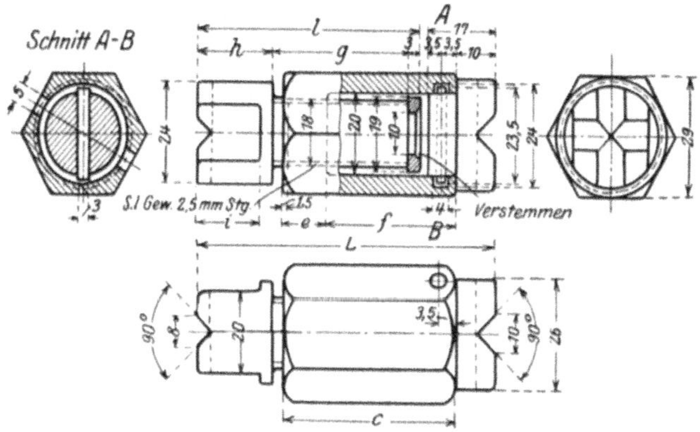

Nr.	L min.	L max.	l	g	h	i	c	e	f
1	50	60	33	22	8	8	32	12	20
2	55	70	38	27	8	8	37	12	25
3	65	80	48	27	18	18	37	12	25
4	70	100	53	42	8	8	52	12	40
5	90	120	73	42	28	25	52	12	40
6	110	155	93	65	25	25	75	20	55
7	140	200	123	85	35	25	95	25	70
8	190	250	173	85	85	25	95	25	70
9	240	300	223	85	135	25	95	25	70
10	290	350	273	85	185	25	95	25	70
11	340	400	323	85	235	25	95	25	70
12	390	450	373	85	285	25	95	25	70
13	440	500	423	85	335	25	95	25	70
14	490	550	473	85	385	25	95	25	70
15	540	600	523	85	435	25	95	25	70

andererseits muß in der Regel die Werkstattausführung sauberer und genauer sein als bei den allgemeinen Spannmitteln.

Anordnung der Spanneisen. In Abb. 144 u. 145 ist das bei Vorrichtungen am meisten gebräuchliche Spanneisen dargestellt; das Durchgangsloch für die Spannschraube ist als Langloch ausgebildet, damit das Spanneisen in die strichpunktierte Stellung zurückgeschoben werden kann und beim Einlegen des Werkstückes in die Vorrichtung und beim Herausnehmen nicht hindert. Die unter dem Spanneisen angebrachte Feder

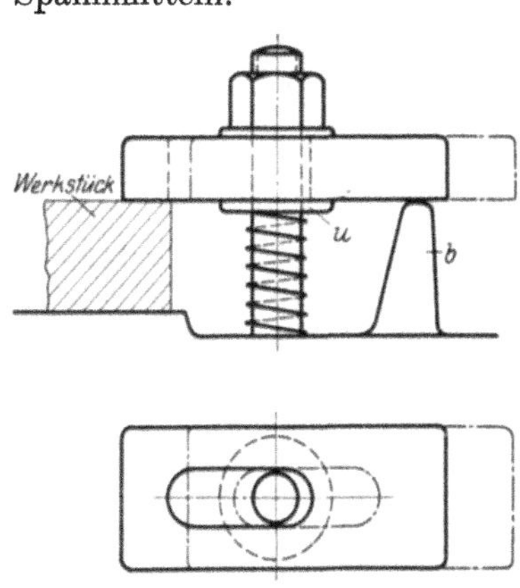

Abb. 144 und 145.

soll verhindern, daß das Spanneisen in zurückgeschobener Lage herunterklappt, denn es müßte dann bei jedesmaligem Spannen wieder gehoben werden; die dadurch nötigen Handgriffe verlängern die Spannzeit. Bei Anordnung solcher Abhebefedern ist darauf zu achten, daß das Ende der Feder nicht in das Loch im Spanneisen eindringen kann, da, wenn dies geschieht, die Bewegung des Spanneisens gehindert wird. Aus diesem Grunde ist in vorliegendem Beispiele die Unterlegscheibe u angeordnet.

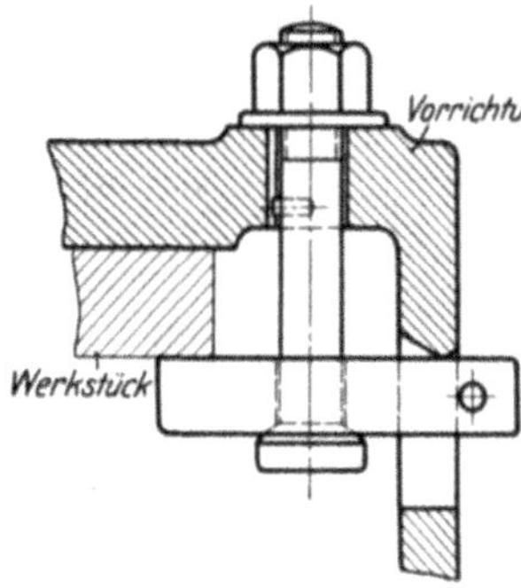

Abb. 146.

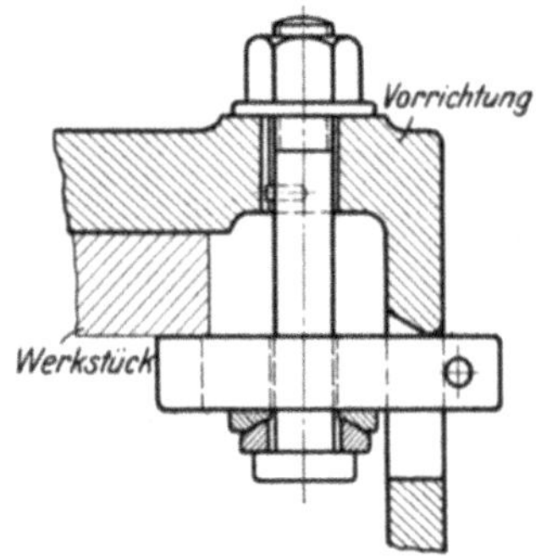

Abb. 147.

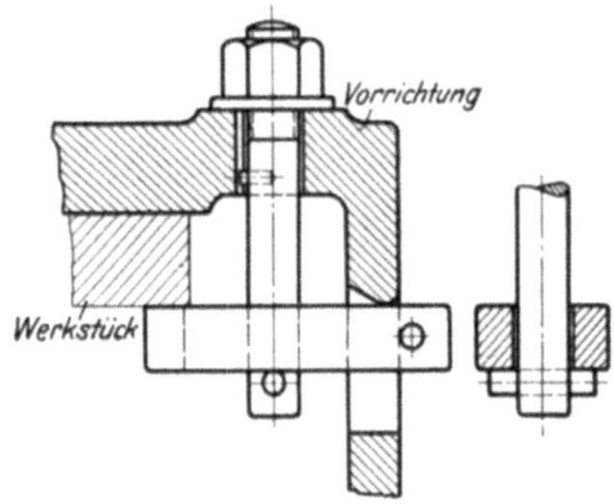

Abb. 148.

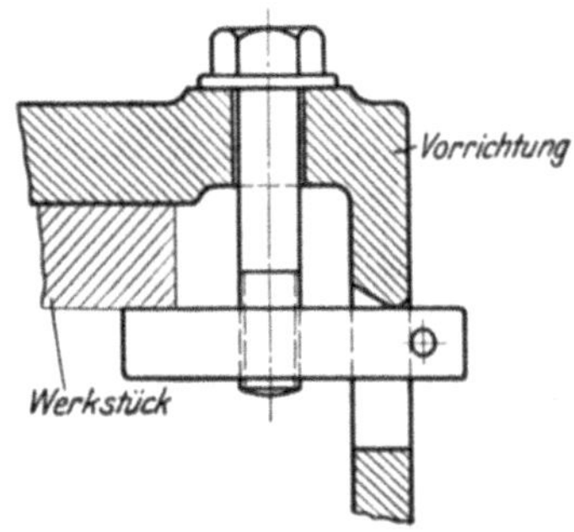

Abb. 149.

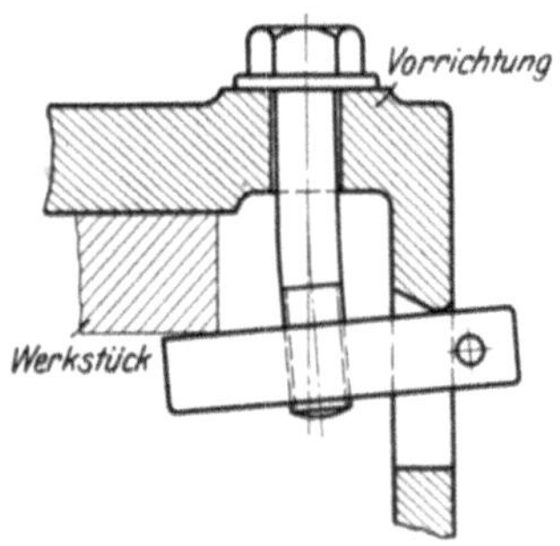

Abb. 150.

Sind Teile in Vorrichtungenkästen zu spannen, so kommt es häufig vor, daß für das Betätigen normaler Spanneisen kein Raum vorhanden oder daß die Spannstelle von außen nicht zugänglich ist. In solchen Fällen ist eine Anordnung nach Abb. 146 am Platze. Soll das Spanneisen zurückgezogen werden können, so käme eine Konstruktion nach Abb. 147 in Frage. Beide Ausführungen bedingen, daß die Spannschraube vom Innern des Vorrichtungenkastens aus eingeführt werden kann. Es kommen jedoch

Fälle vor, wo die Raumverhältnisse so ungünstig liegen, daß dies nicht möglich ist; man kann dann eine Konstruktion nach Abb. 148 wählen, bei der der Kopf der Spannschraube durch einen Stift ersetzt ist. Die Schraube kann beim Zusammensetzen der Vorrichtung von außen eingeführt und dann der Stift eingesetzt werden. Konstruktionen nach Abb. 149, bei der das Spanneisen mit Gewinde versehen ist, muten sehr einfach an; sie haben den schweren Fehler, daß bei Differenzen in der Spannhöhe die Schraube außerordentlich ungünstig beansprucht wird, Abb. 150. Derartige Konstruktionen sollten vermieden werden.

Häufig bietet sich die Möglichkeit, mehrere Spanneisen mit einer Schraube zu betätigen; Abb. 151 zeigt ein solches Beispiel; zwei Leisten sollen in paralleler Lage zueinander und in gleicher Höhe in einer Vorrichtung eingespannt werden. Die Wirkung ist ohne weiteres aus der Abbildung zu erkennen; die Stifte *S* sollen die Spanneisen in gelöstem Zustande in der Arbeits-

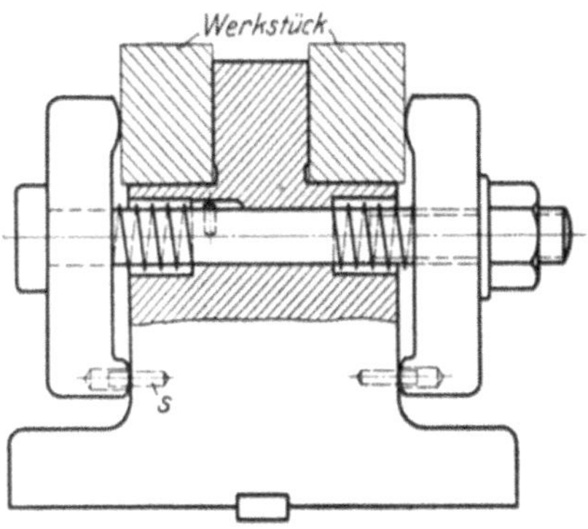

Abb. 151.

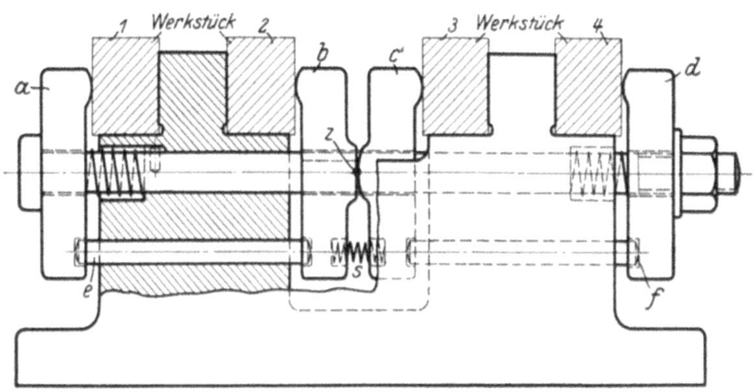

Abb. 152.

stellung halten. Abb. 152 zeigt eine ähnliche Anordnung für 4 Werkstücke und 4 Spanneisen. Beim Anziehen der Spannschraube legen sich die Spanneisen *a* und *d* zunächst gegen die Werkstücke 1 und 4; die freien Enden der Spanneisen *a* und *d* haben keine festen Auflagen, sondern drücken beim Spannen auf die Stifte *e* und *f*, die dadurch die Spanneisen *b* und *c* um den Punkt *z* kippen und dadurch die Werkstücke 2 und 3 spannen. Eine Feder *S* sichert den Eingriff der Stifte *e* und *f* in die Spanneisen, wenn diese gelöst sind. Bei der Konstruktion derartiger Anordnungen ist darauf zu achten, daß die Hebelarme der Spanneisen so gewählt werden, daß an allen Spannstellen der gewünschte Druck erzeugt wird. Abb. 153—156 zeigt einige Beispiele für das Spannen runder Teile. Sind solche Teile so zu spannen,

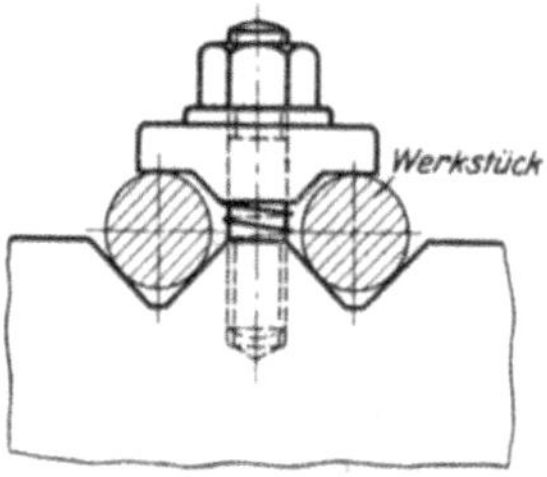

Abb. 153.

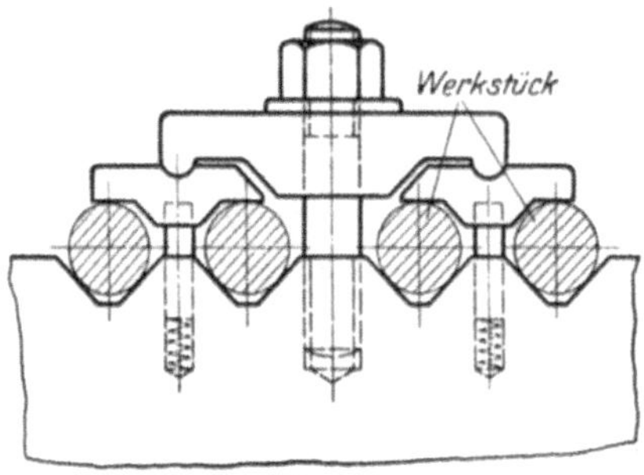

Abb. 154.

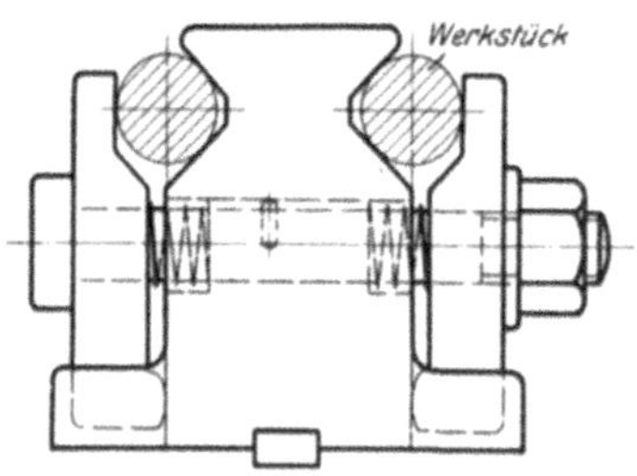

Abb. 155.

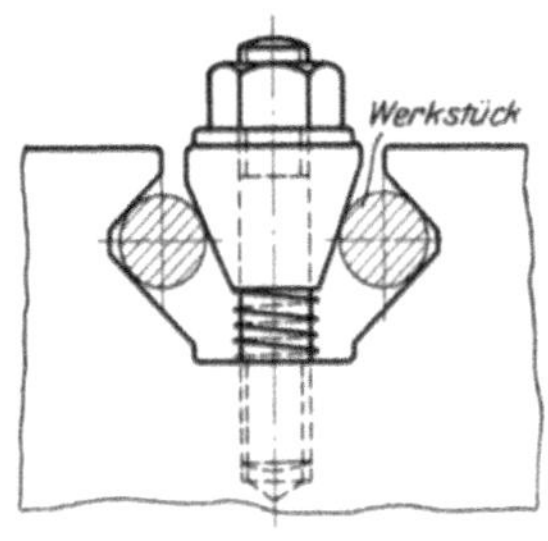

Abb. 156.

daß das Spanneisen die Oberkante des Werkstückes nicht überragen darf, so ist eine Konstruktion nach Abb. 157 oder 158 zu wählen. Bei dem Beispiele nach Abb. 157 ist darauf zu achten, daß das Spanneisen in

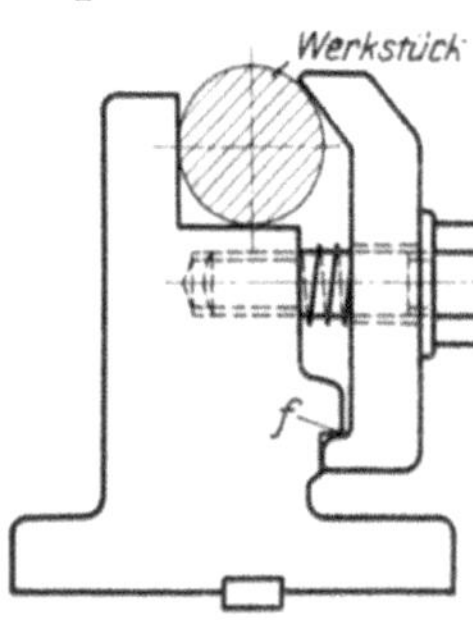

Abb. 157.

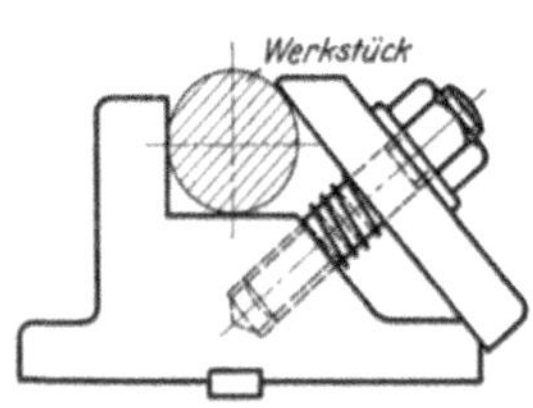

Abb. 158.

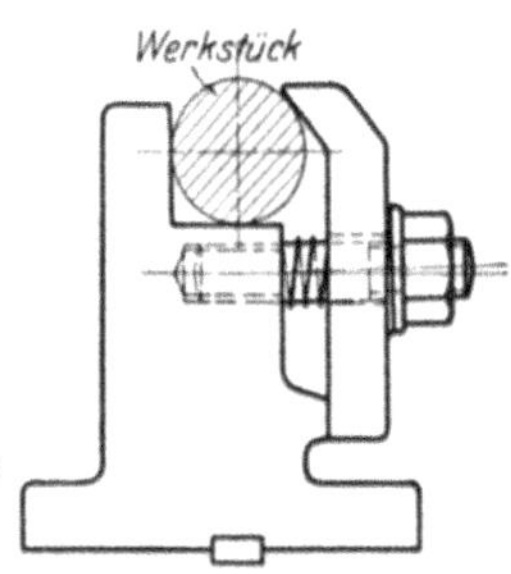

Abb. 159.

seiner Längsrichtung, quer zur Achse der Spannschraube eine Schubkraft aufzunehmen hat; diese ist in vorliegendem Beispiele dadurch aufgenommen, daß sich das hakenförmige freie Ende des Spanneisens mit der Fläche *f* in eine Ausklinkung des Vorrichtungenkörpers legt. Abb. 159 zeigt eine falsche Ausführung ohne Haken am Spanneisen; dieses wird bei Gebrauch nach oben geschoben und verbiegt die Spannschraube.

Abb. 160 zeigt ein Beispiel, wie flache Teile so gespannt werden können, daß die Spannmittel die Arbeitsfläche des Werkstückes nicht überragen; hier ist das Spanneisen am freien Ende mit einer Wulst versehen, die in einer entsprechenden Pfanne am Vorrichtungenkörper ein Widerlager findet. Das Spanneisen wirkt auf die Auflagefläche *a* und die Anlagefläche *b* des Werkstückes. Abb. 161 zeigt ein ähnliches Beispiel, doch ist hier, um den Anpreßdruck des Werkstückes auf die Auflagefläche *a* an der Anlageseite *b* zu verstärken, die Anlage nicht starr, sondern kippbar. Als Anlage sind Hebel *h* angeordnet, die um Stifte *S* drehbar sind und durch Federbolzen *f* soweit gehoben werden, bis die Hebel mit ihrer Fläche *g* am Vorrichtungenkörper Auflage finden. Wird gespannt, so wirkt der Druck am Hebelarme *l*, der Hebel *h* kippt nach unten und drückt das Werkstück auf die Auflagefläche *a*. Solche Konstruktionen sind jedoch nicht zulässig, wenn in der Spannung Flächen bearbeitet werden sollen (wie in Abb. 160 gezeigt), die zur Anlagefläche parallel liegen müssen, denn durch die unstarre Ausbildung der Anlage geht deren genaue Lage verloren.

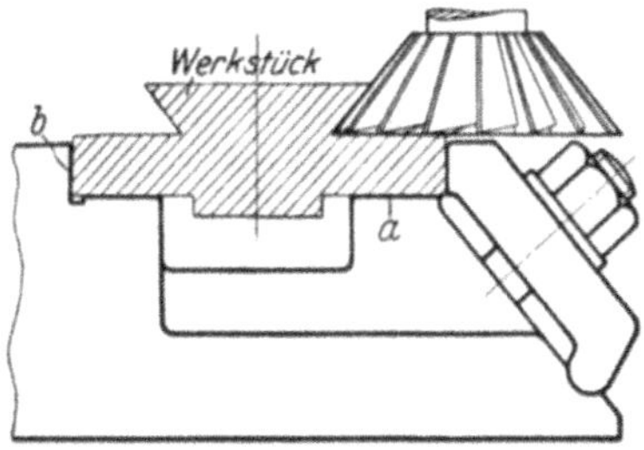

Abb. 160.

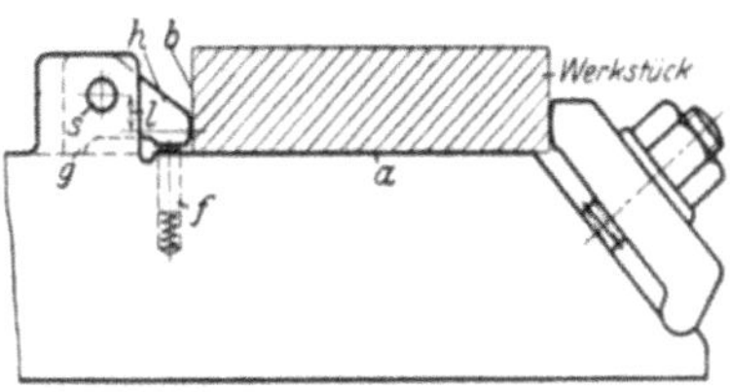

Abb. 161.

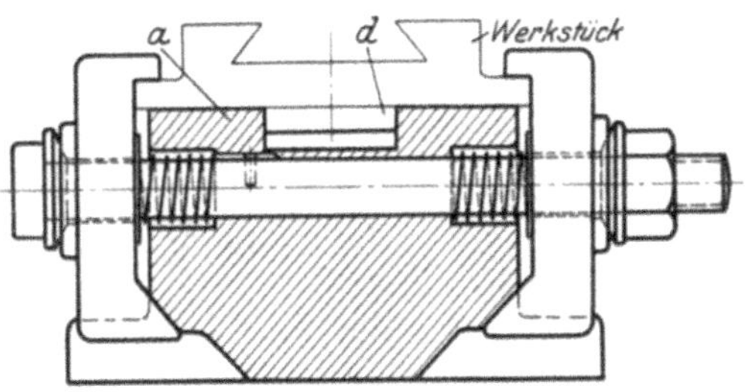

Abb. 162.

Das Beispiel in Abb. 162 zeigt ein Teil mit einem runden Aufnahmezapfen *d*; die obere Partie des Werkstückes soll parallel zur Auflagefläche *a* bearbeitet werden. Das Teil wird im Aufnahmezapfen gehalten und durch die Spanneisen auf die Auflagefläche gedrückt.

Spanneisen nach Abb. 163—166 werden benutzt, wenn an jedem Ende eine Schraube angesetzt werden soll, oder wenn es aus irgendeinem Grunde nötig ist, das Spanneisen beim Einlegen und Entfernen des Werkstückes abzuklappen oder ganz abzunehmen. Der erste Fall ist in Abb. 167 dargestellt; eine Welle wird auf die dargestellte Weise richtig gespannt. Abb. 168 stellt die gleiche Anordnung für ein Werkstück von rechteckigem Querschnitt dar; die punktiert angedeutete Lage des Spanneisens soll zum Ausdruck bringen, wie durch ungleiches Anziehen der beiden Schrauben das Spanneisen auf der einen Seite mehr drückt als auf der andern; die Druckverteilung ist also ungleich. Außerdem zeigt die Konstruktion den schon mehrfach erwähnten Fehler, daß die Schrauben im Vorrichtungenkörper drehbar sind. Die in Abb. 169 gezeigte Ausführung für den gleichen Zweck ist richtiger; das Spanneisen trägt in der Mitte ein Druckstück, so daß der Druck immer an einer Stelle erfolgen muß; die Schrauben sitzen im Vorrichtungenkörper fest und sind mit Scheibe und Mutter versehen. Abb. 170 zeigt eine weitere Ausführung mit drehbarem Druckstück, das in einem Schlitz des Spanneisens eingelassen und mit einem Stift vor dem Herausfallen geschützt ist. Beide Konstruktionen haben den Nachteil, daß beim Abklappen oder Abnehmen

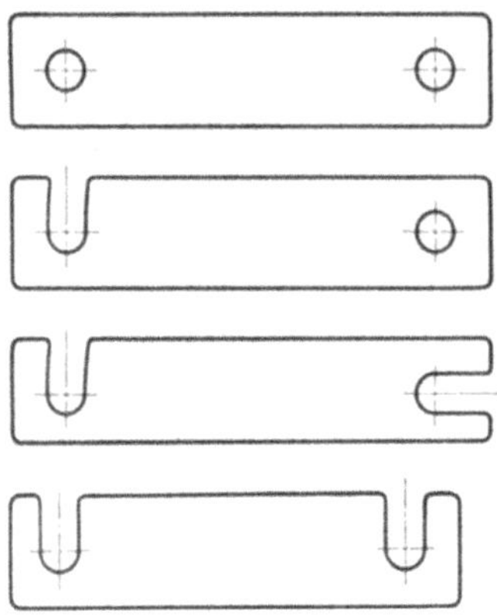

Abb. 163 bis 166.

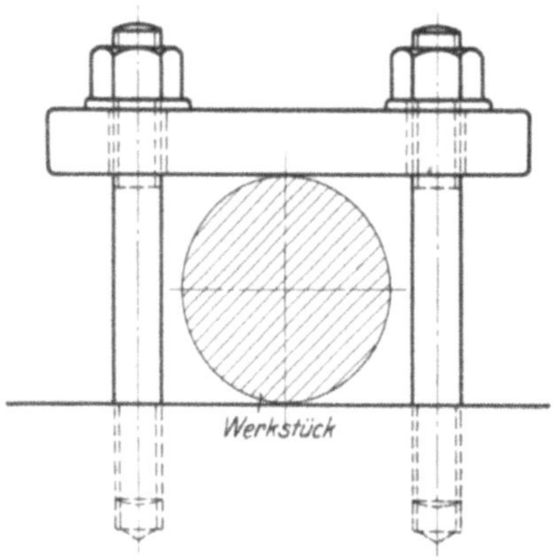

Abb. 167.

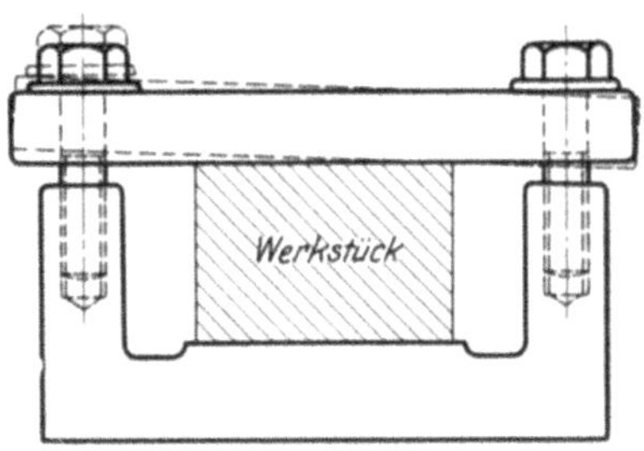

Abb. 168.

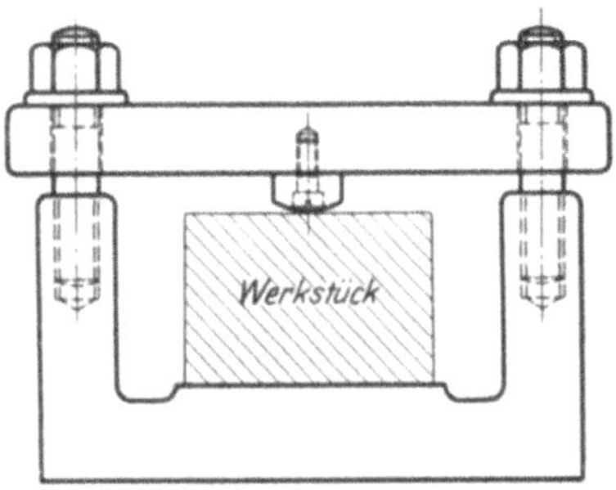

Abb. 169.

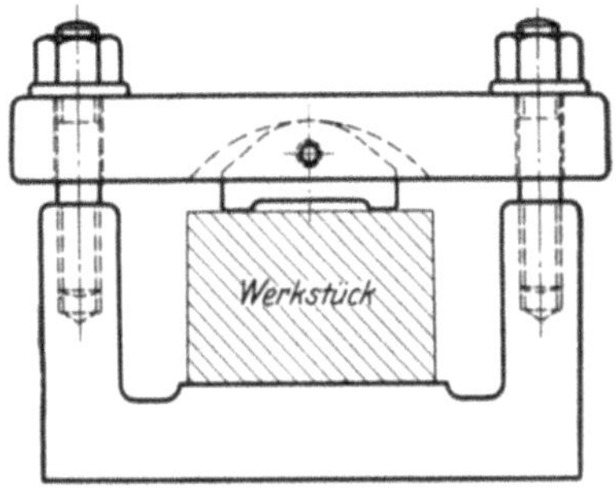

Abb. 170.

des Spanneisens die Unterlegscheibe sich vom Kopf der Schraube entfernt und dann beim Wiedereinlegen oder Einklappen des Spanneisens erst wieder in die richtige Lage gebracht werden muß. Um dies zu vermeiden, werden Schrauben angewandt, deren Hals stärker ist als das Gewinde, Abb. 171, bei Anwendung solcher Schrauben ist darauf zu achten, daß der Hals etwas länger ist als das Spanneisen hoch ist (bei guter Ausführung etwa 0,1—0,2 mm), damit die fest angezogene Schraube des Spanneisens nicht festbremst. Für das Spannen muß in solchen Fällen eine besondere Druckschraube vorgesehen werden. Die eben erwähnten Halsschrauben sind nicht normal und müssen daher besonders angefertigt werden; das ist nicht nur teuer, sondern verzögert auch meist die Fertigstellung der Vorrichtung. Aus diesem Grunde ist die in Abb. 172 gezeigte Ausführung vorzuziehen, bei der mit einer normalen Schraube, einer Distanzbuchse *S* und Unterlegscheibe *u* die Spezialschraube ersetzt ist. Die Konstruktion verwendet zwar mehr Teile, ist aber billiger.

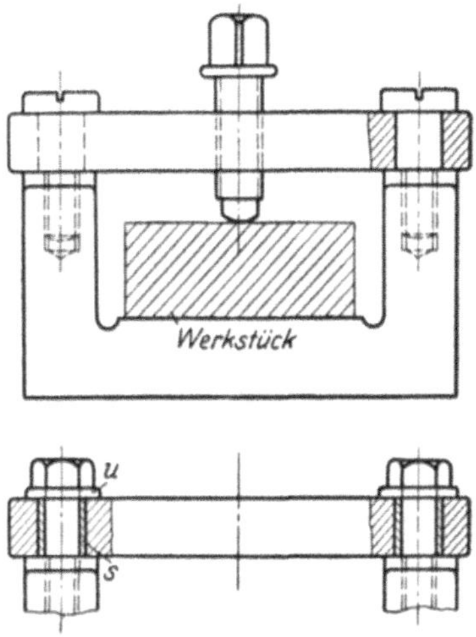

Abb. 171 und 172.

Sollen zwei oder mehr Teile in der angegebenen Weise gespannt werden, so wird häufig versucht, das in der in Abb. 173 dargestellten

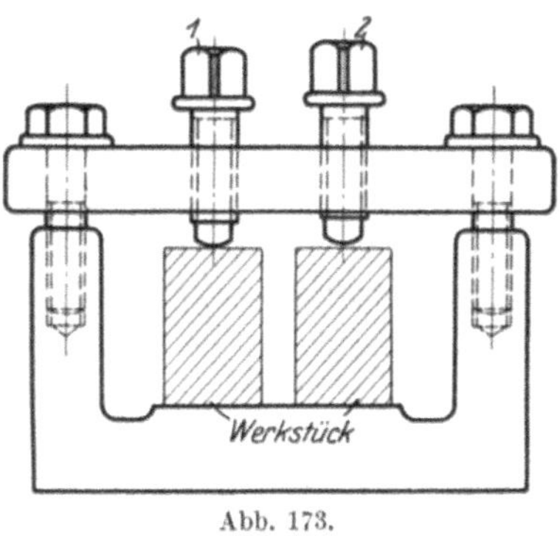

Abb. 173.

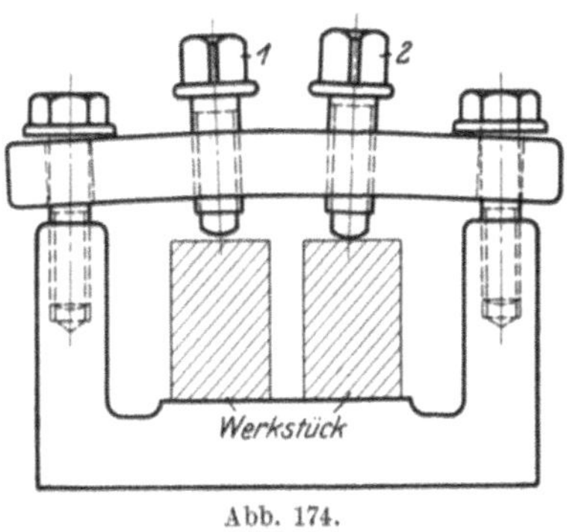

Abb. 174.

Weise auszuführen. Die Konstruktion ist aus folgenden Gründen falsch: Wird zuerst die Schraube *1* angezogen und dann die Schraube *2*, so wird beim Anziehen von *2* die Schraube *1* abgehoben, Abb. 174; zieht man dann *1* wieder nach, so löst sich die Spannung von *2* und so fort. Die Spannung wird natürlich dadurch völlig unzuverlässig; die Unsicherheit erhöht sich mit der Anzahl der Teile, die auf diese Weise gespannt werden sollen. Ein richtiges Mittel, um derartige Spannungen auszuführen, zeigt Abb. 170.

Spannschrauben. Zum Befestigen von Fräsvorrichtungen und Maschinenschraubstöcken werden oft gewöhnliche Sechskantschrauben in Verbindung mit Nutensteinen benutzt, Abb. 175 u. 176; diese Ausführung hat den Vorteil, daß die Bauhöhe gering ist (Maß h). Um noch größere Raumersparnis zu erzielen, können die Sechskant- oder auch Zylinderkopfschrauben versenkt werden, Abb. 177 u. 178.

Hakenschrauben (Abb. 179 u. 180) werden angewandt, wenn Teile an solchen Flächen angespannt werden müssen, die für die Betätigung der Spannorgane nicht zugänglich sind und bei denen für die Anordnung anderer Spannmittel (Spanneisen) kein Platz vorhanden ist. Derartige Schrauben sollten nur angewandt werden, wenn keine andere Konstruktionslösung möglich ist. Die in Abb. 179 u. 180 dargestellte Ausführung ist sehr oft anzutreffen; sie hat jedoch den Fehler, daß sich die Schraube bei Beanspruchung abbiegt, Abb. 181. Ein Beispiel für die richtige Ausbildung einer derartigen Konstruktion zeigt Abb. 182 u. 183, die Schraube ist bis zum Haken geführt, so daß ein Abbiegen nicht eintreten kann; außerdem findet der Haken, wenn er in die Spannstellung gedreht wird, einen Anschlag, Abb. 183. Wenn irgend möglich, sollte man die teuere und unsichere Hakenschraube durch andere Spannmittel ersetzen; Beispiele dafür sind in Abb. 146—148 gezeigt.

Der Hakenschraube im Prinzip gleich ist die Konstruktion nach Abb. 184; der Spannknaggen wird durch die Schraube s angespannt; dabei tritt das gleiche ein wie bei der Hakenschraube nach Abb. 181, die Schraube wird verbogen, Abb. 185. Will man derartige Spannknaggen verwenden, so sollten diese konstruktiv so ausgebildet werden, daß eine Beanspruchung der Schraube auf Biegung vermieden wird, Abb. 186 u. 187. Nebenbei hat die in Abb. 184 gezeigte Konstruktion noch den Fehler, daß die Schraube ihr Anzuggewinde im Vorrichtungenkörper hat; dies sollte ebenfalls nach Möglichkeit vermieden werden. Eine Stiftschraube, die fest im Vorrichtungenkörper sitzt und durch eine Mutter angezogen wird, ist richtiger (Abb. 186). Besser ist es, die Anwendung der angeführten Spannknaggen ganz zu vermeiden und statt dessen Spanneisen anzuwenden, die allerdings mehr Raum beanspruchen, dafür aber billiger sind und sicherer wirken. Ein Beispiel, wie man den Spannknaggen auf einfache Weise durch Verwendung eines Spanneisens umgehen kann, zeigt Abb. 188.

Die Spannschraube nach Abb. 189 hat den Zweck, das Werkstück sowohl in Richtung der Schraubenachse als auch quer zu dieser an die Aufnahmefläche der Vorrichtung anzudrücken. In ähnlicher Weise soll die Schraube nach Abb. 190 wirken; nur beschränkt sich die Wirkung quer zur Achse darauf, das Werkstück am Abheben von der Auflage-

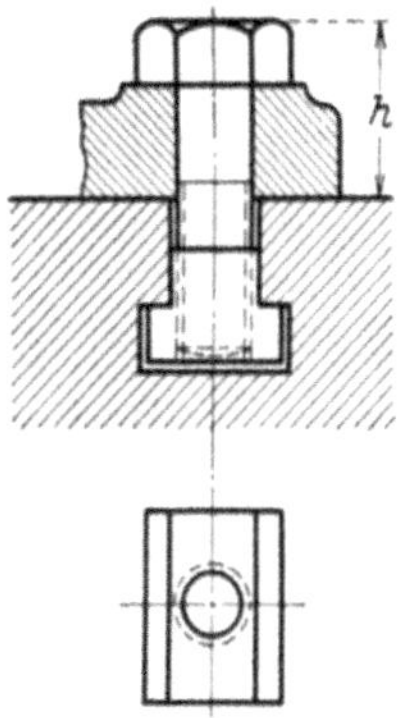

Abb. 175 und 176.

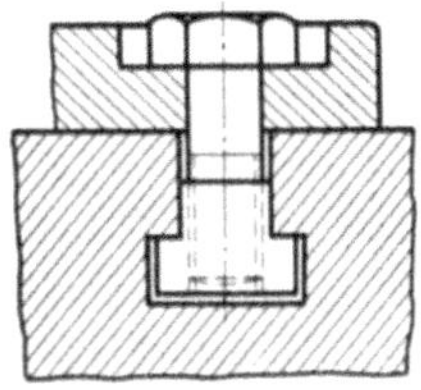

Abb. 177.

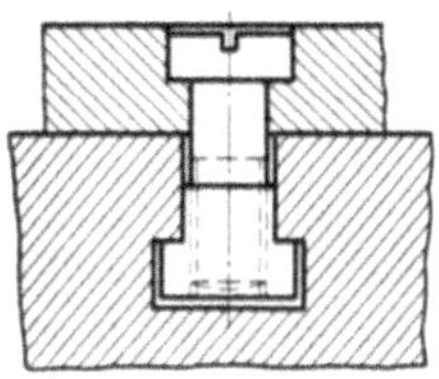

Abb. 178.

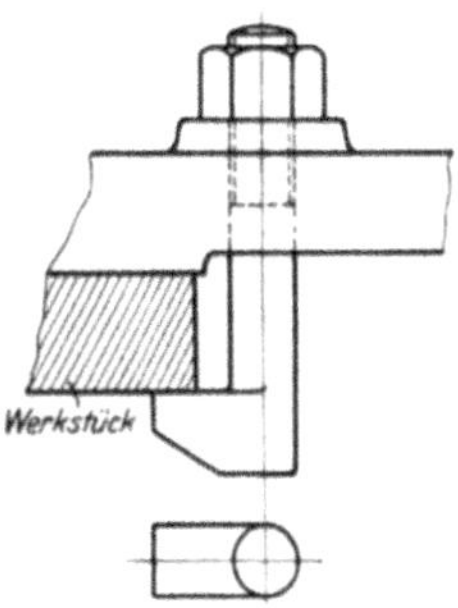

Abb. 179 und 180.

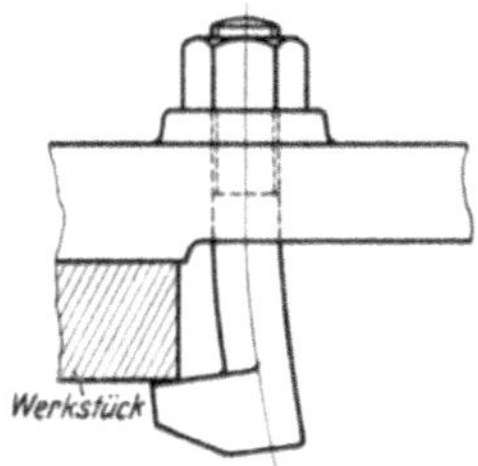

Abb. 181.

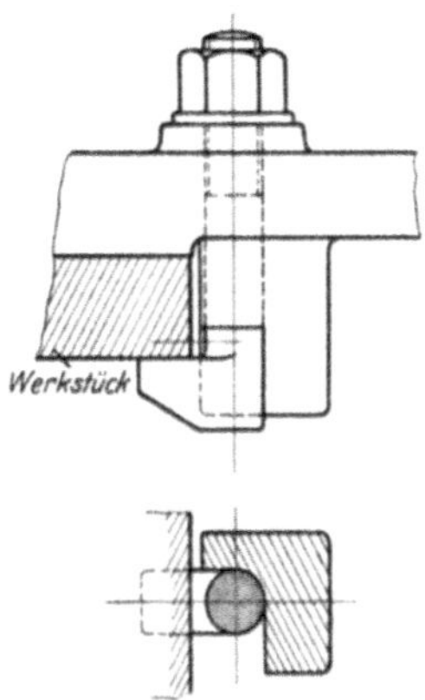

Abb. 182 und 183.

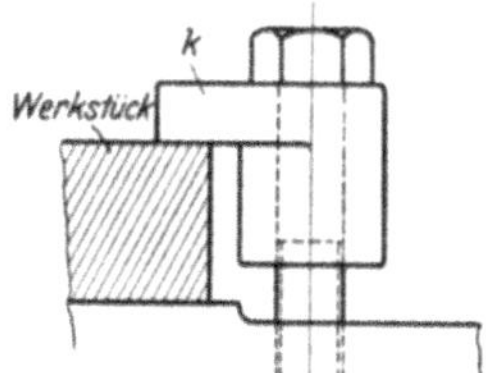

Abb. 184.

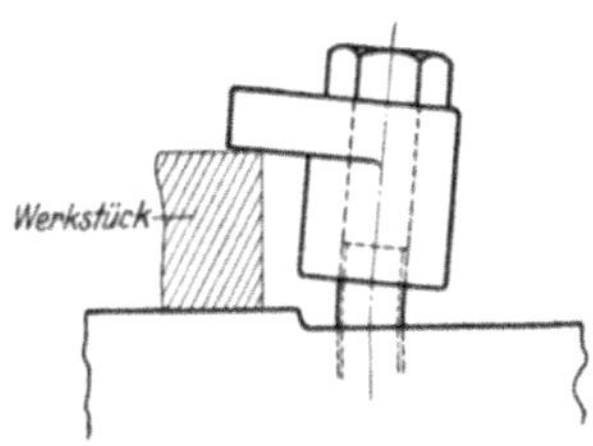

Abb. 185.

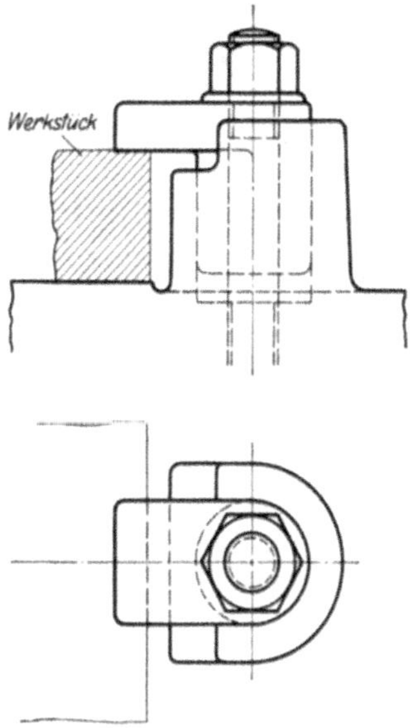

Abb. 186 und 187.

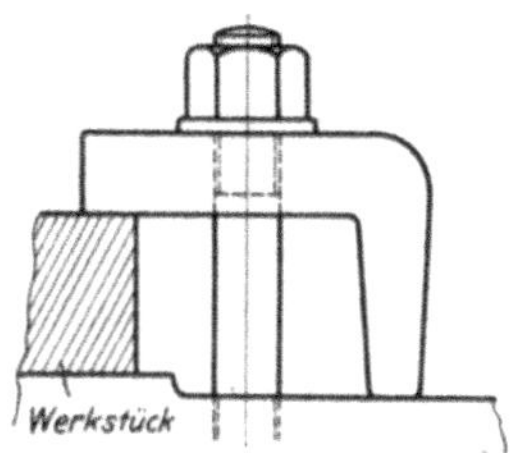

Abb. 188.

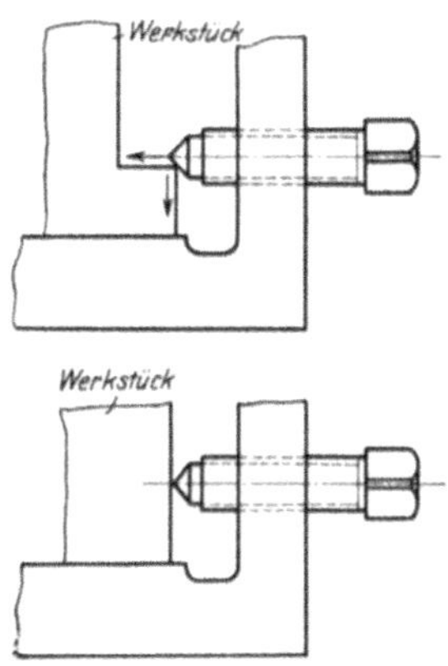

Abb. 189 und 190.

fläche zu schützen, dadurch, daß sich die gehärtete Spitze der Schraube in das Werkstück eindrückt. Beide Ausführungen sind großen Beanspruchungen nicht gewachsen; sie sind nicht zu empfehlen, weil sie die Werkstücke mit Eindrücken versehen; die ganze Konstruktion ist unschön.

Bei Schrauben mit Druckzapfen, Abb. 191, sollte die Stirnfläche des Druckzapfens nicht gerade ausgeführt werden, da, wenn die Berührungsstelle des Werkstückes mit der Schraube nicht genau rechtwinklig zur

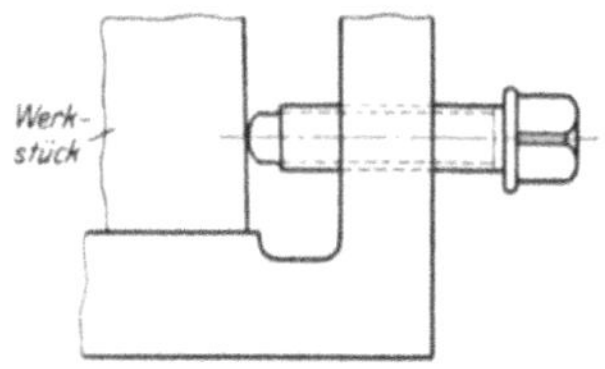

Abb. 191.

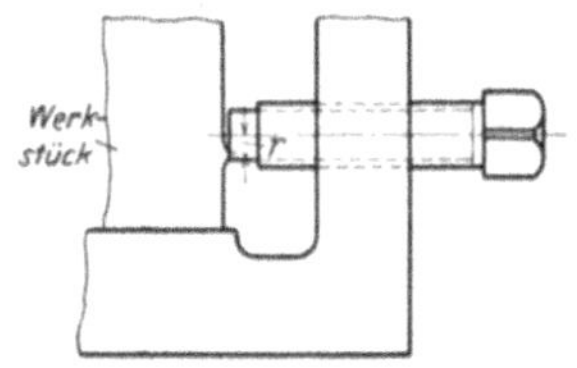

Abb. 192.

Schraubenachse steht oder das Werkstück Unebenheiten zeigt, die Schraube beim Anziehen das Werkstück seitlich verschieben oder von der Auflagefläche abheben kann; in Abb. 192 zeigt das Werkstück im Abstande r von der Schraubenachse eine Erhöhung; durch die Reibung der Schraube an dieser Erhöhung wird das Werkstück quer zur Schraubenachse abgedrängt. Bei allen Spannschrauben für derartige Zwecke muß der Druckzapfen abgerundet sein, Abb. 191. Außerdem ist aber zu beachten, daß solche Schrauben aus Gußstahl gefertigt und in Öl gehärtet werden müssen. Bei aus Eisen gefertigten Schrauben drückt sich bei dauernder hoher Beanspruchung der Druckzapfen breit, wodurch nicht nur das Spannen unzuverlässig wird, sondern auch das Gewinde im Vorrichtungenkörper zerstört werden kann.

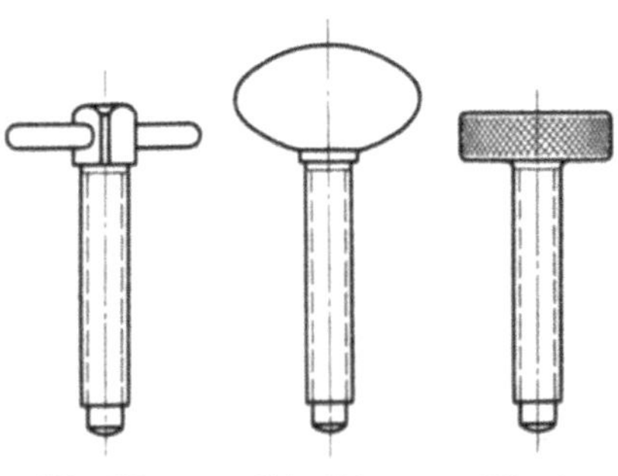

Abb. 193. Abb. 194. Abb. 195.

Sind nur kleine Kräfte aufzunehmen, so werden mit Vorteil Knebel- und Flügelschrauben oder solche mit kordiertem Kopf angewandt. Abb. 193 zeigt eine billige Ausführung einer Knebelschraube; es ist eine genormte Schraube mit Druckzapfen und Vierkantkopf, durch den ein Loch gebohrt ist zur Aufnahme eines Knebels aus gezogenem Rundeisen. Die Ausführung genügt für Vorrichtungen, die nur zeitweise zum Bearbeiten nicht großer Stückzahlen dienen. Da es bei solchen Vorrichtungen wichtig ist, ihre Herstellungskosten möglichst niedrig zu halten, so ist diese billige Ausführung am Platze. Sie eignen sich jedoch nicht für Vorrichtungen, die der Massenfabrikation dienen, da bei dauernder Benutzung des Knebels die Finger des Arbeiters verletzt werden. In solchen Fällen sind Flügelschrauben nach Abb. 194 anzuwenden, die den Fingern eine größere Anlagefläche bieten. Diese Schrauben sind nur dann billig herzustellen, wenn sie im Gesenk geschmiedet werden, so daß nur das Gewinde anzuschneiden und der Druckzapfen zu drehen ist. Werden solche Schrauben häufig gebraucht, so empfiehlt es sich, die Rohlinge von einer Gesenkschmiede zu beziehen. Abb. 195 zeigt eine Schraube mit kordiertem Kopf. Diese werden bis zu den kleinsten Abmessungen angewandt, sind aber für kräftige Spannungen ungeeignet.

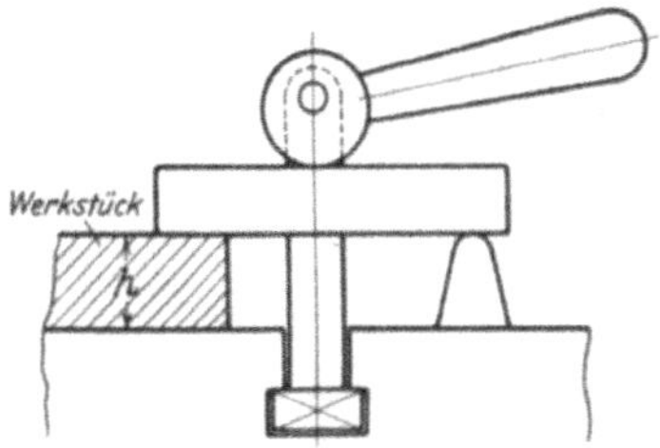

Abb. 196.

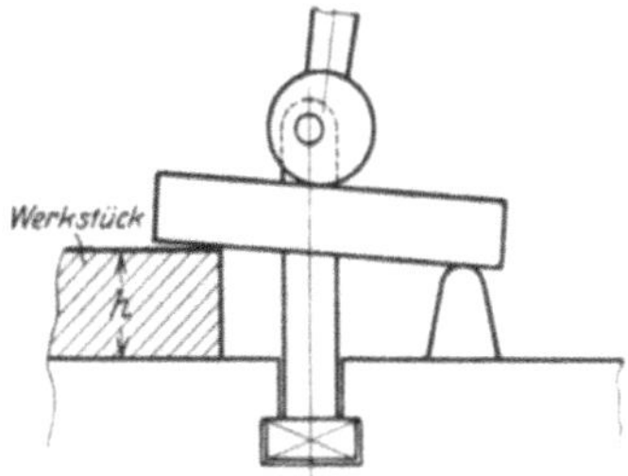

Abb. 197.

Hubscheiben als Spannmittel. Um die für das Spannen aufzuwendende Zeit abzukürzen, werden vielfach statt der Schrauben Hubscheiben als Spannmittel benutzt, Abb. 196. Die Anwendung solcher Hubscheiben beschränkt sich jedoch auf solche Spannstellen, die keine großen Maßabweichungen aufweisen; die Anzugstelle der Hubscheibe muß so abgepaßt sein, daß diese durch Reibung an der Berührungsstelle mit dem Spanneisen sicher festhält. Sind nun die Werkstücke im Maß *h* untereinander nicht gleichmäßig, so wird es vorkommen, daß die Hubscheibe eine so ungünstige Stellung einnimmt, daß sie überhaupt nicht spannt, Abb. 197 u. 198, oder die Spannung wird in weniger extremen Fällen unsicher. Aus diesen Gründen ist diese Art der Festspannung für rohe Guß- und Schmiedestücke im allgemeinen ungeeignet. Desgleichen sollte man sie nicht da anwenden, wo sehr kräftige Spannungen nötig sind oder wo starke Erschütterungen beim Arbeiten auftreten. Sie ist besonders am Platze, wenn es sich darum handelt, kleinere Teile für leichte Schnitte in der Massenfabrikation festzuspannen.

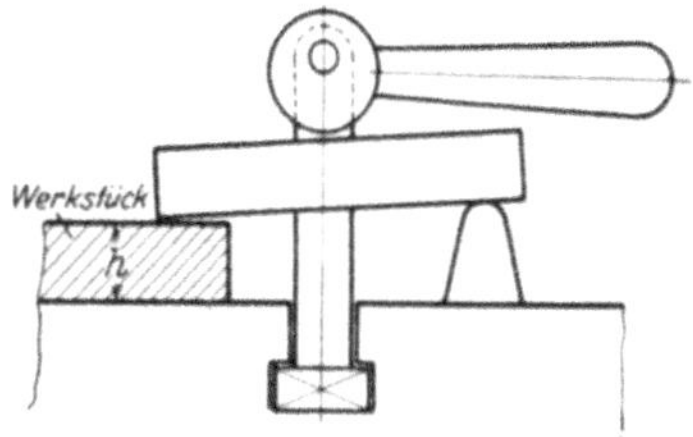

Abb. 198.

Wie bereits erwähnt, soll das Festspannen so kräftig erfolgen, daß das Werkstück beim Bearbeiten seine Lage nicht verändern kann; der

Vorrichtungenkonstrukteur muß daher unter den verschiedenen Spann mitteln das jeweils richtige wählen. Hierbei werden oft recht bedenkliche Fehler begangen. In Abb. 199 ist ein solcher Fehler dargestellt;

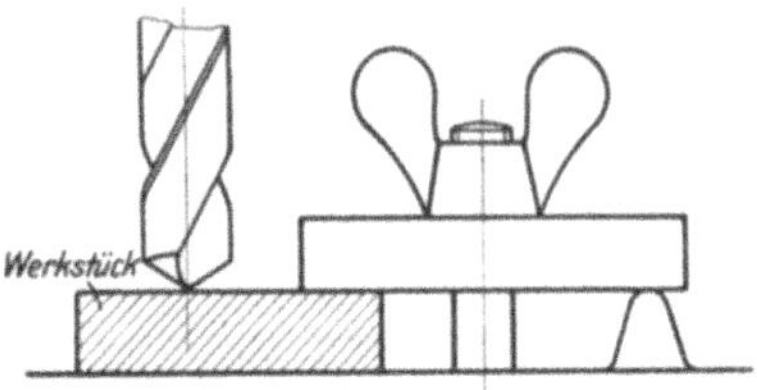

Abb. 199.

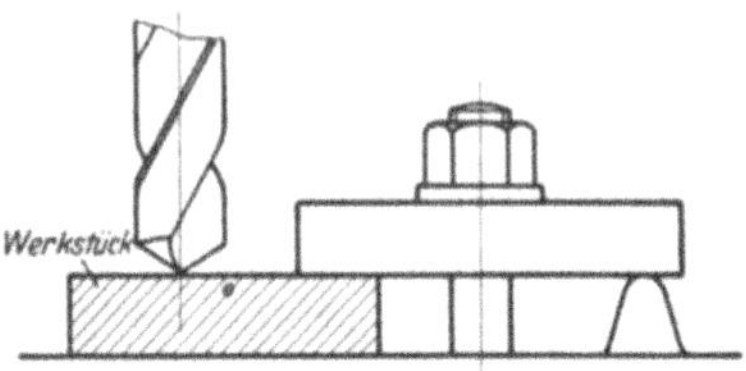

Abb. 200.

das Werkstück soll, um es beim Bohren auf dem Aufspanntisch gegen Drehung zu sichern und um ein Abheben beim Bohrerdurchtritt zu verhindern, mit einem Spanneisen, das durch eine Flügelmutter angezogen wird, festgespannt werden. Die Spannung genügt nicht, um die auftretenden Kräfte aufzunehmen; beim Arbeiten würde der Bohrer ohne weiteres das Werkstück mit in Drehung versetzen. Die richtige Festspannung zeigt Abb. 200, bei der statt der Flügelmutter eine Sechskantmutter zum Festspannen dient. Ähnlich verhält es sich bei dem in Abb. 201 dargestellten Beispiel; auch hier würde das Festspannen mit der Flügelmutter nicht genügen, um das Werkstück vor einer Lageveränderung zu schützen. Es muß eine Sechskantmutter angewandt werden, Abb. 202.

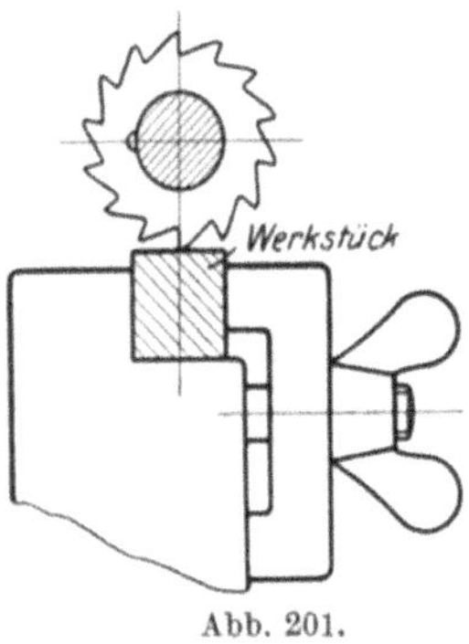

Abb. 201.

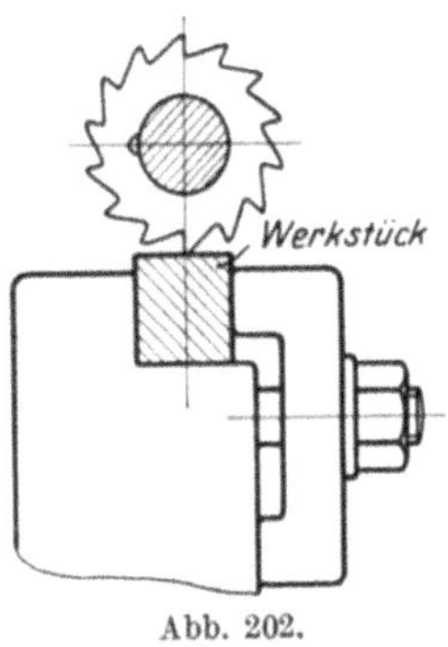

Abb. 202.

Um bei der Wahl und Bemessung der Spannmittel das Richtige zu treffen, muß sich der Konstrukteur über die Art und ungefähre Größe der auftretenden Kräfte klar sein. Der Anfänger tut auch hier gut, sich im Betriebe umzusehen und sich dort Beispiele zu beschaffen. Im allgemeinen sind bei Arbeitsvorgängen, bei denen Stöße und Erschütterungen auftreten, besonders sichere und feste Festspannungen nötig. Zu solchen Arbeitsvorgängen gehören das Hobeln und Fräsen.

d) Schraubstöcke.

Eine der am meisten angewandten Vorrichtungenarten ist der Maschinenschraubstock, Abb. 203; er wird besonders viel und besonders vorteilhaft beim Fräsen und Bohren kleinerer Teile benutzt. Seine Anwendung ist deshalb so vorteilhaft, weil sich die Herstellung eines besonderen Vorrichtungenkörpers erübrigt; um ihn als eigentliche Vorrichtung zu gestalten, ist nur nötig, die auswechselbaren Spannbacken mit Aufnahmen für das zu spannende Werkstück zu versehen, oder in die Backen die Form des Werkstückes einzuarbeiten. Infolge seiner großen Anpassungsfähigkeit sind eine ganze Reihe verschiedener Konstruktionen von Maschinenschraubstöcken auf dem Markt erschienen, die entweder das Anwendungsgebiet zu erweitern oder die Spannwirkung zu verbessern zum Ziele haben.

Abb. 203.

Bei Benutzung des Schraubenstockes erfolgt das Spannen nur gegen die Anlagefläche; sind Anschläge oder eine besondere Aufnahme für die Werkstücke vorhanden, so wird dadurch auch die Lage dieser in Längsrichtung der Spannbacken bestimmt. Dagegen erfolgt kein Spannen der Werkstücke auf die Auflagefläche; die Werkstücke müssen also lediglich durch Reibung gehalten werden; das Spannen ist nicht positiv. Da die Kräfte, die die Werkstücke aus der Festspannung lösen wollen, besonders beim Fräsen oft recht groß sind, so müssen die Schraubstöcke bei solchen Arbeiten sehr kräftig angespannt werden; ein bloßes normales Anziehen der Spindel mittels des zugehörigen Schlüssels genügt nicht, es ist vielmehr nötig, das Festspannen durch Schläge auf das Ende des Schlüssels vorzunehmen. Dabei werden die Schraubstockspindeln stark beansprucht; gute Maschinenschraubstöcke müssen daher kräftige Spindeln haben.

Die gewöhnlichen Maschinenschraubstöcke haben den Fehler, daß sich die bewegliche Spannbacke beim Festspannen an der Spannstelle etwas anhebt; um dem entgegenzuwirken, ist bei guten Maschinenschraubstöcken die bewegliche Backe mit langer Führung versehen; ganz vermeiden läßt sich das Hochkippen der Backe aber nicht. Durch das Kippen der beweglichen Backe wird das Werkstück gleichfalls nach oben verschoben oder gekippt, Abb. 204. In der Praxis hilft man sich über diesen Mangel dadurch hinweg, daß man vor dem letzten Anziehen der Schraubstockspindel das Werkstück durch Hammerschläge wieder zur Auflage bringt. Dieses verhältnismäßig rohe und sonst nicht zulässige Verfahren muß bei Anwendung der Schraubstöcke mit in Kauf genommen werden.

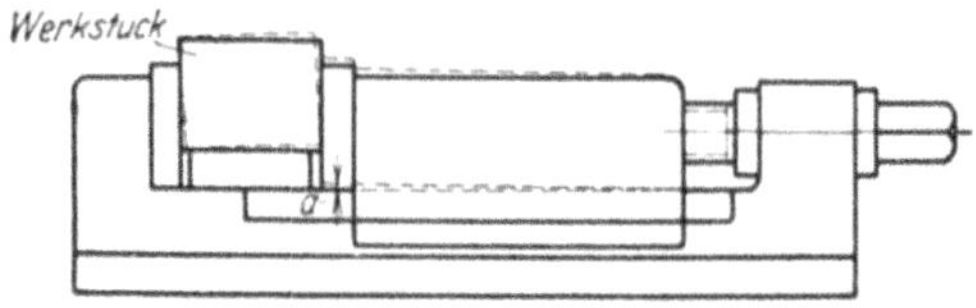

Abb. 20 .

Es hat nicht an Versuchen gefehlt, den geschilderten Mangel abzustellen; in Abb. 205 ist eine in mehreren Ausführungen angewandte Konstruktion gezeigt, bei der die Einsatzbacken nicht fest verschraubt sind, sondern sich in der Senkrechten etwas bewegen können. Die

Abb. 205.

Backen haben schräge Rückenflächen; beim Festspannen von Teilen werden die Backen durch die schräge Rückenanlage nach unten geschoben und drücken die Werkstücke auf die Auflage auf. Die Abbildung zeigt, wie zwischen Werkstück und Auflage gelegte Papierstreifen nach erfolgtem Festspannen des Werkstücks festgeklemmt sind. Beim Lösen der Spannung werden die Einsatzbacken durch Federn wieder etwas angehoben. Bei Anwendung solcher Schraubstöcke muß aber beachtet werden, daß durch die Bewegungsmöglichkeit der festen Backe deren Anlagefläche ihre Stellung ändert. Sollen z. B. Teile mit abgesetzten Flächen oder Profile in Längsrichtung der Backen gefräst oder gehobelt werden, so werden die Maße des Werkstückes von der Anschlagfläche bis zu einer in der Spannung bearbeiteten Kante ungleich groß, je nachdem, wie weit sich bei den einzelnen Festspannungen die feste Backe nach unten geschoben hat. Es kann aber auch eintreten, daß sich die feste Backe beim Festspannen an einem Ende mehr als am andern verschiebt; in diesem Falle stellt sich die Anlagefläche schief ein und die Werkstücke werden schiefwinklig bearbeitet. Diese Fehlermöglichkeit macht es erklärlich, daß die Konstruktion für Genauigkeitsarbeiten bisher wenig angewandt wurde.

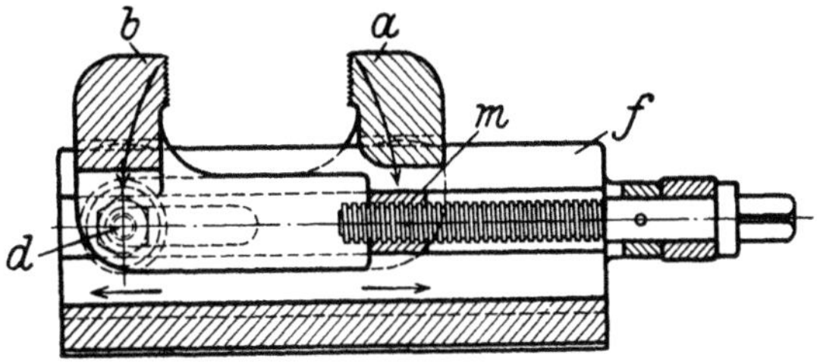

Abb. 206.

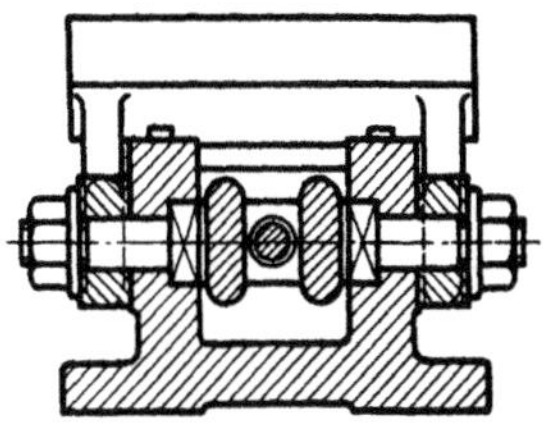
Abb. 207.

Eine bessere, leider wenig verbreitete Konstruktion stellt der Unterzugsschraubstock dar; Abb. 206 und 207 zeigt die Ausführung nach Patent Fischer. Das wesentliche dieser Konstruktion ist, daß die bewegliche Backe *b* beim Spannen durch die Spindel nicht geschoben, sondern gezogen wird. Die feste Backe *a* ist drehbar in dem Bolzen *d* gelagert; die Mutter der Backe *b* ist *m*. Blattfedern heben in entspanntem Zustande die Backen etwas von ihrer Auflage auf der Fläche *f* ab. Wird ein Teil eingespannt, so schwenken beide Backen in Pfeilrichtung etwas nach unten und drücken das Werkstück auf die Auflagefläche. Auch hierbei verändert die feste Backe *d* die Lage ihrer Spannfläche, doch ist der Fehler weit geringer als bei der in Abb. 205 gezeigten Ausführung.

In letzter Zeit hat die Firma Fritz Werner A.-G. eine neue Konstruktion eines Unterzugschraubstockes herausgebracht, Abb. 208, die eine wesentliche Verbesserung darstellt. Die Backe *a* ist fest mit dem Unterteil verschraubt; die bewegliche Backe *b* ist als Schlitten ausgebildet, der sich im Unterteil des Körpers führt. Die Spindel hat ihr Muttergewinde in dem Auge *g* der beweglichen Backe und ist in einem Lager *L* des Körpers nochmals geführt. Beim Spannen drückt die Spindel gegen die feste Backe *a* und zieht dadurch die bewegliche Backe *b* an *a* heran. Der Schlitten der beweglichen Backe wird also auf Zug beansprucht; die Kraftwirkung ist so, daß die Backe *b* nicht nach oben kippen kann, sondern eher Neigung hat, nach unten auszuweichen. Ein

Anheben des Werkstückes von seiner Auflagefläche kann also nicht eintreten. Da die Backe *a* fest mit dem Schraubstockkörper verbunden ist, so kann auch keine Lageveränderung der Anlagefläche der Backe *a* erfolgen. Ein weiterer Vorteil des Schraubstockes besteht darin, daß der Druckzapfen der Spindel nicht direkt auf die feste Backe *a* drückt, sondern auf ein wegklappbares Zwischenstück *m*; nach dem Lösen der Spannung wird *m* zurückgeklappt und die Backe *b* kann nun schnell von Hand um die Stärke von *m* zurückgeschoben werden.

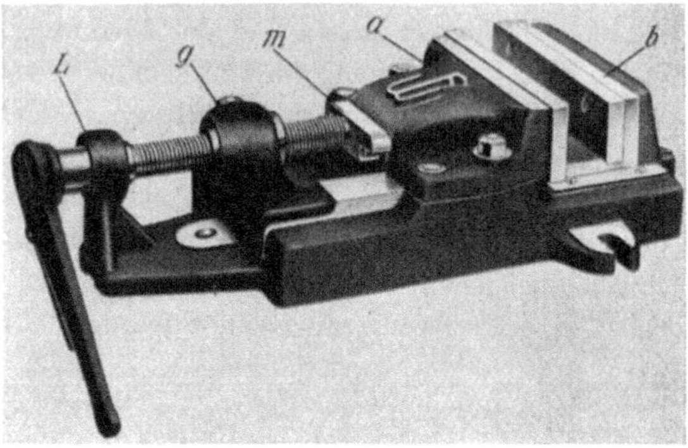

Abb. 208.

Für die Massenfabrikation kleiner Teile werden, sofern nicht große Kräfte aufzunehmen sind, auch Schraubstöcke verwandt, die statt der

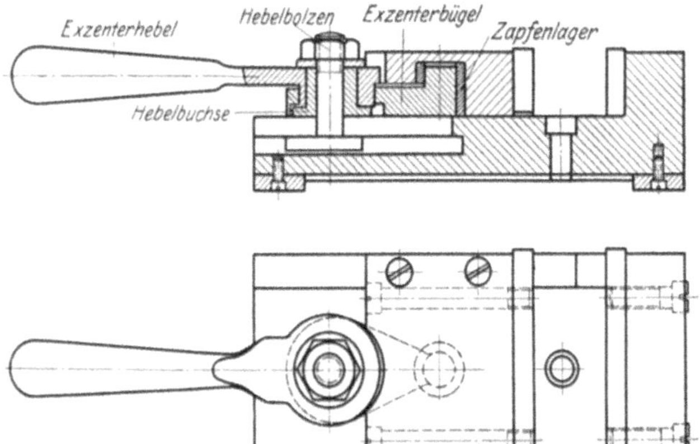

Abb. 209 und 210.

Spindel einen mit Hebel zu betätigenden Exzenter als Spannmittel besitzen, Abb. 209 u. 210. Der Drehpunkt des Exzenters ist entsprechend der Stärke des zu spannenden Werkstückes verstellbar.

Einen neuen Unterzugschraubstock, der nach dem gleichen Prinzip arbeitet wie der in Abb. 208 gezeigte, ist in Abb. 211—214 in verschiedenen Ausführungsformen dargestellt. Abb. 211 zeigt eine Ausführung, bei der die Spannbacken quer zur Aufspannut des Tisches stehen, während bei dem in Abb. 212 gezeigten die Backen in Richtung der Aufspannnut liegen. Abb. 213 zeigt einen Doppelschraubstock; zwei Schraubstöcke sind auf einer gemeinsamen Grundplatte aufgebaut. Die Konstruktion ist besonders für Fräsoperationen gedacht, bei denen zwei

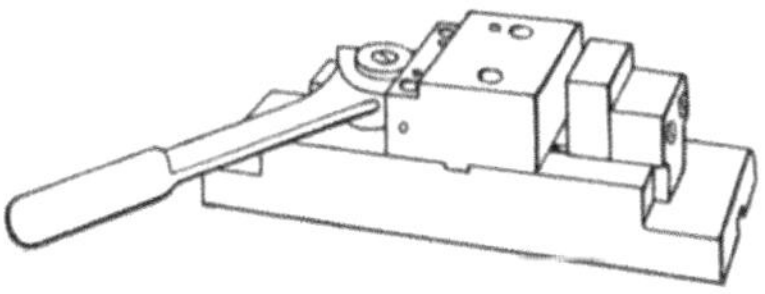

Abb. 211.

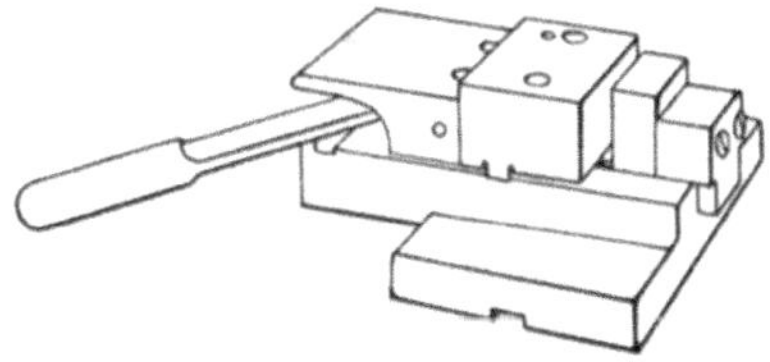

Abb. 212.

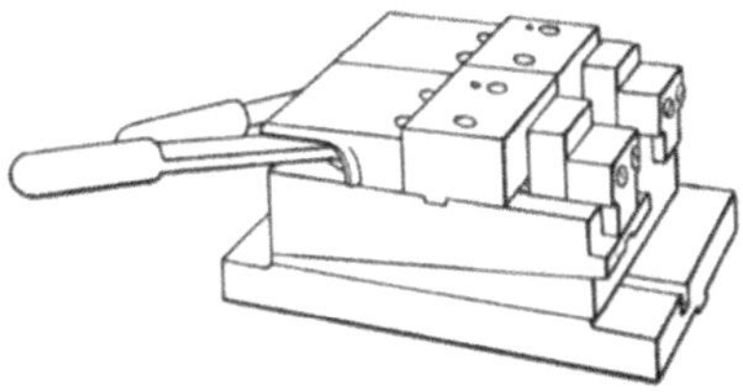

Abb. 213.

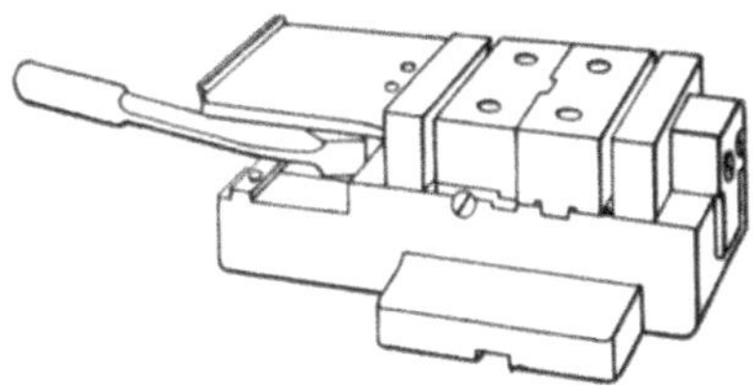

Abb. 214.

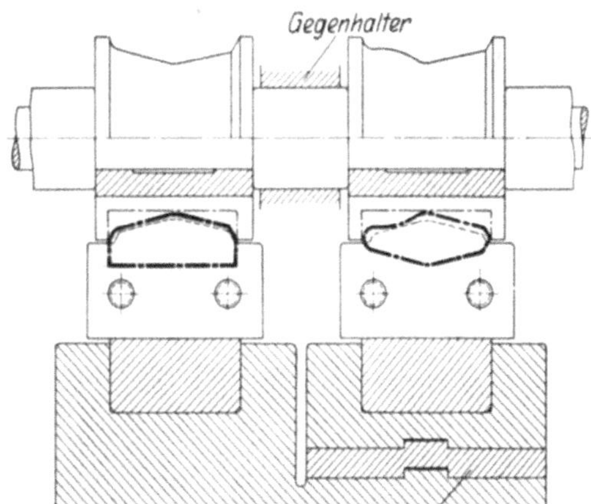

Abb. 215.

Teile nebeneinander aufgespannt und gleichzeitig bearbeitet werden, Abb. 215. Damit für jedes Teil die Einstellung der richtigen Höhenlage möglich ist, ist der eine der beiden Schraubstöcke durch Keil in der Höhe verstellbar. Abb. 214 zeigt ebenfalls einen Doppelschraubstock mit zwei festen und zwei beweglichen Backen; letztere werden durch einen Exzenter gleichzeitig betätigt. Die Backen stehen in gleicher Richtung wie die Tischnut. Auch hier ist zum Ausgleich der Höhenlage die eine Backe durch Keil in der Höhe verstellbar.

Die Schraubstöcke sind Schöpfungen der Firma Pratt u. Whitney, Hartford, U.S.A.

Eine Konstruktion, bei der das Spannen durch Preßluft erfolgt, ist in Abb. 216 dargestellt. Der Druck eines in einem Zylinder beweglichen, durch Preßluft betätigten Kolbens wird durch die Kolbenstange auf die Spannbacke übertragen; beim Spannen ist also nur ein Steuerventil zu betätigen. Es ist klar, daß durch diese einfache Handhabung bedeutend an Spannzeiten gespart wird.

Einen sehr kräftigen Schraubstock, der besonders auf Shapingmaschinen viel Verwendung findet, zeigt Abb. 217; das Spannen erfolgt hier durch 3 Schrauben, die in einer Brücke angeordnet sind; diese Brücke ist auf dem Schraubstockunterteil durch eine Stahlleiste gegen Verschieben entgegengesetzt der Druckrichtung der Schrauben geschützt; die Leiste greift einerseits in eine Nut an der Unterseite der Brücke, andererseits in entsprechende Nuten des Unterteils ein. Je nach Wahl der Spannweite kann man die Leiste in eine der Nuten des Unterteils eingreifen lassen. Die Spannschrauben drücken gegen die eigentliche Spannbacke; diese wird durch zwei weitere Spannschrauben nach unten gezogen.

Abb. 216.

Abb. 217.

Eine im Prinzip sehr gute Konstruktion, die das Spannen unregelmäßig geformter Werkstücke ermög-

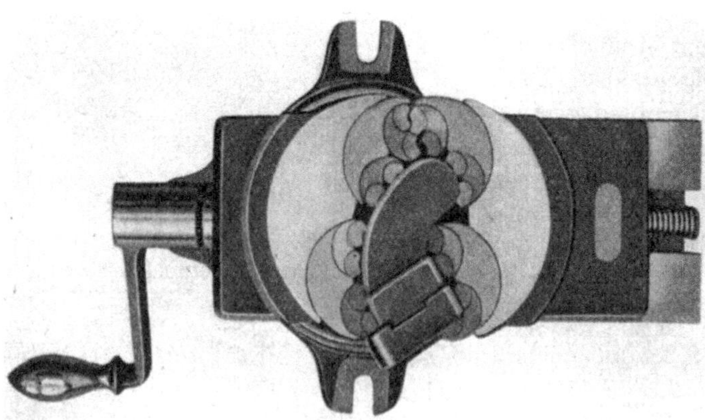

Abb. 218.

licht, zeigt Abb. 218. Der Rücken der Spannbacken hat die Form von Kreisausschnitten, die in entsprechenden Ausdrehungen der Grundbacken Anlage finden. Die Spannbacken sind außerdem noch unterteilt, indem jede einzelne Backe noch mit einigen kleineren Backen der gleichen Konstruktion ausgerüstet ist. Wie die Abbildung zeigt, wird dadurch erreicht, daß sich die Backen an die Form des Werkstückes anschmiegen können und dieses gut festhalten.

Eine sehr einfache Lösung, runde Teile wagerecht oder senkrecht einzuspannen, zeigt Abb. 219. Dieser Schraubstock dürfte besonders auf der Bohrmaschine gute Dienste leisten.

Abb. 219.

Bei allen diesen Schraubstöcken ist die Spannweite begrenzt; da aber im Maschinenbau eine große Anzahl von Teilen vorkommen, die ihrer Form nach geeignet erscheinen, beim Bearbeiten in dem schnell und verhältnismäßig sicher arbeitenden Maschinenschraubstock aufgenommen zu werden, aber zu große Abmessungen für diese haben, so hat man versucht, Konstruktionen zu schaffen, die die Vorteile des Schraubstockes auch für größere Teile anzuwenden gestatten. Eine solche Konstruktion zeigt Abb. 220. Die Einrichtung besteht aus zwei Böcken *a*, die durch Schrauben *m* auf dem Arbeitstisch der Werkzeugmaschine festgespannt werden; auf den geneigten Flächen von *a* sind die Spannstücke *b* angeordnet; beim Anziehen der Schrauben *n* werden die Spannstücke *b* nach unten gezogen und gleichzeitig an das Werkstück angepreßt. Die Anordnung macht den Eindruck großer Einfachheit und weitgehender Anwendbarkeit. Es darf jedoch nicht übersehen werden, daß die auftretenden Kräfte dahin wirken, den Werkzeugmaschinentisch zu verziehen, wie es in der Abbildung übertrieben dargestellt ist. Dieses Verziehen des Werkzeugmaschinentisches dürfte bei Anwendung dieser Spannmittel auch bei kräftigen Tischen erfolgen; dieser Umstand erklärt die verhältnismäßig seltene Anwendung der Einrichtung.

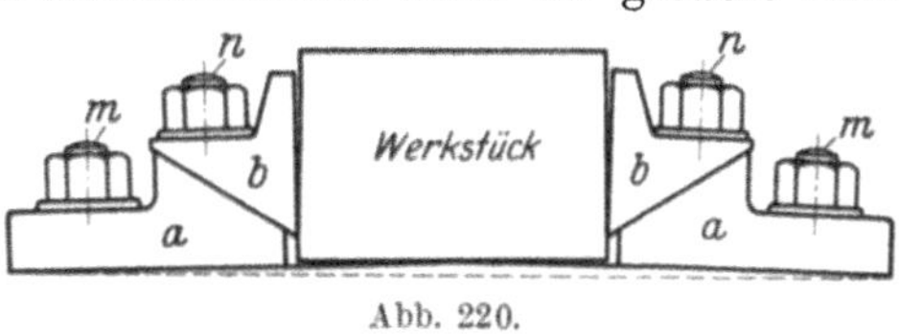

Abb. 220.

e) Aufspannwinkel.

Die Aufspannwinkel werden in verschiedenen Formen und in allen Abmessungen zum Aufspannen von Maschinenteilen benutzt und finden auch im Vorrichtungenbau weitgehende Anwendung. Sie müssen in Betrieben, die Hobel-, Fräs- und Bohrmaschinen in Benutzung haben, je nach Art der Fabrikation in mehr oder weniger großer Auswahl vorhanden sein, und zwar in der Regel um so mehr, je weniger der Vorrichtungenbau des Betriebes entwickelt ist; denn die Aufspannwinkel müssen in solchen Fällen die nötigen Vorrichtungen zum Teil ersetzen. Wegen dieser häufigen Anwendung der Aufspannwinkel sollte man ihrer konstruktiven Durchbildung, ihrer Herstellung, Anwendung und Instandhaltung wie den übrigen allgemein verwendbaren Spannmitteln mehr Beachtung schenken, als das im allgemeinen geschieht.

Je nach dem Verwendungszweck, der Form und der Größe der aufzuspannenden Werkstücke gibt man den Aufspannwinkeln quadratische

Tabelle 18. Aufspannwinkel.
Verwendungszweck: Aufspannen von Maschinenteilen zum Hobeln, Fräsen und Bohren.

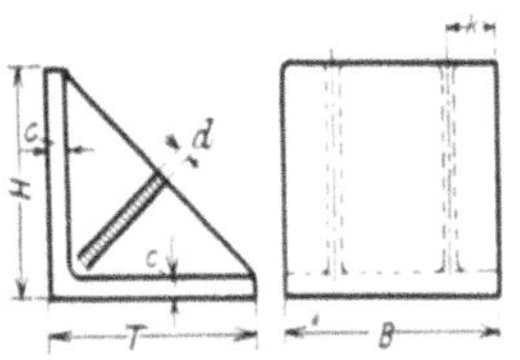

Abb. 1.

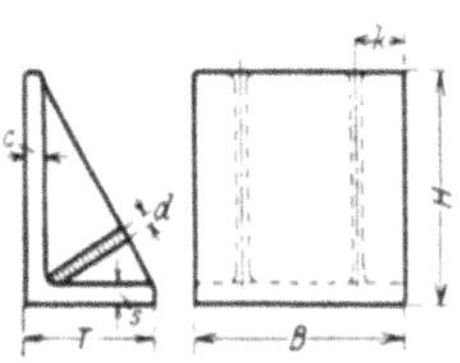

Abb. 2.

Nr.	Ausführung nach Bild 1				Nr.	Ausführung nach Bild 2					
	H	c	d	k		H	T	c	s	d	k
1	80	14	8	40	**31**	80	50	14	12	8	40
2	100	16	8	50	**32**	100	65	16	12	8	50
3	125	18	10	62	**33**	125	80	18	14	10	62
4	150	18	10	75	**34**	150	95	18	16	10	75
5	175	20	12	88	**35**	175	110	20	16	12	88
6	200	20	12	40	**36**	200	125	20	18	12	40
7	240	22	12	45	**37**	240	150	22	18	12	45
8	280	22	12	50	**38**	280	175	22	20	12	50
9	320	24	14	60	**39**	320	200	24	20	14	60
10	360	24	14	70	**40**	360	225	24	20	14	70
11	400	24	16	80	**41**	400	250	24	22	16	80
12	450	24	16	80	**42**	450	280	24	22	16	80
13	500	26	16	90	**43**	500	315	26	24	16	90
14	550	26	16	90	**44**	550	350	26	24	16	90
15	600	28	18	105	**45**	600	375	28	24	18	105
16	650	28	18	105	**46**	650	400	28	24	18	105
17	700	30	20	120	**47**	700	440	30	24	20	120
18	750	30	20	135	**48**	750	470	30	24	20	135
19	800	32	20	150	**49**	800	500	32	26	20	150
20	900	34	20	175	**50**	900	570	34	28	20	175
21	1000	36	22	200	**51**	1000	625	36	28	22	200

Tabelle 19. Aufspannwinkel.

Verwendungszweck: Aufspannen von Maschinenteilen zum Hobeln, Fräsen und Bohren.

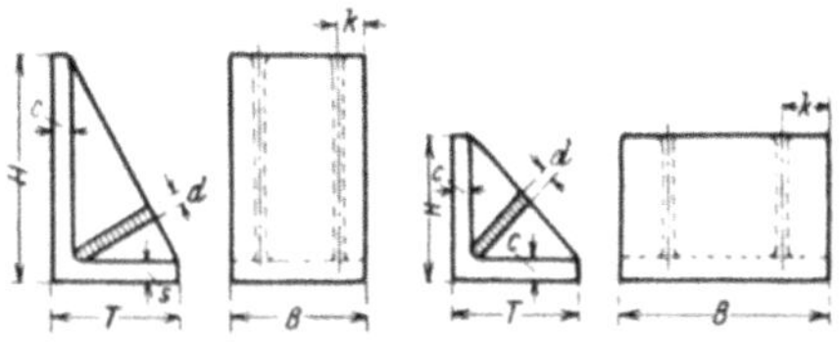

Abb. 1. Abb. 2.

Nr.	Ausführung nach Bild 1						Nr.	Ausführung nach Bild 2				
	H	B	c	s	d	k		H	B	c	d	k
61	100	65	16	12	8	32	**81**	65	100	12	8	50
62	125	80	18	14	10	40	**82**	80	125	14	8	62
63	150	95	18	16	10	48	**83**	95	150	16	8	75
64	175	110	20	16	12	55	**84**	110	175	16	10	88
65	200	125	20	18	12	62	**85**	125	200	18	10	40
66	240	150	22	18	12	75	**86**	150	240	18	10	45
67	280	175	22	20	12	88	**87**	175	280	20	12	50
68	320	200	24	20	14	40	**88**	200	320	20	12	60
69	360	225	24	20	14	45	**89**	225	360	20	12	70
70	400	250	24	22	16	45	**90**	250	400	22	12	80
71	450	280	24	22	16	50	**91**	280	450	22	12	80
72	500	315	26	24	16	60	**92**	315	500	24	14	90
73	550	350	26	24	16	70	**93**	350	550	24	14	90
74	600	375	28	24	18	70	**94**	375	600	24	14	105
75	650	400	28	24	18	80	**95**	400	650	24	16	105
76	700	440	30	24	20	80	**96**	440	700	24	16	120
77	750	470	30	24	20	90	**97**	470	750	24	16	135
78	800	500	32	26	20	90	**98**	500	800	24	16	150
79	900	570	34	28	20	105	**99**	570	900	24	18	175
80	1000	625	36	28	22	105	**100**	625	1000	24	18	200

oder rechteckige Aufspannflächen; in den Tabellen Nr. 18 u. 19 sind die verschiedenen Formen dargestellt. Bei rechteckiger Form der Spannflächen wähle man als normal ein Verhältnis von etwa 5 : 8 für die Rechteckseiten, sofern nicht ein Sonderfall andere Abmessungen bedingt.

Als Werkstoff für die Aufspannwinkel kommt fast nur Gußeisen in Betracht. Um ein Durchbiegen der Aufspannplatten beim Aufspannen zu vermeiden, sollte die Plattenstärke c nicht zu schwach bemessen werden. Zur Versteifung der Winkel sind Rippen anzuordnen; dabei ist zu beachten, daß diese nicht mit der Außenkante des Winkels abschneiden, sondern, wie in den Abbildungen gezeigt, etwas zurückstehen, damit zum Aufspannen des Winkels auf der Maschine Platz zum Ansetzen der Spanneisen vorhanden ist.

Neben diesen einfachen Winkeln sind auch oft andere Formen nötig; in Abb. 220a u. 220b ist ein Beispiel gezeigt; der dargestellte Winkel

Abb. 220a.

Abb. 220b.

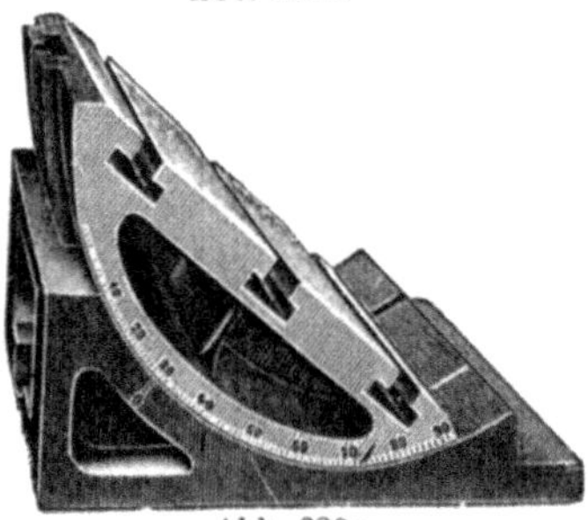

Abb. 220c.

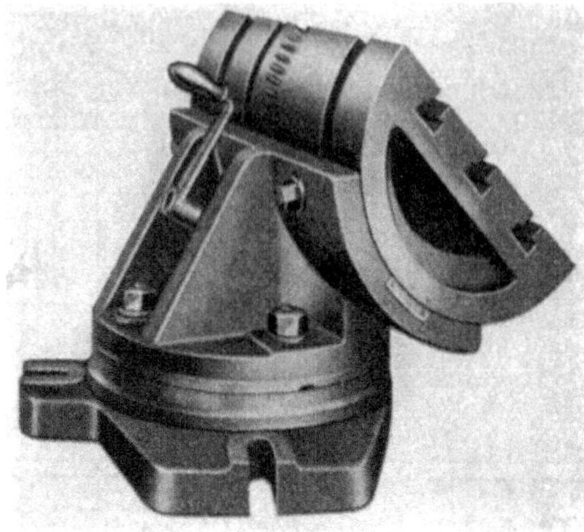

Abb. 220e.

Abb. 220f.

Abb. 220d.

hat außer der senkrechten auch eine wagerechte Aufspannfläche und ist außerdem mit Aufspannuten versehen.

Für das Aufspannen schiefwinkliger Teile leisten verstellbare Aufspannwinkel gute Dienste, die in den verschiedensten Formen auf den Markt gebracht werden; in Abb. 220c—220f sind einige Beispiele gezeigt.

f) Aufnahme der Schnittkräfte.

Die Art der Aufnahme und der Festspannung der Werkstücke wird mitbestimmt durch die Art und Größe der beim Bearbeiten auftretenden Kräfte und durch deren Richtung. Es ist also nötig, bevor man die Art der Spannung bestimmt, sich über die Richtung und die ungefähre Größe der auftretenden Kräfte Klarheit zu verschaffen. Die Kraftrichtung ist nicht restlos durch das angewandte Arbeitsverfahren gegeben; sie wird vielmehr zum Teil noch beeinflußt durch die Art und den Zustand des zu verarbeitenden Werkstoffes und von der Konstruktion und dem Zustande des Werkzeuges. Auch darf nicht außer acht gelassen werden, daß sich die Richtung und die Größe der auftretenden Kräfte bei bestimmten Arbeiten innerhalb eines Arbeitsganges nicht unerheblich ändern.

Beim Hobeln werden die auf das Werkstück einwirkenden Kräfte von der Form der Stahlschneide beeinflußt; der Stahl nach Abb. 221, dessen Schneide so ausgebildet ist, daß die Stahlnase zuerst in den Werkstoff eindringt, wird bei starken Spänen sich in das Werkstück einsaugen und es von der Auflage abzuheben suchen. Dagegen wird bei einer Stahlform nach Abb. 222, bei der die Stahlnase gegen die Schneidkante zurücksteht, der Stahl vom Werkstück abgedrückt; dieses

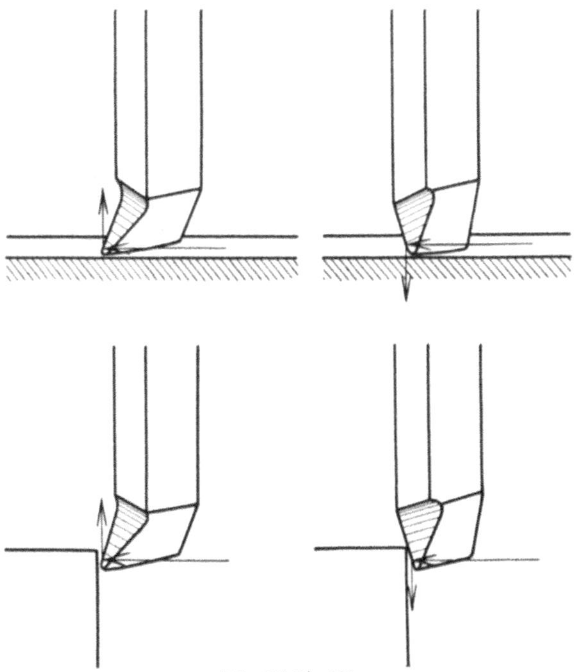

Abb. 221 bis 224.

wird also durch den Schnittdruck auf seine Auflagefläche angedrückt. Es ist klar, daß der zweite Fall der günstigere ist; der Schnittdruck wirkt hier in gleicher Richtung wie das Eigengewicht des Werkstückes und der Anpressungsdruck durch die Spannmittel. Im Gegensatz hierzu steht das Beispiel nach Abb. 221; die Schnittkräfte wirken zum Teil dem Eigengewicht des Werkstückes und der Wirkung der Spannmittel entgegen; je nach Größe der einzelnen Kräfte kann also die Lage des Werkstückes nach oben verändert werden, zum mindesten können Schwingungen auftreten. Die Unterschiede werden noch größer beim Ansetzen des Stahles, Abb. 223 u. 224.

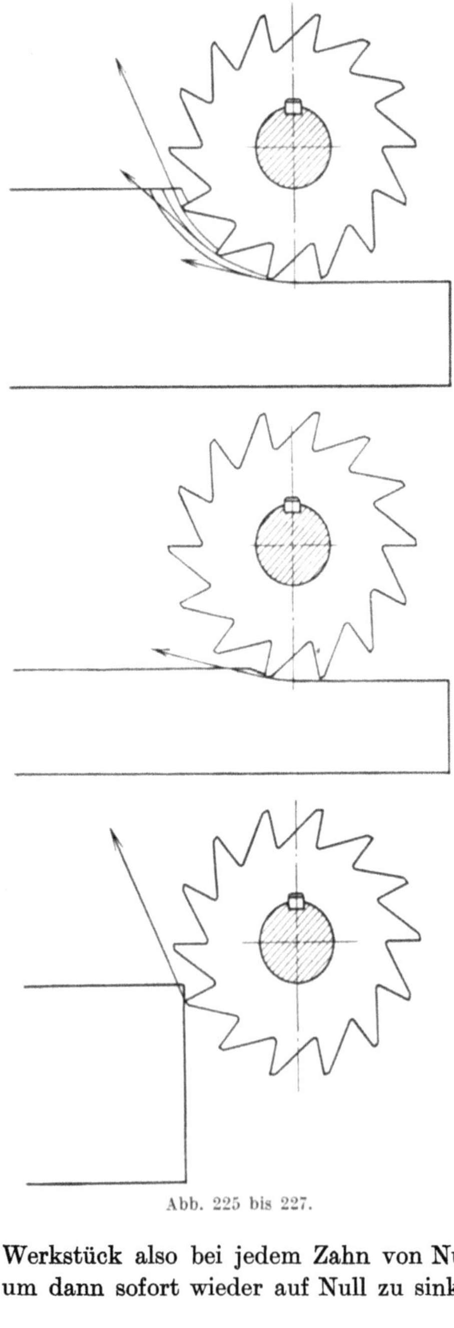

Abb. 225 bis 227.

Beim Fräsen mit Walzenfräsern oder Formfräsern, deren Arbeitsweise dem Prinzip desjenigen des Walzenfräsers entspricht, wird die Richtung der am Werkstück auftretenden Kräfte in erster Linie von der Spantiefe beeinflußt, Abb. 225 u. 226. Aus den Abbildungen ist zu ersehen, daß mit wachsender Spantiefe das Bestreben des Fräsers, das Werkstück aus seiner Befestigung herauszureißen, wächst. Dies macht sich besonders stark beim Anschneiden des Fräsers bemerkbar, Abb. 227, da hierbei anfänglich immer nur ein Zahn mit dem Werkstück in Berührung kommt; die Spannung zwischen Fräser und Werkstück also bei jedem Zahn von Null bis zum Maximum wächst, um dann sofort wieder auf Null zu sinken, die Beanspruchung erfolgt also in Form von Stößen. Die Befestigung des Werkstückes muß daher in solchen Fällen besonders sicher erfolgen.

Sind vorgegossene oder vorgebohrte Löcher aufzubohren, so ist die Richtung der Axialkräfte abhängig von der Art des Werkstoffes, der Werkstoffmenge, die der Bohrer fortzunehmen hat, von der Größe des Vorschubes und von dem Hinterschleifwinkel des Bohrers. Bei zähem Werkstoff und geringer Spantiefe wird der Bohrer die Neigung haben, das Werkstück nach oben zu ziehen.

Wollte man versuchen, die auftretenden Kräfte rechnerisch zu erfassen, so würde man in jedem Falle eine Gleichung mit recht vielen Unbekannten aufstellen müssen. Unter diesen Unbekannten bildet der Zustand des Werkzeuges die am meisten schwankende. Es ist bekannt, daß nicht ganz scharfe Fräser, Bohrer und Reibahlen bedeutend mehr Kraft verbrauchen als scharfe; von gänzlich stumpfen ganz zu schweigen. Da nun der Vorrichtungenkonstrukteur selten eine Handhabe hat, zu erzwingen, daß nur mit wirklich scharfen Werkzeugen gearbeitet wird, und zudem die Ansichten darüber weit auseinandergehen, wann ein Werkzeug so stumpf ist, daß es geschärft werden muß, so tut man besser, die Zeit für eine Berechnung, die doch nie stimmt, zu sparen. Man spanne eben so fest, wie nach Lage der Sache möglich ist.

Über die Art, wie die beim Bearbeiten der Teile auftretenden Kräfte aufzunehmen sind, besteht die allgemeingültige Regel, die Schnittkräfte stets als Druck auf die feste Auflage- oder Anlagefläche des Werkstückes wirken zu lassen. Diese auf Überlieferung beruhende Regel ist sehr verbreitet und wird von den Konstrukteuren allgemein befolgt. Die Erfahrungen der Praxis zeigen dagegen, daß die erwähnte Regel zum mindesten nicht in der allgemeingültigen Form, in der sie verbreitet ist und angewandt wird, richtig ist.

Bei Arbeitsvorgängen, bei denen leicht Erschütterungen auftreten, wie beim Hobeln, Fräsen und Drehen, ist es nun von Wichtigkeit, so zu

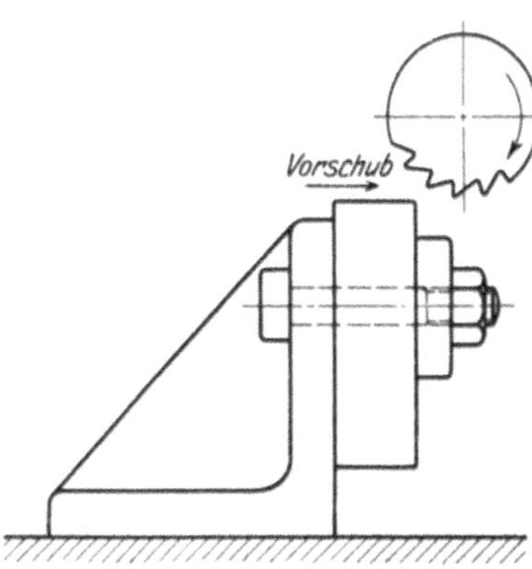

Abb. 228.

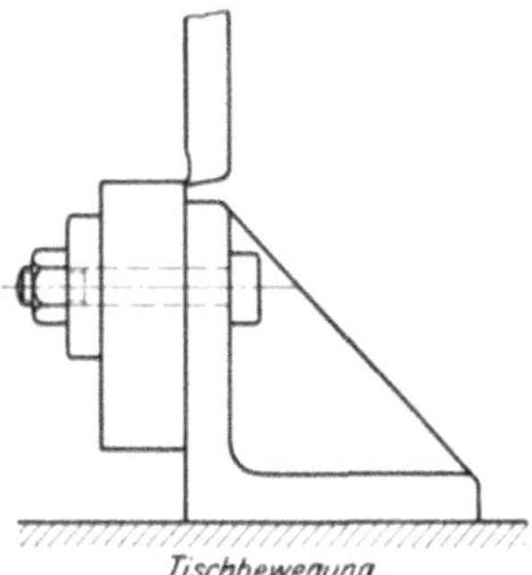

Abb. 229.

spannen, daß diese Erschütterungen vermieden oder doch auf ein Mindestmaß beschränkt werden. Teile, die an einen Winkel gespannt, gehobelt oder gefräst werden sollen, werden nach der oben angeführten

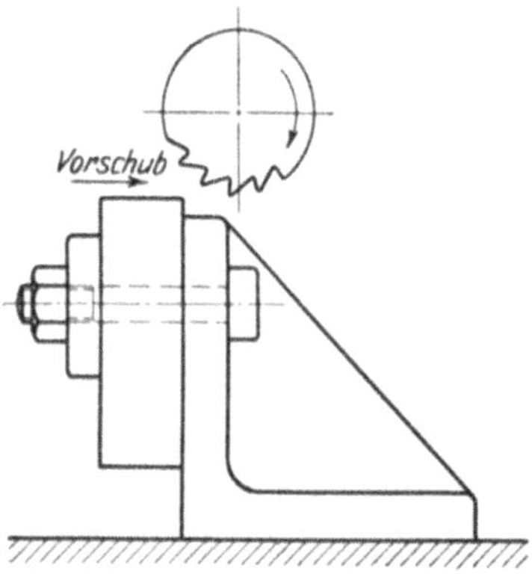

Abb. 230.

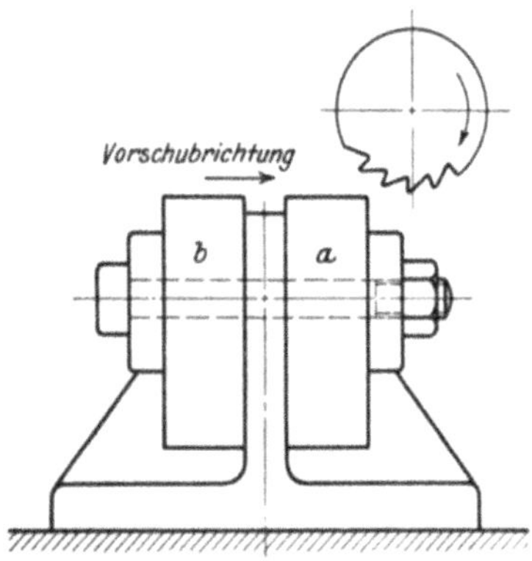

Abb. 231.

Regel so aufgespannt, wie in Abb. 228 gezeigt, d. h. so, daß der Schnittdruck gegen die Aufspannfläche des Winkels wirkt. Wird die Arbeit so ausgeführt, so werden bei Abnahme kräftiger Späne und Anwendung normaler Schnittgeschwindigkeiten und Verschübe meist heftige Erschütterungen auftreten und Veranlassung geben, die Spantiefe oder die Schnittgeschwindigkeit zu verringern. Erfahrene Hobler verfahren dagegen so, daß sie die Aufspannung nach Abb. 229 vornehmen; d. h. so, daß das Werkstück durch die Schnittkräfte von der Aufspannfläche abgezogen wird. Es treten hierbei viel weniger Erschütterungen auf als bei der normalen Aufspannweise; die Arbeit wird sauberer, genauer und in kürzerer Zeit ausgeführt. Ebenso verhält es sich beim Fräsen; die Aufspannung nach Abb. 230 wird bessere

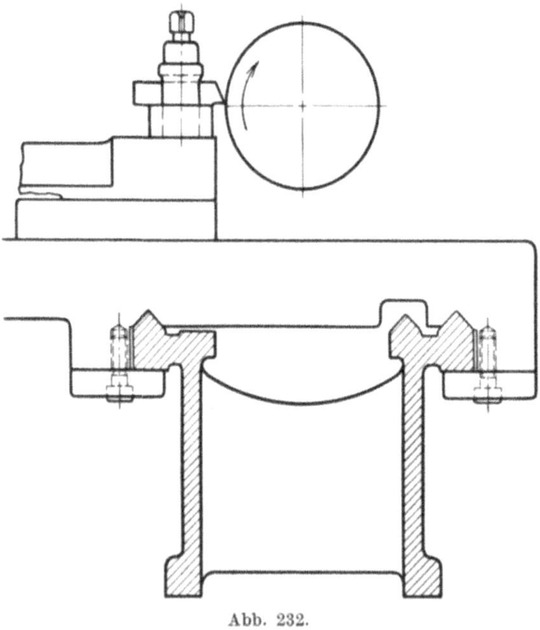

Abb. 232.

Resultate zeitigen als die nach Abb. 228. Spannt man, wie in Abb. 231 gezeigt, an einen Doppelwinkel zwei gleiche Werkstücke *a* und *b*, so wird, wenn beim Fräsen des Teiles *a* die Maschine vibriert, dies nicht oder in stark vermindertem Maße geschehen, wenn das Teil *b* gefräst wird.

Ähnliche Erscheinungen sind beim Drehen zu beobachten; in jeder Dreherei kann man beobachten, daß geschickte Dreher bei schweren Schnitten, besonders aber bei Benutzung breiter Formstähle und bei Einstichen die Drehbank entgegen der normalen Drehrichtung laufen lassen, Abb. 232. Diese Arbeitsweise ist sehr verbreitet und bildet oft das einzige Mittel, um schwierige Arbeiten überhaupt ausführen zu können. Handelt es sich z. B. darum, an einer Planfläche Einstiche zu machen, so wird man beim Arbeiten mit normaler Drehrichtung kaum zum Ziele kommen, denn die Bank wird derartig vibrieren, daß ein gutes Ergebnis nicht zu erwarten ist. Spannt man dagegen den Stahl mit der Schneide nach unten ein und läßt die Drehbank links laufen, so sind in fast allen Fällen die Schwierigkeiten behoben. Auch an Revolverbänken sind die gleichen Erscheinungen zu beobachten. Geschickte Einrichter spannen im Quersupport den Stahl, der den größten Span zu nehmen oder die genauere Arbeit auszuführen hat, in das Stichelhaus *b*, Abb. 233. Wird nur ein Stahl im Quersupport gebraucht, so wird er in der Regel hinten in das Stichelhaus *b* eingespannt.

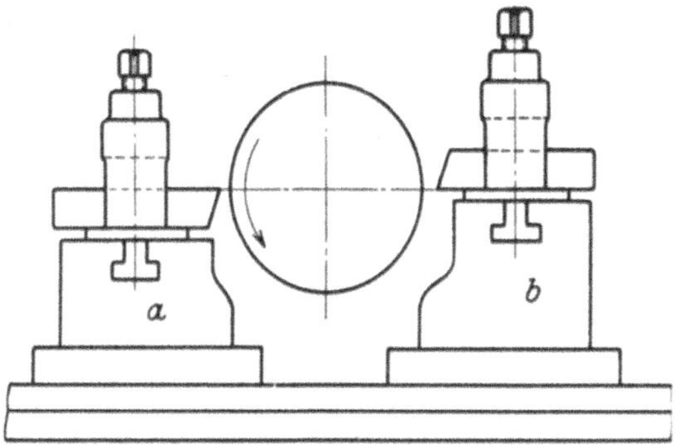

Abb. 233.

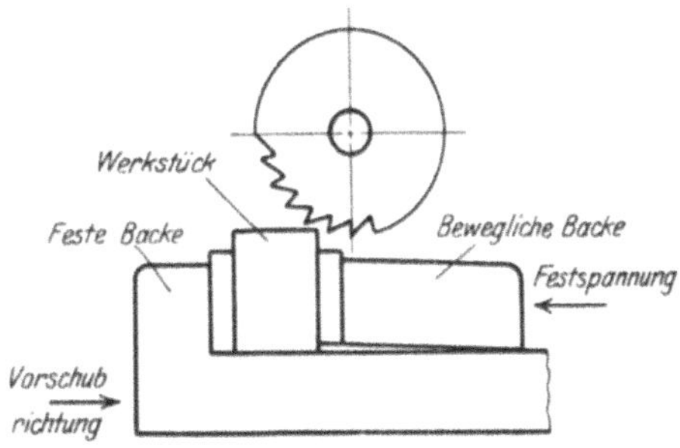

Abb. 234.

Die Ursachen dieser Erscheinungen sind noch nicht aufgeklärt; wir müssen uns daher mit der nackten Tatsache abfinden. Die Erscheinung selbst ist aber so wichtig, daß der Vorrichtungenkonstrukteur nicht achtlos an ihr vorübergehen darf; er muß vielmehr da, wo es angängig ist, seine Nutzanwendung daraus ziehen, ganz ohne Rücksicht darauf, daß die Tatsachen mit den vorherrschenden Ansichten in Widerspruch stehen. Die Erscheinungen zeigen aber auch, wie wichtig es gerade für den Vorrichtungenkonstrukteur ist, stets engste Fühlungnahme mit dem Betriebe zu pflegen und auch scheinbar unbedeutenden Vorgängen in der Werkstatt Beachtung zu schenken.

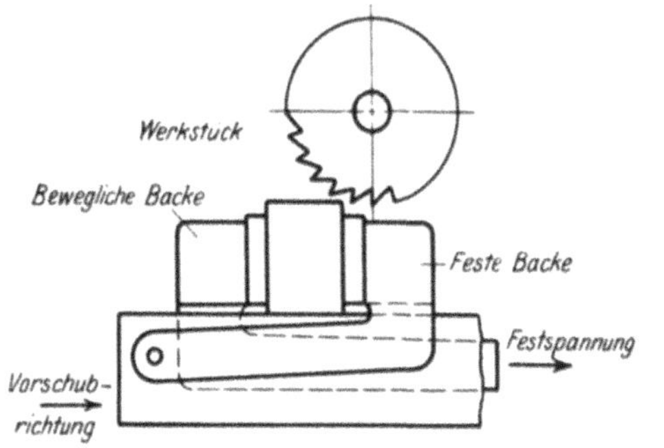

Abb. 235.

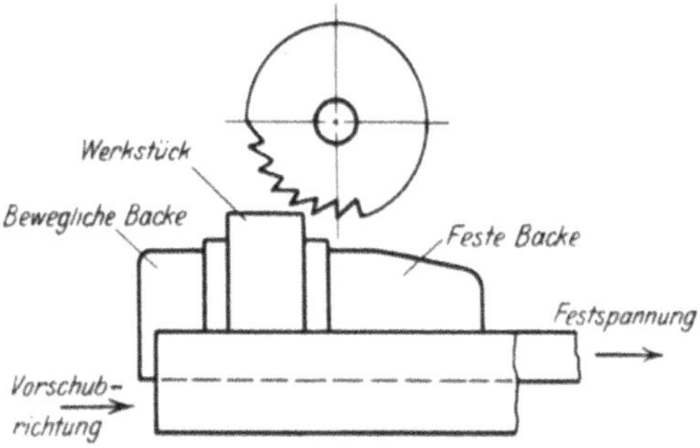

Abb. 236

Bei Fräs- und Hobelarbeiten, die im Maschinenschraubstock ausgeführt werden, gilt die Anwendung der oben angeführten Regel; d. h. man soll stets den Arbeitsdruck gegen die feste Backe des Schraubstockes wirken lassen, Abb. 234. Das ist berechtigt, denn würde man in entgegengesetzter Richtung arbeiten, so würde das Bestreben der beweglichen Backe, hochzukippen, noch verstärkt. Anders verhält es sich bei Anwendung des Unterzugschraubstockes (Abb. 235); hierbei ist es gleichgültig, ob man den Arbeitsdruck gegen die feste oder die bewegliche Backe wirken läßt. Hingegen ist es bei Anwendung des Unterzugschraubstockes nach Abb. 236 besser, den Arbeitsdruck gegen die bewegliche Backe wirken zu lassen; da hierbei Schwingungen leichter vermieden werden, als wenn der Vorschub entgegengesetzt wirkt.

Bohrvorrichtungen.

Die Aufgabe, eine Bohrvorrichtung zu konstruieren, zerfällt gewöhnlich in zwei Unteraufgaben; die erste dieser beiden ist, das Werkstück richtig aufnehmen und spannen; die zweite besteht darin, den zur Anwendung kommenden Bohrwerkzeugen die richtige Führung zu geben. Beachtet man diese Zerlegung der Funktion der Bohrvorrichtung, so kann man leicht eine häufige Wiederholung aller in Betracht kommenden Konstruktionselemente feststellen. Es liegt daher nahe, diese Konstruktionselemente vorweg zu behandeln, da dann bei der späteren Behandlung von Beispielen das Verständnis erleichtert wird und Wiederholungen vermieden werden.

Das Spannen und die Spannorgane sind bereits im Abschnitt „Das Spannen“ behandelt; das dort Gesagte gilt selbstverständlich auch für Bohrvorrichtungen.

Die Führung der Bohrwerkzeuge hat den Zweck, die Abstände der zu erzeugenden Löcher von bestimmten Meßstellen aus genau einzuhalten. Die Richtung des zu bohrenden Loches wird dabei normalerweise nicht von der Bohrerführung, sondern von der Lage der Bohrspindel zur Aufspannfläche der Bohrmaschine bestimmt. Welchen Einfluß etwaige Fehler in dieser Beziehung auf die Genauigkeit der auszuführenden Arbeit ausüben, wird später noch gezeigt werden. Zunächst sollen die verschiedenen Arten der Bohrerführungen behandelt werden.

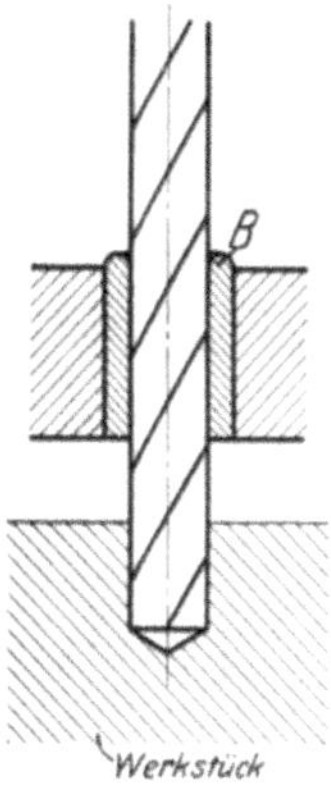

Abb. 237.

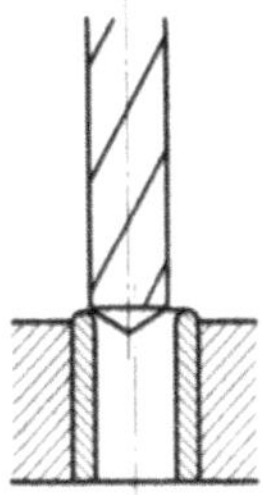
Abb. 238.

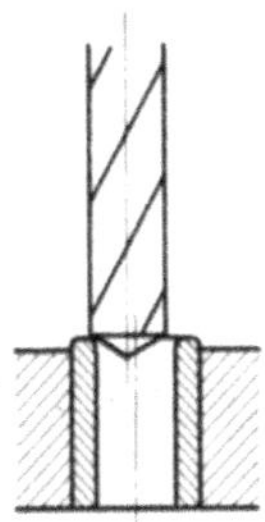
Abb. 239.

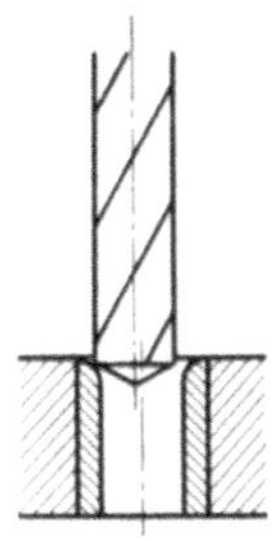
Abb. 240.

Bohrbuchsen. Der einfachste Fall ist der, daß ein Spiralbohrer durch eine Buchse geführt werden soll, Abb. 237. Die Buchse *B* sitzt fest im Vorrichtungenkörper. Da das Einstellen der Bohrer auf Mitte Führungsbuchse meist nicht ganz genau erfolgt, so sind die Buchsen an der Einführungsstelle innen abgerundet (Abb. 238), damit die Bohrerschneide daran abgleiten kann und die Bohrvorrichtung in die richtige Lage zum Bohrer rückt. Ist die Abrundung zu klein, Abb. 239, so wird beim Aufsetzen die Bohrerschneide leicht beschädigt. Zu große Abrundung zeigt Abb. 240, hierbei wird wohl die Bohrerschneide beim Einführen mehr geschont, als in den beiden vorhergehenden Beispielen; doch wird mit größer werdender Abrundung das Einstellen der Bohrer auf Mitte Bohrbuchse erschwert, so daß der erreichte Vorteil durch die ungenauere Einstellung mehr als aufgehoben wird.

Die Buchsen werden zweckmäßig so ausgeführt, daß sie an der Einführungsstelle etwas aus der Fläche hervorragen, Abb. 238. Das hat den Vorteil, daß beim Arbeiten, wenn die Vorrichtung mit Spänen bedeckt ist, die einzelnen Buchsen leichter gefunden werden; das gilt besonders für größere Vorrichtungen und allgemein für solche mit mehreren Bohrbuchsen. Um ein Beschädigen der Buchsen nach Möglichkeit zu verhindern, ist der vorstehende Teil auch außen abgerundet. Die Ausführung nach Abb. 239 zeigt weniger große Abrundungen und ist weniger zu empfehlen. In Abb. 240 schneidet die Oberkante Buchse mit der Fläche der Vorrichtung ab. Die Nachteile ergeben sich aus der Beschreibung der Abb. 238. Als Vorteil ist zu nennen, daß bei Verwendung von Kühlflüssigkeit diese, soweit sie sich auf der oberen Fläche der Vorrichtung ansammelt, die Möglichkeit hat, in die Buchse zu laufen, und damit dem Werkzeug zugeführt wird. Zweckmäßige Abmessungen der Buchsen sind in Tabellen 20 u. 21 zusammengestellt. Die Buchsen werden gehärtet und innen und im Außendurchmesser geschliffen. Als Werkstoff für die Buchsen bis etwa 30 mm Außendurchmesser ist Gußstahl zu empfehlen; für größere Durchmesser genügt Flußstahl von 60—70 kg Festigkeit, der in Wasser härtbar ist.

In einzelnen Betrieben werden Bohrbuchsen bevorzugt, die außen konisch sind, Abb. 241; diese haben eine Berechtigung für Bohrvor-

Tabelle 20. Bohrbuchsen mit Bund.

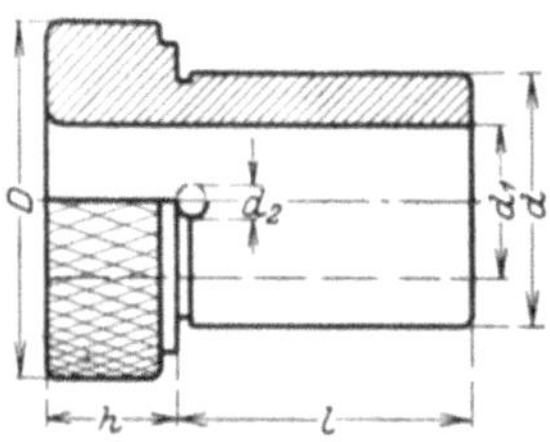

Nr.	d_1 mm	d mm	l mm	h mm	D mm	d_2 mm
4 × 10	4	10	20	10	18	2
5 × 12	5	12	20	10	18	2
6 × 12	6	12	22	10	20	2
7 × 14	7	14	22	10	20	2
8 × 16	8	16	22	10	22	2
9 × 18	9	18	24	11	24	2
10 × 18	10	18	24	11	24	2
11 × 20	11	20	26	12	28	2
12 × 22	12	22	26	12	28	3
13 × 24	13	24	28	12	32	3
14 × 24	14	24	28	12	32	3
15 × 26	15	26	28	12	34	3
16 × 26	16	26	28	12	34	3
17 × 28	17	28	30	12	36	3
18 × 28	18	28	30	12	36	3
20 × 30	20	30	30	12	38	3
22 × 32	22	32	34	12	40	3
24 × 36	24	36	34	12	44	4
25 × 36	25	36	34	12	44	4
26 × 38	26	38	36	12	46	4
28 × 40	28	40	36	12	48	4
30 × 42	30	42	38	12	50	4

Tabelle 21. Bohrbuchsen ohne Bund.

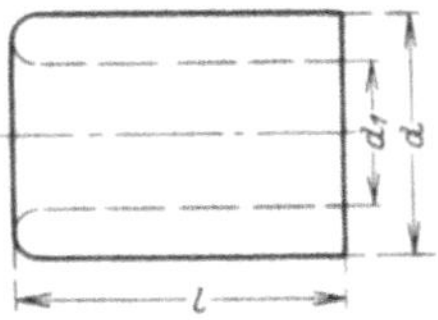

Nr.	d_1 mm	d mm	l mm	Nr.	d_1 mm	d mm	l mm
4 × 10	4	10	20	**15 × 26**	15	26	30
5 × 12	5	12	20	**16 × 26**	16	26	32
6 × 12	6	12	22	**17 × 28**	17	28	32
7 × 14	7	14	22	**18 × 28**	18	28	32
8 × 16	8	16	24	**20 × 30**	20	30	34
9 × 18	9	18	26	**22 × 32**	22	32	34
10 × 18	10	18	26	**24 × 36**	24	36	36
11 × 20	11	20	28	**25 × 36**	25	36	36
12 × 22	12	22	30	**26 × 38**	26	38	38
13 × 24	13	24	30	**28 × 40**	28	40	40
14 × 24	14	24	30	**30 × 42**	30	42	40

richtungen von weniger großer Genauigkeit und in solchen Fällen, wo die Herstellung der Aufnahmebohrungen für die Buchsen in genauen Abständen im Betriebe auf große Schwierigkeiten stößt. Gelingt es nämlich nicht, den Abstand eines Buchsenloches genau zu treffen, so wird das Loch einseitig nachgefeilt oder nachgeschabt, mit einer Konusreibahle wieder rund gerieben und so der Abstand berichtigt. Die Buchse wird dann im Konus so weit geschliffen, bis sie die richtige Höhenlage hat. Das Verfahren ist verhältnismäßig roh und kommt daher, wie schon erwähnt, nur für weniger genaue Arbeiten in Betracht. Für Betriebe, die dauernd Vorrichtungen für den eigenen Betrieb in Arbeit haben, bringt das Verfahren aber auch keinerlei Ersparnis, da es viel teuere Handarbeit erfordert.

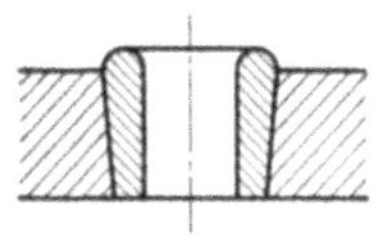
Abb. 241.

Abstand der Bohrbuchsen vom Werkstück. Den Abstand der unteren Bohrbuchsenkante bis zum Werkstück (Maß a in Abb. 242) wähle man nach Möglichkeit so, daß die Späne noch in dem durch a gegebenen Zwischenraum Platz finden oder durch diesen abgleiten können. Wird a zu klein gewählt, Abb. 243, so klemmt sich bei Beginn des Bohrvorganges ein Teil der Späne in dem Spalt zwischen Werkstück und Vorrichtungenwand fest; den nachfolgenden Spänen wird dadurch das Entweichen nach oben durch die Bohrbuchse erschwert, da sie an den bereits festgehaltenen Spänen in dem Spalt haften bleiben. Das weite Herunterführen der Bohrerführung bis in die unmittelbare Nähe des Werkstückes wird in der Regel damit begründet, daß dadurch der gewollte Abstand des zu bohrenden Loches mit größerer Sicherheit erzielt wird als bei größerem Abstande a, da bei diesem ein Abbiegen des Bohrers beim Anbohren zu befürchten sei. Diese Begründung ist nicht stichhaltig; betrachten wir Abb. 242, so ergibt sich, daß, wenn der Bohrer auf einer unebenen Stelle des Werkstücks angreift oder ein Hindernis in Form einer harten Stelle im Werkstoff oder einer Lunkerstelle findet, die Bohrerschneide quer zur Achse in Pfeilrichtung abgedrückt wird. Die quer zur Achse angreifende Kraft Q wirkt an dem Hebelarm a. Nimmt man für Bohrer von etwa 10—30 mm Durchmesser $a = d$ an, so besteht keinerlei Gefahr, daß sich der Bohrer auf diese kurze Länge abbiegt. Dagegen ist zu beachten, daß die Länge l der Bohrerführung beim Eindringen der Bohrerspitze in das Werkstück, also dann, wenn die Bohrerführung ihren eigentlichen Zweck zu erfüllen hat, im Beispiel nach Abb. 242 länger ist als in Abb. 243. Die Ausführung nach Abb. 243 bringt also keine Vorteile als Ausgleich der angeführten Nachteile; man sollte solche Konstruktion nur dann wählen, wenn die Raumverhältnisse oder sonstige Konstruktionsbedingungen keinen anderen Ausweg gestatten.

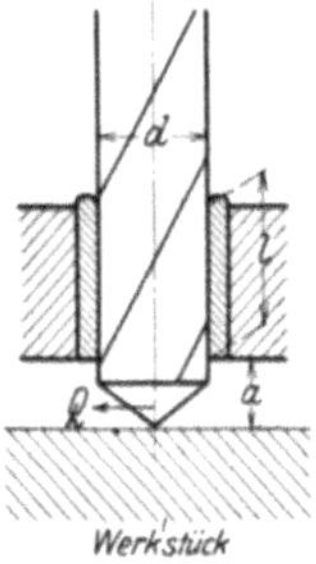

Abb. 242.

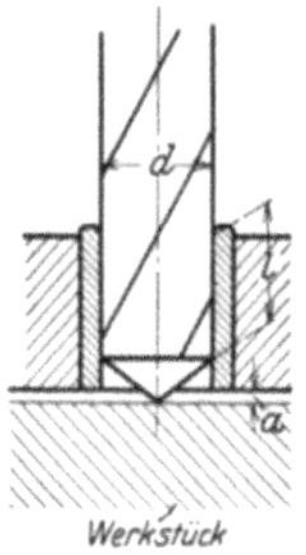

Abb. 243.

Die bei Gebrauch der Vorrichtungen benutzten Spiralbohrer sollen sich leicht, aber mit möglichst wenig Spiel in der Bohrbuchse bewegen. Die Durchführung dieser Forderung stößt in der Praxis auf einige Schwierigkeiten, die zum Teil in der Konstruktion und den Maßabweichungen der Spiralbohrer, zum andern Teil in den Maßabweichungen und den Eigenschaften der Bohrbuchsen begründet sind. Die im Handel geführten Spiralbohrer werden mit verhältnismäßig großen Toleranzen hergestellt, so daß es vorkommt, daß von Bohrern derselben Größe einige in die genau geschliffenen Buchsen gut passen, andere dagegen zu viel oder zu wenig Spiel haben. Ferner sind die größeren Spiralbohrer, die nicht aus gezogenem Stahl hergestellt sind, nach dem Schaftende zu im Durchmesser schwächer, so daß abgenutzte, also kürzer gewordene Bohrer mehr Spiel in den Bohrbuchsen haben als neue. Die Bohrungen der Bohrbuchsen weichen natürlich gleichfalls von den Sollmaßen ab; außerdem ziehen sich die Buchsen beim Einpressen in den Vorrichtungenkörper mehr oder weniger zusammen, so daß die Bohrungen der Buchsen enger werden.

Allen diesen Umständen muß bei der Herstellung der Vorrichtungen Rechnung getragen werden. Unter allen Umständen sollte vor Benutzung neuer Spiralbohrer oder neuer Vorrichtungen festgestellt werden, ob die Bohrer in die zugehörigen Bohrbuchsen mit nötigem Spiel passen, da es sonst vorkommen kann, daß zu starke Bohrer in die Buchsen hineingetrieben werden, sich in diesen festsetzen und die Vorrichtung mit sich reißen. Abgesehen von dem dabei entstehenden Sachschaden können solche Vorkommnisse auch leicht Unfälle hervorrufen.

Handelt es sich um das Bohren gewöhnlicher Befestigungslöcher, Durchgangslöcher und ähnliche, so ist es zweckmäßig, die Bohrbuchsen so weit zu machen, daß der stärkste normale Spiralbohrer noch verwendbar ist; die Ungenauigkeit in der Lochentfernung, die dann bei Benutzung schwächerer Bohrer eintreten kann, sind zu beheben, wenn die Durchmesser der Löcher so gewählt werden, daß kleine Abweichungen in der Lochentfernung nicht stören. Sind dagegen Paßlöcher herzustellen, deren Abstand genau sein soll, so muß ein gut passender Bohrer aus den Beständen ausgewählt werden.

Auswechselbare Bohrbuchsen. Die bisher behandelten festen Bohrbuchsen werden angewandt, wenn zur Erzeugung der jeweiligen Löcher nur ein Werkzeug benötigt wird. Sind mehrere Werkzeuge nötig, so werden auswechselbare Bohrbuchsen benutzt, deren einfachste Form in Abb. 244 dargestellt ist. Diese Buchsen haben einen kordierten Bund, der den Zweck hat, das Einstecken in den Vorrichtungenkörper und das Entfernen zu erleichtern. Die Buchsen müssen saugend in den Vorrichtungenkörper passen; um zu verhindern, daß sie sich mit dem Werkzeug mitdrehen, ist ein Stift eingebohrt, der in eine entsprechende Nute des Vorrichtungenkörpers eingreift.

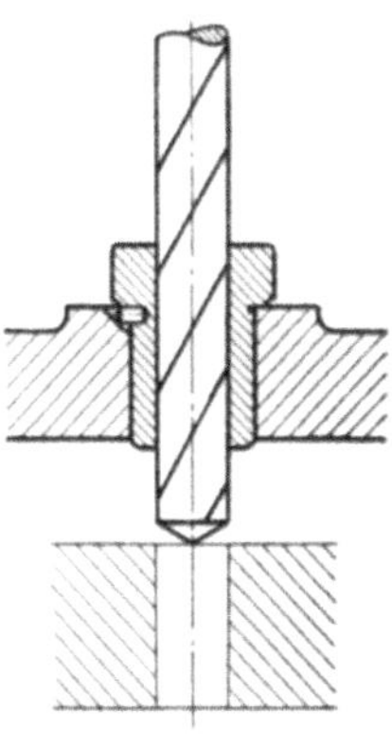
Abb. 244.

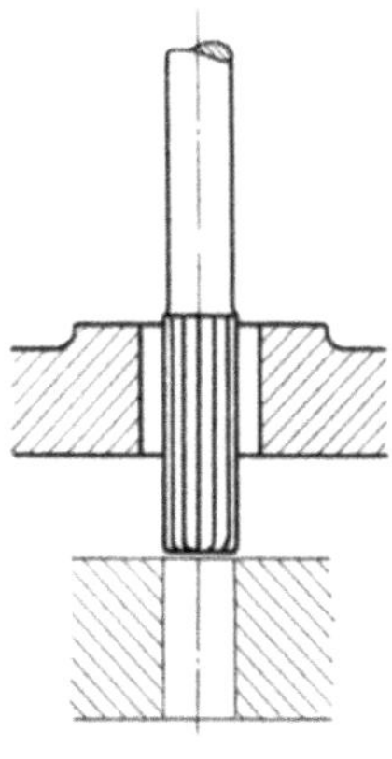
Abb. 245.

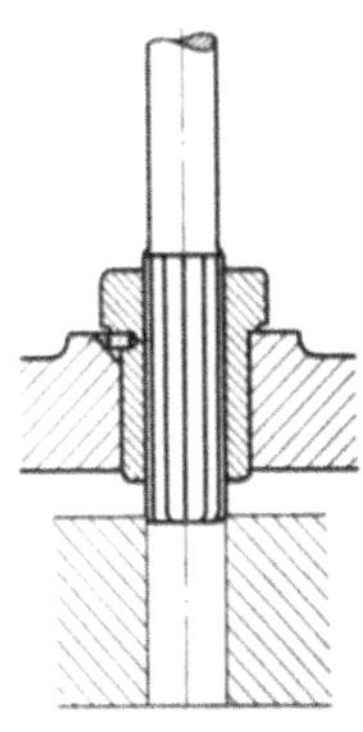
Abb. 246.

Die auswechselbaren Buchsen finden Anwendung, wenn Löcher in einer Aufspannung gebohrt und gerieben werden sollen, und zwar sind zwei Fälle zu unterscheiden; entweder kann das Loch mit einem Spiralbohrer gebohrt und ohne Führungsbuchse getrieben werden, Abb. 244 u. 245, oder beide Werkzeuge, Bohrer und Reibahle, werden in je einer

Buchse geführt, Abb. 244 u. 246. Der letztere Fall tritt ein, wenn der Abstand der zu erzeugenden Bohrung von irgendeiner Maßstelle genau sein soll. Wird die Reibahle nicht geführt, wie in Abb. 245 gezeigt, so kann sie sich etwas verlaufen, wodurch der Lochabstand ungenau wird.

Oft erscheint es zweckmäßig, Gewindelöcher sogleich nach dem Bohren auf der Maschine mit Gewinde zu versehen; auch in diesem

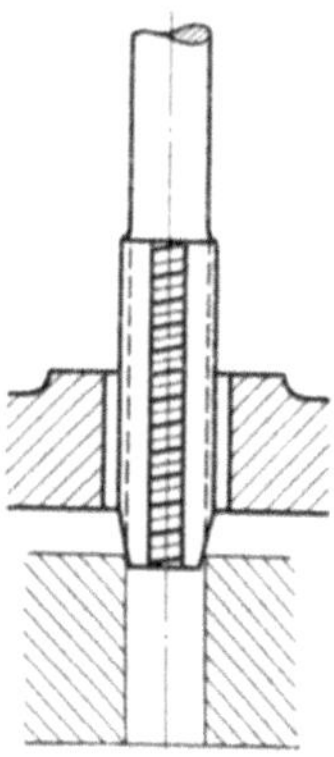

Abb. 247.

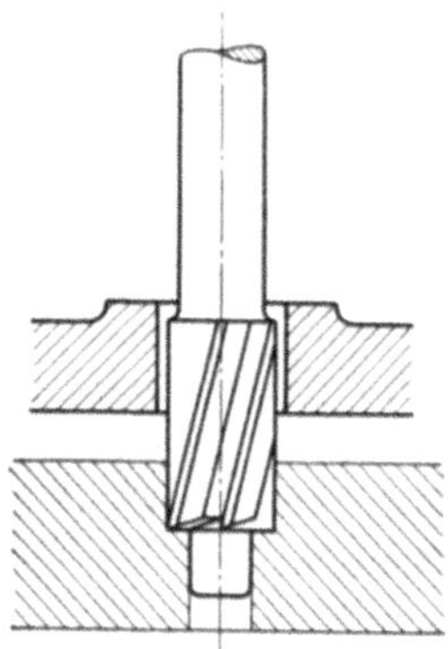

Abb. 248.

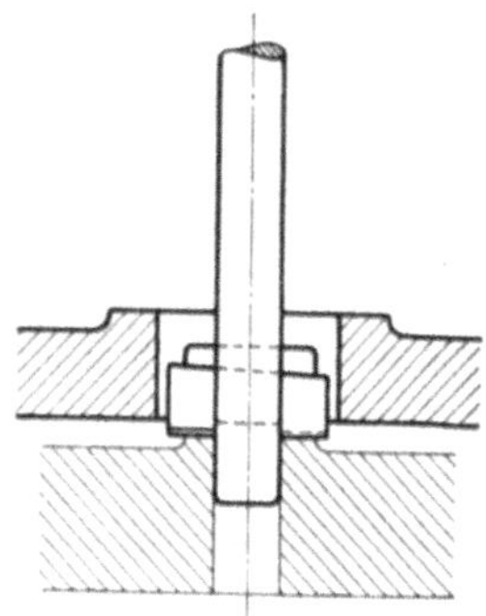

Abb. 249.

Falle muß als Führung für den Spiralbohrer eine auswechselbare Buchse benutzt werden, die dann bei Benutzung des Gewindebohrers entfernt wird. Abb. 247. Ebenso verhält es sich, wenn Einsenkungen vorgenommen oder Naben angesenkt werden sollen, Abb. 248 u. 249. Hierbei muß oft das Durchgangsloch im Vorrichtungenkörper größer sein, als es die Bohrbuchse für den Spiralbohrer bedingt; es ist also eine Bohrbuchse von besonders großem Außendurchmesser nötig.

Wie die festen Bohrbuchsen, so werden auch die auswechselbaren aus Stahl gefertigt und gehärtet. Für den Normalfall sollten nur genormte Buchsen benutzt werden; praktisch ausgeprobte Abmessungen sind auf Tabelle 20 u. 21 angegeben.

Werden die auswechselbaren Bohrbuchsen in solchen Vorrichtungen benutzt, die der Massenfabrikation dienen, so tritt durch das häufige Einstecken und wieder Entfernen ein schneller Verschleiß des Aufnahmeloches für die Buchse im Vorrichtungenkörper ein; dadurch wird nicht nur die ausgeführte Arbeit mit der Zeit immer mehr ungenau, es tritt auch bald der Zeitpunkt ein, in dem die Vorrichtung nachgearbeitet werden muß oder gar gänzlich unbrauchbar wird.

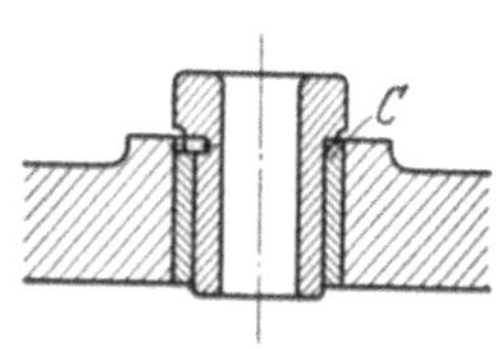

Abb. 250.

Um dies zu vermeiden, setzt man zweckmäßig in den Vorrichtungenkörper eine harte Zwischenbuchse C fest ein, Abb. 250. Diese harte

Zwischenbuchse bietet größeren Widerstand gegen Verschleiß und ist gegebenenfalls schnell zu ersetzen, ohne daß die teuere Vorrichtung in Mitleidenschaft gezogen wird.

Neben den aufgeführten Konstruktionen finden noch die verschiedenartigsten Sonderausführungen Anwendung, von denen die am häufigsten vorkommenden angeführt werden sollen.

Um die Herstellung dickwandiger Buchsen zu verbilligen, können diese aus Gußeisen gefertigt und mit einer normalen festen Buchse *B* versehen werden, Abb. 251. Ähnlich kann man verfahren, wenn die Buchsen im Durchmesser besonders stark und besonders lang sein müssen, Abb. 252. Bei dieser Ausführung ist jedoch zu beachten, daß die Einstellung der Bohrermitte auf Lochmitte erschwert wird, weil die Bohrung der Außenbuchse wesentlich größer ist als der Bohrer; es ist in solchem Falle besser, zwei harte Buchsen einzusetzen, Abb. 253.

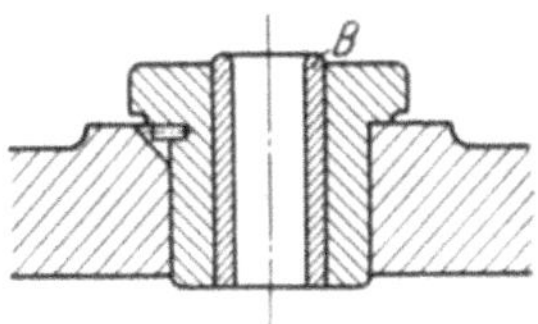

Abb. 251.

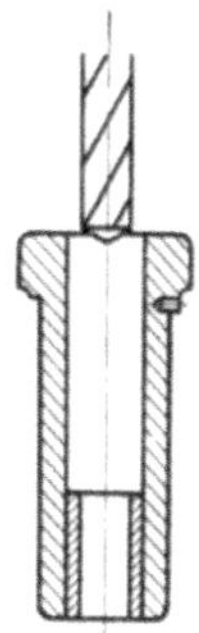
Abb. 252.

Abb. 253.

Finden Bohrstangen Anwendung, die in den beiden gegenüberliegenden Wänden der Bohrvorrichtung geführt werden, so werden die Führungsbuchsen der Bohrstange in der Regel aus Gußeisen gefertigt. Die Bohrstangen werden dann zweckmäßig gehärtet und geschliffen.

Abgesetzte Bohrungen, deren Lage genau konzentrisch sein soll, stellt man mit Vorteil so her, daß man zuerst das große Loch bohrt und reibt, dann eine der Länge der großen Bohrung angepaßte Bohrbuchse einsetzt und das kleine Loch bohrt, Abb. 254, und durch eine zweite Buchse reibt, Abb. 255.

Sind in runde Teile Löcher tangential zu bohren, so wendet man lange Bohrbuchsen an, die an der Eintrittsstelle des Loches das Werkstück mit wenig Spiel umschließen, Abb. 256. Die

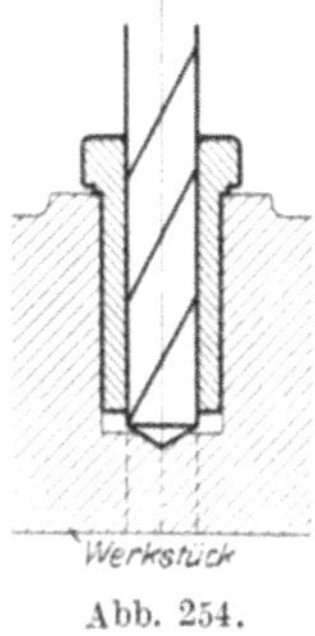

Abb. 254.

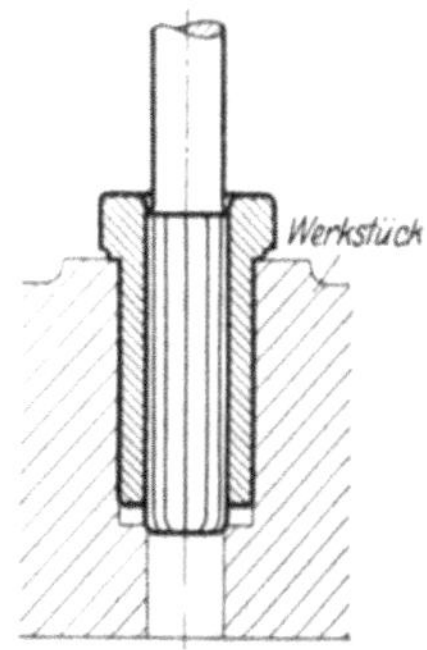

Abb. 255.

Bohrbuchsen müssen in solchem Falle im Vorrichtungenkörper gute Führung haben und dürfen unter keinen Umständen wackeln, da sie sonst dem einseitig wirkenden Bohrerdruck nachgeben, und die Löcher verlaufen.

Vereinzelt werden die Bohrbuchsen mit Gewinde versehen, um sie beim Bohren von Löchern in runde Augen an Hebeln und in sonstige runde oder kugelförmige Teile als Zentrier- und Spannorgan zu benutzen, Abb. 257 u. 258. Zu empfehlen ist diese Ausführung nur für

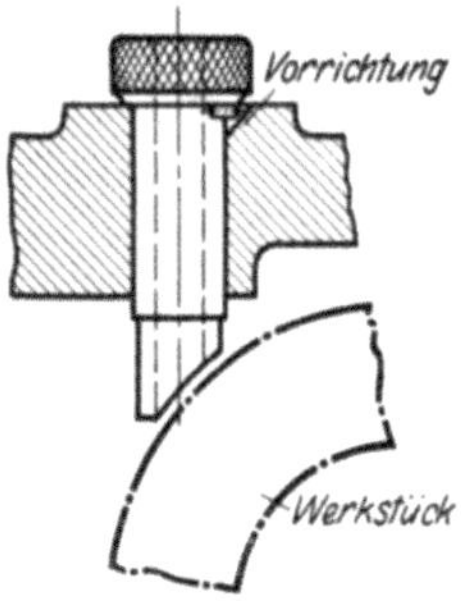

Abb. 256.

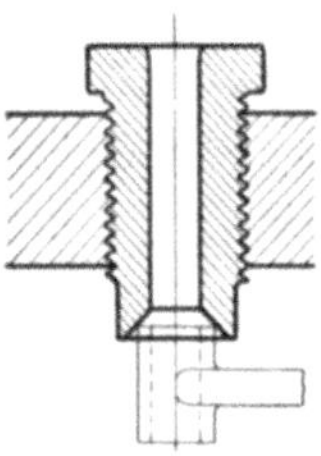
Abb. 257.

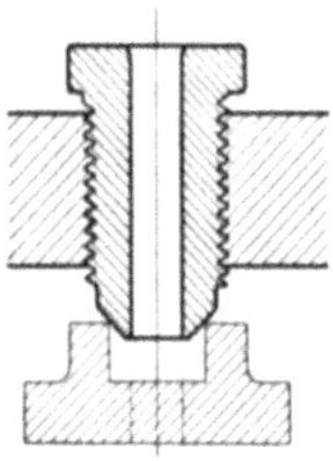
Abb. 258.

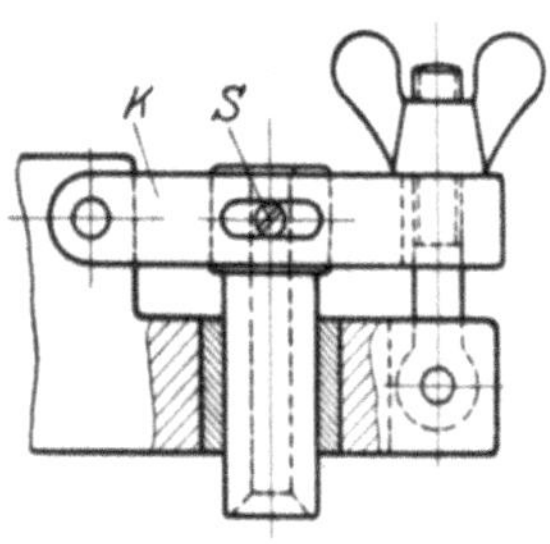

Abb. 259.

Ausnahmefälle; sie sollte nie angewandt werden, wenn die zu bohrenden Löcher von irgendeiner Meßstelle genauen Abstand haben sollen, da ein Gewinde nie zentriert. Das Bestechende an der Konstruktion ist die große Einfachheit und die Möglichkeit, in runde Teile verhältnismäßig genau Löcher in die Mitte zu bohren. Eine im Prinzip gleiche Konstruktion, die jedoch das Gewinde auf der Buchse vermeidet, zeigt Abb. 259; hier dient als Spannorgan neben der axial verschiebbaren Bohrbuchse eine mit dieser durch Stiftschrauben *s* in Verbindung stehende Klappe *k*, die durch Augenschraube und Flügelmutter angespannt werden kann und die Bohrbuchse verschiebt.

Fehlerhafte Bohrerführungen. Wie bereits erwähnt, hat die Bohrerführung nicht den Zweck, die Richtung des Arbeitsweges des Bohrwerkzeuges und damit die Lage des zu bohrenden Loches zu bestimmen. Die Bohrerführung kann die Entfernung des Loches an der Oberfläche des Werkstückes von gewählten Meßstellen aus sichern; ob die zu bohrenden Löcher in der gewünschten Richtung liegen oder ob sie mehr oder weniger von dieser Richtung abweichen, hängt von einer Reihe von Umständen ab, von denen einige hier erwähnt werden sollen.

Liegt die Aufspannfläche der Bohrmaschine nicht genau rechtwinklig zur Bohrspindelachse, Abb. 260, so wird der Bohrer versuchen, in Richtung der Bohrspindelachse in das Werkstück einzudringen; also ein schiefes Loch in das Werkstück bohren. Die gewünschte Lage des Loches ist in der Abbildung gestrichelt angegeben (Punkt *a* und *b*). Dabei ist es nötig, daß zwischen Bohrer und Bohrbuchse so viel Spiel besteht, daß die Bohrerachse etwas von der Bohrbuchsenachse abweichen kann. Ist

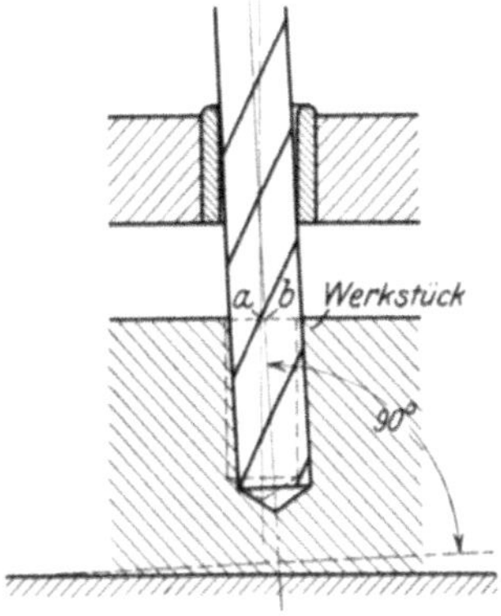

Abb. 260.

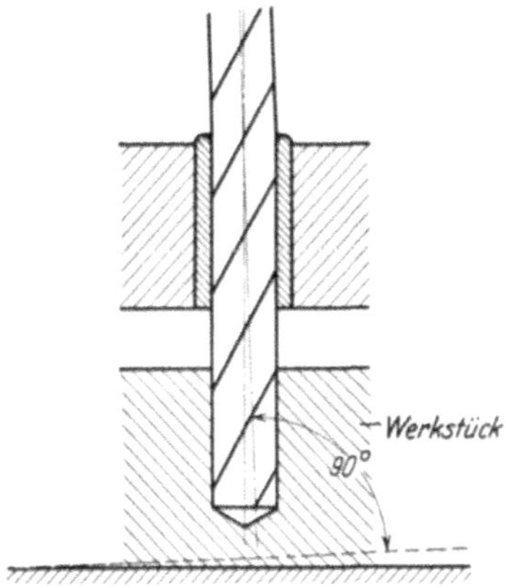

Abb. 261.

die Bohrerführung lang und das Spiel zwischen Bohrer und Bohrbuchse klein, so wird bei schiefer Lage des Bohrmaschinentisches und damit der Vorrichtung der Bohrer von der Bohrbuchse abgebogen, Abb. 261. Abgesehen von dem durch die entstehende große Reibung zwischen Bohrer und Bohrbuchse verursachten Verschleiß und großen Kraftverbrauch wird die Arbeit auf jeden Fall ungenau. Ähnlich liegen die Verhältnisse, wenn die Bohrmaschine genau, aber die Vorrichtung ungenau ist, Abb. 262.

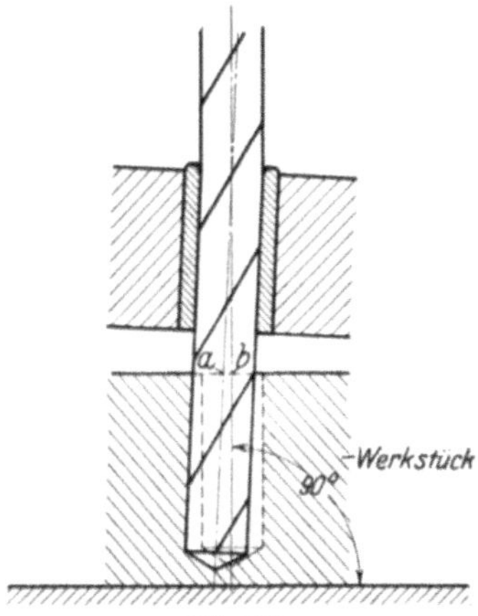

Abb. 262.

Aber auch wenn der Bohrmaschinentisch die gewünschte genaue rechtwinklige Lage zur Bohrspindelachse hat und die Vorrichtung genau gearbeitet ist, kann dadurch, daß die Bohrvorrichtung nicht so ausgerichtet ist, daß die Achse der jeweilig benutzten Bohrbuchse in die Achse der Bohrspindel fällt, eine Ungenauigkeit hervorgerufen werden, Abb. 263. Sollen derartige Fehler vermieden werden, so ist es nötig, daß die Fläche des Bohrmaschinentisches genau rechtwinklig zur Bohrspindelachse steht und die Vorrichtung genau gearbeitet und genau zum Bohrer ausgerichtet ist, so daß auch die Achse der Bohrbuchse mit der Achse der Bohrspindel zusammenfällt, Abb. 264. Erfolgt trotzdem noch

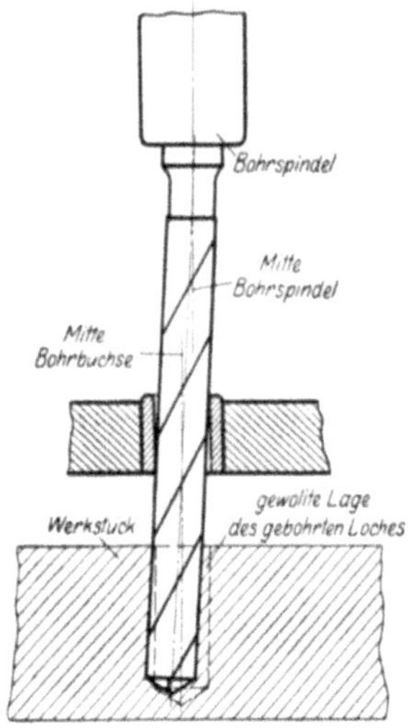

Abb. 263.

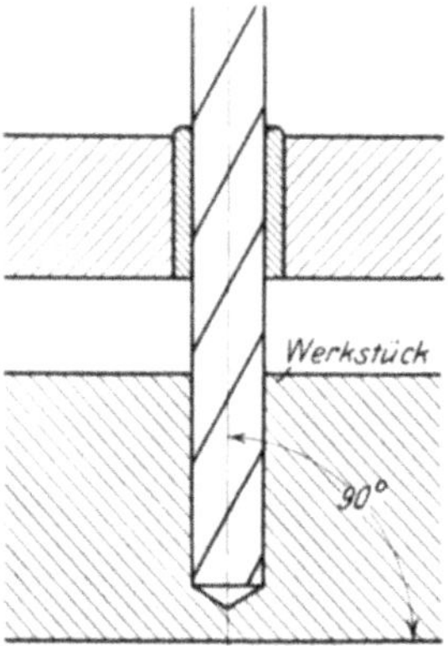

Abb. 264.

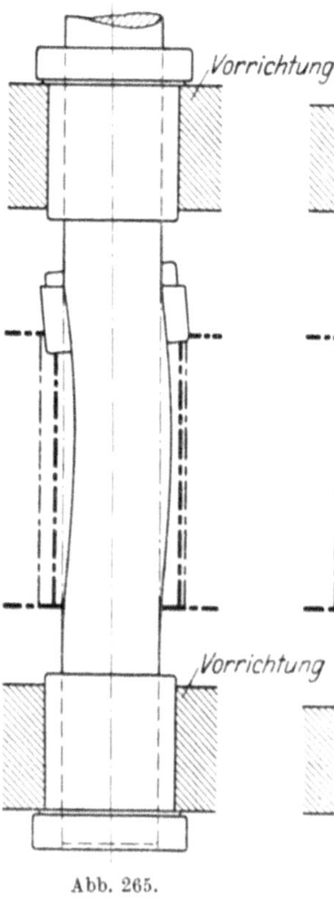

Abb. 265.

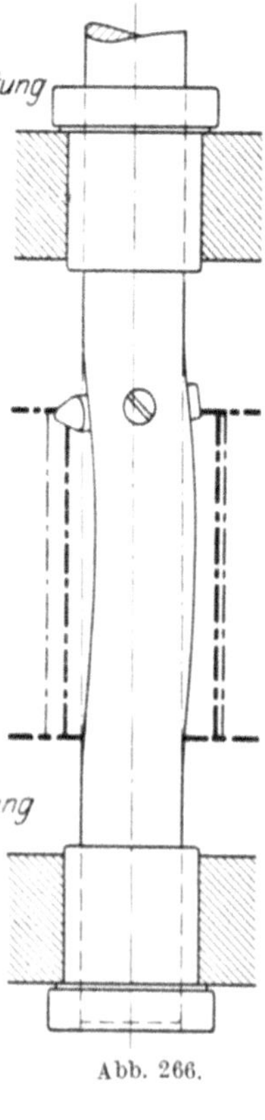

Abb. 266.

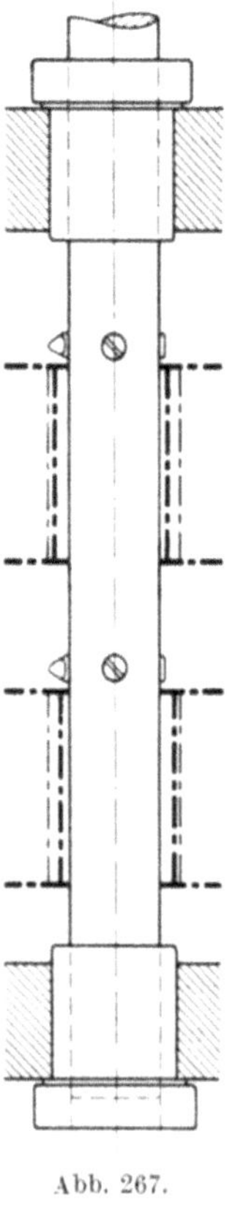

Abb. 267.

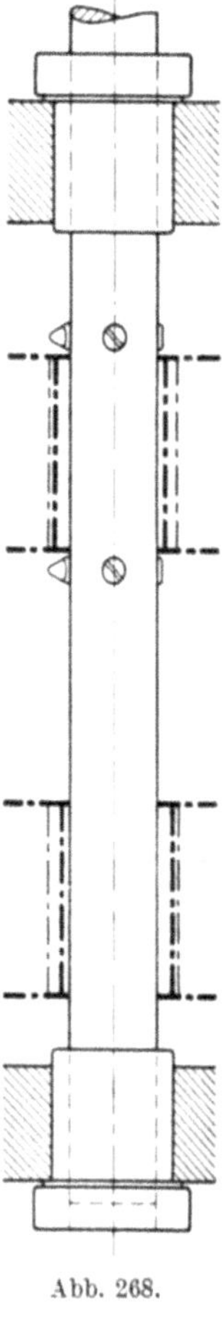

Abb. 268.

ein Verlaufen des Bohrers, so liegt die Ursache nicht mehr in der Maschine und der Vorrichtung, sondern in dem Arbeitsvorgange. Dieses Verlaufen tritt bei tiefen Löchern stärker in Erscheinung als bei kurzen und ist einerseits in der ungleichen Dichte und Härte des Werkstoffes begründet, andererseits darin, daß der Bohrer das Bestreben hat, seitlich auszuweichen, was naturgemäß bei langen Bohrern eher möglich ist als bei kurzen. Soll die Achse eines Loches genau eine gewünschte Lage einnehmen, so muß es entweder in der Vorrichtung mit einer Bohrstange ausgebohrt werden, oder die Arbeit ist auf dem Horizontalbohrwerk oder auf der Drehbank auszuführen.

Die Anwendung von Bohrstangen. Bei der Anwendung von Bohrstangen müssen diese ober- und unterhalb des Werkstückes geführt werden, Abb. 265—268; es genügen hier sehr oft Führungsbuchsen aus Gußeisen; dagegen empfiehlt es sich, die Bohrstangen zu härten und den Durchmesser lehrenhaltig zu schleifen. Die Bohrstangen sind, da sie auf Biegung beansprucht werden, so stark wie möglich zu wählen; doch muß zwischen Bohrstange und der Wand des aufzubohrenden Loches noch genügend Zwischenraum zum Durchfall der Späne bleiben. Auch muß berücksichtigt werden, daß die vorgegossenen oder vorgearbeiteten Löcher nicht in der Achse der Bohrstange liegen, sondern zu dieser versetzt sind; der gewählte Zwischenraum ist also an einer Stelle der Lochwand kleiner.

Bei den Messern unterscheidet man zwei verschiedene Arten, zweiseitig schneidende, Abb. 265, und einseitig schneidende, Abb. 266. Die zweiseitig schneidenden Messer haben, rein theoretisch betrachtet, den Vorteil, daß die Zerspanungsarbeit auf zwei Schneiden verteilt wird, wodurch nicht nur eine größere Arbeitsleistung in der Zeiteinheit erzielt wird, sondern auch das Durchbiegen der Bohrstange beim Arbeiten geringer ist als bei den einseitig schneidenden Messern. In Wirklichkeit ist es jedoch so, daß es selten gelingt, Bohrstangen mit solchen Messern so zum Laufen zu bringen, daß beide Messerschneiden auf einem Durchmesser liegen; in der Regel steht eine Schneide vor und diese hat dann allein die entscheidende Maßarbeit zu leisten. Hierzu kommt noch ein Fehler, der in Abb. 265 dargestellt ist. Wie schon erwähnt, ist das von der Bohrstange abzunehmende Material nicht gleichmäßig am Umfang der Lochwand verteilt, da die Löcher schief vorgegossen oder vorgebohrt sind. Greift nun eine Schneide des zweischneidigen Messers die dickere Materialschicht an, so wird die Stange infolge des größeren Schnittdruckes an der einen Seite abgedrückt; die zweite Schneide des Messers nimmt mehr Material fort, als sie eigentlich soll, und kann in groben Fällen über den Umfang des fertigen Loches hinaus Material fortnehmen. Die Folge davon ist, daß das gebohrte Loch von der gewollten Lage abweicht und eventuell unrund wird.

Einen Gegensatz hierzu stellt das einschneidige Messer nach Abb. 266 dar. Hier wird von vornherein mit einem Abbiegen der Bohrstange gerechnet; der dadurch entstehende Fehler kann aber nicht so groß werden wie bei dem zweischneidigen Messer, und vor allem kann die Messerschneide nicht über den eingestellten Durchmesser hinaus das Material angreifen. Will man die durch das Abbiegen der Bohrstange entstehenden Abweichungen in der Lage des gebohrten Loches beseitigen, so muß man mit mehreren Bohrstangen nacheinander arbeiten. Für normale Fälle genügen gewöhnlich zwei Stangen; soll die auszuführende Arbeit besonders genau ausfallen, so kann man mit der ersten Stange zweimal durchgehen, um den Schlag herauszunehmen; die zweite Stange findet dann eine fast gleichmäßige Materialschicht zum Abnehmen vor.

Sehr häufig sind zwei oder mehr hintereinander liegende Bohrungen zu bearbeiten; in solchen Fällen werden dann oft, wie in Abb. 267 gezeigt, Bohrstangen mit je einem Messer für jede Bohrung angewandt. Sind die Messer nun so gesetzt, wie in Abb. 267 dargestellt, daß sie gleichzeitig arbeiten, so wird durch die ungleich dicke Materialschicht die zu zerspanen ist, und den dadurch entstehenden ungleichen Spandruck beim Durchbiegen der Bohrstange der zweite Stahl von seinem Wege abgelenkt. Umgekehrt geschieht dies durch den zweiten Stahl, der wieder den ersten beeinflußt. Man hat also bei Verwendung so angeordneter Stähle keine Gewähr für die genaue Lage der gebohrten Löcher. Die Anordnung nach Abb. 268, die so getroffen wird, daß beim Arbeiten des ersten Stahles der zweite leerläuft und erst zu schneiden beginnt, wenn der erste seine Arbeit beendet hat, vermeidet diesen Fehler. Ausnahmefälle gibt es natürlich auch hierbei; sind z. B. die zu bohrenden Löcher so groß, daß so kräftige Bohrstangen angewandt werden können, daß ein schädliches Durchbiegen nicht zu befürchten ist, so kann man auch Ausführungen nach Abb. 265 u. 267 anwenden.

Für die Befestigung der zweischneidigen Messer ist die durch Keil nach Abb. 269 die üblichste. Um die Messer immer in die richtige Lage zur Achse der Bohrstange zu bringen, werden die Stangen am Auslauf der Schlitze abgeflacht (Maß *B* in Abb. 269) und die Messer mit Lappen versehen, die über die Abflachung der Stange greifen.

Bei nicht sehr kräftigen Stangen besteht bei dieser Ausführung die Gefahr, daß beim Festkeilen der Messer die Stange krumm wird, Abb. 270. Dies geschieht dann, wenn, wie in der Abbildung dargestellt, der Keil nicht auf seiner ganzen Länge trägt. Eine Ausführung, die diesen Fehler vermeidet, zeigt Abb. 271; hier erfolgt die Zentrierung des Messers durch einen zylindrischen Stift, der quer zum Messer in der Bohrstange sitzt. Der Keil muß hierbei immer gleichmäßig auf der ganzen Länge tragen; etwaige Fehler gleichen sich durch selbsttätige Einstellung des Messers aus. Ein Krummziehen der Stange durch die Keilbefestigung des Messers kann nicht eintreten.

Die einfachste Befestigungsart für runde Bohrmesser ist die durch Schraube, Abb. 272. Da für eine Schraube mit Vierkantkopf gewöhn-

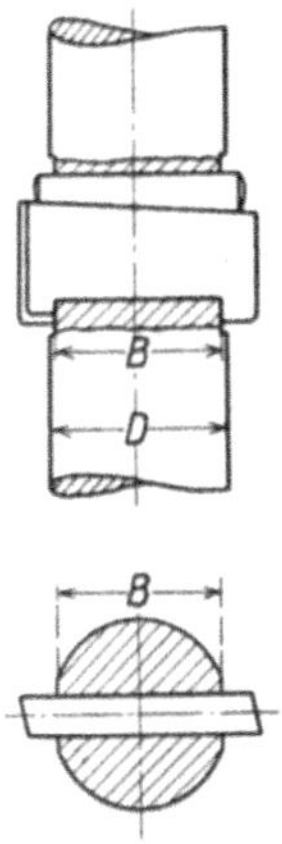

Abb. 269.

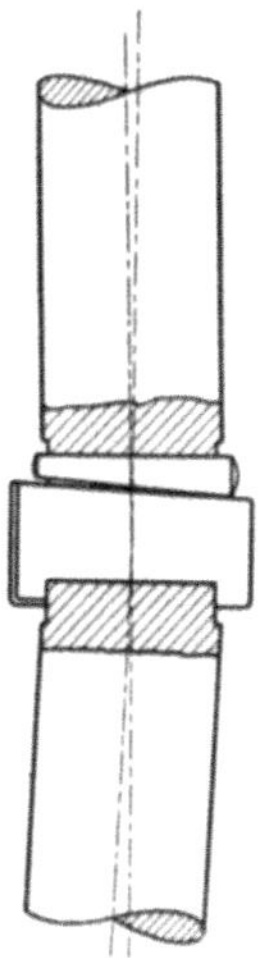

Abb. 270.

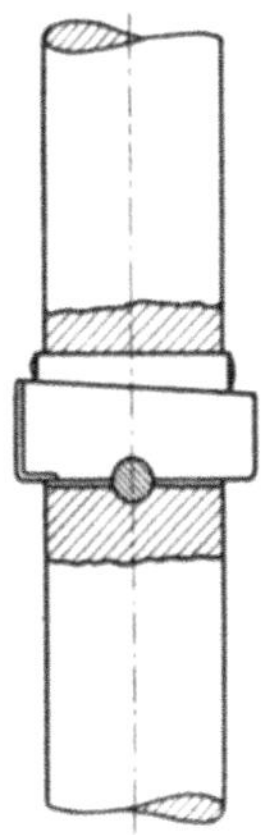

Abb. 271.

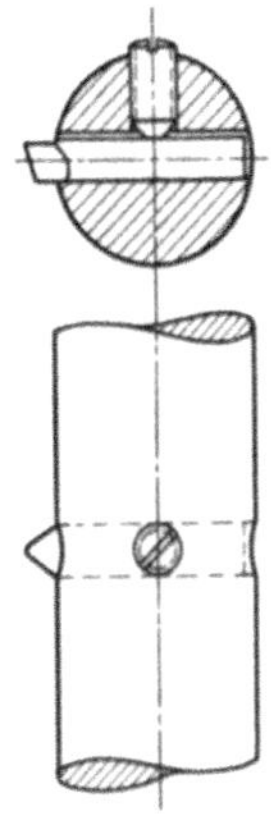

Abb. 272.

lich kein Platz ist, so werden in der Regel Raupenschrauben gewählt. Wie bei allen Druckschrauben zur Befestigung von Werkzeugen, wähle man als Material Gußstahl und härte die Druckbutzen. Bei stärkeren Stangen kann man zum genauen Einstellen der Bohrstähle auf Durchmesser Einstellschrauben anbringen, die am hinteren Ende des Stahles zur Anlage kommen.

Die Messerbefestigung durch Schrauben hat den Nachteil, daß beim Anziehen der Schraube das Messer leicht seine Lage verändert; das ist hierbei besonders unangenehm, weil die Einstellung der Messer oft sehr genau vorgenommen werden muß. Die Ausführung nach Abb. 273 vermeidet diesen Fehler; die Messerbefestigung erfolgt durch einen Keil *a*, der quer zum Messer in der Stange in einer zylindrischen Bohrung sitzt. Der Keil stellt einen zylindrischen Stift dar, der mit einer Keilfläche versehen ist, die auf das Messer drückt.

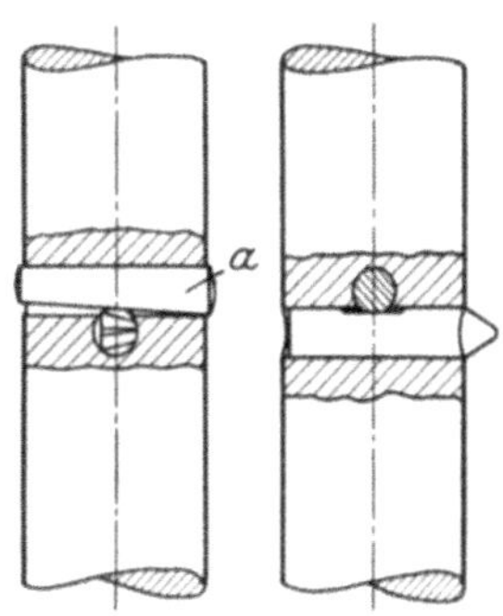

Abb. 273.

Den Bohrstangen ähnlich sind Messerstangen zum Abflachen von Naben. Solche Naben sind häufig an Werkstücken zu bearbeiten, die in Vorrichtungen gebohrt werden, und es ist dabei oft nötig, daß die

Höhenmaße der Naben möglichst genau eingehalten werden. Um dieses genaue Einhalten der Höhenmaße zu ermöglichen, werden Messerstangen mit Anschlag nach Abb. 274 angewandt. Die Stange führt sich in dem fertig gebohrten Loch des Werkstückes; der Abstand *a* der zu bearbeitenden Nabe von Mitte des Querloches, das gleichfalls in der Vorrichtung gebohrt ist, soll möglichst genau eingehalten werden. Um dies bei allen zu bearbeitenden Teilen gleichmäßig zu erreichen, ist die Anschlagmutter *b* vorgesehen, die so eingestellt wird, daß sie auf die Nabe der Vorrichtung aufstößt, wenn das Maß *a* erreicht ist. Die Mutter *c* ist Gegenmutter für *b*.

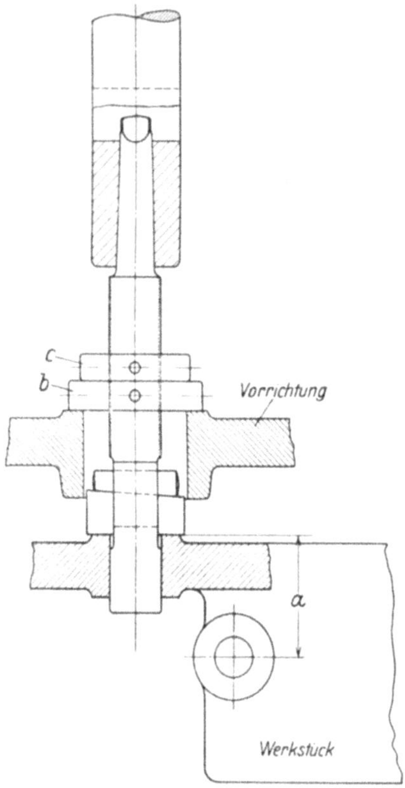

Abb. 274.

In Abb. 275 ist eine gleichartige Stange mit zwei Messern dargestellt, mit denen die Naben im Abstande *b* und *c* angeschnitten werden. Hierbei muß das untere Messer bei jedem Werkstück neu eingesetzt und wieder entfernt werden.

Der Vorteil derartiger Anschlagwerkzeuge ist, daß mit einer Einstellung eine große Anzahl von Teilen sehr gleichmäßig bearbeitet werden kann. Das Arbeiten ist sehr sicher und die Meßzeiten werden auf ein Mindestmaß gebracht.

Vorrichtungenkörper. Auch die Formen der Körper der Bohrvorrichtungen kehren in gewissem Umfange immer wieder; die am häufigsten vorkommenden Formen sind die schablonenförmigen und die kastenförmigen. Die schablonenförmigen sind die einfachsten Arten der Bohrvorrichtungen; es handelt sich bei ihrer Anwendung in der Regel darum, Befestigungslöcher in irgendwelche Teile zu bohren; auf große Genauigkeit der Lochabstände kommt es meist nicht an. Ein besonders oft vorkommender Typ ist der der Lochkreisbohrvorrichtung. Kommen in einem Betriebe viele derartige Teile vor, so lohnt es, die Konstruktion der Bohrvorrichtungen bis ins Kleinste sorgsam durchzubilden und sie dann als Norm in allen gleichliegenden Fällen anzuwenden.

Für Laschen, Leisten und ähnliche einfache Teile werden gleichfalls schablonenförmige Bohrvorrichtungen häufig angewandt, doch ist deren Form so verschiedenartig, daß sich hervorstechende Typen nicht herausgebildet haben.

Die kastenförmigen Bohrvorrichtungen kommen in allen Größen und in den verschiedensten Ausführungsformen vor, so daß leicht der Gedanke auftaucht, durch Normung diese Art Vorrichtungen in Form und Größe zu vereinheitlichen und dadurch ihre Herstellung zu verbilligen. In der Tat ist dieser Gedanke bis zu einem gewissen Grade zu verwirklichen; wie weit man hierbei gehen kann, wird weiter unten noch gezeigt werden.

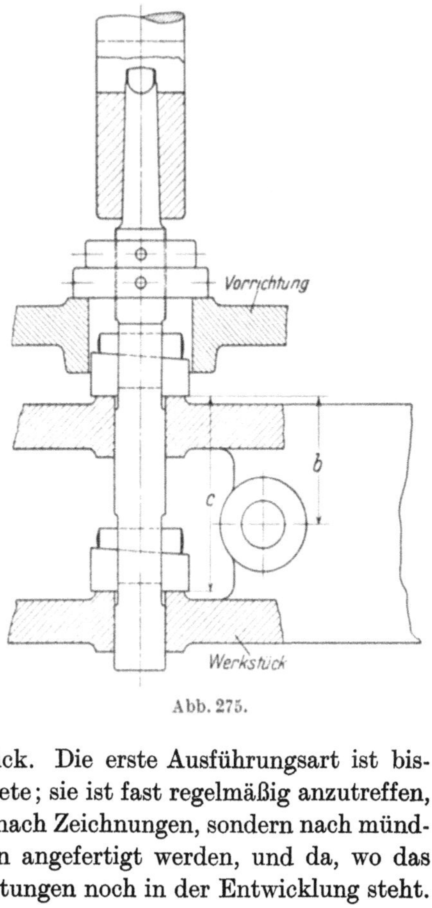

Abb. 275.

Entscheidend für alle Betrachtungen über Form und Abmessung der Bohrvorrichtungen ist zunächst die Art der Ausführung. Soweit kleinere und mittelgroße Vorrichtungen in Frage kommen, stehen sich hier zwei Anschauungen gegenüber; die eine geht dahin, daß es billiger ist und weniger Zeit erfordert, wenn die Vorrichtungenkörper aus Guß- oder Stahlteilen zusammengesetzt werden; die andere bevorzugt Vorrichtungenkörper aus einem Gußstück. Die erste Ausführungsart ist bisher noch die am meisten verbreitete; sie ist fast regelmäßig anzutreffen, wo die Vorrichtungen noch nicht nach Zeichnungen, sondern nach mündlichen Angaben oder Handskizzen angefertigt werden, und da, wo das Konstruktionsbureau für Vorrichtungen noch in der Entwicklung steht. Das Zusammenstückeln der Vorrichtungenkörper ist fast immer teurer als die Verwendung eines besonders konstruierten Gußkörpers, denn das Zusammensetzen des Vorrichtungenkörpers aus mehreren Teilen erfordert meist so viel Lohn, daß, wenn die richtigen Unkosten zugeschlagen werden, ein viel höherer Betrag herauskommt als die im andern Fall aufzuwendenden Modellkosten. Dabei ist der zusammengestückelte Vorrichtungenkörper weniger stabil als der aus einem Gußstück bestehende und meist in der äußeren Form recht unschön. Wenn irgend möglich, konstruiere man also den Vorrichtungenkörper so, wie die Form des Werkstückes und das Arbeitsverfahren es gebieten. Dabei sind in erster Linie die Genauigkeitsansprüche, die an das Werkstück gestellt werden, maßgebend für die Abmessungen; sind diese Ansprüche groß, so muß vor allem darauf gesehen werden, die Vorrichtung stabil zu gestalten. Sind dagegen verhältnismäßig große Maßabweichungen zulässig, so spare man möglichst an Gewicht, denn je schwerer die Vorrichtungen sind, um so schwerer sind sie zu hantieren und um so größer werden die Nebenzeiten. Allgemeine Regeln lassen sich nicht aufstellen, da die vorkommenden Fälle zu verschieden liegen. Natürlich ist es oft

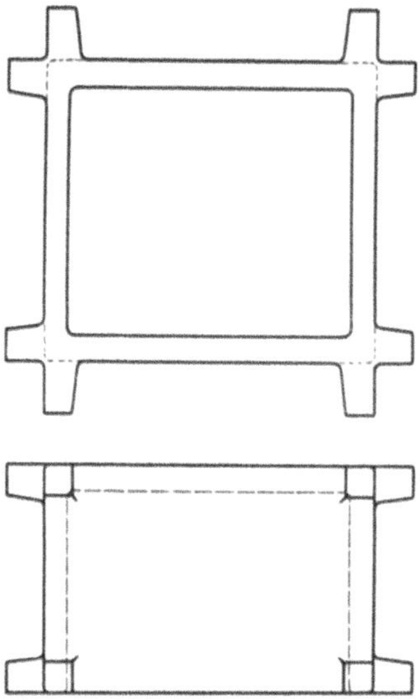

Abb. 276 und 277.

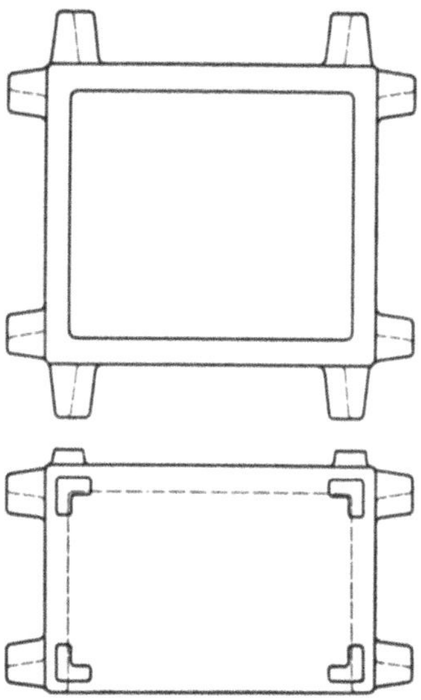

Abb. 278 und 279.

möglich, die Forderungen großer Stabilität und geringen Gewichtes zu vereinen. In Abb. 276 u. 277 ist ein Vorrichtungenkasten gezeigt, der volle Wände und unschöne und wenig praktische Füße hat. Der Körper wird verhältnismäßig schwer und ist doch nicht genügend stabil, da sich die Wände leicht durchbiegen. Die Ausführung nach Abb. 278 u. 279 ist insofern etwas besser, als die Füße eine zweckmäßigere Form haben. Richtig ist die Ausführung nach Abb. 280—282. Hier ist um den eigentlichen Kasten ein Rippensystem gelegt, dessen Ecken als Füße ausgebildet sind. Diese Rippen verstärken die Wände des Kastens bedeutend, so daß die Wandstärke schwächer gewählt und außerdem noch, soweit es die Konstruktion zuläßt, die Wände mit Öffnungen versehen werden können. Solche Kästen sind wesentlich stabiler und oft auch leichter als die zuerst gezeigten. Die Öffnungen in den Wänden sollten überall, wo es möglich ist, angebracht werden, sie erleichtern das Einlegen und Entfernen des Werkstückes, das Schmieren der Werkzeuge, das Messen und das Beobachten des Arbeitsganges. Dies gilt insbesondere für große Vorrichtungen.

Um die Herstellung der teueren Kernkästen zu vermeiden, ist bei der Konstruktion des Vorrichtungenkörpers darauf zu achten, daß dieser möglichst einfach wird. Sind durchbrochene Wände oder Angüsse nötig, so ist damit noch nicht gesagt, daß ein Kernkasten angefertigt werden muß. Wenn man mit dem Modelltischler und dem Gießer unterhandelt, so ergibt sich meist die Möglichkeit, ziemlich komplizierte Abgüsse ohne Kernkästen herzustellen. Überhaupt muß bei Herstellung der Vorrichtungenmodelle beachtet werden, daß diese in der Regel nur für einen einmaligen Abguß gebraucht werden, also einfacher als andere Modelle hergestellt werden können.

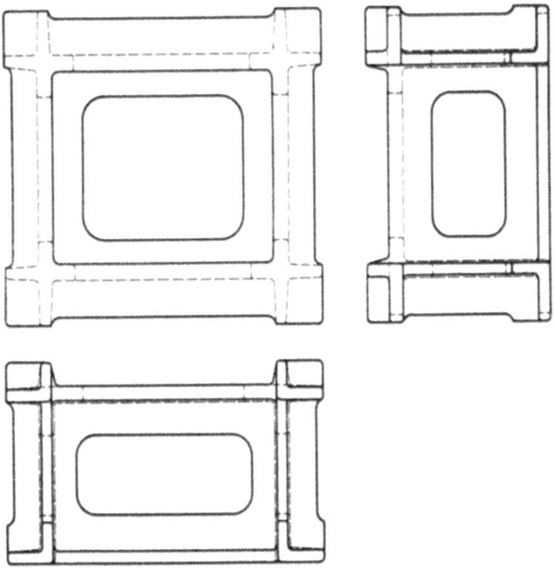

Abb. 280 bis 282.

Bei allen Bohrvorrichtungen für Werkstücke von großer Genauigkeit sollten an drei nicht parallelen Flächen Füße vorgesehen werden (Abb. 279 bis 282), auch dann, wenn sie für die Anwendung der Vorrichtung nicht nötig sind, diese also nur auf einer oder zwei Ebenen aufgestellt wird. Die Anordnung der Füße an den drei Flächen hat den Zweck, die Herstellung und spätere Kontrolle der Vorrichtung zu vereinfachen.

Die Füße müssen abgerundete Kanten haben; dies wird oft nicht beachtet. Scharfe Kanten werden leicht beschädigt und beschädigen ihrerseits wieder die Bohrmaschinentische; beides beeinträchtigt die Genauigkeit der Arbeit.

Bei Bohrvorrichtungen für kleine und kleinste Teile wird der Vorrichtungenkörper mit einer als Griff ausgebildeten Verlängerung versehen, Abb. 283—285. Solche Vorrichtungen fertigt man zweckmäßig aus Stahl, da bei Verwendung von Gußeisen die Vorrichtungen wegen ihrer sperrigen Form leicht zerbrechen oder bei stabiler Konstruktion zu schwer werden würden. Die am häufigsten anzutreffende Ausführungsart zeigt Abb. 283—285; auf der Griffplatte *a* sind der Charnierblock *b* und der Aufnahmeblock *c* mit Schrauben befestigt, so daß die Klappe *d* in *b* und *c* geführt ist und, wenn die Lappenschraube *e* angezogen ist, in paralleler Lage zu *a* gehalten ist. Das ganze stellt einen Rahmen dar, in dessen Innenraum nun Aufnahmen für irgendwelche Werkstücke angebracht werden können. Die an der Griffplatte *a* angebrachten Füße werden meist rund ausgeführt und entweder, wie in dem Beispiele gezeigt, in die Platte mit Preßsitz eingedrückt oder mit Gewinde eingeschraubt. Da die Füße vielen Stößen ausgesetzt sind, so lockern sich eingeschraubte leicht und geben dadurch Anlaß zu häufigen Reparaturen. Um dies zu vermeiden, wird nicht selten der Ausweg gewählt, die Füße einzunieten, Abb. 287. Dieses Verfahren sollte aber nur dann Anwendung finden, wenn an die Fabrikate nur geringe Ansprüche bezüglich Genauigkeit der Ausführung gestellt werden; im andern Falle ist jedes Nieten bei der Herstellung von Vorrichtungen zu verwerfen, da mit jedem Nietvorgang ein Verziehen der Teile verbunden ist.

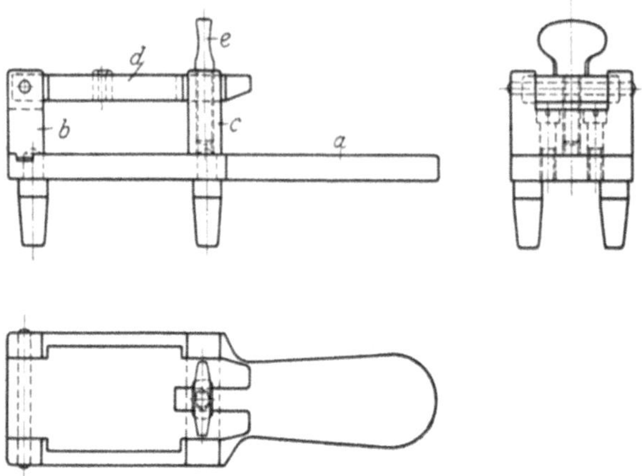

Abb. 283 bis 285.

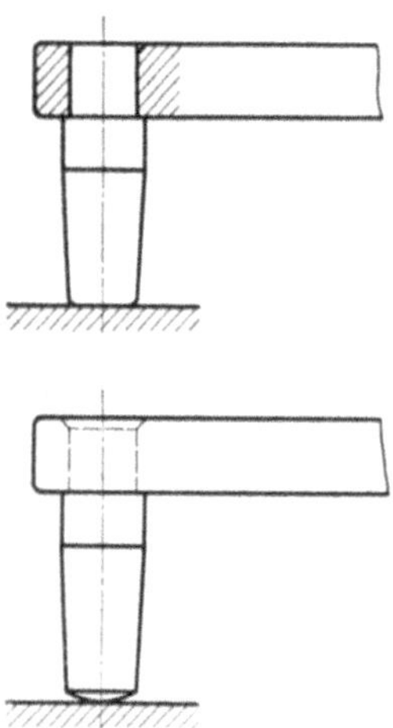
Abb. 286 und 287.

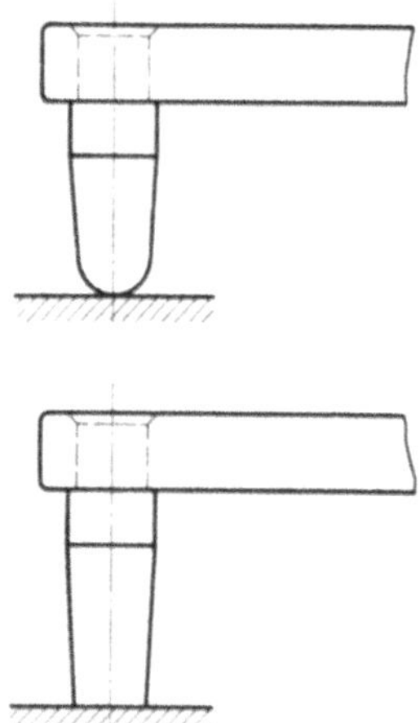
Abb. 288 und 289.

Die Auflagefläche der Füße wird vielfach ballig ausgeführt, Abb. 287 u. 288; das ist ebenso falsch wie die Ausführung mit scharfen Kanten nach Abb. 289. Bei der balligen Form kommt nur ein Punkt des Fußes zur Auflage; dadurch wird bei dem nicht immer sanften Hantieren mit der Vorrichtung der Bohrmaschinentisch leicht verbeult; andererseits

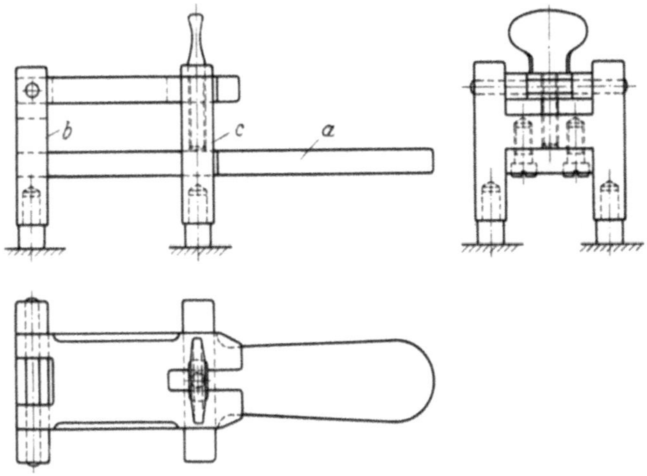

Abb. 290 bis 292.

reagiert der abgerundete Fuß auf jede Vertiefung im Bohrmaschinentisch, so daß die Vorrichtungen auf nicht ganz tadellosen Tischen nicht sicher stehen. Füße mit scharfen Kanten (Abb. 289) stellen das andere

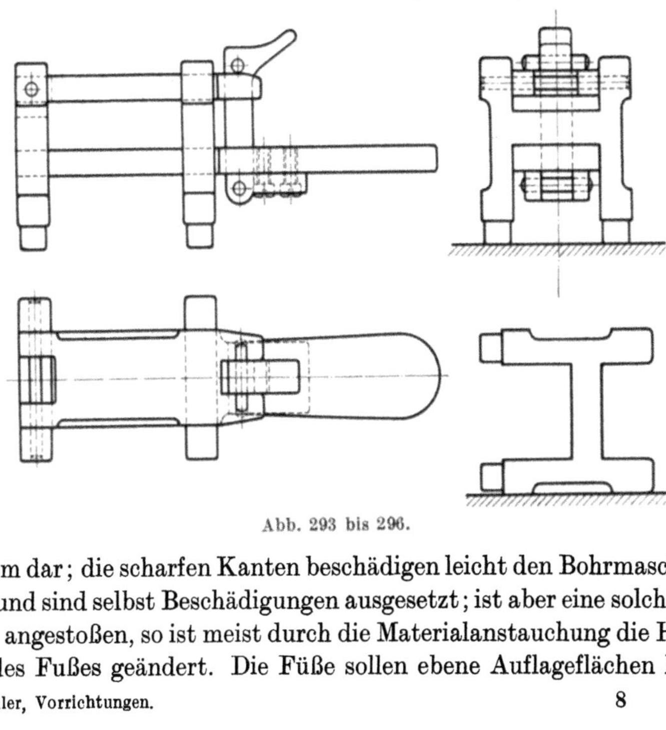

Abb. 293 bis 296.

Extrem dar; die scharfen Kanten beschädigen leicht den Bohrmaschinentisch und sind selbst Beschädigungen ausgesetzt; ist aber eine solche Fußkante angestoßen, so ist meist durch die Materialanstauchung die Höhenlage des Fußes geändert. Die Füße sollen ebene Auflageflächen haben, deren Kanten gut abgerundet sind, Abb. 286; die Auflageflächen sind zu härten.

Die in Abb. 283—285 gezeigte Vorrichtungenart zeigt den Nachteil, daß der Aufbau wenig stabil ist; in Abb. 290—292 ist eine andere Ausführungsform gezeigt, die stabiler anmutet; die Verbindung der Griffplatte *a* mit den beiden Böcken *b* und *c* ist solider als in dem ersten Beispiele, und die langen stelzenartigen Füße sind durch kurze ersetzt. Will man von mehreren Seiten bohren, so besteht die Möglichkeit, die H-förmigen Böcke *b* und *c* nach oben zu verlängern und auch die Seiten als Fußflächen auszubilden; so daß von vier Seiten gebohrt werden kann, Abb. 293—296.

Vorrichtungen mit Klappen. Die eben behandelten Bohrvorrichtungen sind mit Klappen versehen, durch deren Betätigung das Einlegen

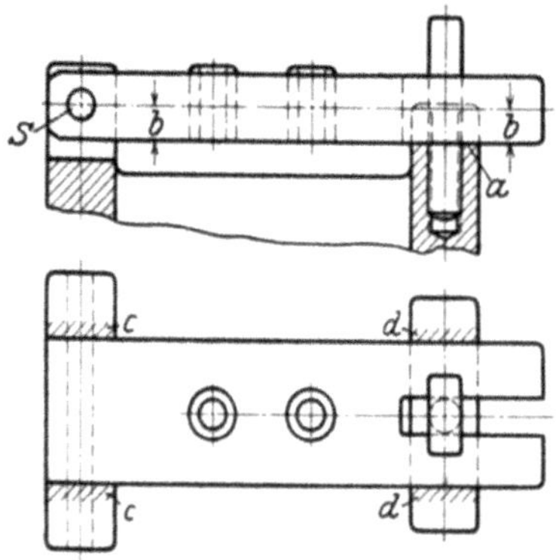

Abb. 297 und 298.

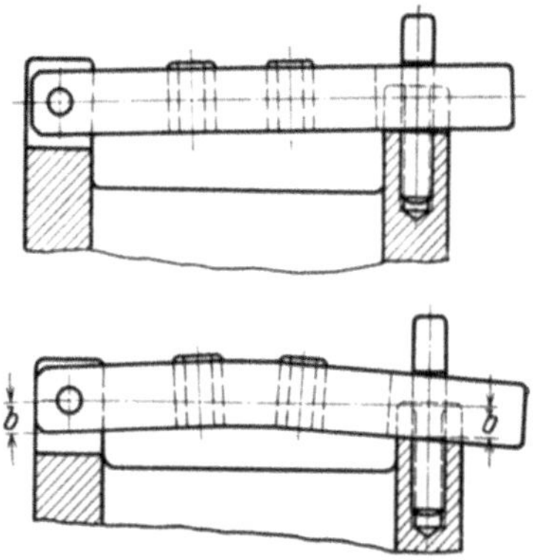

Abb. 299 und 300.

der Werkstücke und deren Entfernung nach erfolgtem Bohren ermöglicht wird. Diese Klappen werden in verschiedenster Ausführungsform auch bei größeren Vorrichtungen häufig angewandt. Sowohl bei der Konstruktion als auch bei der Herstellung solcher Klappen unterlaufen Fehler aller Art, von denen die am häufigsten vorkommenden erwähnt werden sollen.

Zunächst muß bei Anwendung einer Klappe unterschieden werden zwischen solchen, die lediglich zur Aufnahme von Bohrbuchsen dienen, solchen, die als Spannorgan wirken sollen, und solchen, die beide Aufgaben zu erfüllen haben. Dient die Klappe nur zur Aufnahme von Bohrbuchsen, so muß ihre Lage außer durch den Scharnierstift *s* noch durch eine Auflagefläche *a* bestimmt sein, Abb. 297 u. 298. Die Lage dieser Auflagefläche muß so sein, daß die Klappe auf der ganzen Fläche *a* zur Auflage kommt; d. h. das Maß *b* der Klappe muß übereinstimmen mit dem Höhenabstande des Scharnierloches von der Auflagefläche der Klappe. Ist dies nicht der Fall, so legt sich die Klappe nur auf eine Kante der Auflagefläche auf, Abb. 299. Beim Anziehen der Schraube wird dann die Klappe verspannt, Abb. 300. Die Klappe muß sowohl am Scharnierende als auch am Auflageende seitlich gut geführt sein (Flächen *c* und *d* in Abb. 298), um ihre genaue Lage zu sichern; dabei soll sie sich in gelöstem Zustande leicht betätigen lassen, damit diese Betätigung ohne Zeitverlust erfolgen kann. Um diesen Ansprüchen gerecht zu werden, muß beim Bohren des Scharnierstiftloches darauf geachtet werden, daß dieses genau rechtwinklig zu den Scharnierflächen steht; wird das Loch schief gebohrt, Abb. 301, so muß die Klappe beim Schwenken um den Scharnierstift zwängen, Abb. 302, Maß *h* und *i*. Ist dies der Fall, so hilft man sich oftmals dadurch, daß man dem Schar-

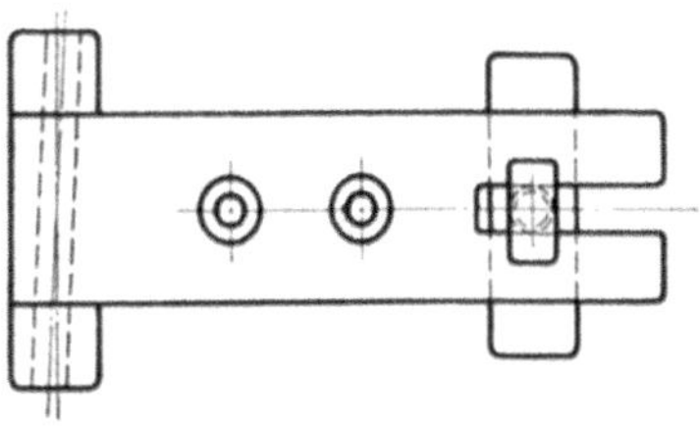

Abb. 301.

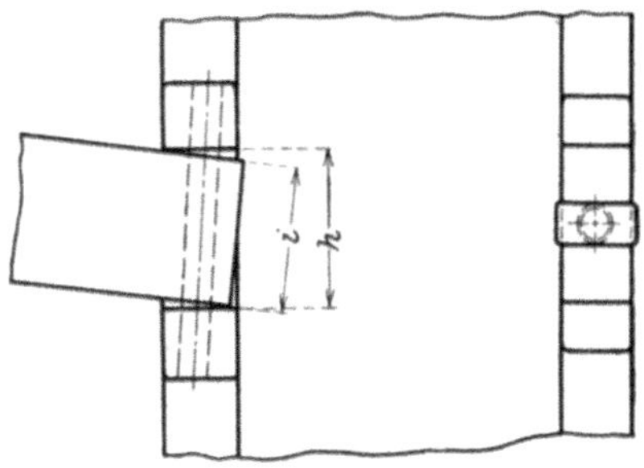

Abb. 302.

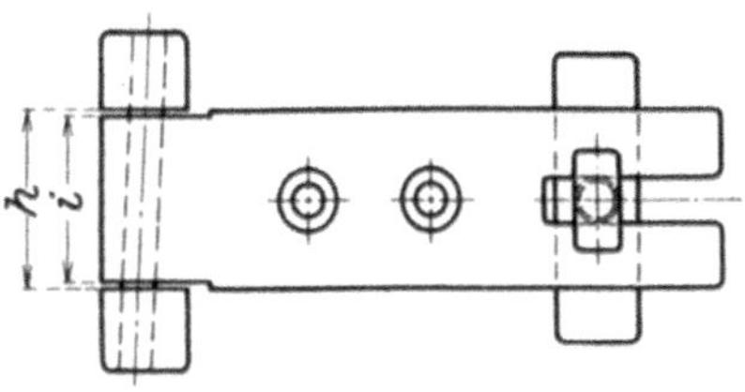

Abb. 303.

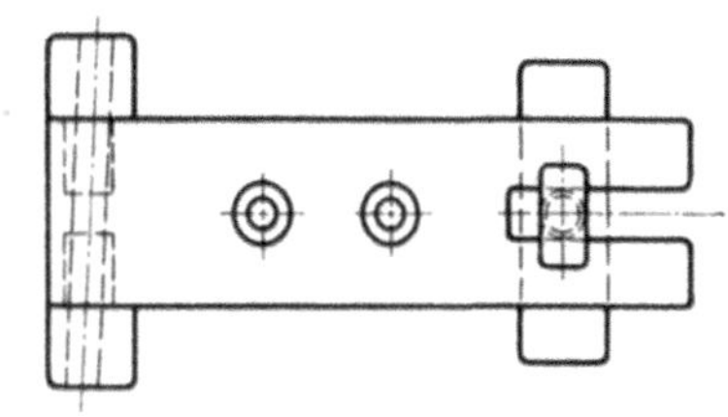

Abb. 304.

nier seitlich so viel Spiel gibt, daß das Zwängen beseitigt ist, Maß *h* und *i* in Abb. 302; doch hat dann die Klappe gewöhnlich in der Arbeitsstellung seitlich Spiel, Abb. 303, und die ganze Vorrichtung ist dadurch ungenau.

Um dem vorzubeugen, muß beim Bohren des Scharnierloches entsprechende Sorgfalt aufgewandt werden; will man entstandene kleine Ungenauigkeiten und dadurch hervorgerufenes Klemmen der Klappe beseitigen, so empfiehlt es sich, das Stiftloch in der Klappe von beiden Seiten aufzubohren, so daß nur ein kurzer Sitz in der Mitte des Loches für den Stift bleibt, Abb. 304. Das Verfahren ist zwar nicht schön, aber immer noch weniger falsch, als das in Abb. 302 u. 303 dargestellte.

Das Befestigen der Klappe in der Arbeitsstellung kann durch eine Lappenschraube nach Abb. 299—301, oder eine Augenschraube nach Abb. 305 erfolgen. Die Lappenschraube stellt die einfachere und billigere Konstruktion dar; die Augenschraube ist solider und größeren Beanspruchungen gewachsen. Bei Anwendung der Augenschraube ist darauf zu achten, daß die Klappe an der Wirkungsstelle der Schraube noch Auflage findet; bei einer Konstruktion nach Abb. 306 besteht die Gefahr, daß beim Anziehen der Schraube die Klappe verbogen wird. Statt der in der Abbildung gezeigten Ausführung mit Sechskantmutter kann bei kleineren Vorrichtungen auch eine Flügel- oder Kordelmutter Anwendung finden. Bei Vorrichtungen für kleine Teile, bei deren Bearbeitung nur geringe Kräfte auftreten, kann mit Vorteil auch ein Vorreiber nach Abb. 293 angewandt werden.

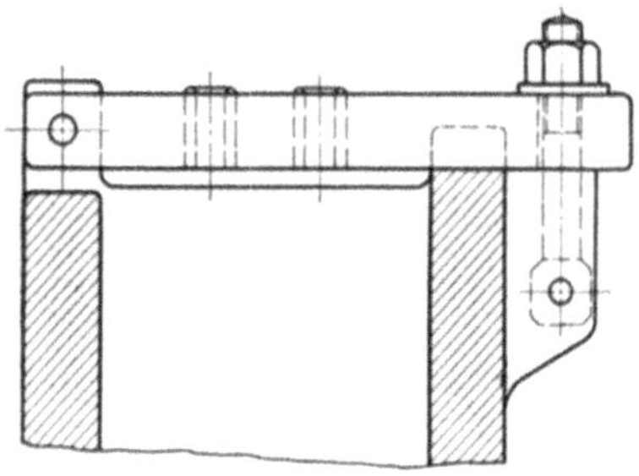
Abb. 305.

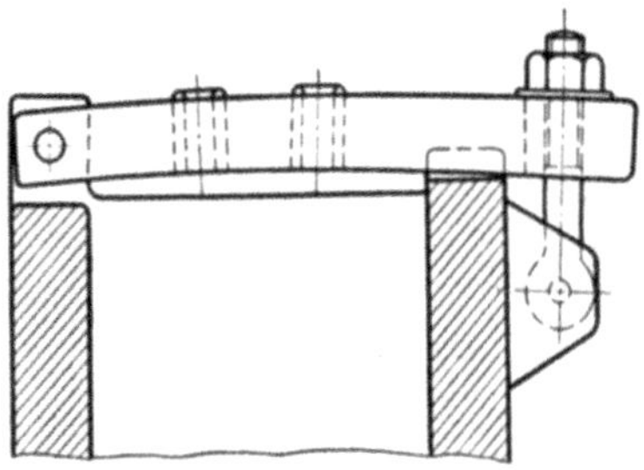
Abb. 306.

Soll die Klappe als Spannmittel wirken, so ist eine genaue seitliche Führung nicht nötig und die seitliche Aufnahme am freien Ende der Klappe kann fortfallen. Dagegen ist bei der Konstruktion den Maßabweichungen des Werkstückes Rechnung zu tragen. Die Klappe darf dann an ihrem freien Ende keine Auflage finden, sondern muß genügend

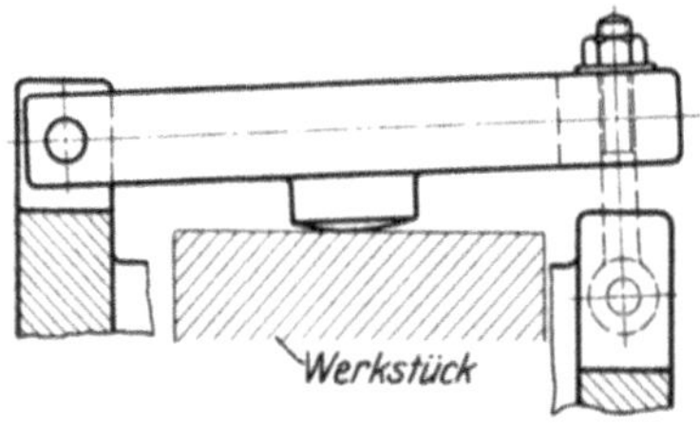

Abb. 307.

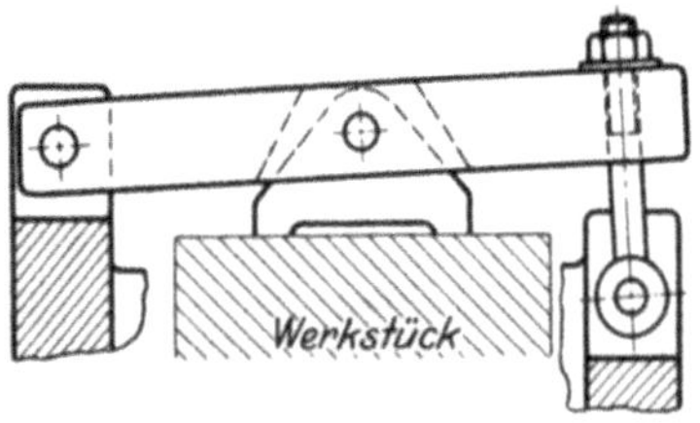

Abb. 308.

Spiel zum Anziehen haben, Abb. 307. Als Spannmittel darf die Lappenschraube nach Abb. 299—301 nicht benutzt werden, da diese nur für eine stets gleich hohe Anzugfläche verwendbar ist. Soll die Klappe nicht nur an einem Punkte, sondern auf eine größere Fläche wirken, so ist zweckmäßig, ein sich selbst einstellendes Druckstück nach Abb. 308 in die Klappe einzusetzen.

Die Verwendung der Klappe als Aufnahme für Bohrbuchsen und als Spannmittel sollte nur dann erfolgen, wenn keine andere Lösung der Konstruktionsaufgabe als angängig erscheint. In solchem Falle gilt für die Ausführung der Klappe das gleiche, was über die Klappe, die nur als Bohrbuchsenaufnahme dient, gesagt ist. Die Abb. 309 zeigt, wie durch kräftiges Anziehen der Spannschraube für das Werkstück die Klappe verbogen wird und die Bohrbuchsen ihre normale Stellung verlieren. Es sollten niemals kräftige Spannungen zur Aufnahme großer Kräfte auf diese Art erfolgen.

Würde die Klappe nach Abb. 307 ausgeführt werden, d. h. ohne Auflage am freien Ende, so würde sie je nach der Größe der Maßabweichung der Werkstücke eine schiefe Lage einnehmen und ungenaue Arbeit liefern. Als Spannmittel sind besonders Spannschrauben vorzusehen, Abb. 309, deren Anordnung sich selbstverständlich nach der Form des Werkstückes richtet.

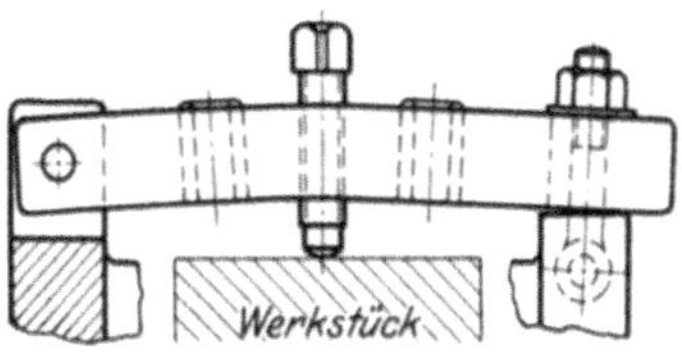

Abb. 309.

Die vielen Fehlerquellen, die die Klappe bei ihrer Herstellung und Anwendung in sich birgt, kennzeichnen sie als ein sehr unzuverlässiges Konstruktionselement. Werden an die Genauigkeit der herzustellenden Werkstücke einige Ansprüche gestellt, so sollte die Anwendung der Klappe nach Möglichkeit beschränkt und, wenn angewandt, ihre Herstellung und ihr richtiger Gebrauch scharf überwacht werden, da man sonst leicht fehlerhafte Arbeit erhält und die Ursache der Fehler oft erst nach zeitraubendem Suchen ermittelt. Für die Herstellung sehr genauer Teile sollte die Anwendung von Vorrichtungen mit Klappen ganz vermieden werden.

Lochabstände. Bei Behandlung der Lochabstände sind zwei große Gruppen von Fällen zu unterscheiden: 1. solche Fälle, in denen die Zweckerfüllung der Teile von der möglichst genauen Einhaltung der Lochabstände abhängig ist (z. B. Mittenabstände von Zahnrädern); 2. solche Fälle, in denen es für die Zweckerfüllung des Werkstückes bedeutungslos ist, wenn die Lochabstände mehr oder weniger vom Sollmaß abweichen, bei denen vielmehr nur verlangt wird, daß die Lochabstände mit denen des zugehörigen Teiles übereinstimmen. Mit den Ansprüchen an die Genauigkeit der Lochabstände wachsen natürlich die Herstellungskosten der Vorrichtungen. Aus diesem Grunde sollten Lochabstände mit großer Genauigkeit nur da verlangt werden, wo sie wirklich erforderlich sind, und da, wo dies nicht der Fall ist, größere Maßabweichungen zugelassen werden.

Durchaus falsch ist es, ganz schematisch für alle Lochabstände Maßabweichungen von nur einigen Hundertsteln Millimetern zuzulassen, denn in den allermeisten Fällen handelt es sich um Löcher, bei denen es nicht darauf ankommt, wenn sie um einige Zehntel Millimeter in ihren Abständen vom Sollmaß abweichen. Nötig ist nur, daß bei den zusammengehörigen Teilen die in diesen vorgesehenen korrespondierenden

Löcher in ihren Abständen übereinstimmen. Es kommt also in solchen Fällen nicht darauf an, daß die Lochabstände mit großer Genauigkeit hergestellt werden, sondern darauf, daß die Vorrichtungen für zusammengehörige Teile in den entscheidenden Maßen übereinstimmen. Die zulässigen Maßabweichungen sollten in den Zeichnungen eingetragen werden, damit die Werkstatt genaue Angaben vorfindet und die Arbeit entsprechend verteilen kann.

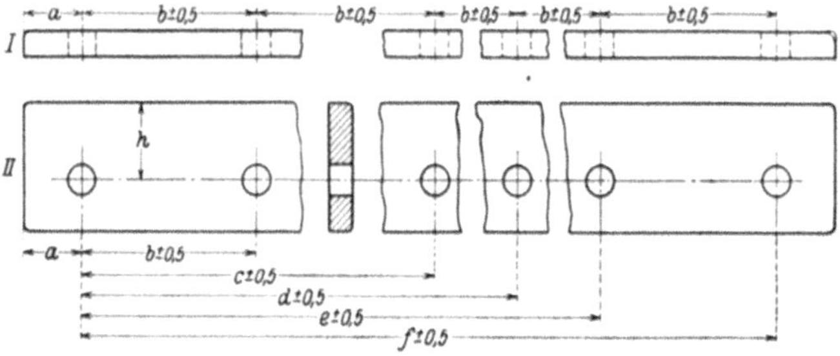

Abb. 310.

Um feststellen zu können, wie groß in jedem einzelnen Falle die Maßabweichungen gewählt werden können, genügt es nicht, das jeweils zu bearbeitende Stück für sich zu betrachten, es ist vielmehr nötig, den Zusammenhang des Teiles mit den zugehörigen Teilen zu prüfen und festzustellen, welche Bedeutung das Teil für das ganze Fabrikat hat. Betrachten wir uns die in Abb. 310 dargestellte Leiste, für die zum Bohren der Löcher eine Bohrvorrichtung zu schaffen sei, so müssen wir feststellen, daß aus dieser Teilzeichnung der Verwendungszweck des Teiles nicht zu erkennen ist und nicht festgestellt werden kann, worauf es bei der Herstellung ankommt. Dagegen können wir an Hand der Teilzusammenstellung (Abb. 311) sofort sehen, daß es sich um die Führungsleiste eines Schlittens handelt, dessen Wirksamkeit nicht beeinträchtigt wird, wenn das Maß h etwa 0,1 mm und die Maße b und c etwa 0,5 mm nach der Plus- oder Minusseite vom Sollmaß abweichen. Es ist lediglich nötig, daß die entsprechenden Löcher im Schlitten S, Abb. 311, in ihren Abständen mit denen der Leisten übereinstimmen. Wir könnten also in der Vorrichtungenzeichnung für das Maß h eine Toleranz von $+$ 0,1 mm und für die Maße a—d eine solche von $\pm$ 0,5 mm eintragen. Dabei kann es geschehen, daß die Maße a alle nach der Minusseite oder alle nach der Plusseite vom Sollmaß abweichen; so daß also der Gesamtabstand vom ersten bis zum letzten Loch einen Fehler von

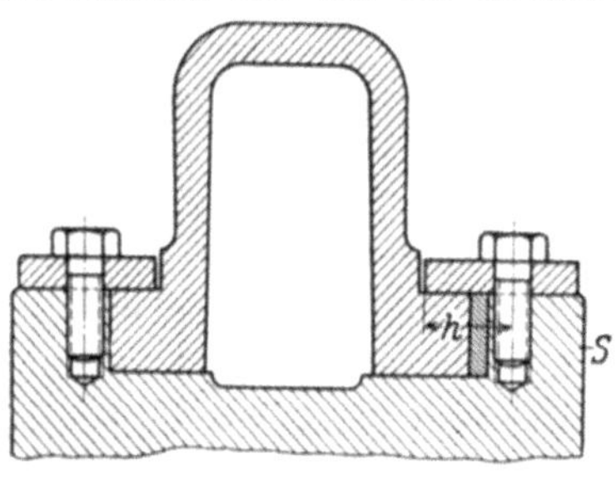

Abb. 311.

± 2,5 mm aufweisen kann. Diese Abweichung ist unnötig groß und dadurch zu vermeiden, daß man die Maße nach Abb. 310 wie unter II angegeben einträgt, so daß auch der Gesamtabstand des ersten zum letzten Loch nur um ± 0,5 mm vom Sollmaß abweichen kann. Wird auch für den Schlitten eine Bohrvorrichtung für die Klemmschraubenlöcher vorgesehen, so ist, um eine Übereinstimmung in den Lochabständen beider Vorrichtungen sicherzustellen, auf den Vorrichtungenzeichnungen ein entsprechender Hinweis auf die Gegenvorrichtung zu machen. Die Zeichnung für die Leistenbohrvorrichtung ist also mit dem Vermerk: „Muß mit Vorrichtung Nr. . . . für den Schlitten übereinstimmen“ zu versehen. Auf Zeichnung für die Bohrvorrichtung zum Schlitten ist zu

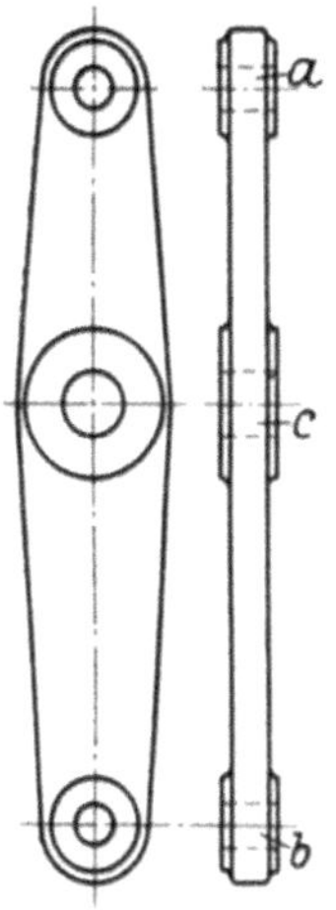

Abb. 312.

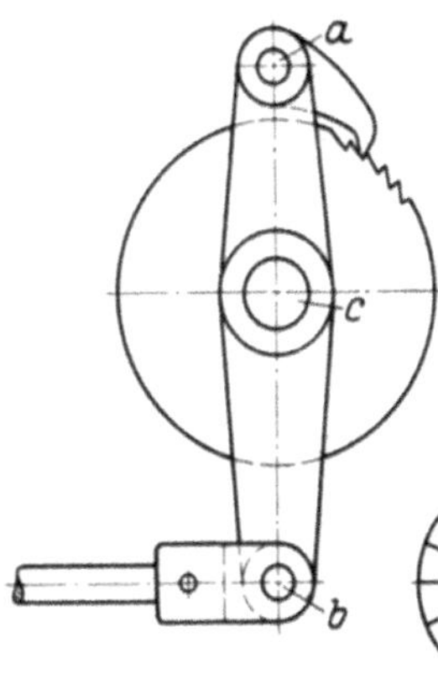

Abb. 313.

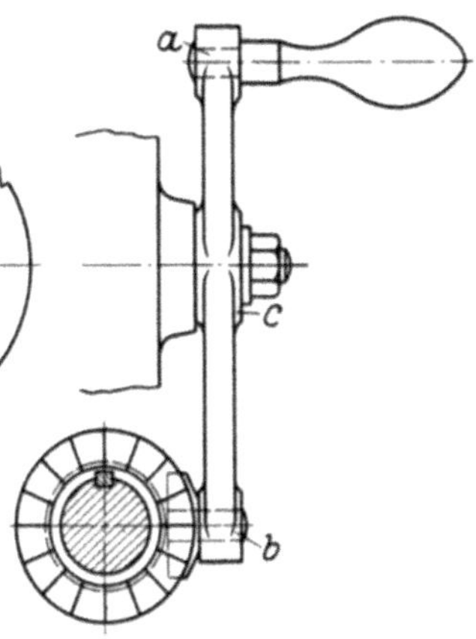

Abb. 313 a.

schreiben: „Muß mit Vorrichtung Nr. . . . für die Leisten überein stimmen“. Auf diese Weise wird die Werkstatt auf die Gegenvorrichtungen hingewiesen und die Lochabstände können von der einen auf die andere Vorrichtung übertragen werden. Werden die zusammengehörigen Vorrichtungen gleichzeitig hergestellt, so können sie oft zusammengespannt und in einer Aufspannung gebohrt werden.

Der Hebel nach Abb. 312 läßt nicht erkennen, welche Genauigkeit die Abstände der drei Löcher verlangen; erst aus der Zusammenstellung (Abb. 313) ist zu ersehen, daß der Hebel ein Schaltgetriebe mit Sperrklinke betätigen soll, es würde in diesem Falle auch für ein genaues Fabrikat genügen, wenn die Abstände mit einer Toleranz von ± 0,1 mm hergestellt werden. Wird für die Herstellung der Bohrvorrichtung diese Toleranz zugelassen, so wird sie natürlich wesentlich billiger, als wenn eine geringere Toleranz vorgeschrieben ist. Dient der Hebel dem in Abb. 313a dargestellten Zweck, nämlich dem Betätigen einer Klauenkupplung, so kann die zulässige Toleranz noch größer gewählt werden, denn die Entfernung von Mitte Drehzapfen bis Mitte Kupplungsbacke kann um einige Zehntel Millimeter vom Sollmaß abweichen, ohne daß die Wirkung des Hebels dadurch beeinträchtigt wird. Für das Loch für den Handgriff gilt dies natürlich erst recht.

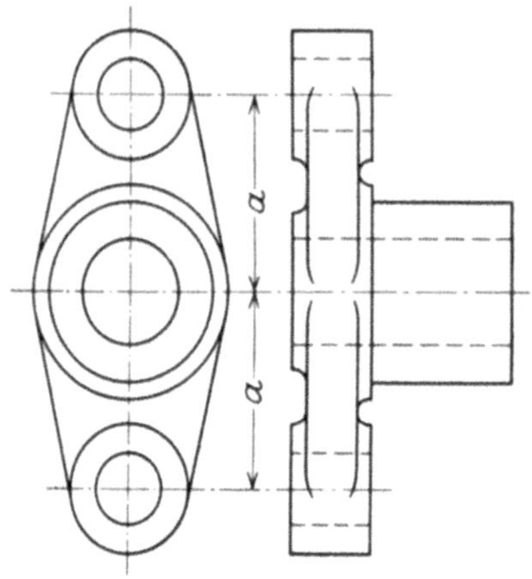

Abb. 314.

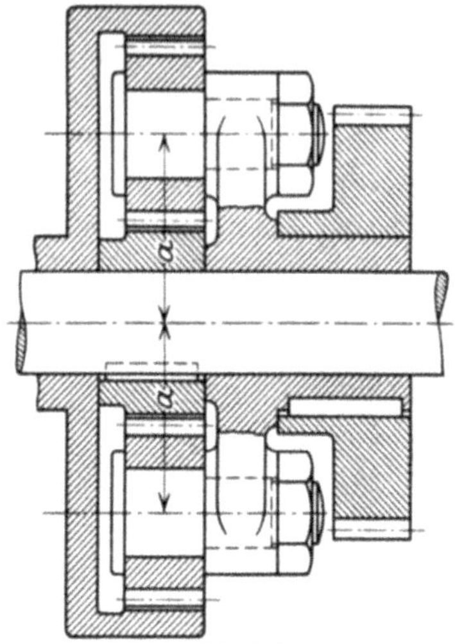

Abb. 315.

Der in Abb. 314 dargestellte Hebel ist dem in Abb. 312 gezeigten ähnlich; die Ansprüche an die Genauigkeit der Lochabstände sind jedoch ganz andere. Wie die Abb. 315 zeigt, dient der Hebel einem Schaltmechanismus mit Zahnrädern; die Lochabstände a dürfen, wenn die Zahnräder einwandfrei laufen sollen, weder kleiner noch größer als das Sollmaß sein; für ein hochwertiges Fabrikat wäre eine Toleranz von + 0,02 mm zulässig.

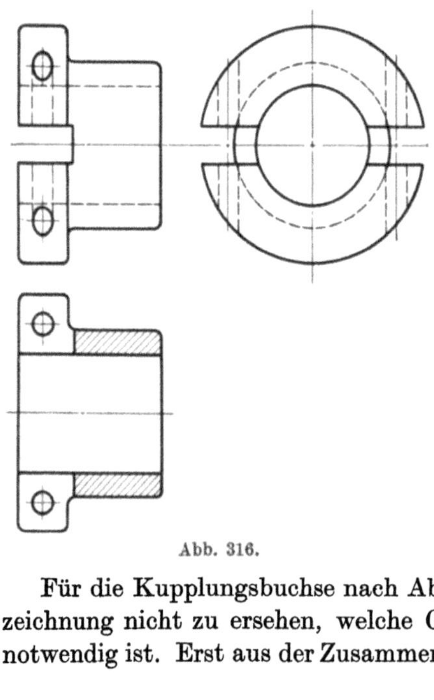

Abb. 316.

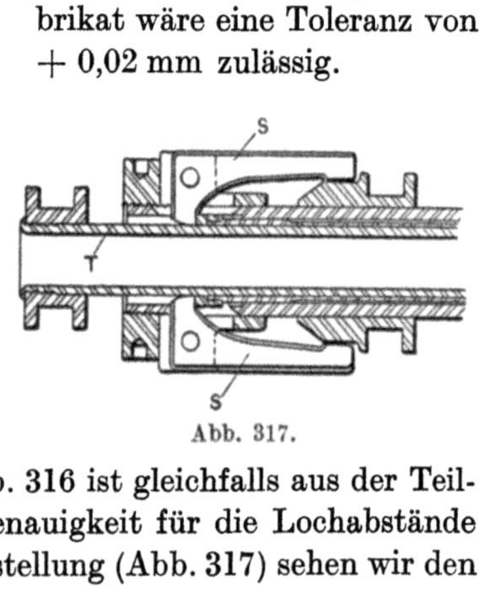

Abb. 317.

Für die Kupplungsbuchse nach Abb. 316 ist gleichfalls aus der Teilzeichnung nicht zu ersehen, welche Genauigkeit für die Lochabstände notwendig ist. Erst aus der Zusammenstellung (Abb. 317) sehen wir den

Verwendungszweck und können erkennen, daß die Abstände mit großer Genauigkeit eingehalten werden müssen, und daß es vor allem darauf ankommt, daß die Stiftlöcher für die Spannknaggen genau symmetrisch zur Achse des Wellenloches liegen müssen. Ist das nicht der Fall, so ziehen die Spannknaggen ungleichmäßig, an und es gibt bei der Montage ein langwieriges und teures Nacharbeiten der Spannknaggen. Es lohnt sich daher, bei Herstellung der Vorrichtung große Sorgfalt darauf zu verwenden, die Lochabstände mit der größten erreichbaren Genauigkeit herzustellen.

Wie bereits früher erwähnt, ist bei Löchern, die symmetrisch auf einem Lochkreise verteilt sind, die Gleichheit der Abstände nicht genau zu erreichen. Die Bohrvorrichtungen für solche Teile sind, wenn die Genauigkeitsansprüche groß sind, sehr teuer. Aus diesem Grunde ist hier eine besonders sorgfältige Prüfung dahingehend nötig, welche Genauigkeit wirklich durch die Konstruktion verlangt wird.

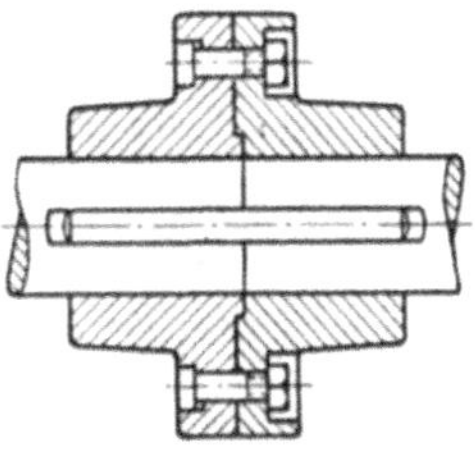
Abb. 318.

Nehmen wir als Beispiel eine Flanschkupplung, Abb. 318. Der Durchmesser der Bolzenlöcher ist 1 mm größer als der der Schraubenbolzen. Die Bolzenlöcher der Kupplungshälften sollen sich so decken, daß die Schraubenbolzen ohne Zwang einzuführen sind, und zwar soll dies auch dann der Fall sein, wenn die Kupplungshälften beliebig oft um eine Lochteilung gegeneinander versetzt werden. Werden auf der Zeichnung die Lochabstände als Sehnenmaße eingetragen und die Löcher der Reihe nach nach diesen Maßen gebohrt, so wird in der Regel der Abstand des zuletzt gebohrten Loches von dem zuerst gebohrten eine unzulässig große Maßabweichung haben. Nehmen wir an, daß die Abstände a—e (Abb. 46) sämtlich ein Plusmaß von 0,1 mm haben, was an sich zulässig wäre, so wird der Abstand f ein Minusmaß von 0,5 mm aufweisen. Kommt nun dieser Abstand f der einen Kupplungshälfte mit einem der Maße a—e der anderen Hälfte zusammen, so ergibt sich ein Unterschied in den Lochabständen von 0,6 mm. Das wäre in diesem Falle noch zulässig, da ja die Bolzen 1 mm Spiel in den Löchern haben; doch ist zu bedenken, daß jede Abweichung des Lochkreisdurchmessers mit π multipliziert, gleichfalls die Lochabstände beeinflußt, die Fehler also leicht viel größer werden können. Aus diesem Grunde ist es sicherer, die Maße für die Lochabstände nicht als Sehnenmaße einzutragen, sondern als Winkel. Bei Vorrichtungen von großer Genauigkeit ist es dann allerdings nötig, geeignete Einrichtungen vorzusehen, um das genaue Einstellen beim Bohren der Vorrichtung zu ermöglichen.

Bei der folgenden Beschreibung von Ausführungsbeispielen wird weiter auf die Bedeutung der Lochabstände hingewiesen werden.

Beispiele.

Bohrvorrichtungen für kleine Teile, wie sie im Apparatebau vorkommen, werden fast allgemein mit Griff und Klappe ausgeführt (Abb. 283—285). Ein Anwendungsbeispiel zeigt Abb. 319—321. Die Vorrichtung mit Klappe und Füßen ist normal; besonders anzufertigen ist nur das Prismastück *a* als Anlage für das Werkstück, das Spannstück *b*, die Spannschraube und die Stifte *d*, *c*. Das Prismastück *a* ist mit je zwei Schrauben und Stiften auf der Griffplatte befestigt; das Spannstück *b* wird, wie in der Abbildung erkennbar, durch die Schraube *c* betätigt. Um das Spannstück auch mit der Schraube zurückziehen zu

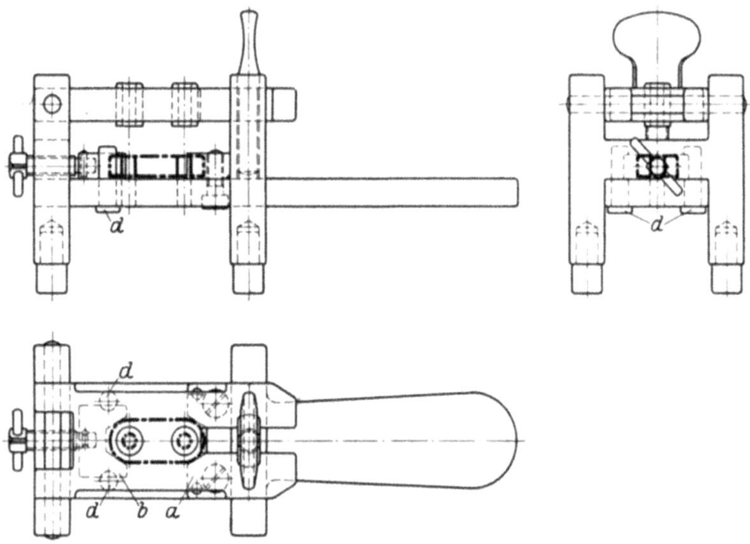

Abb. 319 bis 321.

können, ist deren Druckbutzen mit einer Nut versehen, in die tangential ein Stift eingreift. Die seitliche Führung des Spannstückes erfolgt durch zwei Stifte *d*, die von der unteren Seite in die Griffplatte eingepreßt werden; das frei herausragende Schaftende ist ausgeklinkt, so daß das Spannstück *b* nicht nach oben abkippen kann.

Ein weiteres, ähnliches Beispiel ist in Abb. 322—325 dargestellt. Hier muß das Werkstück in zwei rechtwinklig zueinander stehenden Ebenen gebohrt werden. Der Vorrichtungenkörper ist wieder normal. Das Werkstück findet Anlage an den beiden Platten *a* und *b*, die wieder auf der Griffplatte verschraubt und verstiftet sind. Ferner ist zur Aufnahme der Spannschraube *c* und der Bohrbuchsen *d* ein Winkel *e* an der Griffplatte befestigt. Um ein sicheres Anliegen des Werkstückes auf der Auflage zu erreichen, ist in der Klappe eine Schraube *f* vorgesehen, mit der das Werkstück leicht angespannt wird.

Zu den am häufigsten vorkommenden Bohrvorrichtungen gehören solche, bei denen eine Anzahl von Löchern im Kreise angeordnet sind. Nehmen wir als Beispiel eine Scheibenkupplung, Abb. 318. Die beiden Kupplungsscheiben werden durch Schraubenbolzen, die in die entsprechenden Löcher gesteckt werden, zusammengepreßt. Die Bolzen haben in den Löchern reichlich Spiel; nehmen wir an 1 mm. Die Genauigkeitsansprüche sind also nicht groß; dagegen wird verlangt, daß die einzelnen Kupplungsscheiben wahllos paarweise zueinander passen. Um die zweckmäßigste Art der Vorrichtung zu bestimmen, ist es nötig zu wissen, welche Stückzahlen zu bearbeiten sind. Ist diese nicht groß,

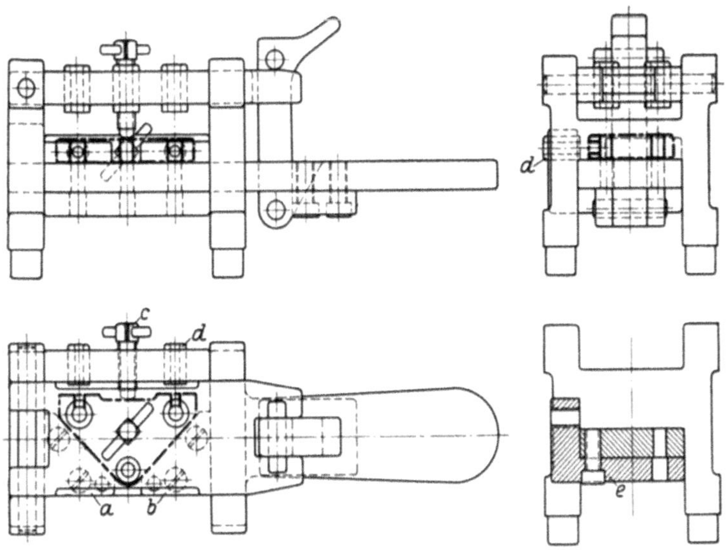

Abb. 322 bis 325.

so wäre die einfachste und billigste Lösung der Aufgabe die, eine Anreißschablone nach Abb. 326 zu schaffen; die Schablone wird aus Eisenblech von etwa 2 mm Dicke so groß ausgeschnitten, daß sie etwas über den Rand des Werkstückes vorsteht, damit sie bequem abzuheben ist. Die zentrische Bohrung dient zur Aufnahme auf der Scheibe *a* mit vorstehendem Zentrierrand. Zum Durchreißen der Schraubenlöcher werden kleine Löcher *c* eingebohrt, die vorher möglichst genau angerissen sind.

Die Schablone wird auf die Scheibe *a* aufgelegt, Abb. 326, die Löcher durchgezeichnet und dann angekörnt. Darauf werden die Löcher in bekannter Weise gebohrt. Das Bohren der Scheibe *b* kann so erfolgen, daß die gebohrte Scheibe *a* auf *b* aufgelegt und beide auf dem Bohrmaschinentisch festgespannt werden. Der Bohrer führt sich in den Löchern von *a*, so daß *a* die Vorrichtung für *b* darstellt, Abb. 327. In beiden Teilen stimmen dann die Lochentfernungen mit genügender Genauigkeit überein.

Dieses verhältnismäßig einfache Verfahren sollte in entwickelten Betrieben nur für kleine Serienarbeiten oder als Nothelfer in dringenden Fällen angewandt werden; eine Vorrichtung ist immer vorzuziehen, da sie das Anreißen und meist auch einen Transport überflüssig macht und genauere Arbeit sichert. In wenig entwickelten Betrieben, in denen der Vorrichtungenbau noch in den Anfängen steckt, leisten solche Anreißschablonen jedoch oft treffliche Dienste, da sie einer Verwilderung der Maße einigermaßen Einhalt gebieten und immerhin die Anreißarbeit erheblich vereinfachen.

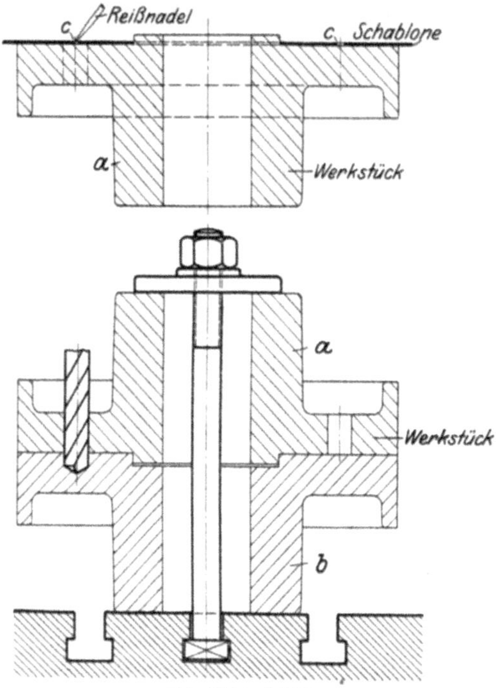

Abb. 326 und 327.

Eine Bohrvorrichtung für die Teile führt man zweckmäßig so aus, daß sie für beide Scheiben verwendbar ist. Als Aufnahme kann entweder der Zentrierrand oder die Bohrung der Scheiben dienen.

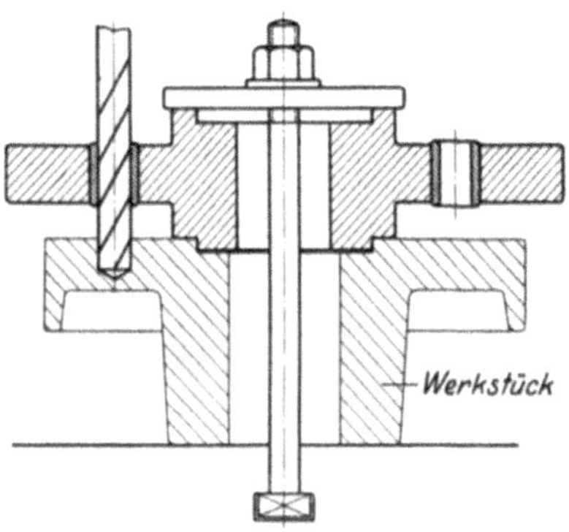

Abb. 328.

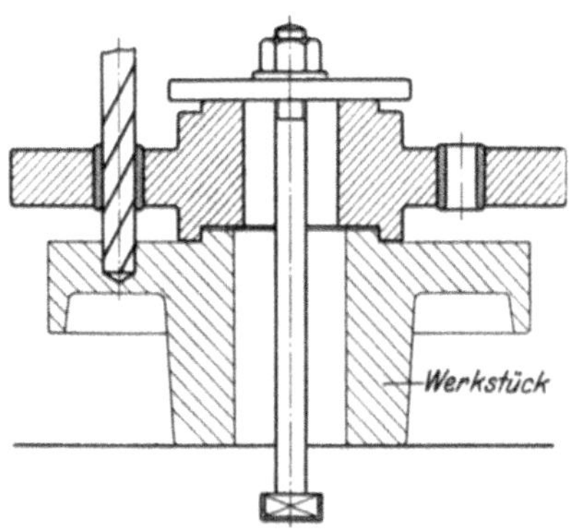

Abb. 329.

Für den ersten Fall würde eine Vorrichtung nach Abb. 328 u. 329 in Frage kommen. Die eine Seite des Vorrichtungenkörpers hat einen angedrehten Zapfen zur Aufnahme in der Scheibe *b*; die andere Seite eine Ausdrehung zur Aufnahme der Scheibe *a*. Die Anwendung für die

Scheibe *a* zeigt Abb. 329, für die Scheibe *b* Abb. 328. Die Bohrbuchsen müssen bei dieser Konstruktion von beiden Seiten ausgerundet sein.

Eine Lösung für den zweiten Fall zeigt Abb. 330 u. 331. Hier ist in die Vorrichtungenplatte ein Aufnahmezapfen eingesetzt, der in der Bohrung der Scheiben Aufnahme findet. Diese Vorrichtung ist zwar etwas teurer als die vorher beschriebene, sie ist aber dieser vorzuziehen, da die Aufnahme in der Bohrung solider ist als im Zentrierrand der Kupplung.

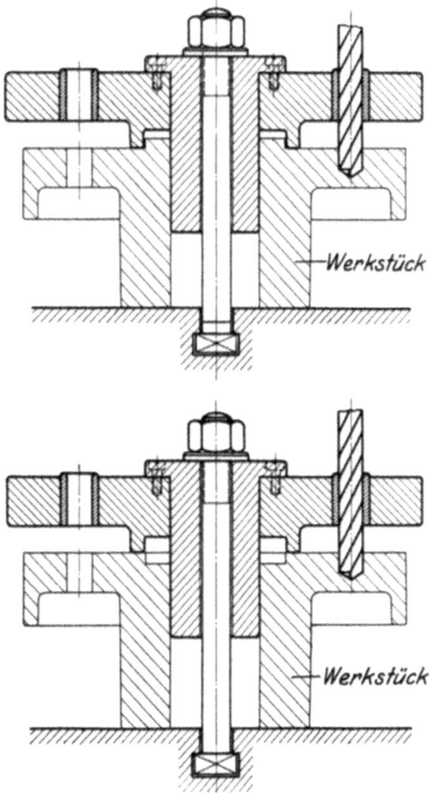

Abb. 330 und 331.

Sind große Mengen der behandelten Teile herzustellen, so empfiehlt es sich, das Bohren auf einer Vielspindelbohrmaschine vorzunehmen, auf der alle 6 Bolzenlöcher gleichzeitig gebohrt werden, Abb. 332. Die Arbeitszeit pro Stück wird natürlich durch die Verwendung solcher Einrichtungen wesentlich abgekürzt. Eine ausführlichere Behandlung der Arbeiten mit Vielspindelbohrmaschinen folgt später.

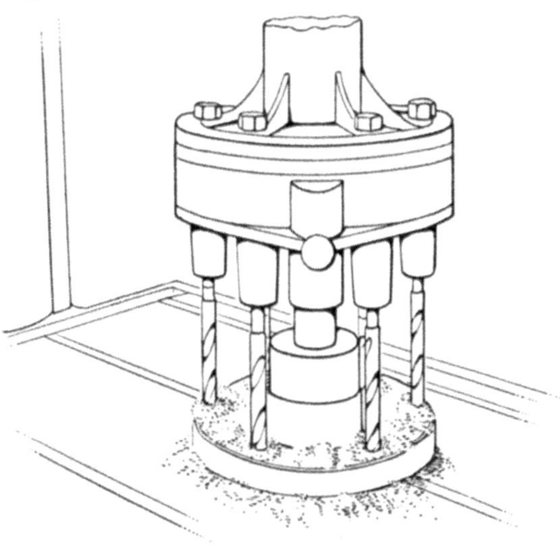

Abb. 332.

Es sei die Aufgabe gestellt, für die an Hand der Abb. 310 u. 311 behandelte Leiste eine Bohrvorrichtung zu konstruieren, und zwar sei der Fall gesetzt, daß die Teile in Posten von 20 bis 30 Stück nur einige Male im Jahre vorkommen. Der Fall liegt dann so, daß an Bohrlöhnen durch Schaffung einer Vorrichtung nichts oder nicht viel gespart wird, denn das Bohren geht, da es sich um einfache Schraubenlöcher handelt, fast ebenso schnell, wenn die Teile angerissen sind, als wenn sie durch eine Bohrvorrichtung gebohrt werden. Es kann sich also nur darum handeln, die Kosten für das Anreißen — die allerdings oft erheblich sind — zu ersparen und genauere Arbeit zu erhalten und damit die Montagekosten zu verringern.

Was die Genauigkeit der auszuführenden Arbeit betrifft, so ist diese mit dem zu Abb. 310 u. 311 Gesagten gekennzeichnet; es ist nötig, daß die Vorrichtung mit der eventuell zu schaffenden entsprechenden Vor-

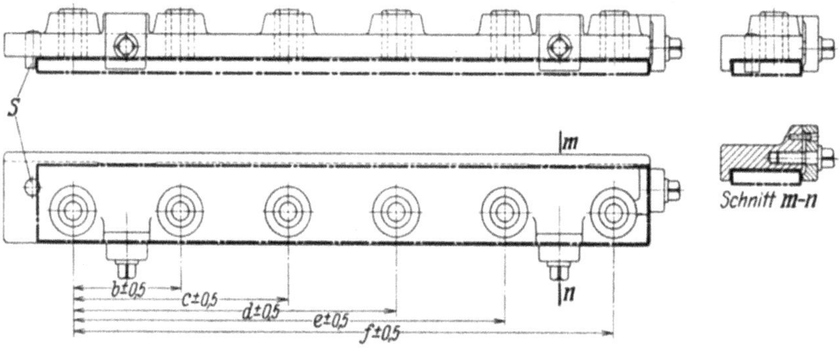

Abb. 333 bis 336.

richtung für den Schlitten in den Lochabständen übereinstimmt, nicht aber, daß die Sollmaße mit großer Genauigkeit eingehalten werden müssen.

In Abb. 333—336 ist eine Bohrvorrichtung für das Teil dargestellt. Der Vorrichtungenkörper stellt eine Leiste aus Gußeisen dar, die an der Unterseite mit einer Rippe versehen ist, an der Arbeitsflächen vorgesehen sind, die als Anlage für das Arbeitsstück dienen. Als Anschlag dient ein Stift S, dessen abgeflachte Seite so weit abgearbeitet ist, daß der Abstand bis zur ersten Bohrbuchse das richtige Maß hat. Zwei Spanneisen wirken gegen die Anlagefläche, eines gegen den Anschlag. Die Lage des Teiles zur Vorrichtung ist also in der Horizontalebene eindeutig bestimmt; dagegen besteht die Möglichkeit, daß sich die Vorrichtung beim Arbeiten abhebt, da kein Spannmittel vorhanden ist, welches Vorrichtung und Werkstück auch in der Senkrechten zusammenhält. Da jedoch die vorgesehenen in der Horizontalebene wirkenden Spanneisen verhältnismäßig kräftig sind, so besteht in dieser Hinsicht keine Gefahr. Die Vorrichtung bietet dem Werkstück keine Unterlage, so daß es direkt auf den Bohrmaschinentisch aufgelegt werden muß; das ist insofern unangenehm, als beim Durchbohren der Löcher leicht der Tisch angebohrt wird. Erfolgt ein solches Anbohren des Tisches öfter und an verschiedenen Stellen seiner Anlagefläche, so wird er schließlich unbrauchbar. Um dies zu vermeiden, stelle man den Bohrmaschinentisch so ein, daß der Bohrer beim Durchtreten in das Durchgangsloch des Tisches eintauchen kann.

Die beschriebene Vorrichtung ist eine der einfachsten; sie kann besonders dann sehr billig hergestellt werden; wenn genormte Teile Verwendung finden, denn außer dem Vorrichtungenkörper und den Spanneisen sind alle übrigen Teile fertig im Handel zu haben.

Ist die herzustellende Stückzahl größer, so daß sich auch eine teuere Vorrichtung bezahlt macht, so kann man den erwähnten Mangel, daß das Werkstück direkt auf dem Bohrmaschinentisch aufliegt, beheben;

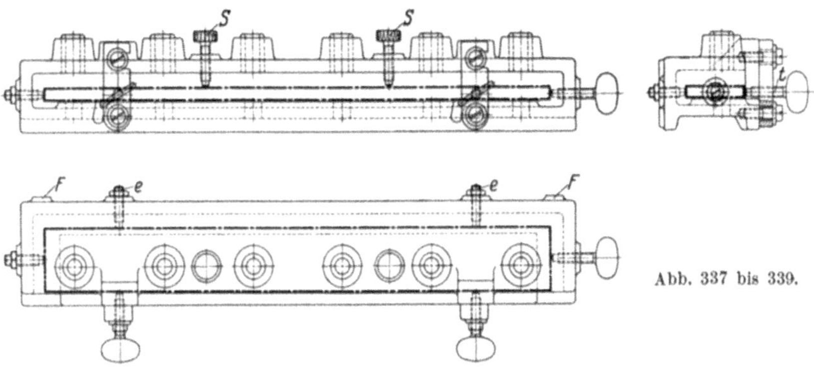

Abb. 337 bis 339.

es käme dann eine Konstruktion nach Abb. 337—339 in Frage. Der Vorrichtungenkörper stellt einen an der Längsseite offenen Kasten dar; die Vorrichtung liegt nicht auf dem Werkstück auf, sondern das Werkstück findet in der Vorrichtung eine Auflage und wird durch die Schrauben *s* auf diese gedrückt. Die seitlichen Spannschrauben *t* sind in drehbaren Spanneisen angeordnet, so daß das Werkstück eingelegt und entfernt werden kann. Als seitliche Anlage dienen zwei den Spannschrauben gegenüberliegende kurze Einstellschrauben *e*.

Sind solche Vorrichtungen von größerer Länge, so kann die normale Form der Füße nicht mehr angewandt werden, da beim Bohren der an den Enden gelegenen Löcher die entgegengesetzt liegenden Füße keine Auflage mehr auf dem Bohrmaschinentische finden; man bildet in solchem Falle die Füße als Leisten aus. An der Rückseite des Vorrichtungenkörpers sind niedrige Füße *F* angebracht, die zwar beim Arbeiten mit der Vorrichtung nicht gebraucht werden, aber bei Herstellung der Vorrichtung und bei späteren Kontrollen sehr nützlich sind. Selbstverständlich können auch hier wieder genormte Teile Verwendung finden; Extraanfertigung ist nötig bei den Spanneisen; alle übrigen Teile, auch die Halteschrauben der Spanneisen, die nach Abb. 172 ausgeführt sind, sind genormt.

Abb. 340 u. 341 zeigt eine Zahnstange für ein Drehbankbett. Sind die Drehbänke von größerer Länge, so müssen die Zahnstangen aus mehreren Teilen zusammengesetzt werden; dabei muß darauf geachtet werden, daß an der Stoßstelle *S* die genaue Zahnteilung gewahrt bleibt. Dies wird dadurch erreicht, daß nach dem Verzahnen der Stangen die Stoßenden nach einer Lehre (Abb. 342) auf Maß gefräst werden. Diese Lehre ist ein kurzes Stück Zahnstange, an der eine Endfläche genau auf der halben Zahnteilung liegt. Die Lehre wird, wie in der Abbildung gezeigt, an die Zahnstange angehalten und der Fräser danach eingestellt. Die weitere Aufgabe besteht darin, die Zahnstangen und die Betten so zu bohren, daß die Teile ohne Nacharbeit in der Montage passen, und zwar sollen beide Teile unabhängig voneinander hergestellt werden.

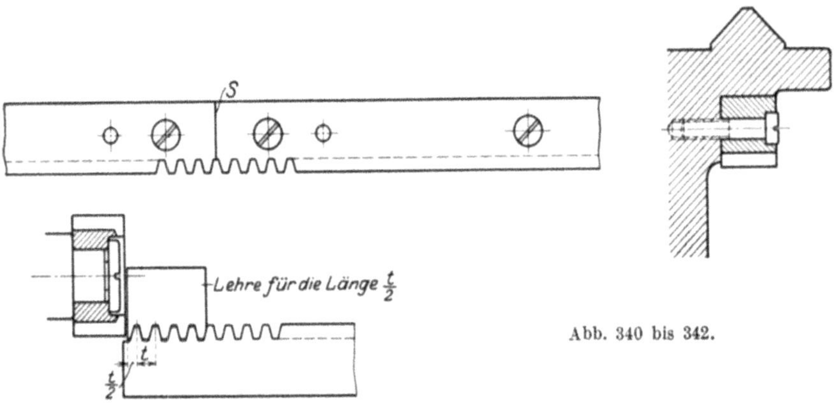

Abb. 340 bis 342.

In diesem Falle ist das von besonderer Wichtigkeit; müßten z. B. die Betten nach den Zahnstangen angerissen werden, so könnte sich die Fertigstellung erheblich verzögern, wenn die Zahnstangen nicht rechtzeitig herankommen. Dieses Fehlen anzupassender Teile zu dem Zeitpunkte, an dem sie gebraucht werden, ist mit die Hauptursache für die Verzögerung der Montagearbeit. Bei so großen Teilen, wie Drehbankbetten kommt noch ein weiterer Umstand hinzu, nämlich die Transportfrage. Würde man die Zahnstangenlöcher im Bett bei der Montage anreißen, so müßten die Betten wegen dieser Bohrarbeit nochmals an die Bohrmaschine transportiert werden. Der hierzu nötige Aufwand an Transportmitteln und menschlicher Arbeitskraft ist unverhältnismäßig groß und der Zeitverlust beträchtlich, besonders, wenn noch Kranwartezeiten und sonstige Verzögerungen hinzukommen. Es steht also außer Frage, daß in diesem Falle Bohrvorrichtungen sich reichlich bezahlt machen, selbst dann, wenn die herzustellende Stückzahl klein ist.

Bei diesen Bohrvorrichtungen kommt es wiederum nicht darauf an, daß die Lochabstände genau die Sollmaße aufweisen, sondern nur darauf, daß die Löcher der Zahnstangen sich mit denen am Bett genau decken. Die Bohrvorrichtungen für Zahnstangen und Bett müssen also übereinstimmen.

Wegen der verhältnismäßig großen Länge der Vorrichtungen würden diese, wenn sie aus Gußeisen hergestellt werden, zu gebrechlich, oder wenn Querschnitte gewählt werden, die eine Bruchgefahr ausschließen, zu schwer werden. Es kommt also als Baustoff für den Vorrichtungen-

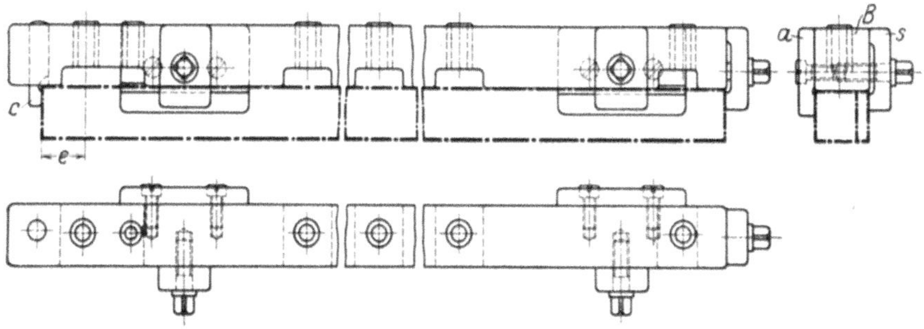

Abb. 343 bis 345.

körper Stahl in Frage. Da keine Massen- sondern nur Serienfabrikation in Betracht kommt, so sollen die Vorrichtungen möglichst einfach sein. In Abb. 343—345 ist die Vorrichtung für eine Zahnstange dargestellt. Der Körper *B* ist eine gehobelte Stahlleiste, an der die Anlageplatten *a* und Spanneisen *s* angebracht sind. Die Bestimmung der Lage des Werkstückes in Längsrichtung erfolgt durch einen Anschlagstift *c*, dessen

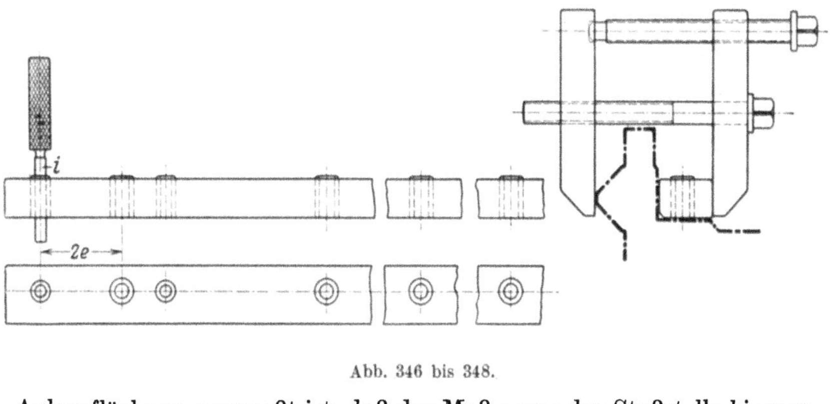

Abb. 346 bis 348.

Anlagefläche so angepaßt ist, daß das Maß *e* von der Stoßstelle bis zum ersten Schraubenloch genau eingehalten ist. Für den Abfluß der Späne ist der Körper *B* an den Stellen, wo die Bohrbuchsen sitzen, ausausgespart.

Die Gegenvorrichtungen für das Bett stellen einfache Leisten dar, Abb. 346—348, die, wie in Abb. 348 gezeigt, mittels Schraubenzwingen am Bett festgeklemmt werden. In diesem Fall werden die Löcher durch die Vorrichtung nur angebohrt, da sonst die Späne nicht abfließen können. Die Vorrichtungen entsprechen in ihrer Länge denen für die Zahnstangen; kommen also mehrere Zahnstangen zu einem Bett, so müssen beim Bohren des Bettes die einzelnen Vorrichtungen in der Längsrichtung eine bestimmte Stellung zueinander haben, damit die Zahnstangen so aneinander kommen, daß an der Stoßstelle die Zahnteilung gewahrt bleibt. Um dies zu erreichen, werden die Vorrichtungen für das Bett an einem Ende so weit verlängert, daß das erste Loch der benachbarten Vorrichtung noch überdeckt ist; Maß $2e$. Dieses Loch wird in die Vorrichtung mit eingebohrt und dient als Aufnahme für einen Fixierstift i, der in das bereits im Bett vorhandene erste Loch der benachbarten Zahnstange eingreift und so die Lage der Vorrichtung in der Längsrichtung bestimmt. Dabei ist nötig, daß das Maß $2e$ den Maßen e (Abb. 343) entspricht. Im übrigen können für die Lochabstände ziemlich große Toleranzen eingeräumt werden; das genaue Übereinstimmen der Vorrichtungen wird dadurch leicht erzielt, daß man die zusammengehörigen Vorrichtungen für Zahnstange und Bett zusammenspannt und gemeinsam bohrt.

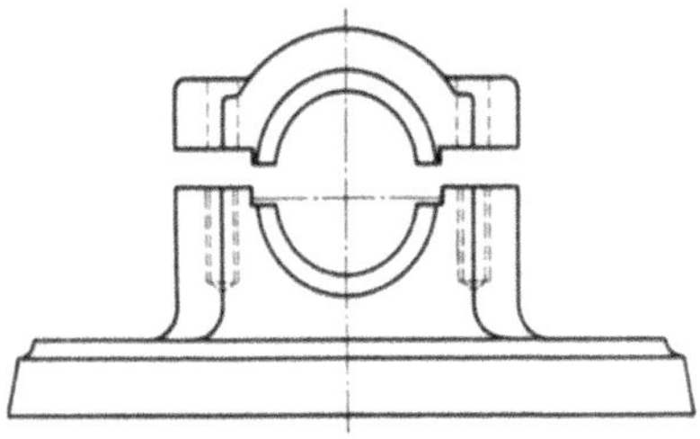

Abb. 349.

Bei großer Länge der Werkstücke kann es vorkommen, daß Vorrichtungen nach Abb. 333—336 aus Gußeisen zu gebrechlich und die nach Abb. 337—339 zu schwer werden; es empfiehlt sich dann, die Vorrichtung nach Art der in Abb. 343—345 dargestellten auszuführen und den Vorrichtungenkörper aus Stahl herzustellen.

Die Aufgabe, für geteilte Lager nach Abb. 349 Bohrvorrichtungen für die Befestigungslöcher der Lagerdeckel zu schaffen, wird sehr oft gestellt. Die Lagerbohrung wird in der Regel hergestellt, wenn der Lagerdeckel aufgeschraubt ist; nach Fertigstellung der Lagerbohrung sind daher die Deckel nicht mehr austauschbar. Es kommt also lediglich darauf an, die Abstände der Schraubenlöcher von Lagerkörper und -deckel in Übereinstimmung zu bringen und darauf zu achten, daß sich die Außenkonturen beider Teile möglichst genau decken, damit nicht unnötig viel Arbeit für das Vergleichen versetzter Konturen entsteht. Sind für die Befestigungslöcher besondere Augen am Deckel angegossen, so muß ferner beachtet werden, daß die Schraubenlöcher möglichst auf Mitte Auge kommen, da einseitig stehende Schrauben dem Erzeugnis ein häßliches Aussehen geben. Bohrvorrichtungen für solche Teile haben also nicht den Zweck, genaue Lochabstände zu gewährleisten, sondern die Anreißarbeit zu ersparen.

Die Art, wie eine derartige Aufgabe zu lösen ist, richtet sich nach der Größe der Teile und nach der vorkommenden Stückzahl. Sind die Teile groß und die Stückzahlen klein, so wird sich eine Vorrichtung kaum bezahlt machen, da eine Vorrichtung für ein großes Teil dieser Art natürlich teurer ist als eine solche für ein kleines Teil und die größeren Teile in der Regel in geringeren Stückzahlen vorkommen als die kleineren von gleicher Art.

Nehmen wir an, die Kalkulation hätte ergeben, daß sich für einen größeren Lagerdeckel eine Bohrvorrichtung nicht bezahlt macht, weil die vorkommenden Stückzahlen zu klein sind; andererseits bestehe aber das Bestreben, die Anreißerarbeit so weit wie möglich zu beschränken, so ergibt sich als einfachster Ausweg, für die Schraubenlöcher die Körner mit einzugießen (Abb. 350) und das Bohren folgendermaßen vorzunehmen: Der Lagerdeckel wird auf den zugehörigen Lagerkörper aufgepaßt, das Lager dann auf die Bohrmaschine genommen und die Schraubendurchgangslöcher in den Deckel gebohrt, Abb. 350; dabei wird die Lochtiefe so eingestellt, daß der Lagerkörper auf 1—2 mm Tiefe mit angebohrt wird. Darauf werden mit dem Gewindelochbohrer die Löcher auf die richtige Tiefe gebohrt, Abb. 351.

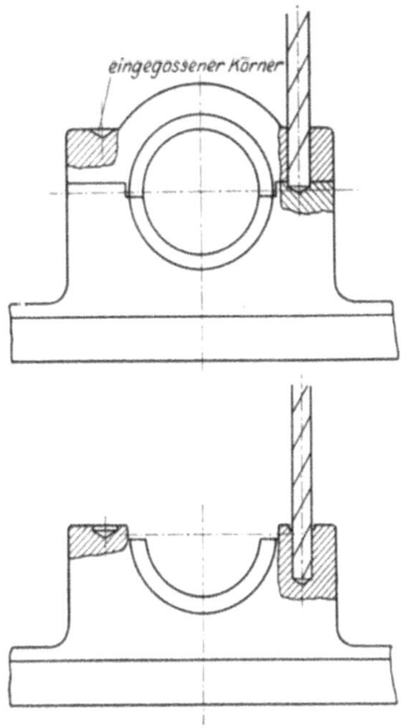

Abb. 350 und 351.

Sind die vorkommenden Stückzahlen groß genug, daß sich eine Vorrichtung bezahlt macht, so bieten sich verschiedene Wege zur Lösung der Aufgabe. Die einfachste ist in Abb. 352—355 dargestellt; eine Platte, die auf der einen Seite von dem Lagerdeckel (Abb. 355), auf der andern vom Lagerkörper (Abb. 352) aufgenommen werden kann; die Vorrichtung ist also für beide Teile zu verwenden. Die richtige Lage in der Längsrichtung wird durch Anschlagschraube *s* und Spannschraube *p* gesichert. Die Bohrbuchsen haben das Durchgangsmaß der Schraubenlöcher; der Lagerkörper kann also durch die Vorrichtung nur angebohrt werden; das Fertigbohren erfolgt, wie in Abb. 351 gezeigt.

Die Vorrichtung hat nicht nur den Vorzug großer Einfachheit, sondern auch noch den, daß beide zusammengehörigen Teile, da sie mit einer Vorrichtung gebohrt sind, genau zueinander passen; dabei ist für

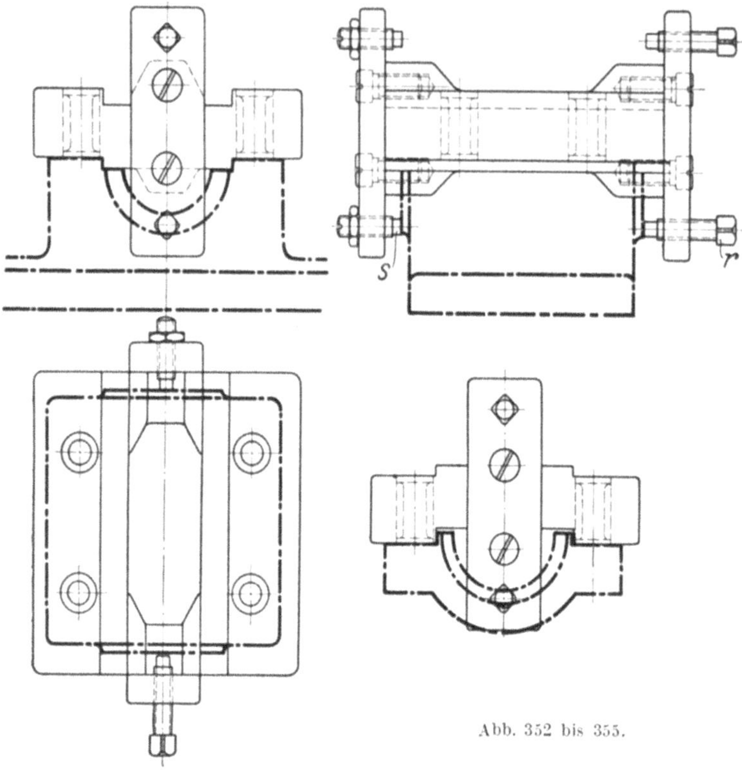

Abb. 352 bis 355.

die Lochabstände der Vorrichtung eine verhältnismäßig große Toleranz zulässig.

Eine weitere Lösung zeigt Abb. 356—358. Die kastenförmige Vorrichtung für den Deckel nimmt diesen in den Paßleisten fü den Lagerkörper auf; eine Anschlagschraube *s* und eine Spannschraube *p* bestimmen die Lage in axialer Richtung; während die Spannschraube *g* die Auflage sichert.

Um die Aufnahmefläche für das Werkstück bearbeiten zu können, ist der Deckel des Vorrichtungenkastens aufgesetzt und mit Schrauben befestigt. Damit die Seitenwände trotz dieser Befestigung nicht seitlich ausbiegen können, ist der Deckel mit Federn versehen, die in entsprechende Nuten der Seitenwände eingreifen. Das Spanneisen *b* wird beim Beschicken der Vorrichtung um die Schraube geschwenkt; damit hierbei die Spannschraube *p* nicht auf die Auflagefläche aufschlägt und dadurch die offene Vorderseite der Vorrichtung versperrt, ist eine Aussparung angebracht, in die das Druckende der Schraube *p* eintaucht. Auch an dieser Vorrichtung sind an der einen Seite sowie an der Rückseite niedrige Füße vorgesehen, die die Herstellung und Kontrolle der Vorrichtung erleichtern sollen.

Die Gegenvorrichtung für den Lagerkörper würde in der Konstruktion der in Abb. 352—353 gezeigten entsprechen, mit dem Unterschiede, daß sie nur für ein Teil bestimmt ist, also einfacher wird. Beide Vorrichtungen müssen natürlich in den Lochabständen übereinstimmen.

Die Anschaffung der beiden Vorrichtungen ist selbstverständlich teurer als die der in Abb. 352—354 gezeigten, ohne daß sie besondere Vorteile gegenüber der erst angeführten bieten.

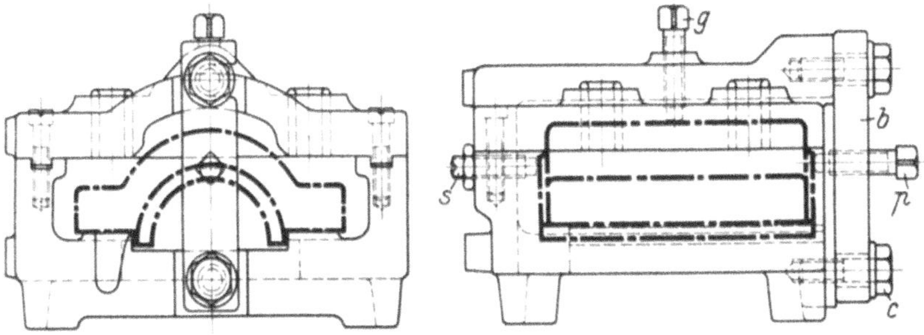

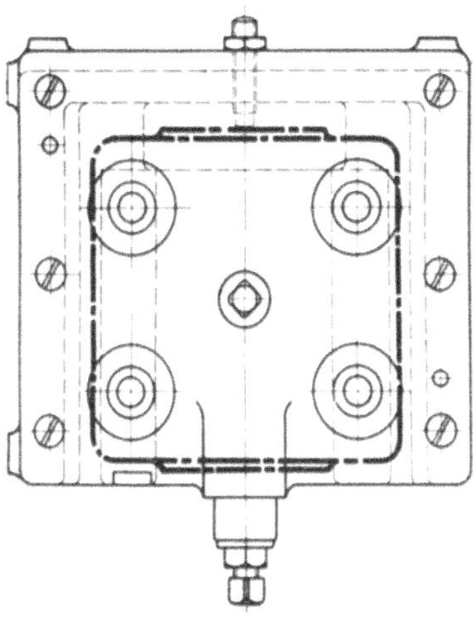

Abb. 356 bis 358.

Sind größere Mengen solcher Lager herzustellen, so kommt für die Schraubenlöcher eine Vielspindelbohrmaschine oder ein in eine gewöhnliche Bohrmaschine einsetzbarer mehrspindliger Bohrapparat in Frage. Diese Einrichtungen werden später behandelt.

Bohrvorrichtungen für Hebel nach Abb. 312 können auf sehr verschiedene Art konstruiert werden. Nehmen wir an, daß der Hebel dem in Abb. 313 dargestellten Zweck dient, die Lochabstände verhältnismäßig große Maßabweichungen aufweisen können und daß keine Massen-, sondern nur Serienfabrikation in Frage kommt, so stellt sich der einfachste Arbeitsvorgang folgendermaßen dar: Die Flächen der drei Augen werden, da sie in einer Ebene liegen, auf der Vertikalfräsmaschine mit einem Stirnfräser gefräst, wobei das Werkstück in einen Maschinenschraubstock gespannt wird.

In die Augen *a* und *c* (Abb. 359) sind die Körner für die Löcher eingegossen; diese können also ohne Vorrichtung und ohne Anriß gebohrt werden, da der Lochabstand ohne Gefährdung der Verwendungsmöglichkeit des Teiles größere Differenzen aufweisen kann. Auch für das dritte Loch im Auge *b* könnte der Körner vorgegossen werden, doch sei angenommen, daß die möglichen Abweichungen im Lochabstand zu groß werden könnten und das Bohren in einer Vorrichtung nötig sei. In diesem Falle käme eine Bohrvorrichtung nach Abb. 360 u. 361 in Frage. Das Werkstück wird hier von einem Zapfen in der mittleren Bohrung aufgenommen und so weit herumgeschwenkt, bis das Auge, in welches das Loch zu bohren ist, an der Anschlagschraube *S* anschlägt. In dieser

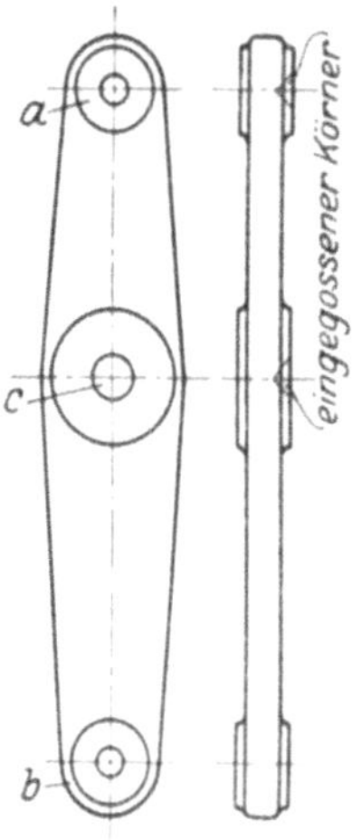

Abb. 359.

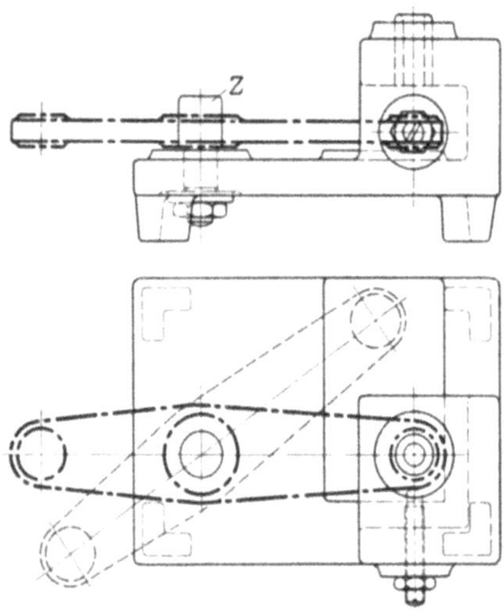

Abb. 360 und 361.

Stellung wird das Werkstück von Hand so lange festgehalten, bis der Bohrer etwas in das Material eingedrungen ist, worauf der Bohrer selbst eine Lageveränderung des Teiles verhindert. Ein Festspannen ist also nicht nötig; das ist ein großer Vorteil, da die Aufspannzeiten sonst einen erheblichen Teil der Gesamtarbeitszeit ausmachen. Die Stellung beim Aufstecken auf den Aufnahmedorn und beim Herausnehmen ist punktiert angegeben. In dieser Stellung kann auch das Reiben des Loches erfolgen; man kann dann auswechselbare Bohrbuchsen vermeiden, wodurch die Vorrichtung billiger wird und das Arbeiten schneller vonstatten geht.

Sind in einem Betriebe viele derartige Hebel von ähnlicher Form, aber verschiedenen Abmessungen in nicht sehr großen Stückzahlen herzustellen, so kann man auch eine einstellbare Vorrichtung nach Abb. 362—364 vorsehen. Diese Vorrichtung entspricht im Prinzip der eben besprochenen, doch ist der Aufnahmezapfen verstellbar, so daß der Abstand *a* von Mitte Zapfen bis Mitte Bohrerführung beliebig verstellt werden kann. Zu diesem Zweck ist der Aufnahmezapfen in einem Kloben *K* angebracht; dieser ist in einem Schlitz des Vorrichtungenkörpers verschiebbar und kann durch die Mutter *m* in jeder Stellung festgeklemmt werden. Der Vorrichtungenkörper sowohl als auch der Kloben *K* haben je eine Arbeitsfläche, die sich gegenüberliegen und genau auf das Maß *g* gearbeitet sind. Zwischen diesen Flächen werden beim Einstellen der Vorrichtung Endmaße gelegt, so daß die Einstellung auf das Maß *a* mit großer Sicherheit und Genauigkeit vorgenommen werden kann. Der Zapfen *z* ist in dem Kloben *k* in einem Konus aufgenommen, so daß entsprechend dem Durchmesser des jeweilig

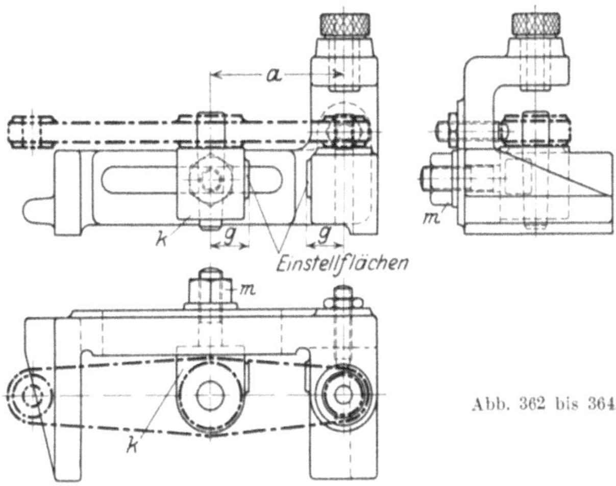

Abb. 362 bis 364.

aufzunehmenden Loches ein entsprechender Zapfen eingesteckt werden kann. Da auch die zu bohrenden Löcher verschiedene Durchmesser haben, sind eine entsprechende Anzahl auswechselbarer Bohrbuchsen vorzusehen.

Eine solche für bestimmte Arten von Teilen allgemein verwendbare Vorrichtung ersetzt oft eine ganze Anzahl besonderer Vorrichtungen, die nur für ein einziges Teil geschaffen sind. Sie sind besonders dann am Platze, wenn die herzustellenden Stückzahlen nicht so groß sind, daß es sich lohnen würde, für alle Teile verschiedener Abmessung je eine Vorrichtung anzuschaffen. Der einzige Nachteil, den solche Vorrichtungen haben, ist, daß sie bei jeder neuen Serie eingestellt werden müssen; sie bringen also ein Mehr an Einrichtearbeiten mit sich. Die Einrichtezeit läßt sich jedoch abkürzen, wenn, wie es in vorliegendem Beispiele gesschehen, das Einstellen mittels Endmaßen erfolgen kann. Aber selbst in solchen Fällen (z. B. bei geringer Stückzahl), wo das Einstellen zu umständlich erscheint, ist die Anwendung solcher Vorrichtungen wirtschaftlich, da sie das Anreißen der Teile überflüssig macht, ein sicheres

Arbeiten gestattet und genauere Arbeitsergebnisse zeitigt. Auch für viele andere Teile lassen sich, wie noch gezeigt wird, solche allgemein verwendbare Vorrichtungen anwenden; sie sind in einigen Formen seit langem bekannt, leider aber in Deutschland wenig in Anwendung.

Sollen die Lochabstände des eben behandelten Hebels genau sein und die Mitten aller drei Löcher in einer Geraden liegen, so muß eine Bohrvorrichtung geschaffen werden, in der alle drei Löcher in einer Aufspannung gebohrt werden können. Eine solche Vorrichtung ist in Abb. 365—368 dargestellt. In dem kastenförmigen Vorrichtungenkörper ist eine Auflagefläche für das Werkstück vorgesehen. An der

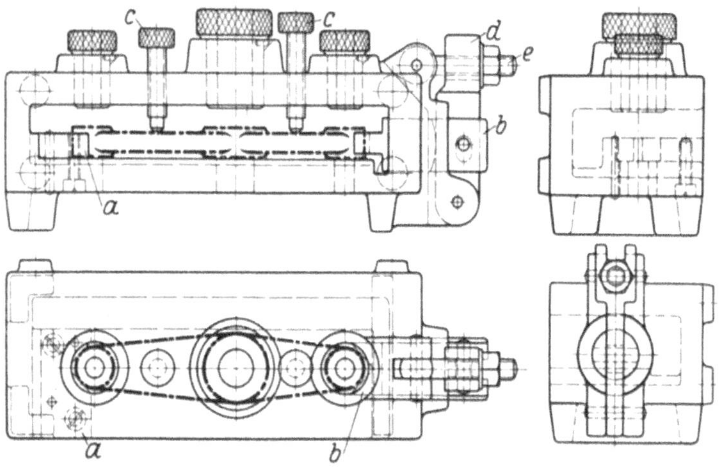

Abb. 365 bis 368.

einen Schmalseite ist ein Prismastück *a* angebracht; von der entgegengesetzten Seite drückt das verschiebbare Pirsmastück *b* das Werkstück gegen *a*, so daß die Lage des Werkstückes auf der Auflagefläche bestimmt ist. Zwei gekordelte Schrauben *c* drücken außerdem das Werkstück leicht auf die Auflagefläche herab. Das Druckstück *b* ist am hinteren Ende gegabelt, in den Schlitz greift das Spanneisen *d* ein, das durch die Augenschraube *e* betätigt wird, Abb. 368. Die Bohrbuchsen sind auswechselbar, damit die Löcher gleich in der Vorrichtung gerieben werden können.

Der Hebel nach Abb. 314, der, wie bereits erwähnt, mit möglichst großer Genauigkeit hergestellt werden muß, kann auf verschiedene Weise fabriziert werden. Ein Weg ist der, die in einer Ebene liegenden drei Augen zu fräsen, dann in einer Vorrichtung die drei Löcher zu bohren und die beiden kleineren Augen von der zweiten Seite senken und schließlich den mittleren Zylinder und die zugehörige Stirnfläche auf dem Drehdorn drehen. Dieses Verfahren bedingt eine verhältnismäßig große und teuere Vorrichtung, und die Arbeit wird im ganzen teurer, als wenn man folgendermaßen vorgeht: Zuerst werden wieder die drei in einer Ebene liegenden Augen gefräst; dann das Teil auf die Revolverbank genommen und das mittlere Loch gebohrt, der Zylinder und die zugehörige Stirnfläche und die beiden kleinen Augen überdreht. Darauf wird das Teil in eine Bohrvorrichtung nach Abb. 369—372 gespannt und die beiden kleinen Löcher gebohrt.

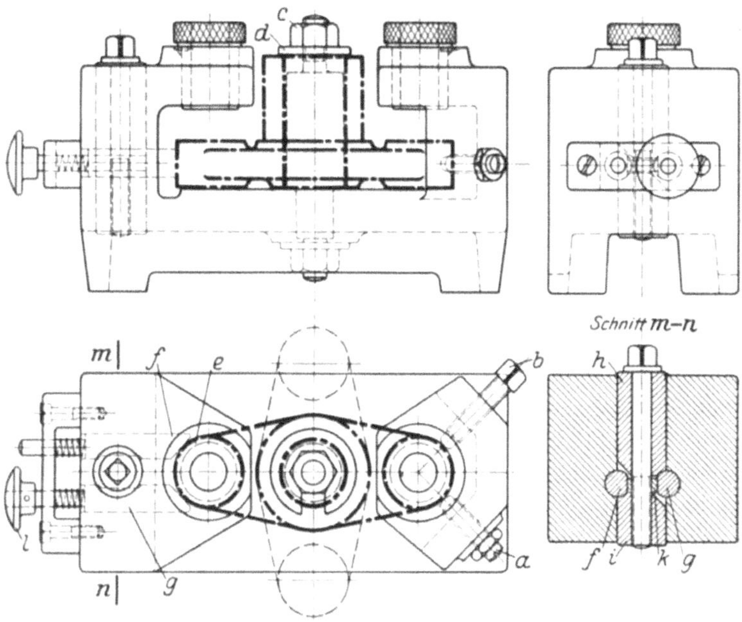

Abb. 369 bis 372.

Die Aufnahme des Teiles erfolgt hier in der mittleren Bohrung durch einen Aufnahmedorn; das Aufstecken geschieht in der angedeuteten Stellung; das Teil wird dann auf dem Dorn so weit gedreht, bis das eine Endauge an die Schraube *a* anschlägt; darauf wird die Schraube *b* angezogen. Die Lage des Teiles ist damit bestimmt; das Festspannen geschieht durch die Mutter *c* und die Vorsteckscheibe *d*. In vielen Fällen wird diese Befestigung genügen; wird jedoch besonders hoher Wert auf die genaue Lage der Löcher gelegt, so genügt sie nicht, denn beim Bohren des Loches in das Auge *e* können auftretende Querkräfte veranlassen, daß sich die Lage des Teiles etwas ändert, sei es, daß das zwischen Aufnahmedorn und Loch vorhandene Spiel nach einer Seite verschoben wird, sei es, daß die Anlage an den Schrauben *a* und *b* etwas nachgibt. Die Querkräfte können auftreten durch einseitig zur Lochmitte gelagerte poröse oder harte Stellen in dem gußeisernen Werkstück. Tritt eine solche Lageveränderung ein, so liegen die Mitten der drei gebohrten Löcher nicht in einer Geraden; die Zweckerfüllung des Teiles wird aber dadurch gefährdet. Um dem vorzubeugen, ist auch für das Auge *e* ein Halt vorgesehen; die Bolzen *f* und *g* legen sich durch Federdruck gegen das Auge und werden in der eingenommenen Stellung durch die Spannbuchsen *h* und *i* festgehalten; beide Spannbuchsen werden durch eine Schraube betätigt. Die Bolzen *f* und *g* sind gegen Drehung durch Abflachungen und den Ring *k* gesichert. Damit der Bolzen *g* beim Einlegen des Werkstückes nicht im Wege ist, wird er am Knopf *l* zurückgezogen.

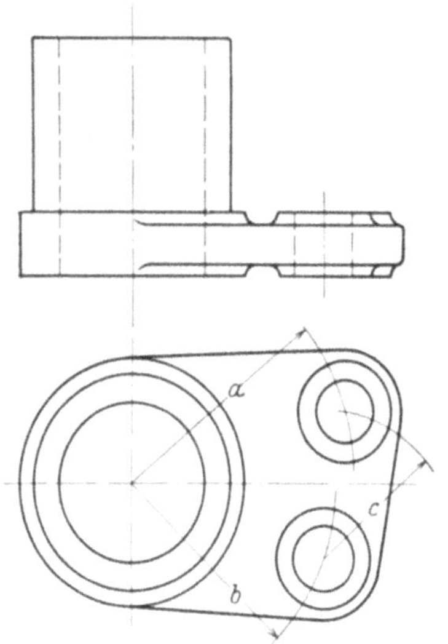

Abb. 373.

Wie in dem eben behandelten Beispiele, so bieten sich auch in dem folgenden mehrere Möglichkeiten,

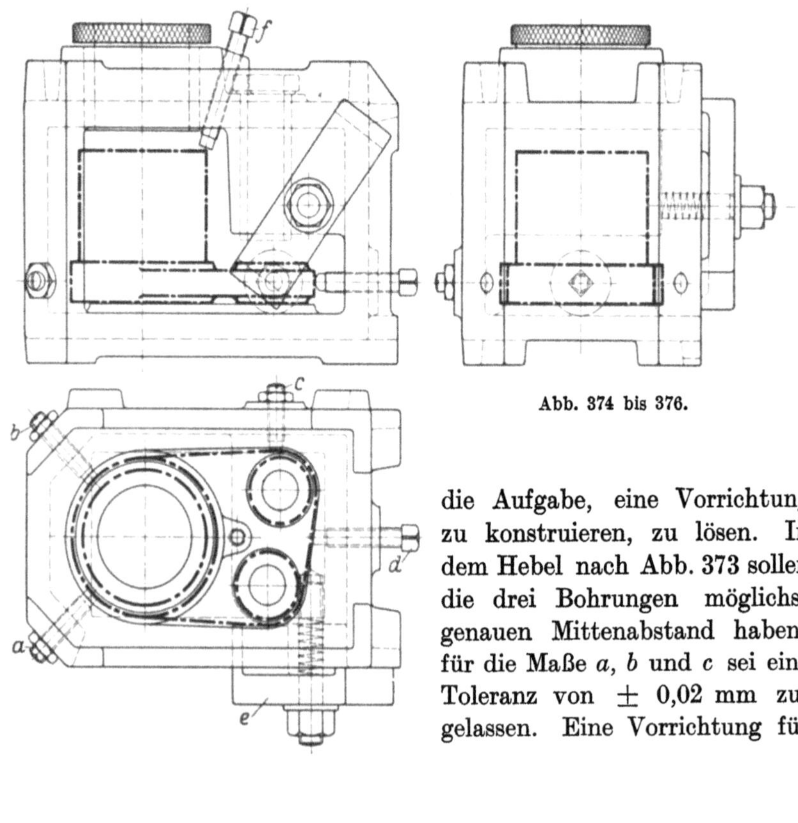

Abb. 374 bis 376.

die Aufgabe, eine Vorrichtung zu konstruieren, zu lösen. In dem Hebel nach Abb. 373 sollen die drei Bohrungen möglichst genauen Mittenabstand haben; für die Maße *a*, *b* und *c* sei eine Toleranz von ± 0,02 mm zugelassen. Eine Vorrichtung für alle drei Löcher zeigt Abb. 374—376. Das Teil findet in dem Vorrichtungenkasten an den Schrauben *a*, *b* und *c* Anlage und wird durch die Schraube *d* und das Spanneisen *e* gegen diese Anlagepunkte gedrückt. Die Spannung muß ziemlich kräftig sein, da bei dem Bohren erhebliche Kräfte auftreten. Die Schraube *f* soll nur so weit angezogen werden, daß die Auflage des Werkstückes auf der Auflagefläche gesichert ist. Die ganze Vorrichtung baut sich etwas unglücklich, da der große Höhenunterschied in den Naben der Bohrungen für die beiden kleinen Löcher ungewöhnlich lange Bohrbuchsen nötig macht; auch für das Spannen auf die Auflagefläche bietet sich wenig Raum, so daß die Schraube *f* schräg gesetzt werden muß und recht ungünstig angreift. Auch beim Arbeiten werden sich Mängel herausstellen; das große Loch erfordert eine schwere Maschine, während für die kleinen Löcher eine wesentlich leichtere Maschine genügen würde. Ferner ist zu beachten, daß das Bohren großer und genauer Löcher in verhältnismäßig gedrungene Teile auf der Revolverbank im allgemeinen billiger wird und besser ausfällt als auf der Bohrmaschine. Außerdem ist hierbei noch zu beachten, daß beim Bohren des großen Loches eine recht beträchtliche Erwärmung des Werkstückes auftritt; wird nun, wie es nötig ist, das große Loch zuerst und gleich darauf die kleinen Löcher gebohrt, so haben die Löcher den gewollten Abstand bei einer zu hohen Temperatur. Hat nach Beendigung der Arbeit das Teil wieder die Raumtemperatur angenommen, so kann es vorkommen, daß die Lochabstände zu eng sind. Derartige Fehler sind deshalb besonders unangenehm, weil ihre Ursachen nicht sogleich, oft überhaupt nicht erkannt werden. Es ist daher in der Regel in jeder Hinsicht besser, bei Teilen, deren Bohrungen sehr große Durchmesserunterschiede aufweisen, die großen und die kleinen Löcher getrennt zu bohren.

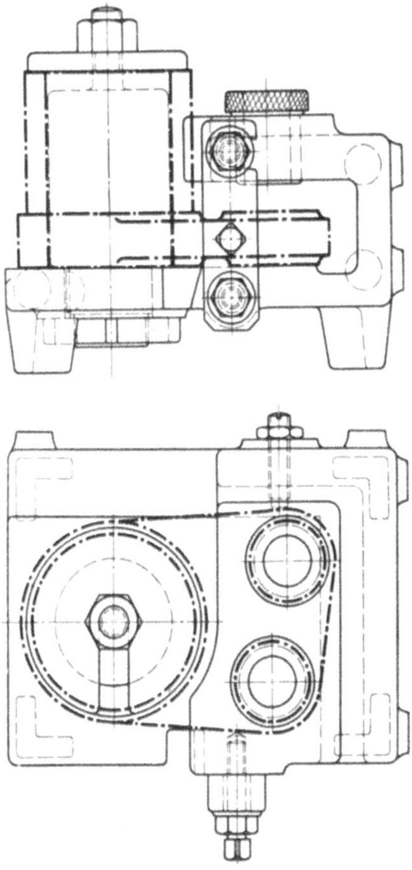

Abb. 377 und 378.

Nehmen wir für vorliegendes Beispiel an, die große Bohrung sei auf der Revolverbank hergestellt und es soll nur für die beiden kleinen Löcher eine Vorrichtung geschaffen werden, so ergibt sich eine Ausführung nach Abb. 377 u. 378. Die Konstruktion bedarf nach dem vorher Gesagten keiner weiteren Erläuterung; es ist klar, daß sie wesentlich billiger in der Anschaffung ist als die nach Abb. 374—376. Die Herstellung des Teiles auf diese Weise ist billiger und die auszuführende Arbeit wird mit größerer Sicherheit genau.

In den Stufenscheibenboden *a* (Abb. 379) und das zugehörige Zahnrad *b* soll das Loch für den Mitnehmerbolzen *c* gebohrt werden. Zur Zweckerfüllung der Teile ist es gleichgültig, ob der Abstand *d* des zu

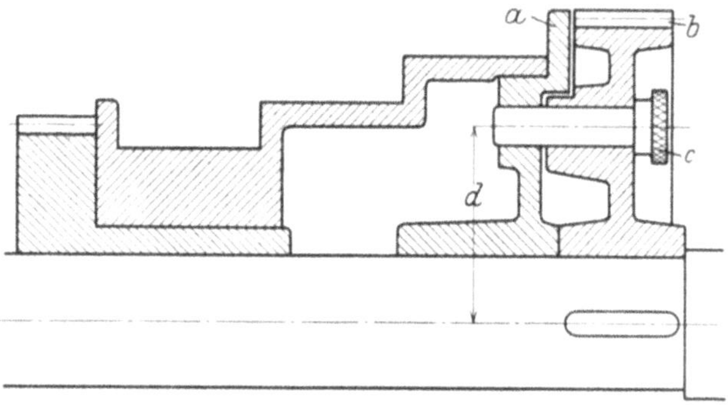

Abb. 379.

bohrenden Loches von der Mitte um einige Zehntel Millimeter größer oder kleiner ist; dagegen ist nötig, daß dieser Abstand bei dem Zahnrad und dem Stufenscheibenboden genau gleich ist. Die herzustellende Stückzahl ist verhältnismäßig klein; es handelt sich bestenfalls um jeweilig 100 Stück, also um Serienfabrikation.

Die Form der Teile und die Forderung, daß der Abstand *d* an beiden genau übereinstimmen muß, ergibt für die Aufnahme der Vorrichtung, das Wellenloch zu benutzen, und es liegt nahe, für beide Teile eine gemeinsame Vorrichtung zu schaffen. Eine solche ist in Abb. 380—382 dargestellt; eine Gußeisenplatte *g* trägt den Aufnahmezapfen *h*; um die richtige Stellung der Vorrichtung beim Bohren des Zahnrades zu sichern, ist eine Anschlagschraube *i* und eine Spannschraube *k* vorgesehen. Die Anwendung der Vorrichtung erfolgt so, daß der Zapfen *h* von der der Stufenscheibe zugekehrten Seite in das Zahnrad eingeführt, die Vorsteckscheibe aufgesteckt, die Vorrichtung so weit geschwenkt wird, bis der Anschlag *i* anstößt, und die Mutter *m* fest angezogen wird. Das Rad wird auf ein paar Parallelstücke aufgelegt. Da die Achse des zu bohrenden Loches genau mit der der Bohrbuchse zusammenfallen muß, so wird erst mit einem Spiralbohrer mit 2 mm Untermaß vorgebohrt, dann mit einem Minusbohrer nachgebohrt und schließlich mit der Reibahle gerieben. Alle Werkzeuge müssen in Buchsen geführt werden; es sind deshalb drei auswechselbare Bohrbuchsen vorzusehen.

Beim Bohren des Stufenscheibenbodens wird in dessen Bohrung die Vorrichtung mit dem Dornende *n* zentriert; der Spannbolzen wird

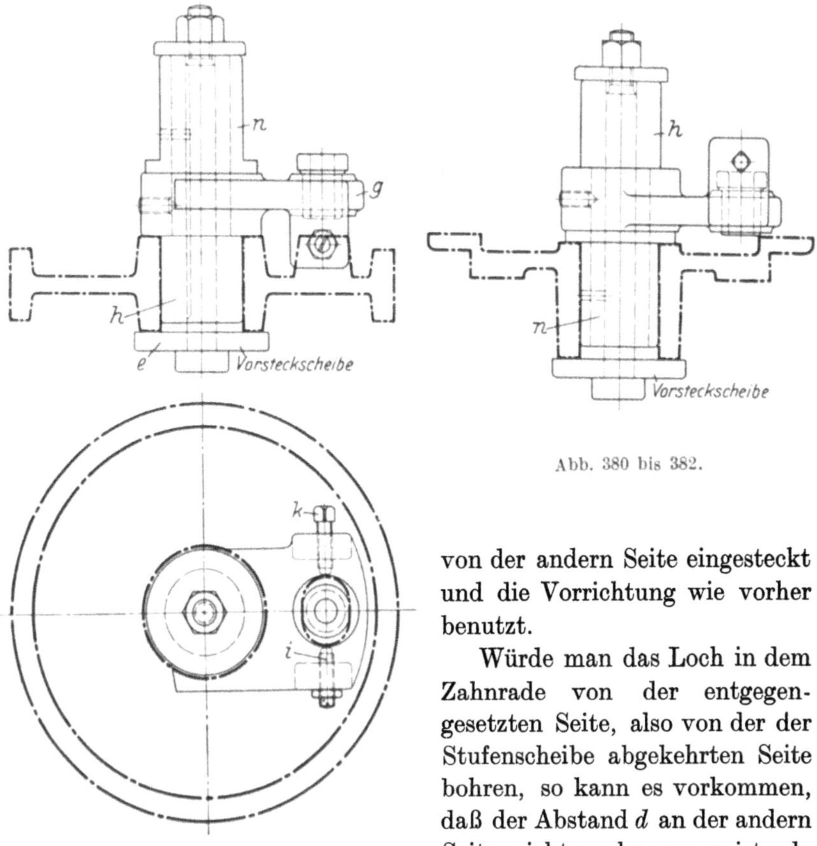

Abb. 380 bis 382.

von der andern Seite eingesteckt und die Vorrichtung wie vorher benutzt.

Würde man das Loch in dem Zahnrade von der entgegengesetzten Seite, also von der der Stufenscheibe abgekehrten Seite bohren, so kann es vorkommen, daß der Abstand *d* an der andern Seite nicht mehr genau ist, da sich die Werkzeuge bei derartigen Arbeiten immer etwas verlaufen. Da es nun wichtiger ist, daß die Abstände beider Löcher an der einander zugekehrten Seite übereinstimmen, so ist es richtiger, so vorzugehen wie dargestellt.

Vorrichtungen der beschriebenen Art sind insofern gut, weil sie am sichersten die Übereinstimmung zusammengehöriger Teile in den entscheidenden Maßen gewährleisten. Stellt man getrennte Vorrichtungen für beide Teile her, so entstehen meist, selbst bei sorgfältigster Herstellung, Maßunterschiede. Bei der vorgeführten Konstruktion ist also eine wichtige Fehlerquelle ausgeschaltet. Ein weiterer Vorteil ist die einfache Form und die geringen Gestehungskosten. Für die Herstellung der Vorrichtung kann für das Maß *d* eine Toleranz von etwa $\pm$ 0,2 mm zugelassen werden.

Kupplungsgabeln nach Abb. 383 kommen im Maschinenbau in verschiedener Form und vielen Größen vor. Die Wirkungsweise dieser Teile ist in Abb. 384 gezeigt. Wir können nach dieser Figur ohne weiteres beurteilen, daß es auf den Lochabstand *a* nicht genau ankommt, daß also eine Abweichung von dem Sollmaß um einige Zehntel Millimeter bedeutungslos ist. Dagegen müssen die Achsen der Löcher *d* und *e* in der Ebene *b*—*c* (Abb. 383) liegen.

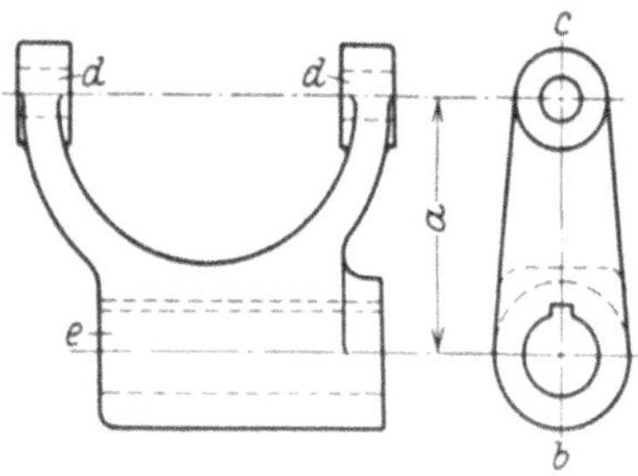

Abb. 383.

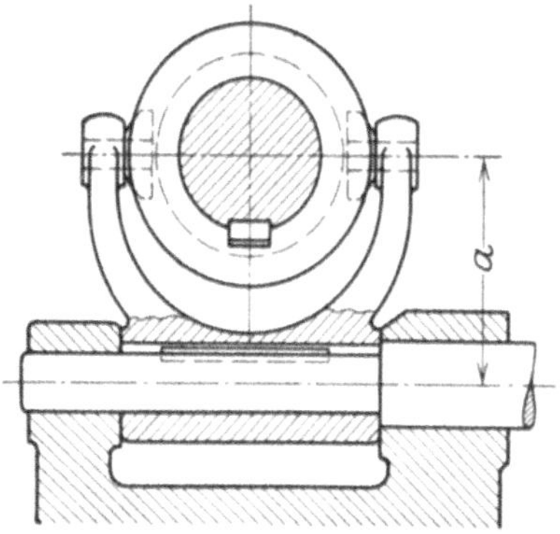

Abb. 384.

Eine Bohrvorrichtung für das Teil ist in Abb. 385—394 gezeigt. Die Aufnahme des Werkstückes erfolgt in dem Prismastück *a*, das um einen angedrehten Zapfen schwenken kann. Die beiden Gabelaugen finden eine Anlage an den Anschlagschrauben *b*. Gespannt wird zunächst mit dem Spanneisen *c*, das mit seiner schrägen Seitenfläche das Werkstück gegen die Anschlagschrauben *b* und in das Prisma *a* drückt; das Prismastück *a* stellt sich, da es drehbar ist, selbst so ein, daß kein Verziehen des Werkstückes eintreten kann. Das eigentliche Festspannen geschieht durch das Spanneisen *d*, dessen freies Ende durch eine Aussparung der Kastenwand ragt und in dieser eine Auflage findet. Das Spannende des Spanneisens ist der Form des Werkstückes angepaßt.

Das große Loch muß zuerst gebohrt werden, da hierbei größere Kräfte auftreten als bei den kleinen Löchern; eine etwa auftretende Lageveränderung beim Bohren des großen Loches kann sich also nicht schädlich auswirken. Das Bohren der kleinen Löcher muß von zwei Seiten der Vorrichtung aus erfolgen; da die Löcher auch gerieben werden müssen, so sind auswechselbare Bohrbuchsen nötig. Da das große Loch verhältnismäßig lang ist, so besteht die Gefahr, daß es beim Bohren verläuft und die Lochachsen dann nicht in einer Ebene liegen. Um dies

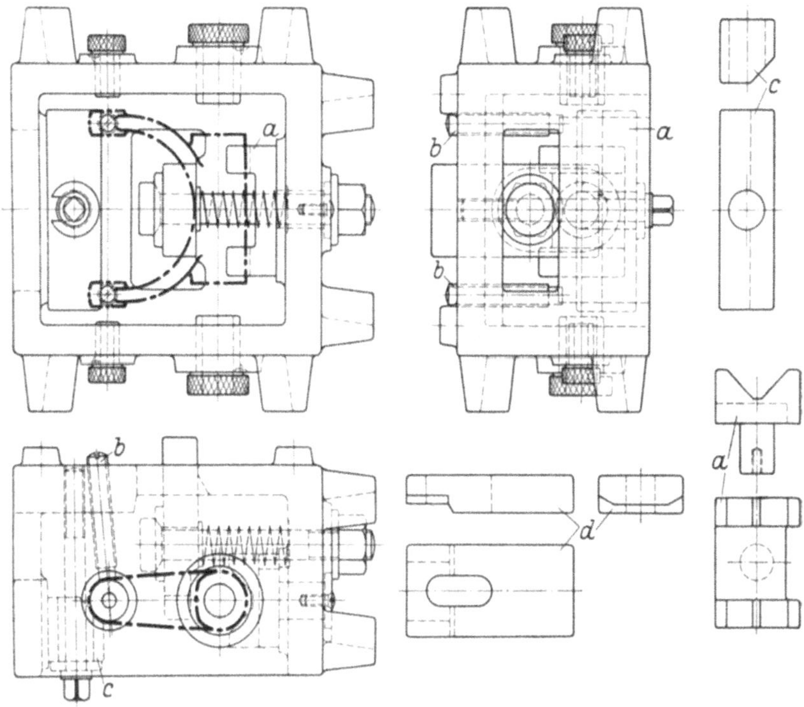

Abb. 385 bis 394.

zu vermeiden, empfiehlt es sich, von einer Seite mit einem Bohrer von etwa 2 mm Untermaß vorzubohren, von der andern Seite mit dem Minusbohrer durch eine entsprechende Bohrbuchse aufzubohren und dann zu reiben. Verläuft nämlich der Vorbohrer, so ist die Lageabweichung des gebohrten Loches an der Austrittsseite des Bohrers am größten. Bohrt man dann von dieser Seite auf, und ist der benutzte Bohrer gut geführt, so wird er die Lage des Loches berichtigen.

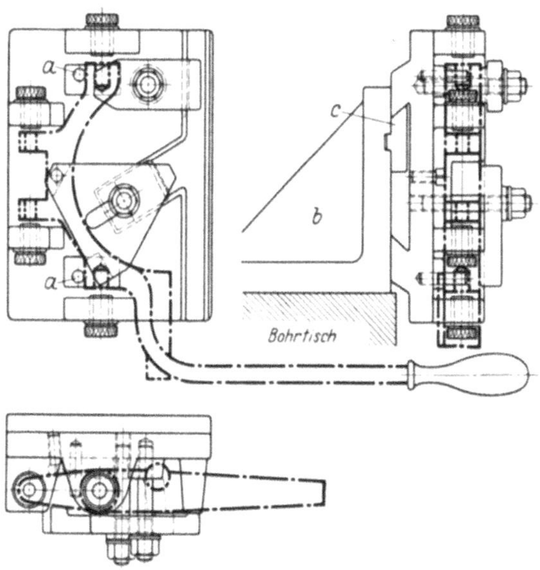

Abb. 395 bis 397.

Die beschriebene Vorrichtung ist verhältnismäßig teuer, besonders wenn die Werkstücke größere Abmessungen haben, und die Wirtschaftlichkeit kann bezweifelt werden, wenn die vorkommenden Stückzahlen klein sind. Andererseits werden die Teile beim Bohren ohne Vorrichtung ungenau; es ist dann eine Nacharbeit durch Richten nötig. Diese Nacharbeiten und das Anreißen verteuern aber die Herstellung beträchtlich. Es ist daher oft erwünscht, möglichst einfache und billige Vorrichtungen für solche Teile zu schaffen.

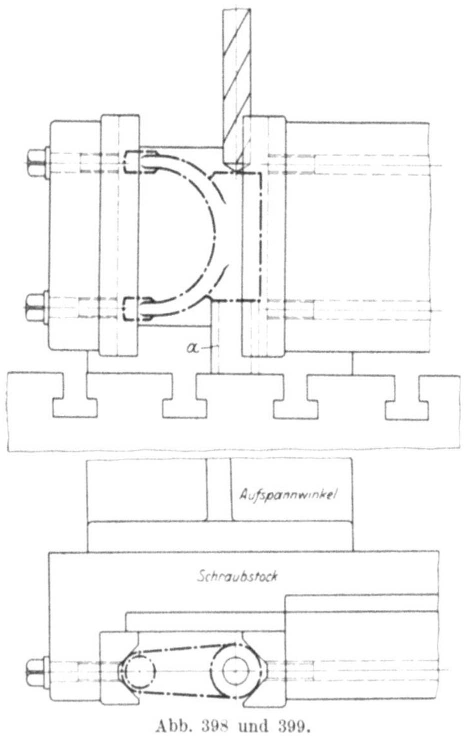

Abb. 398 und 399.

Ein Beispiel für die Lösung solcher Aufgabe zeigt Abb. 395—397. Das Werkstück ist hier an einer Seite mit einem langen Handhebel versehen, also besonders sperrig. Wollte man eine gewöhnliche Kastenvorrichtung konstruieren, so würde diese unverhältnismäßig groß ausfallen; neben der teueren Vorrichtung wäre dann noch mit einem großen Zeitaufwand beim Bohren zu rechnen, da das Hantieren mit der großen Vorrichtung länger dauert, als das mit einer kleineren. Wie die Abbildungen zeigen, ist die Vorrichtung als Platte ausgebildet, auf der das Werkstück auf drei Punkten aufliegt; zwei Anschlagstifte *a* bestimmen die Lage des Werkstückes; während zwei Spanneisen den Auflagepunkten gegenüber spannen. Der lange Handhebel ragt frei über die Aufnahmeplatte hinweg. Die Rückseite der Platte hat senkrecht zu den Bohrbuchsen zwei Prismaleisten, in die die Vorrichtung an einen Winkel *b*, der eine Aufnahmeleiste *c* trägt, angehängt wird. Der Winkel wird so auf dem Bohrmaschinentisch aufgespannt, daß die Vorrichtung nebst Werkstück überhängen. Die Vorrichtung ist wesentlich billiger als eine Kastenvorrichtung, besonders dann, wenn mehrere Vorrichtungen für verschiedene Werkstücke nötig sind, da der Winkel *b* natürlich für alle derartigen Vorrichtungen benutzt werden kann.

Sind größere Mengen solcher Kupplungsgabeln jedoch in verschiedenen Abmessungen herzustellen, so kann es wirtschaftlich sein, die

Arbeit zu zerlegen und das Bohren des großen und der kleinen Löcher getrennt vorzunehmen. Das große Loch kann auf einfache Weise in einem Schraubstock gebohrt werden, Abb. 398 u. 399, dieser ist mit einem Paar Spezialbacken mit Prisma ausgerüstet, die das Werkstück selbsttätig in die richtige Lage bringen. Der Schraubstock ist so gegen einen Winkel gespannt, daß die Backen in ihrer Längsrichtung senkrecht stehen. Das Einspannen erfordert wenig Zeit.

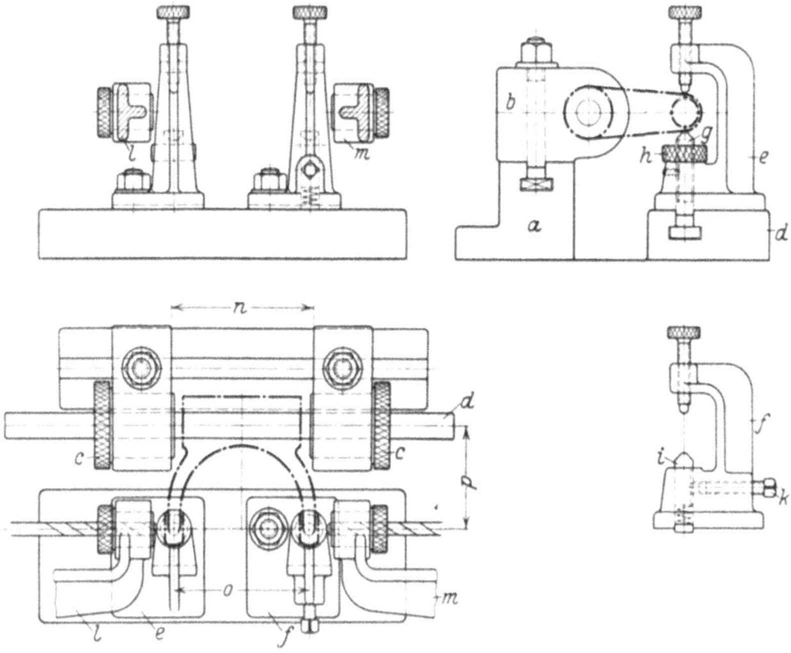

Abb. 400 bis 403.

Das Bohren erfolgt ohne Bohrerführung, das Anzeichnen des Körners kann von dem Bohrer an der Maschine mit Hilfe der bekannten Zentrierglocke vorgenommen werden. Um ein Verschieben des Werkstückes in Richtung der Lochachse zu verhindern, wird eine Buchse *a* zwischen Bohrmaschinentisch und Werkstück gelegt. Das Verfahren erscheint etwas roh und primitiv, hat sich aber in der Praxis gut bewährt.

Das Bohren der kleinen Löcher erfordert wesentlich mehr Vorsicht, da das Werkstück hierbei leicht dem Bohrerdruck nachgibt und durchbiegt. In Abb. 400—403 ist eine Aufspanneinrichtung gezeigt, die auf einer doppelspindligen Maschine nach Abb. 546 aufgebaut werden kann. Auf einer Leiste *a* sind Böcke *b* angeordnet, die in der Längsrichtung der Leiste verstellt werden können. Die Böcke *b* sind mit auswechselbaren Buchsen versehen, die einem Aufnahmedorn *c* für das Werkstück Führung geben. Eine zweite Leiste *d*, die *a* parallel liegt, trägt zwei andere Böcke *e* und *f*, die so eingestellt werden, daß die Augen des zu bohrenden Teiles in ihren Spannbereich kommen. Das Ausrichten der Teile geschieht einerseits durch den Dorn *d*, andererseits durch die Auflage am Bock *e*. Diese Auflage besteht in einer Schraube *g*, die durch die Kordelmutter *h* in der Höhe verstellbar ist, so daß die richtige Höhenlage des Werkstückes leicht eingestellt werden kann. Würde der Bock *f* die gleiche Einrichtung haben, d. h. also eine starre Auflage, so wäre die Lage des Werkstückes überbestimmt; aus diesem Grunde ist hier als Auflage ein federnder Butzen *i* vorgesehen, der sich durch Federdruck selbst an das Werkstück anlegt und in der eingenommenen Lage durch die Schraube *k* festgeklemmt wird. Das Einlegen des Werkstückes erfolgt folgendermaßen: Das Werkstück wird ungefähr in der Lage, die es einnehmen soll, von Hand gehalten und der Dorn *d* in die große Bohrung eingeführt; die Schraube *k* wird gelöst und die Kordelschraube des Bockes *e* angezogen; darauf wird die Schraube *k* festgezogen und schließlich die Kordelschraube des Bockes *f*. Die Bohrerführungen *l* und *m* gehören zur Bohrmaschine; die beiden Bohrspindeln schieben gleichzeitig vor. Um ein Durchbiegen des Werkstückes durch den Bohrerdruck zu vermeiden, bohre man mit hoher Geschwindigkeit und geringem Vorschub pro Bohrerumdrehung. Die Maße *n*, *o* und *p* der Einrichtung sind je nach den Abmessungen des Werkstückes einstellbar.

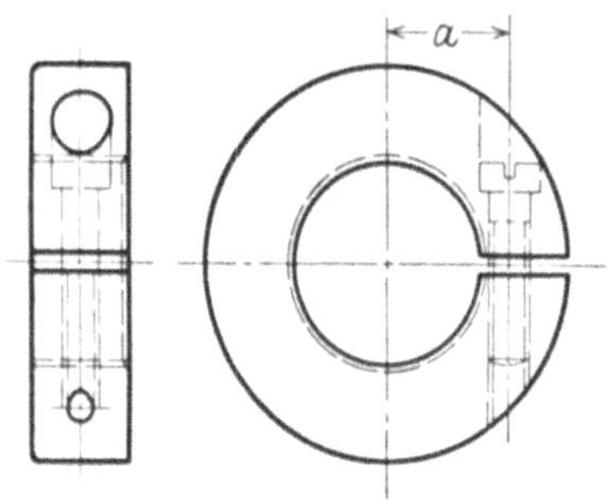

Abb. 404.

Für die geschlitzte Ringmutter nach Abb. 404 soll für das Klemmschraubenloch eine Bohrvorrichtung hergestellt werden. Aus der Zeichnung ist ohne weiteres ersichtlich, welchem Zweck die Schraube, für die das Loch zu bohren ist, dient, und wir erkennen, daß es bedeutungslos ist, wenn der Abstand *a* des Schraubenloches von Mitte Ring einige Zehntel Millimeter vom Sollmaß abweicht. Der Schlitz sei vor dem Bohren gefräst.

Die in Abb. 405—407 dargestellte Vorrichtung nimmt das Teil im Gewindeloch auf. Der Einfachheit halber ist der Aufnahmezapfen *b* nicht mit Gewinde versehen, sondern glatt und vom Durchmesser des Kernmaßes des Gewindes. Das Werkstück kann also auf den Dorn aufgesetzt werden. Um dem zu bohrenden Loch die richtige Stellung zum Schlitz zu geben, ist eine Schraube *c* vorgesehen, deren Zapfen flach abgesetzt ist und in den Schlitz des Werkstückes eingreift. Eine Vorsteckscheibe *d* und die Mutter *s* dient zum Festspannen des Teiles.

Die Bohrbuchse ist besonders lang und ragt tief in die Vorrichtung hinein; sie umschließt mit geringem Abstande das Werkstück. Dies ist deswegen nötig, weil bei normaler Ausführung der Bohrbuchse der Bohrer, da er beim Anbohren einseitig beansprucht wird, verlaufen würde. Aber auch bei der langen Führungsbuchse für den Bohrer kann dieser noch um einige Zehntel Milimeter verlaufen. Es ist daher von

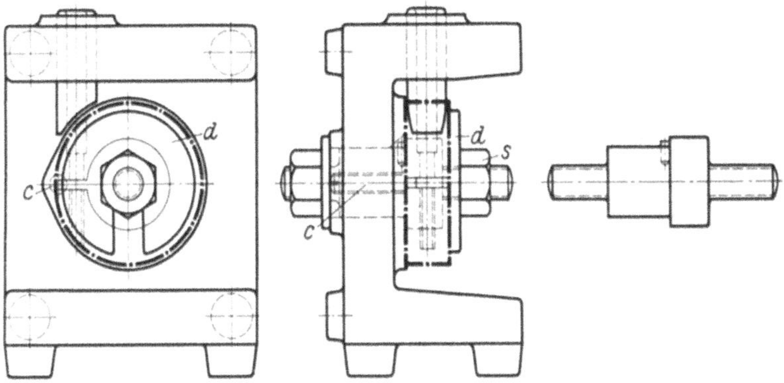

Abb. 405 bis 407.

Wichtigkeit, von vornherein zu wissen, daß keine besondere Genauigkeit für die Lochentfernung verlangt wird. Trotzdem tut man gut, wenn man für das Anbohren einen besonderen Bohrer verwendet, dessen Schneide senkrecht zur Achse geschliffen ist (Abb. 408) und daher weniger Neigung zum Verlaufen hat.

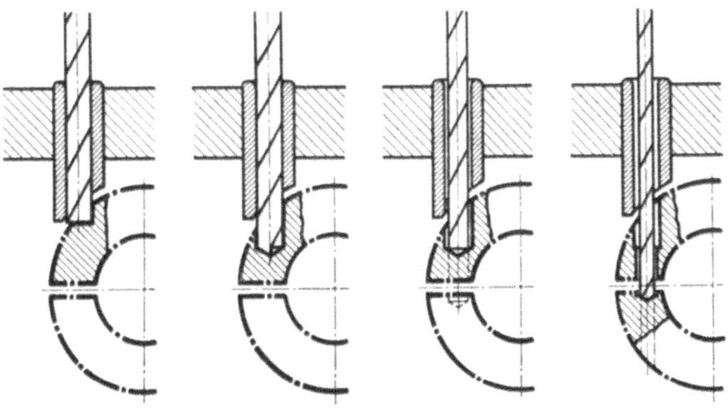

Abb. 408 bis 411.

Zum Anbohren nimmt man in diesem Falle am besten einen Bohrer vom Durchmesser des Schraubenkopfes. Nachdem mit dem ersten Bohrer das einseitig stehende Material fortgeschnitten ist, Abb. 408, wird mit einem normalen Bohrer des gleichen Durchmessers bis auf die Schraubenkopftiefe weitergebohrt, Abb. 409, dann mit einem Vollmaßbohrer das Loch bis zu dem Schlitz durchgebohrt (Abb. 410), mit einem Gewindelochbohrer der Gewindeteil des Loches gebohrt, Abb. 411,

10*

und schließlich mit einem Kopfsenker die Anlagefläche für den Kopf gerade geschnitten.

Bei Vornahme derartiger Arbeiten ist zu beachten, daß diese auf einer Maschine ausgeführt wird, deren Bohrspindel axial kein Spiel hat, da sonst bei dem einseitigen Angreifen der Bohrer beim Anbohren und beim Austreten aus der Bohrung die Werkzeuge einhaken und zerbrechen.

Das so unscheinbar aussehende Werkstück erfordert also eine ziemlich schwierige und unangenehme Bohrarbeit.

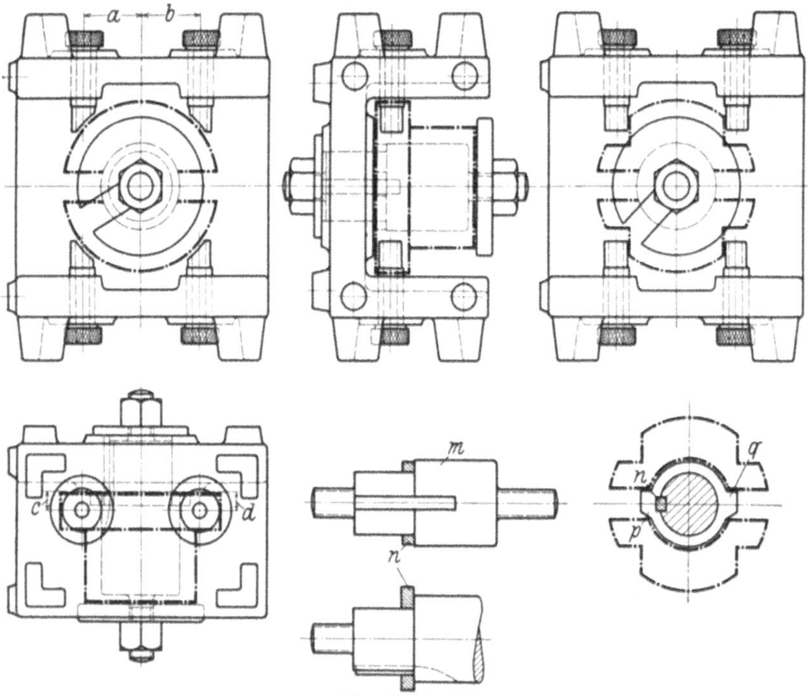

Abb. 412 bis 418.

Der Ring nach Abb. 316 u. 317 ist dem im vorigen Beispiele behandelten ähnlich; auch für ihn sei eine Bohrvorrichtung zu konstruieren. Es wäre aber durchaus falsch, das zu dem einen Beispiele Gesagte ohne weiteres auf das folgende anzuwenden. Die Teilzeichnung sagt uns auch hier wieder nicht das, worauf es ankommt; erst wenn wir die Zusammenstellung (Abb. 317) betrachten, erkennen wir, daß der Ring einem ganz anderen Zweck dient und ganz andere Ansprüche an ihn gestellt werden. Es handelt sich hier um einen Knaggenring für den Spannmechanismus einer Revolverbank und es kommt darauf an, daß die zu bohrenden Stiftlöcher für die Spannknaggen *S* in genau gleichem Abstande von der Mitte des Ringes und von seinen Stirnflächen liegen.

Die Vorrichtung, Abb. 412—418, entspricht in ihrem Aufbau der vorhergehenden, doch sind auf beiden Seiten auswechselbare Bohrbuchsen vorgesehen, da wegen der verlangten Genauigkeit die Löcher nicht von einer Seite durchgebohrt, sondern von jeder Seite bis zum Schlitz gebohrt und dann durch Buchsen gerieben werden müssen. Würde man die Löcher von einer Seite bohren, so würden sie bei der verhältnismäßig großen Lochtiefe verlaufen und das Erreichen gleicher Abstände beider Löcher von der Ringmitte wäre zweifelhaft. Aber auch beim Bohren von zwei Seiten bleibt bei der vorliegenden Form des Ringes die Arbeit unangenehm und das Ergebnis unsicher, da, wie schon im vorigen Beispiele erwähnt, wegen der im schiefen Winkel zur Bohrachse stehenden Angriffsfläche der Bohrer beim Anschneiden zum Verlaufen neigt. Das Ergebnis würde besser werden, wenn der Ring, wie in Abb. 419 gezeigt, an der Austrittsstelle der Stiftlöcher ausgeklinkt wäre, so daß der Bohrer eine normale Angriffsfläche hat (Abb. 418) und die Buchsen auf normalen Abstand an die Flächen herangeführt werden können. Die Zweckerfüllung des Ringes wird durch diese Änderung in keiner Weise beeinflußt.

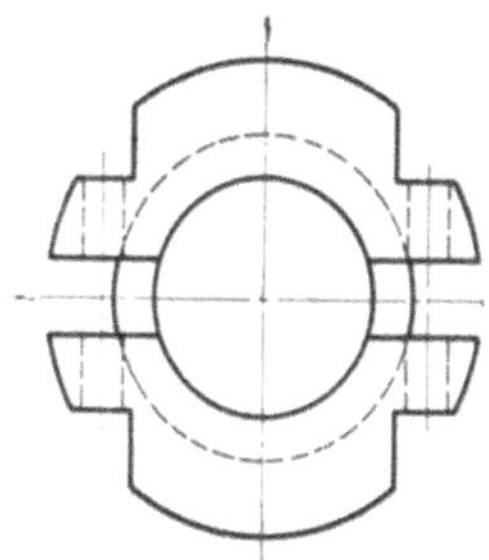
Abb. 419.

Bei Herstellung der Vorrichtung ist das Hauptaugenmerk darauf zu richten, daß die Abstände a und b, c und d gleich sind; dagegen ist es weniger schlimm, wenn die Abstände von den Sollmaßen um einige Hundertstel abweichen. Sind zum Beispiel die Abstände gleichmäßig um 0,05 mm zu groß oder zu klein, so könnte das hingenommen werden; ist dagegen Maß a um 0,03 mm zu groß und b um 0,05 mm zu klein, so wäre die Differenz 0,08 mm. Dieser Fehler würde bewirken, daß die Spannknaggen ungleich anziehen; es wäre also eine Nacharbeit an den harten Spannknaggen nötig. Aus diesem Grunde sollten solche Fehler vermieden werden.

Die Aufnahme des Ringes erfolgt in gleicher Weise wie im vorhergehenden Beispiele, mit der Abweichung, daß entsprechend der Genauigkeitsansprüche, die an das Teil gestellt werden, die Aufnahme des Schlitzes sorgfältiger erfolgt. Der Aufnahmedorn m ist im Aufnahmeloch des Vorrichtungenkörpers durch eine Feder n gegen Drehung gehalten. Zur Festlegung des Schlitzes im Werkstück ist auf dem Dorn m ein Ring p vorgesehen, der durch die Feder n gegen Drehung geschützt ist. Der Ring p ist mit zwei Lappen versehen, dessen Flächen auf genaue Höhe gearbeitet sind. Liegt das Werkstück auf diesen Flächen auf, so ist seine Lage bestimmt. Der Ring p und der Aufnahmedorn m sind zu härten.

In den Bolzen nach Abb. 420 soll das Loch am geschlitzten Ende gebohrt werden. Bei runden Teilen, in die Querlöcher zu bohren sind, ist es besonders wichtig, festzustellen, mit welcher Genauigkeit die Arbeit ausgeführt werden muß, da hiervon die Art der Konstruktion der Vorrichtung abhängig ist. In vorliegendem Falle dient der Schlitz des Bolzens zur Aufnahme einer Rolle und das Loch zur Aufnahme des Rollenbolzens; für die Zweckerfüllung des Teiles ist es bedeutungslos, wenn das Loch um einige Zehntel Millimeter zur Längsachse des Bolzens versetzt ist; nötig ist nur, daß das gebohrte Loch zu dem Schlitz senkrecht steht.

Abb. 420.

Bei der Konstruktion der Vorrichtung muß bedacht werden, daß beim Bohren des Loches besonders an der Austrittsseite des Bohrers Grat entsteht, der das Herausnehmen des Werkstückes aus der Vorrichtung nicht hindern darf. In Abb. 421 bis 424 ist eine Vorrichtung für das Teil dargestellt. Eine Prismaleiste *a* nimmt das Werkstück auf; die Lagebestimmung nach dem Schlitz geschieht durch die Stahlleiste *b*, die gleichzeitig als Längenanschlag dient; ein angesetzter Stahlwinkel *c* trägt die Bohrbuchse; festgespannt wird das Werkstück durch das Spanneisen *d*. Geschickte Arbeiter können die Teile auch bohren, ohne das Spanneisen zu benutzen, indem sie beim Anbohren das Werkstück von Hand sowohl auf die Auflage als auch gegen den Anschlag *b* drücken. Dies ist um so leichter möglich, als die Vorrichtung auf dem Bohrmaschinentisch festgespannt werden kann.

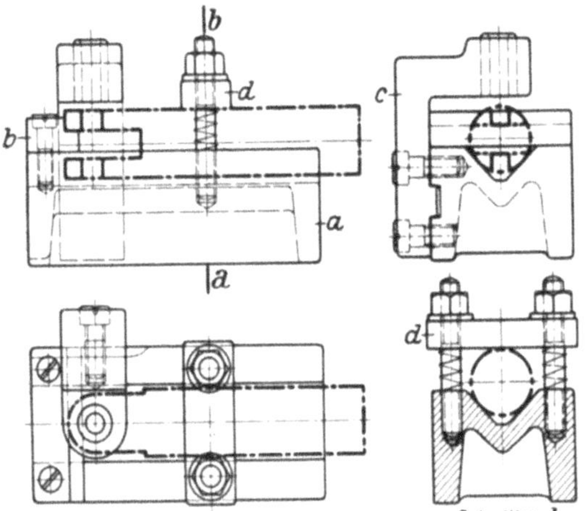

Abb. 421 bis 424.

Eine andere Lösung der Aufgabe zeigt Abb. 425—427. Der Vorrichtungenkörper trägt eine Klappe *a*, die um den Bolzen *b* drehbar ist, in der Arbeitsstellung bei *c* am Vorrichtungenkörper anliegt und in dieser Stellung durch die Falle *d* gehalten wird. Zum Einlegen des Werkstückes wird die Klappe um etwa 90° nach außen geschwenkt und das Werkstück so eingelegt, daß der Schlitz ungefähr wagerecht liegt. Darauf wird die Klappe in Arbeitsstellung gebracht und die Kordelschraube *e* angezogen, so daß das Werkstück in das Prismastück *f* gedrückt wird, welches das Werkstück in die richtige Lage dreht und ihm in axialer Richtung einen Anschlag gibt. Das Prismastück *f* ist ein runder Bolzen, der in einer entsprechenden Bohrung des Vorrichtungen-

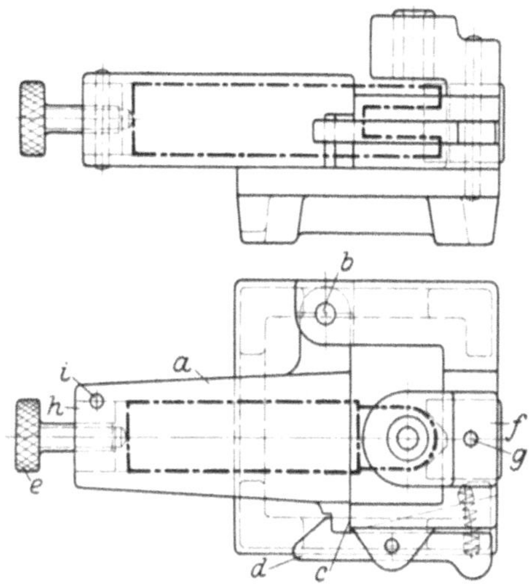

Abb. 425 bis 427.

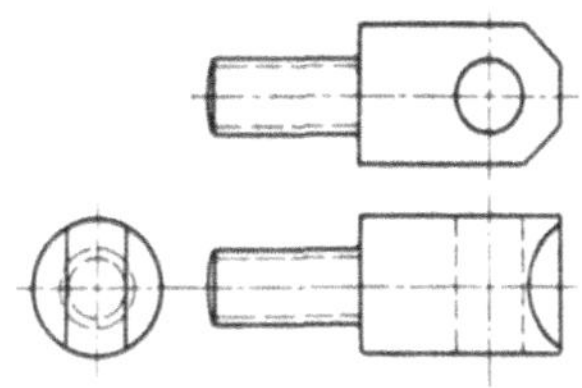

Abb. 428.

körpers sitzt, mit diesem verbohrt und durch einen Stift *g* gehalten ist. Ähnlich ist die Mutter *h* für die Kordelschraube *e* in der Klappe angebracht; nur ist hier der Stift *i* tangential verbohrt.

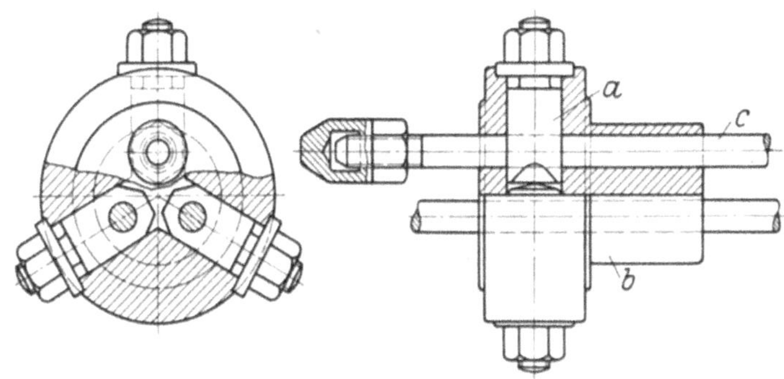

Abb. 429.

Die Vorrichtung ist teuerer als die vorhin beschriebene, verlangt aber weniger Geschicklichkeit beim Arbeiten, was besonders bei Verwendung wenig geübter Arbeitskräfte von Bedeutung ist.

Das in Abb. 428 dargestellte Werkstück hat insofern eine Ähnlichkeit mit dem in Abb. 420 gezeigten, als auch hier in einem runden Schaft ein Querloch zu bohren ist. Die Zusammenstellung (Abb. 429) zeigt aber, daß die Lage des Loches in dem Bolzen mit der der entsprechenden

Löcher in dem Gußkörper *b* in Zusammenhang steht. Die Teile gehören zu einem Anschlag für eine Revolverbank; die Anschlagstangen *c* sollen durch die Bolzen *a* festgeklemmt werden; die Löcher für die Anschlagstangen in Teil *a* und *b* müssen also in eine Achse fallen. Der Anschlag ist für drei Anschlagstangen eingerichtet. Die Zweckerfüllung des Anschlages wird nicht gestört, wenn der Radius *r* des Lochkreises (Abb. 430) um einige Zehntel Millimeter vom Sollmaß abweicht, wenn die Drittelkreisteilung nicht ganz genau ist, oder wenn die Mitte der Anschlagstangenlöcher nicht genau mit der Mitte der Bolzenschäfte zusammenfällt. Die Arbeit ist also an sich nicht von besonderer Genauigkeit und es wäre unwirtschaftlich, größere Genauigkeitsansprüche zu stellen, als nötig ist. Wie ist dies nun zu vereinbaren mit der oben gestellten Forderung, daß die Anschlagstangenlöcher in Teil *a* und *b* in einer Flucht liegen sollen?

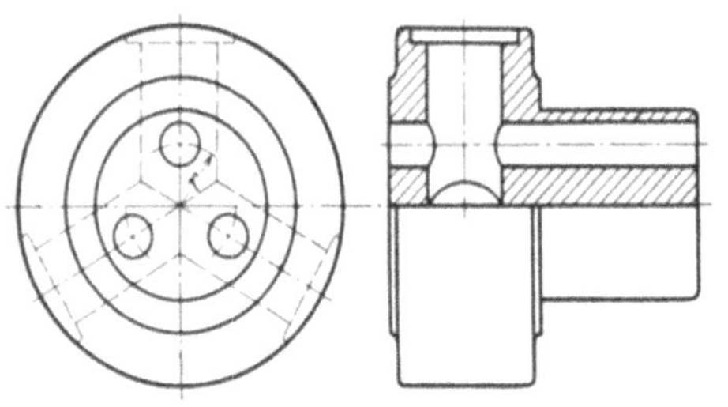

Abb. 430.

Die Antwort ist davon abhängig, welche Stückzahlen in Frage kommen. Liegt Massenfabrikation vor, so wird man ohne Frage auf absolute Austauschbarkeit der Teile hinarbeiten; das würde bedeuten, daß man die Anschlagstangenlöcher im Bolzen *a* genau durch Mitte Bolzenschaft und im Körper *b* genau durch Mitte Bolzenloch bohrt. Das könnte man durch Schaffung entsprechend genau gearbeiteter Einrichtungen und sorgfältiges Arbeiten innerhalb sehr geringer Fehlergrenzen erreichen.

In fast allen derartigen Fällen, wie auch hier, kommt aber nur Serienfabrikation in Betracht; die Einrichtungen müssen also so sein, daß die Herstellung noch wirtschaftlich ist. Um zum Ziele zu gelangen, muß von vornherein auf eine absolute Austauschbarkeit der fertigen Einzelteile verzichtet werden. Die Teile *a* und *b* können bis zum Bohren unabhängig voneinander hergestellt werden. Das Teil *b* (Abb. 430) wird in der Vorrichtung nach Abb. 431 u. 432 gebohrt. Das Werkstück wird in dem senkrechten Zapfen aufgenommen und durch die Spannbuchse *e* und Schraube *f* festgespannt. Die Vorrichtung hat einen Deckel *g*, der durch eine Zentrierung zu dem Hauptkörper in richtige Mittenlage und durch einen Stift *h* in richtige Winkelstellung gebracht wird. Die Befestigung des Deckels geschieht durch Lappenschrauben *i*.

Die größeren Bolzenlöcher werden zuerst gebohrt und gerieben. Darauf werden die drei kleineren Löcher für die Anschlagstangen gebohrt, aber noch nicht gerieben und das Teil aus der Vorrichtung genommen. Darauf werden die Spannbolzen *a* in die entsprechenden Löcher des Teiles *b* gesteckt und in die Lage gebracht, die sie später im fertigen Teil einnehmen sollen. Nunmehr können die Stangenlöcher in die Bolzen *a* durch die Buchse *b* gebohrt werden, Abb. 433. Hierbei muß beim Anbohren der Bohrer kräftig vorgeschoben werden, damit

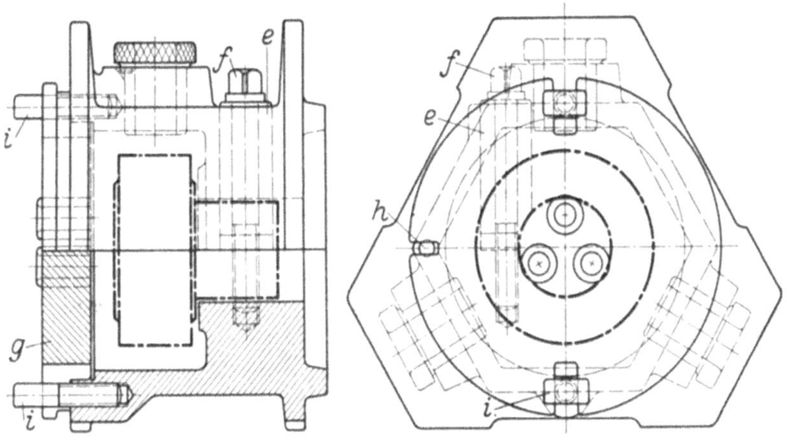

Abb. 431 und 432.

der Bolzen *a* seine Lage nicht verändert; hat der Bohrer erst richtig angeschnitten, so hält er selbst den Bolzen in seiner Lage fest. Die Löcher werden in beiden Teilen zugleich gerieben; eine Lageveränderung des Bolzens ist hierbei nicht zu befürchten, da der beim Bohren des Bolzens entstandene Bohrgrat dies verhindert. Durch das Aufreiben wird dieser Grat wieder entfernt, so daß die Bolzen nach dem Reiben ohne besondere Mühe entfernt werden können. Die Bolzen und die zugehörigen Löcher müssen gezeichnet werden, um ein Vertauschen zu verhindern. Es ist also, ohne daß bei Herstellung der Vorrichtung besondere Genauigkeitsansprüche gestellt werden und ohne daß bei Ausführung der Bohrarbeit besondere Sorgfalt nötig ist, erzielt worden, daß die Anschlagstangenlöcher in den Spannbolzen und dem zugehörigen Anschlagkörper genau fluchten.

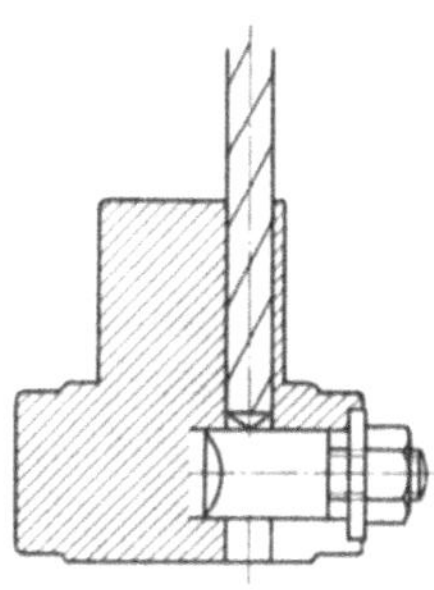

Abb. 433.

Eine kompliziertere Aufgabe als die vorhergehenden stellt es dar, für den in Abb. 434 gezeigten Revolverkopf die nötigen Bohrvorrichtungen zu schaffen. Nehmen wir an, es sei verlangt, daß alle Löcher des Kopfes in Vorrichtungen gebohrt werden sollen, so daß der fertige Kopf ohne Nacharbeit eingebaut werden kann. Um die Aufgabe zu lösen, müssen wir uns klar machen, worauf es bei den einzelnen Löchern ankommt. Die Abb. 435 u. 436 zeigen uns den Zusammenhang des Werkstückes mit den übrigen Teilen. Verlangt wird, daß jedes Aufnahmeloch *a* für die Werkzeuge (Abb. 434) mit einer Toleranz von 0,02 mm im Durchmesser passen und daß jedes einzelne Loch, wenn es der Arbeitsspindel der Maschine gegenübersteht, mit dieser genau fluchtet; als Toleranz sei hier 0,01 mm angenommen. Die Erreichung dieser genauen Stellung ist das Schwierigste der ganzen Arbeit; es kann vorkommen, daß die Achsen aller Werkzeuglöcher seitlich oder in Höhenlage versetzt sind, Abb. 436 u. 438, oder daß einige oder alle Löcher schief zur Spindelachse stehen, Abb. 439. Wir müssen also die Fehlerquellen feststellen; zunächst ist die Höhenlage des Kopfes von zwei anderen Teilen, dem Revolverschlitten *b* und dem Unterschlitten *c*, abhängig, Abb. 435 u. 436. Ferner überlegen wir, daß, wenn das Ziel erreicht werden soll, vorausgesetzt werden muß, daß der Abstand *d* der Spindelmitte bis zur Gleitfläche des Bettes bei allen Maschinen genau gleich sein muß. Nehmen wir an, daß sowohl das Bett mit Spindelkasten, als auch die Schlitten *a* und *b* in genauester Werkstattarbeit ausgeführt seien, so müssen wir doch für jedes einzelne der drei Teile eine, wenn auch noch so geringe Arbeitstoleranz zulassen. Würde diese Toleranz für jedes der entscheidenden Höhenmaße nur 0,02 mm betragen, so ergäbe sich, wenn sich diese Fehler in ungünstigem Sinne summieren, ein möglicher Höhenunterschied für die Auflagefläche unseres Revolverkopfes von 0,06 mm; also viel mehr, als die zulässige Toleranz für die Achsenabweichung der Werkzeuglöcher beträgt.

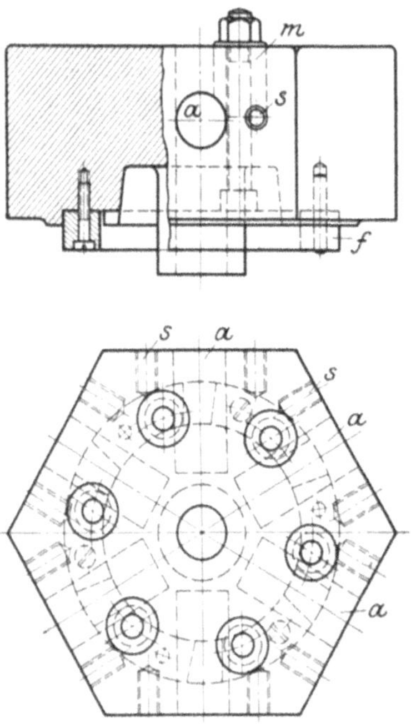

Abb. 434.

Da aber alle Flächen, die die Höhenlage des Kopfes bestimmen, nach der Bearbeitung auf den Maschinen geschabt werden müssen, so wird die auftretende Höhendifferenz in Wirklichkeit viel größer und kann mehrere Zehntel Millimeter betragen.

Eine seitliche Verlagerung des Kopfes, Abb. 438, kann durch Einstellen der Leisten *e*, Abb. 437, ausgeglichen werden. Eine schiefe

Stellung nach Abb. 439 kann hervorgerufen werden, wenn die Teilung des Rastenriges *f*, Abb. 434, nicht mit der Teilung der Werkzeuglöcher übereinstimmt. Da die Erzielung großer Genauigkeiten bei solchen Teilungen außerordentlich schwierig ist, so muß hier von vornherein mit größeren Fehlern gerechnet werden.

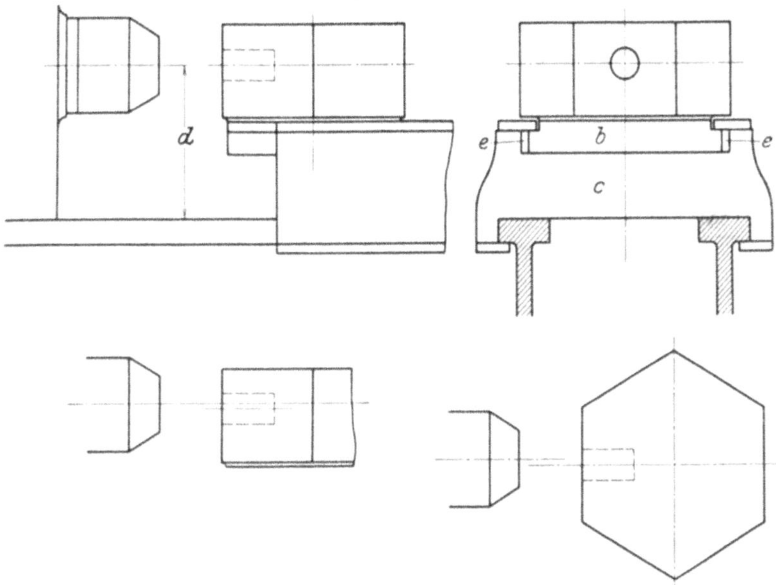

Abb. 435 bis 438.

Die Fehlerquellen sind also in vorliegendem Falle sehr zahlreich und mit werkstattmäßigen Mitteln nur dann zu meistern, wenn die Wirtschaftlichkeit der Arbeit nicht berücksichtigt zu werden braucht. Da aber gerade durch unsere Arbeit die Wirtschaftlichkeit gefördert werden soll, so bleibt uns nichts übrig, als einen Weg zu suchen, der bei verhältnismäßig billiger Herstellung die gewünschte Genauigkeit der Ausführung sichert.

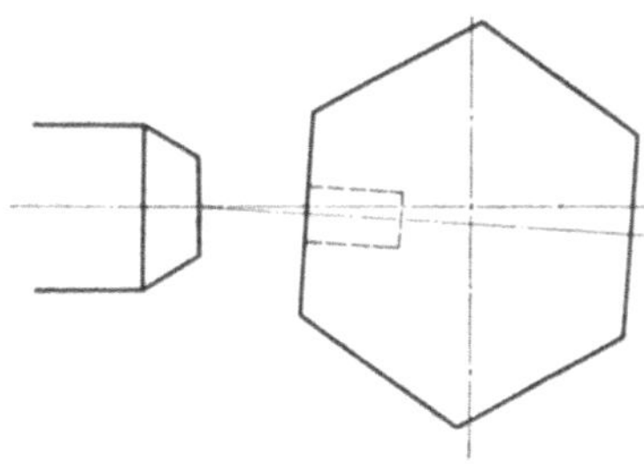

Abb. 439.

Dieser Weg wäre folgender: Wir setzen voraus, daß die Auflagefläche für den Revolverkopf nicht die vorgeschriebene Höhe hat und daß auch die Teilung des Rastenringes nicht mathematisch genau ist. Den Revolverkopf stellen wir mit Hilfe von Vorrichtungen fertig, bohren jedoch die Werkzeuglöcher nur vor, so daß noch 2 mm Material herauszunehmen sind; auch die Flanschflächen der Werkzeuglöcher werden nur vorgearbeitet. Der Kopf wird dann einmontiert, und wenn an der ganzen Maschine alles andere fertig ist, werden zuletzt mit einer fliegenden Bohrstange, die in ein Futter eingespannt ist, die Werkzeuglöcher auf der Maschine ausgebohrt und schließlich die Flanschflächen mit einem fliegenden Support abgedreht.

Nach dieser Arbeit wird der Kopf wieder ausgebaut und die Schraubenlöcher *S* für die Flanschwerkzeuge gebohrt. Die Beschreibung der Vorrichtung hierfür folgt noch. Auf diese Weise wird den Ansprüchen an die Genauigkeit der Lage der Löcher und der Flanschflächen Genüge geleistet.

Nach dieser Feststellung des Arbeitsganges für die letzte und feinste Arbeit können wir weiter überlegen, wie die übrigen Bohrarbeiten am besten vorzunehmen sind. Wir sehen aus der Abb. 434, daß die Werkzeugaufnahmelöcher *a* in Beziehung stehen zu den Spannbuchsenlöchern *m* und zu dem Schaltring *f* bzw. zu den Befestigungslöchern dieses Ringes. Bei Konstruktion der Bohrvorrichtung muß also dieser Zusammenhang beachtet werden. An den Werkstücken sind, wenn sie zum Bohren kommen, sämtliche Dreherarbeiten ausgeführt; dazu gehört das Bohren des zentralen Loches; ferner sind die sechs Flächen vorgefräst.

Für die Konstruktion der Bohrvorrichtung bieten sich zwei Wege; der erste ist, eine Vorrichtung für alle Löcher vorzusehen; der zweite, für die Werkzeuglöcher, die Spannbuchsenlöcher und für die Befestigungslöcher des Schaltringes je eine besondere Vorrichtung zu schaffen, die aber so konstruiert werden müssen, daß die Löcher ihren Zusammenhang nicht verlieren.

Für die erste Lösung spricht, daß nur eine, statt bei der zweiten Lösung drei Vorrichtungen herzustellen sind; daß nur einmal aufzuspannen ist und daß die mit Vorgabe und Kontrolle verbundene Verwaltungsarbeit gleichfalls nur einmal zu machen ist.

Für die zweite Lösung spricht, daß die drei Vorrichtungen wesentlich einfacher werden als die Komplettvorrichtung und daß sie alle drei zusammen billiger werden als im andern Falle die eine. Ferner muß die Komplettvorrichtung kastenförmig und, entsprechend der Größe und dem Gewicht der Werkstücke ziemlich kräftig ausgebildet werden. Da das Werkstück etwa 45 kg wiegt und die Vorrichtung kaum leichter werden dürfte, so wäre also mit einem Gewicht von etwa 90 kg für die Vorrichtung mit eingelegtem Werkstück zu rechnen. Die Vorrichtung müßte während des Arbeitsganges achtmal gekippt werden; das ist bei dem angegebenen Gewicht mindestens mühselig.

In Abb. 440—443 ist eine solche Vorrichtung gezeigt. Der Vorrichtungenkörper ist ein sechseckiger Kasten, der das Werkstück in seinem Zentrierzapfen aufnimmt. Ausgerichtet wird das Werkstück durch die beiden Druckschrauben *g*; das Festspannen erfolgt durch die

Schraube *f*. Der Deckel *h* ist mit einem Zentrierrand versehen, der in eine entsprechende Ausdrehung des Vorrichtungenkastens paßt. Gegen

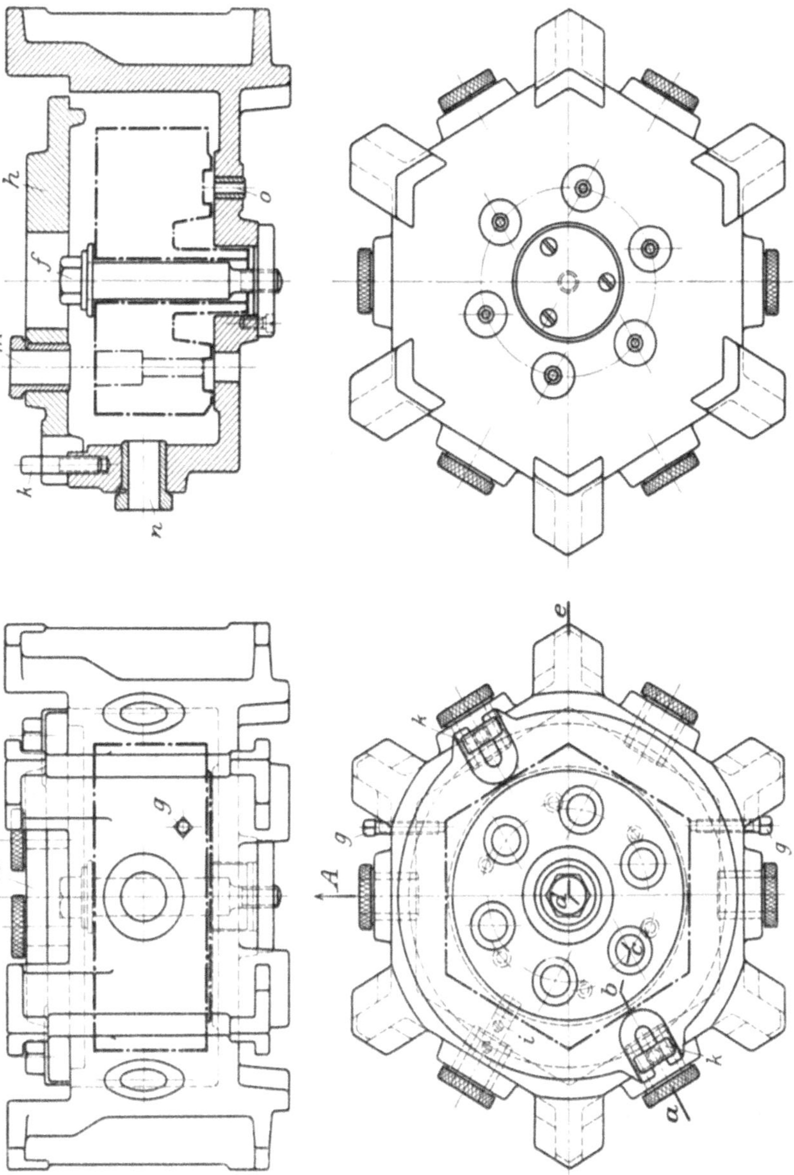

Abb. 440 bis 443.

Drehung ist der Deckel durch eine Flachfeder *i* gesichert; festgespannt wird er durch zwei Lappenschrauben *k*.

Die Vorrichtung ist, wie die Abbildungen zeigen, recht kompliziert. Die Herstellung schwierig, da die Löcher *m*, *n* und *o* zueinander in Beziehung stehen und die entsprechenden Maße wohl überhaupt nur in einer sehr entwickelten Werkzeugmacherei einigermaßen genau feststellbar sind. Auf jeden Fall wird eine solche Vorrichtung unverhältnismäßig teuer; man sollte daher solche Konstruktionen nur dann ausführen, wenn keine andere Lösung gangbar erscheint. Ferner ist zu beachten, daß die Löcher *a* und *m* verhältnismäßig groß sind und auf einer kräftigen Bohrmaschine gebohrt werden müssen, während die Schrauben- und Stiftlöcher für den Rastenring klein sind und wirtschaftlich nur auf einer Schnellbohrmaschine gebohrt werden können. Außerdem kann aber die Bohrvorrichtung für den Rastenring ohne große Mehrkosten so ausgebildet werden, daß sie auch für die entsprechenden Löcher im Revolverkopf angewandt werden kann. Wir entschließen uns daher zu dem zweiten Weg, getrennte Vorrichtungen für die einzelnen Löcher vorzusehen.

Die Löcher *m* sollen zuerst gebohrt werden; sie dienen zur Auf-

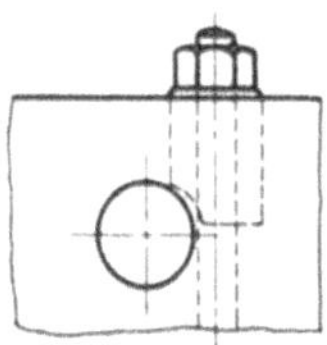

Abb. 444.

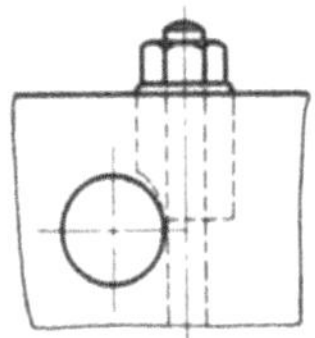

Abb. 445.

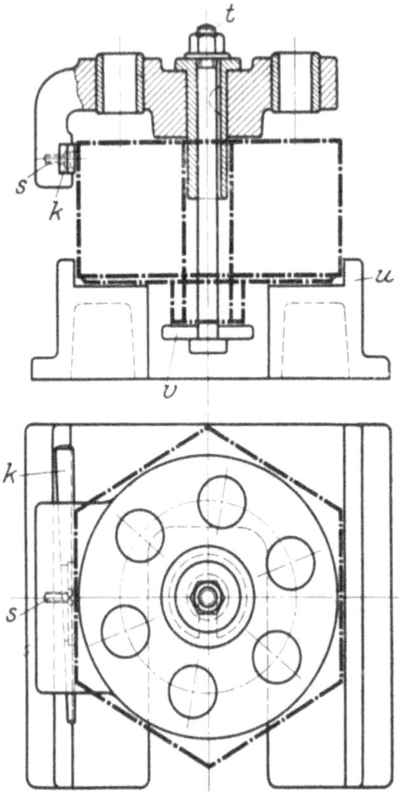

Abb. 446 und 447.

nahme der Spannbuchsen, Abb. 434. An diesen Spannbuchsen müssen die Druckflächen zum Festspannen der Werkzeuge genau auf der Mantelfläche des Loches *a* liegen; ist die Fläche versetzt (Abb. 444 u. 445), so wird der eingespannte Werkzeugschaft beschädigt und nicht genügend festgespannt. Würde man Druckflächen an die Spannbuchsen etwa anfräsen oder sonst auf irgendeine Art außerhalb des Revolverkopfes bearbeiten, so wäre eine genaue Anlage an den einzuspannenden Werkzeugschaft nur durch mühsame und kostspielige Nacharbeit zu erreichen. Um dies zu vermeiden, ist es das einfachste, beim Fertigbohren der Werkzeuglöcher die Spannbuchsen einzusetzen, mit den Spannschrauben festzuziehen und die Druckfläche mit zu bearbeiten. Die Druckflächen der Spannbuchsen werden dann ohne Mehrkosten der Bohrarbeit selbsttätig genau bearbeitet. Dies vorausgesetzt, kommt es auf die Lochentfernung bei den Spannbuchsenlöchern nicht auf allzugroße Genauigkeit an; es wären etwa $\pm$ 0,1 mm Toleranz zulässig.

Die Vorrichtung nach Abb. 446 u. 447 findet Aufnahme in der zentrischen Bohrung des Kopfes; ein winkelförmiger Anguß greift über

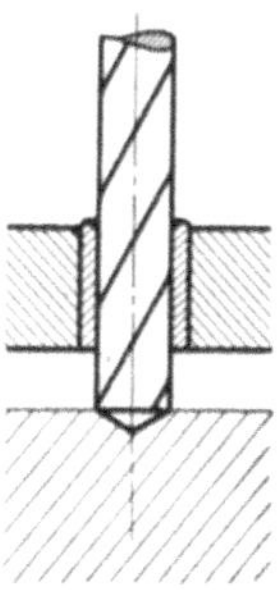
Abb. 448.

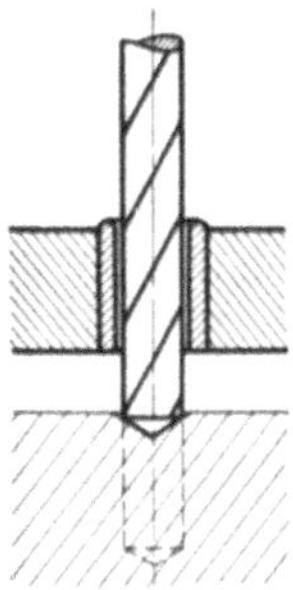
Abb. 449.

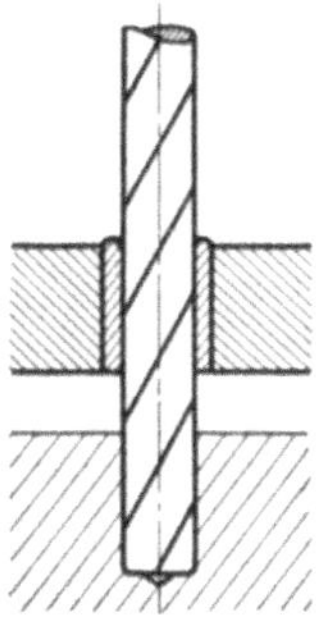
Abb. 450.

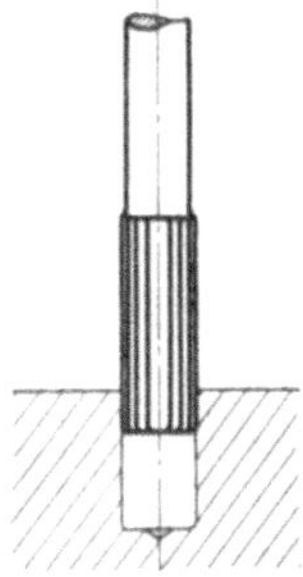
Abb. 451.

eine der Sechseckflächen und bietet in einem Schlitz einem Keil *K* Aufnahme, mit dem die Vorrichtung nach dieser Fläche ausgerichtet wird. Der Keil ist vor dem Herausfallen geschützt durch eine Schraube *S*, die sich in einem Schlitz des Keiles führt. Die Festspannung der Vorrichtung erfolgt durch eine Spannschraube *t* mit Vorsteckscheibe *v*. Der Untersatz *u* dient als Auflage. Die Vorrichtung hat sechs feste Bohrbuchsen mit Minusmaß für den Durchmesser der Spannbuchsen.

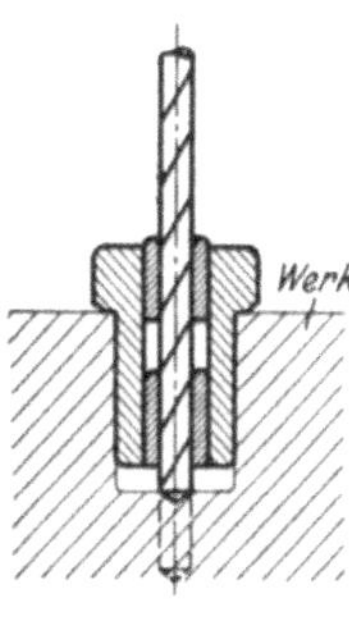

Abb. 452.

Die Löcher werden mit einem Minusbohrer so weit angebohrt, daß die ganze Bohrerspitze in das Material eingedrungen ist, Abb. 448, dann mit einem Bohrer von 2—3 mm Untermaß auf richtige Tiefe vorgebohrt, Abb. 449, darauf mit einem flachgeschliffenen Minusbohrer, dessen Schneidkanten etwas abgerundet sind, nachgebohrt, Abb. 450. Das Aufreiben, Abb. 451, kann ohne Vorrichtung geschehen. Nach dem Reiben werden die Löcher für die Spannschrauben durch eine in die Spannbuchsenlöcher gesteckte Führungsbuchse gebohrt, Abb. 452.

Das Verfahren erscheint nach der Beschreibung etwas umständlich, ist es aber nicht, da das Auswechseln der Werkzeuge mit Hilfe eines Schnellwechselfutters nach Abb. 471 sehr schnell und während des Ganges der Maschine vorgenommen werden kann.

Das Vorbohren mit einem kleineren Bohrer muß deswegen erfolgen, weil beim Bohren mit einem Minusbohrer, der nur einige Zehntel Millimeter Untermaß hat, die Gefahr besteht, daß die Reibahle nicht alle Riefen des Spiralbohrers fortnimmt. Dient der Minusbohrer nur zum Nachbohren, so hat er nur kleine Späne zu nehmen und arbeitet sauberer.

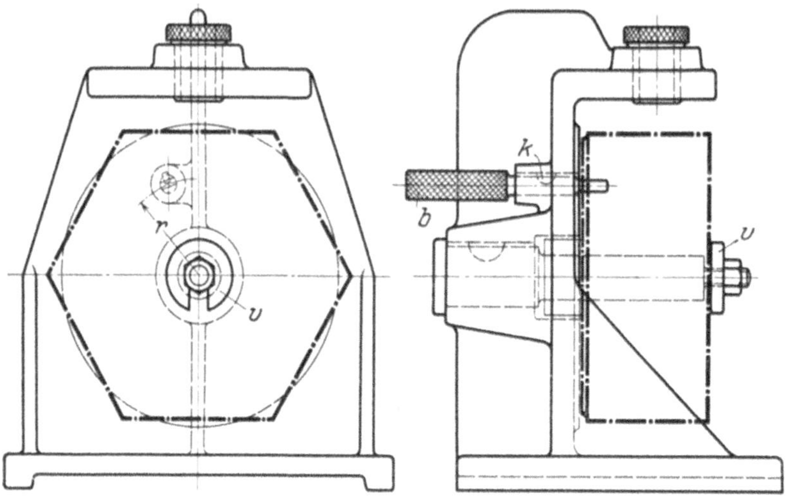

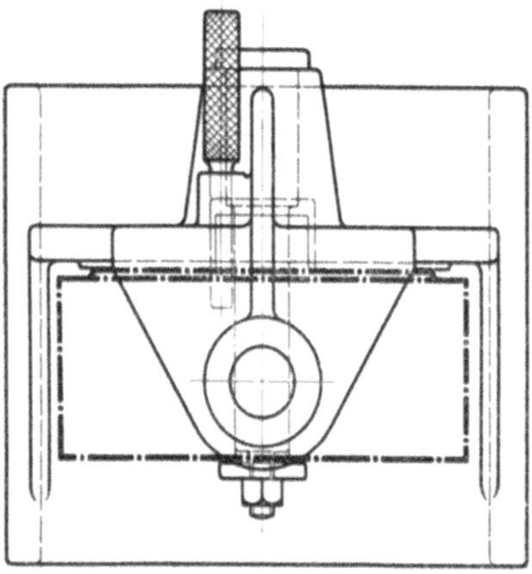

Außerdem ist zu beachten, daß die Spiralbohrer selten genau geschliffen sind und daher meist größer bohren. Würde man also mit dem Minusbohrer in das volle Material bohren, so bestände die Gefahr, daß die Löcher zu groß und damit die Teile Ausschuß werden.

Das Bohren der Werkzeuglöcher erfolgt mit der Vorrichtung nach Abb. 453—455. Diese Vorrichtung nimmt an einem Winkel das Werkstück wieder in der zentrischen Bohrung auf. Der Aufnahmedorn trägt an seinem freien Ende eine Mutter, die mit der Vorsteckscheibe *v* das Werkstück an seine Auflagefläche am Winkel andrückt. Ein Bolzen *b* arretiert das Werkstück in dem Spannschraubenloch so, daß die Werkzeuglöcher jedesmal in die richtige Stellung zum Spannbuchsenloch kommen. Dieser Bolzen ist auf die Länge seines Eingriffes in die Spannschraubenlöcher abgeflacht, Abb. 456, so daß geringe Maßabweichungen im Maße *r* unschädlich werden. Damit der Bolzen seine richtige Lage behält, ist er durch einen Keil *K* gegen Drehung geschützt. Die Bohrbuchse steht genau über Mitte Aufnahmebolzen. Nach dem Bohren eines Loches wird die Festspannung gelöst, der Bolzen *b* herausgezogen und das Werkstück um eine Lochteilung gedreht, wieder fixiert, festgespannt, das zweite Loch gebohrt und so fort.

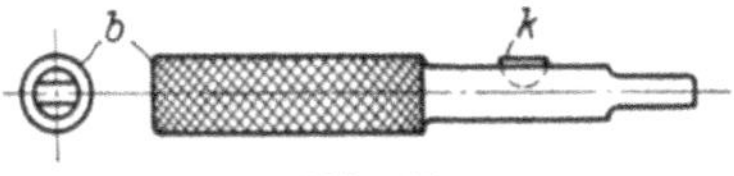

Abb. 456.

Beide Vorrichtungen sind sehr einfach und bei ihrer Herstellung keine allzugroße Genauigkeit einzuhalten.

Für das Bohren der Befestigungslöcher für den Rastenring kann die Vorrichtung so ausgebildet werden, daß sie zum Bohren des Revolverkopfes und des Ringes benutzt werden kann.

Die Vorrichtung besteht aus einem Ring, der auf der einen Stirnseite mit einem Zentrierrand vom Durchmesser des Rastenringes versehen ist. Dieser Zentrierrand wird in die entsprechende Ausdrehung

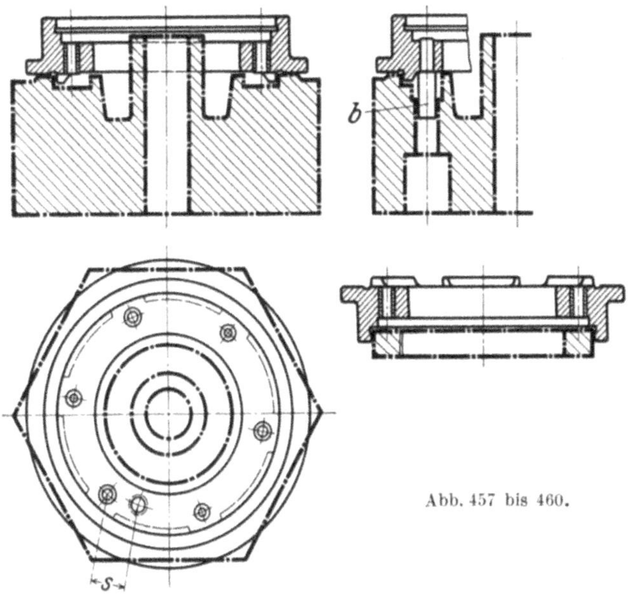

Abb. 457 bis 460.

des Revolverkopfes eingelegt, Abb. 457—459. Die andere Seite des Ringes trägt eine Ausdrehung zur Aufnahme des Rastenringes (Abb. 460); diese Ausdrehung muß um das Schleifmaß größer sein als das Fertigmaß des Rastenringes, da dieser gehärtet und geschliffen wird.

Um die richtige Stellung der zu bohrenden Löcher an dem Revolverkopf zu den übrigen, schon vorhandenen Löchern zu erzielen, ist ein Bolzen *b* vorgesehen, der in ein Spannschraubenloch eingeführt wird. Der Abstand *S* dieses Zapfens von dem benachbarten Stiftloch muß genau sein.

Das Bohren selbst ist sehr einfach und bedarf keiner weiteren Erklärung. Damit beim Bohren des Kopfes die Späne genügend Raum finden, ist der Zentrierrand an den Stellen, wo die Bohrbuchsen sitzen, ausgeklinkt.

Der Rastenring wird nach dem Bohren in einer Fräsvorrichtung aufgenommen; Vorrichtungen ähnlicher Form werden im Abschnitt Fräsvorrichtungen behandelt werden.

Die Schraubenlöcher *S* (Abb. 434) werden, wie schon erwähnt, nach der endgültigen Fertigstellung der Werkzeuglöcher *a* gebohrt. Zu diesem Zwecke muß der Revolverkopf nochmals aus der Maschine ausgebaut werden.

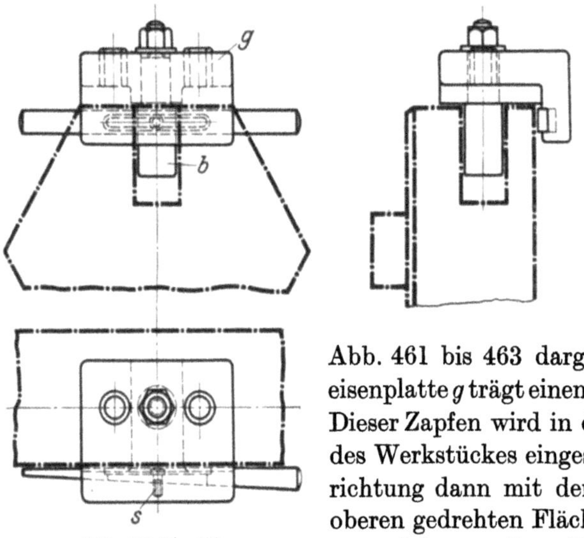

Abb. 461 bis 463.

Die Bohrvorrichtung ist in Abb. 461 bis 463 dargestellt. Eine Gußeisenplatte *g* trägt einen Aufnahmezapfen *b*. Dieser Zapfen wird in die Werkzeuglöcher des Werkstückes eingesteckt und die Vorrichtung dann mit dem Keil *k* nach der oberen gedrehten Fläche des Werkstückes ausgerichtet. Der Keil ist durch die Schraube *S* vor dem Herausfallen bei Nichtgebrauch der Vorrichtung geschützt. Ein besonderes Festspannen der Vorrichtung ist bei dem einfachen Arbeitsvorgange nicht erforderlich.

Allgemein verwendbare Vorrichtungen. Fast in jedem Betriebe kommen häufig Teile vor, die recht gut geeignet sind, in Vorrichtungen gebohrt zu werden, deren Stückzahl aber nicht groß genug ist, als daß sich eine besondere Bohrvorrichtung bezahlt machen würde, oder die, wenn auch in größerer Stückzahl, aber nur einmal vorkommen; auch tritt häufig der Fall ein, daß auf die Anfertigung einer Vorrichtung wegen der Kürze der Lieferzeit nicht gewartet werden kann. In allen diesen Fällen werden die Teile gewöhnlich angerissen und nach dem Anriß gebohrt. Alle Nachteile dieses Verfahrens werden notgedrungen mit in Kauf genommen.

Hier können allgemein verwendbare Vorrichtungen treffliche Dienste tun. In Abb. 464 ist eine solche dargestellt; ein normaler Maschinenschraubstock ist mit einer Bohrerführung ausgerüstet; die längs und quer zu den Backen sowie in der Höhe verstellbar ist. Natürlich können außer den normalen auch Spezialbacken in den Schraubstock eingesetzt werden. Es können Teile verschiedenartigster Form in solcher Vorrichtung gebohrt werden, sofern sie geeignet sind, in einen Schraubstock gespannt zu werden, und in ihren Abmessungen denen des Schraubstockes entsprechen.

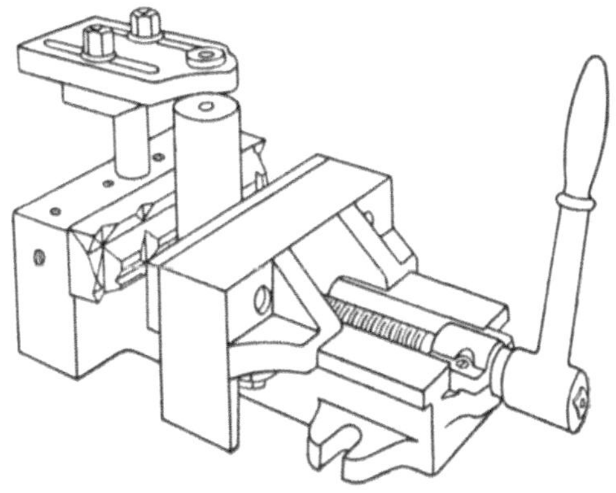

Abb. 464.

Solche allgemein verwendbare Vorrichtungen lassen sich besonders vorteilhaft ausbilden, wenn man ihre Anwendung auf bestimmte gleichartige Arbeiten beschränkt. In Abb. 362 bis 364 ist bereits eine solche Vorrichtung für Hebel gezeigt worden. Ein anderes Beispiel ist in Abb. 465 dargestellt. Die Spannbacken werden durch eine Spin-

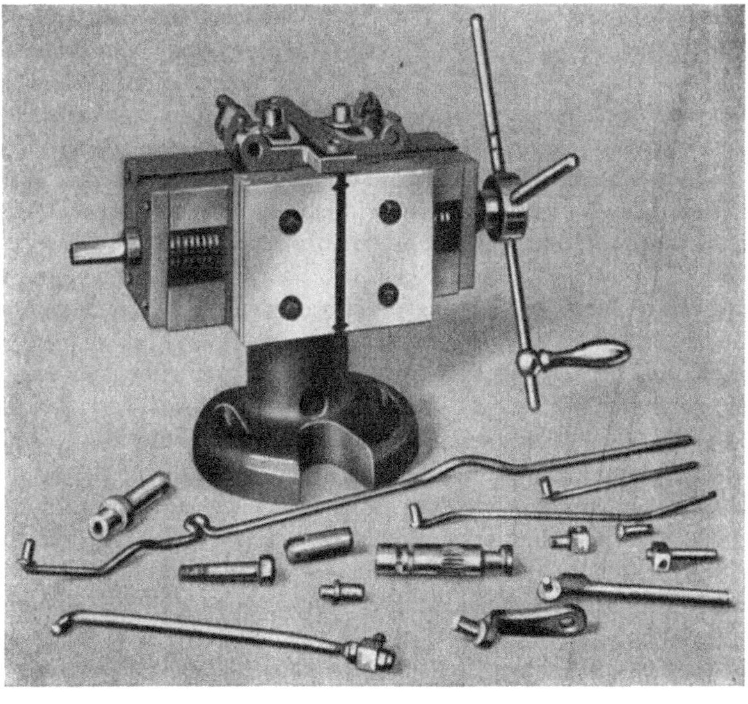

Abb. 465.

del mit Rechts- und Linksgewinde betätigt, so daß die in die Prismen eingelegten Werkstücke immer in die richtige Lage zur Bohrerführung kommen. Die Bohrerführung ist verstellbar. Die Spannbacken können in vier verschiedenen Stellungen aufgesetzt werden. Die Vorrichtung dient zum Bohren von Querlöchern in Stifte, Zapfen und ähnliche Teile, wie in der Abbildung eine Anzahl gezeigt sind.

Vorrichtungen der eben beschriebenen Art sind seit Jahrzehnten bekannt; sie haben sich aber in Deutschland, wohl durch Verkennung ihres Wertes, leider recht wenig eingeführt. Da sie besonders bei kleiner Serienfabrikation vorteilhaft arbeiten, so wäre ihre weitgehende Anwendung zu wünschen. Dies gilt besonders für solche Betriebe, wo der Vorrichtungenbau noch in der Entwicklung begriffen ist.

Abb. 466.

Allgemein verwendbare Hilfsmittel für die Bohrerei. Hilfseinrichtungen allgemeiner Art, die aber nicht Bohrverrichtungen im bisher behandelten Sinne darstellen, die aber sehr geeignet sind, besonders die Nebenzeiten zu reduzieren, lassen sich im Bohrereibetriebe in mancherlei Form anwenden. Zu diesen Mitteln gehören die in den vorhergehenden Abschnitten behandelten Spannmittel, die Aufspannwinkel und Schraubstöcke. Wegen der Wichtigkeit dieser allgemeinen Einrichtungen sollen hier noch einige besonders für die Bohrerei bestimmte erwähnt werden.

Die Zwischenplatte nach Abb. 466 dient zum Festspannen von Werkstücken und Vorrichtungen auf gewöhnlichen Ständerbohrmaschinen. Das Werkstück wird also nicht auf dem Bohrmaschinentisch, sondern auf der Zwischenplatte aufgespannt und diese lose auf den Bohrmaschinentisch gelegt. Durch dieses Verfahren wird das Ausrichten des Werkstückes nach der Bohrermitte erleichtert.

Zum Bohren komplizierter Teile in Vorrichtungen sind oft eine große Anzahl verschiedener Werkzeuge nötig, von denen in der Regel ein Teil besonders für einen bestimmten Zweck konstruiert und hergestellt wird, ein anderer Teil aber normale Werkzeuge darstellt. Erfahrungsgemäß bereitet das Zusammenholen all dieser Werkzeuge im Bedarfsfalle große Zeitverluste, besonders dann, wenn die benötigten normalen Werkzeuge für den Sonderfall kleine Eigenheiten haben müssen; z. B. wenn ein Spiralbohrer besonders kurz oder lang sein muß. Es ist in solchen Fällen

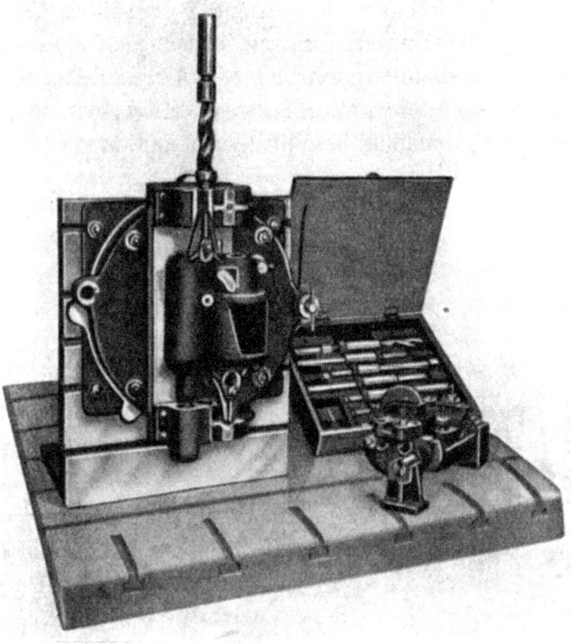

Abb. 467.

Abb. 468.

zu empfehlen, alle in einer Vorrichtung gebrauchten Werkzeuge in einem Kasten geordnet unterzubringen, diesen Kasten neben der Vorrichtung im Lager aufzubewahren und mit der Vorrichtung zusammen auszugeben. Der Mehraufwand an Kosten für die Werkzeuge und den Kasten macht sich reichlich bezahlt durch bedeutende Verringerung der Einrichtezeit und der Ausschußgefahr. Einige Beispiele für solche Einrichtungen sind in Abb. 467 u. 468 gezeigt.

Für Maschinen, an denen allgemeine Bohrarbeiten ausgeführt werden, sollte Gelegenheit gegeben werden, die verschiedenen Bohrwerkzeuge übersichtlich abzulegen, so daß ein Beschädigen der Werkzeuge und zeitraubendes Suchen nach dem gerade gebrauchten Stück vermieden wird. In Abb. 469 ist ein Ständer für diesen Zweck dargestellt, der den Vorteil hat, daß er in der Höhe verstellbar und transportabel ist, so daß die Auflageplatte immer griffrecht eingestellt werden kann.

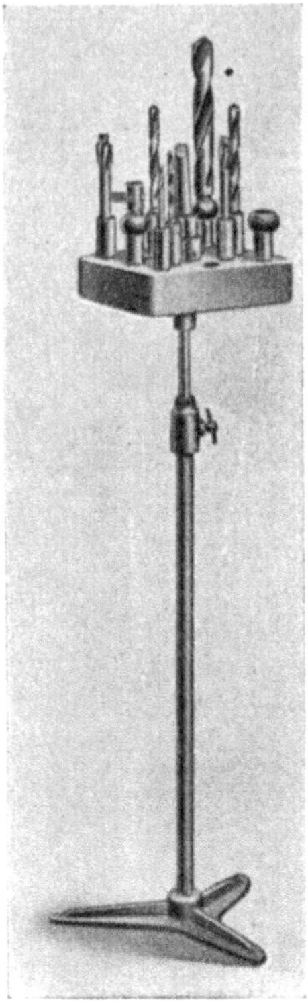

Abb. 469.

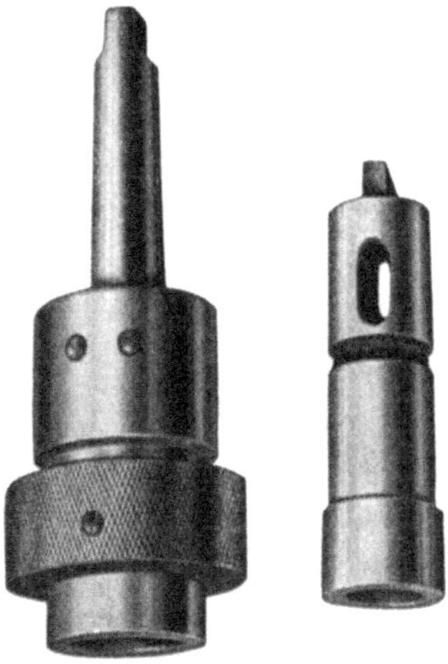

Abb. 470.

Werden beim Bohren eines Stückes viele Werkzeuge nacheinander gebraucht, so ist das Auswechseln dieser Werkzeuge recht zeitraubend, wenn jedesmal die Maschine stillgesetzt werden muß. In solchen Fällen sind Schnellwechselfutter nach Abb. 470 zu empfehlen, die gestatten, die Werkzeuge während des Ganges der Maschine in wenigen Sekunden auszuwechseln. In Abb. 471 ist das Futter im Schnitt dargestellt. Die Hülse *a* steckt mit dem Konus in der Bohrspindel. Die Zwischenhülse *b*, die das Werkzeug hält, wird in einer zylindrischen Bohrung von *a* aufgenommen; sie ist am oberen Ende mit einem Lappen versehen, der sich zwischen zwei tangential in *a* eingebohrte Stifte *c* einführt; die Stirnfläche der Hülse *b* legt sich gegen den Boden des Aufnahmeloches, so daß die Axialkräfte direkt übertragen werden, während die Drehung durch die Stifte *e* auf die Hülse *b* übertragen wird. In die Hülse *b* sind ferner zwei harte Buchsen *d* eingesetzt, in die die abgerundeten Enden der Stifte *e* eingreifen und so ein Herausfallen der Hülse *b* verhindern. Die Lage der Stifte *e* in axialer Richtung wird durch den Ring *f* bestimmt, der so ausgedreht ist, daß in Arbeitsstellung der Bund der Stifte im engen Teile der Ausdrehung aufgenommen wird; wird der Ring, der auf *a* lose drehbar und axial verschiebbar ist, hochgehoben, so fällt die Hülse *a* mit dem Werkzeug nach unten, indem sie die Haltestifte *e* nach außen in die große Ausdrehung des Ringes *f* drückt. Es kann nun ein anderes Werkzeug eingeführt werden; beim Loslassen des Ringes *f* fällt dieser durch Eigengewicht so weit nach unten, bis er auf den Stiften *e* wieder Auflage findet, d. h. nachdem er diese Stifte wieder in Eingriff mit der Hülse *b* gebracht hat. Außer der beschriebenen gibt es noch eine große Anzahl anderer Konstruktionen für den gleichen Zweck.

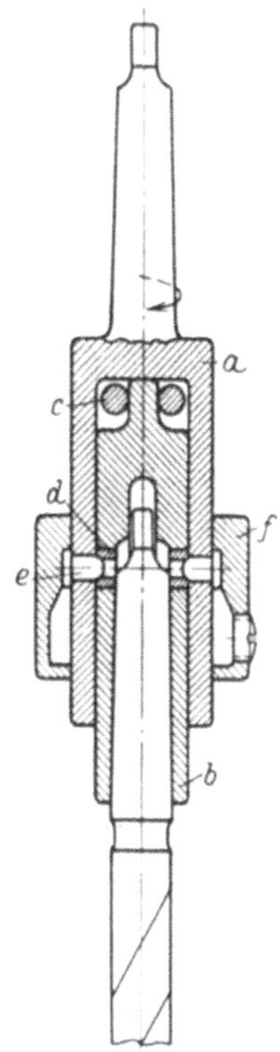

Abb. 471.

Arbeiten für Vielspindel- und Spezialbohrmaschinen. Die sehr zahlreichen Fälle, daß in Werkstücke eine größere Anzahl gleichgroßer oder annähernd gleichgroßer Löcher zu bohren sind, führte schon vor Jahrzehnten zur Schaffung von Vielspindelbohrmaschinen, Abb. 472[1]). Der Bohrkopf dieser Maschinen trägt eine Anzahl von Bohrspindeln, die alle von einem Zahnrad angetrieben werden, Abb. 473. Der Abstand der einzelnen Spindeln voneinander ist durch Leisten *a* verstellbar; die Verbindung der Bohrspindeln *b* mit den Antriebszahnrädern *c* erfolgt durch Gelenkwellen *d*. Die Anzahl der Bohrspindeln ist je nach Verwendungszweck verschieden groß; die gangbarsten Ausführungen bewegen sich etwa zwischen 6 und 40 Spindeln pro Bohrkopf. Die Verstellbarkeit der einzelnen Bohrspindeln ist verhältnismäßig groß, so daß die Verwendungsmöglichkeit solcher Maschinen ziemlich ausgedehnt ist; Abb. 474 zeigt einige Beispiele, wie eine achtspindlige Maschine eingestellt werden kann.

[1]) Erzeugnis der Baush Machine Tool Comp., Springfield, Mass., U.S.A.

Abb. 472.

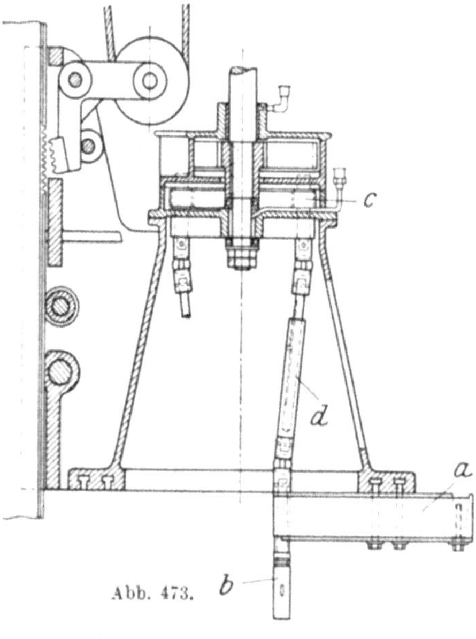

Abb. 473.

Beim Einrichten der Maschine ist nicht nur die Entfernung der einzelnen Bohrspindeln voneinander einzustellen, sondern die einzelnen Spindeln sind auch in axialer Richtung so zu stellen, daß alle Bohrer gleichzeitig angreifen oder gleichzeitig ihre Arbeit beenden. Die Einrichtezeit ist also nicht unwesentlich. Aus diesem Grunde sind die Maschinen nur für größere Serien- oder Massenfabrikation geeignet.

Bei roheren Arbeiten wird oftmals ohne Bohrerführung

gearbeitet; für genauere Arbeiten ist natürlich nötig, die Bohrer durch Buchsen zu führen. Abb. 475 zeigt ein Arbeitsbeispiel für eine neunspindlige Maschine[1]), es werden sechs Löcher von 8 mm ∅ und 22 mm

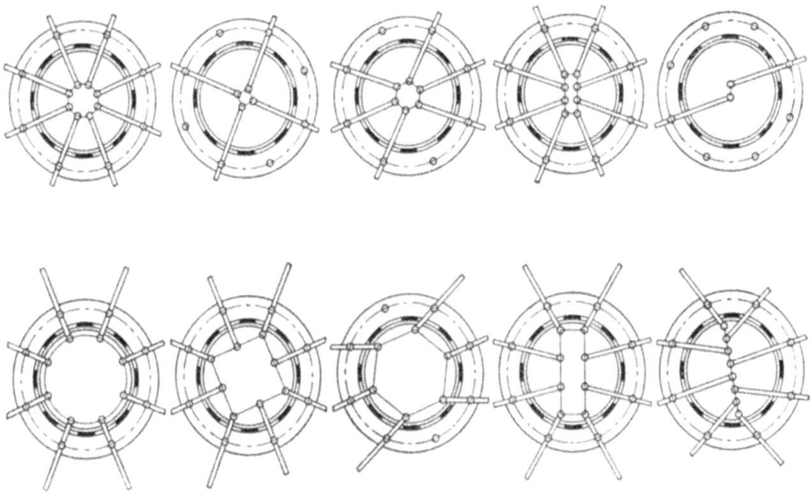

Abb. 474.

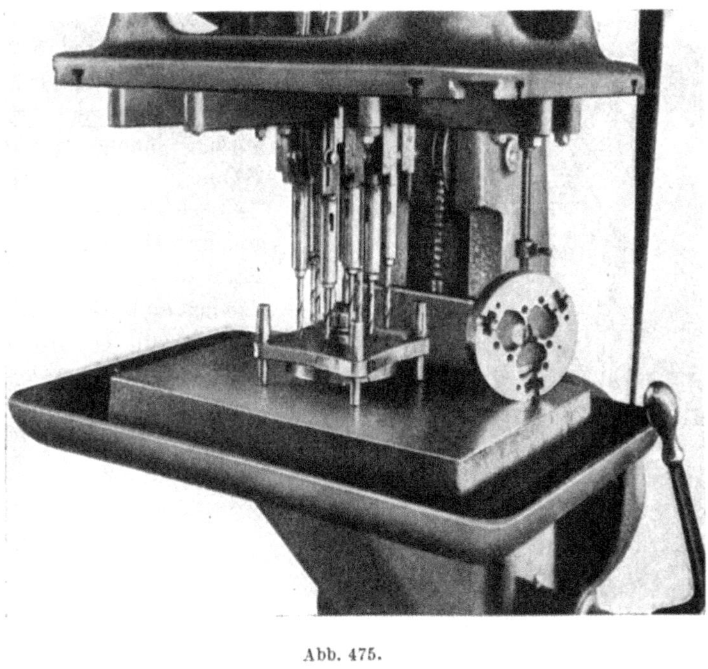

Abb. 475.

Tiefe und drei Löcher von 6,5 mm ∅ und 13 mm Tiefe gleichzeitig gebohrt. In Abb. 476 ist ein anderes Ausführungsbeispiel derselben

[1]) Ausgeführt von der Firma Pratt u. Whitney Co., Hartford, Conn., U.S.A.

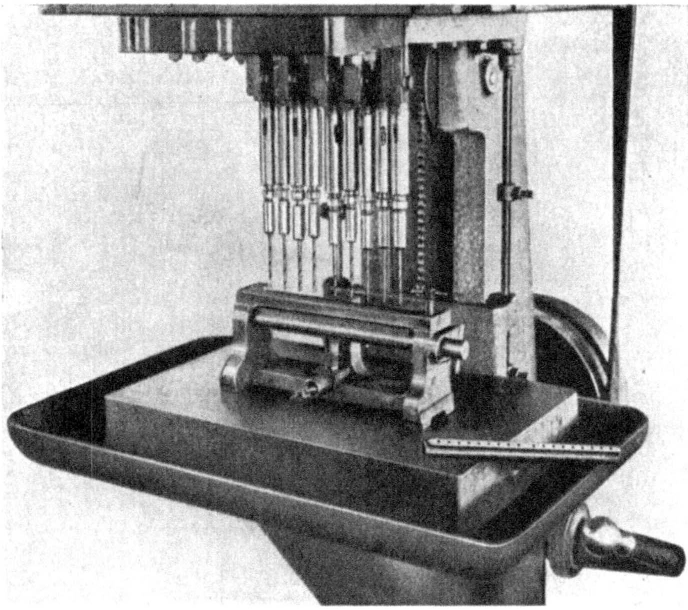

Abb. 476.

Abb. 477.

Firma gezeigt, bei dem die Anwendung der Maschine insofern anders ist als vorher, indem mit neun Spindeln in zwei Hüben 18 Löcher in das Werkstück gebohrt werden. Die Anzahl der zu bohrenden Löcher muß also nicht mit der Anzahl der Spindeln übereinstimmen, es können vielmehr, wie noch gezeigt wird, verschiedene Kombinationen vorgenommen werden.

In den beiden eben angeführten Beispielen kamen Bohrvorrichtungen der üblichen Art zur Anwendung. Es lassen sich für einfachere Teile die Vorrichtungen auch so gestalten, daß die Bohrerführungsplatte mit den Bohrern gehoben und gesenkt wird. Abb. 477 zeigt ein Beispiel dafür[1]); das Werkstück wird auf einer Aufnahmeplatte an Anschlagstifte angelegt; beim Herunterführen des Bohrkopfes legt sich die federnd angeordnete Bohrerführungsplatte auf das Werkstück und hält dieses fest. Der Vorteil gegenüber den sonst üblichen Bohrvorrichtungen besteht darin, daß die Einspannzeit fortfällt, wodurch die Gesamtarbeitszeit pro Stück wesentlich verringert wird.

Abb. 478.

Eine interessante Einrichtung zeigt Abb. 478, mit der Hebel nach Abb. 479 u. 480 gebohrt werden. Die Vorrichtung ist auf einem Drehtisch angeordnet und nimmt vier Reihen zu je vier Werkstücken auf. Drei Reihen werden gleichzeitig bearbeitet, und zwar so, daß in der ersten und zweiten Reihe mit je vier Bohrern in jedes Werkstück je ein Loch gebohrt wird; in der dritten Reihe werden alle Löcher mit acht Reibahlen gleichzeitig gerieben. Es werden also bei jedem Hub des Bohrkopfes vier Werkstücke fertiggestellt.

Abb. 479.

Abb. 480.

[1]) Ausgeführt von der Firma The National Automatic Tool Comp., Richmond, U.S.A.

Während des Bohrens werden auf der vierten Seite, an der keine Werkzeuge arbeiten, die Werkstücke aus- und eingespannt. Die Aufspannzeiten fallen also mit den Bohrzeiten zusammen. Die Bohrerführungsplatte ist wie in dem vorigen Beispiel am Bohrkopf federnd befestigt und bewegt sich mit diesem. Damit die Bohrplatte beim Arbeiten immer in die genaue Lage zu den Werkstücken kommt, sind vier Führungszapfen *a* vorgesehen, die die Bohrplatte in entsprechende Führungslöcher aufnehmen. Die Leistung dieser Einrichtung ist groß; nach Angabe der herstellenden Firma[1]) 4000 Stück in neun Stunden. Abb. 480 zeigt, wie der Abstand der beiden Löcher geprüft wird.

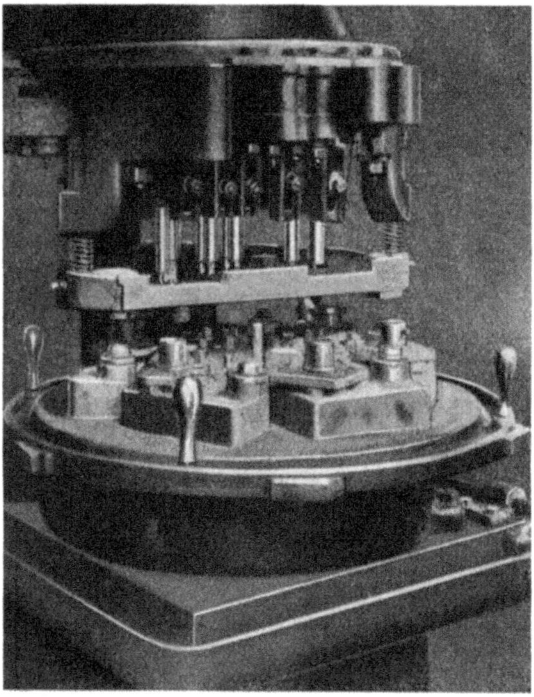

Abb. 481.

Eine ähnliche Anwendung ist in Abb. 481 dargestellt. Die Werkstücke (in Abb. 482 ungebohrt und in Abb. 483 gebohrt gezeigt) werden auf dem drehbaren Tisch so aufgespannt, daß in zwei Schaltstellungen des Tisches jedes Teil mit allen Löchern versehen wird; so daß bei jeder Schaltung des Tisches und bei jedem Hub des Bohrkopfes ein Teil fertig wird. Die Anordnung der Bohrerführungsplatte und ihre Fixierung zur Aufspannplatte erfolgt wie in dem vorigen Beispiele durch runde Führungszapfen.

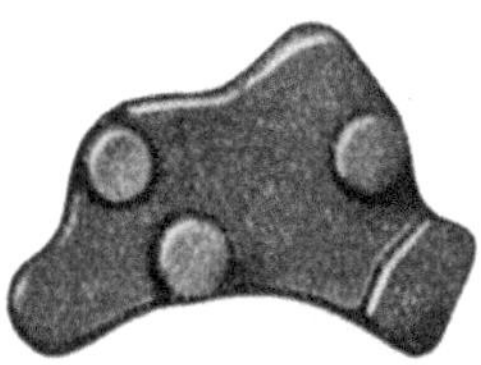

Abb. 482.

Abb. 483.

Daß man auch größere Werkstücke auf die eben beschriebene Weise

[1]) Ausgeführt von der Firma The National Automatic Tool Comp., Richmond, U.S.A.

bohren kann, zeigt Abb. 484. Das Werkstück zeigt Abb. 485 in ungebohrtem, Abb. 486 in gebohrtem Zustande. Die Teile müssen von zwei Seiten gebohrt werden. Die Vorrichtung nimmt vier Teile auf einem Drehtisch auf. Jedes Teil wird zweimal aufgespannt. Zwei Teile befinden sich in Arbeitsstellung, und zwar so, daß an dem ersten Teil alle Löcher von der einen und an dem zweiten Teil alle Löcher von der andern Seite gebohrt werden. Von den beiden andern, nicht im Arbeitsbereich der Bohrspindeln liegenden Teilen wird dasjenige, welches bereits von beiden Seiten gebohrt ist, als fertig ausgespannt, während das andere in die frei gewordene Aufnahme des fertigen Teiles zum Bohren der zweiten Seite eingespannt wird; in die andere Aufnahme wird ein neues Teil eingelegt. Der Tisch wird nach jedem Hub des Bohrkopfes um 180° geschwenkt. Mit jedem Hub wird ein Teil fertig.

Abb. 484.

Abb. 485.

Abb. 486.

Die bei diesen Vorrichtungen benutzten Schwenktische zeigen Abb. 487 u. 488. Der nach Abb. 487 ist der für kleinere Maschinen; der

Riegel für die Schaltung wird durch den Handhebel betätigt. Abb. 488 zeigt die größere Ausführung; hier wird die Verriegelung durch den Handhebel und die Schaltung durch einen Fußhebel betätigt.

Abb. 487.

Einige weitere gleichartige Beispiele sind in Abb. 489—492 dargestellt[1]). In Abb. 489 werden große Bundbuchsen die Flanschlöcher gebohrt. Die Konstruktion der Vorrichtung und ihre Arbeitsweise ist in der Abbildung mit genügender Deutlichkeit zu erkennen. Abb. 490 zeigt die Einrichtung zum Bohren von Federlaschen; diese werden in Paketen zu vier Stück in die Vorrichtungen eingelegt, und zwar drei Pakete in jede Vorrichtung; die Art der Aufnahme und der Festspannung ist deutlich in der Abbildung zu erkennen. Es werden hier also zwölf Laschen gleichzeitig gebohrt; jede Lasche erhält zwei Löcher. Das Bohren von Federböcken für Waggons zeigt Abb. 491 u. 492. In der Vorrichtung nach Abb. 491 werden die Befestigungslöcher in zwei Teile zugleich gebohrt; während die Einrichtung nach Abb. 492 das Bohren der Bolzenlöcher zeigt; hier werden vier Teile gleichzeitig gebohrt.

Abb. 488.

[1]) Ausgeführt von der Firma Habersang u. Zinzen, Düsseldorf.

Abb. 489.

Der Hauptvorteil der beschriebenen Einrichtungen mit Schwenktischen besteht, wie bereits erwähnt, darin, daß das Aus- und Einspannen der Teile während des Arbeitens der Maschine erfolgt und damit ein großer Teil der Nebenzeiten fortfällt. Die Erfolge, die dieses Verfahren mit sich bringt, sind in jeder Beziehung solche, daß seine weitgehendste Anwendung nicht dringend genug empfohlen werden kann.

Für große Teile mit vielen Löchern werden bei Massenfabrikation auch Einrichtungen[1]) nach Abb. 493 benutzt; diese dient zum Bohren von Kurbelgehäusen für Automobilmotoren. Zum Bohren sind mehrere Maschinen nötig, die in einer Reihe aufgestellt sind. Die Vorrichtung

[1]) Ausgeführt von The Caroll Engineering Comp., Dayton, Ohio, U.S.A.

Abb. 491.

Abb. 490.

Abb. 492.

Abb. 493.

Abb. 494.

ist auf Schienen fahrbar und kann dadurch mit geringer Mühe und geringem Zeitaufwand von einer Maschine zur andern gefahren werden.

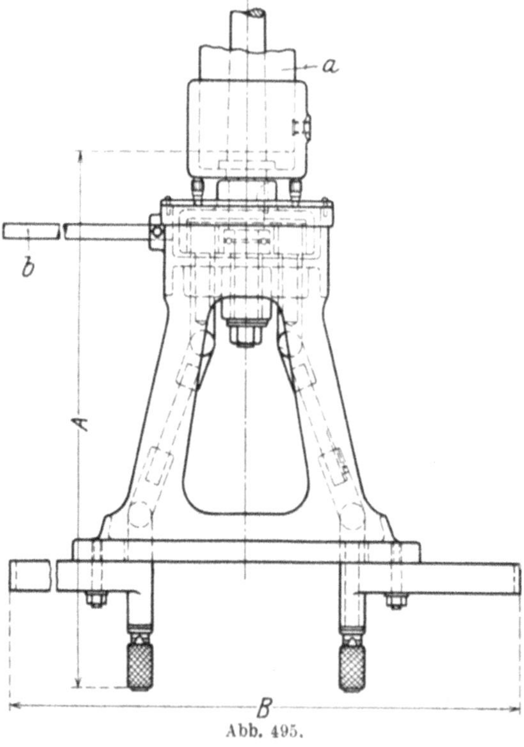

Abb. 495.

Um die verschiedenen Stellungen von Werkstück und Vorrichtung zu erreichen, ist die Vorrichtung um Zapfen schwenkbar. In Abb. 494 ist eine ähnliche Vorrichtung besonders dargestellt. Natürlich sind solche Anlagen nur bei großen Stückzahlen wirtschaftlich.

Die Vorteile der Vielspindelbohrmaschinen führten zur Schaffung von mehrspindligen Bohrköpfen, die an normalen einspindligen Bohrmaschinen benutzt werden können. Die Bohrköpfe werden in den verschiedensten Ausführungsformen auf den

Markt gebracht. Abb. 495 zeigt eine Ausführung[1]) mit Gelenkwellen; die Konstruktion entspricht genau der der Vielspindelbohrmaschinen; der Kopf wird im Konus der Bohrmaschine befestigt und angetrieben; eine Muffe *a* greift außen über die Bohrspindel und wird an dieser mit Schrauben angeklemmt, so daß der Kopf, wenn sich

Abb. 496.

der Konus lockern sollte, nicht herunterfallen kann. Eine Anschlagstange *b* legt sich beim Arbeiten gegen den Bohrmaschinenständer und verhindert, daß sich der Kopf mit der Bohrspindel dreht. Abb. 496 zeigt die Anwendung an einer Dreifachbohrmaschine.

Für viele Arbeiten genügen aber auch einfachere Konstruktionen, von denen eine sehr häufig angewandt in Abb. 497 u. 498 dargestellt ist. Hier sind drei Spindeln vorgesehen, von denen die mittlere gleichzeitig

[1]) Ausgeführt v. d. Firma The National Automatic Tool Comp., Richmond, U.S.A.

Antriebwelle für die beiden andern ist. Die Übertragung der Drehbewegung erfolgt durch Zahnräder. Der Abstand der beiden äußeren

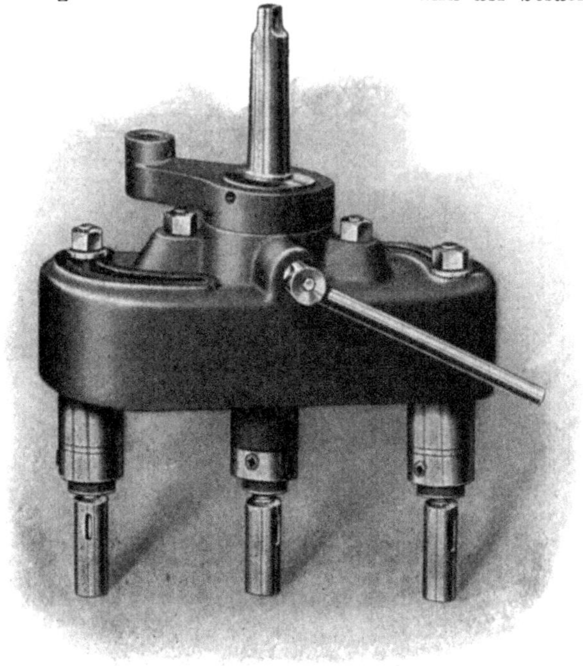

Abb. 497.

Bohrspindeln von der zentralen kann in bestimmten Grenzen verstellt werden, wie aus Abb. 498 zu erkennen ist.

Abb. 498.

Diese Bohrköpfe sowohl, als auch die mit Gelenkwellen sind infolge ihrer Einstellbarkeit für viele Teile anwendbar; sie eignen sich infolgedessen auch für kleinere Serienfabrikation. Diesen unbestreitbaren Vorteilen stehen jedoch auch Nachteile gegenüber. Beiden gemeinsam ist der Nachteil, daß die Lochentfernung für jedes neu einzurichtende Teil eingestellt werden muß; das erfordert nicht unerhebliche Einrichtezeiten und stellt eine Fehlerquelle dar, denn die Einstellung erfolgt immer mehr oder weniger ungenau. Ferner sind in den Fällen, in denen verhältnismäßig kleine Teile gebohrt werden, der Arbeitsbereich der Köpfe also ungünstig ausgenutzt wird, die Köpfe unnötig groß und schwer; dadurch wird dann oft das Beobachten der Werkstücke beim Arbeiten und das Betätigen der Maschine erschwert, die Nebenzeiten also erhöht.

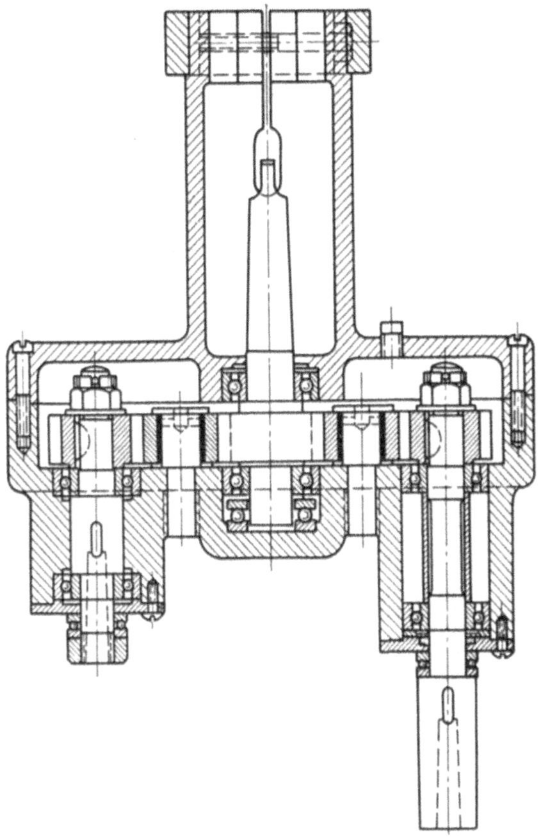

Abb. 499.

Die Köpfe mit Gelenkwellen haben noch den besonderen Nachteil, daß sie eine große Bauhöhe haben und dadurch den Arbeitsbereich der damit ausgerüsteten Maschinen beengen. Der Hauptnachteil der Köpfe mit Gelenkwellen, der übrigens auch für alle Gelenkwellenbohrmaschinen gilt, ist der, daß die Gelenkwellen bei stärkerer Beanspruchung und größeren Umdrehungszahlen häufig zu Bruch gehen und daher außer Reparaturkosten Störungen im Betriebe mit sich bringen.

In letzter Zeit geht man nun sowohl bei den in einspindlige Maschinen einsetzbaren Bohrköpfen, als auch bei Vielspindelbohrmaschinen dazu über, auf die Verstellbarkeit der Bohrspindelentfernungen zu verzichten und die Spindel fest zu lagern. Man erreicht dadurch eine gedrungene Bauart, gesunde Antriebselemente (Zahnräder), die eine größere Lebensdauer haben als Gelenkwellen, und vermeidet durch Fortfall des Einstellens der Lochentfernungen Einrichtezeiten und Fehlerquellen. Natürlich muß bei Anschaffung solcher Bohrköpfe bzw. -maschinen die Wirtschaftlichkeit geprüft werden. Die

Wirtschaftlichkeit steht außer Frage, wenn so große Mengen gleicher Werkstücke zu bearbeiten sind, daß die Maschinen dauernd damit besetzt sind; je kleiner jedoch die jeweilig herzustellende Stückzahl ist, um so sorgfältiger muß die Prüfung der Wirtschaftlichkeit erfolgen.

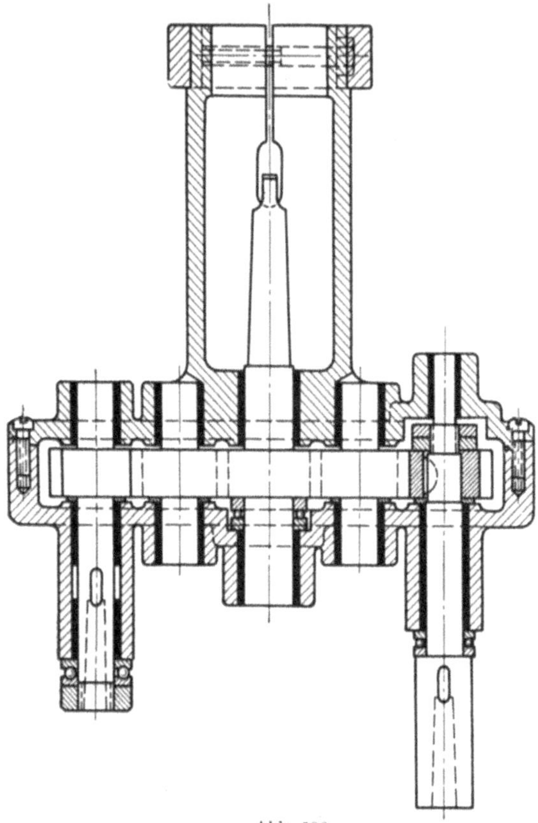

Abb. 500.

Abb. 499 u. 500 zeigen Ausführungsbeispiele von Bohrköpfen[1]) der eben beschriebenen Art; die beiden Ausführungen unterscheiden sich dadurch, daß in dem einen Kopf die Bohrspindeln in Kugellagern; in dem andern in Gleitlagern laufen.

Abb. 501 zeigt einen Bohrkopf in Verbindung mit einem Schwenktisch, auf dem zwei Bohrvorrichtungen aufgespannt sind; die Arbeitsweise ist die gleiche wie bei den Einrichtungen nach Abb. 484, 489—492. Auch die Einrichtung nach Abb. 502 ist nach gleichem Prinzip aufgebaut. Bemerkenswert ist auch hier wieder, wie die genaue Stellung des Bohrkopfes zu den Aufspannvor richtungen gesichert ist; in die Bohrungen *a* der Vorrichtungen greifen entsprechende Führungsbolzen des Bohrkopfes ein.

Abb. 503 zeigt eine Anordnung mit zwei Bohrmaschinen, auf die gemeinsam ein Tisch mit drei Stationen gebaut ist; an zwei Stationen wird gebohrt, während an der dritten auf- und abgespannt wird.

Abb. 504 zeigt die Anwendung von zwei Bohrköpfen auf einer Vierfachbohrmaschine[2]); hier werden alle Löcher in eine Automobilvorderachse gleichzeitig gebohrt. Einige weitere Ausführungsformen von Bohrköpfen zeigen Abb. 505—507. In Abb. 508 ist ein Bohrkopf für das

[1]) Hersteller: The National Automatic Tool Co. Richmond, Ind., U.S.A.
[2]) Hersteller: Barnes Drill Co., Rockford, Ill., U.S.A.

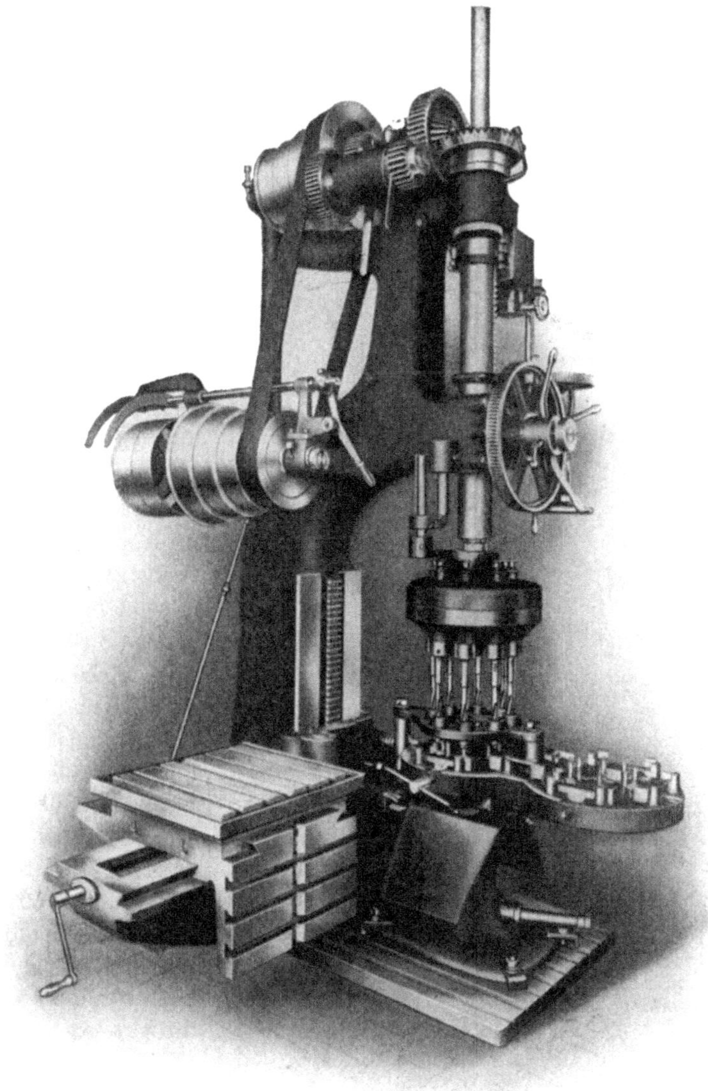

Abb. 501.

Bohren kleiner Löcher an leichten Bohrmaschinen dargestellt; Abb. 509 zeigt einen entsprechenden Gewindeschneidkopf. Diese kleinen Köpfe sind besonders wichtig, weil sie verhältnismäßig billig sind und die Verwendung normaler schnellaufender Maschinen gestatten.

Da, wie schon erwähnt, die Wirtschaftlichkeit für die Anschaffung der Bohrköpfe entscheidend sein muß, wäre es erwünscht, wenn die

Köpfe so billig wie möglich herzustellen wären. Dies ließe sich dadurch erreichen, daß für je einen bestimmten Lochdurchmesserbereich die zu verwendenden Bohrspindeln und Antriebselemente genormt würden; diese Teile könnten dann in großen Stückzahlen billig und gut auf Vorrat hergestellt und nach Bedarf in die Bohrköpfe eingebaut werden. Da bisher bei uns keine Werkzeugmaschinenfabrik diesen Gedanken aufgegriffen und großzügig durchgeführt hat, so lohnt es sich wohl für Großbetriebe, dies selbst zu tun und dabei die Konstruktion ihren besonderen Bedürfnissen anzupassen. Die Arbeit würde dann dem Vorrichtungenkonstrukteur zufallen; aus diesem Grunde sollen hier noch eine Anzahl besonders interessanter Ausführungsformen von Vielspindelbohrmaschinen und Spezialmaschinen angeführt werden. Abb. 510 zeigt eine normale Vielspindelmaschine[1]) mit festgelagerten Bohrspindeln ohne Gelenkwellen. Abb. 511 bis 514 zeigen Spezialmaschinen, deren Bohrköpfe aus den gleichen Elementen bestehen wie der Kopf der normalen Maschinen. Man kann also auf diese Weise mit verhältnismäßig einfachen Mitteln Spezialmaschinen zusammenstellen. Abb. 515 bis 519 zeigen ähnliche Ausführungen einer anderen Firma[2]).

Abb. 502.

---

[1]) Hersteller: The National Automatic Tool Co., Richmond, Ind., U.S.A.
[2]) Rockford Drilling Machine Co., Rockford, Ill., U.S.A.

Eine sehr einfache Maschine[1]) zeigt Abb. 520; die Bohrköpfe könnten so augsebildet werden, daß sie nach Gebrauch von dem Maschinengestell abgenommen und auf ein anderes zu einer neuen Spezialmaschine zusammengesetzt werden könne. Das wäre für solche Betriebe von Bedeutung, die nicht so große Stückzahlen zu verarbeiten haben, daß sich die Anschaffung einer größeren Anzahl von Spezialmaschinen lohnen würde. Werden die Aufnahmen für die Bohrköpfe gut durchgebildet und sauber ausgeführt, so dürfte das Auswechseln nicht mehr Schwierigkeiten bereiten, als das Anbringen vieler Ausrüstungsteile an normalen Werkzeugmaschinen.

Abb. 503.

Abb. 521 zeigt eine Maschine[1]) nach dem gleichen Prinzip wie die in Abb. 520 dargestellte,

Abb. 504.

[1]) Hersteller: Langlier Mfg. Comp., Providence, U.S.A.

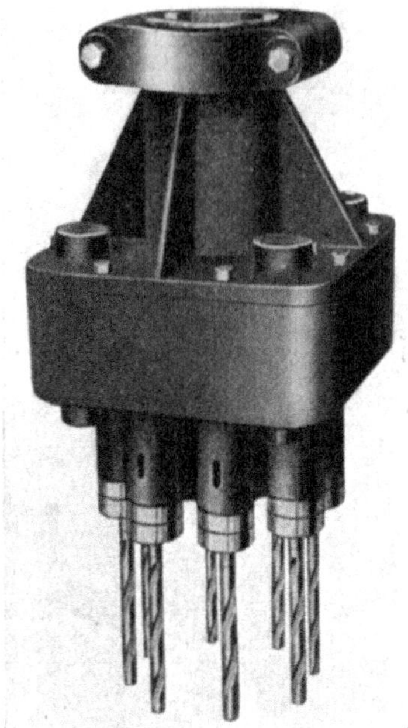

Abb. 506.

Abb. 505.

Abb. 507.

Abb. 508.

Abb. 509.

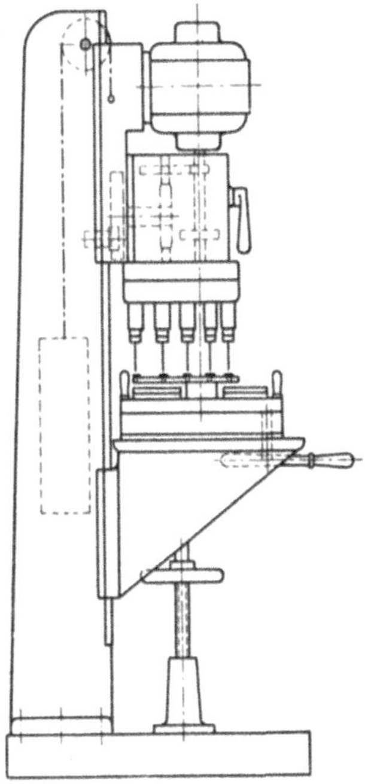

Abb. 510.

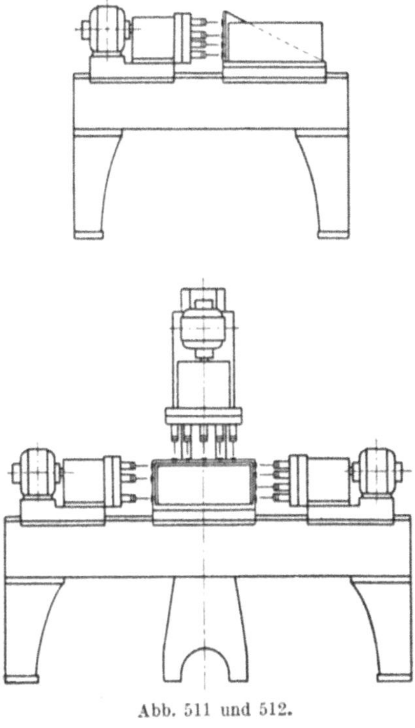

Abb. 511 und 512.

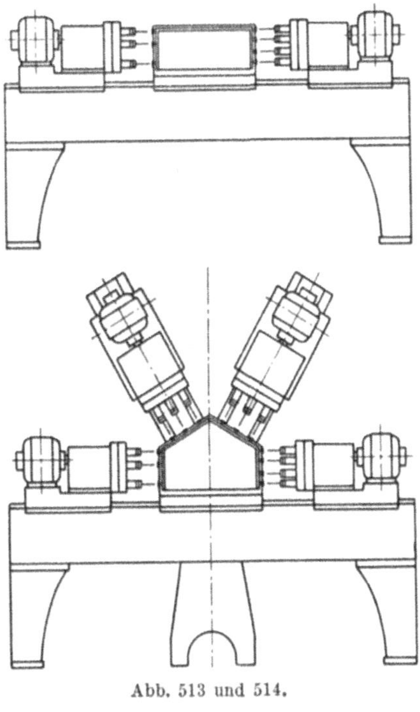

Abb. 513 und 514.

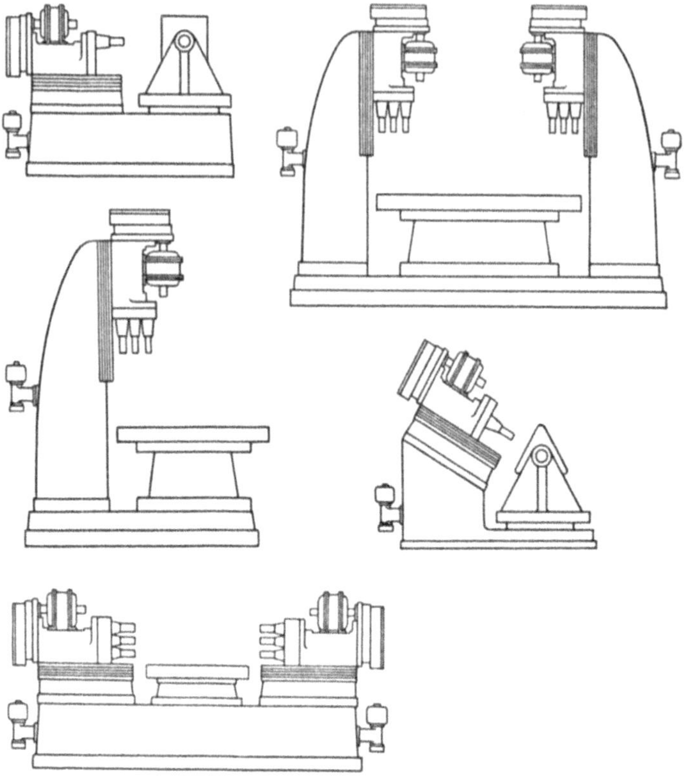

Abb. 515 bis 519.

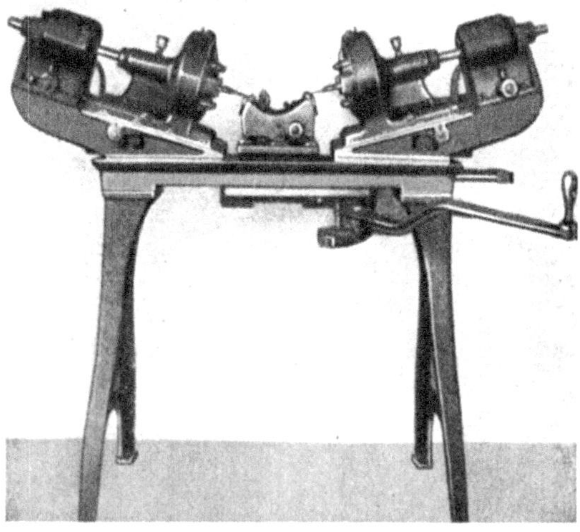

Abb. 520.

Abb. 521.

jedoch ist hier jeder Bohrkopf mit 15 Spindeln ausgerüstet. Die Maschine dient zum Bohren von Schreibmaschinenrahmen, von denen einer im Hintergrunde des Bildes zu sehen ist. Der Rahmen erhält auf jeder Seite 60 Löcher; da bei jedem Arbeitsgang 15 auf jeder Seite gebohrt werden, so muß das Werkstück nach jedem Arbeitsgang um eine Lochteilung verschoben werden, das Werkstück wird also in vier Arbeitsgängen ohne Umspannen fertig gebohrt.

Abb. 522.

Spezialbohrmaschinen. Eine Spezialmaschine[1]) mit sehr weitem Anwendungsgebiet stellt Abb. 522 dar; die fünf nebeneinandergelagerten Spindeln haben selbsttätigen Vorschub; doch werden die Spindeln nicht gleichzeitig vorgeschoben sondern abgestuft nacheinander; die zweite

[1]) Hersteller: Detroit Machine Tool Comp., Detroit, U.S.A.

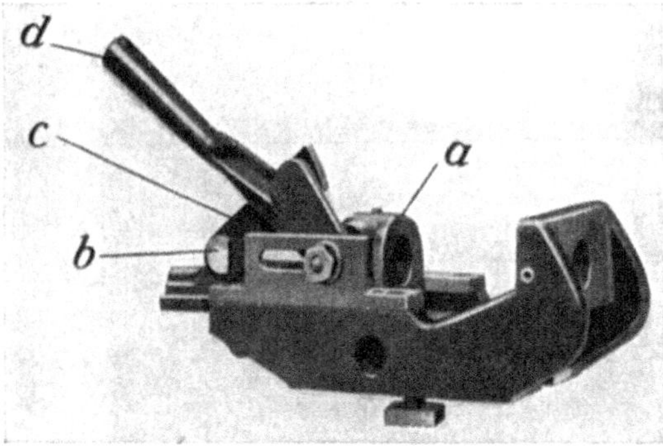

Abb. 523.

Abb. 530.

Abb. 524.

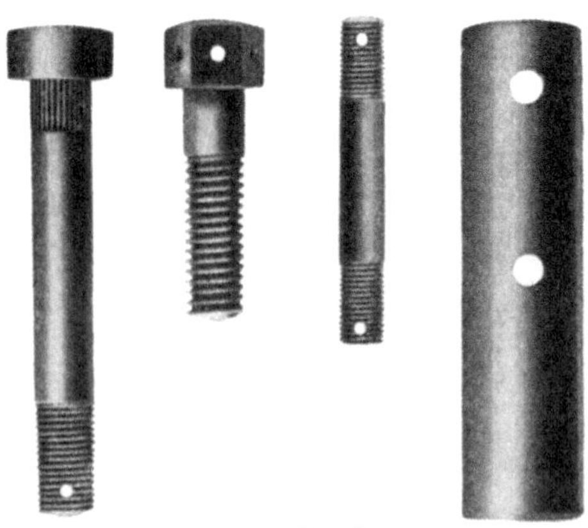

Abb. 525 bis 528.

Abb. 529.

später als die erste, die dritte später als die zweite usw. Für jede Spindel ist eine Aufspannvorrichtung für die Werkstücke vorgesehen. Das Arbeiten geht so vor sich, daß der Arbeiter die Vorrichtungen von der ersten angefangen beschickt; ist er bei der letzten fertig, so ist bei der ersten der Bohrvorgang beendet und er kann von vorn anfangen, die Vorrichtungen zu beschicken. Es ist klar, daß auf diese Weise ungewöhnlich große Tagesleistungen erzielt werden. Interessant sind die angewandten Spannvorrichtungen, die in Abb. 523 u. 524 dargestellt sind. Der zum Spannen dienende Schlitten *a* trägt einen um den Bolzen *b* drehbaren Hebel *c*, dieser ist mit dem Handhebel *d* gelenkartig verbunden. Wird *d* betätigt, d. h. in die aus Abb. 524 zu ersehende Stellung gebracht, so wird der Schlitten *a* nach vorn geschoben und spannt das Werkstück fest. Damit dieses Spannen sicher erfolgt, ist der Hebel *d* mit einem Kurvenstück *e* versehen, das gegen eine Fläche an dem harten Stift *f* im Schlitten *a* drückt. Die große Bohrung in dem Schlitten *a* dient zum Einspannen der Aufnahmestücke für die Werkstücke. Abb. 525 bis 528 zeigen eine Anzahl Werkstücke und die Abb. 529 u. 530 die sehr einfache Ausrüstung der Vorrichtungen. Die Betätigung der Vorrichtung ist in Abb. 531 dargestellt. Eine weitere Anzahl von Arbeitsbeispielen ist in Abb. 532—540 gezeigt. Es ist natürlich möglich, fünf verschiedene Werkstücke mit entsprechenden Vorrichtungen gleichzeitig zu bohren, sofern die Bohrzeit für die einzelnen Werkstücke einigermaßen übereinstimmt. Dieser Umstand ist besonders wichtig, da dadurch die Maschine auch für nicht allzugroße Stückzahlen anwendbar wird. Das Entscheidende für die große Leistungsfähigkeit ist auch hier wieder, daß die Nebenzeiten mit den Schnittzeiten zusammenfallen.

Abb. 531.

Eine besondere Art von Bohrköpfen[1]), aus denen Spezialmaschinen zusammengestellt werden können, stellt Abb. 541 dar. Diese Köpfe sind besonders zum Bohren kleiner Löcher geeignet, bei denen die Bohrer hohe Umdrehungszahlen haben müssen. Die Bohrspindeln dieser Köpfe machen bis zu 8000 Umdrehungen in der Minute. Der Vor-

[1]) Hersteller: The Kingsbury Mfg. Co.

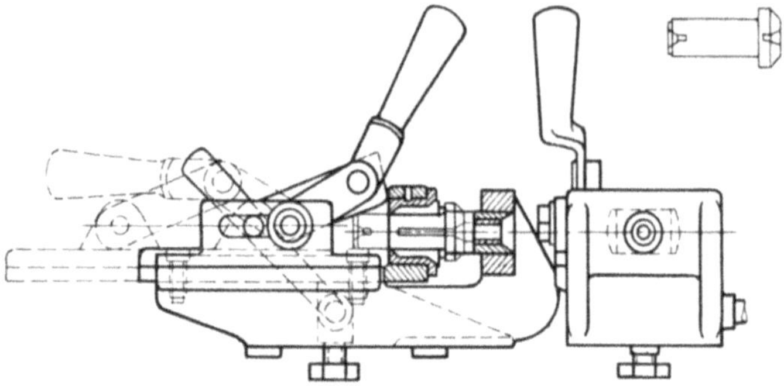

Abb. 532.

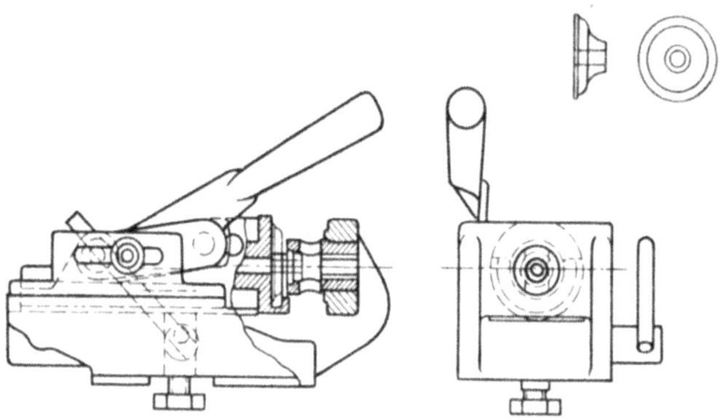

Abb. 533.

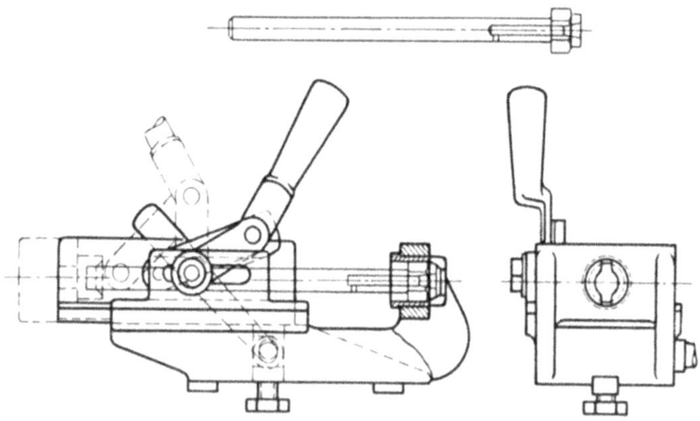

Abb. 534.

schub erfolgt selbsttätig durch ein Reibgetriebe, das so konstruiert ist, daß bei zu großem Bohrerdruck der Vorschub nachläßt oder ganz aussetzt. Auch kann die den Vorschubhebel betätigende Kurve so kon-

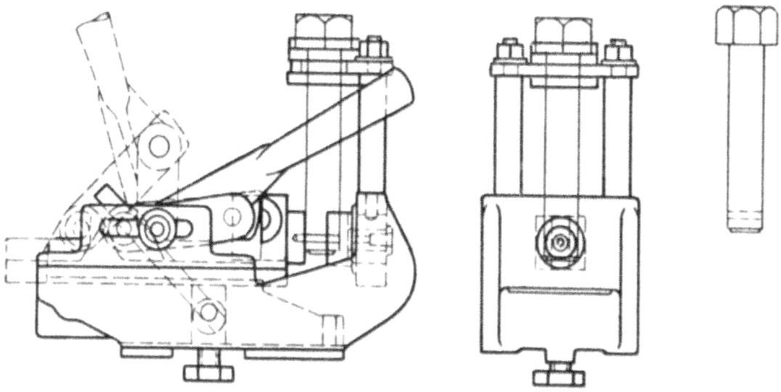

Abb. 535.

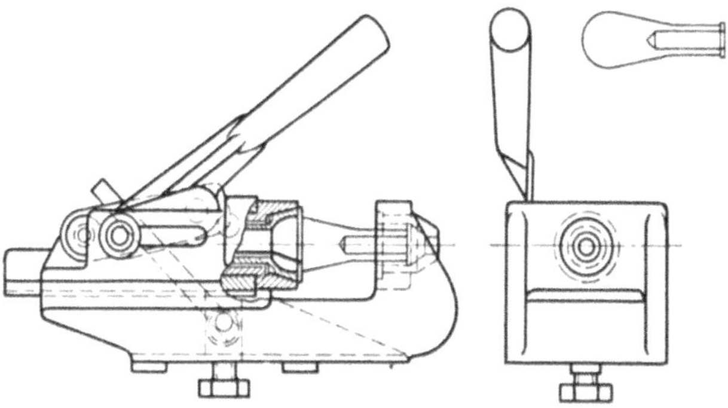

Abb. 536.

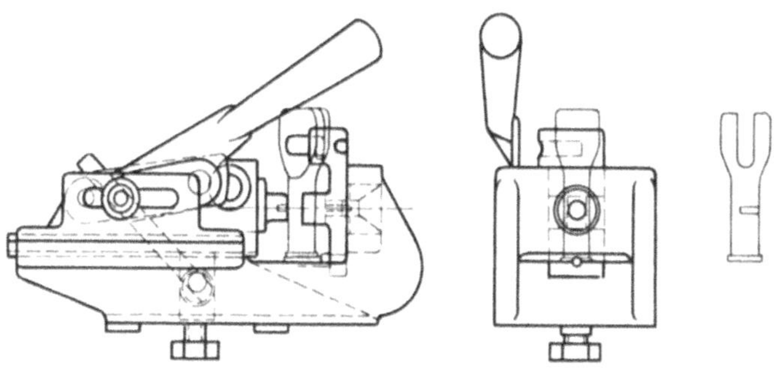

Abb. 537.

struiert werden, daß nach Erreichung einer gewissen Lochtiefe der Bohrer gelüftet wird und dann wieder weiter bohrt. Diese Einrichtung ist besonders beim Bohren tiefer Löcher wertvoll, da dadurch viele Bohrerbrüche vermieden werden.

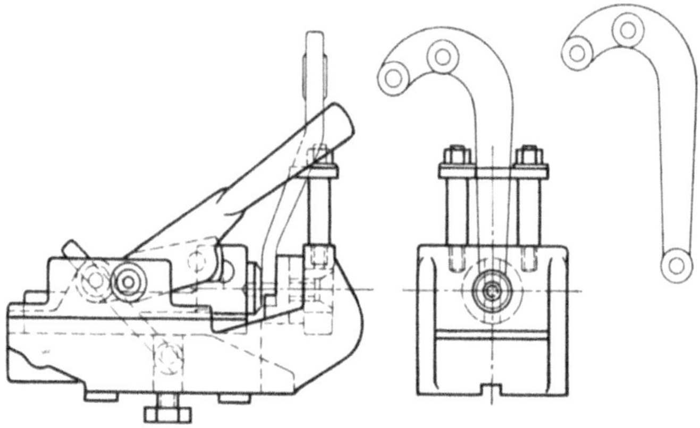

Abb. 538.

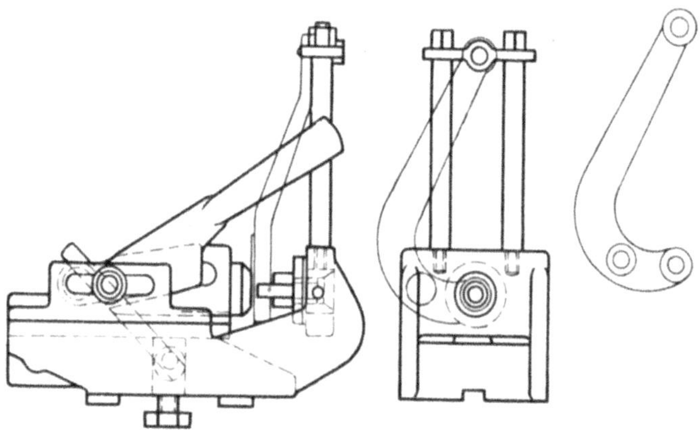

Abb. 539.

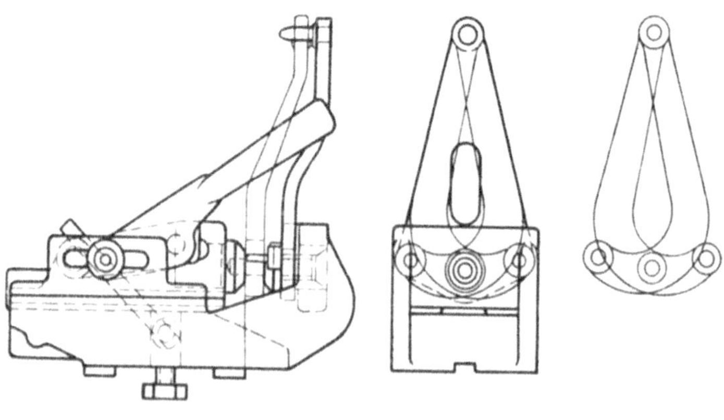

Abb. 540.

In Abb. 542—547 sind einige Beispiele für die Anwendung dieser Bohrköpfe gebracht. Abb. 542 zeigt eine Anordnung mit einer Aufspannvorrichtung, die als Revolverteller ausgebildet ist. Die Schaltung des Revolvertellers wird gleichfalls von dem Bohrkopf vorgenommen; zu diesem Zwecke ist die Vorschubkurvenscheibe mit einer zweiten Kurve versehen, die einen Hebel betätigt,

Abb. 541.

an dessen freiem Ende eine Verbindungsstange angebracht ist, die den Schaltenmechanismus des Revolvertellers betätigt. Das Arbeiten

Abb. 542.

erfolgt so, daß nach beendetem Bohrvorgang der Aufnahmeteller um eine Teilung weiterschaltet, so daß ein neues Werkstück in Arbeitsstellung gelangt. Der Arbeiter hat nur die Werkstücke auf den Teller zu legen und die fertigen abzunehmen.

Abb. 543.

Abb. 543 zeigt eine automatische Bohreinrichtung zum Bohren von Querlöchern in zylindrische Bolzen. Die Betätigung des revolverartigen Aufnahmekopfes für die Werkstücke erfolgt wieder wie im vorigen Beispiele erläutert durch den Bohrkopf; doch tritt in diesem Falle noch eine weitere Tätigkeit des Kopfes in Erscheinung; der in Abb. 541 sichtbare Schlitten *a* drückt mit seiner

Abb. 544.

Stirnfläche federnd gegen das Werkstück und hält dieses während des Bohrvorganges fest. Nach Beendigung des Bohrvorganges wird der

Schlitten selbsttätig zurückgezogen und gibt das Werkstück frei, so daß der Aufnahmekopf weitergeschaltet werden kann. Die Beschickung des Aufnahmekopfes geschieht durch ein Magazin.

Abb. 545.

Das Bohren von Speichenlöchern in Radnaben zeigt Abb. 544, während in Abb. 545 gezeigt ist, wie siebartige Teller gebohrt werden. Die Konstruktionseigenheiten beider Einrichtungen sind nach den oben gegebenen Erklärungen aus den Abbildungen ohne weiteres erkennbar.

Für solche Teile, in die von entgegengesetzten Seiten Löcher zu bohren sind, zeigt Abb. 546 eine Anordnung, in der zwei Bohrköpfe gegenüberstehend vorgesehen sind.

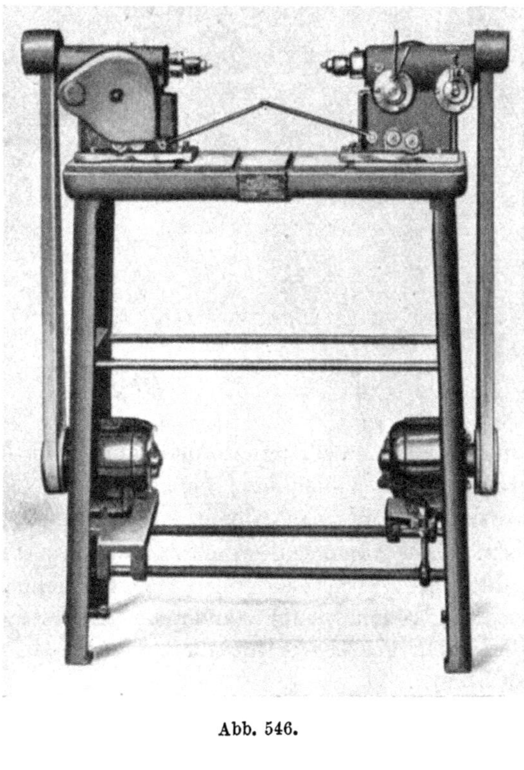

Abb. 546.

Eine kompliziertere Anordnung zeigt Abb. 547; hier sind vier Bohrköpfe in schräger Lage angebracht, es werden also vier Löcher gleichzeitig gebohrt.

Die Beispiele zeigen, wie mit einfachen Mitteln Spezialmaschinen entstehen können. Die Hauptsache, der Bohrkopf, ist normal; die übrigen Teile sind verhältnismäßig einfach und können in der Werkzeugmacherei hergestellt werden. Ein großer Vorteil ist noch der, daß wenn aus irgendeinem Grunde die Spezialmaschine als solche nicht mehr gebraucht wird, der Kopf für eine neue

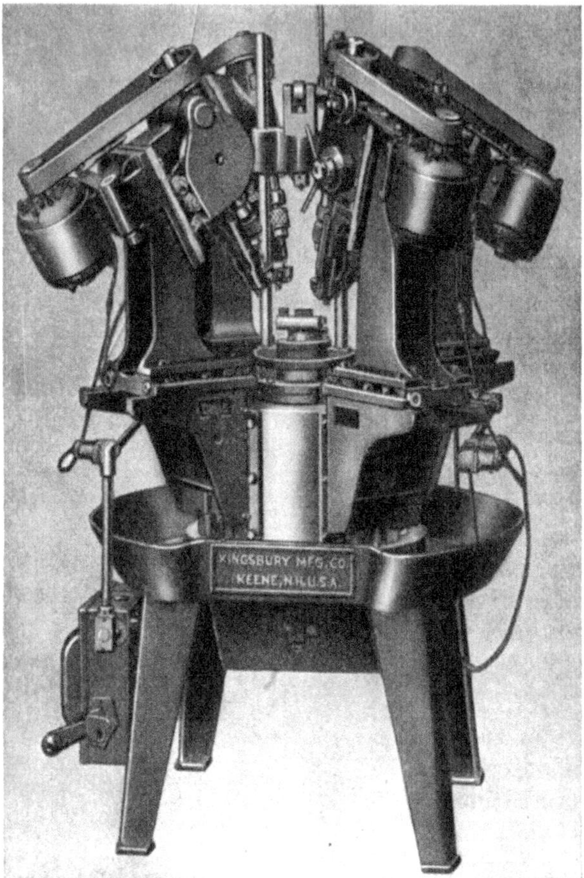

Abb. 547.

Spezialmaschine benutzt werden kann. Man kann aber auch hier noch weiter gehen, indem man einen Kopf für mehrere Spezialmaschinen vorsieht und ihn nach Bedarf auf die eine oder andere Maschine aufsetzt. Dies käme bei Serienfabrikation in Betracht, wenn die Stückzahlen der Werkstücke einerseits groß genug sind, daß sich die Einrichtung bezahlt macht, andererseits aber zwischen dem Vorkommen der Serien größere Zeitabschnitte liegen, in denen die Maschine also stillsteht.

Fräsvorrichtungen.

a) Etwas über Fräsen und Fräser.

Um Fräsvorrichtungen richtig zu konstruieren und anzuwenden, ist es nötig, daß man die verschiedenen Methoden des Fräsens und die verschiedenen Fräserarten mit ihren Vor- und Nachteilen kennt. Es soll daher kurz einiges über Fräsen und Fräser ausgeführt werden.

Als Vorteil des Fräsens gegenüber anderen Arbeitsverfahren, besonders dem Hobeln, wird allgemein angeführt, daß der Fräser mit mehreren Zähnen gleichzeitig arbeitet und daher eine verhältnismäßig große Materialmenge in der Zeiteinheit zu zerspanen vermag. Dabei soll die Lebensdauer der Schneiden besonders groß sein, da die Zerspanungsarbeit nicht von einer Schneide zu leisten ist, sondern sich auf die einzelnen Fräserzähne verteilt. Aus diesen Erwägungen heraus wird vielfach das Fräsen in weiterem Umfange angewandt, als es unter Berücksichtigung der Wirtschaftlichkeit zulässig erscheint.

Die erwähnten Vorteile des Fräsens verringern sich nämlich ganz bedeutend, wenn man die Dinge betrachtet, wie sie sind; es muß dann festgestellt werden, daß sich die Zerspanungsarbeit selten auf alle Zähne, nie aber auf alle Zähne des Fräsers gleichmäßig verteilt. Fast alle Fräser schlagen in aufgespanntem Zustande; dadurch werden einige Zähne mehr, andere weniger belastet. In groben Fällen wird die Zerspanungsarbeit von nur einigen Zähnen geleistet. Mit dieser Tatsache fallen alle Folgerungen, die auf der oben angeführten Annahme basieren, daß sich die Zerspanungsarbeit auf alle Fräserzähne gleichmäßig verteilt, in sich zusammen.

Worauf das Schlagen der Fräser zurückzuführen ist, soll weiter unten erläutert werden.

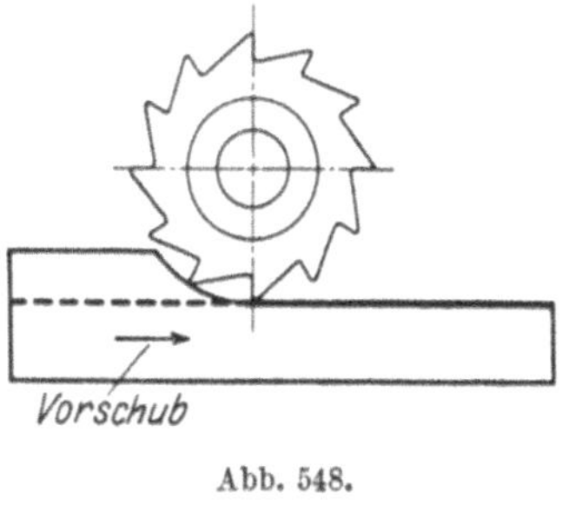

Abb. 548.

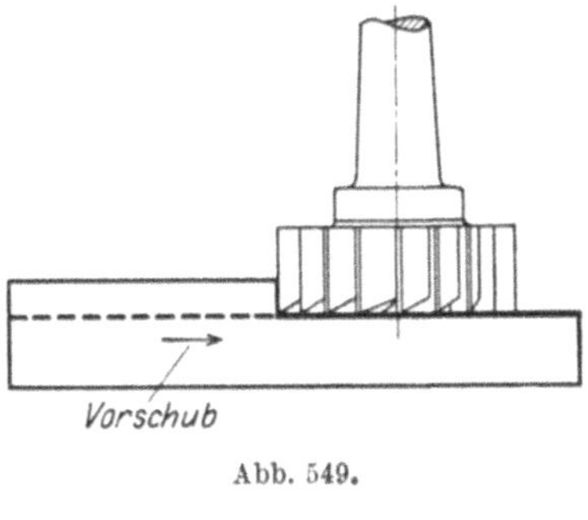

Abb. 549.

Arbeitsweise der Walzen- und Stirnfräser. Man unterscheidet zwei Gruppen von Fräsvorgängen: 1. das Fräsen mit Walzenfräsern (Abb. 548) und nach gleichem Prinzip arbeitenden Formfräsern; 2. das Fräsen mit Stirnfräsern, Abb. 549. Bei beiden Verfahren können wiederum zwei

Sorten von Fräsern benutzt werden, die spitzgezahnten, Abb. 550, und die hinterdrehten, Abb. 551.

Jedes dieser beiden Verfahren und jede der beiden Fräserarten hat gewisse Vor- und Nachteile. Aufgabe des Vorrichtungenkonstrukteurs ist es nun, bei Schaffung von Fräseinrichtungen das richtige Verfahren und die bestgeeignete Fräserart zu bestimmen, da hiervon meist die Gestaltung der Fräsvorrichtung abhängig ist. Sehr oft tritt auch an den Vorrichtungenkonstrukteur die Aufgabe heran, Spezialfräser zu konstruieren; hierbei ist natürlich erst recht nötig, das Wesentliche über Fräser zu wissen.

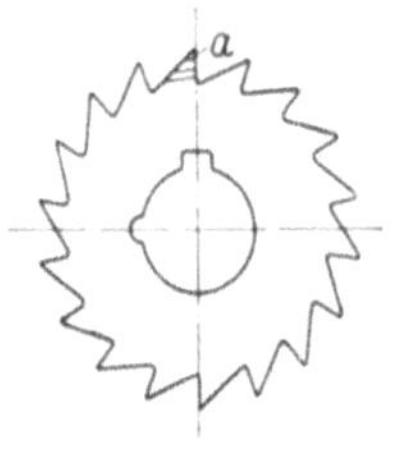

Abb. 550.

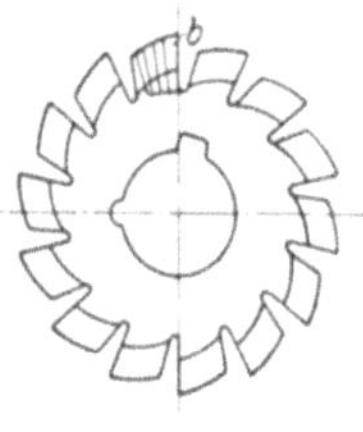

Abb. 551.

Maßgebend für die Beurteilung der beiden Fräsverfahren ist zunächst die Art der Spanabnahme. Abb. 552 zeigt die Spanabnahme beim Arbeiten mit Walzenfräsern; der Span hat bei a die Stärke Null und an der Stelle b, beim Austritt aus dem Werkstoff, eine Dicke S, die dem Vorschubanteil pro Fräserzahn entspricht. Wie die Abb. zeigt, haben die Späne kommaartige Form.

Beim Stirnfräser liegen die Verhältnisse wesentlich anders; wie Abb. 503 zeigt, greift der einzelne Fräserzahn mit der Spanstärke b an; die Spanstärke ändert sich nur wenig.

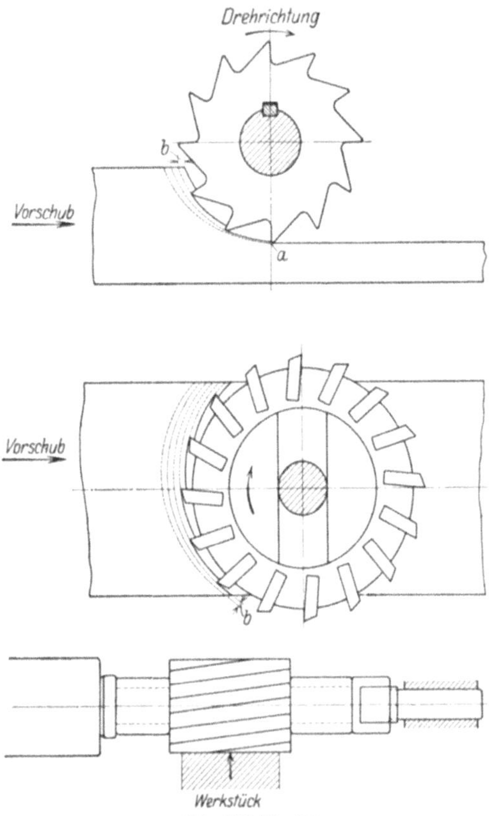

Abb. 552 bis 554.

Der bei a, Abb. 552, befindliche Zahn wird nicht ohne weiteres in den Werkstoff eindringen; es ist dazu ein gewisser Druck in Richtung senkrecht zur Fräserachse nötig. Dieser Druck muß von dem Frädorn aufgenommen werden, der daher erheblich auf Biegung beansprucht wird, Abb. 554.

Schlagen der Fräser. Das Durchbiegen des Fräsdornes erfolgt in um so stärkerem Maße, je länger das freiliegende Stück der Dorne, je größer die Spanleistung des Fräsers und je fester der zu bearbeitende Werkstoff ist. In wie starkem Maße dieses Durchbiegen erfolgt, kann man leicht beobachten, wenn man mit einem Walzenfräser von einem Teil einen kräftigen Span abnimmt und dann ein zweites Mal die Stelle mit dem Fräser bestreicht, ohne einen neuen Span anzustellen; der Fräser wird beim zweiten Übergehen oft noch einen beträchtlichen Span abheben. Man muß aus diesem Grunde bei genaueren Fräsarbeiten einen Schrupp- und einen Schlichtspan nehmen. Um das Abbiegen des Frässdornes auf ein Mindestmaß zu bringen, wähle man diesen so stark und kurz wie möglich.

Bei großen Spantiefen ist auch darauf zu achten, daß die Spannuten der Fräser genügend weit sind, um den Spänen Platz zu bieten. Sind

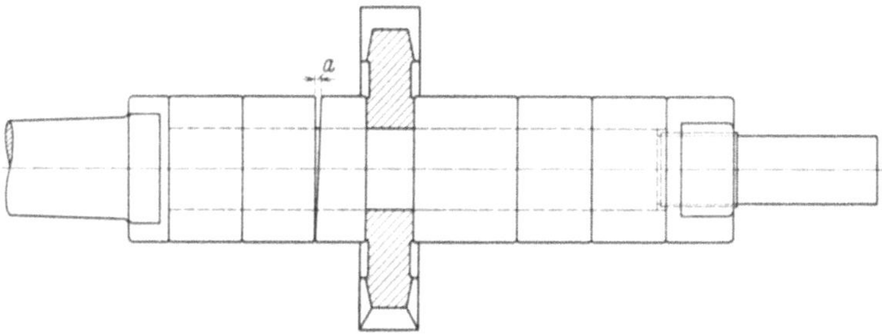

Abb. 555.

die Spannuten zu eng, so daß sich die Späne zusammenballen, so wirken diese Späneballen wie Bremsklötze, die an dem Werkstoff gleiten und den Kraftverbrauch über Gebühr steigern.

Dabei ist noch zu berücksichtigen, daß es selten vorkommt, daß alle Zähne eines Fräsers gleichgroße Zerspanungsarbeit leisten, sondern daß die Hauptarbeit meist nur von einigen Zähnen geleistet wird. Es wäre also falsch, anzunehmen, daß sich die erzeugten Späne pro Fräserumdrehung auf sämtliche Spannuten eines Fräsers gleichmäßig verteilen.

Die Ursache dieses ungleichmäßigen Arbeitens liegt in der ungenauen Herstellung der Fräsdorne und Fräser, sowie in fehlerhaftem Aufspannen und ungenauem Schärfen der Fräser. Sollen alle Zähne eines Fräsers gleichmäßig schneiden, so ist nötig, daß alle Schneidkanten von der Drehachse des Fräsers gleiche Entfernung haben; wohlgemerkt dann, wenn der Fräser auf dem Dorn festgespannt ist. Die gemeinsame Drehachse von Dorn und Fräser ist dabei in der Regel nicht identisch mit der Achse der Fräserbohrung. In Abb. 555 ist ein Frässdorn mit Fräser gezeigt; die Mutter des Dornes ist noch nicht festgezogen. Bei *a* ist gezeigt, wie bei einem der Beilegeringe die Anlagefläche schief steht, so daß der Ring einseitig anliegt. Wird die Mutter des Dornes angezogen, so zieht sich der Dorn, wie in Abb. 556 gezeigt, krumm; der Dorn schlägt und damit der Fräser, Abb. 557. Die Abbildung zeigt in Punkt *a* die Mitte der Fräserbohrung und in Punkt *b* die wirkliche Lage der Drehachse des Dornes. Es werden also bestenfalls die Zähne *1—4* des Fräsers zum Schneiden kommen; davon die Zähne *1* und *4* nur wenig; fast die ganze Arbeit ist von den Zähnen *2* und *3* zu leisten.

Die Fälle, in denen die aneinandergepreßten Flächen von Fräsern und Ringen nicht genau senkrecht zur Achse des Zylinders stehen und

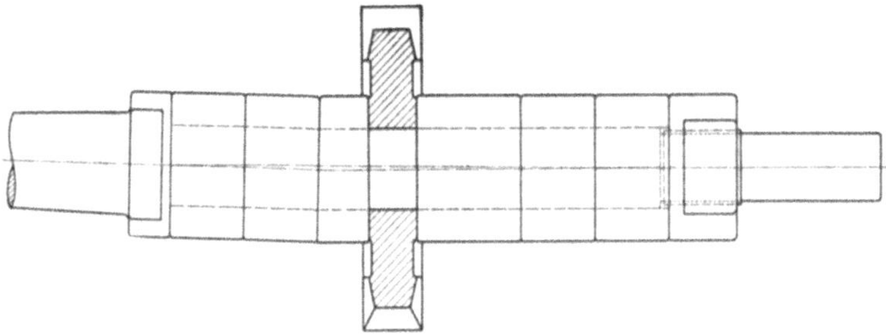

Abb. 556.

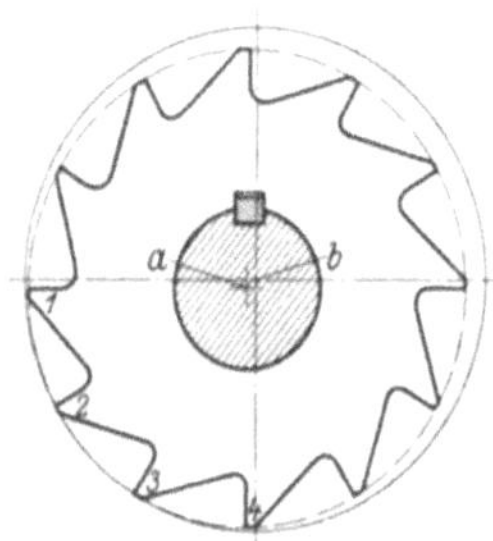

Abb. 557.

dann, wie in der Abbildung gezeigt, einseitig anliegen, sind außerordentlich zahlreich; sie bilden fast die Regel und die genaue Anlage leider die Ausnahme. Die Gründe dafür sind, daß bei der Herstellung der Teile nicht die Sorgfalt aufgewandt wird, die nötig wäre, um ein gutes Erzeugnis zu erzielen; oft wendet man bei der Herstellung auch falsche Herstellungsverfahren an.

Will man einigermaßen gut laufende Fräser haben, so ist der Herstellung, Instandhaltung und Anwendung der Fräsdorne, der Beilegeringe und der Fräser allergrößte Aufmerksamkeit zuzuwenden. Die Fräsdorne müssen genauen Durchmesser haben und müssen so gearbeitet sein, daß Konus, Aufnahmeschaft und Gewinde genau zueinander laufen; um dies zu erreichen, darf das Gewinde erst geschnitten werden, wenn der Führungszapfen gehärtet und der ganze Dorn geschliffen ist. Das Gewinde darf natürlich nicht mit Schneideisen oder Schneidköpfen geschnitten werden, sondern auf der Leitspindelbank mit dem Stahl; selbst das Nachregulieren mit Schneideisen ist unzulässig, da dann das Gewinde schlägt.

Die Beilegeringe müssen seitlich genau laufen; die beiden Anlageflächen müssen genau parallel sein. Selbst wenn die Flächen nur einige Hundertstel Millimeter unparallel sind, so genügt das, um den Dorn zu verziehen; besonders dann, wenn die Dorne lang sind und eine größere Anzahl von Ringen aufgesteckt werden; die Fehler der einzelnen Ringe summieren sich dann leicht.

Was von den Beilegeringen gesagt ist, gilt natürlich auch für die Fräser; die seitlichen Anlageflächen müssen genau parallel sein und zur Bohrung laufen; der Durchmesser der Bohrung muß innerhalb der zulässigen Toleranz liegen. Ist die Bohrung zu groß, so ist von vornherein an ein genaues Laufen des Fräsers nicht zu denken.

Die Fräsdornmutter muß gehärtet sein, und die Anlagefläche muß genau zum Gewinde laufen. Um dieses genaue Laufen zu erreichen, muß die Anlagefläche nach dem Härten geschliffen werden. Dies geschieht, wie in Abb. 558 gezeigt, auf einer Rundschleifmaschine oder Drehbank auf fliegendem Dorn *D*. Dieser Dorn trägt einen Gewindezapfen, dessen vorderer Teil zylindrisch geschnitten ist, so daß die Mutter mit möglichst wenig Spiel aufzuschrauben ist. Im hinteren Teil des Zapfens verläuft das Gewinde konisch, so daß sich die aufgeschraubte Mutter festzieht, ohne an einer Anlagefläche anzuliegen. Ist die Mutter festgezogen, so kann die Anlagefläche in der dargestellten Weise geschliffen werden. Vor dem Schleifen muß darauf gesehen werden, daß das Gewinde auf dem Dorn und in der Mutter frei von Grat und Schmutz ist. Läuft das Gewinde des Dornes und ist die Arbeit mit der nötigen Sorgfalt ausgeführt, so hat man einige Gewähr, daß die in beschriebener Weise hergestellten Muttern laufen.

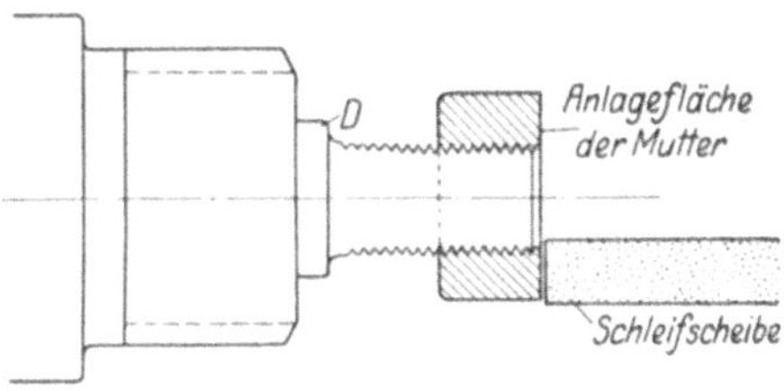

Abb. 558.

Aber auch dann, wenn die Dorne und Beilegeringe gut laufen, können durch unachtsame Behandlung der Werkzeuge im Betriebe die Fräser Schlag haben. Dies geschieht, wenn die Kanten der Beilegeringe bestoßen sind oder wenn Fräsdorn und Fräser vor dem Zusammensetzen nicht genügend sorgfältig von Schmutz und Spänen befreit wurden.

Um vor allem die Beschädigungen der Kanten der Beilegeringe nach Möglichkeit zu vermeiden, sollten sowohl die Außen- als auch die Lochkanten gut abgerundet sein.

Abb. 559 zeigt einen Fräsdorn und Beilegeringe mit scharfen Kanten; es ist klar, daß bei geringster Beschädigung dieser scharfen Kanten die Anlage der Flächen gestört wird; außerdem aber sind beim Aufstecken der Ringe auf den Dorn die scharfen Kanten der Löcher schädlich; da sie geringe Schmutzteilchen und Späne vor sich herschieben und zwischen die Anlagefläche bringen. Eine bessere Ausführung zeigt Abb. 560, bei der die Kanten der Ringe abgerundet sind.

Die Abb. 559 zeigt ferner in der Konstruktion des Fräsdornes den Fehler, daß der Schaft mit einer scharfen Ecke *f* an den Bund des Dornes anschließt. Da die Fräsdorne, wie schon erwähnt, stark auf Biegung, außerdem aber noch auf Drehung beansprucht werden, so birgt dieser scharfe Übergang die Gefahr in sich, daß der Dorn an dieser Stelle bricht. Man bilde daher die Dorne so aus, daß der Übergang von Schaft zu Bund durch eine Hohlkehle erfolgt, Abb. 560; der Ring *a* muß dann so weit ausgesenkt werden, daß die Hohlkehle überbrückt wird. Der Ring *a* muß dann stets auf dem Dorn bleiben.

Es ist klar, daß mit der Anzahl der Fräser und Ringe, die auf einen Dorn aufgesteckt werden, die Anzahl der Fehlerquellen wächst. Aus diesem Grunde vermeide man es nach Möglichkeit, eine große Anzahl schmaler Ringe aufzustecken, sondern wähle weniger und längere Ringe. Auch bei der Konstruktion von Fräsdornen empfiehlt es sich, mehr als es allgemein geschieht, diese den wirklichen Bedürfnissen anzupassen. Fast allgemein werden die Dorne so bemessen, daß sie gestatten, Fräser im ganzen Arbeitsbereich des Tisches aufzunehmen. Scheinbar ist das billiger, denn man braucht von jedem Durchmesser nur einen Dorn. In Wirklichkeit ist eine solche „Sparsamkeit" in der Regel falsch angewandt. Bei Serien- und Massenfabrikation laufen die Fräsmaschinen mit dem gleichen Stück oft wochen- und monatelang. In solchen Fällen ist zu empfehlen, die Fräsdorne den jeweiligen Bedürfnissen anzupassen und sie so kurz und so stark wie möglich zu bemessen. Die Mehrkosten für die Beschaffung und Instandhaltung einer größeren Anzahl von Dornen werden reichlich wett gemacht durch größere Leistungen und geringeren Fräserverbrauch.

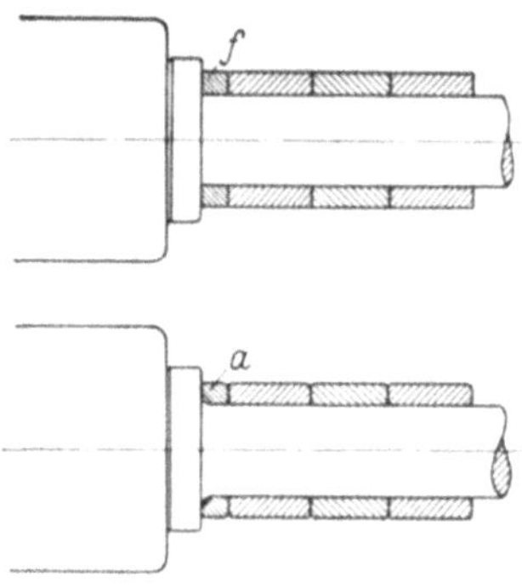

Abb. 559 und 560.

Die scheinbar so nebensächliche Frage der Aufspannung der Fräser ist deshalb etwas ausführlich behandelt worden, weil es von der richtigen Konstruktion, der richtigen Auswahl und der sorgsamen Anwendung der Aufspannmittel abhängt, daß die Fräser beim Arbeiten gut laufen. Schlagende Fräser liefern ungenaue Werkstücke und haben einen sehr großen Fräserverbrauch im Gefolge. Die Wirtschaftlichkeit des Fräsens steigt beträchtlich, wenn die Fräser gut laufen.

Länge des Fräsweges bei Walzen- und Stirnfräsern. Bei Verwendung von Stirnfräsern liegen die Verhältnisse insofern günstiger, als die Dorne meist kurz sein können und nicht eine so große Anzahl von Fräsern und Ringen aufzunehmen haben, wie es oft bei Walzen- und Formfräsern der Fall ist. Da auch die Art der Spanbildung günstiger als beim Walzenfräser ist und nicht so starke Biegungsbeanspruchungen auftreten, wie bei diesem, so ist im allgemeinen das Fräsen mit Stirnfräsern wirtschaftlicher als das mit Walzenfräsern. Beim Fräsen ebener Flächen arbeitet der Stirnfräser genauer als der Walzenfräser. Dagegen ist oft der Frässweg länger. In Abb. 561 u. 562 ist die für die Bearbeitung einer Fläche nötige Länge des Fräserweges bei Verwendung eines Walzenfräsers dargestellt; die Abbildungen zeigen, daß die Länge des Fräserweges auch von der Spantiefe S beeinflußt wird. Abb. 563 zeigt die Länge des Weges bei Verwendung eines Stirnfräsers. Der Stirnfräser beansprucht einen großen Ein- und Auslaufweg. Dieser längere Fräsweg des Stirnfräsers kann aber meist dadurch mehr als ausgeglichen werden, daß der Vorschub pro Fräserumdrehung wesentlich größer gewählt werden kann als beim Walzenfräsen. Die Spantiefe beeinflußt bei Stirnfräsern nicht die Länge des Frässweges.

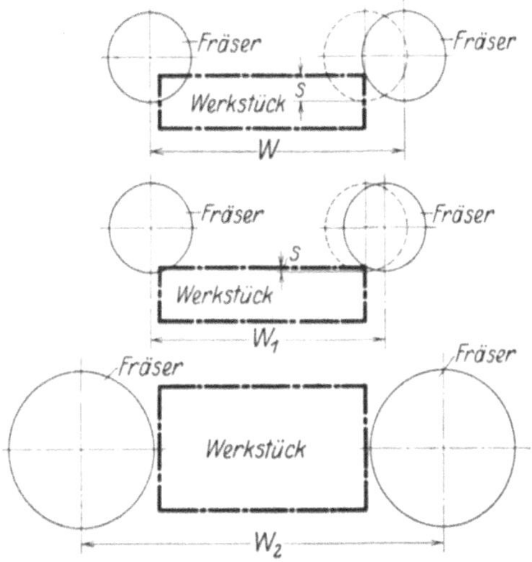

Abb. 561 bis 563.

Anwendungsgebiete der spitzgezahnten und hinterdrehten Fräser. Die spitzgezahnten Fräser, Abb. 550, haben gegenüber den hinterdrehten, Abb. 551, den Vorteil, daß sie in der Anschaffung billiger sind und besser laufen. Die hinterdrehten Fräser haben den besonderen Vorteil, daß sie das bei ihrer Herstellung erhaltene Profil beibehalten, auch wenn sie weit nachgeschliffen sind. Daraus ergibt sich das Anwendungsgebiet für beide Fräsarten; für ebene Flächen und gradlinige Profile sind spitzgezahnte Fräser am Platze, für gekrümmte Profile, hinterdrehte.

Beim Vergleich der Vor- und Nachteile beider Fräserarten kommt noch die Art des Nachschleifens in Betracht. Der spitzgezahnte Fräser wird, wie am Zahn a, Abb. 550, gezeigt, von oben nachgeschliffen; das hat zur Folge, daß die Spannuten durch das Nachschleifen enger werden. Hinterdrehte Fräser werden, wie an Zahn b in Abb. 551 gezeigt, an der Zahnbrust nachgeschliffen; dadurch wird der Zahn schwächer und die Zahnlücke weiter. Die hinterdrehten Fräser müssen mit sehr empfindlichen Tellerscheiben geschärft werden; das erfordert mehr Sorgfalt, Geschicklichkeit und Zeit als das Schärfen der spitzgezahnten Fräser.

Ferner ist noch zu beachten, daß spitzgezahnte Fräser, wenn sie abgeschliffen sind, wieder aufgearbeitet werden können; in Abb. 564 ist ein solcher abgenutzter Fräser dargestellt; die eine Hälfte des Bildes zeigt, wie durch Nachfräsen der Fräser wieder brauchbar gemacht werden kann. Im Gegensatz hierzu zeigt Abb. 565, wie der hinterdrehte Fräser, wenn er abgenutzt ist, keine Möglichkeit mehr bietet, ihn aufzuarbeiten.

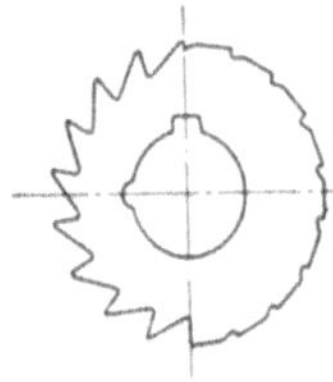
Abb. 564.

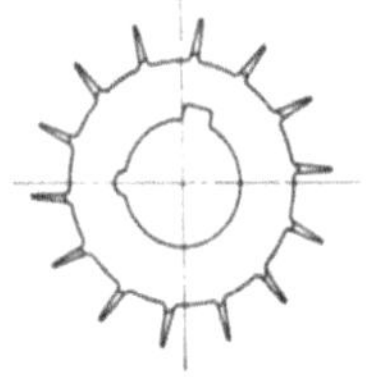
Abb. 565.

Konstruktion von Fräsern. Da der Vorrichtungenkonstrukteur oft genötigt ist, für die zu bearbeitenden Teile Spezialfräser zu konstruieren, so sollen hier einige Hinweise für solche Konstruktionen gegeben werden. Im allgemeinen arbeiten die Fräser von großem Durchmesser ungenauer und unwirtschaftlicher, als solche von kleinem Durchmesser. Es ist also neben die Forderung, die Frädorne so stark wie möglich zu wählen, die zweite Forderung zu stellen, die Fräser so klein wie möglich auszuführen.

Je nach der Schwere des Schnittes ist daher zunächst der Fräsdorndurchmesser zu bestimmen. Nehmen wir an, es sei ein hinterdrehter Fräser mit Halbkreisprofil nach Abb. 566 zu konstruieren. Als Fräsdorndurchmesser sei 27 mm angenommen. Eine zuverlässige Berechnungsformel zur Bestimmung des Außendurchmessers besteht bisher nicht, wir müssen also zunächst einenAußendurchmesser wählen und nehmen zunächst 80 mm an. Mit diesen nunmehr vorhandenen Unterlagen muß nun versucht werden, die übrigen Abmessungen des Fräsers zu bestimmen.

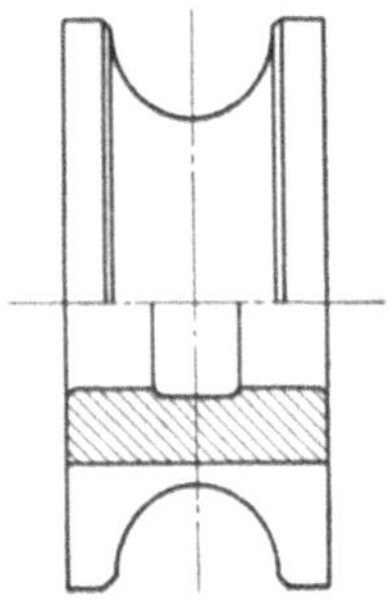
Abb. 566.

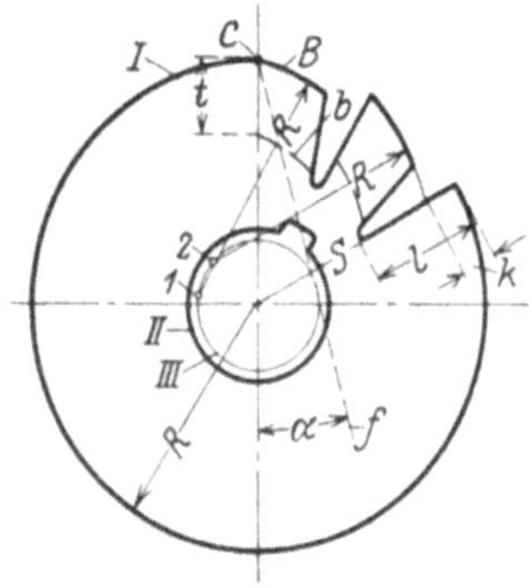

Abb. 567.

Bohrung und Außendurchmesser wird aufgezeichnet, Kreis *I* und *II*, Abb. 567. Von dem Punkte *c* wird die Profiltiefe *t* auf der Senkrechten nach unten abgetragen. Die Zähnezahl wird mit 12 angenommen und die entsprechenden Strahlen *s* gezogen. Im Schnittpunkt des Kreises *I* mit der senkrechten Mittellinie wird an diese ein Winkel α angetragen, der dem Anstellwinkel des Fräserzahnes entspricht und in der Regel, wie auch in dem vorliegenden Beispiele mit 15° angenommen wird. Es wird nun ein Kreis *III* geschlagen, der den Schenkel *f* des Winkels als Tangente hat. Man nimmt nun den Radius R in den Zirkel, setzt die Spitze in den Kreis III und schlägt die Kreisbogen B und b, die den Zahnrücken darstellen. Nun kann der Einschnitt l bestimmt werden, dessen Tiefe größer sein muß, als die Summe Profiltiefe $t +$ Maß k. Dieses Maß k gibt die Höhe der Hinterdrehkurve an. Erst wenn die Konstruktion so weit durchgeführt ist und auch die Keilnut des Fräsers eingezeichnet ist, kann beurteilt werden, ob die schwächste Wandstärke m des Fräsers genügend stark ist, Abb. 570. Dabei darf die scheinbar nebensächliche Frage der Form der Keilnut nicht übersehen werden; scharfeckige Nuten nach Abb. 569 geben leicht Anlaß zu Härterissen; aus diesem Grunde sind die Ecken der Nuten auszurunden, Abb. 568. Ist, wie in Abb. 570 gezeigt, die Wandstärke m zu gering, so besteht die Gefahr, daß der Fräser entweder schon beim Härten oder später beim Arbeiten zerspringt. Ist die Wandstärke unnötig groß, Maß a_2 in Abb. 571, so ist auch der Fräser zu groß; er wird wegen des größeren Materialaufwandes teurer und arbeitet ungünstig. Abb. 572 zeigt die richtige Konstruktion.

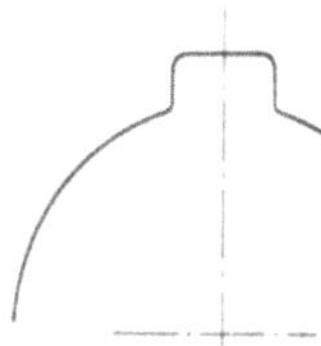
Abb. 568.

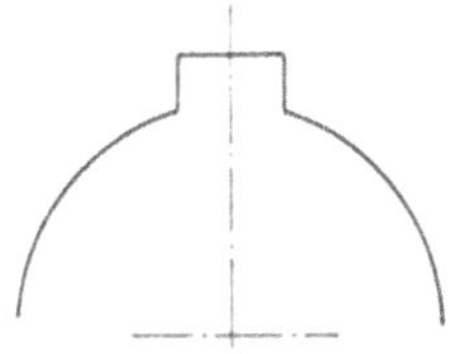
Abb. 569.

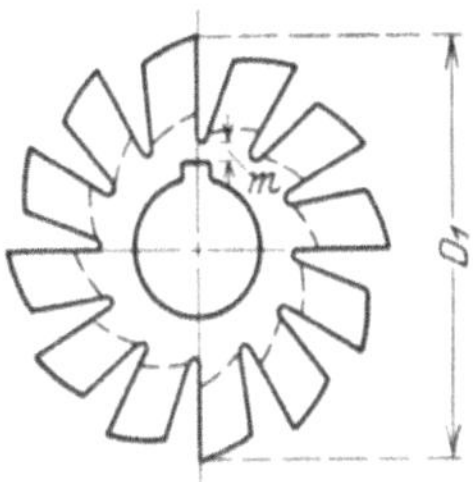

Abb. 570.

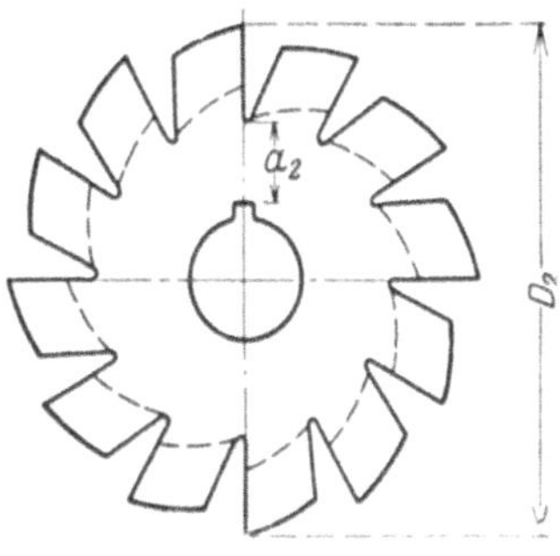

Abb. 571.

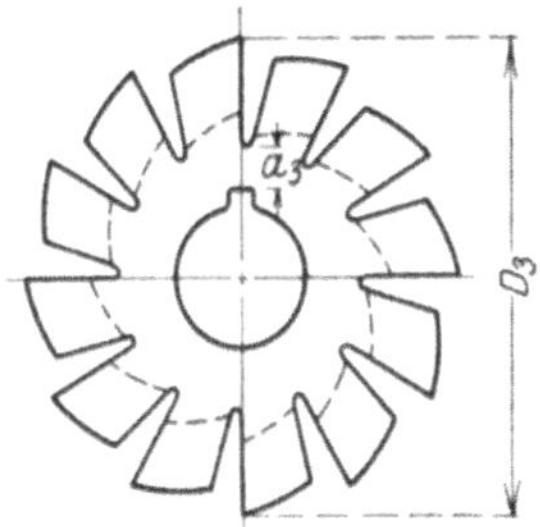

Abb. 572.

Das geschilderte Verfahren für die Konstruktion der hinterdrehten Fräser erscheint auf den ersten Blick etwas kompliziert, ist aber in Wirklichkeit sehr einfach und prägt sich rasch ein. Der Vorteil des Verfahrens ist, daß man die wirklichen Abmessungen vor Augen hat und an der Zeichnung erkennen kann, ob die Querschnitte des Fräsers genügen.

Bei Prüfung der Frage, ob im Einzelfalle das Fräsen das wirtschaftlichste Arbeitsverfahren ist, müssen die Anschaffungs- und Unterhaltungskosten der Fräser und der Fräsmaschinen in Rechnung gestellt werden. Wie im Abschnitt Kalkulation dargestellt, sind die Betriebsunkosten in den einzelnen Abteilungen eines Betriebes verschieden hoch. Die Fräserei ist nun eine von den Abteilungen, die besonders hohe Unkosten verursachen kann. Die Unkosten werden hier um so größer sein, je größer die Anschaffungskosten der von einem Arbeiter bedienten Maschinen mit den dazu gehörigen Werkzeugen sind. Nicht zu vergessen sind die Kosten, die durch das Nachschärfen der Fräser entstehen.

Es ist also in jedem Einzelfall sorgfältig abzuwägen, ob das Fräsen wirklich wirtschaftlich ist. Allgemein zu sagen, das eine oder das andere Verfahren ist wirtschaftlicher, wäre durchaus falsch; es kommt immer auf die Sonderheiten des Einzelfalles an. In der Regel ist das Fräsen wirtschaftlich, wenn die Möglichkeit gegeben ist, mit mehreren zu

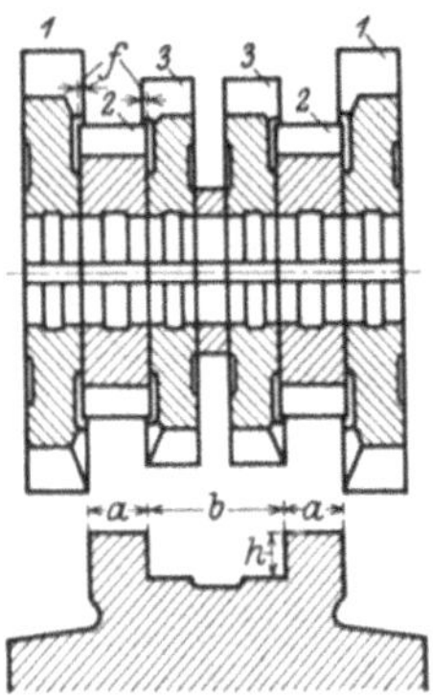

Abb. 573.

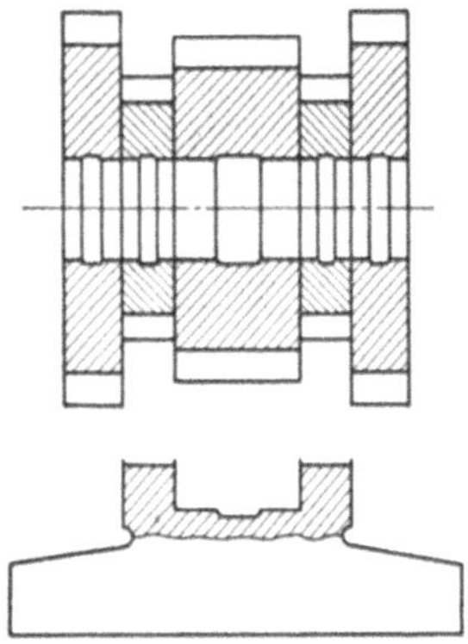

Abb. 574.

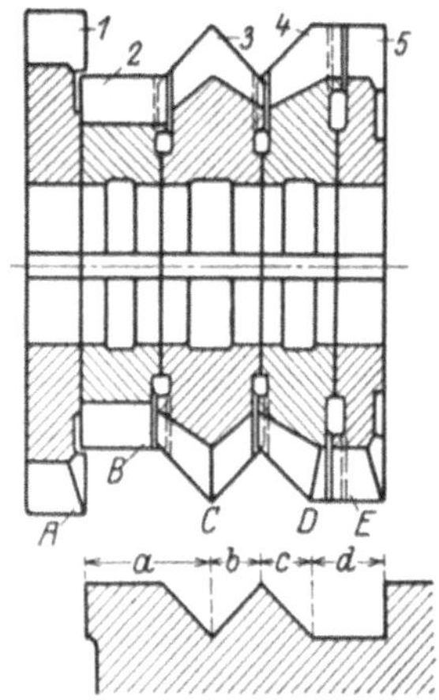

Abb. 575.

einem Satz vereinigten Fräsern in mehreren Ebenen gleichzeitig zu arbeiten, wenn mit mehreren auf einen Dorn gespannten Fräsern mehrere Teile gleichzeitig bearbeitet werden können, oder wenn es sich um Teile handelt, deren zu bearbeitende Stellen ein gekrümmtes Profil haben.

Das in Abb. 573 gezeigte Teil soll gefräst werden; für die Maße *a* und *b* sei eine zulässige Toleranz von 0,035 mm und für das Maß *h* eine solche von 0,1 mm gegeben. Da es sich um ein gradliniges Profil handelt, so sind spitzgezahnte Fräser hinterdrehten vorzuziehen. Es ist ein Satz Fräser nötig, bestehend aus sechs Einzelfräsern. Die Fräser *1* und *3* sind in ihrer Form anormal; die Nr. *2* sind wohl in der Form normal, im vorliegenden aber in den Abmessungen anormal, so daß der ganze Satz besonders angefertigt werden muß. Die Stirnzähne der Fräser *1* und *3* greifen um das Maß *f* über die Fräser *2*. Dies ist nötig, damit die Ecken des Werkstückes sauber ausgeschnitten werden. Würde man versuchen, den Satzfräser nach Abb. 574 nur aus Walzenfräsern zusammenzusetzen, so würde das Werkstück, wie in der Abbildung gezeigt, an den Kanten Grat bekommen und die senkrechten Flächen würden durch die Reibung der Fräser *1* und *3* unsauber werden.

Beim Fräsen zusammenhängender Flächen mit Satzfräsern ist also immer ein Übergreifen der Zähne zweier benachbarter Fräser nötig (Maß *f*, Abb. 573). Nicht immer ist dies in der einfachen eben gezeigten Form möglich; ist z. B. ein Profil nach Abb. 575 zu fräsen, bei dem die Abstände *a—d* genau sein sollen, so müssen die Fräser *2—5* mit Kupplungszähnen versehen werden, so daß je zwei benachbarte Zähne die Trennfuge überlappen.

Da das in dem Beispiele gezeigte Profil gradlinig ist, so kommen nur spitzgezahnte Fräser zur Anwendung. Nach jedem Schärfen der Fräser müssen die Abstände *a—d* durch entsprechende Beilegeringe aus Papier oder dünnem Stahlblech wieder erreicht werden.

Hinterdrehte Fräser für solche Profile, bei denen einzelne Stellen senkrecht zur Fräserachse stehen, arbeiten dann ungünstig, wenn die Fräser nur in einfacher Weise hinterdreht sind, da die Stellen der Fräserschneide, die senkrecht zur Fräserachse stehen, nicht hinterarbeitet sind und infolgedessen leicht drücken und schnell ruiniert werden. In Abb. 576 ist ein solches Profil gezeigt; auf die Länge *a* liegt die Profilkante senkrecht zur Fräserachse.

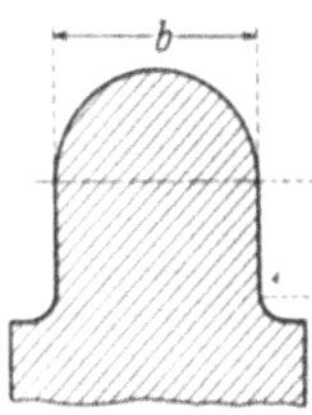

Abb. 576.

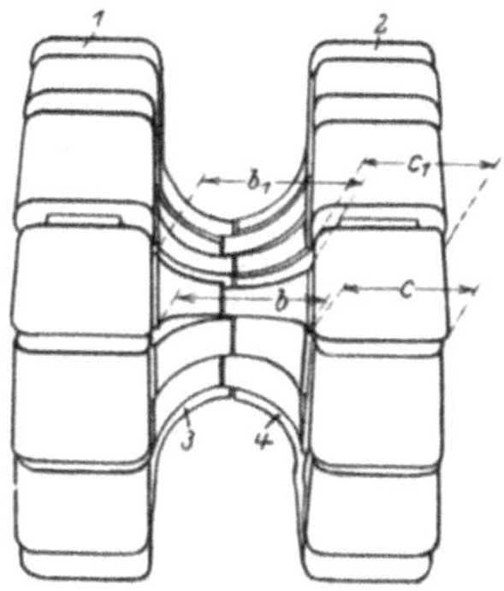

Abb. 577.

In Abb. 577 ist ein zusammengesetzter Fräser für dieses Profil gezeigt, der als Vorbild für zweckmäßige Konstruktion dienen kann. Der Frässersatz besteht aus vier Einzelfräsern, die so hinterdreht sind, daß bei den Fräsern *1* und *2* die Zähne nach hinten zu schmaler werden (Maß c und c_1) und bei *3* und *4* das Profil nach hinten zu weiter wird (Maß b und b_1). Die Fräserzähne schneiden also an allen Stellen frei. Die Profiländerung, die durch das Nachschleifen der Fräser entsteht, kann beim Aufspannen des Fräsers dadurch berichtigt werden, daß zwischen die einzelnen Fräser entsprechende Beilegeringe gelegt werden. Die für vorliegendes Beispiel gewählte Fräserkonstruktion hat noch den weiteren Vorteil, daß die Fräser *1* und *2*, die zuerst stumpf werden, da sie mit wesentlich größerer Schnittgeschwindigkeit arbeiten als die Fräser *3* und *4*, umgesetzt werden können, so daß Fräser *1* an die Stelle *2* kommt und umgekehrt. Erst wenn beide Ecken abgestumpft sind, ist ein Nachschleifen nötig.

Für die Ausführung zusammengesetzter Fräser mit Kupplungszähnen bestehen verschiedene Konstruktionen; wohl die älteste und bisher beste zeigt Abb. 578. Der Fräser *1* hat die Breite *a*; Fräser *2* die Breite *b*. Die Form der inneren Ausdrehung und die Ausführungsart der Kupplungszähne ist in Abb. 579 u. 580 gezeigt. Die Abbildungen zeigen deutlich, daß die Anzahl der Kupplungszähne von der Anzahl der Fräserzähne abhängig ist; es sind halb soviel Kupplungszähne und Lücken wie Fräserzähne vorgesehen. Die Zähne überlappen um das Maß *c*, Abb. 578. Die Einstellung auf genaue Schnittbreite (Maß *l*) erfolgt durch Beilegeringe *m*.

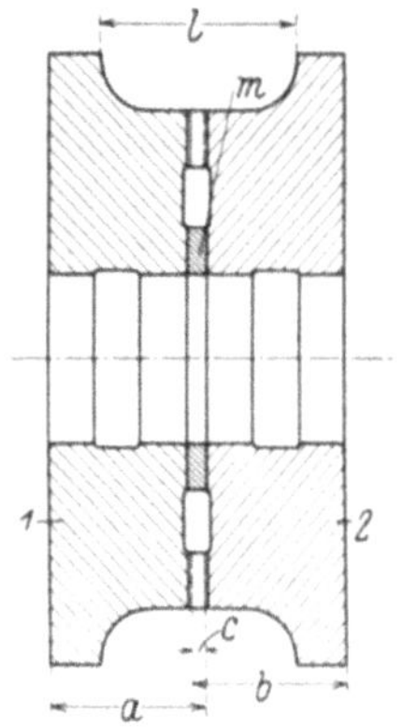

Abb. 578.

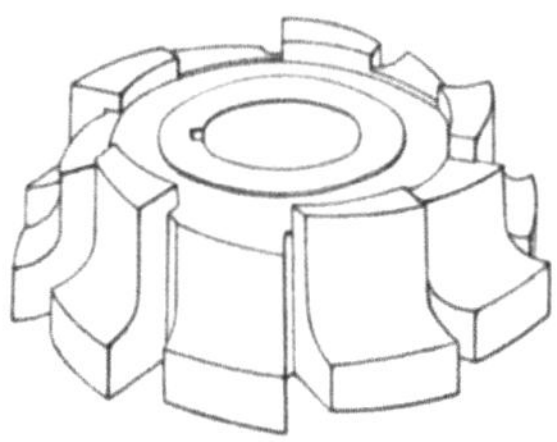
Abb. 579.

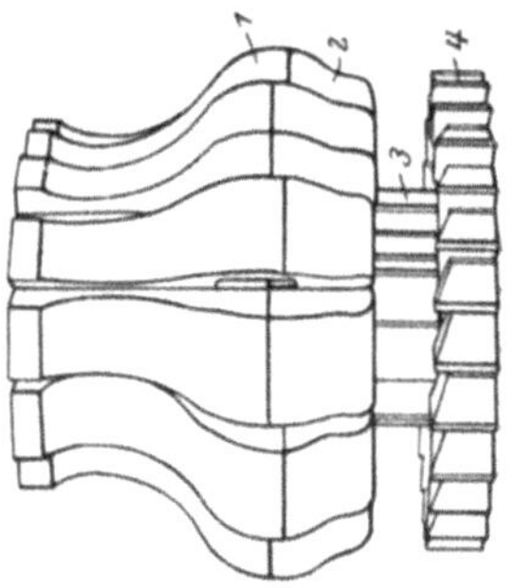

Abb. 580.

Ähnlich wie im vorigen Beispiel ist der in Abb. 580 gezeigte Fräser konstruiert. Für den Teil des Profiles, der gekrümmte Form hat, ist ein geteilter hinterdrehter Fräser vorgesehen, dessen Teil *2* wieder schräg hinterdreht ist, so daß der zur Fräserachse senkrecht stehende Profilteil der Fräserschneide nicht drücken kann. Auch hier können Profiländerungen, die durch das Nachschleifen entstehen, durch Beilegeringe ausgeglichen werden. Das Beispiel zeigt ferner noch, daß für den gradlinigen Teil des Profiles spitzgezahnte Fräser (*3* und *4*) angewandt sind.

b) Allgemeines über Fräsvorrichtungen.

Die Anwendungsart der Fräsvorrichtungen ist wesentlich verschieden von der der Bohrvorrichtungen. Die Bohrvorrichtungen müssen in der Regel von Hand in die Arbeitsstellung hin bewegt und häufig auch gekippt werden; daraus ergibt sich die Forderung nach möglichst leichter Konstruktion. Bei den Fräsvorrichtungen liegen die Dinge insofern anders, als die Überwindung des Gewichtes der Vorrichtungen nur beim Aufheben auf den Maschinentisch zu erfolgen hat, also nur einmal beim Einrichten der Maschine. Es ist also nicht so wichtig wie bei den Bohrvorrichtungen, auf Gewichtsersparnis zu sehen.

Die Kräfte, die beim Fräsen auftreten, sind in ihrer Richtung ungefähr, in ihrer Größe selten auch nur annähernd vorher zu bestimmen.

Die Kraftrichtung, besonders aber die Größe der Kräfte ist abhängig von der Festigkeit des zu bearbeitenden Werkstoffes, von Schnittgeschwindigkeit, Vorschub und Spanquerschnitt, von der Größe des Brust- und Rückenwinkels der Fräserzähne, von der Art des Schmiermaterials und schließlich von der Schärfe des Fräsers.

Von allen diesen Faktoren sind nur Schnittgeschwindigkeit und Vorschub zahlenmäßig zu erfassen; alle andern Faktoren sind mehr oder weniger schwankend. Der Spanquerschnitt ist zunächst größer oder kleiner je nach Größe der Materialzugabe; diese ist bei Guß- und Schmiedestücken durchaus nicht immer gleichmäßig. Das gleiche gilt von der Festigkeit des Werkstoffs; wir sind in Deutschland leider noch nicht so weit, daß unsere Gießereien und Stahlwerke Gußstücke und Stahl von gleichmäßiger Härte und Abmessung liefern können. Man muß also beim Fräsen mit ziemlich großen Schwankungen des Spanquerschnittes rechnen; die dann noch größer werden, wenn der Fräser schlägt, so daß sich die zu leistende Arbeit nicht auf alle Fräserzähne gleichmäßig verteilt. Die Größe des Brust- und Rückenwinkels ist davon abhängig, mit welcher Sorgfalt der Fräser hergestellt und nachgeschliffen wird. Daß der Unterschied in der Größe der Schnittkräfte zwischen einem scharfen, halbstumpfen und völlig stumpfen Fräser groß ist, ist klar; die Fräser sind aber in allen Stadien zwischen scharf und stumpf in Gebrauch.

Bei der Konstruktion von Fräsvorrichtungen ist also vor allem darauf zu achten, in welcher Richtung die auftretenden Kräfte wirken. Danach ist die Art der Aufnahme und der Spannmittel zu wählen. Bei der Bemessung der einzelnen Vorrichtungenteile wähle man eher etwas kräftigere als zu schwache Abmessungen, da es in erster Linie auf sicheres Festhalten der Werkstücke während des Arbeitsganges ankommt. Ferner ist es wichtig, die Spannmittel so auszubilden, daß für das Einspannen der Teile möglichst wenig Zeit erforderlich ist. Man kann, um die Einspannzeiten abzukürzen oder sie auszuschalten, in der Konstruktion sehr weit gehen, da durch Einschränkung oder Fortfall der Aufspannzeit die Leistung der Maschinen wesentlich gesteigert wird und sich auch teuere Vorrichtungen dadurch bezahlt machen.

Wie bei den Bohrvorrichtungen, so ist auch bei den Fräsvorrichtungen wichtig, vor Beginn der Konstruktion festzustellen, worauf es bei den zu bearbeitenden Teilen ankommt. Dies festzustellen, ist zwar bei Fräsarbeiten in der Regel einfacher als bei Bohroperationen, doch können auch hier verwickelte Fälle vorkommen.

Nach der Höhe der Ansprüche, die an die genaue Lage, Ebenheit und Sauberkeit der zu fräsenden Flächen gestellt werden, richtet sich die Art des anzuwendenden Fräsverfahrens; dabei kann, wie schon erwähnt, als Regel gelten: Flächen, die genau sein sollen, möglichst mit

Stirnfräsern bearbeiten; für gradlinige Profile spitzgezahnte Fräser und nur für gekrümmte Profile hinterdrehte Fräser anwenden.

Beim Fräsen größerer Gußstücke, die genau sein sollen, ist zu beachten, daß sich die Teile durch die beim Arbeiten auftretende Erwärmung und durch die einseitige Entfernung der Gußhaut verziehen. Es ist daher oft nötig, solche Teile in einer Aufspannung zu schruppen und in einer zweiten Aufspannung zu schlichten.

Für kleinere Teile kann man mit Vorteil Maschinenschraubstöcke benutzen, deren auswechselbare Backen mit entsprechenden Formstücken für die Aufnahme der Werkstücke ausgerüstet werden. Diese Art von Vorrichtungen sind einfach, schnell zu beschaffen und billig. Da die Backen auswechselbar sind, so ist man weder an einen bestimmten Schraubstock noch an eine bestimmte Maschine für die auszuführende Fräsarbeit gebunden. Das Verfahren wurde in der Massenfabrikation in weitestem Maße angewandt; seine Bedeutung hat aber verloren, seit man die Bedeutung der Leerlaufzeiten für die Gesamtleistung erkannt hat und andere, bessere Verfahren bekannt geworden sind.

Beispiele.

Hebel nach Abb. 584 aus Stahl sollen in Serien von mehreren Hundert Stück hergestellt werden. Die Stückzahl ist zu klein, als daß sich die Anschaffung eines Schmiedegesenkes lohnen würde, mit dem die Form der Teile vorgeschmiedet werden könnte. Die Teile müssen also aus rechteckigen Platten gefräst werden.

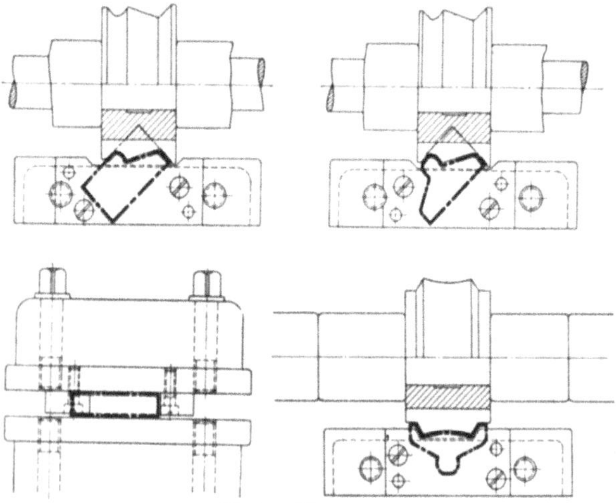

Abb. 581 bis 584.

Als Aufspannvorrichtung diene ein Maschinenschraubstock mit besonderen Backen für das Werkstück. Die Konstruktion der Backen und der Arbeitsgang beim Fräsen ist in Abb. 581—584 dargestellt; es sind drei verschiedene Aufnahmebacken und zwei hinterdrehte Spezialfräser nötig.

Eine sehr häufig vorkommende Arbeit besteht darin, von Stangenmaterial größere Mengen von Stücken gleicher Länge mit der Kreissäge auf der Fräsmaschine abzuschneiden. In Abb. 585 u. 586 ist gezeigt, wie zwei Profilstangen durch Spezialbacken gleichzeitig eingespannt werden. 7 Kreissägen schneiden bei jedem Arbeitsgange zusammen 14 Teile ab. Die Backen sind so hoch, daß die unterste Kante der Werkstücke über die Oberkante der Grundbacken liegt, sie sind außerdem mit Schlitzen versehen, durch die Kreissägen frei durchlaufen können. Das Spannen braucht in diesem Falle nicht übermäßig fest zu erfolgen, da die auftretenden Kräfte bei den schmalen Schnittflächen nicht sehr

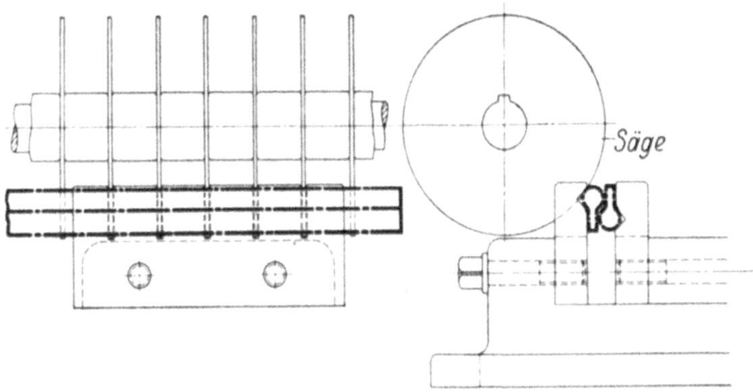

Abb. 585 und 586.

groß sind und außerdem die Teile nicht ausweichen können, da sie durch die prismaförmige Ausarbeitung der Backen die Werkstücke in der runden Wulst hält.

Bolzen nach Abb. 587 u. 588 sollen an jedem Ende mit zwei parallelen Flächen versehen werden. Für die Breite sei eine Toleranz von 0,1 mm zulässig. Ferner wird verlangt, daß die flachen Teile des Bolzens symmetrisch zur Mittellinie liegen; eine einseitige Lage, wie in Abb. 589

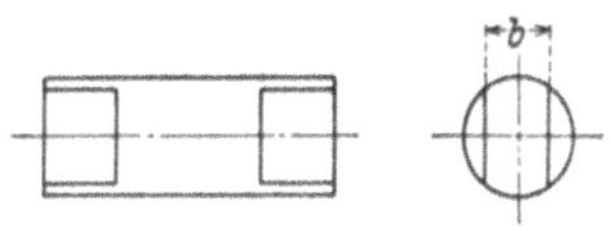

Abb 587 und 588.

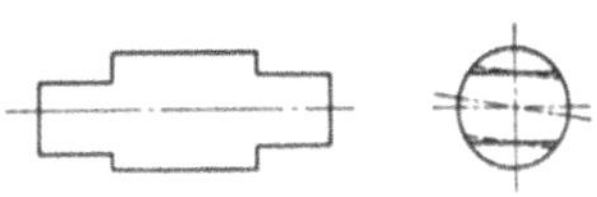

Abb. 589 und 590.

gezeigt, oder eine schiefe Lage der flachen Teile zueinander nach Abb. 590 ist nicht zulässig. Die Teile sind in Serien von 500 Stück herzustellen.

Würde man jedes der flachen Enden in einer besonderen Aufspannung fräsen, so bestände bei der zweiten Aufspannung die Schwierigkeit, die Teile nach den schon angefrästen Flächen des einen Endes auszurichten. Das würde entweder die Vorrichtung kompliziert und teuer gestalten oder die Aufspannzeit verlängern. Es erscheint daher wünschenswert, beide Enden in einer Aufspannung zu fräsen.

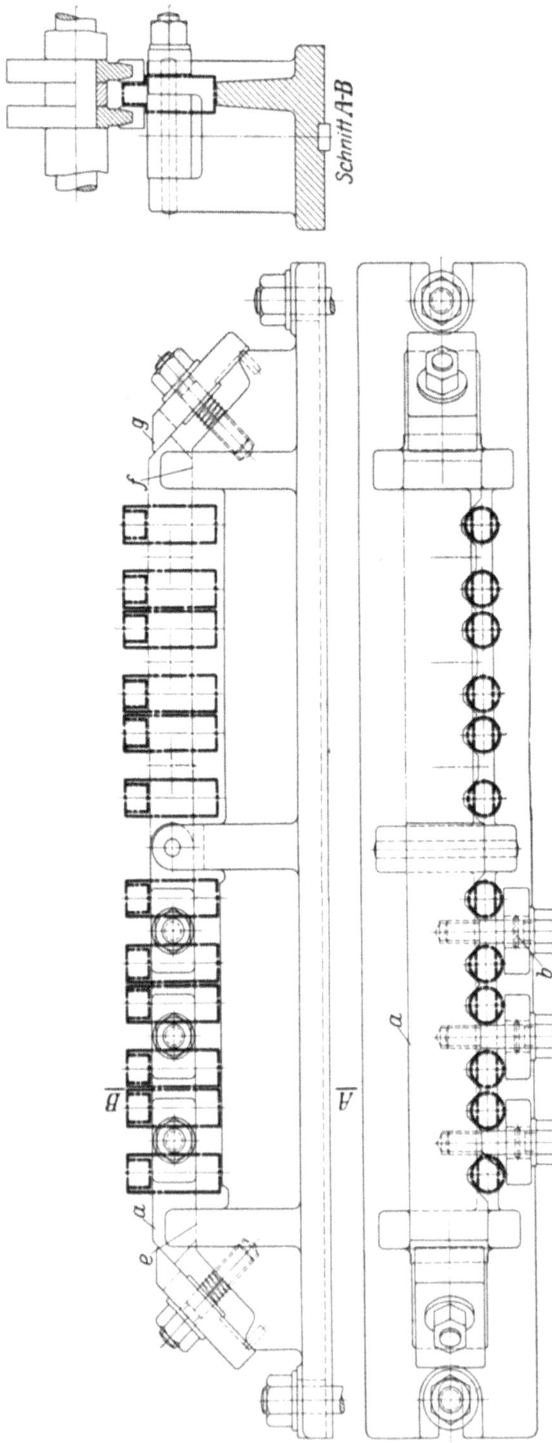

Abb. 591 bis 593.

In der Abb. 591—593 ist eine Fräsvorrichtung gezeigt, die dies ermöglicht. Es werden sechs Werkstücke von der Klappe *a* in Prismen aufgenommen; je zwei Werkstücke werden von einem Spanneisen festgespannt. Die Spanneisen sind gegen Drehung durch Stifte *b*, die in den Schrauben *c* festsitzen und in entsprechende Keilnuten der Spanneisen eingreifen, gegen Drehung gesichert. Die Klappe *a* ist um einen Bolzen drehbar und kommt beim Fräsen der ersten Seite auf dem Bock *e* und beim Fräsen der zweiten Seite der Bolzen auf dem Bock *f* des Vorrichtungenkörpers zur Auflage. Seitlich ist die Klappe *a* an beiden Enden geführt, wie aus dem Grundriß zu ersehen ist. In beiden Stellungen wird die Klappe durch Spanneisen *g* gehalten. Das Einspannen der Teile erfolgt auf der linken Seite der Vorrichtung, wobei die Teile auf der Längsrippe Auflage finden; ihre Höhenlage ist also bestimmt.

Das Fräsen erfolgt mit zwei Scheibenfräsern, deren Abstand genau eingestellt wird. Nach dem Fräsen der ersten Seite (links) wird die Klappe losgespannt, herumgeschwenkt, so daß die zuerst gefrästen Enden nach unten ragen, und dann die zweite Seite gefräst.

Es sollen Leisten aus Stahl mit einem Profil nach Abb. 594 und einer Länge bis 500 mm hergestellt werden. Die Winkel α und β und das Maß *d* sollen von möglichst großer Genauigkeit sein. Das Rohmaterial hat rechteckigen Querschnitt. Die Flächen *a* und *c* werden zuerst bearbeitet, und zwar gehobelt; darauf werden die Leisten in eine Vorrichtung nach Abb. 595 u. 596 gespannt und gefräst. Zur genauen Einstellung des Fräsers auf Höhe ist eine Einstellfläche vorgesehen, auf die ein Meßblock von bestimmter Höhe aufgelegt wird. Um etwaige Fehler

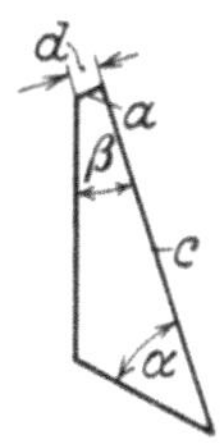

Abb. 594.

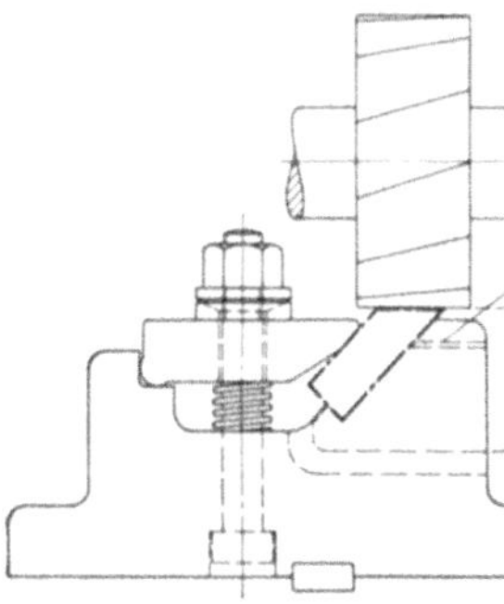

Abb. 595.

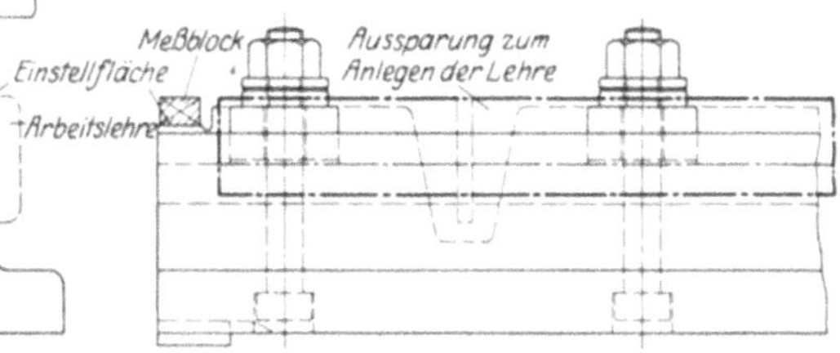

Abb. 596.

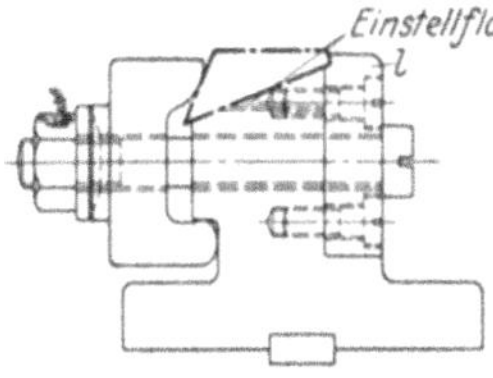

Abb. 597.

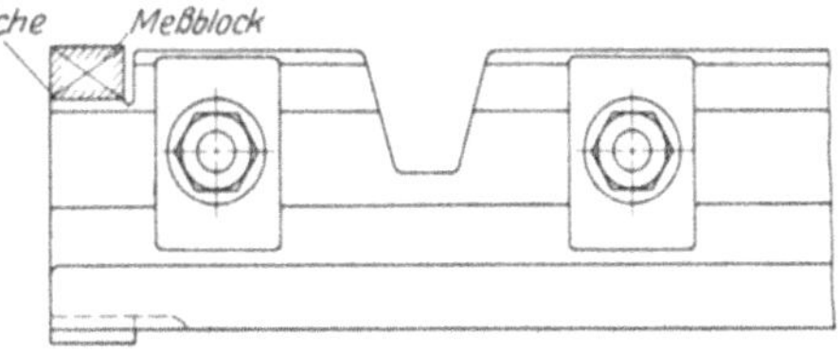

Abb. 598.

noch an dem aufgespannten Teil feststellen zu können, ist die Auflage an einer Stelle unterbrochen, um eine Arbeitslehre anlegen zu können.

Für die nächste Operation dient die Vorrichtung nach Abb. 597 u. 598. Das Werkstück muß hier wieder an der Fläche *a* anliegen; da diese Anlage sehr knapp ist, so ist eine Stahlleiste *l* vorgesehen, die seitlich an den Vorrichtungenkörper angeschraubt ist. Die Art der Spannung geht aus der Abbildung hervor. Auch hier ist das Einstellen mittels Meßfläche und Meßblock gedacht.

Die Vorrichtungen gestatten die Verwendung einfacher Werkzeuge (Walzen- oder Stirnfräser); die Profilwinkel des Werkstückes werden durch die Vorrichtung und nicht durch das Werkzeug gegeben.

Es sei die Aufgabe gestellt, in eine Klauenkupplung nach Abb. 599 u. 600 die Kupplungszähne zu fräsen. Im allgemeinen wird für derartige Teile, besonders, wenn nicht sehr große Stückzahlen von einer Sorte vorliegen, keine besondere Fräsvorrichtung vorgesehen, sondern die

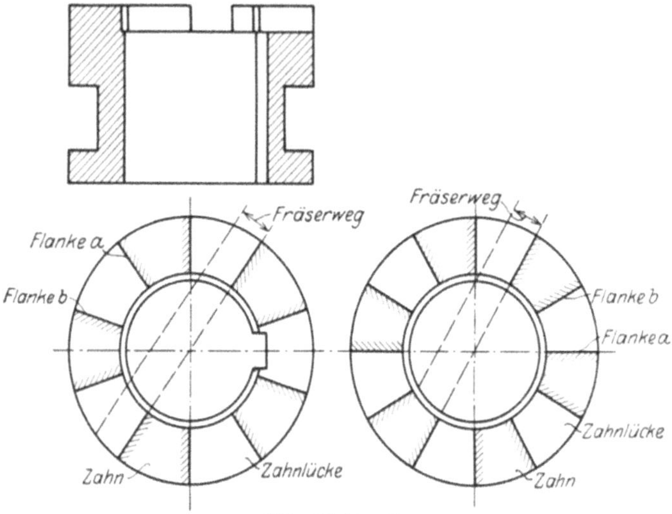

Abb. 599 bis 601.

Arbeit wird auf dem Teilkopf der Universalfräsmaschine ausgeführt, Abb. 602. Dies Verfahren ist dann, wenn solche Arbeiten nur vereinzelt in einem Betriebe vorkommen, richtig; kommen dagegen solche Teile häufig vor, so lohnt es, zu prüfen, ob die Arbeit mit anderen Verfahren besser und billiger ausgeführt werden kann.

Um dies zu tun, müssen wir uns zunächst klar werden, was von der Kupplung verlangt wird. Die Zähne der Kupplungshälften greifen ineinander; die treibende Hälfte soll durch die eingreifenden Zähne die andere Hälfte antreiben; das heißt also, alle Zähne der einen Hälfte sollen mit allen Zähnen der anderen Hälfte an den radial stehenden Zahnflanken in Berührung stehen. Kommen nicht alle Zahnflanken gleichmäßig zum Tragen, so werden die Kupplungshälften sich quer zur Drehachse so weit zu verschieben suchen, bis die Anlage an allen Zähnen erfolgt; besonders dann, wenn das zu übertragende Drehmoment groß ist, was bei solchen Kupplungen häufig der Fall ist. Da aber ein Ausweichen quer zur Drehachse nur so weit möglich ist, wie es das Spiel zwischen Welle und Bohrung zuläßt, so bleibt der Eingriff der Kupplung unvollkommen; die einzelnen Kupplungszähne werden nicht gleichmäßig zur Übertragung der Kräfte herangezogen. Die Folgen sind schweres Ausrücken, Zahnbrüche und Warmlaufen oder Fressen der einseitig beanspruchten Teile.

Will man solche Erscheinungen vermeiden, so muß die Teilung der Kupplungen möglichst genau sein. Da nun der Teilkopf einer Universalfräsmaschine (gutes Fabrikat vorausgesetzt) sehr genau gearbeitet ist und den ausgesprochenen Zweck hat, Teilungen vorzunehmen, so erscheint es auf den ersten Blick als das Gegebene, derartige Kupplungen, wie in Abb. 602 gezeigt, auf dem Teilkopf zu fräsen. Betrachtet man

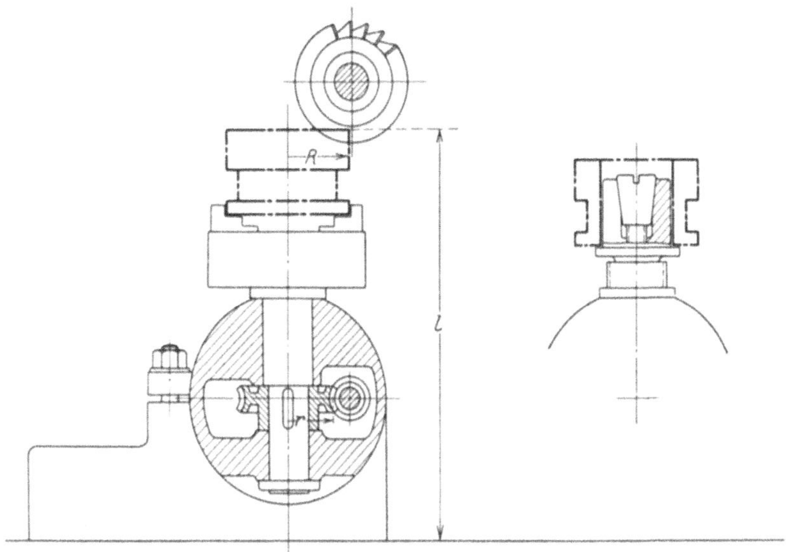

Abb. 602. Abb. 603.

jedoch die Dinge etwas kritisch, so entdeckt man mancherlei Fehlerquellen. Zunächst ist das Teilrad von geringem Durchmesser, so daß etwa darin vorhandene Teilfehler je nach der Größe des Werkstückes oft vergrößert auf dieses übertragen werden, Maß r und R. Toter Gang zwischen Schneckenrad und Schnecke, Fehler in der Teilscheibe und im Index kommen hinzu. Sodann ist die Bauhöhe (Maß l) zu beachten; bei kräftigen Spänen wird der ganze Teilkopf infolge der großen Hebelarme stark beansprucht, so daß man oft nicht die Schneidfähigkeit des Fräsers und die Durchzugskraft der Maschine voll ausnutzt, um allzu große Erschütterungen zu vermeiden. Oft werden auch derartige Teile, wie in der Abbildung dargestellt, in das zu dem Teilkopf gehörige Dreibackenfutter eingespannt; da derartige Futter aber nicht genau laufen (siehe das zu Abb. 731 Gesagte), so ist von vornherein eine Ungenauigkeit in die Arbeit hineingebracht. Teile, die genaue Teilung erhalten sollen, dürfen niemals so aufgenommen werden. Im vorliegenden Falle ist die Aufnahme auf einem Dorn nach Abb. 603 vorzuziehen.

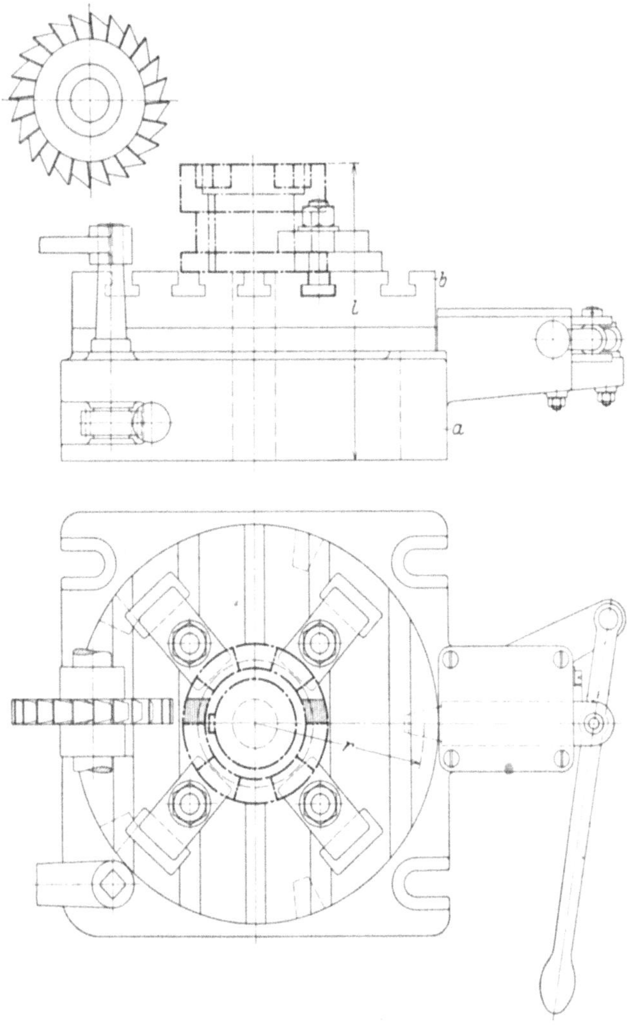

Abb. 604 und 605.

Wesentlich günstiger gestaltet sich der Arbeitsvorgang auf einer Vorrichtung nach Abb. 604 u. 605. Auf der Grundplatte *a* ist um einen Zapfen drehbar die Aufspannplatte *b* angeordnet, die mit einem Rastenring versehen ist, in dessen Rasten der Riegel eingreift. Das Werkstück wird mit einem Zentrierdorn, der in der zentralen Bohrung der Aufspannplatte sitzt, zentriert und durch Spanneisen auf der Platte festgespannt. Die Bauhöhe (Maß l) ist bedeutend kleiner, und der für die Genauigkeit der Teilung wichtige Radius r ist wesentlich größer als bei dem Teilkopf. Die Vorrichtung verträgt auch kräftigste Späne und verbürgt daher eine Mehrleistung gegenüber der Arbeit mit dem Teilkopf.

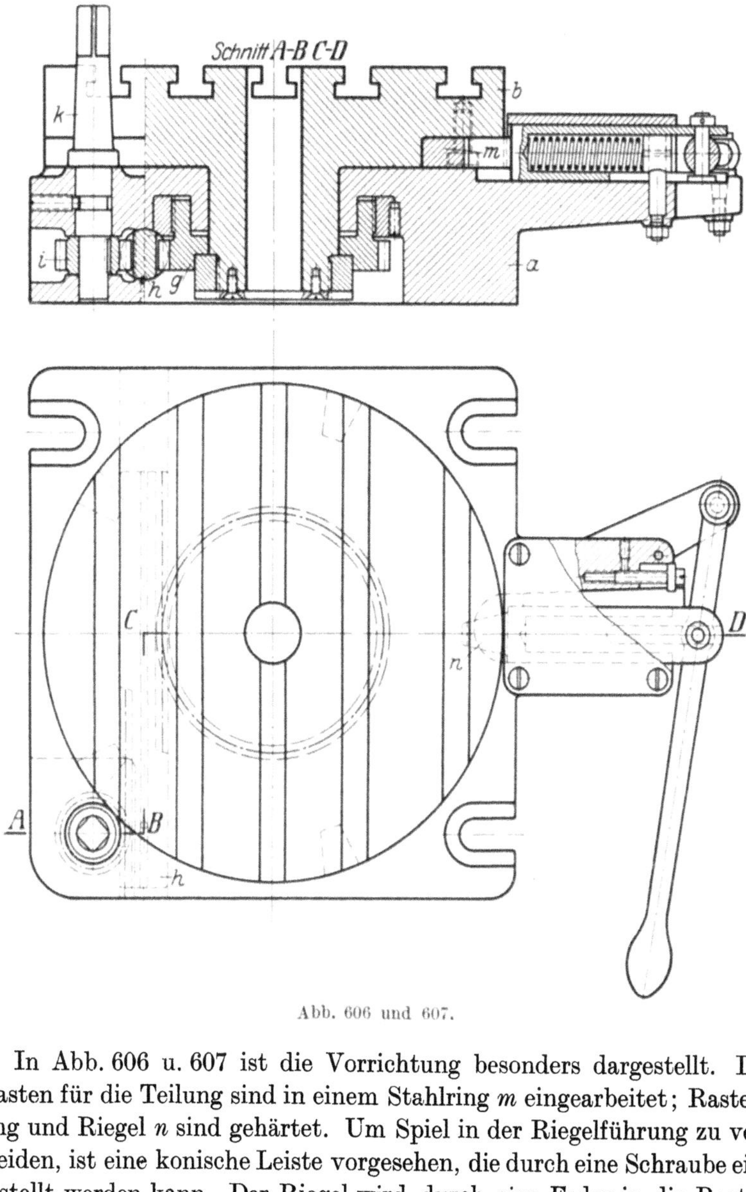

Abb. 606 und 607.

In Abb. 606 u. 607 ist die Vorrichtung besonders dargestellt. Die Rasten für die Teilung sind in einem Stahlring m eingearbeitet; Rastenring und Riegel n sind gehärtet. Um Spiel in der Riegelführung zu vermeiden, ist eine konische Leiste vorgesehen, die durch eine Schraube eingestellt werden kann. Der Riegel wird durch eine Feder in die Rasten gedrückt und kann durch den Handhebel zurückgezogen werden. Nach jedem Schalten muß die Aufspannplatte *b* fest auf die Grundplatte *a* aufgepreßt werden, so daß beim Arbeiten beide Teile wie ein Ganzes wirken. Dies wird durch Anziehen der Mutter *g* erreicht. Diese ist außen als Zahnrad ausgebildet, in das die Zahnstange *h* eingreift, die wiederum

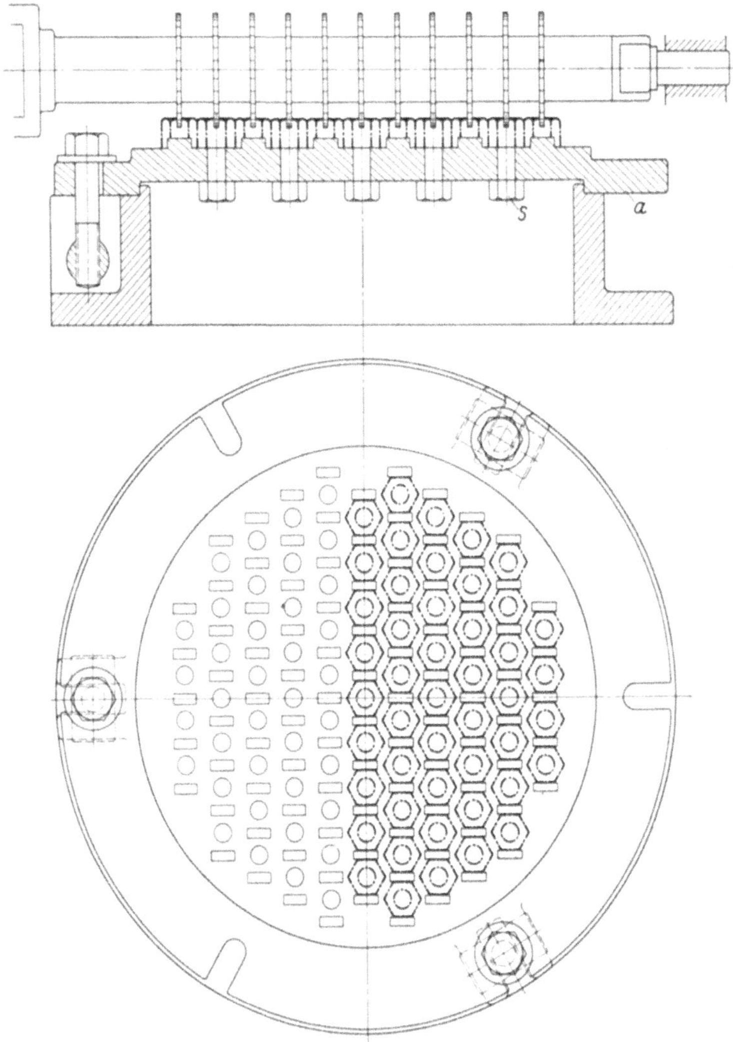

Abb. 608 und 609.

durch das Ritzel *i* und Bolzen *k* betätigt werden kann. Wird die Klemmung durch Linksdrehen des Bolzens *k* gelöst und der Riegel *n* zurückgezogen, so kann die Aufspannplatte *b* frei um den Führungszapfen gedreht werden.

Im Interesse einer billigen Herstellung ist bei der Konstruktion derartiger Kupplungen darauf zu achten, daß die Anzahl der Kupplungszähne durch eine ungerade Zahl ausgedrückt wird. Dadurch wird erreicht, daß man beim Fräsen der Zähne mit jedem Schnitt ein Paar Flanken in einer Stellung, also immer eine Flanke *a* und *b* fräsen kann, Abb. 600. Bei gerader Zähnezahl ist das, wie in Abb. 601 gezeigt, nicht möglich, es müssen erst alle Flanken *a* und dann in einer zweiten Einstellung alle Flanken *b* gefräst werden; außer der doppelten Einstellarbeit ist auch die doppelte Anzahl von Schaltungen vorzunehmen.

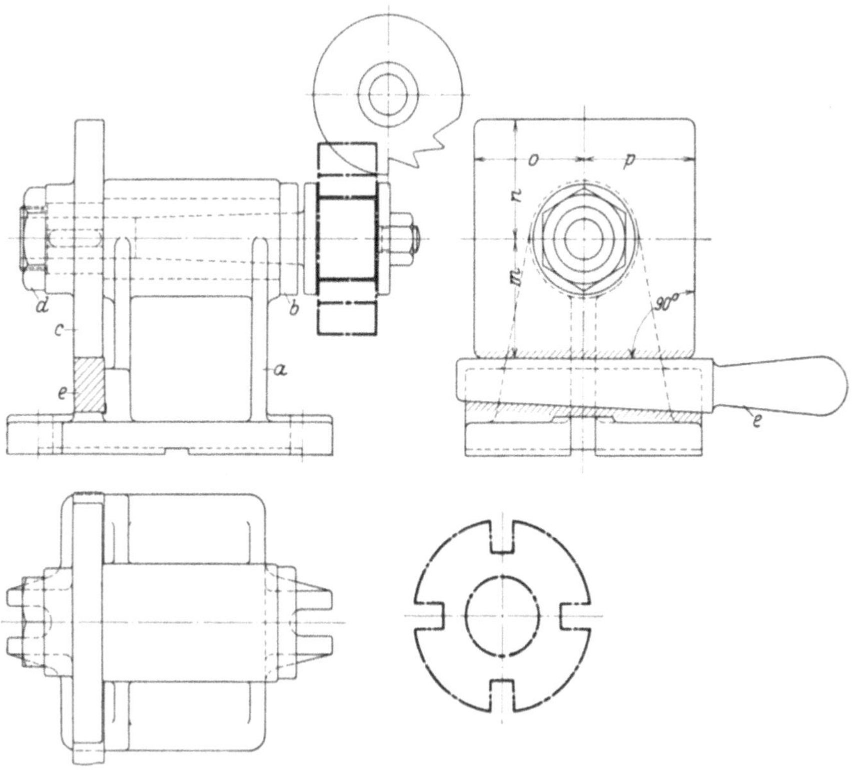

Abb. 610 bis 613.

Eine Vorrichtung zum Einfräsen der Schlitze in Kronenmuttern ist in Abb. 608 u. 609 dargestellt. Der Teller *a* ist mit einer Anzahl Aufnahmelöcher für Schrauben *S* versehen, mit denen die zu fräsenden Muttern von der Unterseite der Aufnahmeplatte aus angezogen werden; die richtige Lage der Muttern wird durch Leisten erreicht, die einen Abstand voneinander haben, der der Schlüsselweite der Muttern entspricht. Durch diese Leisten sind die Muttern gleichzeitig vor Drehung gesichert. Die Anordnung der Aufnahmen ist so, daß mit einem Satz Fräser und drei Schnitten sämtliche Muttern fertig geschlitzt sind. Nach jedem Schnitt muß die Vorrichtung um 120° geschwenkt werden.

Zu diesem Zwecke wird die Vorrichtung zweckmäßig auf eine Teilvorrichtung nach Abb. 604 aufgesetzt. Das Beschicken der Vorrichtung erscheint hier ziemlich zeitraubend; es ist jedoch dabei zu berücksichtigen, daß bei einiger Übung und Verwendung eines Aufsteckschlüssels mit Kurbel oder kurzem Knebel die Zeit für das Befestigen einer Mutter nur einige Sekunden beträgt; zumal die Muttern nicht sehr fest angezogen werden brauchen. Um einen Stillstand der Maschine während des Aufspannens der Mutter zu vermeiden, empfiehlt es sich, für jede zu fräsende Mutterngröße zwei gleiche Aufnahmeplatten anzufertigen, so daß, während die eine Platte auf der Maschine ist, die andere beschickt werden kann. Der Stillstand der Maschine beschränkt sich dann auf die Zeit, die zum Auswechseln der Platten nötig ist. Große Genauigkeit ist bei dieser Arbeit natürlich nicht nötig; hier ist die Hauptsache billige Herstellung.

Will man Teilarbeiten von besonders großer Genauigkeit ausführen, so leistet in vielen Fällen eine Vorrichtung nach Abb. 610—612 gute Dienste. Der Bock *a* ist mit einer drehbaren Spindel *b* versehen. Die Spindel hat einen Innenkonus zur Aufnahme von Aufspanndornen für die Werkstücke. Am hinteren Ende der Spindel ist die Teilscheibe *c* aufgefedert und durch eine Mutter *d* gehalten. Diese Teilscheibe hat in vorliegendem Falle rechteckige Form; ihre Lage wird durch den Keil *e* bestimmt, der einerseits auf einer entsprechenden Fläche des Körpers *a*, andererseits an einer Fläche der Teilscheibe anliegt. Will man teilen, so wird der Keil herausgezogen, die Teilscheibe mit der Spindel so weit gedreht, bis die nächste Fläche ungefähr die richtige Stellung zum Keil einnimmt und dann der Keil eingeschoben. Dieser zwingt dann die Teilscheibe endgültig in ihre richtige Lage. Das in Abb. 610 angespannt gezeichnete Werkstück ist in Abb. 613 nochmals dargestellt; es kommt dabei darauf an, daß die einzelnen herzustellenden Einschnitte genau um 90^0 zueinander versetzt sind.

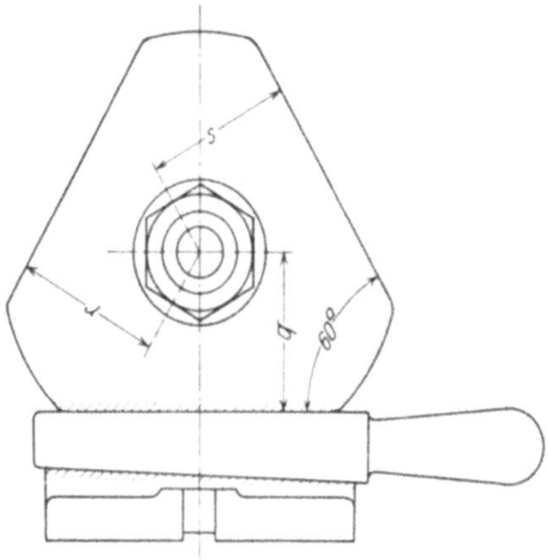

Abb. 614.

Die Genauigkeit der Teilscheibe und damit die der Teilung ist bei dieser Vorrichtung verhältnismäßig leicht zu erreichen, da es hierbei nicht darauf ankommt, daß die Abstände *m*, *n*, *o* und *p* der einzelnen Flächen von Mitte Spindel gleich groß sind; Unterschiede in diesen

Abständen werden durch den Keil *e* ausgeglichen. Es ist nur nötig, daß je zwei gegenüberliegende Flächen genau parallel sind und mit den anstoßenden einen Winkel von genau 90⁰ bilden. Wenn diese Arbeit auch sehr genau ausgeführt werden muß, so ist sie doch mit einfachen Mitteln und verhältnismäßig geringem Zeitaufwand ausführbar.

Abb. 614 zeigt eine dreieckige Teilscheibe; hierbei ist nötig, daß die Winkel von 60⁰ genau eingehalten werden; dagegen brauchen die Ab-

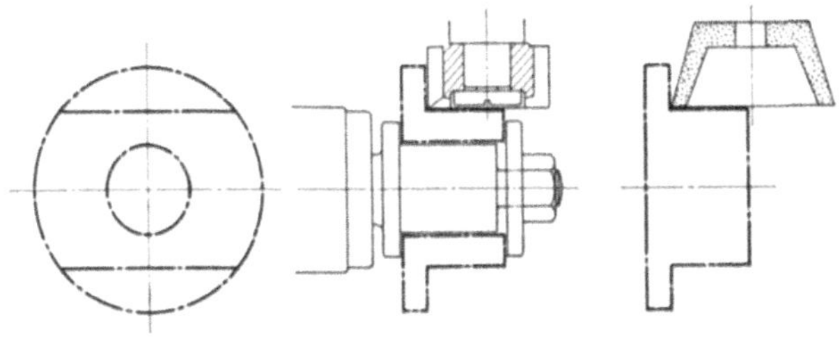

Abb. 615 bis 617.

stände *q*, *r* und *s* nicht genau zu sein. Natürlich lassen sich auf gleiche Weise auch unregelmäßige Teilungen durch Schaffung entsprechender Teilscheiben erzielen.

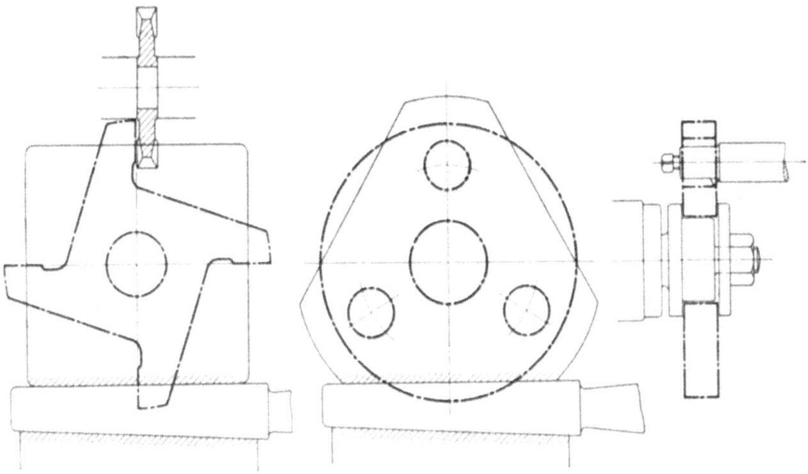

Abb. 618 bis 620.

Ein Teil, das zwei genaue parallele Flächen mit genau gleichem Abstande von der Mitte erhalten soll, zeigt Abb. 615; in Abb. 616 ist der Arbeitsvorgang gezeigt; die Flächen werden mit einem Stirnfräser gefräst; man kann aber auch die Flächen schleifen (Abb. 617). Abb. 618 zeigt ein weiteres Beispiel; an einem Schaltrad werden vier Teilflächen gefräst. Die Herstellung einer Teilscheibe mit drei Löchern zeigt Abb. 619 u. 620. Die Abb. 621 u. 622 zeigen ein anderes Arbeitsbeispiel, an dem vier radial stehende, um 90° versetzte Löcher zu bohren sind; das Bohren erfolgt mittels Bohrstange.

Die Art der Anwendung der Vorrichtung zeigt, daß sie nicht für Massen- oder größere Serienfabrikation in Frage kommt; dagegen leistet sie gute Dienste im Werkzeugbau bei der Herstellung von Lehren und Vorrichtungen und bei der Einzelherstellung sehr genauer Teile.

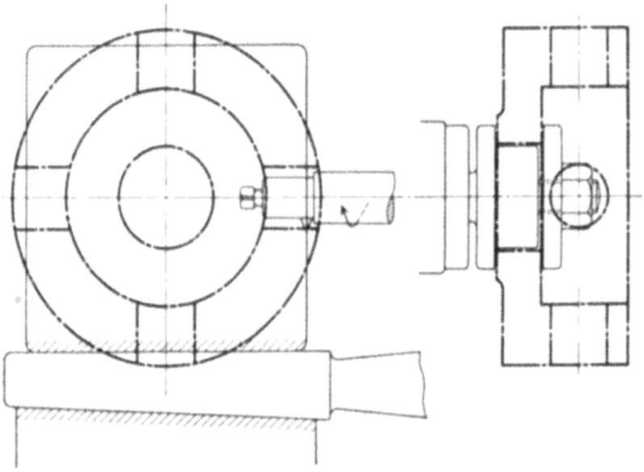

Abb. 621 und 622.

In Teile nach Abb. 624 sollen die schwalbenschwanzförmigen Nuten eingefräst werden. Zur Ausführung dieser Arbeit bieten sich mehrere Wege; der nächstliegende scheint der in Abb. 625 gezeigte zu sein; die Nuten werden mit einem Scheibenfräser vorgefräst (Nut *a*—*d*) und dann mit einem Winkelstirnfräser in die endgültige Form gebracht (Nut *e* und *f*). Das Fräsen mit solchen Winkelstirnfräsern ist jedoch unwirtschaftlich, da der Fräser schwach ist und keine großen Vorschübe verträgt. Auch ist die Lebensdauer dieser Fräser gering, da sie nach mehrmaligem Nachschleifen unbrauchbar sind. Ein besseres Verfahren zeigt Abb. 623 u. 624. Die Teile werden zu einem Stapel auf einen Dorn gespannt, die Nuten wieder mit Scheibenfräsern vorgefräst und dann mit einem paar scheibenförmigen Winkelfräsern fertig-

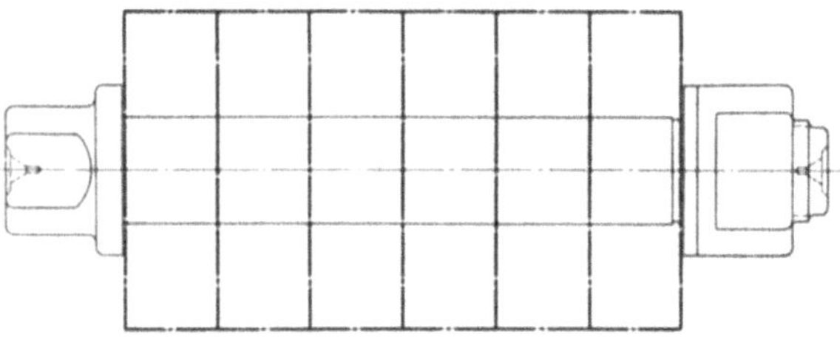

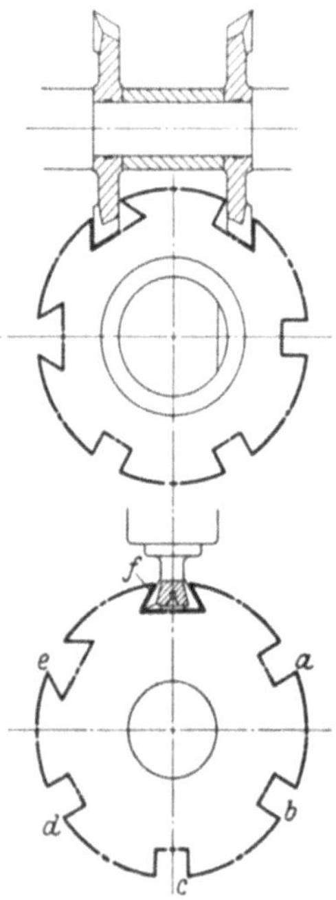

Abb. 623 bis 625.

gestellt. Diese Werkzeuge sind gesünder als der kleine Fräser nach Abb. 625; das Arbeiten wird billiger, sicherer und genauer.

Leisten mit einem Querschnitt nach Abb. 626 aus Gußeisen in Längen von 400 mm sind herzustellen. Das Maß a und die Winkel α und β sollen genau sein, während für das Maß h eine Toleranz 0,2 mm zugelassen ist.

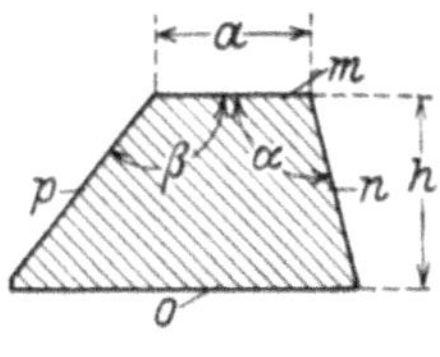

Abb. 626.

Für die Bearbeitung können verschiedene Wege eingeschlagen werden. In allen Fällen wird man die Flächen m und o zuerst bearbeiten; entweder durch Fräsen oder Hobeln; hierzu sind keine besonderen Vorrichtungen nötig. Die schiefwinklig zu den beiden parallelen Flächen gelegenen Flächen p und n können gleichzeitig mit Winkelfräsern nach Abb. 627 gefräst werden, wobei das Werkstück aber nur in Längsrichtung gespannt werden kann. Abb. 628 u. 629 zeigt eine andere Ausführung, wonach jede der Flächen einzeln mit je einem Winkelfräser bearbeitet wird, wobei die Leisten in einen Schraubstock mit Spezialbacken gespannt sind.

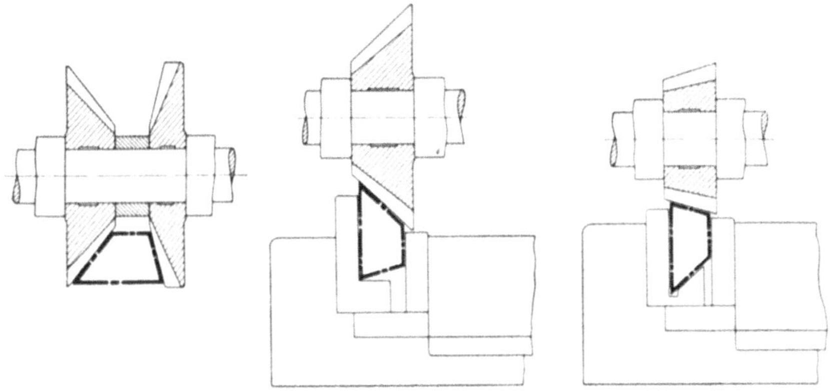
Abb. 627 bis 629.

Abgesehen von der ungünstigen Festspannung des Teiles beim Bearbeiten nach Abb. 627—629 zeigen die Fräser durchaus Formen, die leicht ausführbar sind und ein verhältnismäßig gutes Arbeiten versprechen; es sind gradlinige Profile und spitzgezahnte Fräser.

Beim Arbeiten mit derartigen Fräsern entdeckt man jedoch allerlei Schwierigkeiten, deren größte darin bestehen, die Fräser so genau zu schleifen, daß die Winkel α und β der Leiste genau sind. Dieses genaue Schleifen der Fräser ist durchaus nicht einfach; meist wird der richtige Winkel erst nach mehrmaligem Schleifen erzielt. Es wird also mehr von den Zähnen abgeschliffen, als zum bloßen Schärfen nötig ist. Dadurch werden aber die Fräser unverhältnismäßig schnell bis zur Unbrauchbarkeit heruntergeschliffen, so daß ein großer Fräserverbrauch eintritt. Da die Fräser aber wegen ihres verhältnismäßig großen Durchmessers teuer sind, so wird das Werkzeugkonto stark belastet.

Aber auch dann, wenn die Winkel der Fräser genau sind, kann durch Schlagen der Fräser das Arbeitsergebnis ungenau sein.

Eine andere Art der Bearbeitung der Leiste ist in Abb. 630—631 dargestellt. Hier werden zwei Leisten gleichzeitig aufgespannt, und zwar so, daß bei der einen die Fläche *n* und bei der anderen die Fläche *p* bearbeitet wird. Die Arbeitsleistung ist also die gleiche wie bei der Verwendung von Spezialfräsern nach Abb. 627.

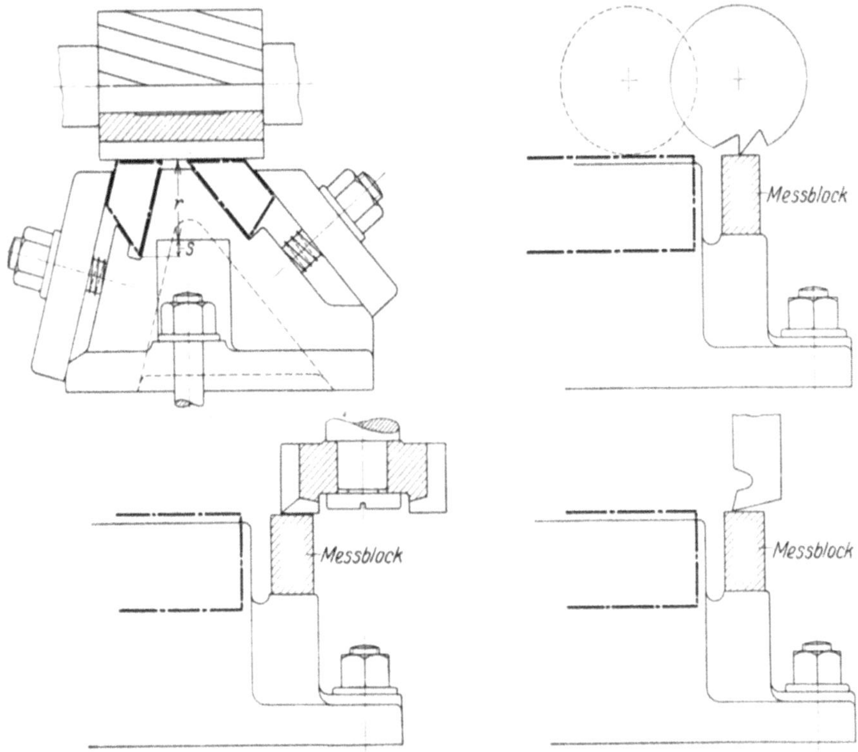

Abb. 630 bis 633.

Als Werkzeug dient entweder ein normaler Walzenfräser (Abb. 630) oder Stirnfräser (Abb. 632); man kann aber das Bearbeiten auch durch Hobeln vornehmen (Abb. 633). An der Vorrichtung ist eine Meßfläche vorgesehen, deren Höhenlage zu der des Werkstückes so bemessen ist, daß der Abstand *r* (Abb. 630) bis zu der zu bearbeitenden Fläche ein rundes Maß (in vorliegendem Fall 40 mm) darstellt. Beim Einstellen wird dann auf diese Meßfläche ein Meßblock gesetzt und danach das Werkzeug eingestellt.

Derartige Hilfsmittel zum Einstellen der Werkzeuge sind nicht nur zeitsparend, da sie die Meßzeiten erheblich abkürzen und Probeschnitte ersparen; sie gestalten den ganzen Arbeitsgang auch sicherer und einfacher und verringern so die Qualitätsansprüche, die man an die Arbeitskräfte stellen muß. Die Methode, Meßblöcke zum Einstellen der Maschinen und Werkzeuge zu verwenden, ist trotz der großen Einfachheit des Arbeitens in Deutschland recht wenig verbreitet. Es liegt das zum Teil daran, daß viele Fachleute der Ansicht sind, daß derartige Werkzeuge zu teuer und zu empfindlich für den Fabrikationsbetrieb sind; sie beschränken die Verwendung von Endmaßen auf die Lehrenkontrollen und die Werkzeugmachereien. Es soll nicht bestritten werden, daß die für die Lehrenkontrollen nötigen Endmaße, die mit einer Genauigkeit von 0,0001 mm hergestellt werden, für den Werkstattgebrauch zu kostbar sind. Es steht aber andererseits nichts im Wege, Endmaße von weniger hoher Genauigkeit zu verwenden, die billiger sind und selbst im Feinmaschinenbau den Ansprüchen als Einstellmittel völlig genügen. Jede einigermaßen gut eingerichtete Werkzeugmacherei kann solche Endmaße selbst herstellen; eine Genauigkeit von etwa $\pm$ 0,005 mm genügt vollkommen; diese Genauigkeit ist aber auf einer guten Flächenschleifmaschine ohne weiteres zu erreichen, so daß die Endmaße ohne jede Handarbeit hergestellt werden können. Zu empfehlen ist, die Endmaße satzweise in einem Holzgestell nach Abb. 634 an Einrichter, Hobler, Fräser und Dreher auszugeben. Übrigens stellt auch eine bekannte deutsche Werkzeugfabrik neben Endmaßen von hoher Genauigkeit solche von weniger großer Genauigkeit und entsprechend niedrigem Preise her.

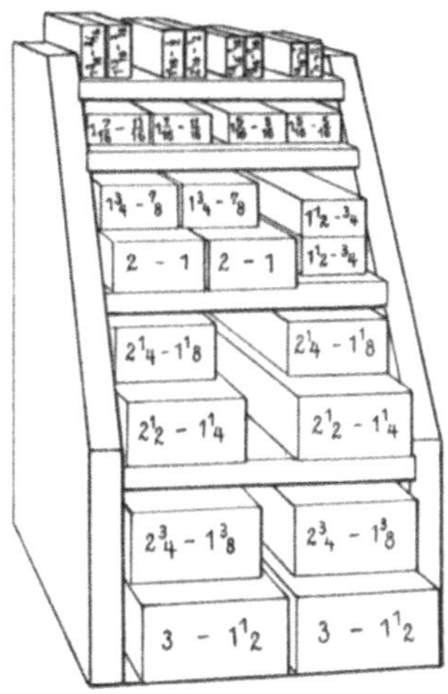

Abb. 634.

Betrachten wir die drei verschiedenen Einrichtungen zum Bearbeiten der Leiste:

1. nach Abb. 627, gleichzeitiges Fräsen mit zwei Spezialfräsern;
2. nach Abb. 628 u. 629, Fräsen in zwei Aufspannungen mit zwei Spezialfräsern;
3. Fräsen mit normalen Fräsern oder Hobeln von zwei Flächen in einer Aufspannung (Abb. 630—633),

so ergibt sich als kennzeichnender Unterschied:

Bei Verfahren 1 und 2 sind Spezialwerkzeuge nötig und einfache Vorrichtungen (Schraubstock).

Bei Verfahren 3 finden normale, einfache Werkzeuge Anwendung; dagegen ist die Vorrichtung teurer als bei 1 und 2.

Da nun die bei 1 und 2 nötigen Spezialfräser, wie erwähnt, starker Abnutzung unterliegen, so sind die laufenden Betriebskosten sehr hoch. Bei Verfahren 3 sind die Anschaffungskosten, also die einmalige Ausgabe, hoch; dagegen sind die Werkzeuge billig in der Anschaffung und Unterhaltung; die laufenden Betriebskosten also gering.

Es steht also außer Frage, daß das Verfahren 3 das wirtschaftlichere ist.

In den Abbildungen 630—633 sind drei verschiedene Verfahren der Flächenbearbeitung dargestellt; alle drei sind für die vorliegende Arbeit anwendbar und doch sind Unterschiede feststellbar, die deshalb erwähnt werden sollen, weil sie das Anwendungsgebiet der drei Verfahren sehr gut beleuchten.

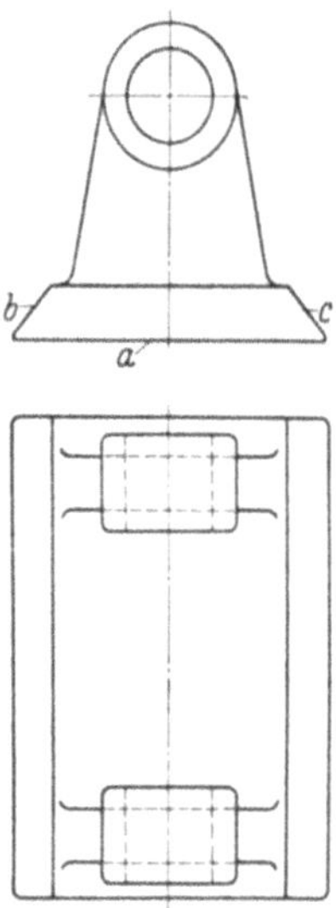

Abb. 635.

Beim Fräsen mit Walzenfräsern (Abb. 630 u. 631) wird die gefräste Fläche das Spiegelbild der Gestalt des Fräsers erhalten; d. h. alle Ungenauigkeiten, die der Fräser aufweist, werden auf die gefräste Fläche übertragen. Außerdem ist die Genauigkeit des Einstellens nach Abb. 631 davon abhängig, daß nach dem höchsten Fräserzahn eingestellt wird, dabei ist vorausgesetzt, daß der Fräser schlägt, was, wie bereits erwähnt, fast immer der Fall ist.

Das Fräsen mit Stirnfräsern (Abb. 632) ist genauer als das mit Walzenfräsern, da Lage und Genauigkeit der gefrästen Ebene lediglich von der Maschine und nicht vom Werkzeug abhängig ist. Selbst wenn der Fräser schlägt, bestimmt der am weitesten in der Stirnfläche vorstehende Zahn einwandfrei die Ebene. Das Einstellen ist gleichfalls sicherer; die Höhenlage der gefrästen Fläche wird nicht durch Abbiegen des Fräsdornes, wie beim Walzenfräser beeinflußt. Der Stirnfräser stellt also unter sonst gleichen Umständen ebene Flächen genauer her als der Walzenfräser.

Die genaueste Arbeit ergibt das Hobeln (Abb. 633). Das Werkzeug, der Hobelstahl, ist einfach und billig; die Einstellung auf Höhe erfolgt hier am genauesten, schnellsten und sichersten von allen drei Verfahren. Die gehobelte Fläche ist, richtige Stahlform beim Schlichten vorausgesetzt, sauberer als die gefräste und entspricht am ehesten den Ansprüchen auf Ebenheit.

An Schlitten nach Abb. 635 sollen die Gleitflächen *a*, *b* und *c* gefräst werden. Die Bohrungen in den runden Augen werden nach dem Fräsen bearbeitet.

In Abb. 636—638 ist eine Aufspannvorrichtung zum Fräsen der Teile dargestellt. Die Werkstücke werden mit den runden Augen in Prismen eingelegt, mit Schrauben ausgerichtet und dann mittels Spanneisen und Spannschrauben auf die Prismen festgespannt. Es ist vorgesehen, daß

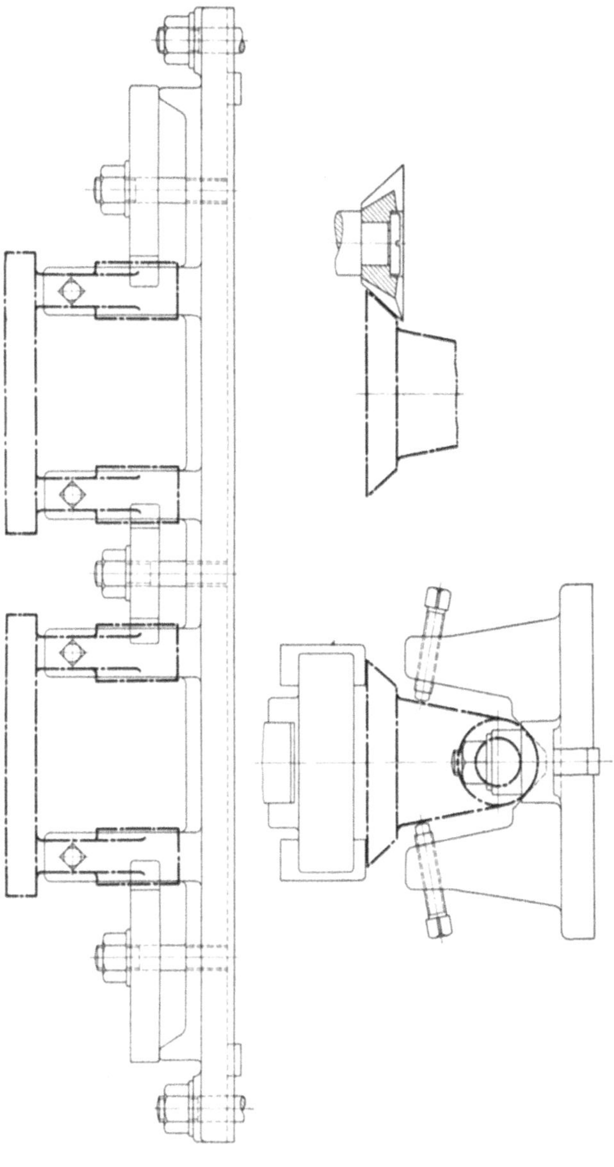

Abb. 636 bis 638.

zwei Teile hintereinander gespannt werden; die Vorrichtung kann natürlich auch für ein Teil oder mehr als zwei Teile eingerichtet werden.

Das Fräsen der Fläche *a* soll mit einem Messerkopf erfolgen; darauf sollen die Flächen *b* und *c* in der gleichen Aufspannung mit Winkelfräsern bearbeitet werden. Es ist also nötig, die Fräser auszuwechseln. Dies ist sehr zeitraubend und beeinträchtigt das Arbeitsergebnis erheblich in ungünstigem Sinne.

Das Auswechseln der Fräser wird vermieden, wenn die Arbeitsoperationen getrennt werden und das Bearbeiten der Flächen *b* und *c* in einem besonderen Arbeitsgange erfolgt.

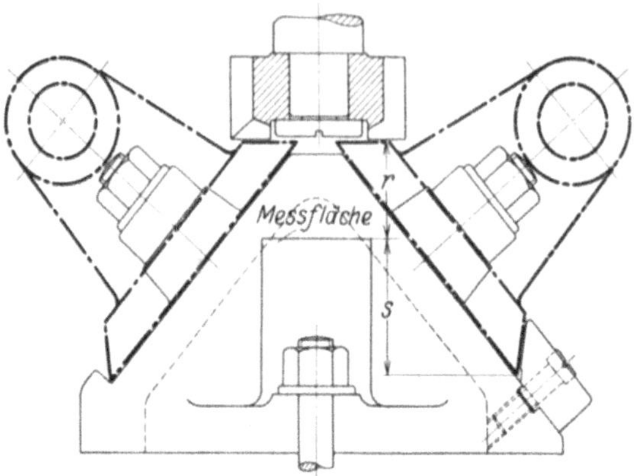

Abb. 639.

Eine Vorrichtung für das Fräsender Prismenflächen *b* und *c* ist in Abb. 639 dargestellt. Es werden zwei Teile gleichzeitig so aufgespannt, daß die zu fräsenden Flächen horizontal liegen und mit einem Stirnfräser gleichzeitig bearbeitet werden können. Auch hier ist wieder eine Meßfläche vorgesehen, von der aus mittels Meßklotzes die Höhenlage des Fräsers angestellt werden kann (Maß *r*). Das Maß *S* muß zu diesem Zwecke an der Vorrichtung genau eingehalten werden.

c) Rundtisch-Fräsvorrichtungen.

Die bisher behandelten Fräsvorrichtungen bedingten, daß während der für das Auf- und Abspannen der Werkstücke nötigen Zeit der Fräser keine Arbeit leistete. Zu dieser Aufspannzeit kommt noch der Zeitaufwand für das Zurückbewegen des Frässchlittens in die Einspannstellung, der für das Bewegen des Schlittens bis zum Beginn des Schnittweges und der für das Einschalten des Vorschubes. Alles dies sind Nebenzeiten, die den Wirkungsgrad der Fräsmaschinen sehr ungünstig beeinflussen. Um diese Zeitverluste einigermaßen auszugleichen, ist es im allgemeinen üblich, daß in Fräsereien ein Arbeiter mehrere Maschinen bedient, so daß der Mann während der Schnittzeit der einen Maschine an einer oder mehreren anderen das Auf- und Abspannen besorgt. Das Verfahren ist an sich richtig, doch steht der Ersparnis an Lohn ein hoher Unkostensatz gegenüber, der bedingt ist durch die größeren Kosten für die einem Arbeiter anvertrauten Maschinen und Werkzeuge (siehe Abschnitt Kalkulation).

In neuerer Zeit geht man besonders in Amerika dazu über, das kontinuierliche Arbeitsverfahren anzuwenden; d. h. die Vorrichtungen, die Maschine, oder beide so auszugestalten, daß der Arbeiter an einer Ma-

Abb. 640.

Abb. 641.

schine während der Schnittzeit an einem Werkstück andere Werkstücke aus- und einspannt. Dieses Verfahren ist das zur Zeit vollkommenste; seine großen Vorteile haben dazu geführt, daß bereits einige Fräsmaschinenfirmen für dieses Verfahren besonders geeignete Fräsmaschinen herausgebracht haben. Die Wege, die dabei eingeschlagen wurden, sind

Abb. 642.

verschiedenartig; gemeinsam ist aber allen das Bestreben, die Nebenzeiten unschädlich zu machen und aus einer Maschine mehr Leistung herauszuholen, als nach den bisher angewandten Methoden möglich war.

Am bekanntesten von diesen Verfahren ist das Fräsen mit Rundtisch. In Abb. 640—643 sind einige Beispiele[1]) von ausgeführten Rund-

[1]) Ausführung der Firma Kearney u. Trecker, Milwaukee, U.S.A.

tischfräsvorrichtungen dargestellt. Die in Abb. 640—642 gezeigten Vorrichtungen sind auf den Rundtisch einer normalen Vertikalfräsmaschine aufgesetzt; während in Abb. 643 der Rundtisch auf eine normale Horizontalfräsmaschine mit Vertikalfräsapparat aufgespannt ist.

Beim Arbeiten wird die Aufspannplatte des Rundtisches gleich-

Abb. 643.

mäßig durch den Vorschubantrieb gedreht. Der Fräser arbeitet also dauernd; der Arbeiter hat nur die Werkstücke aus- und einzuspannen. Die Vorrichtungen sind zwar einfach herzustellen, aber auch für kleinere Teile verhältnismäßig groß, und die große Zahl von Aufnahmestellen für die Werkstücke müssen in ihrer Höhenlage alle gleich sein. Das erfordert eine große Sorgfalt bei der Herstellung der Vorrichtungen. Jedenfalls sind die Vorrichtungen teuer und in der gezeigten Ausführung nur wirtschaftlich, wenn es sich um die Herstellung von Massenteilen handelt.

Abb. 644.

Abb. 645.

Die Leistungsfähigkeit solcher Einrichtungen wird erkennbar, wenn man sich vergegenwärtigt, daß mit der in Abb. 640 gezeigten Vorrichtung 100 Stück Lagerdeckel pro Stunde seitlich gefräst werden und von den Bolzen, Abb. 643, 2000 Stück pro Stunde.

Die großen, mit diesem Verfahren erzielten Leistungen führten dazu, daß besondere Maschinen auf den Markt kamen, die der Eigenart des Verfahrens besser entsprechen als die bisher benutzten Normaltypen. In Abb. 644 ist eine solche Maschine[1]), die sich durch einfachen Aufbau auszeichnet, dargestellt. Die Maschine besitzt zwei Frässpindeln, um, wie bei Arbeiten nach Abb. 645, mit der einen Spindel schruppen und mit der anderen schlichten zu können. In Abb. 646 bis 649 sind weitere Arbeitsbeispiele gebracht. Die Art

[1]) Erzeugnis der Newton Machine Tool Works, Philadelphia, U.S.A.

der Spannung geht aus den Abbildungen mit genügender Deutlichkeit hervor. Auch hier sind die Leistungen von Interesse:

Die Vorrichtung	nach	Abb.	645	leistet	165	Stück	pro	Stunde,
„	„	„	„	646	„	1080	„	„	„
„	„	„	„	647	„	667	„	„	„
„	„	„	„	649	„	300	„	„	„

Abb. 646.

Abb. 647.

Das Arbeiten einer doppelspindligen Horizontalfräsmaschine[1]) zeigt Abb. 650; es werden die Stirnenden von Wellen gerade gefräst; Abb. 651

[1]) Erzeugnis der Newton Machine Tool Werks, Philadelphia, U.S.A.

Abb. 649.

Abb. 651.

Abb. 648.

Abb. 650.

zeigt den gleichen Arbeitsvorgang an Nockenwellen, während in dem in Abb. 652 dargestellten Beispiele Gußplatten an beiden Stirnenden bearbeitet werden. Es ist klar, daß die Längenmaße der so bearbeiteten Teile von großer Gleichmäßigkeit werden, wodurch wieder die Ein-

Abb. 654.

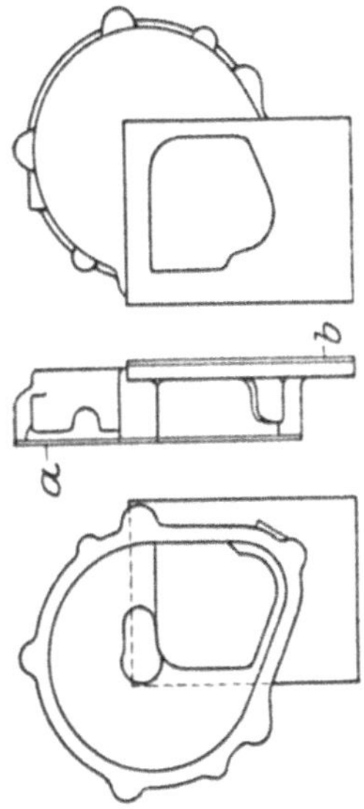

Abb. 655.

Abb. 652.

Abb. 653.

haltung der Längenmaße bei den folgenden Operationen wesentlich erleichtert wird.

Daß man auch Teile, die sonst auf der Drehbank bearbeitet werden, auf Rundtischen vorteilhaft fräsen kann, zeigt Abb. 653; die Werkstücke sind runde, flache Scheiben, die, statt von der Stange gedreht, aus

Blech ausgestanzt, beiderseitig, wie in der Abbildung gezeigt, abgefräst und dann außen überdreht werden. Die Herstellung ist dadurch wesentlich billiger als das Arbeiten von der Stange. Da der Fräser nur einen kleinen Span zu nehmen hat, werden die Flächen genügend sauber. Die Vorrichtung ist in diesem Falle sehr einfach.

Abb. 656.

Auch auf normalen Horizontalfräsmaschinen lassen sich unter Umständen Rundtischarbeiten ausführen; Abb. 654 zeigt, wie Messer aus Gußstahl für Bohrstangen mit einem Walzenfräser schräg angefräst werden. Es werden pro Stunde 240 Messer gefräst.

Abb. 657.

Wie bereits erwähnt, sind die Vorrichtungen für das Rundtischverfahren verhältnismäßig teuer; man hat daher versucht, diese Vorrichtungen so auszugestalten, daß sie Werkstücke in verschiedenen Aufspannungen gleichzeitig aufnehmen, so daß mehrere Flächen des Werkstückes gleichzeitig bearbeitet werden. Abb. 655 zeigt ein Zahnradgehäuse, an dem die Flächen *a* und *b* gefräst werden sollen; die Fräsvorrichtung stellt Abb. 656 dar; die Teile werden abwechselnd mit der Fläche *a* und *b* nach oben eingespannt. Die Vorrichtung[1]) muß natürlich so eingerichtet sein, daß die gefrästen Flächen in einer Ebene liegen. Solche Vorrichtungen sind auch schon bei Serienarbeit rentabel.

Eine Rundtischvorrichtung für nur zwei Teile zeigt Abb. 657[1]); auch diese einfache Vorrichtung macht sich bei Serienfabrikation be-

Abb. 658.

zahlt, trotzdem der Hauptvorteil des kontinuierlichen Arbeitens, nämlich der, daß der Mann und die Maschine dauernd arbeiten, hier nicht mehr rein in Erscheinung tritt, denn der Fräser hat zwischen den beiden Werkstücken erhebliche Leerwege zurückzulegen. Da solche und ähnlich liegende Fälle nicht selten vorkommen, so hat man versucht, auch diese Leerwege noch auszuschalten oder sie doch auf ein Mindestmaß zu bringen. Daneben war man bestrebt, die Vorrichtungen, die, wie schon

[1]) Erzeugnis der Firma The Becker Milling Mach. Co., Hyde Park, U.S.A.

erwähnt, wegen der vielen Spanneinheiten recht teuer sind, einfacher und billiger zu gestalten und so dem Verfahren ein größeres Anwendungsgebiet zu verschaffen.

Eine interessante Lösung dieser Aufgabe stellt die in Abb. 658 dargestellte Maschine[1]) dar. Der Rundtisch der Maschine kann so geschaltet werden, daß er entweder gleichförmig rotiert, oder so, daß er schnell um 90, 120 oder 180⁰ schaltet, in dieser Stellung stehenbleibt und die Frässpindel sich

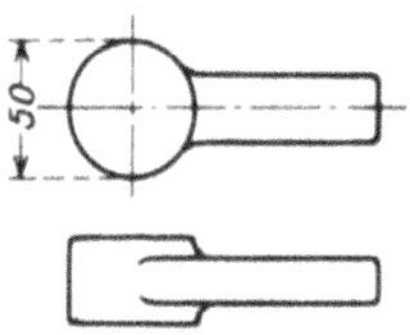

Abb. 659.

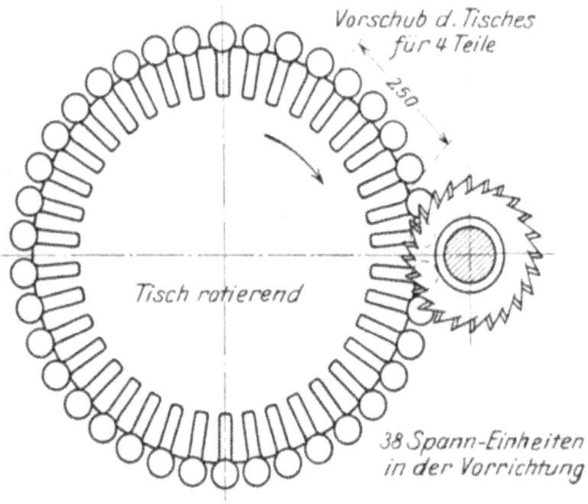

Abb. 660.

radial zum Tisch vorschiebt; in diesem Falle führt also die Frässpindel die Vorschubbewegung aus. Die Vorteile des Verfahrens werden aus Abb. 659 bis 661 ersichtlich; die zu bearbeitenden Gabelstücke, Abb. 659, können sowohl kontinuierlich (Abb. 660) oder positionsweise nach Abb. 661 bearbeitet werden. Im ersten Falle ist eine große Rundvorrichtung zu schaffen; diese hätte 38 Spanneinheiten. Die Größe des Fräsweges für vier Teile zeigt Abb. 660 mit 250 mm.

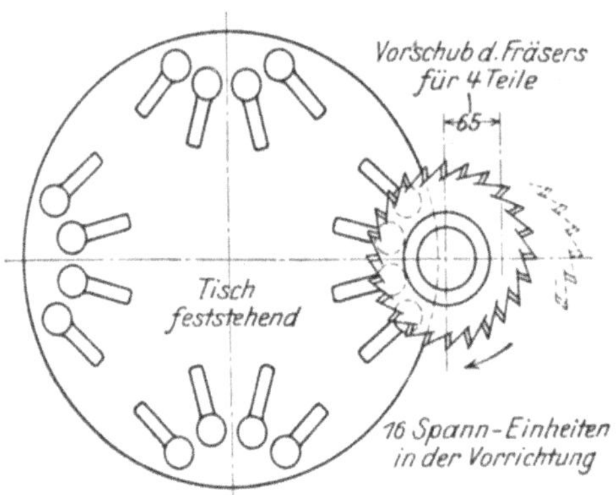

Abb. 661.

Im zweiten Falle sind vier gleiche Vorrichtungen mit je vier Spannstellen anzuschaffen; der Fräserweg für vier Teile beträgt nach Abb. 661 65 mm. Die durch den im zweiten Falle erzielte Ersparnis an Fräszeit verringert sich zwar um die für das Zurückziehen des Schlittens und das Schalten des Tisches nötige Zeit; dieser Zeitverlust beträgt jedesmal etwa 8 Sekunden, beeinflußt daher das Ergebnis nicht entscheidend. Die Vorrichtungenkosten für das in Abb. 661 dargestellte Verfahren sind

[1]) Erzeugnis der Firma The Oesterlein Machine Co., Cincinnati, Ohio, U.S.A.

ganz erheblich geringer als für das kontinuierliche Fräsen, denn das Modell für das Gußstück ist einfacher, der Materialaufwand geringer, die vier kleinen und gleichen Vorrichtungen erfordern bedeutend weniger Arbeit in der Werkzeugmacherei, als die große Rundvorrichtung nach

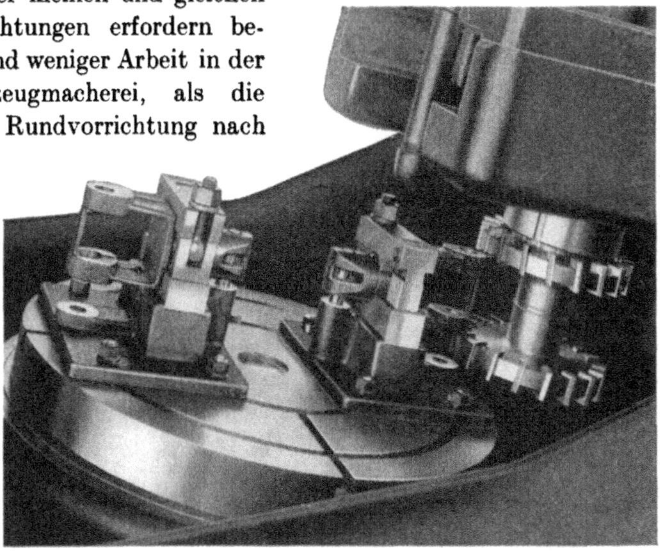

Abb. 662.

Abb. 660. Der Unterschied in den Kosten dürfte noch größer sein als der Unterschied in der Anzahl der Spanneinheiten, also größer als 38:16. **Abb. 662 bis 664 zeigen weitere Beispiele für das positionsweise Arbeiten; hier sind jedesmal nur zwei Vorrichtungen angewandt; der Tisch**

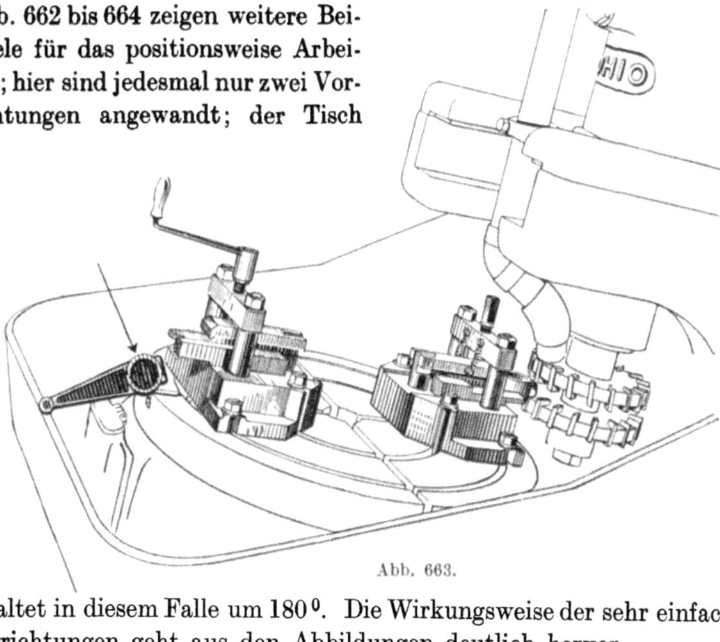

Abb. 663.

schaltet in diesem Falle um 180°. Die Wirkungsweise der sehr einfachen Vorrichtungen geht aus den Abbildungen deutlich hervor.

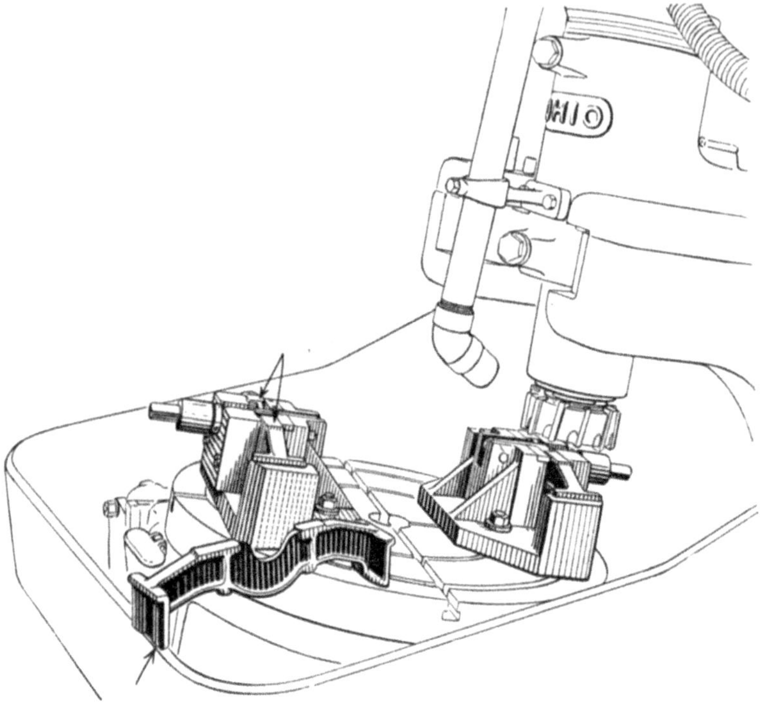

Abb. 664.

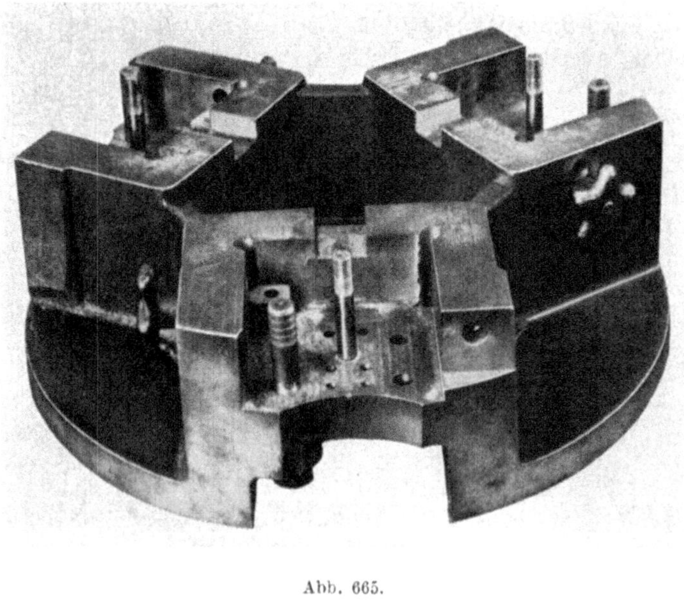

Abb. 665.

Um die Vorrichtungenkosten noch weiter zu verringern, ist die herstellende Firma dazu übergegangen, für mehrere verschiedene Teile nur eine Vorrichtung zu verwenden. Abb. 665 zeigt die Vorrichtung; in die Ausschnitte werden Spannbacken, die jeweilig dem Werkstück

Abb. 666.

angepaßt werden, eingesetzt. Eine Anzahl solcher Backen mit den zugehörigen Werkstücken ist in Abb. 666 u. 667 dargestellt, während Abb. 668 die Vorrichtung in Anwendung zeigt. Durch diese eine allgemeine Vorrichtung werden also eine ganze Reihe spezieller Vorrichtungen ersetzt; es wird hierdurch nicht nur bedeutend an Herstellungskosten für die Vorrichtungen gespart; auch die Einrichtezeiten werden wesentlich kürzer, da es natürlich schneller geht, 3 Paar Spannbacken auszuwechseln, als eine ganze Vorrichtung von der Größe und dem Gewicht, wie sie hier in Frage kommt, auszuwechseln.

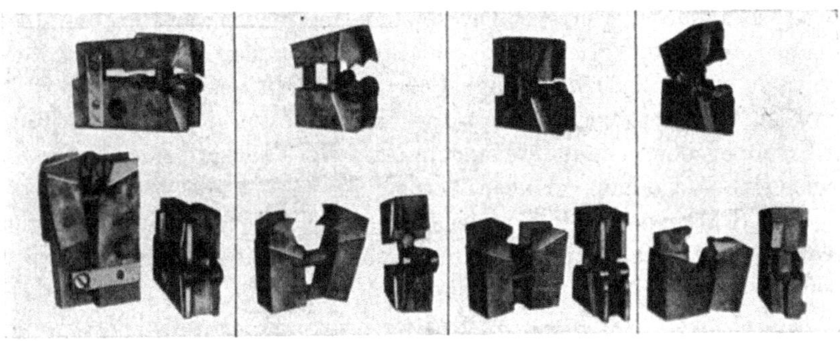

Abb. 667.

Abb. 668.

d) Kontinuierliches Fräsen ohne Rundtisch.

Dem kontinuierlichen Fräsen auf Rundtischen sind in der Anwendung gewisse Grenzen dadurch gezogen, daß es fast nur auf Vertikalfräsmaschinen anwendbar ist und daß im allgemeinen nur ebene Flächen bearbeitet werden können. Abgesetzte ebene Flächen und Profile, überhaupt Arbeiten, die auf Horizontalfräsmaschinen bearbeitet werden müssen, sind meist nicht geeignet für den Rundtisch.

Um auch bei den Horizontalfräsmaschinen den durch das Auf- und Abspannen der Teile entstehenden Zeitverlust zu vermeiden, sind verschiedene Wege eingeschlagen worden, die wieder alle das gleiche Ziel haben: während des Bearbeitens eines Teiles eine zweite Aufspannvorrichtung zu beschicken. Man kann solche Einrichtungen mit sehr einfachen Mitteln an gewöhnlichen Fräsmaschinen ausführen. Ein Beispiel zeigt Abb. 669 u. 670; an dem Werkstück sollen vier Naben gefräst werden. Es sind zwei gleiche, sich gegenüberstehende Vorrichtungen vorgesehen, die so auf den Fräsmaschinentisch aufgespannt sind, daß, während ein Teil gefräst wird, an der anderen Vorrichtung das Werkstück ausgewechselt wird. Ein weiteres Beispiel ist in Abb. 671 bis 673 dargestellt; an Werkzeuge mit Morsekonen sollen die Mitnehmerlappen angefräst werden. Auch hier sind zwei gleiche Vorrichtungen angewandt. Die Teile werden in das Auflageprisma gelegt, bis an den Anschlag *S* vorgeschoben und dann mit dem Spanneisen festgespannt. Damit beide Vorrichtungen beim Aufspannen auf den Tisch immer die richtige Lage erhalten, d. h. so stehen, daß die Achsen

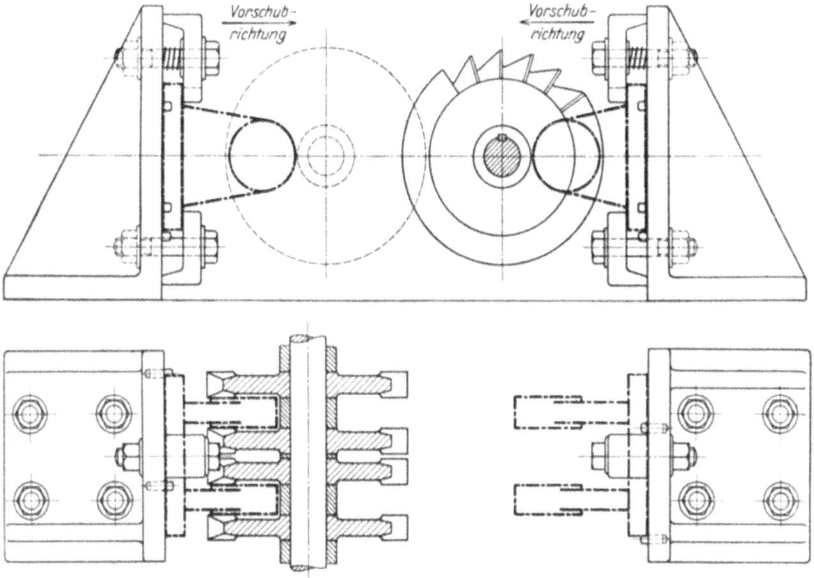

Abb. 669 und 670.

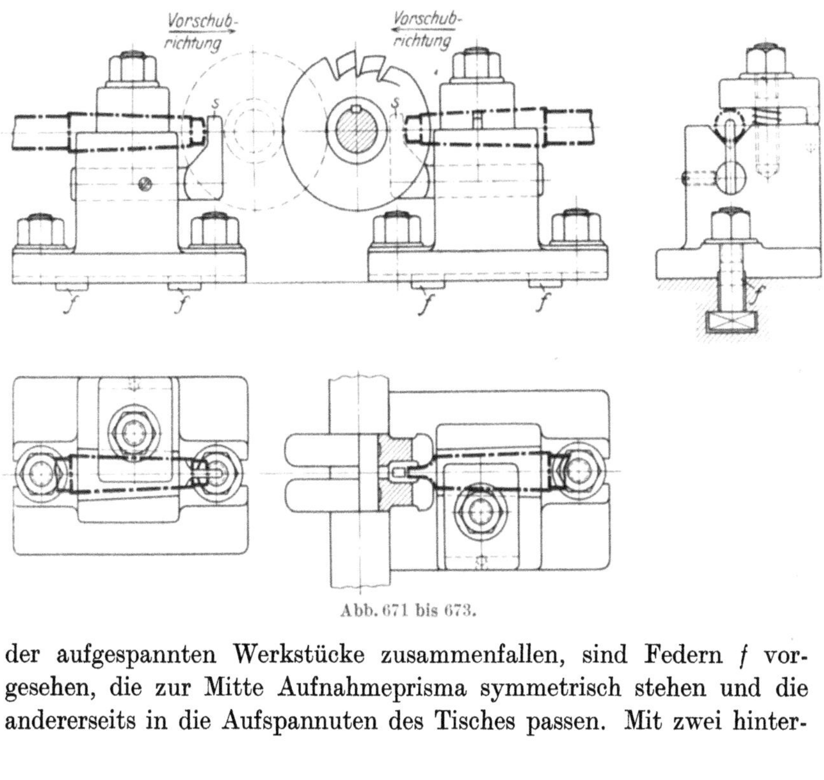

Abb. 671 bis 673.

der aufgespannten Werkstücke zusammenfallen, sind Federn *f* vorgesehen, die zur Mitte Aufnahmeprisma symmetrisch stehen und die andererseits in die Aufspannuten des Tisches passen. Mit zwei hinter-

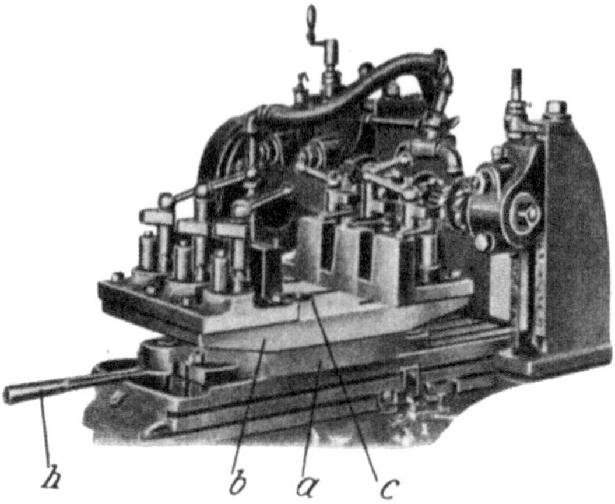

Abb. 674

drehten Fräsern wird nun der Lappen an einem Teil angefräst und während dieser Zeit die andere Vorrichtung beschickt.

Das Ausschalten der Vorschubbewegung bei beendetem Fräsweg geschieht durch Selbstauslösung; das Zurückbewegen des Tisches

Abb. 675.

Abb. 676.

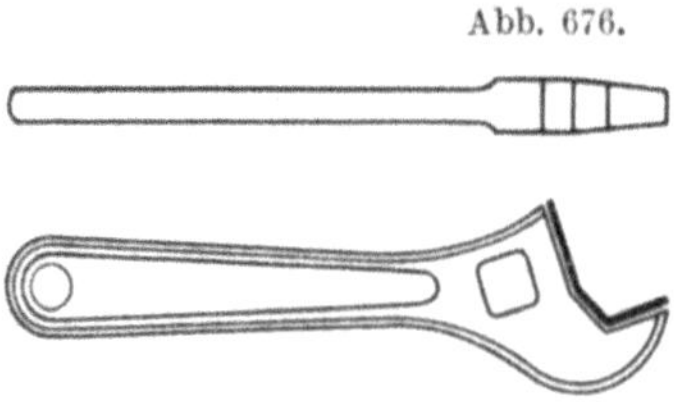

Abb. 677.

bis zur zweiten Arbeitsstelle und das Umschalten der Vorschubbewegung in die entgegengesetzte Richtung muß bei den normalen Maschinen noch von Hand erfolgen.

Als Nachteil des in den letzten beiden Beispielen geschilderten Verfahrens kann angeführt werden, daß der Schnittdruck des Fräsers bei der einen Vorrichtung nach unten auf den Aufspanntisch wirkt und bei der gegenüberliegenden Vorrichtung entgegengesetzt. Dieses Bedenken ist nicht berechtigt; ein einfacher Vorschub wird etwa bestehende Zweifel beseitigen.

Will man das Verfahren auch für das Arbeitsgebiet des Walzenfräsers und anderer nach dem gleichen Prinzip arbeitenden Fräser anwenden, bei denen die Vorschubrichtung durch die Schnittrichtung bedingt ist, so ergeben sich andere Konstruktionen. Eine der einfachsten stellen die Schwenkvorrichtungen dar, die in Abb. 674—687 gezeigt sind[1]). Abb. 674 zeigt deutlich den Aufbau der Vorrichtung; auf einer Grundplatte *a* ist die Aufspannplatte *b* aufgesetzt; diese Platte ist um einen senkrechten Zapfen *c* auf der Grundplatte *a* drehbar. Durch den Hebel *h* wird die Aufspannplatte *b* mit der Grundplatte in zwei um 180° versetzte Stellungen verriegelt und gleichzeitig festgespannt. Auf die Aufspannplatte werden nun, wie in der Abbildung gezeigt, zwei oder zwei Satz Vor-

Abb. 678.

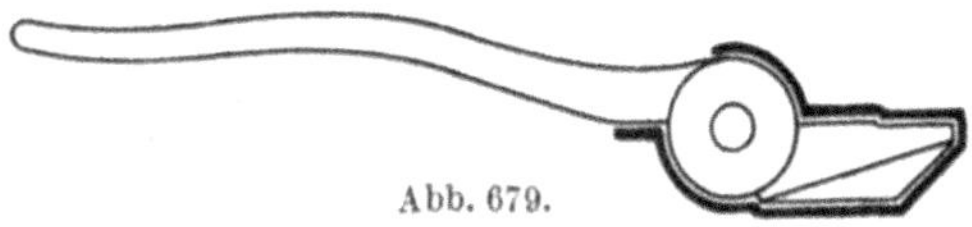

Abb. 679.

Abb. 680.

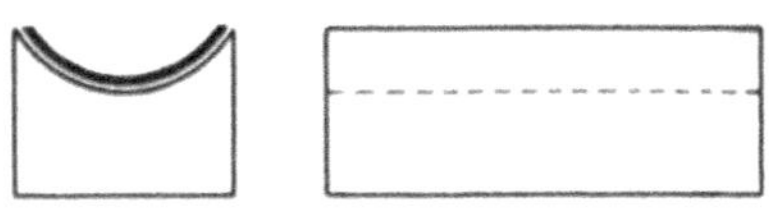

Abb. 681.

[1]) Erzeugnisse der Cincinnati Milling Machine Comp. Cincinnati, Ohio, U.S.A.

Abb. 682.

Abb. 683.

Abb 684.

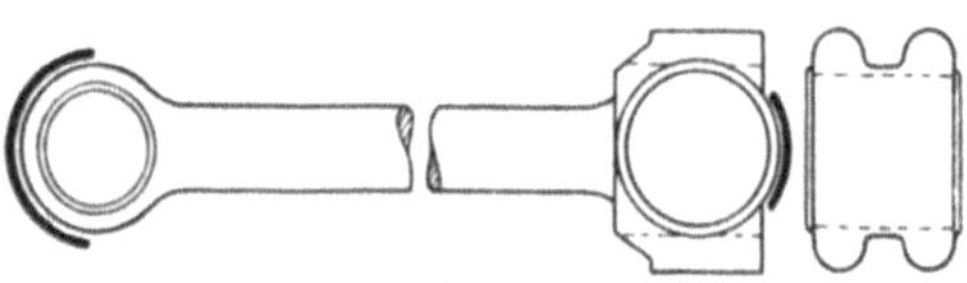

Abb. 685.

richtungen aufgespannt; während die Teile in der einen Vorrichtung gefräst werden, wird die andere Vorrichtung beschickt. Nach Beendigung des Fräsweges und Zurückholen des Tisches wird durch den Hebel *h* die Klemmung und Verriegelung der Aufspannplatte gelöst, diese um 180° geschwenkt und durch abermalige Betätigung des Hebels *h* die Platte *b* wieder verriegelt und festgeklemmt. Abb. 675 zeigt den Schwenktisch ohne Aufspannvorrichtungen. In Abb. 676 bis 687 sind eine Anzahl von Anwendungsbeispielen gezeigt. Bemerkenswert sind bei allen diesen Vorrichtungen die außerordentlich kräftigen Spannmittel; ferner das Bestreben, mit mehreren Satz Fräsern mehrere Stücke gleichzeitig zu fräsen.

Die herstellende Firma hat sich aber mit der Schaffung der Vorrichtungen nicht begnügt, sondern auch ihre Maschinenkonstruktion dem Arbeitsverfahren angepaßt. Durch am Tisch einstellbare Anschläge wird bei Beendigung des Fräsweges die Frässpindel stillgesetzt und die Tischbewegung umgesteuert, so daß der Tisch mit Eilbewegung bis zur Schwenkstellung zurückgeht. Nach dem Schwenken und Verriegeln der Vorrichtung genügt die Betätigung eines Hebels, um den Tisch selbsttätig mit Eilbewegung bis zum Beginn des Fräsweges vorzufahren, worauf sich ebenfalls selbsttätig die Frässpindel wieder in Bewegung setzt und der Tischvorschub einsetzt. Durch diese Maßnahme werden auch noch die sonst bei Fräsmaschinen nötigen Handgriffe zur Betätigung der einzelnen Maschinenglieder auf ein Mindestmaß gebracht und damit wiederum Nebenzeiten gespart.

Abb. 686.

Ein noch weiter durchgebildetes Verfahren, wohl das zur Zeit vollkommenste, bringt die Firma Brown u. Sharpe Mfg. Co., Providence. Die in Abb. 688 u. 689 dargestellte Maschine arbeitet folgendermaßen: Auf dem Frässdorn sind zwei Satz Fräser *A* und *B* aufgespannt, jeder mit anderer Schnittrichtung (*A* rechts-, *B* linksdrehend). Auf den Tisch werden gleichfalls zwei Aufspannvorrichtungen in der aus den Abbildungen ersichtlichen Weise neben- und hintereinander aufgespannt, für jeden Fräsersatz eine, so daß, wenn wie in Abb. 689 gezeigt, die eine Vorrichtung mit dem Fräsersatz *A* sich in Arbeitsstellung befindet, der Fräsersatz *B* leerläuft und die zugehörige Vorrichtung beschickt wird. Nach Beendigung des Schnittweges von *A* wird die Frässpindel selbsttätig stillgesetzt und der Tisch geht mit Eilbewegung zurück bis zum Beginn des Fräsweges für den Fräsersatz *B*; hier setzt sich die Fräs-

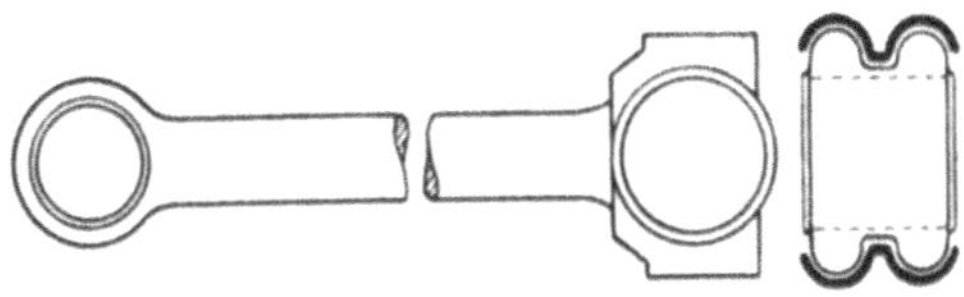
Abb. 687.

Abb. 688.

Abb. 689.

spindel wieder in Bewegung, und zwar entsprechend der Schnittrichtung des Fräsers *B* in entgegengesetztem Sinne wie vorher, gleichzeitig setzt der Tischvorschub ein. Während der Fräsersatz *B* arbeitet, wird die zu *A* gehörige Vorrichtung beschickt und das Spiel

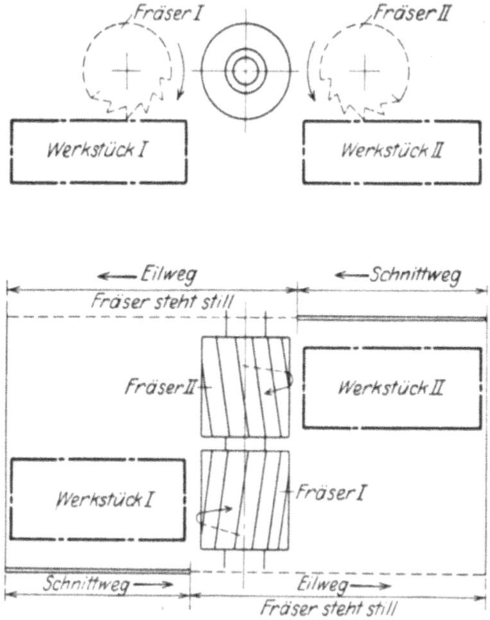

Abb. 690.

Abb. 691.

wiederholt sich. Zum besseren Verständnis des Vorganges ist dieser in Abb. 690 schematisch dargestellt.

Sämtliche Bewegungen der Maschine sind bei diesem Vorgange völlig selbsttätig; der Arbeiter wird lediglich mit dem Aus- und Einspannen der Teile beschäftigt.

Abb. 692.

In Abb. 691 u. 692 ist ein weiteres Arbeitsbeispiel gezeigt; hier werden Messer für Haarschneidemaschinen (Abb. 692) gefräst; aus der Abbildung ist ersichtlich, daß beim Auf- und Abspannen der Teile keine Gefahr besteht, daß der bedienende Arbeiter durch die Fräser verletzt wird; Abb. 693 zeigt dies noch deutlicher.

Interessant und wichtig ist, daß auch zwei verschiedengeformte Fräsersätze auf dem Dorn gleichzeitig benutzt werden können. Das in Abb. 695 gezeigte Teil wird, wie Abb. 694 zeigt, in der einen Aufspannung mit einem Einzelfräser geschruppt und in der zweiten Aufspannung mit einem Satzfräser geschlichtet. Man kann natürlich ebenso gut auch zwei verschiedene Teile gleichzeitig auf diese Weise bearbeiten.

Abb. 693.

Um die Höhenlage der beiden Fräsvorrichtungen entsprechend dem sich beim Nachschleifen ändernden Fräserdurchmesser korrigieren zu können, werden Zwischenlagen nach Abb. 696 verwendet; diese bestehen aus zwei Platten; die obere liegt auf einer schiefen Ebene der unteren auf. Mit der in der linken Abbildung sichtbaren mittleren Schraube kann die obere Platte zur unteren verschoben und dadurch die Höhenlage der oberen Fläche geändert werden.

Es ist klar, daß durch solche Einrichtung die Leistungsfähigkeit der Maschine bedeutend gesteigert wird. Je nach Art der herzustellenden

Abb. 694.

Teile ist es dabei nicht immer möglich, mehrere Maschinen von einem Arbeiter bedienen zu lassen, da dieser meist vollständig mit dem Beschicken einer Maschine beschäftigt wird (dies gilt auch in den meisten Fällen bei Anwendung der Schwenkvorrichtungen). Daraus ergibt sich aber, daß die Anzahl der zur Herstellung einer bestimmten Arbeitsmenge nötigen Maschinen bei Anwendung dieser Verfahren bedeutend geringer ist als bei Anwendung der bisher benutzten einfacheren Fräsmaschinen. Bei einer Rentabilitätsberechnung darf dies und der geringere Raumbedarf nicht übersehen werden.

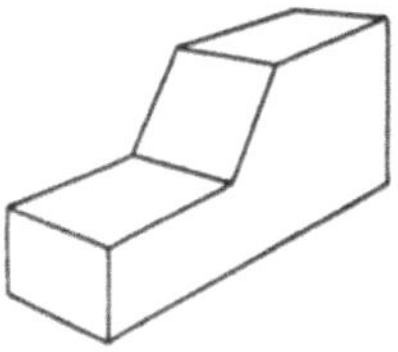

Abb. 695.

Abb. 696.

e) Spezialmaschinen.

Die zuletzt aufgeführten Beispiele zeigen deutlich die nahe Verwandtschaft des Werkzeugmaschinen- und Vorrichtungenkonstrukteurs. Der Werkzeugmaschinenkonstrukteur muß heute ebenso wie der Vorrichtungenmann seine Arbeiten auf das sorgfältigste den Bedürfnissen und den gesteigerten Ansprüchen des Betriebes anpassen. Nicht selten muß dabei der Maschinenkonstrukteur, um die Anwendungsmöglichkeiten seiner Konstruktionen zu prüfen, Vorrichtungen entwerfen, während der Vorrichtungenkonstrukteur oft Maschinen ändern oder Zusatzapparate konstruieren muß, um besondere Leistungen zu erzielen. Oft auch wird der Vorrichtungenkonstrukteur vor die Aufgabe gestellt, völlig neuartige Spezialmaschinen zu schaffen. Die Grenze zwischen beiden Gebieten ist also nicht scharf umrissen. Auf dem Grenzgebiete liegen Maschinenausrüstungen, von denen nachstehend einige beschrieben werden sollen.

Abb. 697.

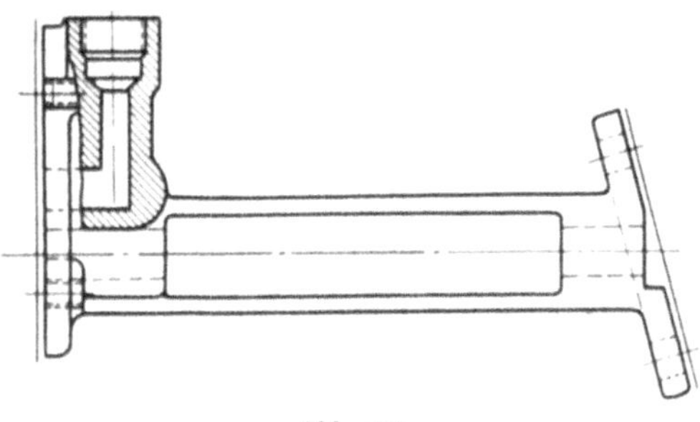

Abb. 698.

In der Abb. 697 ist eine Fräsmaschine mit einem schräg gelagerten zweiten Fräskopf dargestellt; die Einrichtung dient zum Fräsen des in Abb. 698 gezeigten Teiles; die senkrechte und die schrägliegende Fläche werden mit Hilfe der Einrichtung gleichzeitig bearbeitet.

Abb. 699 zeigt einen Fräskopf mit zwei Vertikalspindeln, die mit Messerköpfen die Befestigungsflächen an der gleichfalls in der Abbildung sichtbaren Vorderachse eines Automobils bearbeiten.

Wie ein Teil eines Getriebekastens aus Aluminium mit vier Fräsern gleichzeitig in verschiedenen Ebenen bearbeitet wird, zeigt Abb. 700.

Abb. 699.

Abb. 700.

Die Bearbeitungszeit einschließlich Auf- und Abspannen beträgt drei Minuten.

Die Flansche an einem Auspuffrohr eines Automobilmotors werden mit einem sechsspindligen Fräskopf nach Abb. 701 gefräst; Abb. 702

zeigt den Fräskopf mit eingespanntem Werkstück; der Fräser *a* fräst den Flansch *a*, Fräser *b* den Flansch *b*, Fräser *c* den Flansch *c* usw. Für die Bearbeitung der kleinen Flansche *c—f* sind deswegen vier Fräser vorgesehen, damit der Fräsweg kürzer wird, als wenn die Arbeit nur von einem Fräser zu leisten ist. Das ziemlich sperrige Stück wird so in einer Aufspannung fertig gefräst. Zum besseren Verständnis ist in Abb. 703 ein ähnliches Auspuffrohr mit zugehöriger Aufspannvorrichtung dargestellt.

Abb. 701.

In Abb. 704 ist gezeigt, wie Deckel für Zahnradgehäuse an zwei senkrecht zueinander liegenden Flächen gleichzeitig bearbeitet werden. Die Vorrichtung ist so eingerichtet, daß zwei Teile aufgespannt werden

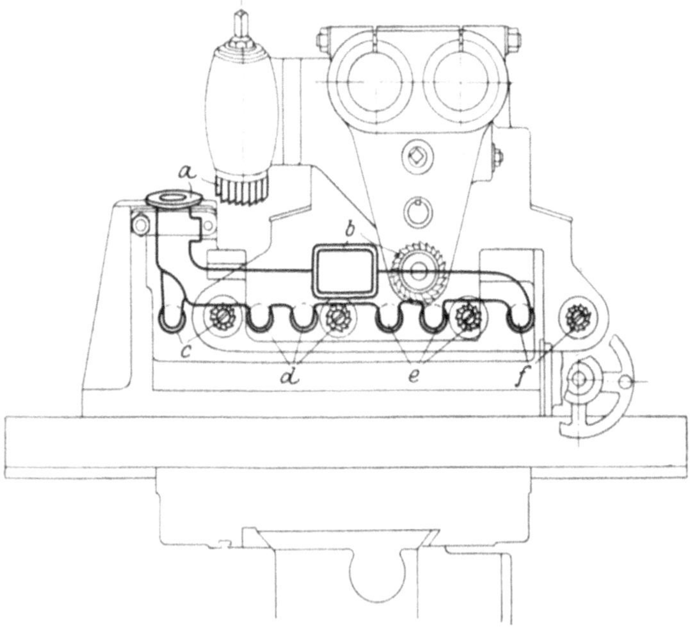

Abb. 702.

können; während das eine gefräst wird, wird die andere Seite der Vorrichtung beschickt, so daß ein kontinuierliches Arbeiten zustande kommt. Das Werkstück bietet insofern eine Schwierigkeit, als neben der von der Vertikalspindel bearbeiteten Fläche ein Buckel im Werkstück ist, der höher liegt als die zu bearbeitende Fläche, so daß der Fräser nicht darüber hinweggehen darf. Der Konstrukteur hat sich in sehr geschickter Weise dadurch geholfen, daß er die Vertikalspindel in einem beweglichen Kopf lagerte, der bei der Längsbewegung des Tisches durch eine Gleitschiene mit Kurve verschoben wird, so daß der Fräser den Buckel umgeht. Die Konstruktion geht aus der Abbildung klar hervor.

Abb. 703.

Ähnlich ist die Einrichtung nach Abb. 705; hier werden Deckel für Ventilgehäuse für Automobilmotoren bearbeitet, und zwar soll die rings

Abb. 704.

am Werkstück herumgehende schmale Auflagefläche gefräst werden; dies ist insofern keine angenehme Arbeit, weil die Augen für die Ventile über die Arbeitsfläche hinausragen und die Verwendung eines Walzenfräsers oder eines die ganze Breite des Werkstückes bestreichenden Stirnfräsers nicht gestatten. Die Konstruktion des Fräskopfes ist ähnlich der in Abb. 704 gezeigten; nur sind hier zwei Vertikalspindeln vorgesehen, die mit kleinen Stirnfräsern die vorspringenden Naben umgehen und dabei den Rand fräsen. Die Steuerung erfolgt wieder durch eine in der Abbildung deutlich sichtbare Gleitbahn. Die Vorrichtung

Abb. 705.

Abb. 706.

ist zur Aufnahme von vier Werkstücken eingerichtet; je zwei werden gleichzeitig gefräst und während der Fräszeit das zweite Paar eingespannt. Die Leistung wird mit 60 Stück stündlich angegeben.

Eine Ausführung, die für verschiedene Teile anwendbar ist, zeigt Abb. 706. Zwei Köpfe mit Vertikalspindeln sind nebeneinander angeordnet; der Abstand zwischen beiden Spindeln ist verstellbar, so daß die verschiedensten Werkstücke bearbeitet werden können. Im vorliegenden Falle handelt es sich um ein Gußgehäuse mit zwei in einer Ebene liegenden schmalen Arbeitsleisten. Die Art der Bearbeitung ist hier besonders günstig, da mit Fräsern von kleinen Durchmessern ge-

Abb. 707.

arbeitet werden kann, die in der Anschaffung und im Betriebe billiger sind und sauberere Arbeit ergeben als solche von großem Durchmesser. Abb. 707 zeigt die Anwendung für andere Werkstücke; hier sind in Schenkel für verstellbare Schraubenschlüssel, wie dargestellt, Schlitze anzufräsen. In der sehr einfachen Aufspannvorrichtung werden vier Schenkel gleichzeitig aufgenommen; die Leistung beträgt 100 Schenkel stündlich.

Die angeführten Fräsapparate[1]) sind sämtlich an normalen Horizontalfräsmaschinen angebracht; sie ersetzen zum großen Teil Spezialmaschinen. Die Konstruktionen zeigen, daß man oft mit verhältnismäßig einfachen Mitteln sich Spezialmaschinen durch Zusatzeinrichtungen zu normalen Maschinen selbst schaffen kann. Die gezeigten Einrichtungen sind so ausgeführt, daß sie in kurzer Zeit angebracht und wieder

[1]) Erzeugnisse der Firma Kearney u. Trecker, Comp., Milwaukee, U.S.A.

entfernt werden können, so daß man aus einer normalen Maschine und einer Anzahl solcher Spezialeinrichtungen sich eine ebenso große Anzahl von Spezialmaschinen schaffen kann. Da aber solche Spezialmaschinen, wenn sie gut durchdacht sind, bedeutend mehr leisten als gewöhnliche Maschinen, so liegt es nahe, davon reichlich Gebrauch zu machen. Allgemein ist bei uns die Ansicht verbreitet, daß unsere Produktion so klein sei, daß sich teuere Spezialmaschinen nicht bezahlt machen. Die angeführten Beispiele zeigen, daß man auch billige und gute Spezialmaschinen schaffen kann.

Konstruktionen der angeführten Art fallen durchaus in das Arbeitsgebiet des Vorrichtungenkonstrukteurs; es eröffnet sich ihm hier ein weites Tätigkeitsfeld.

Vorrichtungen zum Drehen.

Von der Güte der Dreherarbeit sind die Güte und die Gestehungskosten eines Fabrikates in höherem Maße abhängig, als es bei irgendeiner andern Arbeitsart der Fall ist. Wie bereits im Abschnitt „Fehler" geschildert, sind die Dreherarbeiten außerordentlich vielen Fehlerquellen ausgesetzt. Von all diesen Fehlern sind die im Durchmessermaß am bekanntesten; sie sind auch am leichtesten feststellbar und daher am ehesten zu meistern. Schwieriger zu handhaben sind die Längenmaße; die hierbei vorkommenden Fehler verursachen einen großen Teil der Paßarbeit in der Montage und damit indirekt große Kosten. Die Schwierigkeiten mit Gewinden sind so ausgiebig in der Fachliteratur behandelt, daß hier nicht ausführlich darauf eingegangen werden soll.

Die schlimmsten Fehler bei Dreherarbeiten sind schlagende Teile, d. h. solche mit mehreren Zylindern oder Konen, die eine gemeinsame Achse haben sollen und bei denen einzelne dieser Paßstellen eine abweichende Achslage aufweisen; ferner solche, bei denen Stirn- und Bundflächen, die senkrecht zur Achse stehen sollen, schief liegen. Diese Art Fehler sind nicht immer leicht festzustellen; oft wird ihr Vorhandensein gar nicht bemerkt, und doch sind sie es gerade, die das ungenaue und unbefriedigende Arbeiten mancher Erzeugnisse der Maschinen- und Apparateindustrie in der Hauptsache verursachen. Sollen solche Fehler, wenn sie in der Montage erkannt sind, beseitigt werden, so ist das in der Regel mit vieler Mühe, großem Zeitaufwand und entsprechenden Kosten verbunden.

Die erwähnten Fehler werden sich nicht restlos vermeiden lassen; sie lassen sich aber bei richtigem Vorgehen auf ein Mindestmaß beschränken. Ein großer Teil der Fehler ist darauf zurückzuführen, daß man bei Herstellung der Drehteile nicht die richtigen Verfahren anwendet und die Reihenfolge der Arbeitsgänge falsch wählt.

Aus diesen Gründen ist es bei Dreherarbeiten besonders wichtig, die Herstellung der Teile bis zur endgültigen Fertigstellung zu durchdenken und die Art ihrer Zweckerfüllung am ganzen Erzeugnis zu berücksichtigen. Der Vorrichtungenkonstrukteur kann auch hier noch viel tun; nicht nur, daß er die Güte des Fabrikates heben kann, es ist auch in vielen Fällen möglich, die Herstellungszeiten durch Anwendung erprobter Mittel wesentlich herabzusetzen. Das wichtigste bei allen Einspannvorrichtungen ist, daß sie die Herstellung gut laufender Teile sichern.

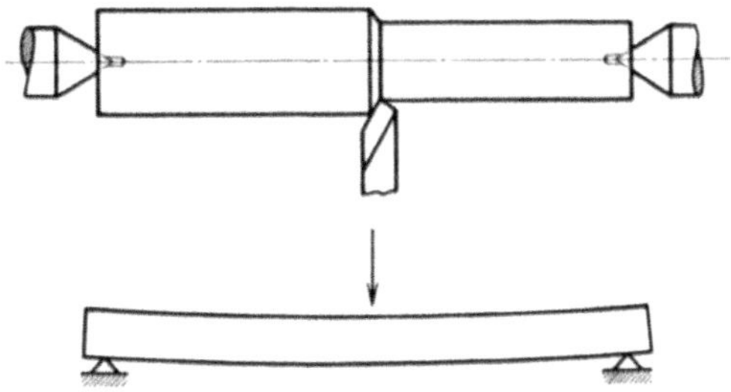

Abb. 708 und 709.

Spitzenarbeit und Futterarbeit. Man unterscheidet zwei Arten von Aufnahmen; die zwischen den Spitzen und die im Futter und spricht kurz von „Spitzenarbeit“ und „Futterarbeit“.

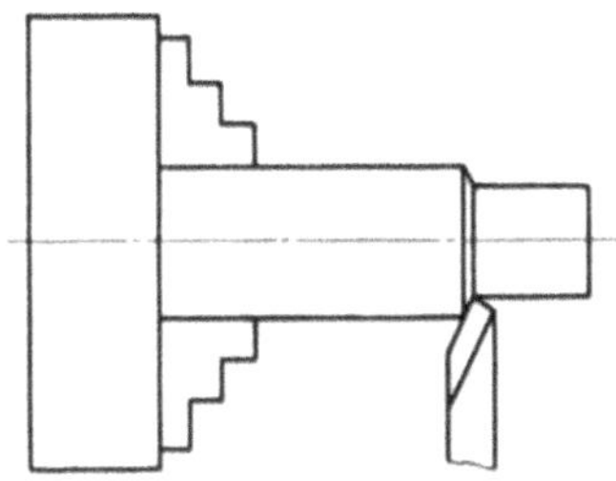

Abb. 710.

Als eine Abart der Futterarbeit kann das Arbeiten auf Drehdornen angesehen werden, bei dem das Werkstück in einer bearbeiteten Bohrung aufgenommen wird. Der wesentliche Unterschied zwischen beiden Aufnahmearten wird am deutlichsten, wenn wir uns das zwischen den Spitzen eingespannte Teil, Abb. 708, als frei aufliegenden Balken betrachten, der auf Biegung beansprucht wird, Abb. 709, und das im Futter eingespannte Teil, Abb. 710, als festeingespannten Balken, Abb. 711. Als Zwischenstufe käme noch ein dritter Fall in Betracht, bei dem das Werkstück im Futter eingespannt und das freie Ende durch die Reitstockspitze aufgenommen wird, Abb. 712; dies wäre der festeingespannte Balken mit Auflage am freien Ende, Abb. 713.

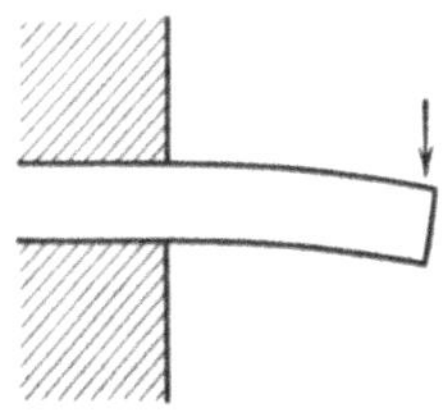

Abb. 711.

Bei Futterarbeiten ist also das Werkstück fest mit der Arbeitsspindel verbunden, während bei Spitzenarbeiten das Werkstück in den Spitzen des Spindelkastens und Reitstockes gewissermaßen nur eine Auflage findet.

Die in die Drehbank eingeleitete Kraft kann daher im allgemeinen bei Futterarbeiten viel besser auf das Werkstück übertragen werden als bei Spitzenarbeiten. Aus diesen und einigen anderen Gründen, die weiter unten beleuchtet werden, sollte man viel mehr, als es geschieht, die Futterarbeit bevorzugen.

Bei Spitzenarbeiten ist die größte Fehlerquelle der unscheinbare Körner, Abb. 714, der zur Aufnahme der Spitze dient. Will man eine gute Arbeit erzielen, so muß die Bohrung des Körners zentrisch zur Aussenkung liegen und genügend tief sein, so daß die Spitze nicht im Grunde des Loches aufstößt. Dabei ist noch zu berücksichtigen, daß sich die Körner in dem Werkstück auslaufen und die Spitze dann tiefer eindringt. Fällt die Achse des Anbohrloches nicht mit der der Aussenkung zusammen, Abb. 715, so wird, wenn ein Auslaufen des Körners

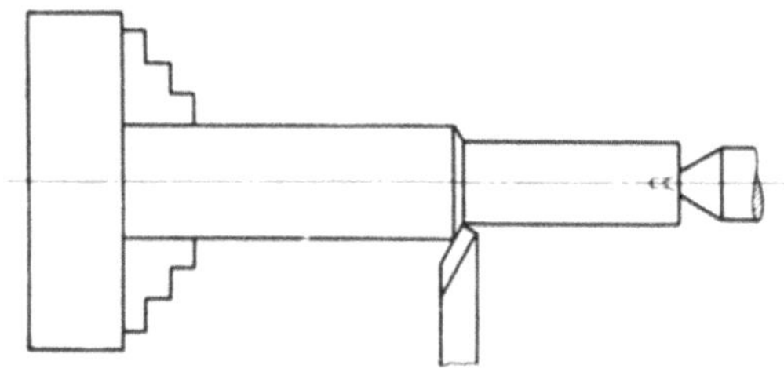

Abb. 712.

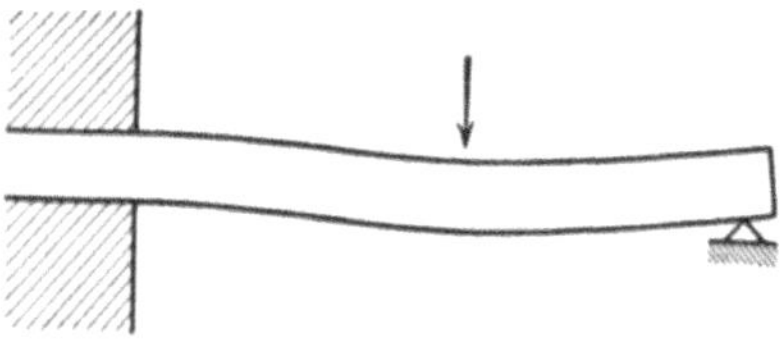

Abb. 713.

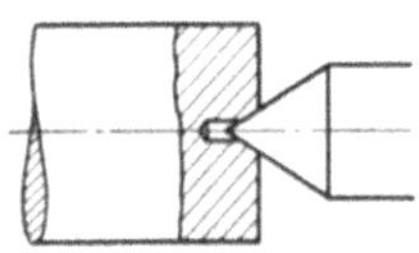

Abb. 714.

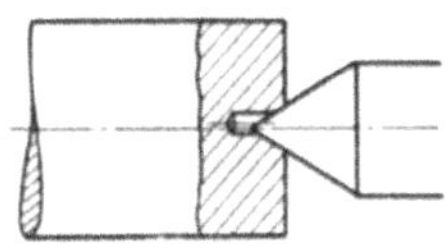

Abb. 715.

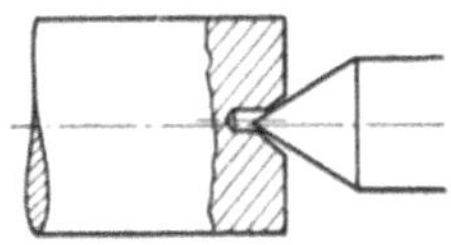

Abb. 716.

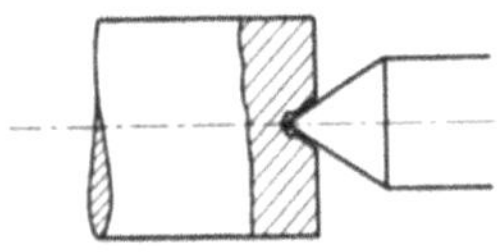

Abb. 717.

eintritt, dies einseitig erfolgen, da die wegzudrängende Materialschicht in dem Körner nicht an allen Berührungsstellen der Spitze gleich groß ist. Das Werkstück wird mit fortschreitender Bearbeitung Schlag bekommen. Dieser Schlag stellt sich noch eher ein, wenn in ungenau hergestellte Körner nicht genau im Winkel passende Spitzen eingeführt werden, Abb. 716, da dann zuerst nur kleine Flächen an der Spitze zur Anlage kommen, die ein schnelleres Ausweiten des Körners gestatten. Ist die Bohrung im Körner nicht tief genug, Abb. 717, so stößt die Spitze im Grunde des Loches auf und wird zerstört.

Werden Teile mit verstelltem Reitstock konisch gedreht, Abb. 718 u. 719, so ist von Wichtigkeit, daß die Stirnflächen des Werkstückes vorher plangedreht werden, da bei schiefstehenden Stirnflächen die Spitzen ungleiche Anlage finden; die Achse des Werkstückes ändert beim Drehen ständig seine Lage; die Teile werden unrund und schlagen.

In der in Abb. 718 gezeigten Lage hat die Mitte des Werkstückes von der Spitze den Abstand a; in Abb. 719 ist das Werkstück um 180^0 gedreht gezeigt; der Mittenabstand von der Spitze hat das Maß b.

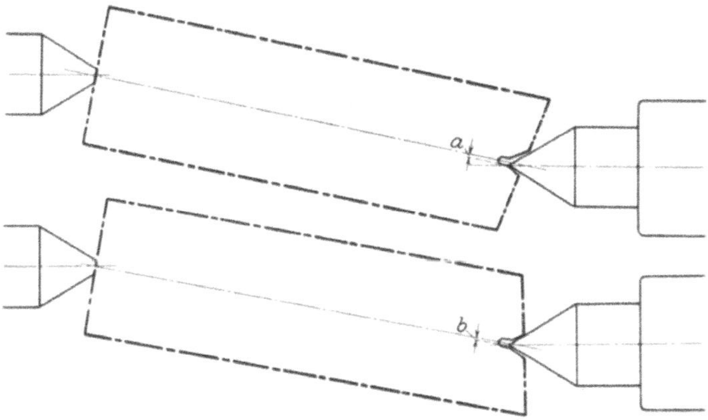

Abb. 718 und 719.

Das Drehen der Endflächen wird vielfach noch in gewöhnlichen Spitzen ausgeführt, Abb. 720. Da diese Spitzen nicht gestatten, mit dem Drehstahl bis zur Körnerkante vorzudringen, so bleibt meist ein Rand am Körner stehen, Abb. 721. Dieser Rand gibt dem Werkstück ein unsauberes und unfertiges Aussehen. Wird die Arbeit in einer abgeflachten, sogenannten halben Spitze (Abb. 722) ausgeführt, so fällt dieser Übelstand fort.

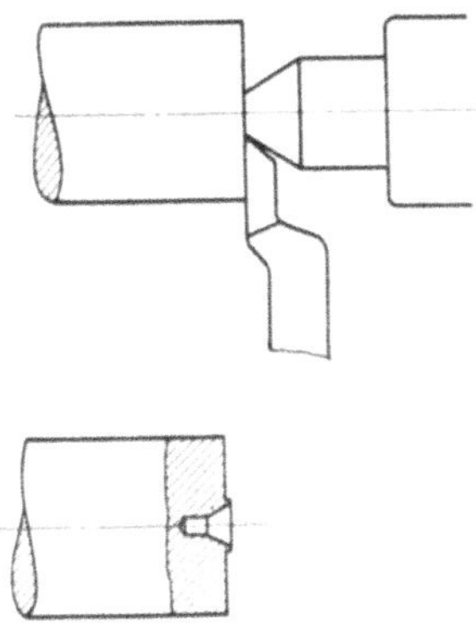

Abb. 720 und 721.

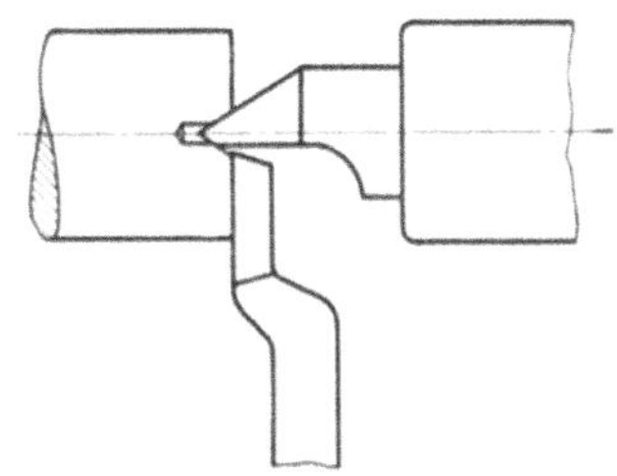

Abb. 722.

Drehbankfutter. Die Drehbankfutter sind zu unterscheiden in solche, die zum Spannen roher Werkstücke dienen, und in solche, die teilweise bearbeitete Werkstücke an diesen bearbeiteten Stellen aufnehmen sollen, um sie fertigzustellen. Die letztgenannte Art der Arbeit wird auch als „zweite Seite“ bezeichnet. Nehmen wir an, in der in Abb. 723 dargestellten Einspannung wird ein rohes Gußstück an den gekennzeichneten Stellen bearbeitet; die Bearbeitung der anderen Stellen erfolgt in einer zweiten Aufspannung nach Abb. 724, das Arbeitsstück muß also umgedreht werden; daher der Ausdruck „zweite Seite“.

Die erste Aufspannung nach Abb. 723 nimmt das rohe Gußstück auf; es kommt daher bei dem Futter nicht darauf an, daß es sehr genau läuft. Dagegen muß in der zweiten Aufspannung, in der das Werkstück an einer in der ersten Aufspannung fertig bearbeiteten Stelle aufgenommen wird, das Futter so genau wie möglich laufen, wenn die einzelnen Bearbeitungsstellen keinen Schlag zueinander haben sollen.

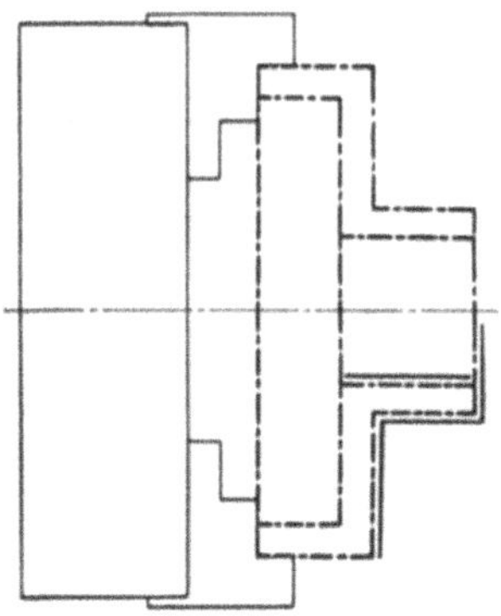

Abb. 723.

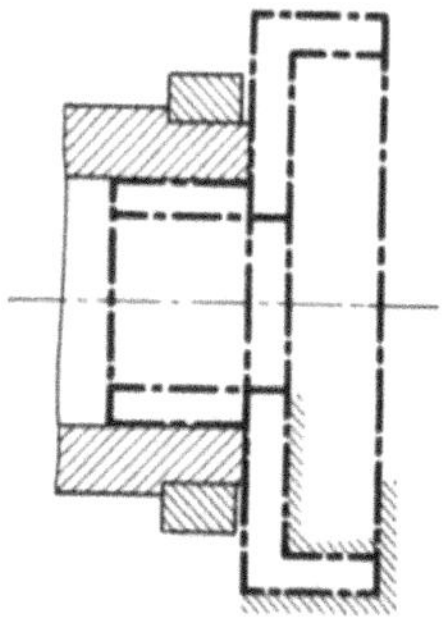

Abb. 724.

Bei allen Futterarbeiten ist es wichtig, die Größe der auftretenden Kräfte richtig einzuschätzen. In Abb. 725 ist eine Futtereinspannung dargestellt, bei der ein Werkstück vom Durchmesser D auf die Länge B gespannt wird, während das frei aus dem Futter ragende Stück die Länge L hat. Die Einspannung ist in der dargestellten Weise zuverlässig, da das Verhältnis von D zu B an der Spannstelle günstig ist; B ist größer als D, und L ist nicht übermäßig lang. Würde die Länge der Spannstelle kürzer, etwa nur halb so lang sein, als in der Abbildung dargestellt, so würde bei gleichem L das Teil beim Drehen aus dem Futter herausreißen. Betrachten wir die Einspannung nach Abb. 726, so sehen wir, daß das Verhältnis sowohl von D zu B als auch das von B zu L außerordentlich ungünstig ist; trotzdem ist auch diese Einspannung sicher, da das Werkstück am Durchmesser gespannt, außerdem aber noch an der Stirnfläche eine Anlage findet. Im Gegensatz hierzu steht das Beispiel in Abb. 727; hier ist L sehr klein;

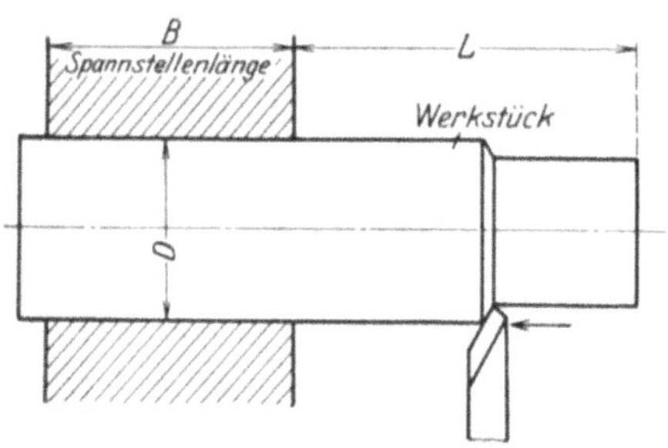

Abb. 725.

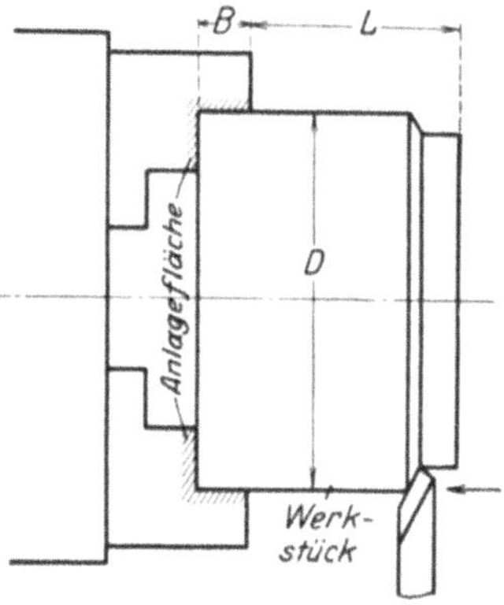

Abb. 726.

trotzdem ist die Einspannung sehr mangelhaft, da bei dem großen Durchmesser und der geringen Länge des Werkstückes die Anlage der Spannbacken am Zylinder des Werkstückes so kurz ist, daß die kurzen Anlageflächen das Teil nicht in die richtige Lage rücken können; das Teil, wird, wie die Abbildung zeigt, schief eingespannt und bei kräftiger Beanspruchung herausgerissen. Die richtige Spannung für derartige Teile zeigt Abb. 728; hier hat das Teil wieder wie im Beispiel nach Abb. 726 an der eingespannten Stirnseite eine Anlage; dadurch ist die Lage des Teiles eindeutig bestimmt und die Einspannung wesentlich widerstandsfähiger.

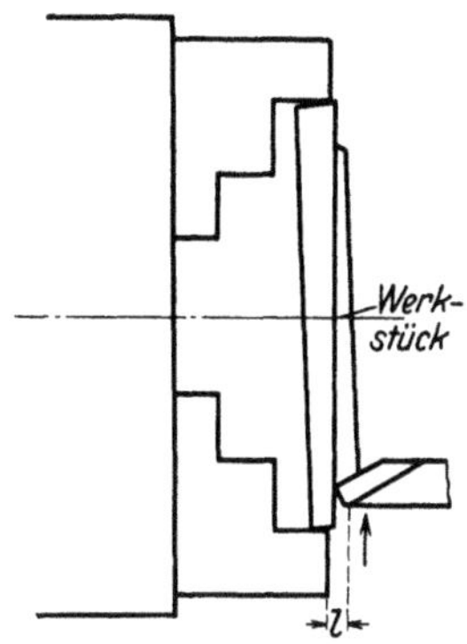

Abb. 727.

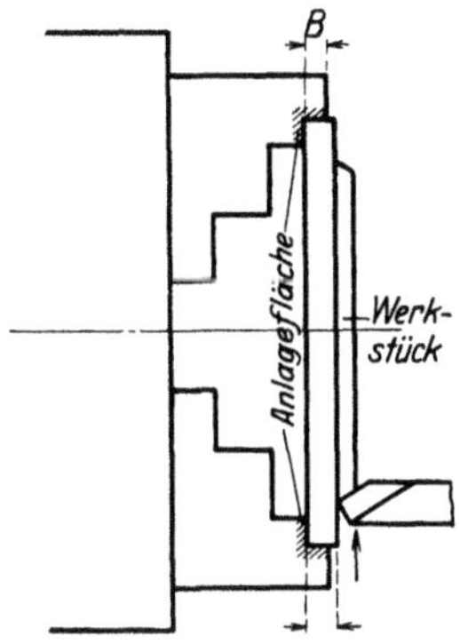

Abb. 728.

Aber noch in anderer Beziehung ist die in Abb. 726 u. 728 angegebene Anlage der Stirnfläche wichtig; es wird nämlich die Lage des Teiles in Richtung der Achse genau festgelegt, so daß, wenn mehrere gleiche Teile zu bearbeiten sind, die bis zur Fertigstellung mehrmals eingespannt werden müssen, bei jeder Einspannung immer wieder die gleiche Stellung erreicht wird und so bei Verwendung von Anschlägen die Längenmaße mit Leichtigkeit bei allen Teilen gleich zu halten sind.

Sind Bohrarbeiten auszuführen, bei denen größere axial gerichtete Kräfte auftreten, so ist eine Anlagefläche an der Stirnseite des Werkstückes nötig, weil sich bei einer Einspannung nach Abb. 725 u. 727 das Werkstück in das Futter hineinschieben würde.

Die Futter zum Einspannen der rohen Teile müssen, um die verhältnismäßig großen Unterschiede in den Abmessungen der Teile zu überbrücken, einen möglichst großen Spannbereich haben; sie sollen sehr fest spannen und sich leicht und schnell bedienen lassen.

In der Mehrzahl aller vorkommenden Fälle handelt es sich beim Einspannen um runde Teile. Das bekannteste Futter für diesen Zweck ist das Dreibackenfutter nach Abb. 729 u. 730. Die Futter werden allgemein mit zwei Sorten Spannbacken hergestellt; die nach innen abgestuften dienen zum Spannen von Teilen mit größerem Durchmesser; während die nach außen abgestuften Backen zum Spannen kleinerer Teile dienen. Die Futter haben einen verhältnismäßig großen Spannbereich; sie spannen sehr fest, und ihre Anwendungsmöglichkeit ist außerordentlich groß.

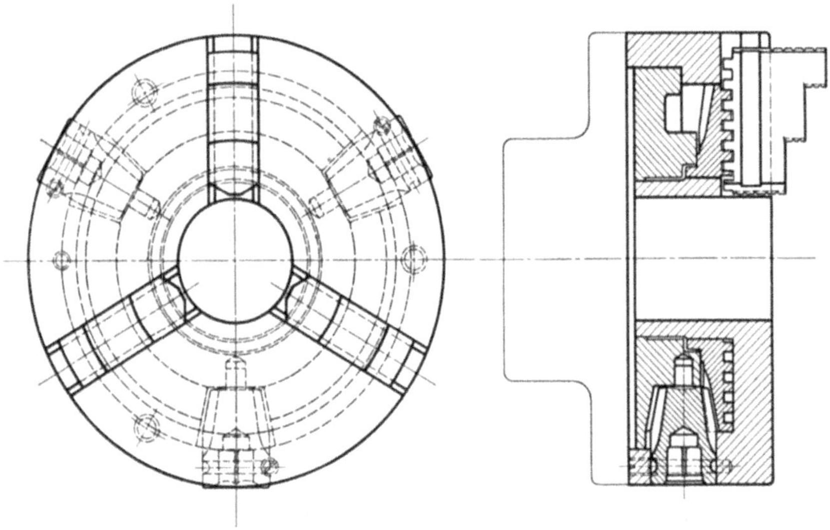

Abb. 729 und 730.

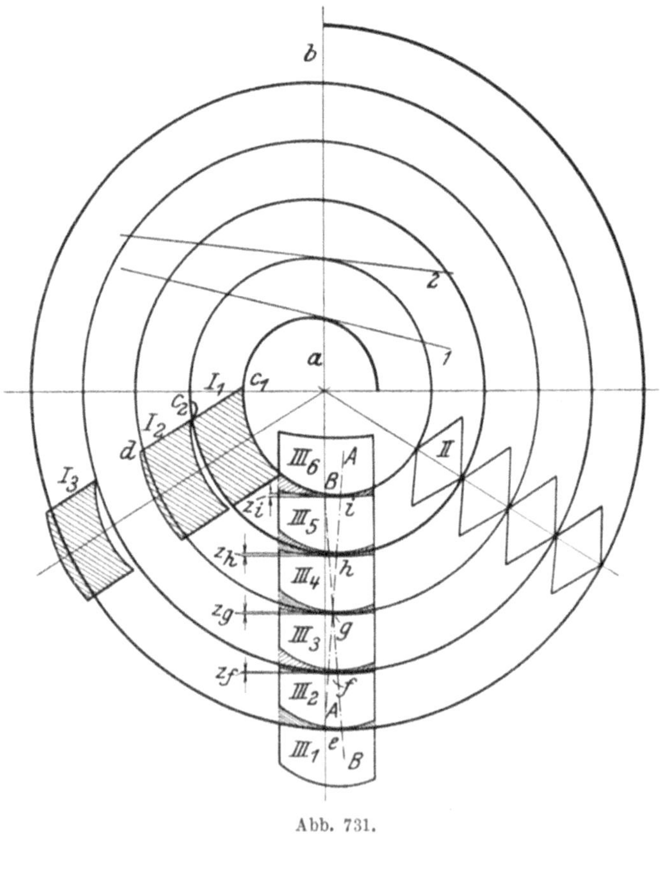

Abb. 731.

Nicht zu verwenden sind die Dreibackenfutter für alle Teile, die genau laufen sollen, wie z. B. in dem in Abb. 724 dargestellten Fall. Wie bereits erwähnt, werden die Spannbacken durch eine Planschnecke betätigt. Diese Planschnecke stellt eine archimedische Spirale dar, Abb. 731. Die Krümmung dieser Spirale wird nach außen hin flacher, so daß, wenn wir in den Schnittpunkten der Spiralgänge mit der Senkrechten *a—b* Tangenten *1* und *2* antragen, diese nicht parallel liegen. Würden nun die Zähne der Spannbacken, die in die Planschnecke eingreifen, Ausschnitte einer gleichen Planschnecke darstellen, so würden die Backen nur an einer Stelle mit der Schnecke in Eingriff zu bringen sein, sich aber nicht bewegen lassen. Nehmen wir an, in Abb. 731 sei I_1 ein solcher Zahn, der an der gezeichneten Stelle genau in die Planschnecke paßt. Würde man versuchen, den Zahn in die Stellung I_2 zu bringen, so würde er bei *d* auf den stehenden Gang der Planschnecke aufstoßen, während er an der inneren Seite nur an einer Kante anliegt, sonst aber Luft hat. Noch größer wird der Fehler in der Stellung I_3.

Stellen wir uns dagegen vor, die Zähne der Backen hätten die Form *II*, so wären die Backen zu bewegen und das Futter würde auch zentrisch spannen, da alle Berührungspunkte von Schnecke und Backen auf einer Geraden liegen, die durch Mitte Schnecke geht. Da bei solcher Ausführung die Backen aber nur eine Linienanlage erhalten, so würden bei den auftretenden starken Drücken Schnecke und Backen in kurzer Zeit zerstört werden.

Man hilft sich daher in der Praxis so, daß man an den mit Plangewinde versehenen Backen an der Innenseite die in I_1—I_3 gezeigten störenden Ecken fortnimmt. Das gleiche geschieht an der Außenseite der Zähne, die anstoßen würden, wenn man einen am äußern Gange passenden Zahn nach einem weiter nach innen liegenden Gange versetzt (III_1—III_6). Dadurch werden aber die Anlagepunkte der einzelnen Zähne verlegt, so daß sie beim Spannen von Außen nach innen auf der Geraden *B—B* und beim Spannen von innen nach außen auf der Geraden *A—A* liegen. Die Lage dieser Geraden ändert sich mit dem Verschieben der Backen (siehe Tangenten *1* und *2*), und zwar nicht bei allen Backen in gleichem Maße, so daß für jede Backe die durch die Anlagepunkte gezogene Gerade eine andere Lage zur Futtermitte hat. Daraus folgt, daß sich die Backen ungleich bewegen. Werden die Futterbacken also in einer bestimmten Stellung genau laufend ausgeschliffen, so schlagen sie doch in jeder anderen Stellung.

Wenn auch diese Fehler gering sind, so genügen sie doch, um das Futter zum Spannen genau laufender Teile ungeeignet zu machen. Hierzu kommt aber noch, daß bei den verschiedenen Teilen, aus denen das Futter besteht, allerlei Arbeitsfehler unterlaufen, die, wenn auch im einzelnen gering, bei der großen Anzahl von Fehlerquellen sich summieren.

Ferner spielt der Verschleiß eine besondere Rolle, da die Einzelteile des Futters sehr stark beansprucht werden.

Zweibackenfutter. Für die Massenfabrikation an Revolverbänken werden mit Vorteil Zweibackenfutter nach Abb. 732 angewandt. Die Backenführung ist hier sehr viel kräftiger als bei den Dreibackenfuttern; die Bewegung der Backen und das Spannen geschieht durch eine Spindel

Abb. 732.

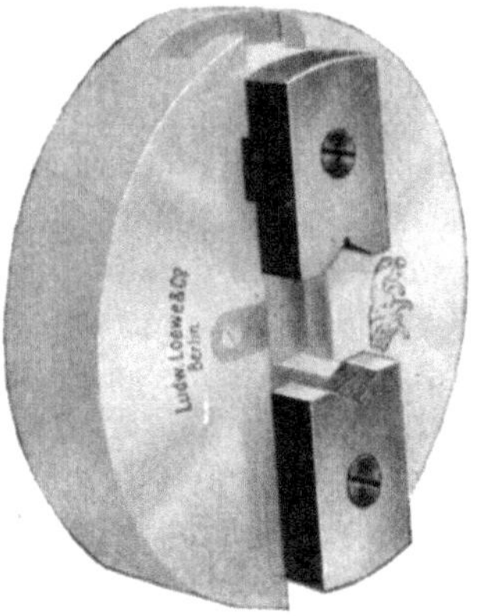

Abb. 733.

Abb. 734.

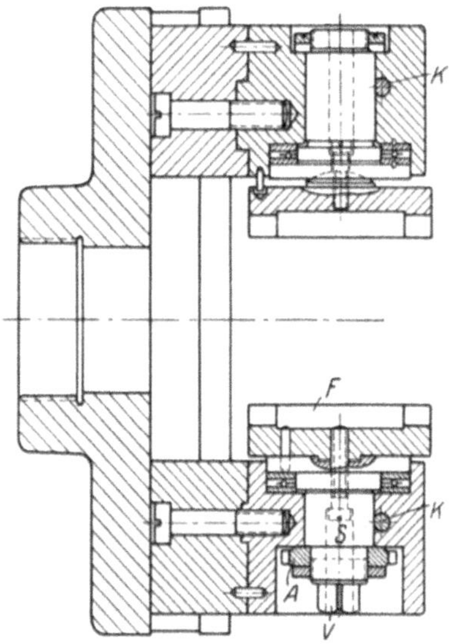

Abb. 735.

mit Rechts- und Linksgewinde. Auf die Spannbacken können auswechselbare Backen (Abb. 733) aufgesetzt werden, die je nach dem zu bearbeitenden Werkstück ausgearbeitet werden. In Abb. 734 ist ein solches Futter, ausgerüstet zum Drehen eines Ventilkörpers, dargestellt; Abb. 735 zeigt eine Schnittzeichnung der Einrichtung. Der Ventilkörper muß von drei Seiten bearbeitet werden; das würde drei Aufspannungen bedingen. Die Futterbacken sind mit drehbarer Aufnahme ausgerüstet; der Teller *F* nimmt das Ventilgehäuse, wie in Abb. 734 erkennbar, am Sechskant auf. Der Teller *F* hat einen Drehzapfen *S*, der eine Teilscheibe *A* trägt, in die ein Indexstift eingreift. Die gegenüberliegende Backe ist ebenfalls drehbar, aber ohne Teilscheibe. Nach dem Bearbeiten der einen Seite des Ventilgehäuses wird die Spannung gelöst und die Aufspannbacken mit dem Werkstück um den Zapfen *S* in die zweite Arbeitsstellung gedreht und dann das Futter wieder festgezogen. Das gleiche wiederholt sich nach Fertigstellung der zweiten Bearbeitungsstelle. Die Arbeit kann also in einer Aufspannung erledigt werden. Ist nur eine Arbeitsstellung nötig, so werden natürlich die Backen wesentlich einfacher.

Abb. 736 zeigt eine andere Ausführung der Backenbefestigung, die keine Schrauben benutzt, sondern die auswechselbaren Backen in schwalbenschwanzförmigen Prismen aufnimmt. Ein konstruktiv gut durchgebildetes Futter mit drehbarer Aufnahme, entsprechend dem in Abb. 734 u. 735 gezeigten, stellt Abb. 737 dar; hier sind die drehbaren Aufnahmen für das Werkstück direkt in die beweglichen Schlitten eingebaut.

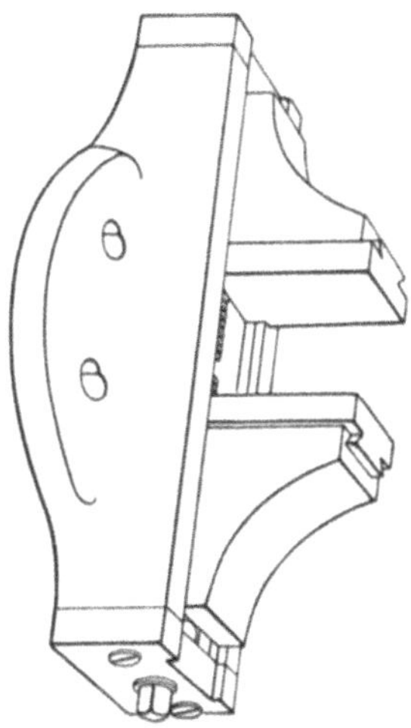
Abb. 736.

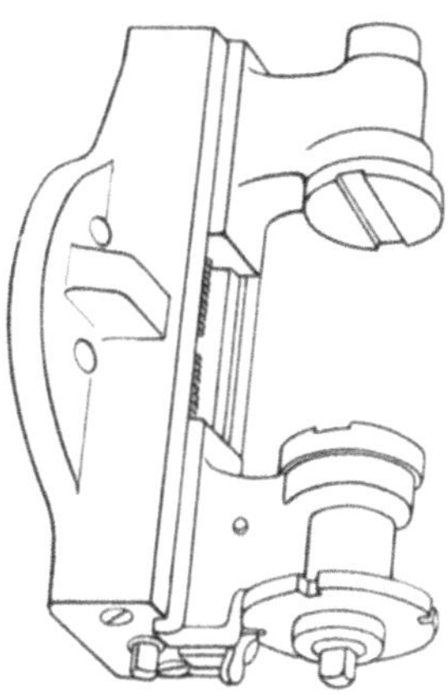
Abb. 737.

Trotzdem die konstruktiven Grundlagen bei diesen Futtern keine grundsätzlichen Fehler in sich bergen, wie die Dreibackenfutter mit Planschnecke, so sind sie doch ebenfalls nicht geeignet, Teile, die genau laufen sollen, zum Bearbeiten der zweiten Seite aufzunehmen; die unvermeidlichen Arbeitsfehler bei Herstellung der Einzelteile und die Fehler in der Spannspindel, die bei der hohen Beanspruchung schon nach kurzer Zeit ihre Genauigkeit einbüßt, summieren sich auch hier, so daß ein Schlagen unvermeidlich ist.

Patronenfutter. Will man Futter haben, die einige Gewähr für genaues Laufen bieten, so müssen bei der Konstruktion möglichst alle Teile, die das schlagfreie Laufen beeinträchtigen, vermieden und die Anzahl der Fehlerquellen auf ein Mindestmaß gebracht werden. Ferner müssen die beanspruchten Teile so geformt und bemessen sein, daß auch bei hoher Beanspruchung ein Verziehen und ein schneller Verschleiß vermieden wird.

Diesen Forderungen entsprechen am besten die Patronenfutter nach Abb. 738, die bekanntlich in weitestem Maße für das Spannen von Stangenmaterial auf Revolverdrehbänken und Automaten Anwendung finden.

Das günstige Arbeiten dieser Art Futter ist darauf zurückzuführen, daß der Futterkörper sowohl als auch die Spannpatrone Drehteile sind; werden diese mit genügender Sorgfalt hergestellt, so muß das eingespannte Werkstück laufen. Abb. 742 zeigt die Stirnansicht eines solchen Futters; läuft der Futterkörper innen und ist das Maß b der Spannpatrone ringsherum gleich groß, die Patrone also ebenfalls schlagfrei, so muß das Werkstück laufen. Der trotzdem durch unvermeidliche Arbeitsfehler und durch Materialeigenschaften hervorgerufene Schlag kann bei guten Maschinen bis auf 0,01—0,02 mm reduziert werden.

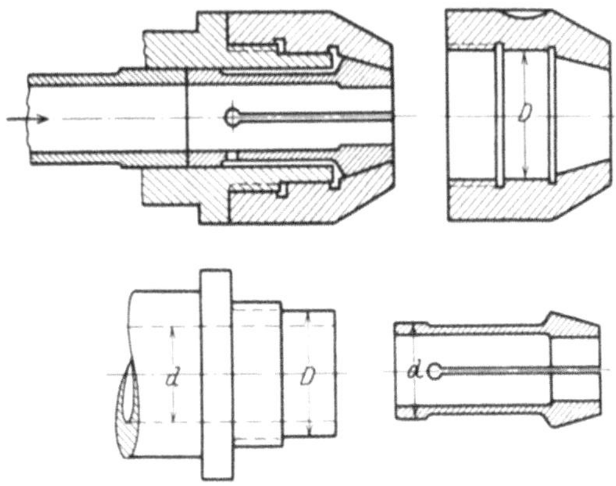

Abb. 738 bis 741.

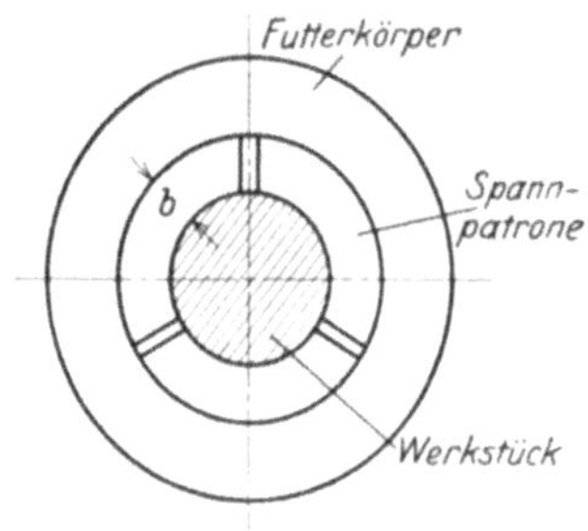

Abb. 742.

Um diese hohe Genauigkeit zu erreichen, ist wie bei jedem Futter, das gut laufen soll, nötig, daß der Futterkörper, Abb. 740, mit seiner zylindrischen Ausdrehung (Maß D) genau auf den entsprechenden Zylinder des Spindelkopfes, Abb. 739, paßt; ein Spiel von wenigen Hundertsteln Millimetern an dieser Stelle führt Schlag herbei; dies gilt für alle Futter. Es ist deshalb von größter Wichtigkeit, auf einen guten Sitz der zylindrischen Zentrierung zu achten; die weit verbreitete Annahme, daß das Gewinde die Zentrierung herbeiführt, ist irrig; ein Gewinde zentriert nicht.

Natürlich muß die konische Ausdrehung des Kopfes mit denkbar größter Genauigkeit hergestellt werden. Das gleiche gilt von der Spannpatrone, Abb. 741, bei der der Konus, die innere Spannstelle und der hintere Zentrierrand (Maß d) genau zueinander laufen müssen.

Die Spannweite aller Patronenfutter ist gering; mehr als 0,1 mm sollten die zu spannenden Durchmesser nicht differieren; werden größere

Maßabweichungen zugelassen, so geschieht das immer auf Kosten der Genauigkeit des Laufens und der Lebensdauer des Futters.

Die Betätigung der Futter erfolgt durch ein durch die Arbeitsspindel gehendes Rohr (Spannseele), das durch Spannknaggen am hinteren Ende der Spindel axial verschoben wird. Die Arbeitsweise wird als bekannt vorausgesetzt. Diese Art des Spannens kann, wie bei den Automaten, selbsttätig durch die Maschine erfolgen oder durch einen Hebel während des Ganges der Maschine von Hand, wie es bei den Revolverbänken geschieht. Gegenüber anderen Futterkonstruktionen erfordert also das Spannen sehr wenig Zeit; dies ist im Hinblick auf die Höhe der Nebenzeiten besonders beachtenswert.

Wie schon erwähnt, dienen die Patronenfutter bisher in der Hauptsache zum Spannen

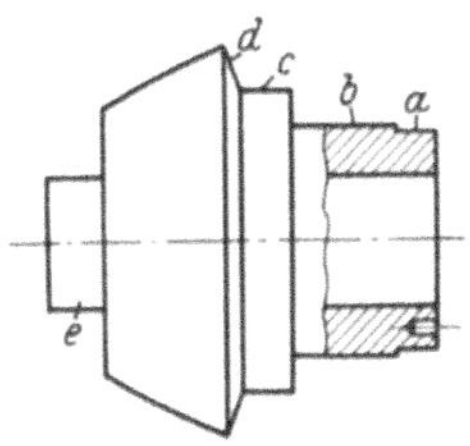

Abb. 743.

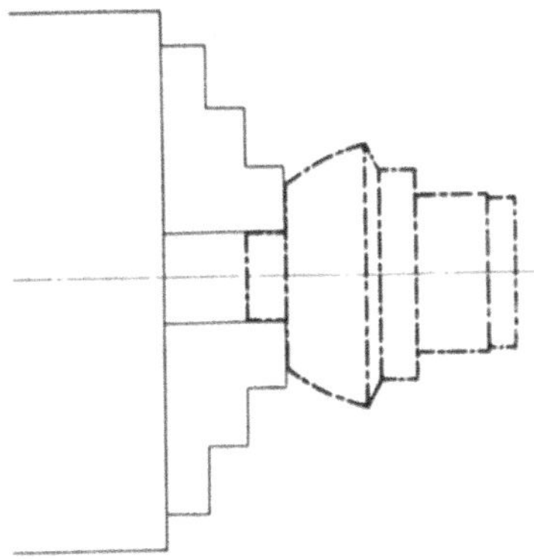
Abb. 744.

von Stangenmaterial auf Automaten und Revolverbänken. Die guten Erfolge, die man hier mit den Futtern erzielt hat, führten dazu, daß man sie auch für die Aufnahme größerer Teile ausbildete und sie auch auf Drehbänken, Schleifmaschinen und Fräsmaschinen benutzte. In Abb. 743 ist ein Beispiel dargestellt, das auch insofern interessant ist, als es zeigt, wie man durch geringfügige Änderung der rohen Form der Werkstücke die Spannmöglichkeit verbessern und damit die Herstellungszeit vermindern kann.

Von dem in Abb. 743 dargestellten Teil seien große Mengen herzustellen; die Teile seien aus Messing und werden in der in der Abbildung gezeigten Form gegossen oder gepreßt. Die Stellen *a—d*, die entsprechenden Stirnflächen und die Bohrungen sollen möglichst in einer Spannung bearbeitet werden. Das Teil muß also in dem kleinen Zylinder *e* aufgenommen und gespannt werden, Abb. 744, da die gewölbte Stelle keinen Angriffspunkt für das Spannen bietet. Diese Spannung ist sehr unsicher und gestattet nicht, mit kräftigen Spänen und größeren Vorschüben an das Teil heranzugehen.

Wird dagegen die Form des Rohlings nach Abb. 745 geändert, so daß ein größerer Spannzylinder *c* und eine größere Anlagefläche *a* entsteht, so bieten sich sogleich weit bessere Möglichkeiten für eine kräftige Spannung. Diese ist in Abb. 746 dargestellt. Das Werkstück wird in dem Zylinder *c* (Abb. 745) aufgenommen und an die Fläche *a* axial angepreßt. Zu diesem Zwecke werden *a* und *c* in einer Voroperation bearbeitet. Das Futter (Abb. 746) besteht aus einem gußeisernen Gewindestück *t*, an dem der Spannring *s*, der aus Stahl gefertigt und gehärtet ist, befestigt ist. Die Zugstange *z* ist am hinteren Ende mit Gewinde versehen und kann durch das Handrad *h* angezogen werden. Die Buchse *b* steckt im hinteren freien Ende der Drehbank und gibt der Zugstange *z* Führung. Die Zugstange ist mit der Spannpatrone *p* verschraubt, so daß durch Betätigung des Handrades gespannt wird. Das Ganze nennt man kurz „Handradanzug".

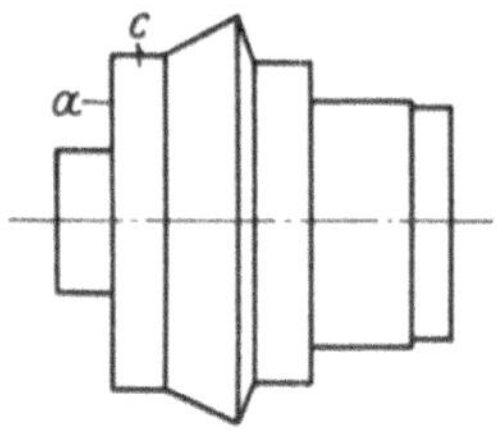

Abb. 745.

Die Spannpatrone ist entsprechend dem Werkstück ausgedreht und in bekannter Weise geschlitzt. Für die Anlage der Stirnfläche *a* des Werkstückes sind drei Anschlagstifte vorgesehen, die in dem Futterkörper *t* festsitzen und deren freistehende Stirnflächen im Futter über-

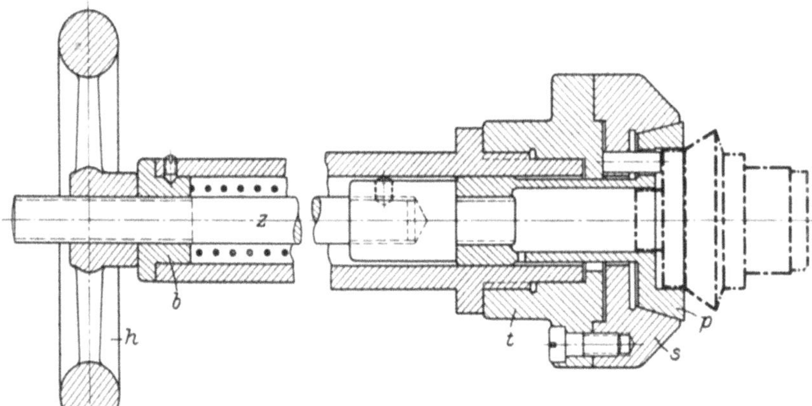

Abb. 746.

gedreht sind, so daß sie eine genau laufende Anlage bieten. Die Stifte durchdringen die Spannpatrone *p*; zu diesem Zwecke sind in *p* Löcher eingebohrt, die im Durchmesser größer sind als die Anschlagstifte, damit die freie Bewegung der Spannpatrone nicht gestört wird. Das Werkstück wird in die entspannte Patrone mit der rechten Hand eingelegt und axial leicht an die Anschlagstifte angedrückt. Mit der linken Hand wird das Handrad angezogen; die Patrone greift dann das Werkstück im Spannzylinder und preßt beim weiteren Anziehen des

Handrades die Anlagefläche *a* kräftig gegen die Anschlagstifte. Auf diese Weise ist eine ungemein kräftige und sichere Spannung erzielt, die auch für eine stets gleiche Lage der Stirnfläche *a* des Werkstückes Gewähr bietet. Dies ist insofern für ein rationelles Arbeiten von Wichtigkeit, als die Längenmaße, wenn sie einmal durch Anschläge eingestellt sind, mit großer Genauigkeit eingehalten werden können, ohne daß

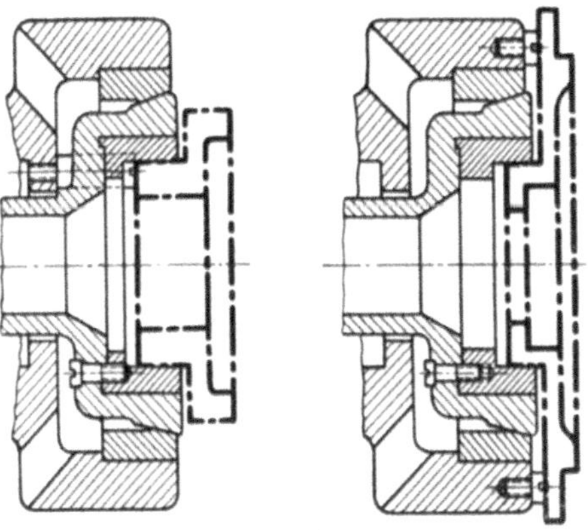

Abb. 747 und 748.

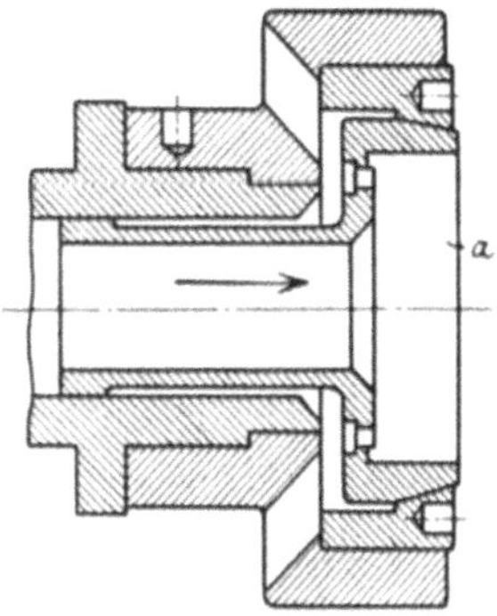

Abb. 749.

viel Messungen nötig sind und ohne an den Arbeiter besondere Ansprüche zu stellen. Die Aufnahme kann bei der Weiterarbeitung immer wieder benutzt werden. Abb. 747 u. 748 zeigen einige weitere Ausführungsbeispiele nach gleichem Prinzip.

Bei der in Abb. 749 dargestellten Konstruktion wird die Spannpatrone nicht nach hinten in das Futter gezogen, sondern nach vorn

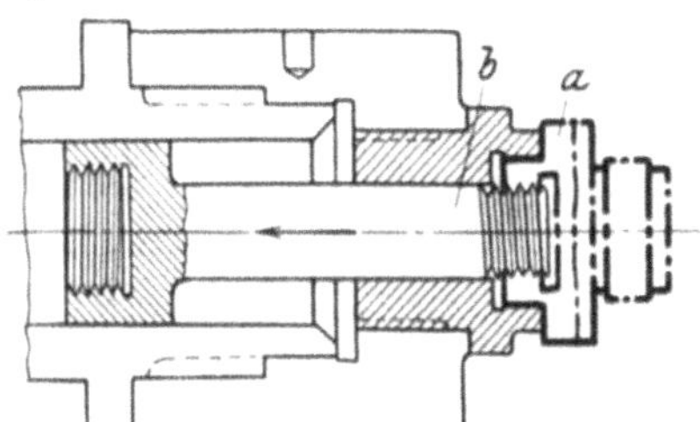

Abb. 750.

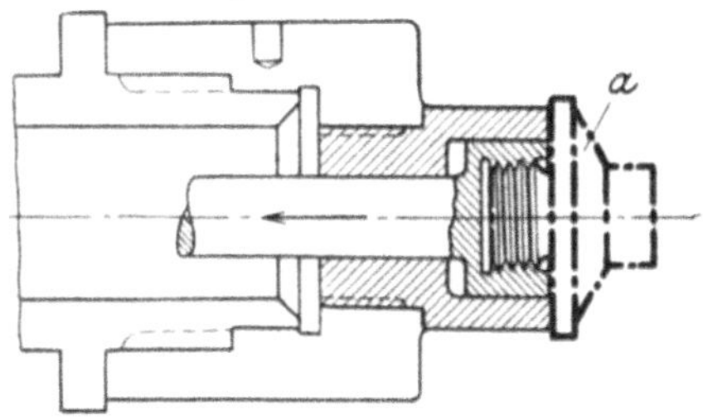

Abb. 751.

gedrückt; dabei geht jedoch die Möglichkeit verloren, eine Stirnfläche als Anlage- und Ausgangsfläche für die Weiterbearbeitung zu benutzen. Die Ausführung bietet also nicht die Vorteile der in Abb. 746—748 gezeigten.

Auch Teile mit Gewinde lassen sich sehr gut in Futtern mit Handradanzug spannen. Abb. 750 zeigt, wie ein Werkstück mit Innengewinde und einem fertig bearbeiteten Zylinder mit Bund aufgenommen wird. Die Zentrierung des Werkstückes erfolgt im Zylinder; das Teil wird auf das Gewinde des Anzugbolzens *b* aufgeschraubt und dieser dann mit dem Handrad am hinteren Ende der Spindel so weit angezogen, bis die Bundfläche *a* am Futter anliegt. Ist die Arbeit beendet, so wird das Handrad gelöst und das Werkstück kann von Hand abgeschraubt werden. Ebenso verhält es sich bei dem in Abb. 751 gezeigten Beispiele; nur hat hier das Werkstück ein Außengewinde.

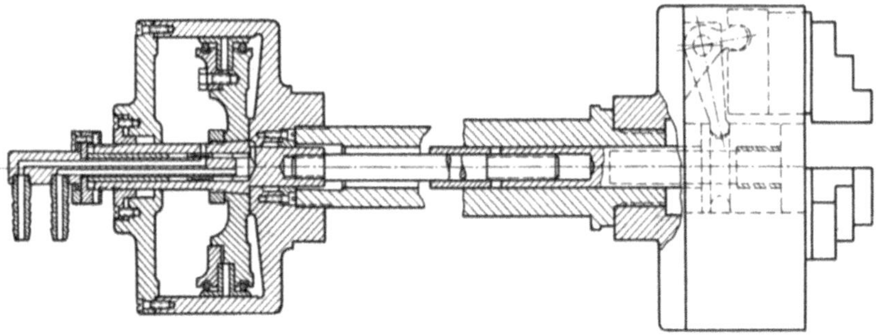

Abb. 752.

Preßluftfutter und schlüssellose Futter. Bei dem Handradanzug, besonders aber bei den Zwei- und Dreibackenfuttern, die mit Schlüsseln betätigt werden, ist der für das Spannen nötige Zeitaufwand recht groß. Dies macht sich besonders bei der Massenfabrikation bemerkbar und dabei wiederum am stärksten, wenn die eigentliche Arbeit schnell vor sich geht. Oft ist diese in Bruchteilen einer Minute erledigt, so daß nicht selten der Zeitaufwand für Stillsetzen der Maschine, Aus- und Einspannen der Teile und Wiederingangsetzen der Maschine größer ist als der zur Ausführung der eigentlichen Bearbeitung. Es ist klar, daß

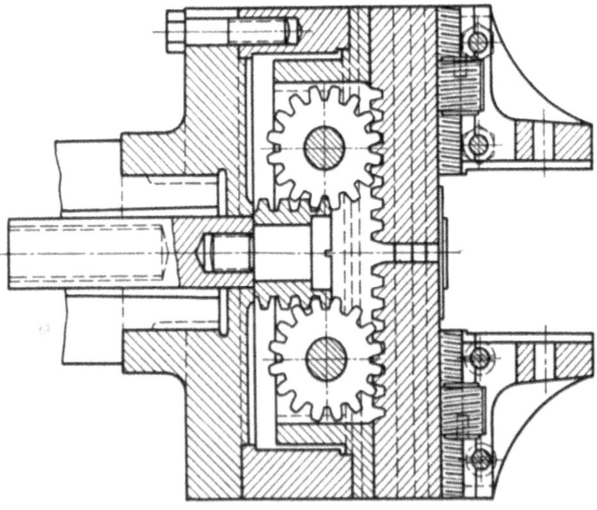

Abb. 753.

Futter, die ohne Schlüssel und während des Ganges der Maschine zu betätigen sind, die Nebenzeiten ganz bedeutend verringern würden. Derartige Futter sind bei uns noch sehr wenig eingeführt, in Amerika dagegen in weitestem Umfange in Anwendung. Es handelt sich dabei in der Hauptsache um Futter, die durch Preßluft betätigt werden. Abb. 752 zeigt eine solche Konstruktion, bei der ein Dreibackenfutter durch einen auf das hintere Ende der Arbeitsspindel aufgesetzten Preßluftkolben, der sich in einem entsprechenden Zylinder bewegt, betätigt wird. Das Futter ist eigens für diesen Zweck konstruiert; die Spannbacken werden durch Winkelhebel von der Kolbenstange betätigt. In Abb. 753 ist ein Zweibackenfutter dargestellt, bei dem die Rückseiten der Backen als Zahnstangen ausgebildet sind, in die Ritzel eingreifen, die wiederum durch die Kolbenstange betätigt werden. Natürlich lassen sich auf einfachste Weise auch Patronenfutter mit Hilfe der Preßluftzylinder spannen. Die Bedienung solcher Futter ist die denkbar einfachste, da der Arbeiter lediglich ein Steuerventil zu betätigen hat.

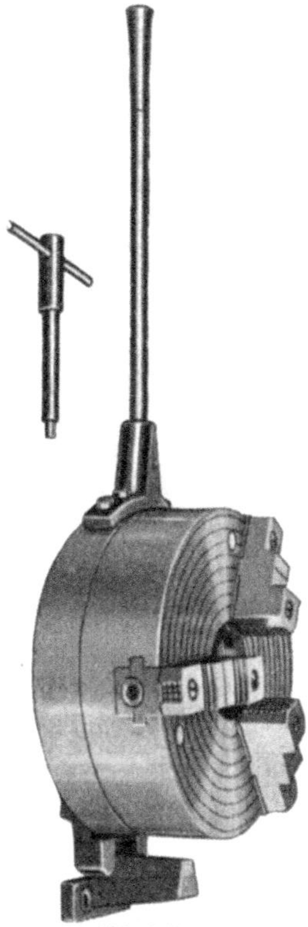

Abb. 753a.

Eine andere Lösung der Aufgabe, Drei- und Zweibackenfutter während des Ganges der

Abb. 753b.

Maschine zu betätigen, zeigt das Foster-Barker-Futter, Abb. 753a. Das Futter trägt einen langen Hebel, der sich beim Arbeiten nicht mitdreht. Beim Herunterziehen des Hebels wird das Futter gespannt, beim Hochdrücken des Hebels gelöst. Es kann sowohl betätigt werden, wenn sich das Futter dreht, als auch beim Stillstand (Abb. 753b). Die Futter haben den Vorteil, daß die Anzugorgane nicht durch die Spindel bauen und daß keine Preßluft gebraucht wird. Abb. 753c zeigt die Anwendung auf einer Bohrmaschine.

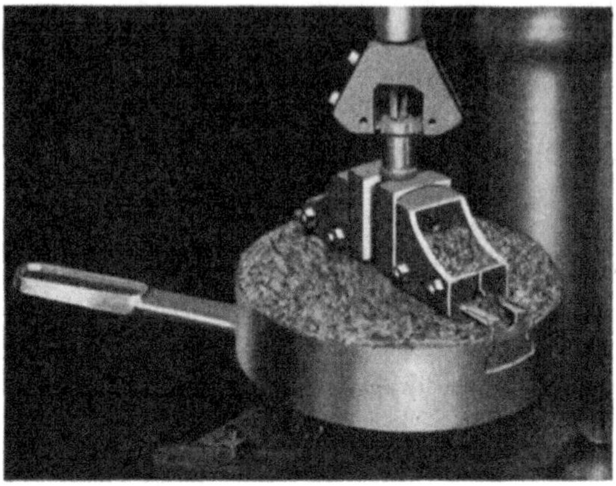

Abb. 753c.

Klemmfutter. Ein einfaches Futter, das besonders gute Dienste tut, wenn es sich um die Herstellung von Teilen handelt, die sehr genau laufen sollen und nur in kleineren Mengen vorkommen, ist in Abb. 754 u. 755 dargestellt. Der Körper ist aus Gußeisen, der vordere Teil ist mit drei

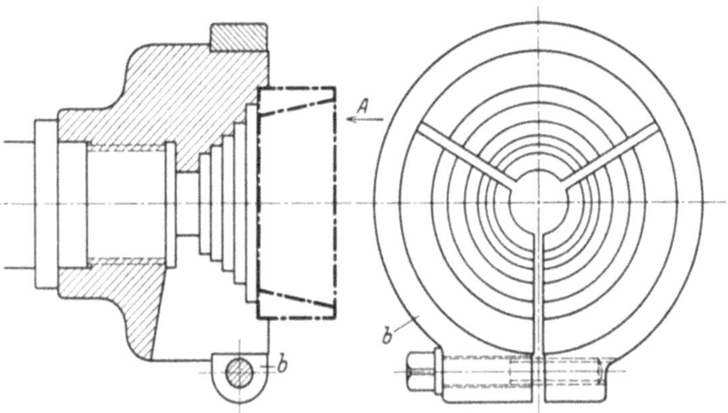

Abb. 754 und 755.

Schlitzen versehen; mit einem Klemmring *b* kann das Futter zusammengezogen werden. Je nach Bedarf wird für das jeweilig vorliegende Arbeitsstück ein kurzer Zylinder ausgedreht; der Durchmesser muß genau der Einspannstelle des Werkstückes entsprechen, so daß das Futter nur um ein ganz geringes Maß (einige Hundertstel Millimeter) zusammengezogen werden braucht. Da die Ausdrehung des Futters direkt auf der

Drehbank erfolgt, auf der die Arbeit ausgeführt wird, so besteht die beste Gewähr für genaues Laufen. Wird das Futter von der Maschine genommen und später wieder aufgeschraubt, so ist jedesmal eine neue Aufnahme auszudrehen oder eine vorhandene nachzudrehen. Es mag scheinen, daß die Futter nur eine recht kurze Lebensdauer haben und daß das häufige Ausdrehen recht zeitraubend ist. Dies trifft jedoch nicht zu; die Futter sind sehr billig, und das Nachdrehen geht bei eingearbeiteten Leuten sehr schnell; es wird dabei so wenig Material herausgedreht, daß ein Dreher ein solches Futter bei verständiger Handhabung immerhin mehrere Jahre benutzen kann, ehe es so weit ausgedreht ist, daß es unbrauchbar wird. Auch bei diesem Futter ist zu beachten, daß es dem Werkstück in axialer Richtung eine genaue Anlage bietet, so daß bei mehrmaligem Einspannen der Teile die Stellung in axialer Richtung immer die gleiche ist; Längenmaße bei Benutzung eines Anschlages also sehr genau eingehalten werden können.

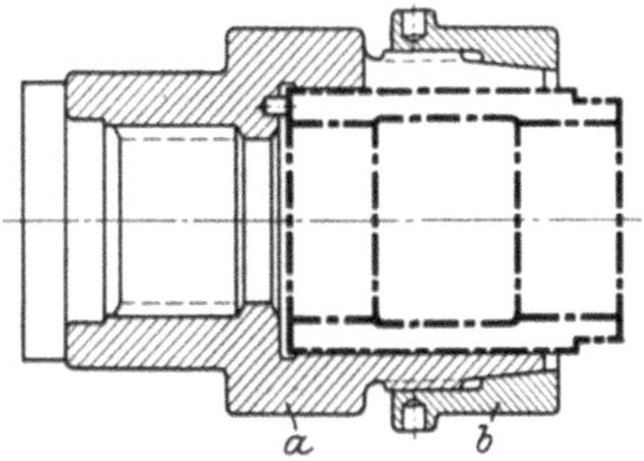

Abb. 756.

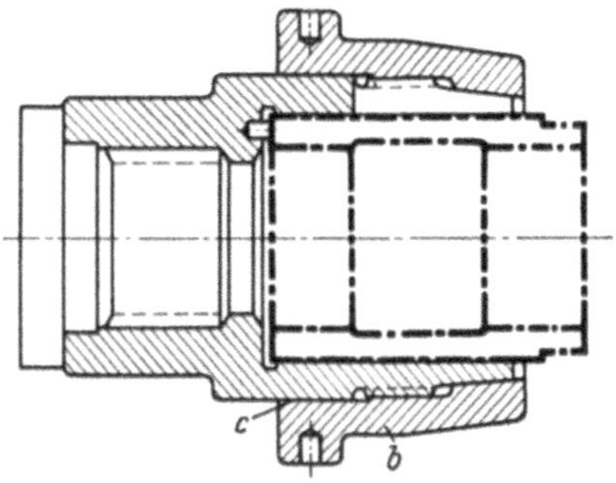

Abb. 757.

Futter nach Abb. 756 oder ähnliche Konstruktionen werden vielfach noch in Drehereien angewandt; auf den Futterkörper *a* ist die Mutter *b* aufgeschraubt, die außerdem eine konische Ausdrehung hat, die auf einen entsprechenden Außenkonus des Futterkörpers *a* paßt. Der Futterkörper ist am vorderen Ende mit drei oder mehr Schlitzen versehen. Wird die Mutter *b* angezogen, so verengt sich die Bohrung des Futters und spannt das Werkstück fest.

Die dargestellte Konstruktion hat den Fehler, daß die Mutter *b* nicht zentriert ist, da der geschlitzte Teil des Futterkörpers nicht als sichere Zentrierung angesehen werden kann. Das Futter hat also nur Halt in dem vorderen schwachwandigen und geschlitzten Teil, ist also wenig stabil.

Besser ist die Konstruktion nach Abb. 757; hier ist der Ring *b* auf dem Futterkörper bei *c* noch in einem Zylinder geführt, so daß er das Vorderteil des Futters stützt und ein genaueres Laufen ermöglicht.

Die Futter sind sehr teuer, nur für Teile von gleichem Durchmesser verwendbar, da der Spannbereich sehr gering ist, außerdem sind sie außerordentlich empfindlich. Man sollte sie daher nur anwenden, wenn es nicht zu umgehen ist.

Eine andere Konstruktion zeigt Abb. 758. Auf dem Futterkörper *a* ist die Ringmutter an den Stellen *c* und *d* geführt; in den Futterkörper führen sich sechs Spannbolzen *s* radial. Die Ringmutter ist konisch ausgedreht, und die Bolzen *s* legen sich einerseits an den Innenkonus der Ringmutter, andererseits an das zu spannende Werkstück an. Wird die Ringmutter angezogen, so bewegen sich die Spannbolzen nach innen und spannen das Werkstück fest.

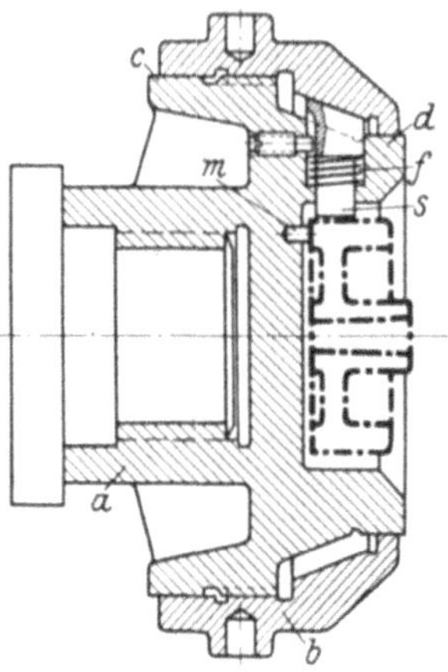

Abb. 758.

Beim Lösen der Ringmutter werden die Spannbolzen durch die Federn *f* nach außen gedrückt, so daß das Werkstück freigegeben wird. Drei Stifte *m* geben dem Werkstück seitlich einen Anschlag. Die Spannbolzen *s* sind gehärtet und werden an den Endflächen im Futter geschliffen. Diese Art Futter laufen bei sorgfältigster Herstellung und Behandlung so genau wie gute Patronenfutter; der Spannbereich kann auf einige Millimeter ausgedehnt werden.

Abb. 759.

Planscheiben. Eines der ältesten Drehbankfutter stellt die Universalplanscheibe Abb. 759, dar, die gewöhnlich mit vier, einzeln durch Schrauben verstellbare Spannkloben betätigt wird. Diese Art Futter werden in modernen Betrieben nur noch zum Spannen sperriger, unregelmäßig geformter oder besonders schwerer Teile benutzt. Das Ausrichten der Werkstücke erfolgt dabei durch Lösen einzelner Spannkloben und Anziehen der gegenüberliegenden. Dieses Ausrichten erfordert eine gewisse Geschicklichkeit und Übung und ist immer zeitraubend.

Ein weiteres Anwendungsgebiet der Planscheibe stellen die Winkelarbeiten dar, bei denen es sich in der Regel darum handelt, irgendeine Dreharbeit an sperrigen Teilen, Winkelstücken usw. vorzunehmen. Hierbei leistet die Planscheibe gute Dienste, sofern die Genauigkeitsansprüche nicht sehr hoch gestellt werden. Sind dagegen Genauigkeitsarbeiten auszuführen, etwa wie in Abb. 760 dargestellt, ein Bock, der mit einer Bohrung in genauem Abstande von seiner bearbeiteten Auflagefläche und genau parallel zu dieser, versehen werden soll, so werden dabei nur gute Ergebnisse gezeitigt werden, wenn die Arbeit mit ganz besonderer Vorsicht und langsam ausgeführt wird. Es wird bei solchen Arbeiten oft angenommen, daß sie besonders genau ausfallen müssen, da anscheinend alle Vorbedingungen für die Erzielung einer großen Genauigkeit gegeben sind; die Fläche der Planscheibe kann auf der Drehbank selbst leicht nachgedreht werden, so daß auch der geringste Schlag verschwindet; der Aufspannwinkel kann in genauem Abstande von der Drehachse aufgespannt werden, so daß, wenn das Werkstück bearbeitet wird, es die gewünschte Lage zur Drehachse und damit die durch diese Lage bedingten Maße erhält. Dies würde zutreffen, wenn die Planscheibe mit dem Werkstück während des Bearbeitens in der beim Ausrichten vorhandenen Ruhelage beharren würde; das ist aber nicht der Fall,

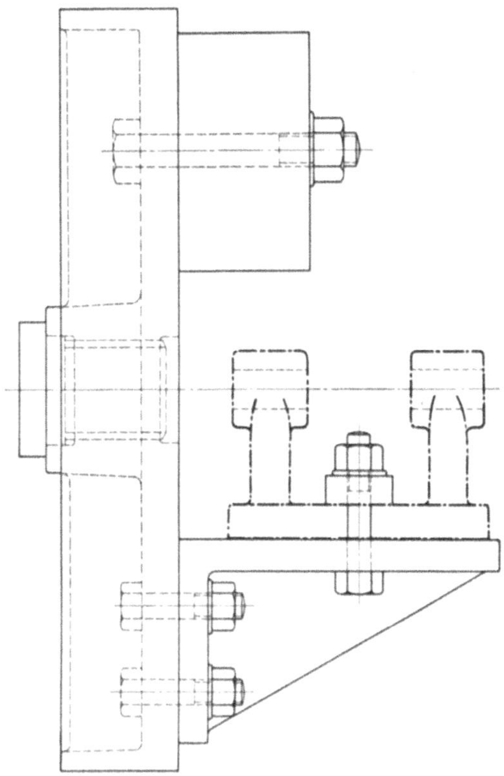
Abb. 760.

sondern das Werkstück rotiert, und das mehr oder weniger ungleich zur Drehachse verteilte Gewicht von Werkstück, Aufspannwinkel und Spannmittel verursacht Fliehkräfte, die natürlich um so größer werden, je größer die Umdrehungszahl ist. Diese Fliehkräfte bewirken ein einseitiges Abbiegen der Planscheibe, und damit eine Lageveränderung des Werkstückes. Die so bearbeiteten Teile können also nicht die gewünschte Genauigkeit erhalten. Gewöhnlich wird bei solchen Arbeiten die einseitige Belastung der Planscheibe durch Aufspannen von Gegengewichten zum Teil ausgeglichen, schon um ein unruhiges Laufen der Drehbank zu verhindern; doch wird das Gleichgewicht der Planscheibe meist nur statisch und gefühlsmäßig bestimmt; bekanntlich ändern sich aber die Kräfte bedeutend, wenn die Massen in Bewegung sind, und mit der Geschwindigkeit. Die Größe der Durchbiegung ist oft beträchtlich; man kann sich leicht davon überzeugen, wenn man den hinteren Rand der Planscheibe, wenn diese unbelastet ist, durch eine Meßuhr auf Schlag prüft und dann bei gespannter Planscheibe die Prüfung bei verschiedenen Umdrehungszahlen wiederholt. Übrigens werden die Planscheiben auch bei Benutzung der Spannkloben, besonders, wenn diese fest angespannt werden, oft ganz beträchtlich verzogen, so daß sie nicht selten einen Millimeter und mehr schlagen. Aus diesem Grunde ist bei Ausführung von Genauigkeitsarbeiten auf der Planscheibe, bei denen die Fläche als Anlage dient, immer Vorsicht zu empfehlen.

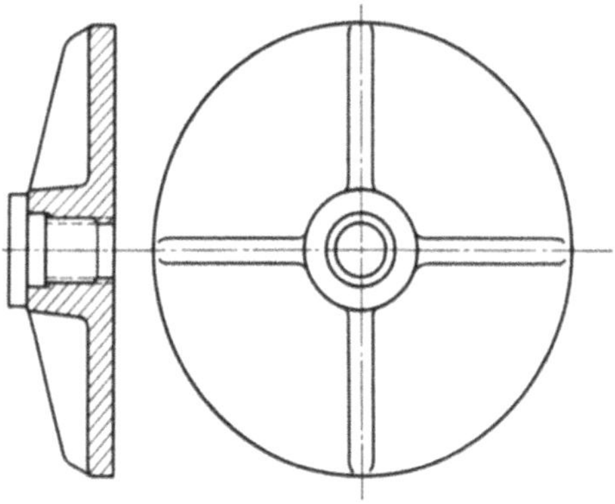

Abb. 761 und 762.

Günstiger liegen die Verhältnisse bei Arbeiten auf Karusselldrehbänken, da bei diesen die Planscheiben im allgemeinen viel schwerer und stabiler und daher weniger dem Verziehen ausgesetzt sind als die der gewöhnlichen Drehbänke.

Trotz der angeführten störenden Erscheinungen kann man die Planscheibe besonders in der Serien- und Einzelfabrikation sehr oft mit Vorteil anwenden und mit ihr besonders Bohrarbeiten, bei denen es auf genaue Lochabstände ankommt, billiger und genauer herstellen als etwa auf dem Horizontalbohrwerk. Besonders geeignet für solche Arbeiten sind glatte Planscheiben ohne Kloben nach Abb. 761 u. 762, wie sie amerikanische Drehbankfabriken mit ihren Drehbänken mitliefern.

Nehmen wir an, es sei ein kleiner Posten Hebel nach Abb. 763 zu bohren; der Abstand der beiden Bohrungen soll mit einer Toleranz von ± 0,02 mm eingehalten werden. Die Bearbeitung könnte folgendermaßen vor sich gehen: Die in einer Ebene liegenden Flächen *c* werden gefräst; dann wird das kleinere Loch auf der Bohrmaschine gebohrt, und darauf die Teile in einem Bolzen *d*, der in genauem Abstande *h* von Mitte Planscheibe angebracht ist, aufgesteckt, festgespannt, und das größere Loch gebohrt, Abb. 764 u. 765. Die Gefahr des Verziehens ist bei diesen Arbeiten gering, da die beim Spannen auftretenden Kräfte nur in geringem Maße dahin wirken, die Planscheibe zu verziehen. Wiederholt sich die Arbeit, so ist bei der Einfachheit der Einrichtung diese schnell wieder arbeitsbereit. Sind häufig derartige Arbeiten aus-

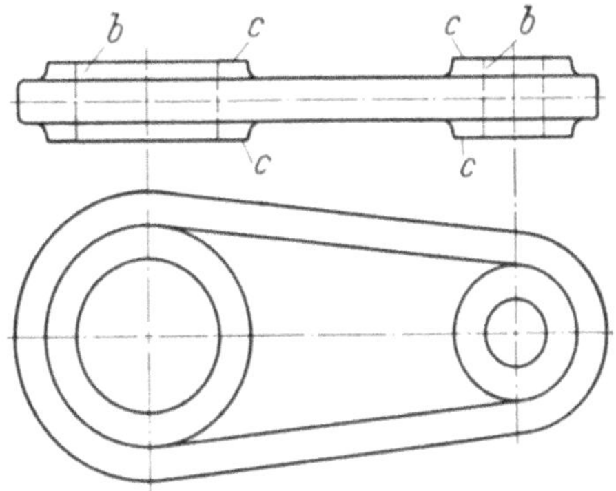

Abb. 763.

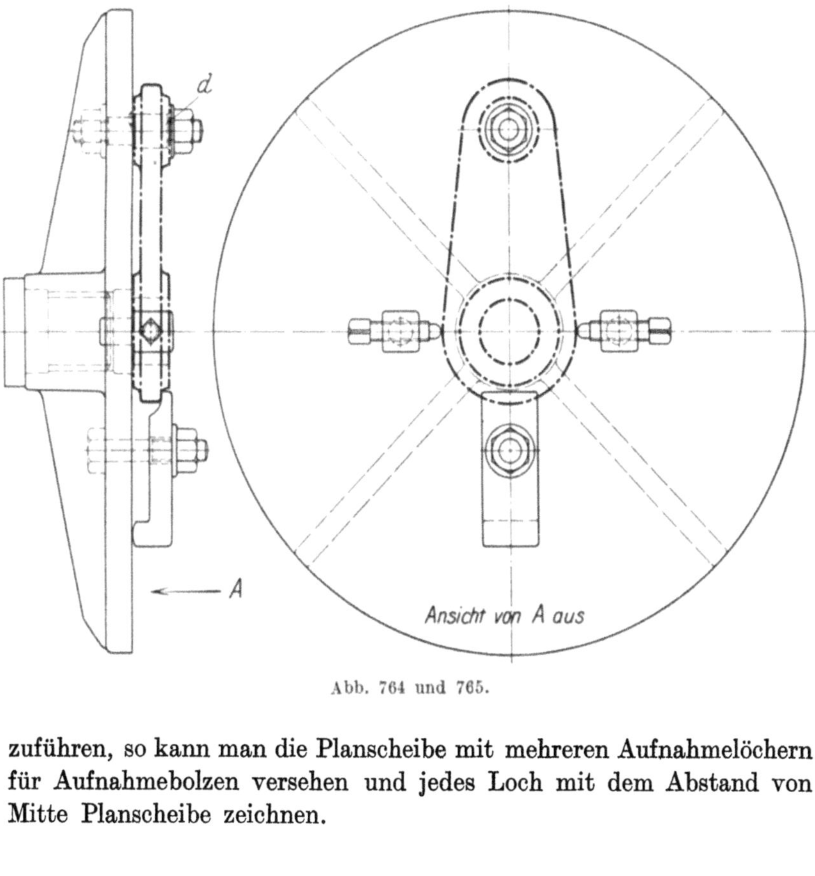

Abb. 764 und 765.

zuführen, so kann man die Planscheibe mit mehreren Aufnahmelöchern für Aufnahmebolzen versehen und jedes Loch mit dem Abstand von Mitte Planscheibe zeichnen.

Ein anderes Beispiel dafür, wie man mit einfachen Mitteln auf der Planscheibe genaue Arbeiten ausführen kann, zeigt Abb. 766 u. 767.

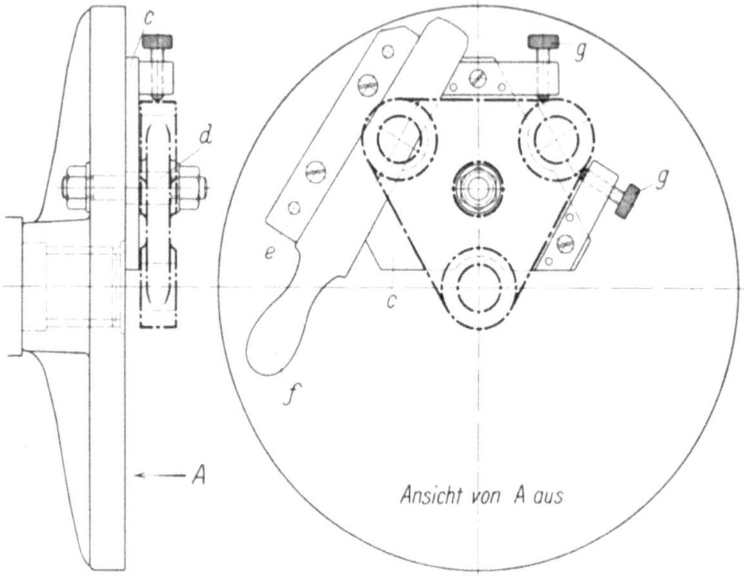

Abb. 766 und 767.

Das Werkstück soll außer der zentralen drei Bohrungen erhalten, die von der zentralen genau gleichen Abstand haben und um 120° zu-

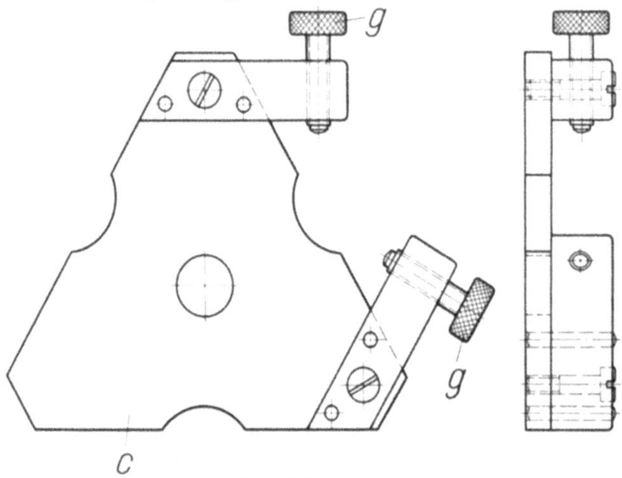

Abb. 768 und 769.

einander versetzt sind. Die Ausführung der Arbeit ist so gedacht, daß zuerst die Naben der Löcher gefräst werden und dann das zentrale Loch gebohrt wird. Darauf wird zur Aufnahme des Werkstückes, wie im vorhergehenden Beispiele, in einer Planscheibe ohne Kloben ein Zapfen *d* genau in dem verlangten Abstande von Mitte Planscheibe eingesetzt. Auf diesen Zapfen wird nun die Zwischenplatte *c* nach Abb. 768 u. 769 und das Werkstück aufgesteckt und nach Einnahme der richtigen Stellung mit der Sechskantmutter festgespannt. Die Platte *c* ist dreieckig; die Winkel sind durch Umschlagmessung genau auf 60° justiert.

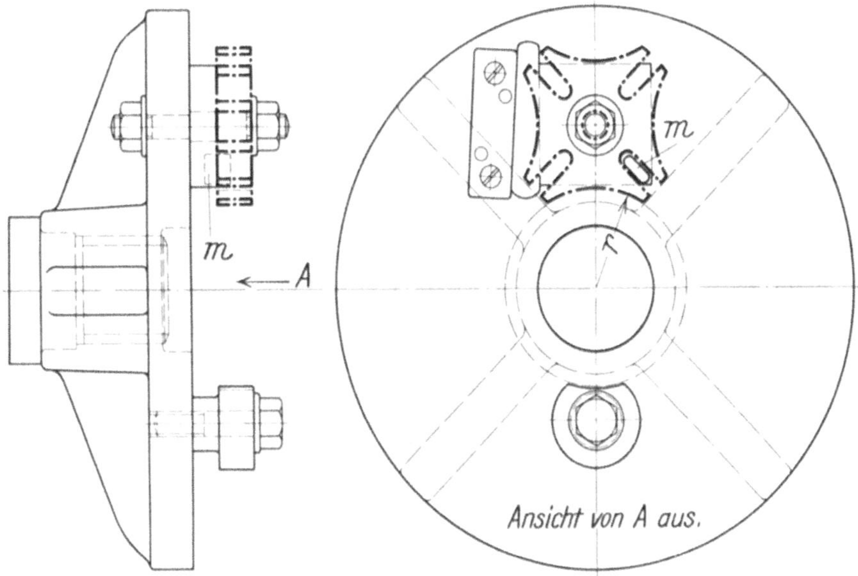

Abb. 770 bis 772.

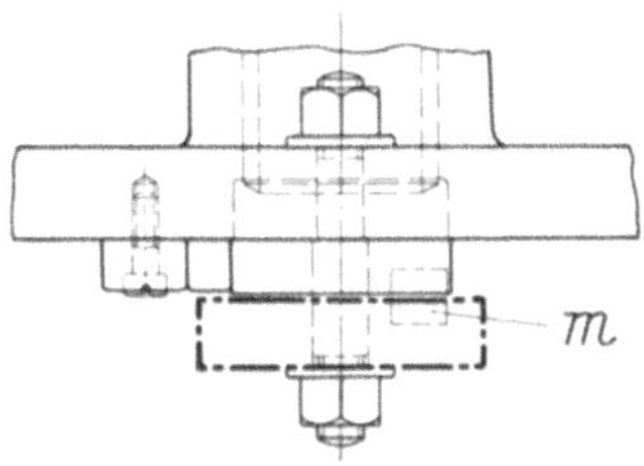

Mit Hilfe dieser Platte, einer Leiste *e* an der Planscheibe und des Keiles *f* kann nun die Platte mit dem Werkstück genau um 120° geschaltet werden. Die Kordelschrauben *g* sichern die Lage des Werkstückes zur Schaltplatte *c*. Die Löcher können in den drei zu erzielenden Stellungen gebohrt werden. Die Teileinrichtung ist ausführlich unter den Fräsvorrichtungen beschrieben (Abb. 610—613).

Ein anderes Beispiel für derartige Teilarbeiten zeigt Abb. 770—772. Hier handelt es sich um die Herstellung eines Malteserkreuzes; die einzelnen kreisbogenförmigen Ausdrehungen müssen mit großer Genauigkeit ausgeführt werden; der Radius *c* muß bei allen Bögen genau gleich sein und die Teilung genau 90° betragen. Die Art der Teileinrichtung ist die gleiche wie in dem vorhergehenden Beispiele, nur daß die Teilscheibe *c* viereckig ist. Die Stellung der Teilscheibe zum Werkstück ist durch die Flachfeder *m* gesichert, die in der Teilscheibe festsitzt und das Werkstück in einem der vier Schlitze aufnimmt.

Eine falsche Anwendung der Futter, die man nicht selten antrifft, zeigt Abb. 773. Das Werkstück soll konisch gedreht werden; zu diesem Zweck ist der Reitstock in bekannter Weise quer zur Drehachse versetzt und das Teil einerseits in einem Dreibackenfutter, andererseits in der Reitstockspitze aufgenommen. Beim Drehen muß die Einspannung im Futter ständig nachgeben, denn wenn die obere Backe in die Stellung der unteren Backe gelangt, muß sie sich auf das Werkstück in axialer Richtung aufschieben; gelangt die untere Backe in die Stellung der oberen, so erfolgt das Umgekehrte; die Backe muß sich von dem Werkstück abziehen. Dieser Vorgang wiederholt sich an jeder Spannbacke bei jeder Umdrehung des Futters. Die Beanspruchung des Futters und der ganzen Maschine ist hierbei außerordentlich ungünstig, und die so ausgeführte Arbeit kann nie genau werden. Muß man bei Futterarbeiten die Reitstockspitze benutzen, so darf dies nur in Normalstellung des Reitstockes erfolgen. In vorliegendem Falle müßte der Konus mit dem Konuslineal gedreht werden.

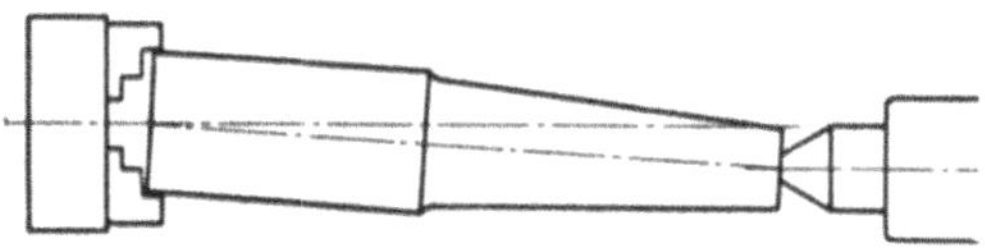
Abb. 773.

Drehdorne.

Teile mit Bohrungen müssen vielfach auf Dornen fertig gedreht werden. Man unterscheidet auch hier zwischen solchen Dornen, die zwischen den Spitzen aufgenommen werden und solchen, die fest mit der Arbeitsspindel verbunden werden und ohne Benutzung des Reitstockes Verwendung finden. Für die letzteren besteht der Fachausdruck „fliegende Dorne".

Ausbildung der Körner. Bei allen Drehdornen, die zwischen den Spitzen aufgenommen werden, ist die Ausbildung, Ausführung und Instandhaltung der Körner ausschlaggebend für die Erzielung schlagfreier Teile. Körner nach Abb. 774 sind für Drehdorne nicht empfehlenswert, da die Endflächen der Dorne beim Aufpressen oder beim Entfernen der Werkstücke leicht beschädigt und die Kanten der Körner verbeult werden. Dorne mit beschädigten Körnern laufen aber nicht mehr. Aus diesem Grunde werden die Endflächen der Drehdorne ausgespart, Abb. 775, so daß die Körner geschützt sind. Aber auch diese Ausführung genügt noch nicht, da es oft vorkommt, daß

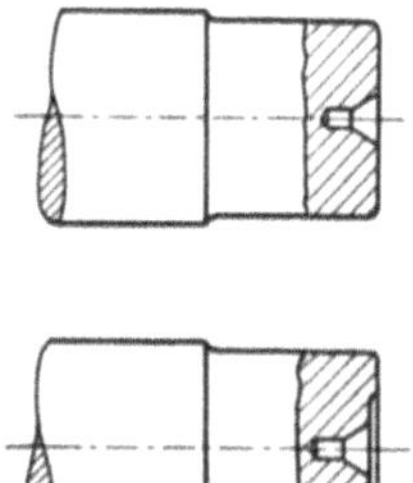
Abb. 774 und 775.

beim Einspannen des Dornes die Spitze des Reitstockes auf der Stirnfläche in der Nähe der Körnerkante aufsitzt; hierbei wird dann oft eine Vertiefung in die Fläche eingedrückt und die Körnerkante ausgebaucht, Abb. 776. Die Kanten der Körner müssen daher, wie Abb. 777 zeigt, abgerundet sein, so daß bei unsicherem Einspannen die Spitze den Körner leichter findet und ein Beschädigen der Körnerkante nicht eintreten kann. Drehdornkörner müssen gehärtet sein; die Aussenkung muß nach dem Härten ausgeschliffen werden.

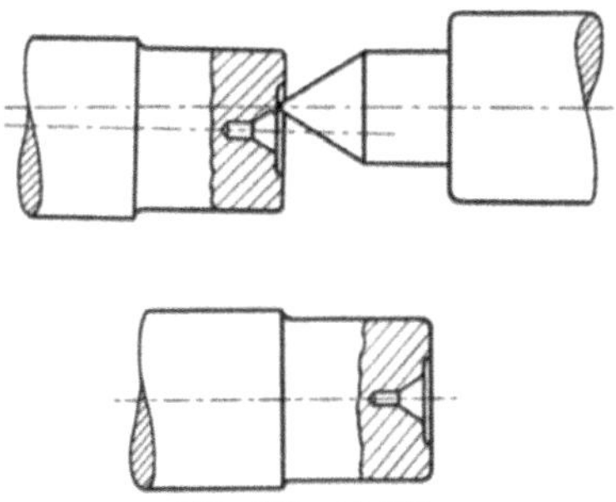
Abb. 776 und 777.

Konische und zylindrische Drehdorne. Die einfachste und gebräuchlichste Art der Drehdorne zeigt Abb. 778. Die Teile werden aufgepreßt; um die Einführung der Dorne in die Bohrungen der Werkstücke zu erleichtern und die Maßabweichungen der Bohrungen zu überbrücken, sind die Dorne meist konisch ausgeführt (Maß D und D_1). Wenn diese Konizität auch nur schwach ist, so genügt sie doch, um bei längeren Werkstücken diesen nur an einem Ende der Bohrung einen Sitz zu geben, während das andere Ende freiliegt.

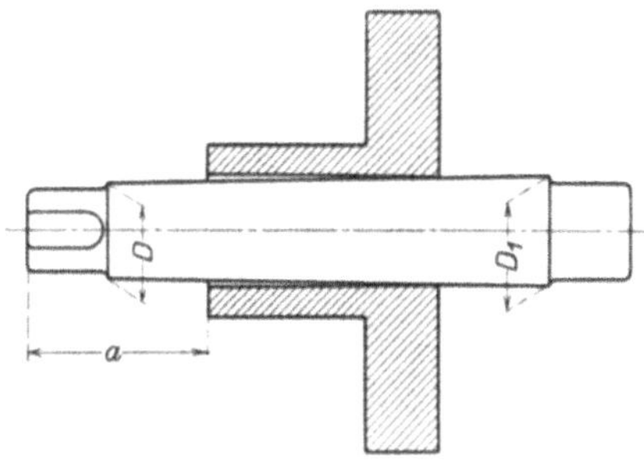

Abb. 778.

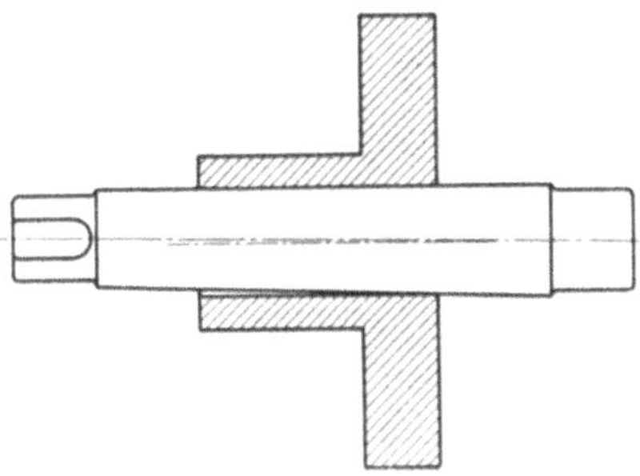
Abb. 779.

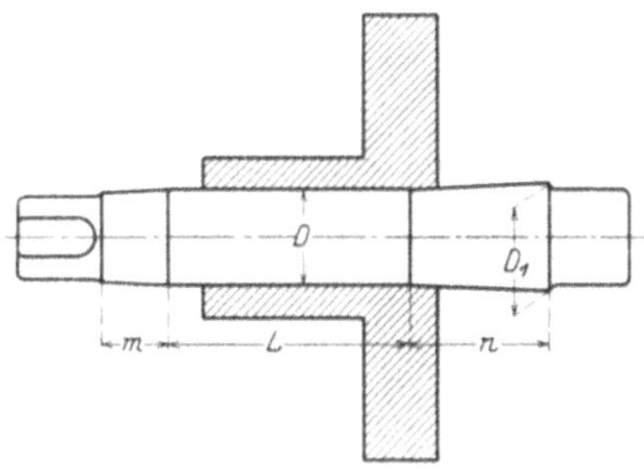

Abb. 780.

Ist das der Fall, so setzt sich das Werkstück meist schief auf den Dorn, Abb. 779; der Erfolg ist, daß die Teile Schlag erhalten. Für Genauigkeitsarbeiten empfiehlt es sich daher, die Dorne nach Abb. 780 auszuführen; hierbei ist der Dorn auf die Länge L zylindrisch. Der Durchmesser D entspricht der Minusseite des Toleranzkalibers, so daß der Dorn unter allen Umständen in die Bohrung hineingeht. Auf die Länge m

ist der Dorn zugespitzt, um das Einführen in die Bohrung zu erleichtern, während auf die Länge n sich der Dorn auf das Maß D_1 verstärkt. Die Werkstücke werden also durch den zylindrischen Teil des Dornes zentriert und durch Aufpressen auf den konischen Teil n festgehalten. Solche Dorne liefern wesentlich genauere Arbeit als die in Abb. 778 dargestellte konische Ausführung; allerdings müssen die Bohrungen der zu bearbeitenden Werkstücke innerhalb der zulässigen Grenzwerte liegen.

Aber auch bei allen anderen festen Dornen, bei denen die Werkstücke aufgepreßt werden, also nur durch Reibung in der Bohrung die Mitnahme beim Drehen bewirken, ist Voraussetzung, daß die Bohrungen der Werkstücke keine allzugroßen Abweichungen vom Sollmaß aufweisen, da man sonst für jeden abweichenden Durchmesser einen neuen Dorn beschaffen muß. Ferner haben die Dorne den Mangel, daß beim Bearbeiten mehrerer gleicher Stücke jedes einzelne aufgepreßte Teil einen anderen Abstand a (Abb. 778) vom Dornende erhält, so daß beim Plandrehen, Herstellung von Einstichen, überhaupt bei der Erzielung von Längenmaßen, die Drehstähle immer wieder neu eingestellt werden müssen. Da aber gerade das häufige Stahleinstellen und Messen den Hauptbestandteil der Nebenzeiten bei derartigen Arbeiten ausmacht, so fällt der erwähnte Mangel sehr ins Gewicht.

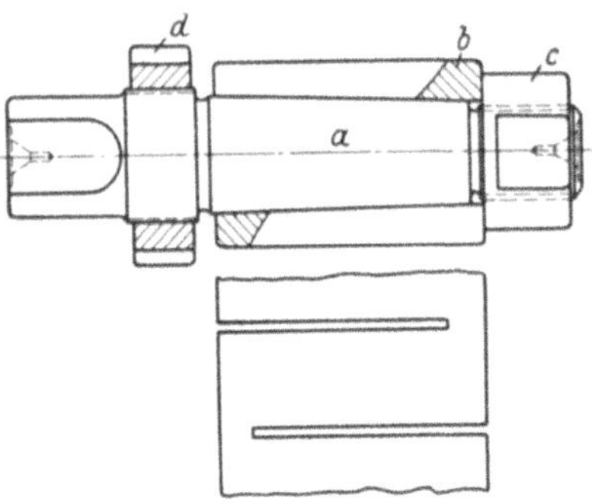

Abb. 781 und 782.

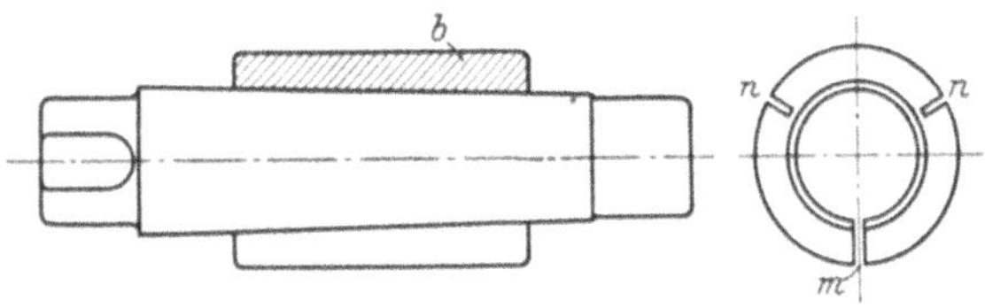

Abb. 783 und 784.

Expandierende Drehdorne. Es hat nicht an Versuchen gefehlt, die Drehdorne so auszugestalten, daß sie auch Bohrungen mit größeren Maßabweichungen aufnehmen können. In Abb. 781 u. 782 ist eine solche Konstruktion dargestellt; der Dorn a ist in der Mitte konisch ausgebildet zur Aufnahme der Buchse b. Diese Buchse ist von jedem Ende aus dreimal geschlitzt; Abb. 782. Durch die Mutter kann die Buchse auf den Konus aufgeschoben werden, wobei sie ihren Durchmesser vergrößert und das aufgeschobene Werkstück so festspannt. Zum Lösen der Spannung wird nach Lösung der Mutter c die Mutter d gegen die Buchse gezogen und diese dadurch in ihre entspannte Stellung zurückgebracht.

Abb. 783 u. 784 zeigt einen Dorn nach dem gleichen Prinzip, nur in einfacherer Ausführung. Die Buchse *b* ist mit einem Schlitz *m* und zwei Einschnitten *n* versehen. Wird der Dorn *a* in die Buchse eingetrieben, so vergrößert sich deren Außendurchmesser.

Eine andere Ausführung zeigt Abb. 785 u. 786. Hier sind in den Dorn *a* Nuten *n* so eingefräst, daß ihr Grund eine schiefe Ebene darstellt. In diese Nuten sind flache Leisten *f* verschiebbar angeordnet. Die

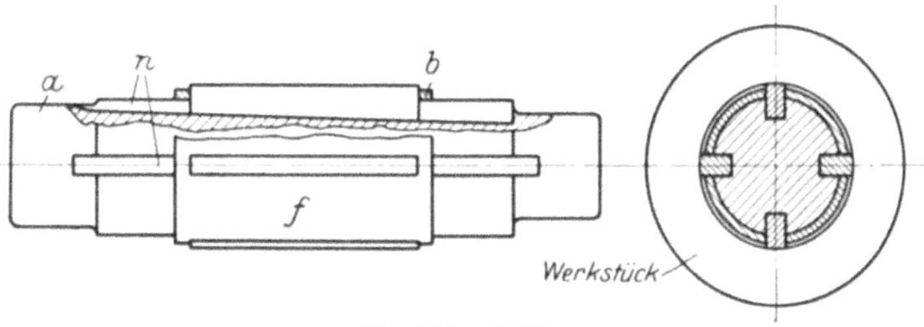

Abb. 785 und 786.

Leisten liegen im Grunde der Nuten auf; werden sie in axialer Richtung verschoben, so ändert sich der Abstand ihrer äußeren Fläche von der Achse des Dornes. Das gleichzeitige und gleichmäßige Verschieben aller Leisten ermöglicht die Buchse *b*, die die Leisten in Schlitzen aufnimmt. Der Dorn ist für das Arbeiten mit kräftigen Spänen nicht geeignet, da

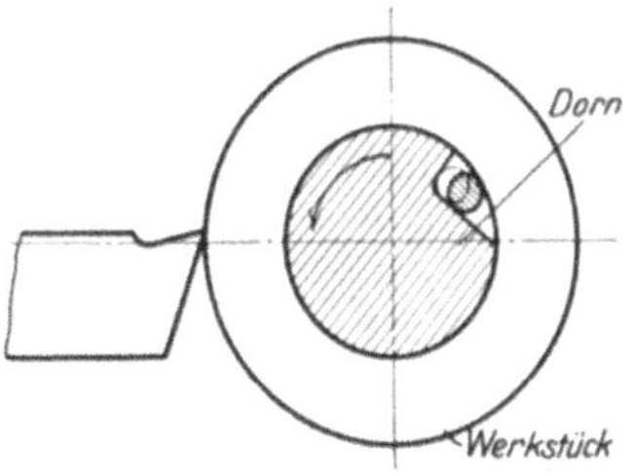

Abb. 787.

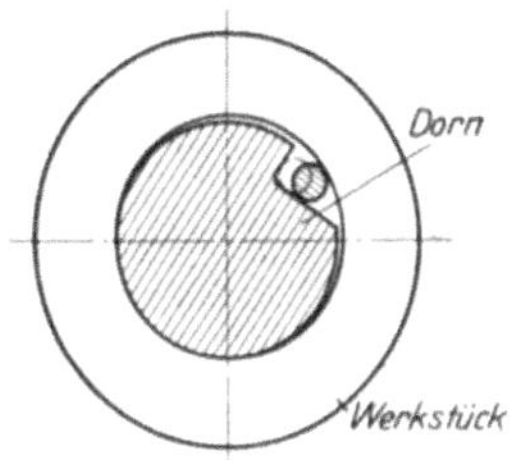

Abb. 788.

nur die vier schmalen Leisten *f* mit ihrem Rücken mit dem Werkstück in Berührung kommen, Abb. 786. Diese kleinen Reibungsflächen genügen aber nicht, um größere Kräfte zu übertragen. Wird der Dorn zu kräftig angezogen, so wird bei dickwandigen Werkstücken die Lochwandung beschädigt. Dünnwandige Werkstücke werden eckig gespannt. Die Ausführung des Dornes bietet so viele Fehlerquellen, daß er für Genauigkeitsarbeiten (in diesem Fall schlagfreies Drehen) nicht verwendbar ist.

Der Dorn nach Abb. 787 zeichnet sich durch große Einfachheit aus; bei ihm ist das Freilaufprinzip angewandt. Die Konstruktion bedarf keiner Erläuterung. Auch diese Dorne sind für Teile, die genau laufen sollen, nicht brauchbar, da das ganze Spiel zwischen Dorn und Bohrung des Werkstückes sich einseitig lagert, Abb. 788.

Mutterdorne. Abweichend von den bisher behandelten Dornen, die die Werkstücke in der Bohrung spannen, arbeitet der Mutterdorn, Abb. 789. Hier werden die Teile in der Bohrung aufgenommen, also zentriert, das Festspannen erfolgt aber in axialer Richtung durch Anziehen der Mutter. Die Dorne finden hauptsächlich Anwendung zum Überdrehen schmaler, seitlich schon bearbeiteter Werkstücke. Der Vorteil dieser Dorne besteht darin, daß mehrere Teile gleichzeitig aufgespannt werden können. Dorn, Mutter und Beilegeringe müssen

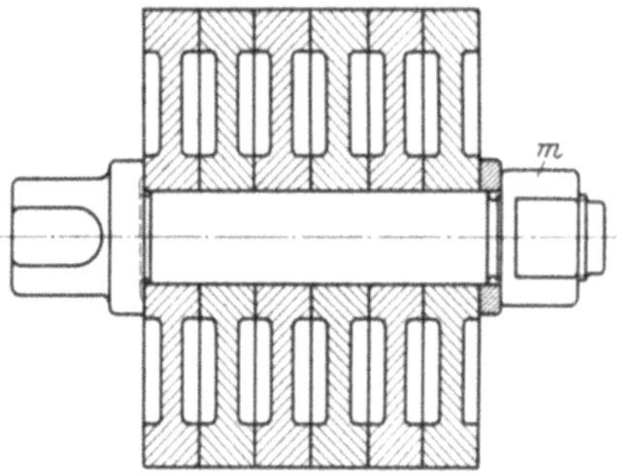

Abb. 789.

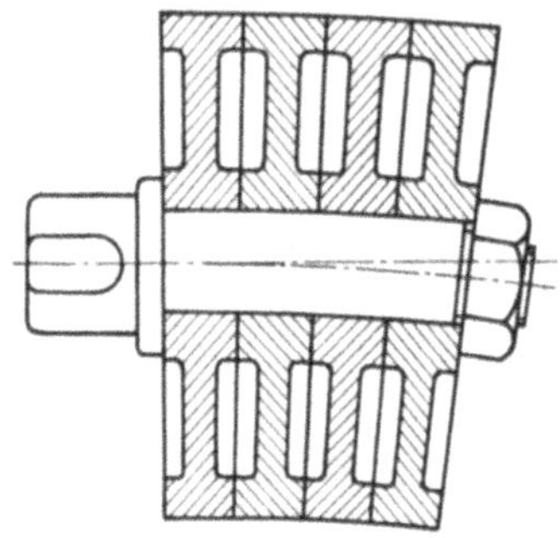

Abb. 790.

schlagfrei hergestellt sein; es git für die Herstellung alles, was über die Herstellung und Behandlung der Fräsdorne gesagt ist. Auch die aufzuspannenden Werkstücke müssen seitlich genau laufen; ist das nicht der Fall, so wird der Dorn krumm gezogen (Abb. 790) und die so gedrehten Teile haben Schlag. Aber auch bei sorgfältiger Aufspannung und sorgfältiger Vorarbeitung der Werkstücke gelingt es selten, schlagfreie Teile auf solchen Dornen herzustellen; meist ist es kaum möglich, Schlagtoleranzen von 0,05 mm einzuhalten. Das hier Gesagte gilt auch für Aufspanndorne, die zum Fräsen und Hobeln von Zahnrädern gebraucht werden.

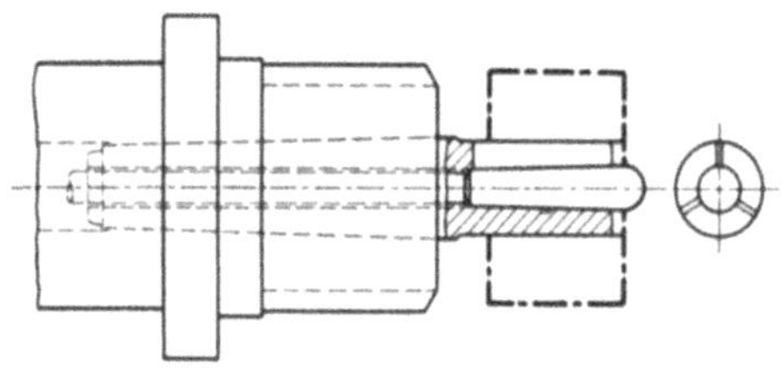

Abb. 791 und 792.

Muß man also Teile auf Dornen bearbeiten, so ist bei Auswahl der zu verwendenden Dornart zunächst zu entscheiden, ob ein mehr oder weniger geringes Schlagen der fertigen Teile zulässig ist. Ist dies der Fall, so hat man in der Wahl der Dornart ziemliche Freiheit; sollen dagegen die Teile von möglichster Genauigkeit sein, so muß das Fertigdrehen auf einem festen Dorn nach Abb. 780 erfolgen.

Fliegende Dorne. Fliegende Dorne werden entweder direkt im Konus der Drehbankspindel aufgenommen, Abb. 791 u. 792, oder mit Hilfe eines Zwischenfutters, Abb. 793. Die Aufnahme unmittelbar in der Arbeitsspindel hat den Vorteil, daß die Fehlermöglichkeiten bezüglich Schlagens, die im Zwischenfutter liegen, ausgeschaltet werden. Dagegen ist bei Verwendung des Zwischenfutters die Verwendung stärkerer Dornschäfte möglich und damit die Übertragung der Umfangskräfte von der Spindel auf den Dorn sicherer. Würde man größere Durchmesser mit kräftigen Spänen auf einem Dorn drehen, der direkt in der Spindel aufgenommen ist, so bestände die Gefahr, daß sich der Dorn im Aufnahmekonus der Spindel dreht, festfrißt und damit die Spindel ruiniert. Man sollte also die Aufnahme im Spindelkonus nur in solchen Fällen wählen, wo es sich um die Bearbeitung von Teilen mit kleinem Durchmesser handelt.

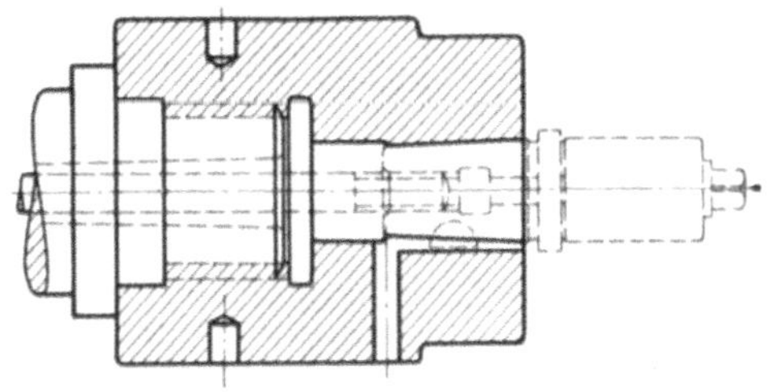

Abb. 793.

Die expandierenden, fliegenden Dorne werden in den verschiedensten Konstruktionen angewandt. Eine der einfachsten Ausführungsformen zeigt Abb. 794 u. 795. Der Dorn trägt am vorderen Ende eine konische Ausdrehung und ein Innengewinde; beides dient zur Aufnahme der Spannschraube mit Vierkantkopf. Der Dorn ist geschlitzt, so daß er beim Anziehen der Spannschraube gespreizt wird. Wichtig ist, daß die Dorne einen Bund erhalten, da dieser den aufzuspannenden Teilen in axialer Richtung einen Anschlag gibt.

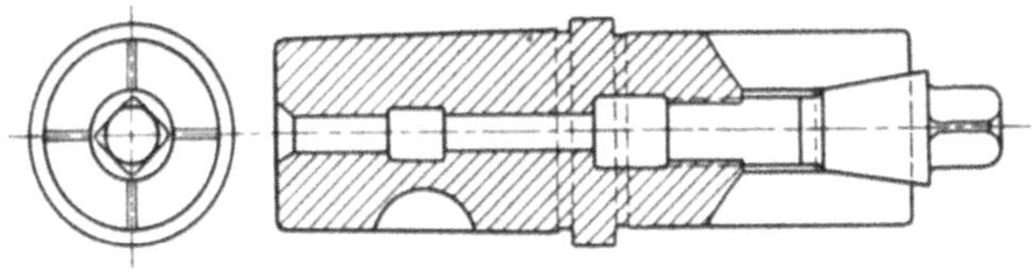

Abb. 794 und 795.

Daß die Dorne genau laufen sollen, ist nach dem bereits Gesagten selbstverständlich. Um dies zu erreichen, ist bei der Konstruktion, besonders aber bei der Herstellung einiges zu beachten. Das Gewinde der Anzugschraube muß nämlich genau zum Konus laufen, ebenso wie das Innengewinde des Dornes zu seinem Hohlkonus. Beide Gewinde müssen also auf der Drehbank mit dem Stahl geschnitten werden. Zu diesem Zwecke ist, wie in Abb. 795

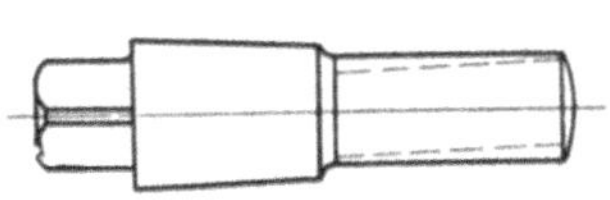

Abb. 796.

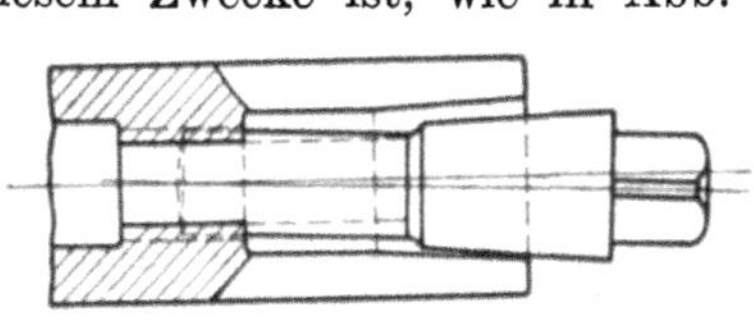

Abb. 797.

gezeigt, am Ende des Gewindeloches eine Aussparung vorgesehen, um dem Innengewindestahl freien Auslauf zu sichern. Schlägt das Gewinde der Spannschraube zum Konus (Abb. 796), was der Fall ist, wenn das Gewinde mit Schneideisen geschnitten wird, so kommt der Spannkonus der Schraube im Dorn schief zur Anlage und spreitzt den Dorn einseitig, so daß dieser Schlag bekommt, Abb. 797. Das gleiche wird erzielt, wenn das Gewinde des Dornes schlägt, Abb. 798.

Wie gut laufende Patronenfutter, so haben auch diese Art expandierender Dorne nur einen geringen Spannbereich. Die Bohrungen der

Tabelle 22.

Expandierende Drehdorne.

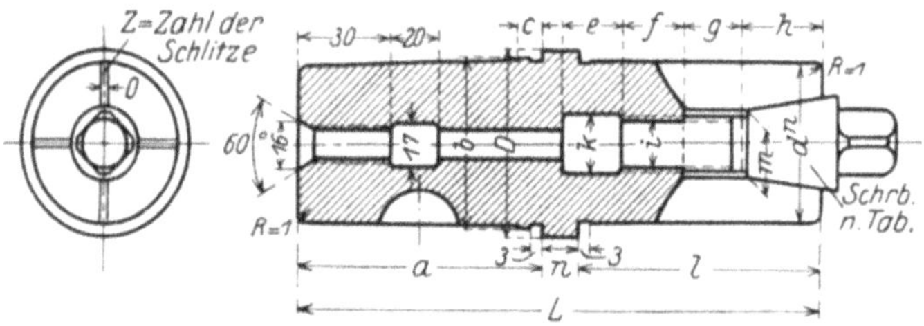

Nr.	d	l	L	D	a	Außen-Kon.		c	e	f	g	h	i	k	Innen-Kon.		n	o	Z
						b	Nr.								m	Nr.			
1	16	40	110	32	60	31,3	4	5	10	15	10	20	9	13,6	9,03	1	10	1,5	3
2	16	50	120	32	60	31,3	4	5	10	15	10	20	9	13,6	9,03	1	10	1,5	3
3	18	40	110	32	60	31,3	4	5	10	15	10	20	9	13,6	9,03	1	10	1,5	3
4	18	50	120	32	60	31,3	4	5	10	15	10	20	9	13,6	9,03	1	10	1,5	3
5	20	40	110	32	60	31,3	4	5	10	15	10	20	9	13,6	9,03	1	10	1,5	3
6	20	60	130	32	60	31,3	4	5	10	15	10	20	9	13,6	9,03	1	10	1,5	3
7	22	40	110	32	60	31,3	4	5	10	15	10	20	9	13,6	9,03	1	10	1,5	3
8	22	60	130	32	60	31,3	4	5	10	15	10	20	9	13,6	9,03	1	10	1,5	3
9	24	40	110	34	60	31,3	4	5	10	20	10	25	14	15	14,09	2	10	1,5	3
10	24	60	130	34	60	31,3	4	5	10	20	10	25	14	15	14,09	2	10	1,5	3
11	25	40	110	35	60	31,3	4	5	10	20	10	25	14	15	14,09	2	10	1,5	3
12	25	60	130	35	60	31,3	4	5	10	20	10	25	14	15	14,09	2	10	1,5	3
13	26	50	120	36	60	31,3	4	5	10	20	10	25	14	15	14,09	2	10	1,5	3
14	26	60	130	36	60	31,3	4	5	10	20	10	25	14	15	14,09	2	10	1,5	3
15	28	50	120	38	60	31,3	4	5	10	20	10	25	14	15	14,09	2	10	1,5	3
16	28	70	140	38	60	31,3	4	5	10	20	10	25	14	15	14,09	2	10	1,5	3
17	30	50	120	40	60	31,3	4	5	10	20	10	25	14	15	14,09	2	10	1,5	3
18	30	70	140	40	60	31,3	4	5	10	20	10	25	14	15	14,09	2	10	1,5	3
19	32	50	142	42	80	44,4	5	6	10	20	10	25	14	15	14,09	2	12	2	3
20	32	70	162	42	80	44,4	5	6	10	20	10	25	14	15	14,09	2	12	2	3
21	34	50	142	44	80	44,4	5	6	10	20	10	25	14	15	14,09	2	12	2	3
22	34	70	162	44	80	44,4	5	6	10	20	10	25	14	15	14,09	2	12	2	3
23	35	50	142	45	80	44,4	5	6	10	20	10	25	14	15	14,09	2	12	2	3
24	35	80	172	45	80	44,4	5	6	10	20	10	25	14	15	14,09	2	12	2	3
25	36	50	142	46	80	44,4	5	6	10	20	10	25	14	15	14,09	2	12	2	3
26	36	80	172	46	80	44,4	5	6	10	20	10	25	14	15	14,09	2	12	2	3
27	38	60	152	48	80	44,4	5	6	10	20	10	25	14	15	14,09	2	12	2	3
28	38	80	172	48	80	44,4	5	6	10	20	10	25	14	15	14,09	2	12	2	3
29	40	60	152	50	80	44,4	5	6	10	20	10	25	14	15	14,09	2	12	2	3
30	40	80	172	50	80	44,4	5	6	10	20	10	25	14	15	14,09	2	12	2	3
31	42	60	152	52	80	44,4	5	6	15	20	20	28	16	17	19,26	3	12	2	4

Nr.	d	l	L	D	a	Außen-Kon. b	Außen-Kon. Nr.	c	e	f	g	h	i	k	Innen-Kon. m	Innen-Kon. Nr.	n	o	Z
32	42	80	172	52	80	44,4	5	6	15	20	20	28	16	17	19,26	3	12	2	4
33	44	60	152	54	80	44,4	5	6	15	20	20	28	16	17	19,26	3	12	2	4
34	44	80	172	54	80	44,4	5	6	15	20	20	28	16	17	19,26	3	12	2	4
35	45	60	152	55	80	44,4	5	6	15	20	20	28	16	17	19,26	3	12	2	4
36	45	80	172	55	80	44,4	5	6	15	20	20	28	16	17	19,26	3	12	2	4
37	46	60	152	56	80	44,4	5	6	15	20	20	28	16	17	19,26	3	12	2	4
38	46	90	182	56	80	44,4	5	6	15	20	20	28	16	17	19,26	3	12	2	4
39	48	60	152	58	80	44,4	5	6	15	20	20	28	16	17	19,26	3	12	2	4
40	48	90	182	58	80	44,4	5	6	15	20	20	28	16	17	19,26	3	12	2	4
41	50	60	152	60	80	44,4	5	6	15	20	20	28	16	17	19,26	3	12	2	4
42	50	90	182	60	80	44,4	5	6	15	20	20	28	16	17	19,26	3	12	2	4
43	52	70	185	62	100	63,4	6	8	20	25	25	32	20	21	25,31	4	15	2,5	4
44	52	90	205	62	100	63,4	6	8	20	25	25	32	20	21	25,31	4	15	2,5	4
45	55	70	185	65	100	63,4	6	8	20	25	25	32	20	21	25,31	4	15	2,5	4
46	55	90	205	65	100	63,4	6	8	20	25	25	32	20	21	25,31	4	15	2,5	4
47	58	70	185	68	100	63,4	6	8	20	25	25	32	20	21	25,31	4	15	2,5	4
48	58	100	215	68	100	63,4	6	8	20	25	25	32	20	21	25,31	4	15	2,5	4
49	60	70	185	70	100	63,4	6	8	20	25	25	32	20	21	25,31	4	15	2,5	4
50	60	100	215	70	100	63,4	6	8	20	25	25	32	20	21	25,31	4	15	2,5	4
51	62	70	185	72	100	63,4	6	8	20	25	25	32	20	21	25,31	4	15	2,5	4
52	62	100	215	72	100	63,4	6	8	20	25	25	32	20	21	25,31	4	15	2,5	4
53	65	80	195	75	100	63,4	6	8	25	30	30	40	24	25	36,74	5	15	2,5	4
54	65	100	215	75	100	63,4	6	8	25	30	30	40	24	25	36,74	5	15	2,5	4
55	68	80	195	78	100	63,4	6	8	25	30	30	40	24	25	36,74	5	15	2,5	4
56	68	100	215	78	100	63,4	6	8	25	30	30	40	24	25	36,74	5	15	2,5	4
57	70	80	195	80	100	63,4	6	8	25	30	30	40	24	25	36,74	5	15	2,5	4
58	70	110	225	80	100	63,4	6	8	25	30	30	40	24	25	36,74	5	15	2,5	4
59	72	80	195	82	100	63,4	6	8	25	30	30	40	24	25	36,74	5	15	2,5	4
60	72	110	225	82	100	63,4	6	8	25	30	30	40	24	25	36,74	5	15	2,5	4
61	75	80	195	85	100	63,4	6	8	25	30	30	40	24	25	36,74	5	15	2,5	4
62	75	110	225	85	100	63,4	6	8	25	30	30	40	24	25	36,74	5	15	2,5	4

zu bearbeitenden Werkstücke müssen also innerhalb der zulässigen Toleranzen liegen.

Der hintere Teil des Dornes ist konisch ausgebildet zur Aufnahme in dem Zwischenfutter, Abb. 793. Der Dorn wird mit einer Anzugschraube, die durch die Spindel geht, vom hinteren Ende dieser axial in das Zwischenfutter hineingezogen; um ein Drehen des Dornes im Zwischenfutter zu verhindern, ist ein Scheibenkeil vorgesehen. Diese Art Dorne haben sich in der Praxis gut bewährt; Abmessungen erprobter Ausführungen gibt Tabelle 22 an.

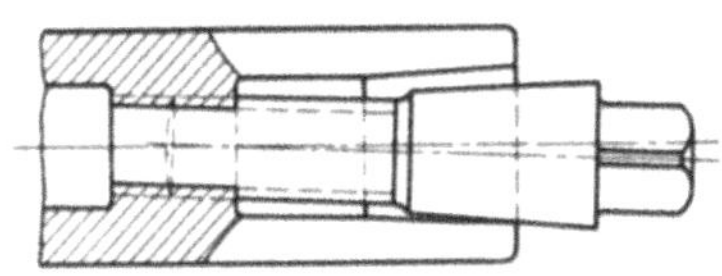

Abb. 798.

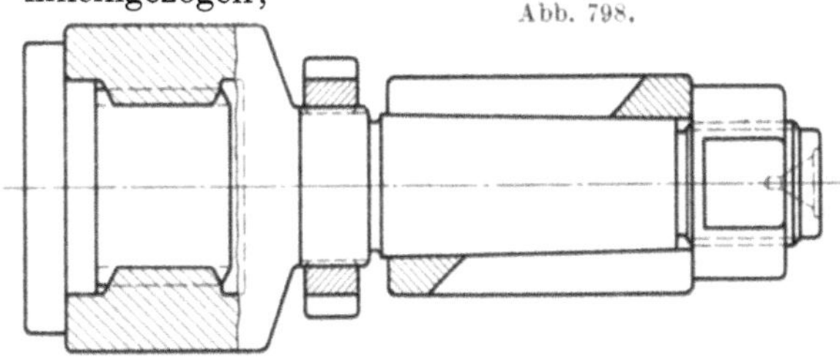

Abb. 799.

Für größere Durchmesser kann auch die Ausführung nach Abb. 799 Anwendung finden; die Konstruktion entspricht der in Abb. 781 gezeigten. Da diese Art Dorne bei größeren Durchmessern oft eine größere Länge annehmen, so kann im Bedarfsfalle das freie Dornende in der Reitstockspitze geführt werden. Die Spannbuchsen für diese Art expandierender Dorne werden von einigen Werkzeugfabriken in den Handel gebracht; es lohnt daher meist nicht, sie selbst anzufertigen.

Mittel zur Herstellung von Bohrungen.

Bei allen Drehteilen mit Bohrungen ist es wichtig, der Herstellung dieser Bohrungen die nötige Beachtung zuzuwenden, da von ihrer Maßhaltigkeit und von ihrem genauen Laufen sowohl die weitere rationelle Bearbeitung der Teile, als auch ihre Zweckerfüllung abhängig sind. Nicht maßhaltige Bohrungen passen nicht auf die zur Weiterbearbeitung benutzten Aufnahmedorne und erfordern ein Einpassen der Wellen. Diese Übelstände waren die Veranlassung zur Einführung der Grenzlehren. Wie schon an anderer Stelle erwähnt, ist es aber nicht mit der Anschaffung der Grenzlehren getan; sie müssen auch sinngemäß angewandt werden, d. h. bei Bohrungen, daß alle Teile, bei denen das Grenzmaß nach der Ausschußseite überschritten wird, verworfen werden müssen. Will man nun den so entstehenden Ausschußsatz in annehmbaren Grenzen halten, andererseits aber die Bohrungen billig herstellen, so ist Vorbedingung, daß die Einrichtungen zum Herstellen der Bohrungen so sind, daß die angeführten Ansprüche erfüllt werden können.

Darüber nun, welche Faktoren die Genauigkeit der Bohrungen beeinflussen und welche Mittel anzuwenden sind, um Fehler zu vermeiden, sind zum Teil noch recht irrige Ansichten verbreitet; es soll daher das Wichtigste angeführt werden, was bei Herstellung von Bohrungen auf Drehbänken und anderen Maschinen, bei denen das Werkstück rotiert, beachtet werden muß. Unter Drehbänken sind in diesem Zusammenhange auch Revolverbänke, Karussells, Halbautomaten und Automaten gemeint.

Es liegt nahe, das Bohren auf der Drehbank mit den Vorgängen beim Bohren auf der Bohrmaschine zu vergleichen und das auf der Bohrmaschine Beobachtete beim Bohren auf der Drehbank anzuwenden. Dies würde jedoch zu falschen Schlüssen und entsprechenden Mißerfolgen in der Praxis führen. Beide Verfahren müssen aus Gründen, die nachstehend erläutert werden, gänzlich getrennt behandelt werden.

Das Bohren auf der Drehbank unterscheidet sich dadurch grundlegend von dem Bohren auf der Bohrmaschine, daß auf der Drehbank das Werkstück rotiert und das Werkzeug steht, während umgekehrt auf der Bohrmaschine das Werkzeug rotiert und das Werkstück stillsteht.

Als Ziel bei der Bohrarbeit auf der Drehbank gilt, maßhaltige und genau laufende Bohrungen zu erhalten.

Eine der am häufigsten vorkommenden Bohrarbeiten besteht darin, in ein volles Werkstück ein Loch zu bohren, Abb. 800. Hierbei wird oft so verfahren, daß mit einem Spiralbohrer das Loch aus dem Vollen vorgebohrt und dann mit Reibahlen auf Fertigmaß gebracht wird. So hergestellte Bohrungen werden selten genau laufen, denn die Spiralbohrer verlaufen fast jedesmal, und die gebohrten Löcher haben Schlag. In der Abb. 800 ist der Schlag angedeutet; die gewollte Lage des Loches ist durch die Mittellinie *a* angedeutet, die zugleich Drehachse ist. Die wirkliche Lage des Loches ist aus der Lage der Mittellinie *b* des Bohrers zu erkennen. Da das Werkstück rotiert, so muß der Bohrer eine kreisende Bewegung um die Drehachse des Werkstückes machen. Der Schaft des Bohrers ist aber fest in der Maschine eingespannt, kann also die Bewegung des unteren Endes des Bohrers nicht mitmachen; daraus folgt, daß der Bohrer ständig nach allen Richtungen hin gebogen wird. Ist der Bohrer im Verhältnis zur Maschine schwach, so schadet dieses Biegen nur dem Bohrer; bei stärkeren Bohrern wird aber die Maschine stark in Mitleidenschaft gezogen und besonders bei Revolverbänken die Verriegelung und die Schlittenführung über Gebühr beansprucht. Werden die Maschinen häufig für solche Bohrarbeiten benutzt, so sind sie meist nach kurzer Zeit für genaue Dreharbeiten nicht mehr verwendbar.

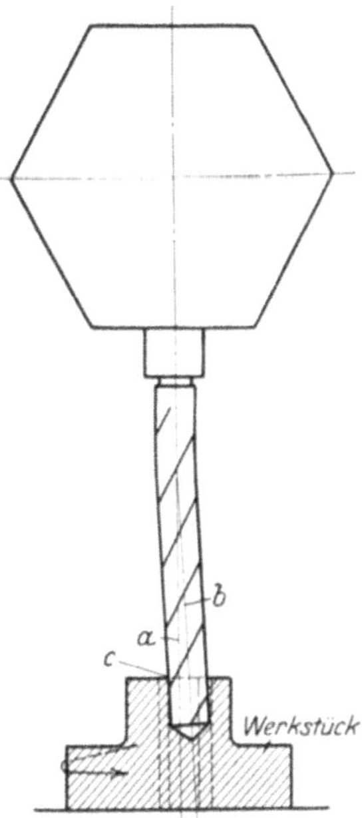

Abb. 800.

Sind größere Löcher aus dem Vollen zu bohren, so empfiehlt es sich, das Vorbohren bis auf einige Millimeter unter Fertigmaß auf einer kräftigen Bohrmaschine vorzunehmen; das ist nicht nur billiger, es wird auch die Drehbank durch Fortfall der erwähnten ungünstigen Beanspruchung geschont. Natürlich wird durch das Schlagen des Loches auch der Bohrer unverhältnismäßig schnell verbraucht, denn die schlagende Bohrung schleift den Bohrer am Umfange ab, Stelle *c* in Abb. 800. Bei Ausführung solcher Bohrarbeiten sollte man daher durch möglichst sorgfältiges Zentrieren des Bohrers beim Anbohren den Schlag in mäßigen Grenzen zu halten suchen.

Sind die Löcher vorgegossen oder vorgebohrt, so werden zum Aufbohren oft Dreischneider oder Aufstecksenker benutzt. Diese laufen in der Regel dem schief vorgegossenen Loch nach, schlagen dann ebenfalls und wirken ebenso ungünstig wie oben geschildert auf die Maschine ein.

Bohrstangen. Man sollte deshalb zum Aufbohren solcher Bohrungen möglichst Bohrstangen anwenden, Abb. 801. Diese Bohrstangen ergeben, richtig angewandt, genau laufende Löcher; denn der in die Stange eingespannte Stahl schneidet alles Material fort, das ihm in den Weg kommt, so daß die Achse des hergestellten Loches mit der Drehachse zusammenfallen muß. Haben die vorgebohrten oder vorgegossenen Löcher eine schiefe Lage, so daß die Spanstärke an den einzelnen Stellen des Lochumfanges verschieden groß ist, so biegt sich wohl die Stange ungleich viel ab und erzeugt dadurch wieder ein schlagendes Loch; doch wird dieser Schlag bei mehrmaligem Durchgehen mit dem Bohrstahl immer kleiner, bis er ganz verschwindet. Im allgemeinen genügen zwei bis drei Späne, um den Schlag zu entfernen.

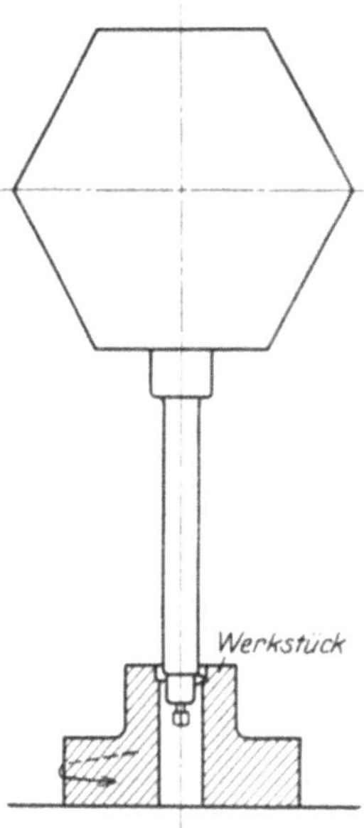

Abb. 801.

Wie schon angedeutet, wird auch die Bohrstange durch den Spandruck des Bohrstahles abgebogen; es ist klar, daß das Maß der Durchbiegung um so geringer sein wird, je stärker und je kürzer die Bohrstangen sind. Die Bemessung der Durchmesser der Bohrstangen ist bei kleineren Bohrungen durch deren Durchmesser beschränkt. Werden die Bohrstangen auf Revolverbänken angewandt, so wird ihre Länge mitbestimmt durch die Länge der übrigen im Revolverkopf befestigten Werkzeuge; es dürfen dabei keine allzu großen Längenunterschiede auf-

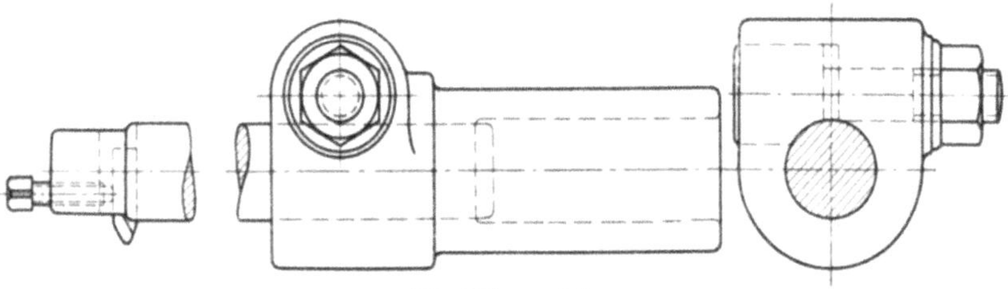
Abb. 802 und 803.

treten, da man sonst nicht mit der Längsbewegung des Kopfes bei Gebrauch der einzelnen Werkzeuge auskommt. Dabei müssen die Bohrstangen in der Regel weiter aus dem Kopf herausragen, als es eigentlich die Länge der herzustellenden Bohrung bedingt, Abb. 801. Die Bohrstangen werden also länger, als wünschenswert ist.

Man kann auch hier durch verhältnismäßig einfache Mittel den Übelstand mildern. Abb. 802 u. 803 zeigt einen Bohrstangenhalter mit Bohrstange; werden solche Halter in verschiedenen Längen vorrätig gehalten, so braucht die eigentliche Bohrstange nur so weit frei herausragen, wie durch die Länge der herzustellenden Bohrung bedingt ist, Abb. 804 u. 805. Vergleicht man diese beiden Abbildungen mit Abb. 801, so wird ohne weiteres klar, daß bei Verwendung der Bohrstangenhalter die Bohrstange weit kräftiger wirkt.

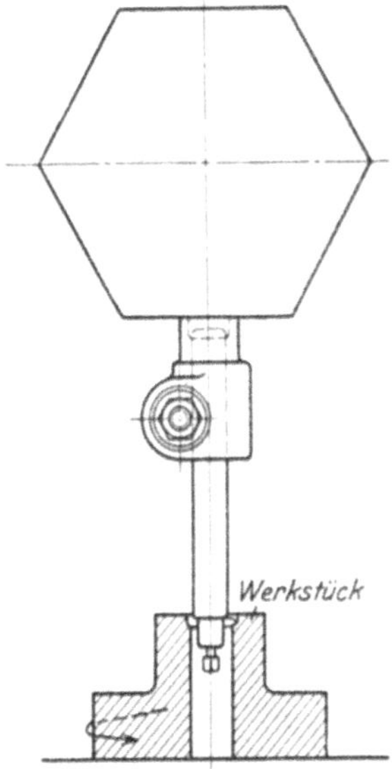

Abb. 804.

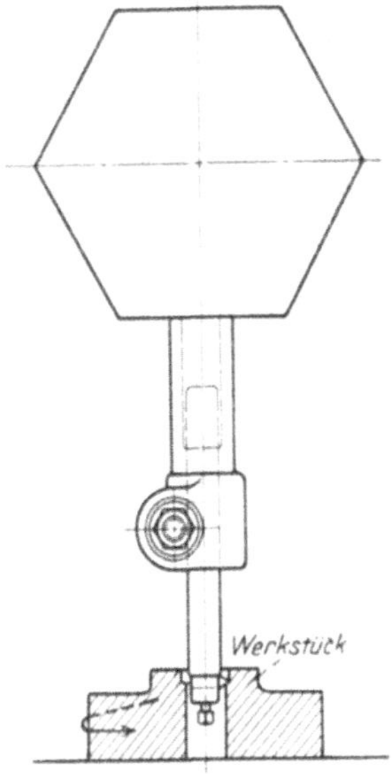

Abb. 805.

Die Bohrstangen sowohl als die zugehörigen Halter können normalisiert werden, so daß man für fast alle vorkommenden Fälle passende Werkzeuge hat. Es wird dadurch noch erreicht, daß viel weniger Bohrstangen als sonst nötig werden und daß in den Werkzeugbestand Ordnung hineinkommt.

Um die Bohrungen mit möglichst wenig Aufwand an Mühe maßhaltig und die Lochwandungen glatt zu bekommen, werden bekanntlich Reibahlen benutzt, von denen die verschiedensten Konstruktionen am Markte sind. Werden die Reibahlen bei Verwendung auf der Drehbank starr eingespannt, so werden die damit geriebenen Löcher fast immer größer, als die Reibahle ist; sie bekommen meist auch Vorweite oder werden konisch. Die Ursache dieser Erscheinungen liegt meist nicht an der Reibahle selbst, sondern an Fehlern der Hilfsmittel zum Einspannen (Konushülsen, Futter u. dgl.); vor allem aber an Fehlern der Maschine.

Soll die Reibahle ein Loch von dem Durchmesser fertigstellen, den sie selbst hat, so muß ihre Achse mit der Drehachse des Werkstückes zusammenfallen, Abb. 806; dies bedingt, daß die Mitte des Werkzeugaufnahmeloches der Maschine gleichfalls mit der Drehachse der Maschine zusammenfällt. Bei fast allen Maschinen wird diese Forderung nicht erfüllt; Mitte Werkzeugaufnahme und Drehachse sind gewöhnlich

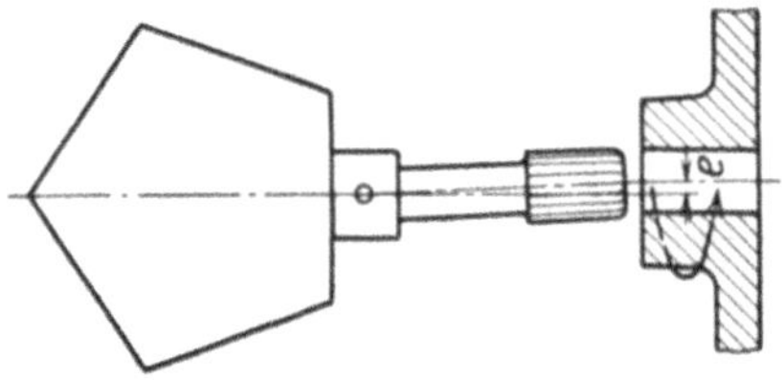
Abb. 811.

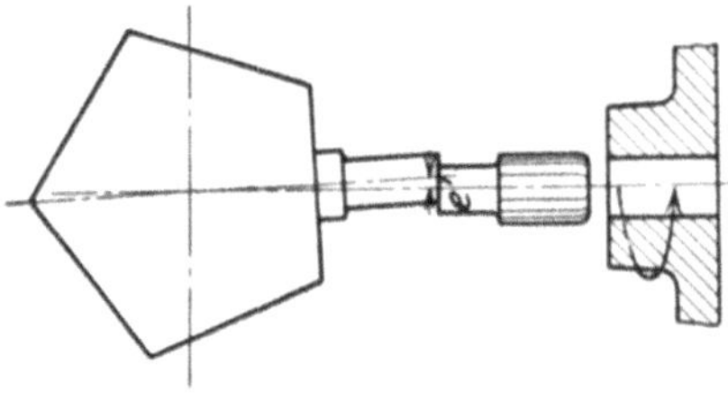
Abb. 810.

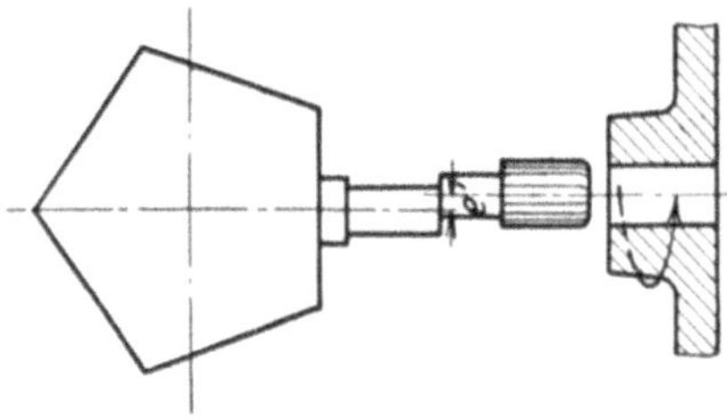
Abb. 809.

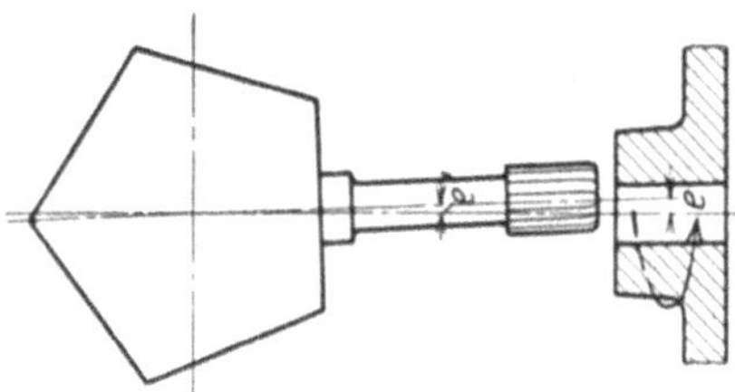
Abb. 808.

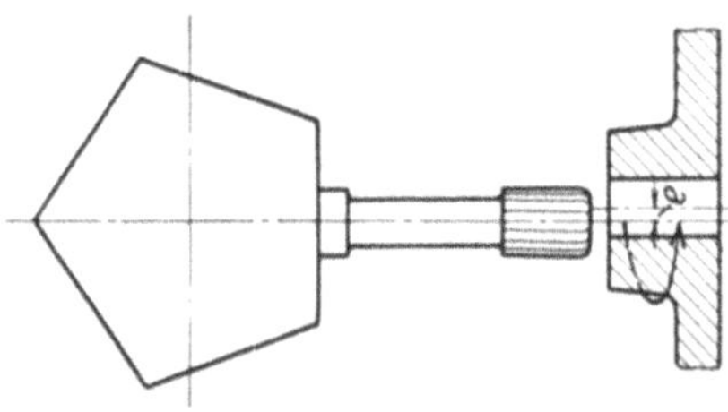
Abb. 807.

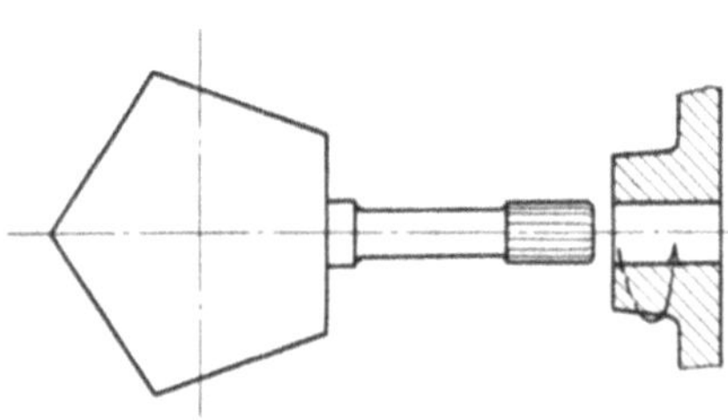
Abb. 806.

versetzt oder stehen schief zueinander, Maß *e*, Abb. 807 u. 808. Diese Fehler sind bei neuen, guten Maschinen gering (einige Hundertstel Millimeter), sie vergrößern sich jedoch mit fortschreitendem Verschleiß der Gleitflächen, so daß sie die Größe von einigen Zehntel Millimetern annehmen. Bei schlechter Pflege der Maschinen, roher Behandlung und nicht erstklassigem Fabrikat werden die Fehler oft noch viel größer. Jedenfalls wirkt aber auch ein sehr kleiner Fehler an dieser Stelle dahin, daß die geriebenen Löcher in oben geschilderter Weise ungenau werden.

Pendelreibahlen. Man hat nun versucht, diese Fehler dadurch unschädlich zu machen, daß man die Reibahlen nicht starr, sondern pendelnd befestigt, um damit zu erreichen, daß sich die Reibahle beim Einführen in das zu reibende Loch quer zur Achse so weit verschiebt, bis Reibahlenachse und Drehachse zusammenfallen, Abb. 809 u. 810. Von diesen Pendelreibahlen gibt es sehr viele Ausführungen, von denen aber die allermeisten nur gestatten, daß die Reibahle in ihrer Aufhängung pendeln kann, sich also mit ihrer Achse schief zur Drehachse einstellt, Abb. 811. Das Ziel, daß sich die Reibahle in ihrer ganzen Länge zur Drehachse einstellt, Abb.

809 u. 810, wird nicht erreicht. Bei einigen Konstruktionen ist dies theoretisch möglich, praktisch wird es aber selten Wirklichkeit; die Gründe dafür werden weiter unten angeführt werden.

In Abb. 812 u. 813 ist die einfachste Ausführung einer Pendelreibahle gezeigt. Der Reibahlenschaft *a* ist in der Bohrung der Pendelhülse *b* aufgenommen; diese Bohrung ist im Durchmesser größer als der Reibahlenschaft. Der Stift *c* sitzt fest in der Hülse *b*, während das Stiftloch im Reibahlenschaft *a* wiederum größeren Durchmesser hat als der Stift. Die Reibahle kann also in der in Abb. 812 gezeigten Stellung in dem Stift *c* pendeln, Abb. 814, nicht aber seine Achse in die Drehachse des Werkstückes einstellen. In Stellung nach Abb. 813 dagegen hat die Reibahle wohl die Möglichkeit, sich nach der Drehachse einzustellen, da der Reibahlenschaft in der Bohrung der Hülse Luft hat, Abb. 815.

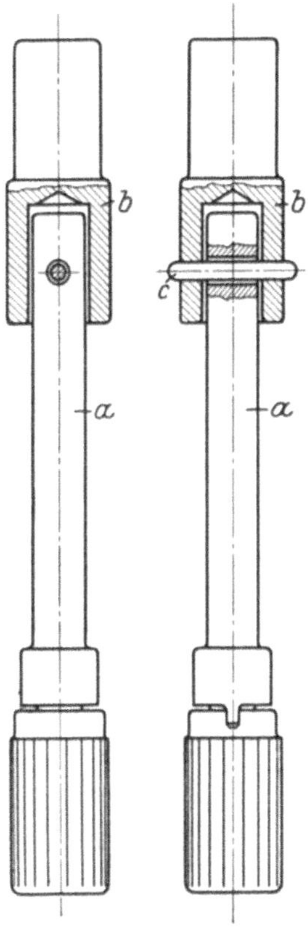

Abb. 812. Abb. 813.

Prüfen wir das Verhalten der Reibahle in der Stellung nach Abb. 812 weiter: Die an den Schneiden wirkende Umfangskraft sowohl, als auch die axial wirkende Vorschubkraft wird von dem Stift *c* aufgenommen. Von beiden Kräften ist die Umfangskraft die weitaus größere; die axial wirkende Kraft ist bei normalem Gebrauch sehr gering. Wird nun die Reibahle beansprucht, so verdreht sie sich so weit, wie das Stiftloch im Schaft und der schwächere Stift dies gestatten, Abb. 819. Dabei bestimmen die Anlagepunkte *m* und *n* die Lage des Reibahlenschaftes quer zur Stiftachse. Ist nun das Stiftloch in dem Reibahlenschaft *a* oder das in der Hülse *b* nicht genau durch Mitte gebohrt, so wird durch die Anlage bei *m* und *n* die Achse der Reibahle *a* zu der der Hülse *b* verschoben, Abb. 818. Da es nun selten vorkommt, daß solche Querlöcher in runden Teilen genau durch Mitte treffen, so ist bei der geschilderten Konstruktion immer mit Fehlern zu rechnen, die oft ganz erheblich sind. Es wird also bei solcher Reibahlenaufhängung zu den vorhandenen Fehlern ein neuer hinzugebracht.

Wie bereits erwähnt, hat die Reibahle in Stellung nach Abb. 813 die Möglichkeit, sich zur Drehachse des Werkstückes einzustellen. Wenn dies geschehen soll, so muß, wie in Abb. 820 gezeigt, die Reibahle, nachdem sie ein kurzes Stück in das Werkstück eingedrungen ist, an dem kleinen Hebel l den langen Schaft der Reibahle in die Drehachse des Werkstückes rücken und dabei noch die durch die Umfangskraft der Reibahle entstehende Reibung an den Stellen m und n des Stiftloches (Abb. 819) überwinden. Das wird aber erst dann geschehen, wenn die

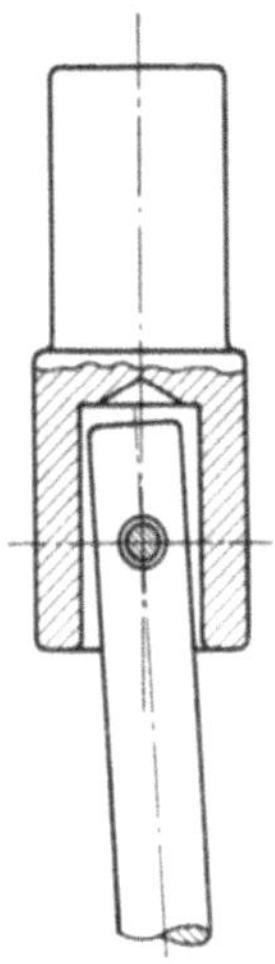
Abb. 814.

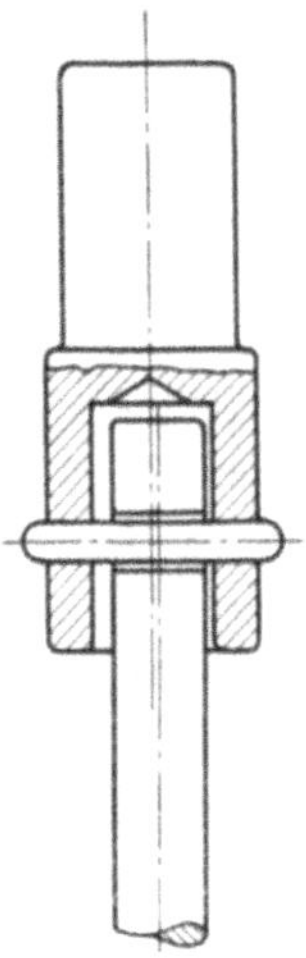
Abb. 815.

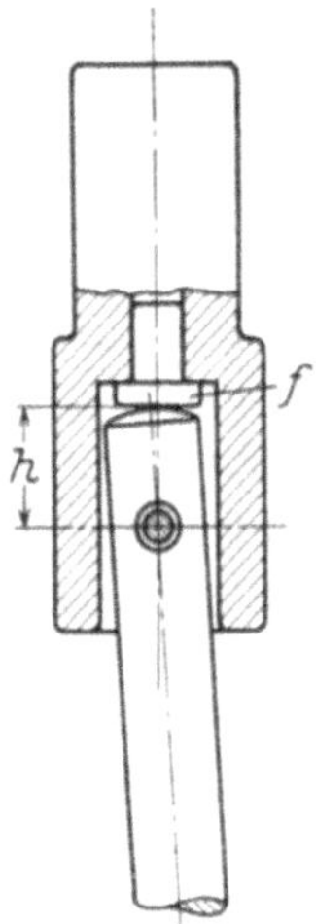

Abb. 816.

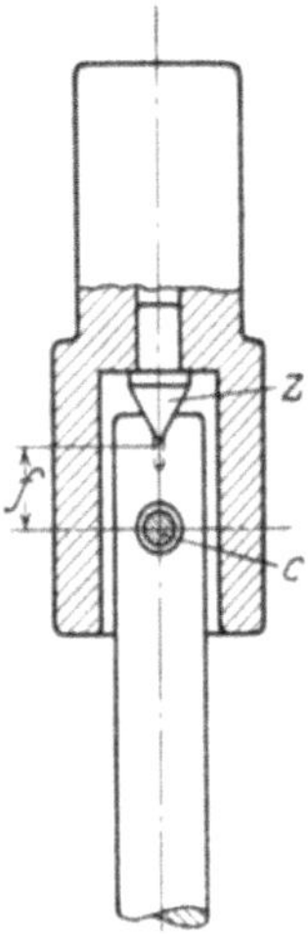

Abb. 817.

Reibahle weiter in das Werkstück eingedrungen ist, der Hebel l also länger wird. Das Ergebnis bleibt aber immer unsicher.

Von den Fehlern der Reibahlenbefestigung zeugt am deutlichsten der Umstand, daß eine in einer bestimmten Stellung eingespannte Reibahle, die ein passendes Loch herstellt, in einer andern Stellung eingespannt, also etwa um 90⁰ oder 180⁰ zur ersten Stellung versetzt, in der Regel ein größeres oder kleineres Loch reibt als vorher.

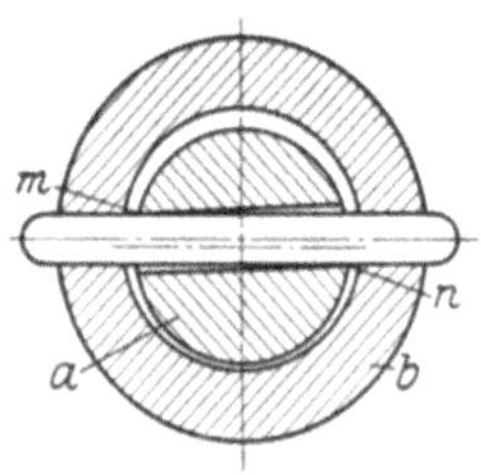

Abb. 818.

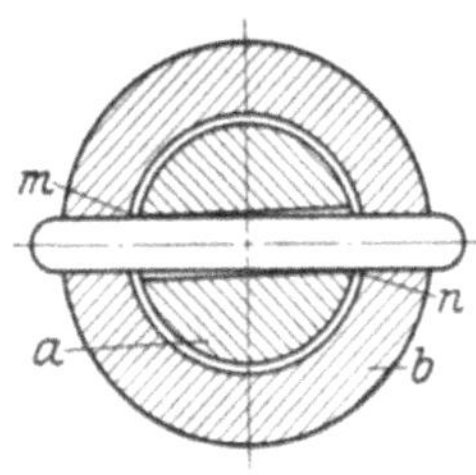

Abb. 819.

Aus diesen Erscheinungen erklären sich zum Teil viele Mißerfolge, die bei Verwendung von Reibahlen zur Herstellung genauer Bohrungen erzielt werden.

Andere Konstruktionen von Pendelreibahlen sind gleichfalls mehr oder weniger mit Fehlern behaftet. So zeigt die Konstruktion nach Abb. 816 einen am oberen Ende abgerundeten Reibahlenschaft, der sich gegen die Fläche eines gehärteten Bolzens f legt. Durch diese Anlage sollen die axial wirkenden Kräfte aufgenommen werden; da diese aber sehr klein sind, so hat die Konstruktion keine Berechtigung, zumal sie bedingt, daß der Abstand h bei der Hülse und allen dazu gehörigen Reibahlen genau gleich ist. Direkt falsch ist die Ausführung nach Abb. 817. Hier wird der Reibahlenschaft durch die Spitze z noch zentriert. Die Achslage der Reibahle ist hierbei bestimmt durch das im Werkstück befindliche Schneidenende der Reibahle, durch den Querstift c und durch die Spitze z. Die Lage ist also überbestimmt. Außerdem weist die Konstruktion den den Abstand f betreffenden Fehler in verstärktem Maße auf. Beide Konstruktionen sind in mancherlei Variationen zahlreich anzutreffen.

Aus der Erwägung heraus, daß es mit bisher bekannten einfachen Mitteln praktisch nicht gelingt, ein genaues Einstellen der Reibahle zur Drehachse des Werkstückes zu erreichen, ist die in Abb. 821 u. 822 dargestellte Konstruktion entstanden, die nur bezweckt, das Pendeln der Reibahle nach allen Richtungen zu ermöglichen. In der Bohrung der Pendelhülse b ist der Reibahlenschaft mit dem Zylinder von der Länge g geführt. Dieser Zylinder sitzt mit Laufsitz in der Hülse b. Der kurze Zylinder gestattet der langen Reibahle am unteren Ende ein Pendeln in gewissen Grenzen, die aber genügen, die Fehler der Maschine auszugleichen. Die Aufhängung erfolgt durch den Stift c, und zwar so, daß die Reibahle durch zwei Stahlkugeln axial ohne Spiel gehalten ist. Die Kugeln k werden so eingestellt, daß der Stift konzentrisch zu dem größer gebohrten Stiftloch im Reibahlenschaft steht.

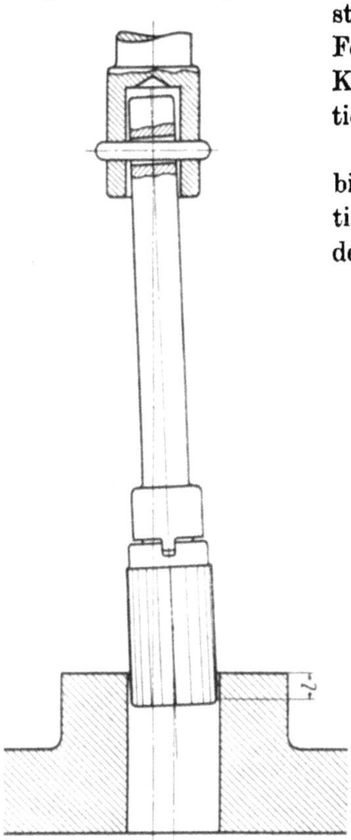

Abb. 820.

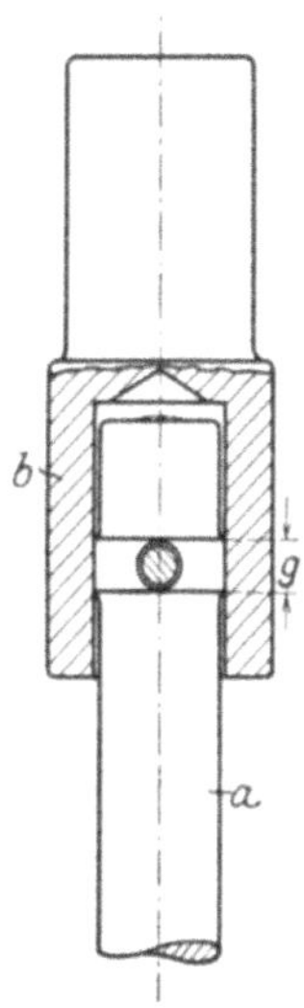

Abb. 821.

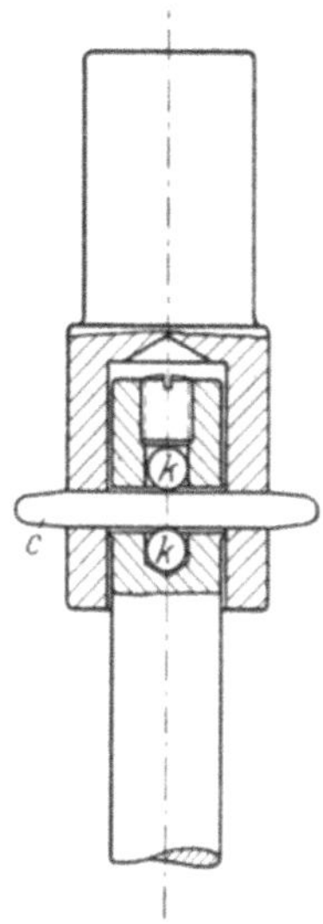

Abb. 822.

Die Pendelreibahlen gehen, wie in Abb. 820 zu erkennen ist, in schiefer Stellung durch das zu reibende Loch; das bedingt, daß der Lochdurchmesser mit dem Reibahlendurchmesser nicht genau übereinstimmt und daß der hintere Auslauf der Schneiden Kratzer in der Lochwand erzeugt. Beides kann vermieden werden, wenn die Reibahle schwach tonnenförmig gewetzt wird, d. h. am Anschnitt und am Auslauf der Schneidzähne schwächer als in der Mitte.

Nicht selten wird versucht, Pendelreibahlen auch an Bohrmaschinen anzuwenden. Dies ist durchaus falsch; da hier das Werkstück stillsteht, so versucht die Reibahle bei schiefer Stellung sich in Richtung ihrer Achse vorzuschieben, und erzeugt so schiefstehende Löcher, Abb. 823 u. 824.

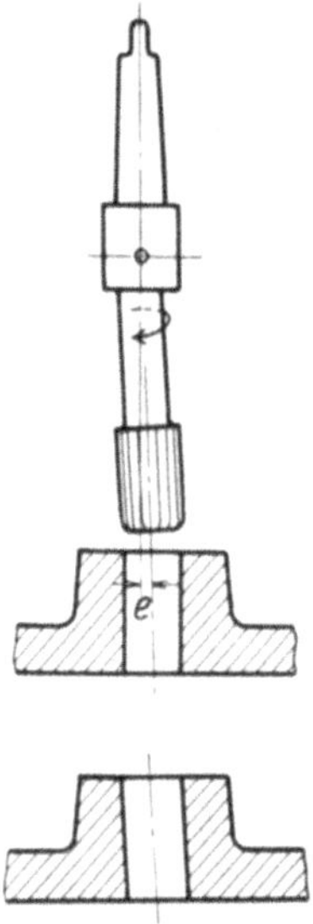

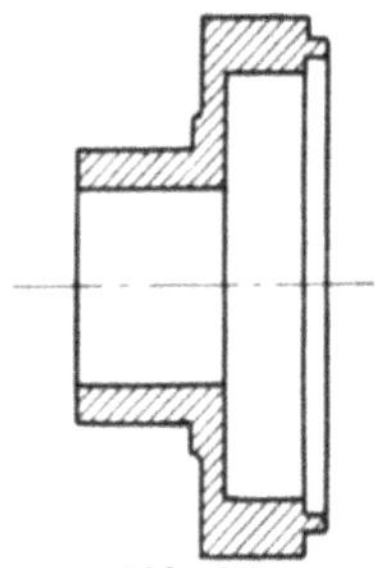

Abb. 825.

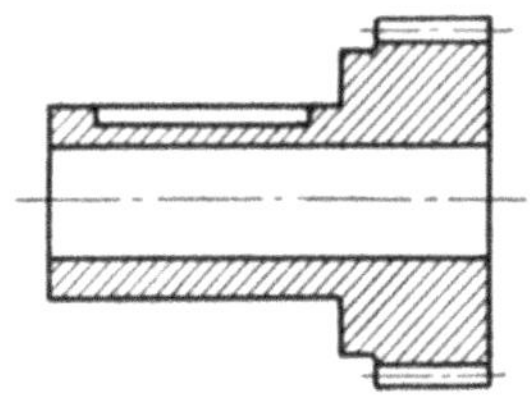

Abb. 826.

Abb. 823 und 824.

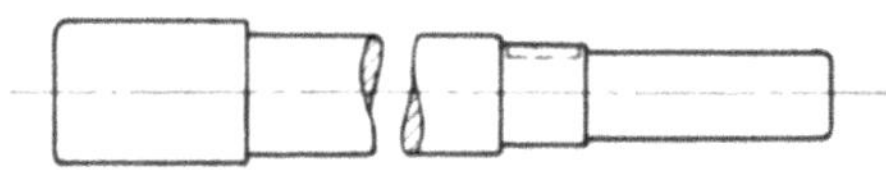

Abb. 827.

Arbeitsbeispiele.

Fast bei allen Drehteilen, für die die Anwendung von Sondereinrichtungen in Frage kommt, handelt es sich um Teile mit Ansätzen, wie in Abb. 825—827 einige Beispiele gezeigt sind. Bei solchen Arbeiten geht man in der Regel so vor (vorausgesetzt, daß es sich nicht um Einzelherstellung handelt), daß man entweder jedes einzelne Stück für sich fertig dreht und die verschiedenen dazu nötigen Stähle bei jedem Stück aus- und einspannt, oder man dreht bei allen Stücken erst einen Ansatz, dann den folgenden und so fort. Man muß dann die Teile oft aufspannen.

Das ersterwähnte Verfahren ist das zeitraubendste, ungenaueste und verbreitetste. Zeitraubend ist es, weil die Drehstähle jedesmal neu eingestellt und alle Messungen bei jedem Stück wiederholt werden müssen, die Nebenzeiten also unverhältnismäßig groß werden. Die Arbeit wird ungenau, weil bei jeder Einstellung Fehler unterlaufen. Gerechtfertigt ist das Verfahren nur bei schweren Teilen, deren häufiges Auf- und Abspannen sich von selbst verbietet.

Das zweite Verfahren, bei dem die Teile für jeden Ansatz besonders aufgespannt werden müssen (operationsweises Arbeiten), ist schon etwas rationeller, weil das öftere Aus- und Einspannen der Teile nicht so viel Zeit verschlingt wie das häufige Einspannen und Einstellen der Stähle;

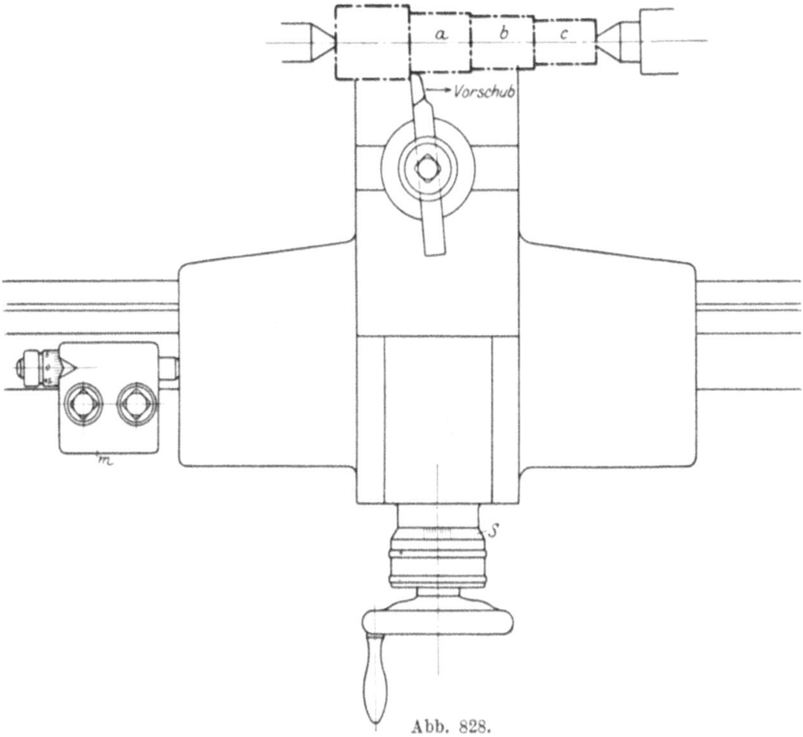

Abb. 828.

auch sind die Meßzeiten ganz erheblich kürzer, weil die Stähle ihre Stellung behalten, bis alle Teile bearbeitet sind. Die Arbeit wird demzufolge auch genauer und gleichmäßiger. Handelt es sich nicht um Spitzenarbeit, sondern um Futter- oder Dornarbeiten, so ist Bedingung dabei, daß die benutzten Futter und Dorne ein schnelles Aus- und Einspannen der Teile gestatten und genau laufen.

Anschlagdrehen. Zwei ungemein einfache Mittel, dieses Verfahren weiter auszubauen, ist der Skalaring *S* und der Anschlag *m*, Abb. 828. Mit Hilfe des Skalarings kann der Stahl bei geschickter Handhabung beliebig oft immer wieder in die gleiche Stellung gebracht und Nachstellungen in ihrer Größe abgelesen bzw. vorher bestimmt werden. Der Anschlag dagegen gestattet, den Bettschlitten beliebig oft in die gleiche Stellung zu bringen und so bei operationsweisen Arbeiten die Längenmaße sehr gleichmäßig zu erzielen.

Werden in Verbindung mit den Anschlägen noch Parallelendmaße benutzt, so kann man mehrere Absätze in einer Aufspannung bearbeiten, indem man zwischen Anschlag und Bettschlitten Endmaße von der jeweiligen Länge der Ansätze legt und die verschiedenen Durchmesser mit Hilfe des Skalaringes einstellt. In Abb. 828—830 ist ein Beispiel gezeigt. Eine Welle mit drei Ansätzen wird in einer Aufspannung fertig gedreht.

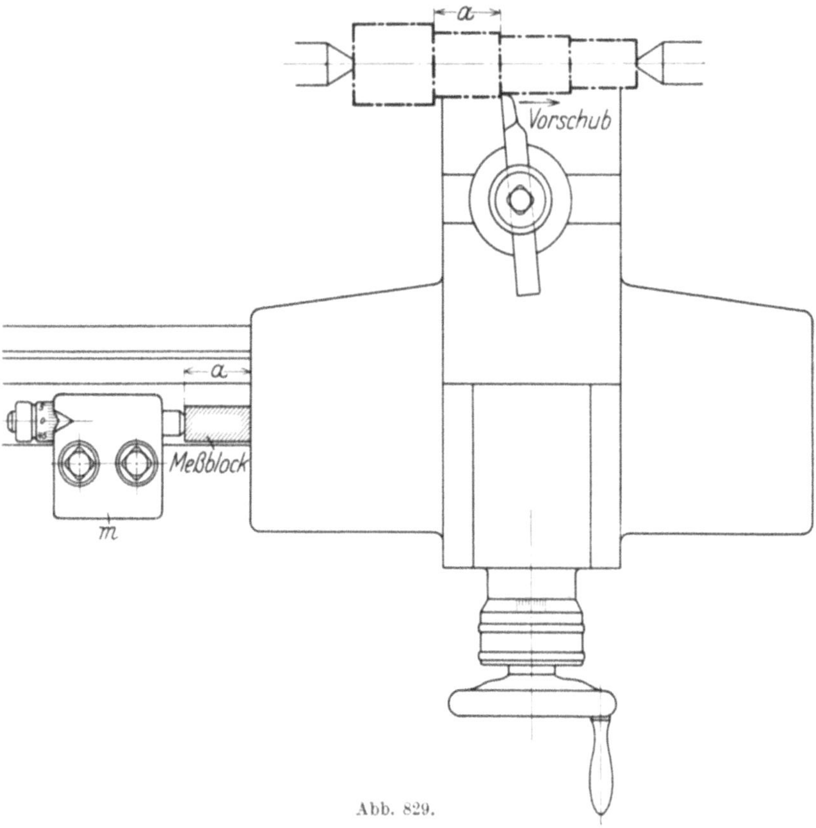

Abb. 829.

Abb. 828 zeigt, wie der erste Ansatz gedreht wird; es wird die Stahlstellung in der Längsrichtung des Werkstückes bestimmt und der Anschlag *m* für diese Stellung eingestellt. Darauf wird der Durchmesser des Ansatzes *a* gedreht und die Stahlstellung am Skalaring *S* abgelesen und markiert. Beim Drehen des Ansatzes *b* wird zwischen Bettschlitten und Anschlag ein Endmaß von der Länge des Ansatzes *b* gelegt (Abb. 829) und dieser in gleicher Weise wie *a* gedreht, wobei die für *b* gültige Skalastellung wieder markiert wird. Das gleiche wiederholt sich für den Ansatz *c*, Abb. 830. Ist so das erste Stück bearbeitet, so gestaltet sich die Herstellung der übrigen Teile der Serie außerordentlich leicht; die einmal eingestellten Maße werden mit großer Sicherheit immer wieder erzielt; vor allem werden die Längenmaße außerordentlich genau; die Anzahl der Messungen werden auf ein Mindestmaß gebracht und damit die Nebenzeiten erheblich reduziert. Der stärkste Ansatz des Werkstückes wird in dem eben behandelten Beispiele verschieden lang, da die Körner verschieden tief ausgesenkt bzw. ausgelaufen sind. Wollte man auch diesen Ansatz bei allen Teilen auf genaue Länge haben,

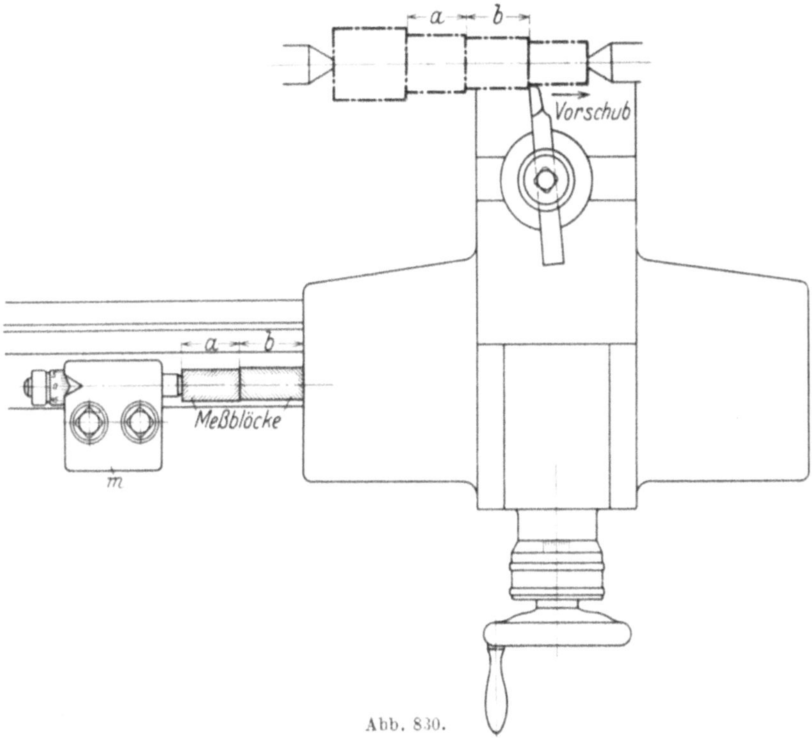

Abb. 830.

so müßte man das starke Ende in einem Futter aufnehmen, das dem Teil in axialer Richtung einen Anschlag bietet, siehe Abb. 754 u. 755.

Die Anwendung des Anschlages ist durchaus nicht neu, um so erstaunlicher ist es, daß er so wenig Verbreitung gefunden hat. Man sieht wohl hier und da in Betrieben, wie an einzelnen Drehbänken Anschläge angebracht sind, doch sind sie meist von recht primitiver Art und wenig zweckentsprechend. Allerdings sind auch an vielen Drehbankbetten Anschläge schwer anzubringen; das gilt vor allem bei den alten Bettformen mit schwalbenschwanzförmiger Führung. Da man künftig auf die Verringerung der Nebenzeiten mehr Gewicht legen muß, als es bisher geschah, so wäre es als Fortschritt zu begrüßen, wenn die Drehbankhersteller zu ihren Drehbänken gut durchgebildete Anschläge mitlieferten.

Die Anschläge müssen, wenn sie ihren Zweck erfüllen sollen, sehr fest auf dem Bett festgeklemmt werden können, ohne dieses zu verziehen oder sonstwie zu verletzen. Ist die Klemmung nicht genügend fest, so

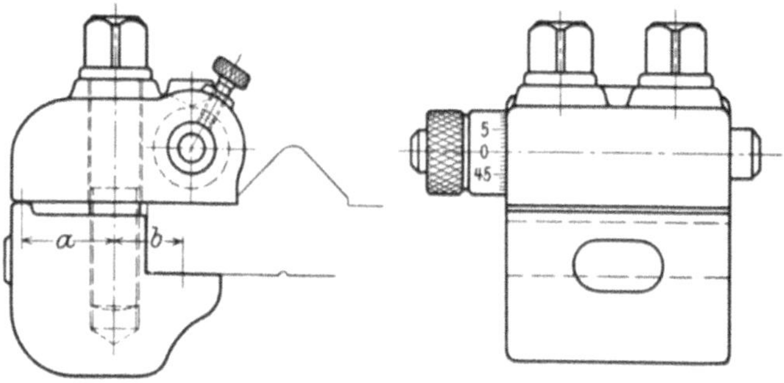

Abb. 831 bis 833.

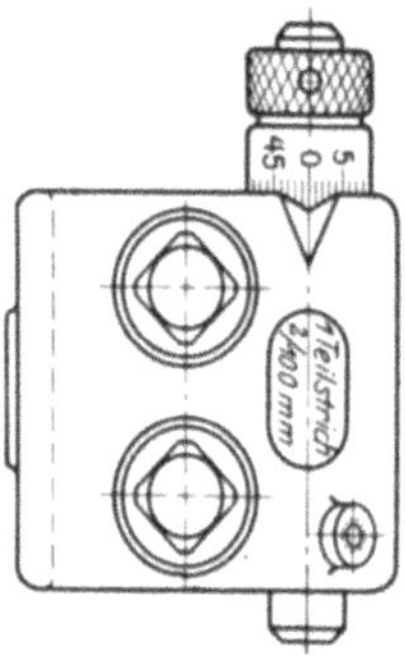

besteht die Gefahr, daß der Anschlag, wenn der Bettschlitten einmal dagegen gefahren wird, seine Stellung ändert, wodurch dann Werkstücke Ausschuß gemacht werden können.

In Abb. 831—833 ist der in Abb. 828—830 in Anwendung gezeigte Anschlag dargestellt. Zwei kräftige Spannschrauben in Verbindung mit einem Spanneisen bewirken die Klemmung; um diese möglichst wirksam zu gestalten, ist der Hebelarm a größer als b gewählt. Eine mit Skalaring versehene Einstellschraube ermöglicht eine Feineinstellung; diese Einstellschraube kann mit einer kleinen Kordelschraube festgestellt werden. Eine Konstruktion, wie sie nicht sein soll, zeigt Abb. 834 u. 835; hier ist nur eine Klemmschraube vorgesehen und das Spanneisen so ungünstig ausgebildet, daß der Hebelarm a kleiner ist als b; der Wirkungsgrad der Klemmschraube ist also außerordentlich gering und die erzeugte Klemmwirkung völlig ungenügend.

Abb. 834 und 835.

Bei Arbeiten, die auf dem Drehdorn ausgeführt werden müssen, ist die Anwendung des Anschlages etwas behindert, da die einzelnen Teile verschieden weit auf den Drehdorn gepreßt werden, also jedesmal eine andere Entfernung in axialer Richtung vom Spindelkasten haben.

Es ist daher nötig, den Anschlag jedesmal zu lösen und neu einzustellen. Zur Behebung des dadurch entstehenden Zeitverlustes kann man einen Anschlag nach Abb. 836—838 mit Schnellverstellung anwenden. Die Anschlagstange *S* wird durch eine sehr wirksame Klemmung durch den Handhebel *h* festgespannt. Ist eine Verstellung nötig, so wird *h* gelöst,

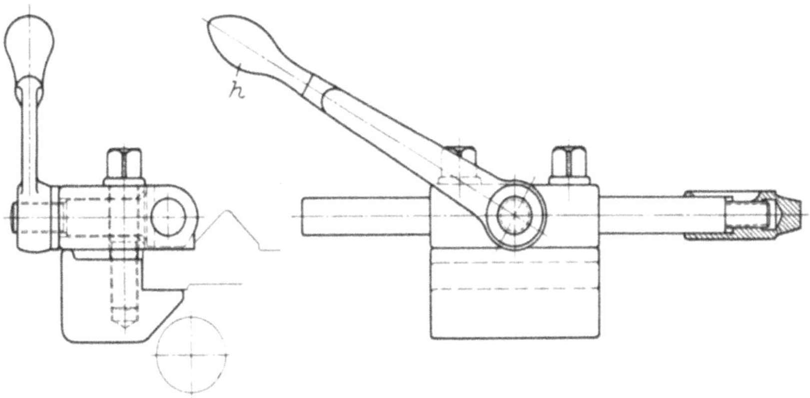

Abb. 836 bis 838.

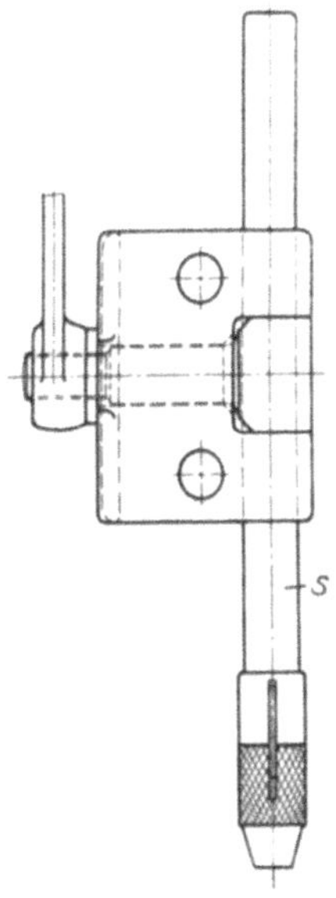

S bis an den Bettschlitten herangeschoben und *h* wieder angezogen; der Anschlagblock bleibt dabei in seiner alten Stellung.

In Abb. 839 ist die Anwendung gezeigt. In der Aufspannung soll das Werkstück die Längenmaße *b*, *c*, *d* und *e* erhalten. Der Abstand *a* des Werkstückes vom Spindelkasten ist bei jedem einzelnen Teil anders als beim vorhergehenden. Zunächst wird das Maß *b* mit Hilfe eines kurzen Lineals *l* und eines Endmaßes eingestellt; dann wird die Anschlagstange *S* fest an den Bettschlitten herangeschoben und mit dem Hebel *h* festgespannt; hierauf wird in der eingestellten Lage der Span heruntergedreht. Das Maß für die folgenden Ansätze *c*, *d* und *e* wird in der in Abb. 828—830 dargestellten Weise durch Endmaße eingestellt.

Mehrfachstahlhalter. Noch wirksamer kann das Anschlagverfahren durch Verwendung von Mehrfachstahlhaltern nach Abb. 840 gemacht werden.

Mehrfachstahlhalter sind zwar in ausgedehntem Maße in Anwendung, doch ist die bekannte Form (Abb. 841) insofern nicht recht befriedigend, als die Stellung der Stähle durch die Form des Stahlhalters bestimmt war; zwei benachbarte Stähle können nur rechtwinklig zueinander ein-

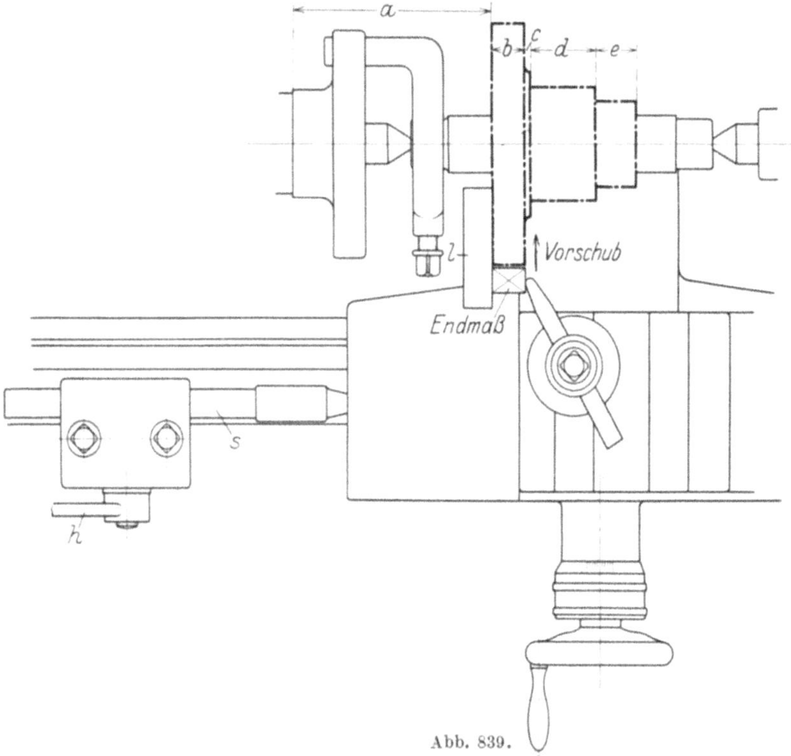

Abb. 839.

Abb. 840.

gespannt werden. Der neue Stahlhalter[1]) gestattet hier mehr Bewegungsfreiheit; die Stähle können in beliebiger Stellung, also dem Verwendungszweck am besten entsprechend eingespannt werden. Außerdem können zur Bearbeitung von Bohrungen kräftige Bohrstangen eingespannt werden, Abb. 842; auch das Beobachten des Arbeitsganges ist besser möglich als bei der Ausführung nach Abb. 841. In Abb. 843 ist ein runder Mehrfachstahlhalter in Verbindung mit einem Anschlag, eingerichtet für das Drehen einer Welle, dargestellt.

Abb. 841.

Die so ausgerüsteten Drehbänke können in vielen Fällen mit Revolverbänken erfolgreich in Wettbewerb treten, da die Nebenzeiten so weit verringert werden, daß die Gesamtarbeits-

Abb. 842.

[1]) Hersteller Ludw. Loewe & Co. A.-G., Berlin.

zeit für einzelne Teile oft nicht größer, nicht selten aber kleiner wird als auf Revolverbänken.

Man kann den beschriebenen Stahlhalter noch weiter ausbilden, indem man statt der runden Aufnahmeplatte für die Stichelhäuser eine

Abb. 843.

viereckige aufsetzt, die zwei T-Nuten zur Aufnahme der Stichelhäuser hat, Abb. 844—846. Diese Anordnung gestattet, zwei Reihen Stähle so einzuspannen, daß alle Stähle einer Reihe gleichzeitig arbeiten. Man kann also vier Ansätze gleichzeitig schruppen und nach Schalten des Kopfes um 180^0 mit dem zweiten Satz Stählen die Ansätze schlichten oder die entsprechenden Bundflächen drehen, Abb. 847 u. 848. Ein weiteres Ausführungsbeispiel zeigt Abb. 849 u. 850; hier ist der Stahlhalter zum Drehen von Stufenscheiben ausgebildet; Abb. 849 zeigt das Überdrehen der vier Stufen einer Stufenscheibe auf Durchmesser, während in Abb. 850 gezeigt ist, wie die vier Stirnflächen bearbeitet werden.

Natürlich sind weitere Ausführungsformen solcher Stahlhalter möglich. Wegen ihrer Einfachheit und entsprechend geringer Anschaffungs-

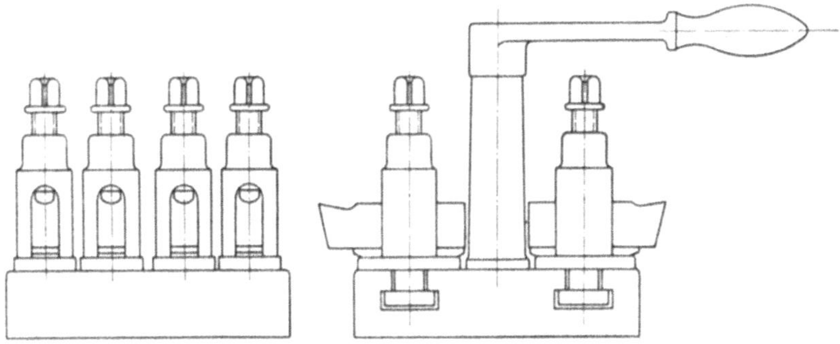

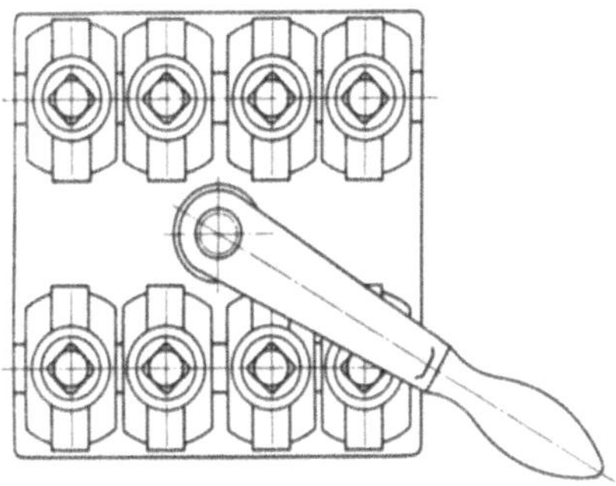

Abb. 844 bis 846.

kosten ist ihre weitgehende Anwendung zu empfehlen; da auch das Einrichten leicht ist, so lohnt sich die Verwendung auch schon bei kleinen Serien. Bis zu einem gewissen Grade können die letztangeführten Stahlhalter auch Vielstahlbänke ersetzen.

Formstähle und Stahlhalter. Für die Herstellung vieler Teile auf Drehbänken und Revolverbänken werden Formstähle benutzt. Die Verwendung solcher Stähle ist insofern unangenehm, als zu ihrer Einstellung und Instandhaltung besondere Einrichter nötig sind und daß die Maßhaltigkeit der gefertigten Teile von allen Fehlern beeinflußt wird, die bei der Herstellung der Stähle, beim Nachschleifen und beim Einstellen unterlaufen. Das Arbeiten mit Formstählen ist also immer mehr oder weniger unsicher. Dazu kommt, daß die Stähle in der Anschaffung teuer sind und durch die Inanspruchnahme von Einrichtern die Betriebsunkosten erhöhen. Wo es angängig ist, sollten daher Formstähle vermieden werden. Dies ist in vielen Fällen möglich, indem man bewegliche Stahlhalter anwendet. In Abb. 851 ist gezeigt, wie auf einer Revolverbank mit einem Formstahl eine schräge Fläche und gleichzeitig ein Einstich in den anschließenden Zylinder gedreht wird. Da die Neigung der Fläche genau sein soll, so muß der Stahl nach jedem Schleifen wieder genau ausgerichtet werden; ist die Schneidkante des Stahles

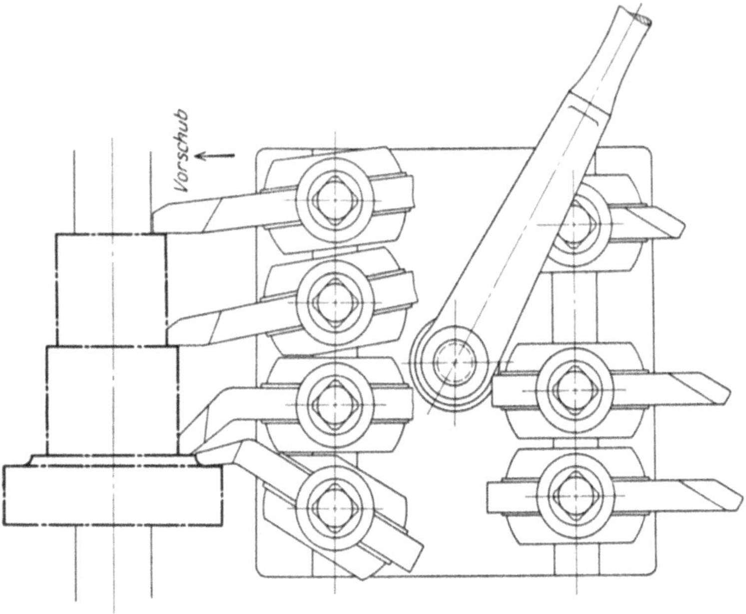

Abb. 848.

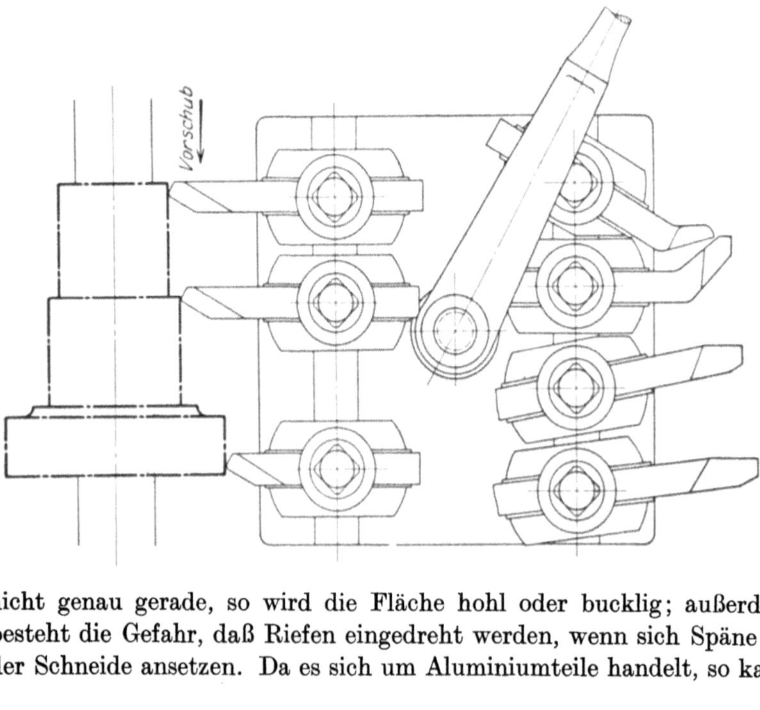

Abb. 847.

nicht genau gerade, so wird die Fläche hohl oder bucklig; außerdem besteht die Gefahr, daß Riefen eingedreht werden, wenn sich Späne an der Schneide ansetzen. Da es sich um Aluminiumteile handelt, so kann die Arbeit besser mit einem Stahlhalter nach Abb. 852 u. 853 ausgeführt werden; dieser trägt einen kleinen Schlitten *a*, der sich in einer schrägen

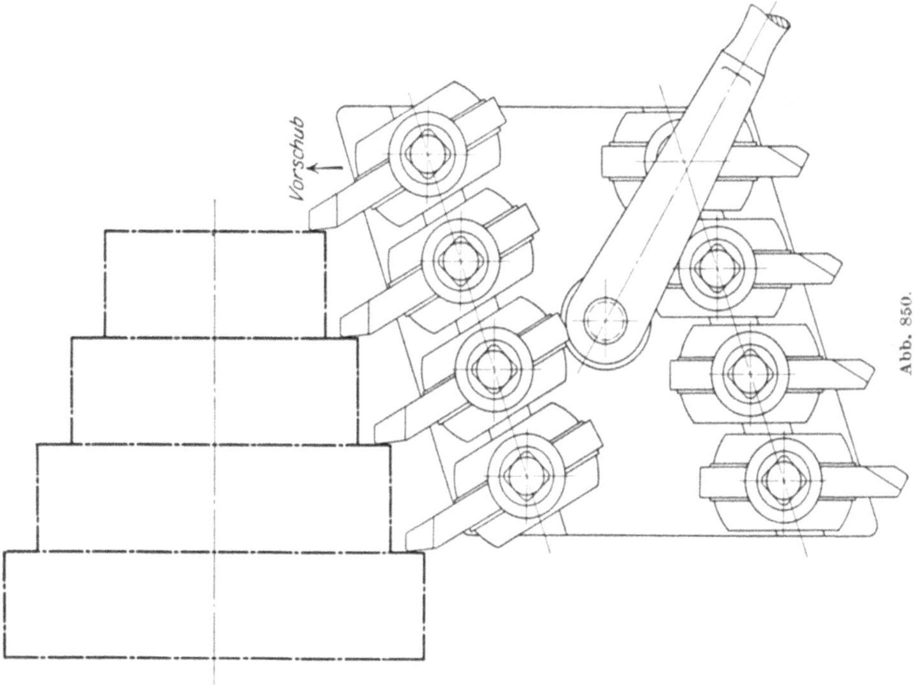

Abb. 850.

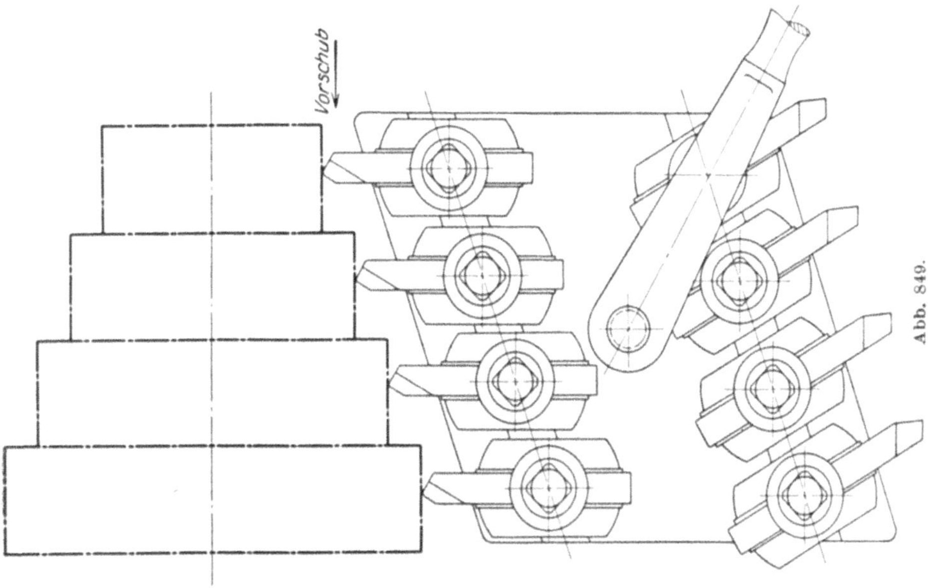

Abb. 849.

Führung, die im gleichen Winkel wie die zu drehende Fläche geneigt ist, bewegt. Die Betätigung des Schlittens *a* erfolgt durch den Hebel *b*.

Eine Anschlagschraube begrenzt die Bewegung. In den Schlitten *a* wird ein kleiner Stahl eingespannt, dessen Spitze die Form des Einstiches hat; da es auf dessen Abmessung nicht ankommt, ist die Herstellung des Stahles nicht schwierig. Die Fläche wird also heruntergezogen, die

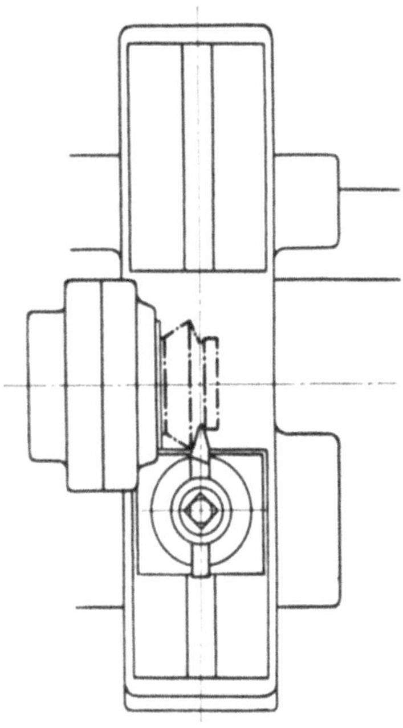

Abb. 851.

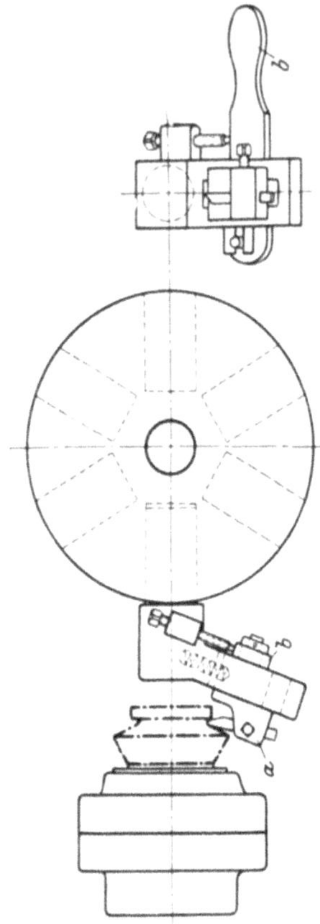

Abb. 852 und 853.

Abb. 854.

Genauigkeit ist nicht mehr von dem Drehstahl abhängig, sondern durch den Halter gegeben. Die Anschaffungskosten des Stahlhalters sind zwar größer als die des Formstahles; da der Halter aber nur einmal herzustellen ist, die Ersparnisse an Werkzeug- und Einrichterkosten aber dauernd sind, so ist die Verwendung des Stahlhalters bei Massenfabrikation wirtschaftlicher.

Ebenso verhält es sich bei dem in Abb. 854 dargestellten Fall. Das Werkstück ist kegelförmig und trägt am schwachen Ende des Kegels einen kurzen Zylinder. Der Drehstahl ist in einem in der Senkrechten beweglichen Schlitten *a* eingespannt; in der tiefsten Stellung dreht der Stahl den schwachen Zylinder, bis der Schlitten *a* mit einem Gleitstück

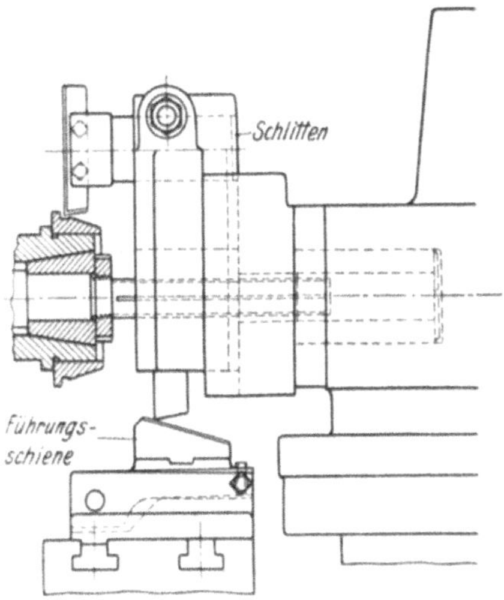

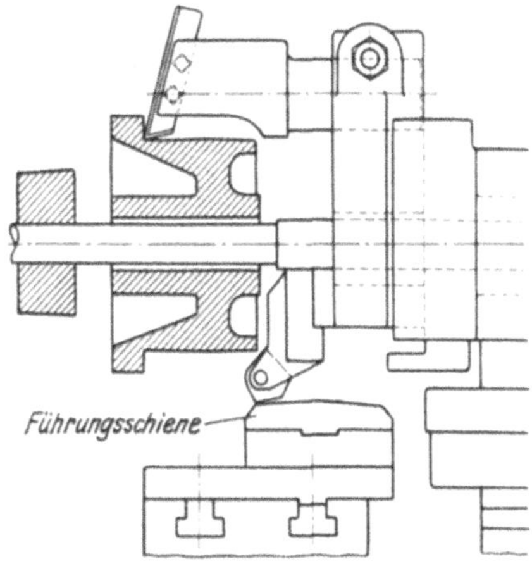

Abb. 855 bis 857.

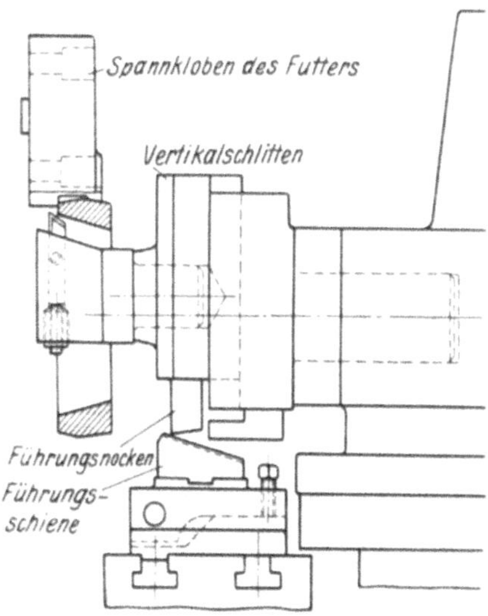

an die schräge Gleitbahn *b* anläuft, beim Weiterlaufen sich an dieser hochschiebt und so dem Drehstahl die zum Drehen des Kegels nötige Bewegung erteilt. Der Schlitten *a* wird dabei durch den Handhebel *h* nach unten gedrückt. In der Abbildung sind zwei Stahlhalter zu sehen; der eine dient zum Schruppen, der andere zum Schlichten.

In Abb. 855—857 sind einige weitere Beispiele gezeigt, die nach dem oben Gesagten ohne Erläuterung verständlich sind.

Speziallehren.

Das Messen der Durchmesser von Wellen und Bohrungen geschieht wohl heute schon allgemein mit den im Handel geführten Rachenlehren und Lehrdornen. Damit ist aber nur der geringere Teil aller vorkommenden Messungen erfaßt; für alle übrigen müssen Speziallehren geschaffen werden. Wo dies nicht geschieht, müssen die Messungen mit behelfsmäßigen Mitteln ausgeführt werden. Diese Mittel sind oft recht fragwürdiger Art, die erzielten Meßresultate entsprechend unsicher und der Aufwand an Meßzeit groß. Man sollte daher überall, wo die Stückzahl der Teile es wirtschaftlich erscheinen läßt, Speziallehren schaffen. Durch die Anwendung guter Speziallehren können die Einzelteile genauer hergestellt werden, so daß die Montage weniger Anpaßarbeiten auszuführen hat; man kommt also dem Ziele, austauschbare Teile herstellen zu können, näher. Die Anwendung von Speziallehren ist also ebenso wichtig für ein wirtschaftliches und planmäßiges Arbeiten wie die von Vorrichtungen.

Die Konstruktion von Speziallehren stellt einen großen Teil der Gesamtarbeit des Vorrichtungenkonstrukteurs dar. Ebenso, wie bei den Vorrichtungen gilt bei solchen Konstruktionsaufgaben als erste Grundregel: Feststellen, worauf es ankommt. Erst nach dieser Feststellung kann man die Aufgabe richtig stellen.

Soweit wie irgend möglich, suche man normale Lehren zu verwenden; dies ist in viel größerem Umfange, als allgemein angenommen wird, durchführbar. Ferner strebe man danach, möglichst alle Lehren als Toleranzlehren auszubilden und die Toleranzen selbst aus den Passungstabellen des Normenausschusses der deutschen Industrie zu verwenden. Für viele Messungen lassen sich mit Vorteil die im Handel geführten Parallelendmaße, Meßuhren, Fühllehren, Lineale usw. entweder allein oder in Verbindung mit besonderen Konstruktionen anwenden. In diesem Zusammenhange sei insbesondere auf die mustergültigen Erzeugnisse der Firma Carl Zeiss, Jena, hingewiesen.

Man kann zwei große Gruppen von Lehrenarten unterscheiden; nämlich solche, bei denen das Auge, und solche, bei denen das Gefühl (der Tastsinn) betätigt wird. Zu der ersten Gruppe gehören alle Messungen nach dem Lichtspaltverfahren, die Zeigerlehren, die Skalalehren und die Lehren mit Optik. Zur zweiten Gruppe gehört das Messen mit Tastern, Schieblehren, Mikrometern, Rachenlehren, Lehrdornen, Parallelendmaßen und Fühlstiftlehren.

Das Messen mit Lichtspalt ist sehr genau, erfordert jedoch Übung und gibt selten positive Resultate. Bei der Konstruktion von Lehren, bei denen die Lichtspaltmethode angewandt wird, ist darauf zu achten, daß der die Messung Ausführende auch die Möglichkeit hat, mit seinem Auge in eine solche Stellung zu kommen, daß er den Lichtspalt findet;

handelt es sich z. B. um das Prüfen einer ebenen Fläche, so würde es, wenn die Lehre eine gewisse Dicke hat und der Fehler klein, der Lichtspalt also fein ist, das Auge den Lichtspalt nicht oder nur schwer entdecken, Abb. 858. Ist dagegen die Lehre messerartig ausgebildet, so daß praktisch nur eine Linie der Lehre auf dem Werkstück aufliegt, so ist der Lichtspalt viel leichter zu entdecken, Abb. 859 u. 860. Ein Spalt von 0,01 mm ist noch deutlich wahrnehmbar.

Bei der Konstruktion von Lehren, die mit Anwendung des Gefühles arbeiten, ist das Meßresultat meist davon abhängig, wie das Gefühl des Messenden beschaffen ist und was an den einzelnen Stellen der Betriebe unter „fest", „lose", „saugend" und wie die Ausdrücke alle heißen, verstanden wird, denn leider muß bei diesen Lehren zum großen Teil

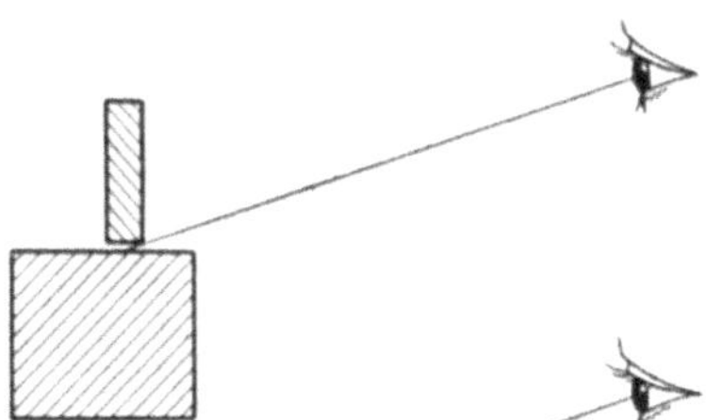

Abb. 858.

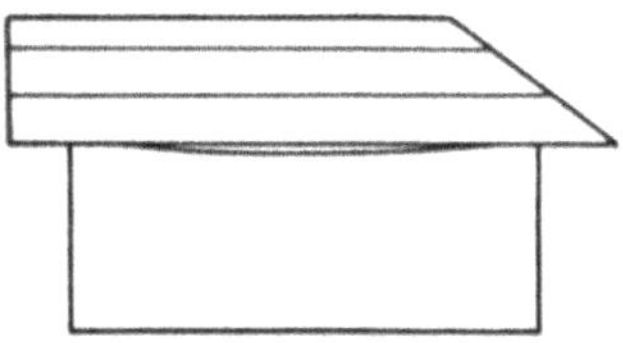

Abb. 859.

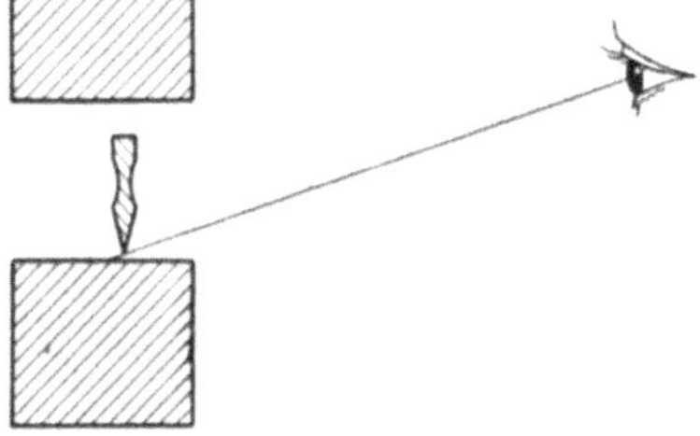

Abb. 860.

mit solchen Begriffen gearbeitet werden. Hier kann durch Unterweisung der Arbeiter noch viel gebessert werden; ein Beispiel für solche Unterweisung zeigt Abb. 861—864; die Gutseite der Toleranz-Lehrdorne sollen ohne Anwendung großer Kraft in die zu messende Bohrung eingeführt werden können, während die Ausschußseite nur anschnäbeln darf; ebenso ist es bei den Toleranzrachenlehren.

Durch zu festes Eindrücken wird nicht nur das Meßresultat ungenau, sondern die Lehren werden durch häufiges festes Einführen in die Meßstellen vorzeitig abgenutzt; dies geschieht besonders leicht beim Bearbeiten von Gußeisen, da der feine Gußstaub, der den Werkstücken anhaftet, wie ein Schleifmittel wirkt. Es kann z. B. geschehen, daß ein Lehrdorn, der beim Messen in 30—50 Werkstücke zu fest eingedrückt wurde, so viel an Durchmessermaß verloren hat, daß er unbrauchbar ist.

Bei den Fühlstiftlehren nach Abb. 865 u. 866 ist der Meßdruck durch Federn beliebig zu regulieren; der Meßbolzen *a* wird durch eine Feder *S* auf das Werkstück gedrückt. Der Meßbolzen führt sich am oberen

Ende in einer Buchse *b*. Bolzen und Buchse sind gehärtet und ihre oberen Stirnflächen so abgeschliffen, daß bei richtiger Abmessung des Werkstückes beide Flächen in einer Ebene liegen. Fühlt man in dieser

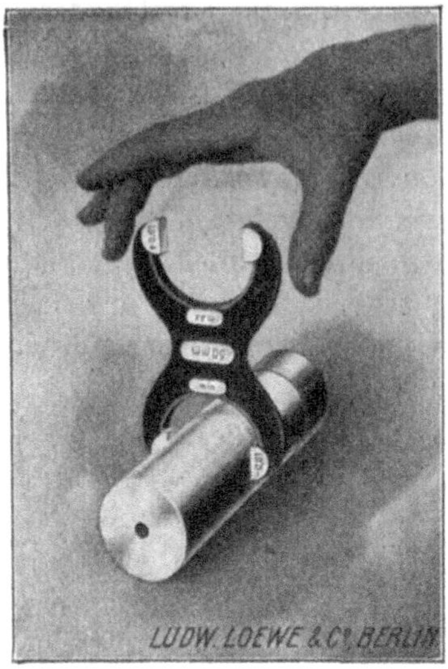

Abb. 861.

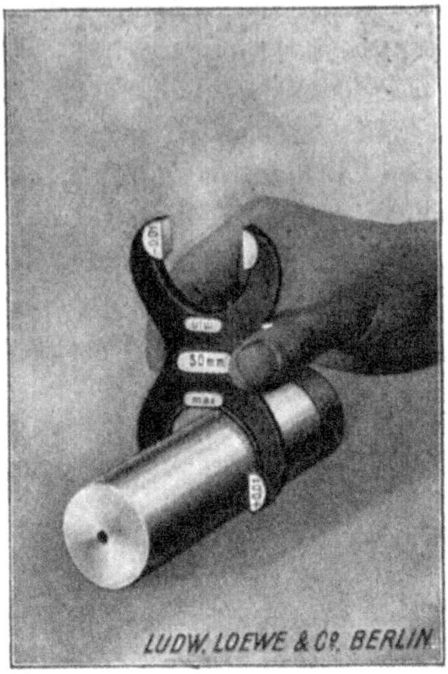

Abb. 862.

Abb. 863.

Abb. 864.

Stellung, wie in der Abbildung gezeigt, mit dem Zeigefinger über die Fläche, so fühlt man keinen Höhenunterschied. Liegt dagegen die zu messende Fläche des Werkstückes zu tief, so versinkt die obere Stirnfläche des Meßbolzens etwas in der Buchse, so daß beim Abfühlen der

Finger deutlich den Höhenunterschied der Fühlflächen wahrnehmen kann. Liegt umgekehrt die Fläche des Werkstückes zu hoch, so steht die Fühlfläche des Bolzens aus der Buchse heraus. Auch wenig geübte Leute können mit solchen Lehren Differenzen von 0,02 mm mühelos feststellen. Man kann diese Lehren auch leicht als Toleranzlehren ausbilden, indem man die Fühlfläche der Buchse absetzt, wie in Abb. 866 gezeigt.

Mehr noch als bei den Vorrichtungen ist es bei der Konstruktion von Speziallehren nötig, mit der Werkstatt in engster Fühlung zu arbeiten. Streng zu vermeiden ist es, auf den Zeichnungen irgendwelche Maße anzugeben, ohne die Gewißheit zu haben, daß diese Maße auch wirklich gemessen und die fertigen Lehren nachkontrolliert werden können. Da besonders bei komplizierten Lehren oft recht schwierige Messungen auszuführen sind, sollte in solchen Fällen gleich auf der Konstruktionszeichnung die Art der Messung mit den nötigen Maßen angegeben werden. Dabei darf natürlich nicht gegen die Gesetze der Mathematik verstoßen werden. Unter keinen Umständen sollte man es der Werkstatt überlassen, sich Maße selbst zu errechnen; vielmehr sollten alle Maße, die zur Herstellung gebraucht werden, auf der Zeichnung stehen. Das klingt sehr selbstverständlich, leider wird aber gegen diese Selbstverständlichkeit ungemein häufig verstoßen, und der junge Anfänger wird leicht verführt, ebenso zu verfahren.

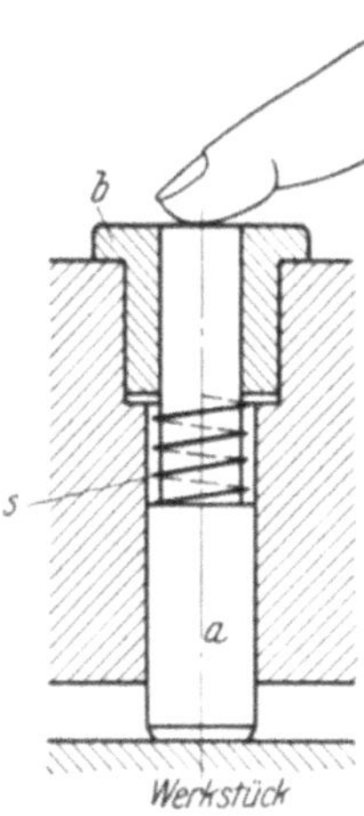

Abb. 865.

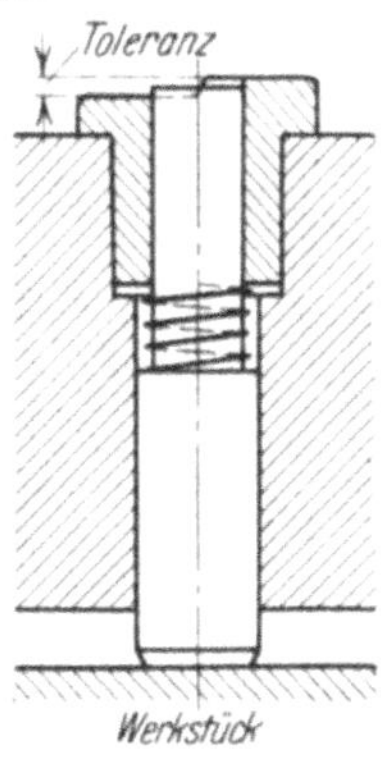

Abb. 866.

Verwendung normaler statt Speziallehren. Für Teile mit Feder und Nut nach Abb. 867 u. 868 werden noch häufig Speziallehren angefertigt in der Form, wie sie in den Abbildungen dargestellt sind. Die Anfertigung solcher Lehren ist gänzlich überflüssig; wie in Abb. 869—871 gezeigt, kann die Feder nach einer normalen Toleranzrachenlehre und die Nut nach Parallelendmaßen gearbeitet werden. Man kann sogar für die Teile mit Nut besondere Endmaßpaare für das größte und kleinste Breitenmaß vorsehen, Abb. 872 u. 873; das wären dann zwar auch Speziallehren, aber in normaler Form; es ist hierfür keine Konstruktionsarbeit nötig, und man kann solche Lehren von einer Spezialfabrik billig kaufen. Ganz ähnlich verhält es sich mit geteilten Lagern, für die häufig

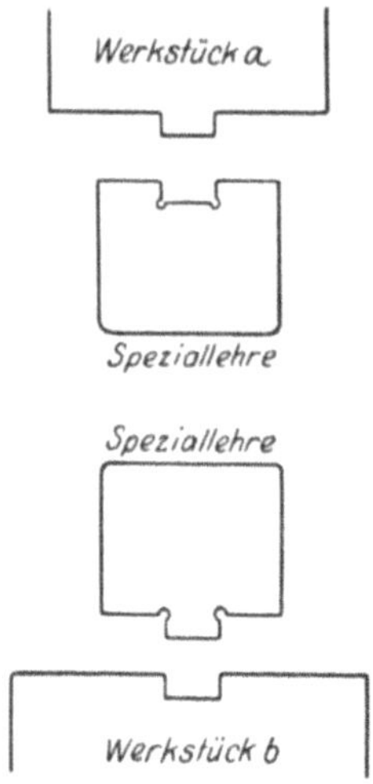

Abb. 867 und 868.

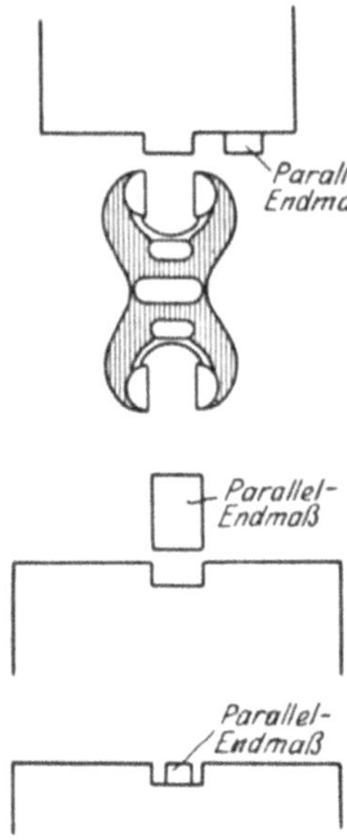

Abb. 869 bis 871.

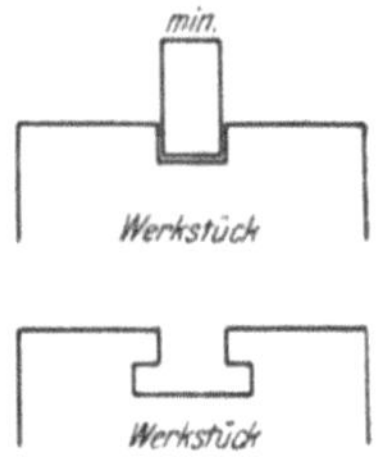

Abb. 872.

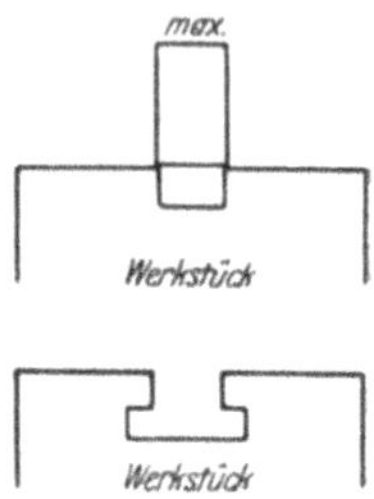

Abb. 873.

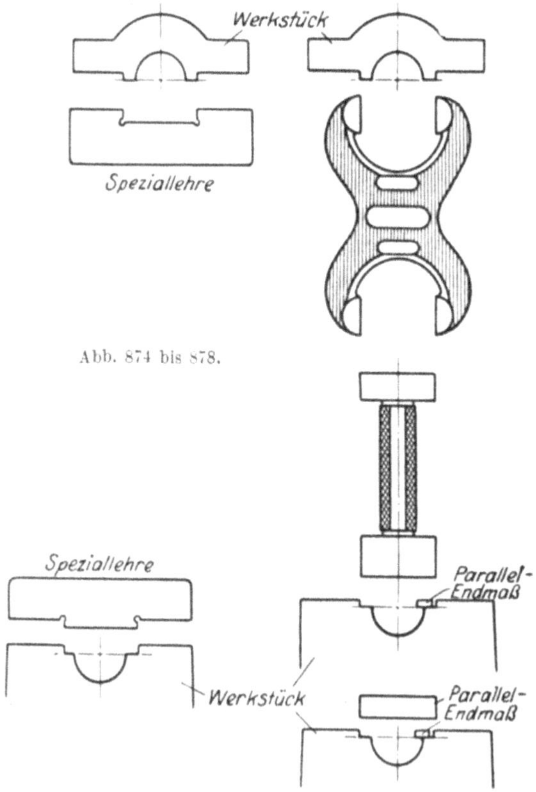

Abb. 874 bis 878.

für die Paßstellen Lehren nach Abb. 874 u. 875 hergestellt werden. Auch hier kann, wie in Abb. 876—878 gezeigt, der Deckel nach einer Toleranzrachenlehre und das Unterteil entweder nach Toleranzkaliber und Parallelendmaß, oder beide Abmessungen nach Parallelendmaßen gearbeitet werden.

Für Vier- und Sechskante sowie für ähnliche Teile sind vielfach Lehren nach Abb. 879 u. 880 anzutreffen. Abb. 881 u. 882 zeigen, wie ohne weiteres normale Lehren für diese Zwecke benutzt werden können.

Aber auch für kompliziertere Teile kann man häufig Speziallehren

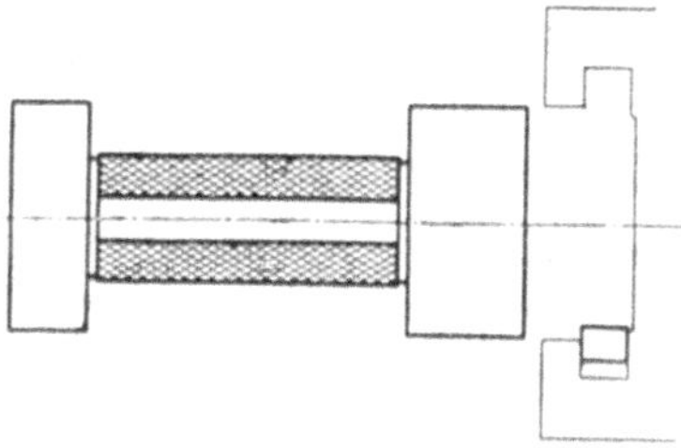
Abb. 888.

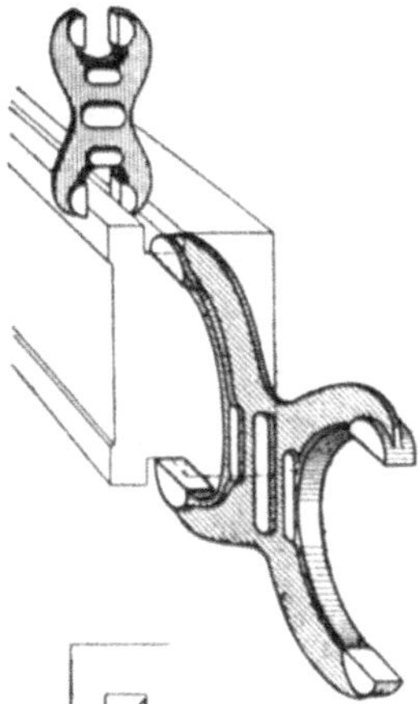
Abb. 889.

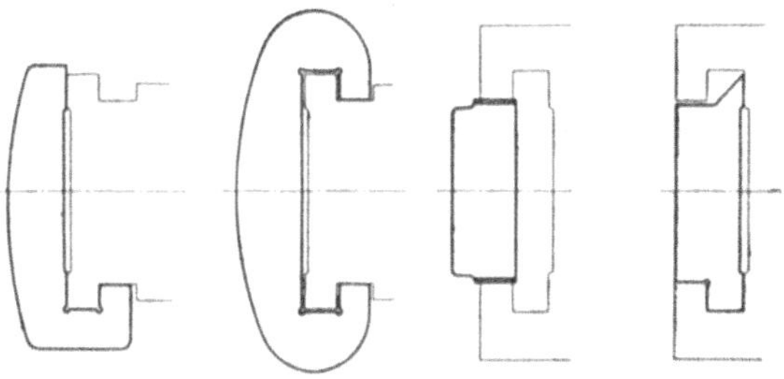
Abb. 884 bis 887.

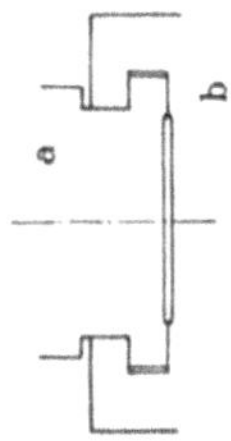

Abb. 883.

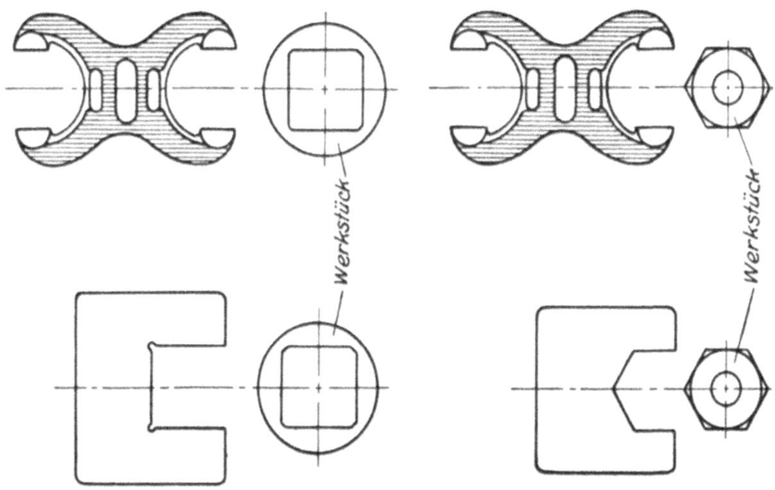

Abb. 879 bis 882.

umgehen. In Abb. 883 ist eine Schlittenführung dargestellt, dessen beide Teile *a* und *b* dicht ineinander passen sollen. Für die Herstellung der Teile waren Speziallehren nach Abb. 884—887 in Anwendung. In

Abb. 888 u. 889 ist gezeigt, wie man die gleiche Arbeit mit marktgängigen Lehren ausführen kann.

Lehren nach Abb. 891 mit vielen Meßstellen für die in Abb. 890 dargestellte Schraube sind außerordentlich verbreitet; sie stellen ein typisches Beispiel dafür dar, daß bei der Konstruktion die Herstellungsmöglichkeit nicht berücksichtigt wurde. Die Lehre hat sechs Rachen, ein genaues Längenmaß *a* und eine genaue Bohrung *e*, also acht genaue Paßstellen. Jede einzelne dieser Paßstellen muß auf Bruchteile eines Hundertstel Millimeters genau sein; die Lehre muß gehärtet und nach dem Härten auf die genauen Maße gebracht werden.

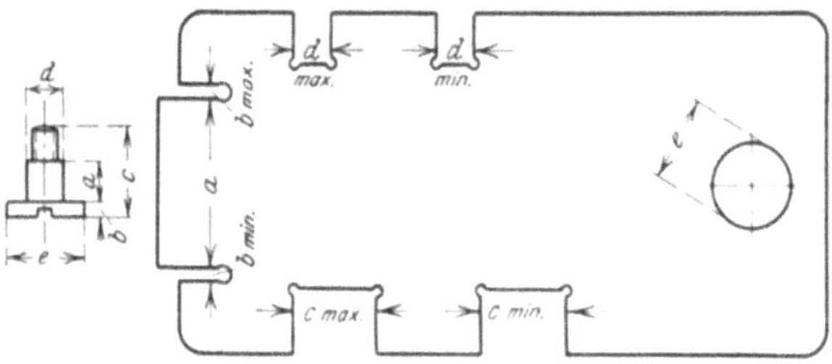

Abb. 890 und 891.

Das Härten bildet eine Gefahrenquelle für sich, die um so größer ist, je komplizierter die Form des zu härtenden Teiles ist. Ein Verziehen der Teile läßt sich nicht vermeiden. Bei Lehren muß dann oft durch Richten mittels Hammers die ursprüngliche Form wieder erzielt werden. Diese Arbeit erfordert viel Geschick; es kann dabei nicht vermieden werden, daß einmal eine Lehre zerbricht. Es ist klar, daß das Richten um so schwieriger und die Gefahr des Zerbrechens um so größer wird, je komplizierter die Form der Lehre ist. Beim Fertigmachen der Lehre nach dem Härten ist es unvermeidlich, daß eine oder einige Paßstellen mißlingen; nehmen wir an, fünf Paßstellen wären fertig und die sechste mißlingt, so muß im günstigsten Falle die Lehre durch Hämmern gestreckt und dadurch an die mißlungene Paßstelle wieder so viel Material herangeholt werden, daß die Paßstelle noch genau hinzuarbeiten ist; bei dem Hämmern besteht natürlich die Gefahr, daß die schon fertigen Paßstellen sich verziehen und wieder nachgearbeitet werden müssen, oder daß die Lehre zerbricht; die bis dahin aufgewandte Arbeit an der Lehre ist also entweder teilweise oder ganz verloren. Die Lehren werden also unverhältnismäßig teuer und erfordern zur Herstellung beste Werkzeugmacher. Ferner ist zu berücksichtigen, daß bei Verschleiß einer Paßstelle die Lehre beim Nacharbeiten wieder gehämmert werden muß und damit die oben angeführten Gefahren von neuem auftreten. Man sollte also solche Lehren vermeiden und dafür soweit wie irgend möglich normale Toleranzrachenlehren anwenden.

Prüfung von Anschlagwinkeln. Bevor wir aber zu den einzelnen Beispielen übergehen, sollen erst einige Hilfsmittel zur Messung von

Winkeln behandelt werden, da diese eine große Rolle bei der Herstellung der Lehren spielen.

Die Anschlagwinkel, die im Lehrenbau Verwendung finden, müssen

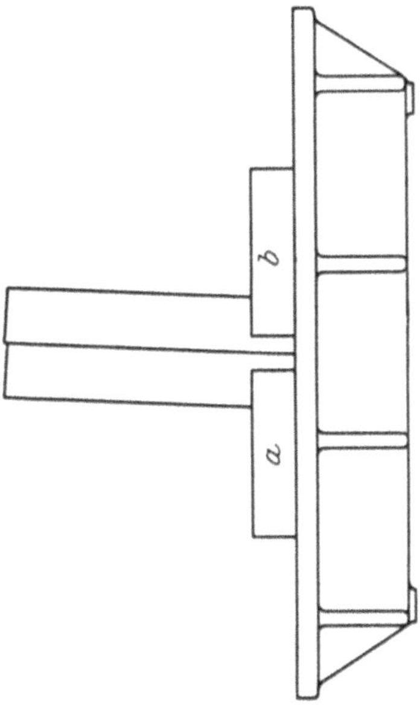

Abb. 893.

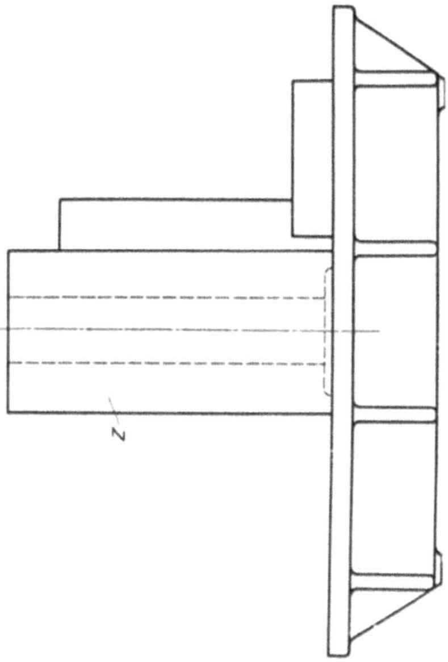

Abb. 895.

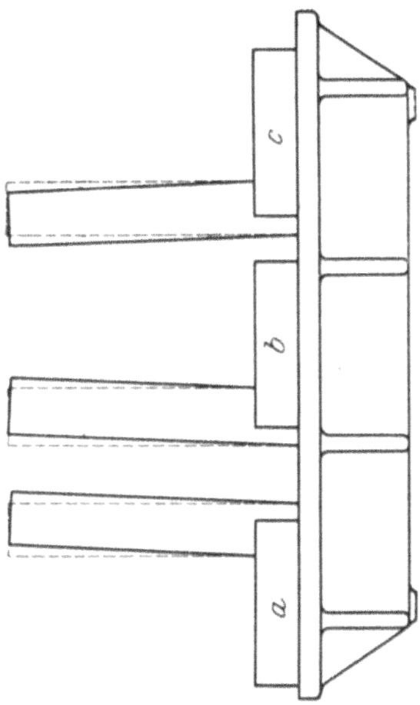

Abb. 892.

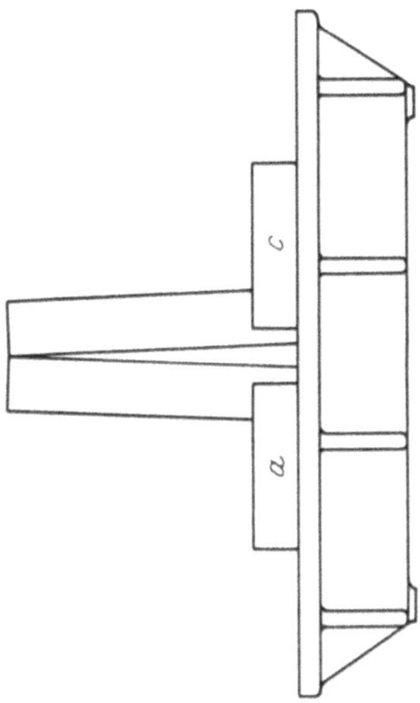

Abb. 894.

von besonderer Genauigkeit sein; die gewöhnliche weiche Handelsware genügt nicht für die Herstellung von Lehren, die einigen Anspruch auf Genauigkeit machen; vielmehr sollten im Lehren- und Vorrichtungenbau nur gehärtete Winkel Verwendung finden. Aber auch diese müssen vor Ingebrauchnahme und dann in nicht zu großen Zeitabständen nachkontrolliert werden. Diese Kontrolle kann auf verschiedene Weise erfolgen; zu dem einfachsten Verfahren sind drei Winkel nötig. Nehmen wir an, die drei Winkel *a*, *b* und *c* hätten die in der Abb. 892 übertrieben dargestellten Fehler; stellt man die Winkel *a* und *b* so auf eine gute Tuschierplatte, daß sich die Meßflächen der beiden Winkel berühren, so können, wenn die Fehler beider Winkel gleich groß sind, die Meßflächen voll zur Anlage kommen (Abb. 893), da die Fehler nach entgegengesetzten Seiten liegen. Stellt man jedoch dann die Winkel *a* und *c* in gleicher Weise aneinander, Abb. 894, so wird der vorhandene Fehler in vergrößertem Maße sichtbar, da bei *c* der Fehler nach derselben Seite liegt wie bei *a*. Die Winkel werden nun nachgearbeitet und so lange untereinander verglichen, bis alle drei übereinstimmen; ist dies erreicht, so hat man die Gewähr, daß jeder einzelne Winkel genau 90° hat.

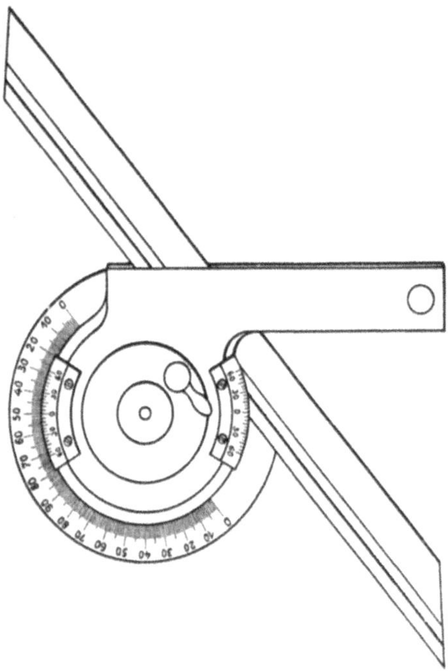

Abb. 896.

Ein einfacheres Verfahren, das jedoch ein allerdings außerordentlich einfaches Hilfswerkzeug bedingt, ist in Abb. 895 dargestellt. Ein genau geschliffener Zylinder *Z*, dessen Stirnflächen genau zum Zylinder laufen, wird aufrecht auf eine Tuschierplatte gestellt und die zu prüfenden Winkel in der dargestellten Weise an den Zylinder herangeführt. Ist der Zylinder genau ausgeführt, so muß die Mantelfläche rechtwinklig zur Fläche der Platte stehen. Das Verfahren hat den Vorteil, daß jeder Winkel einzeln berichtigt werden kann.

Schiefe Winkel werden allgemein noch nach verstellbaren Winkeln mit Gradeinteilung hergestellt, Abb. 896. Diese Winkel haben außer Herstellungsfehlern den Nachteil, daß beim Einstellen mehr oder weniger große Fehler gemacht werden, zumal das Einstellen nach Skala mit Nonius geschieht. In neuerer Zeit werden wesentlich verbesserte Winkel auf den Markt gebracht, bei denen die Einstellungsgenauigkeit dadurch verschärft ist, daß das Ablesen der Skala durch eine optische Linse erfolgt.

Das Sinuslineal. Trotz dieser Verbesserung erscheint für viele Zwecke das sogenannte Sinuslineal besser. Eine einfache Ausführung dieses Apparates zeigt Abb. 897. An einem einfachen Aufspannwinkel ist ein Lineal, das in Abb. 898 u. 899 besonders dargestellt ist, mit einer Schraube befestigt. Das Lineal trägt im Abstande s zwei genau gleich starke Zapfen d; der Abstand b von Linealfläche bis zu den Zapfen muß genau gleich sein; ebenso müssen die beiden Meßflächen m und n des Lineals genau parallel liegen. Lineal und Winkel sind mit je einem Schlitz versehen zur Aufnahme der Klemmschraube. Will man nun einen Winkel α einstellen, so wird das Maß a (Abb. 897) nach der Formel

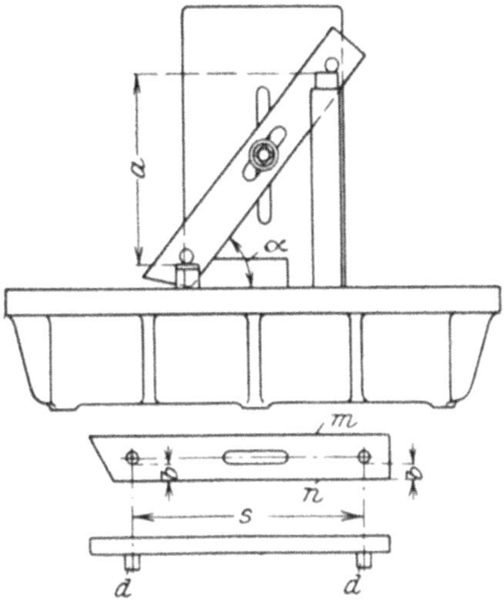

Abb. 897 bis 899.

Abb. 900.

$$a = s \,.\, \sin \alpha$$

berechnet. Man stellt nun, wie in der Abbildung zu erkennen, unter den einen Zapfen Parallelendmaße von einem runden Maß y und unter den anderen Zapfen andere Endmaße von der Höhe $y + a$ und klemmt dann das Lineal mit der Schraube am Winkel fest. Natürlich müssen die Endmaße unter beiden Zapfen gleich saugend hindurchgehen. Das so eingestellte Lineal steht genau im Winkel α zur Wagerechten. Die herzustellenden Lehrstücke können nun angepaßt werden.

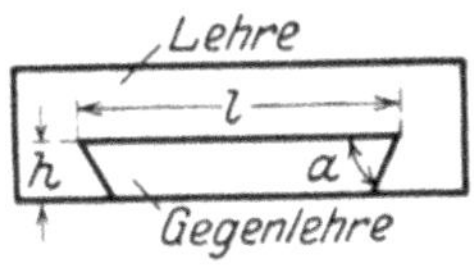

Abb. 901.

Die dargestellte Ausführung ist eine sehr einfache und behelfsmäßige; eine besser durchgebildete Konstruktion zeigt Abb. 900.

Herstellung von Speziallehren. Abb. 901 zeigt eine Lehre für ein Schwalbenschwanzprisma; für derartige Lehren werden fast regelmäßig

Gegenlehren angefertigt, und zwar wird die Gegenlehre meist zuerst hergestellt und danach die eigentliche Lehre. Die Gegenlehre dient dann noch weiterhin zur Kontrolle der Hauptlehre während der Gebrauchszeit. Die Gegenlehre ist dann nötig, wenn bei der Herstellung der Hauptlehre Messungen nötig sind, die schwierig oder sonst überhaupt nicht ausführbar sind; in vorliegendem Falle ist die Bestimmung des Maßes l schwierig.

Die Herstellung der Lehre würde in einem mittelmäßig eingerichteten Werkzeugbau etwa folgendermaßen vor sich gehen: Zunächst wird die

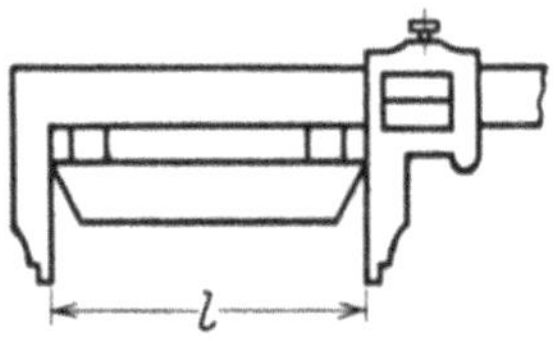

Abb. 902.

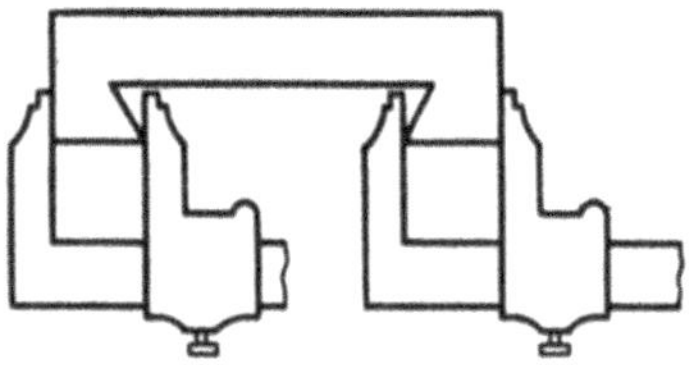
Abb. 903.

Gegenlehre hergestellt, und zwar der Winkel α nach einem verstellbaren Winkel, Abb. 904; das Maß l wird mit einer Feinschublehre oder einer Mikrometerschraube bestimmt, Abb. 902.

Die Lehre selbst wird nach der Hilfslehre ausgearbeitet; diese Arbeit ist schwierig und erfordert einen erstklassigen Werkzeugmacher. Die Bestimmung der Endflächen der Lehre geschieht wieder durch Feinmeßschublehre oder Mikrometerschraube, Abb. 903.

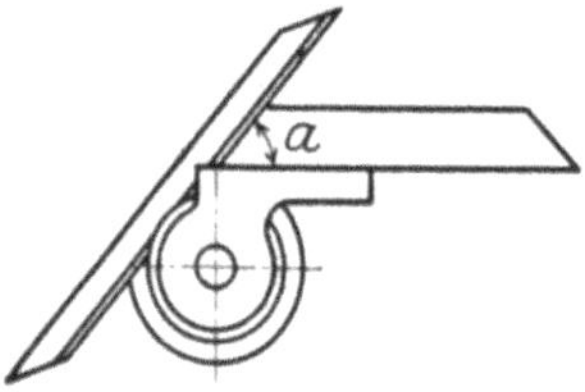

Abb. 904.

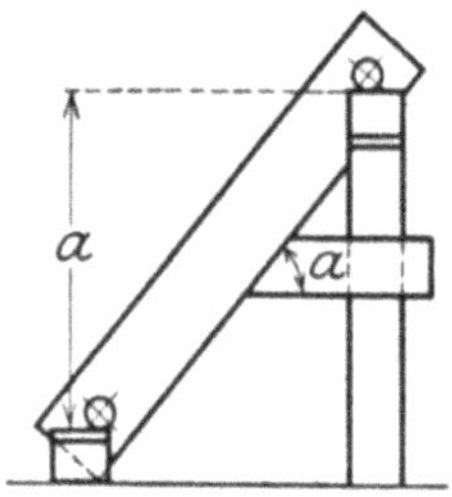

Abb. 905.

Nach oben Ausgeführtem ist zunächst an solcher Herstellungsart zu bemängeln, daß die Genauigkeit der spitzen Winkel an der Lehre immer angezweifelt werden kann, da die Einstellungsfehler der benutzten Winkellehre groß sind. Ferner ist das Messen der Länge l nach Abb. 902 und das der Lehre nach Abb. 903 falsch, da über die scharfen Spitzen der Lehre gemessen wird. Solche Spitzen geben nie eine gute Basis für eine genaue Messung, da sie entweder mit Grat behaftet sind oder, wenn der Grat entfernt wird, die Spitze abgeflacht ist. Eine Messung, die Anspruch auf Genauigkeit macht, muß immer von Flächen ausgehen.

Nach einem anderen Verfahren wird zunächst ein Hilfslehrstück nach Abb. 905 hergestellt; der Winkel wird nach dem Sinuslineal gearbeitet; auf der Zeichnung wird das Lineal in dargestellter Weise angedeutet und das Maß a zahlenmäßig eingetragen. Nach dieser Hilfslehre, die wesentlich billiger ist als die nach Abb. 902, werden die Winkel in die Lehre eingearbeitet. Die Bestimmung des Maßes l der Lehre erfolgt nach Abb. 906, indem kurze Zylinder in die spitzen Winkel eingelegt werden; das Zwischenmaß m wird errechnet und in der dargestellten Weise mit Parallelendmaßen gemessen. Die Herstellung der Gegenlehre erübrigt sich hierbei.

Die Herstellung eines Lehrbockes mit einem Lehrwinkel von 90° nach

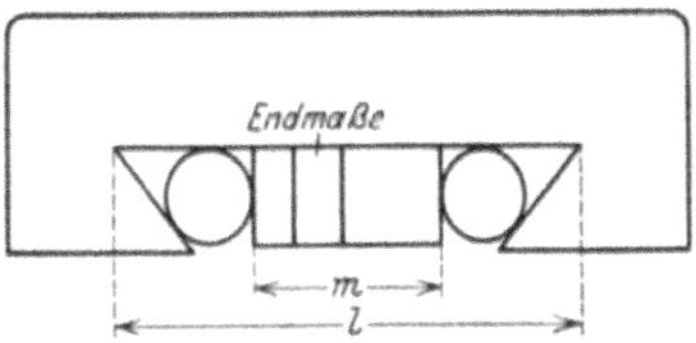

Abb. 906.

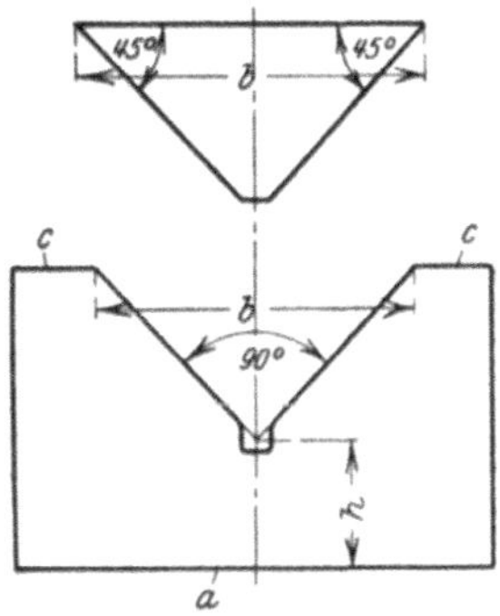

Abb. 907 und 908.

Abb. 908 ist durchaus nicht so einfach, wie der einfache Körper es vermuten läßt; besonders wenn die Lehre gehärtet sein soll, die Maße b und h sehr genau sein müssen, der Winkel von 90° symmetrisch zur Fläche a stehen soll und die Flächen c in einer Ebene und parallel zur Fläche a liegen sollen. In diesem Falle ist es zweckmäßig, zunächst eine Gegenlehre nach Abb. 907 anzufertigen. An dieser wird zuerst der Winkel von 90° nach einem genauen Anschlagwinkel angearbeitet, Abb. 909. Die beiden Winkel von 45° können nach einem einstellbaren Winkel hergestellt werden, Abb. 910, dabei müssen beide Winkel in der gleichen Lehrenstellung gemessen werden; etwaige Fehler

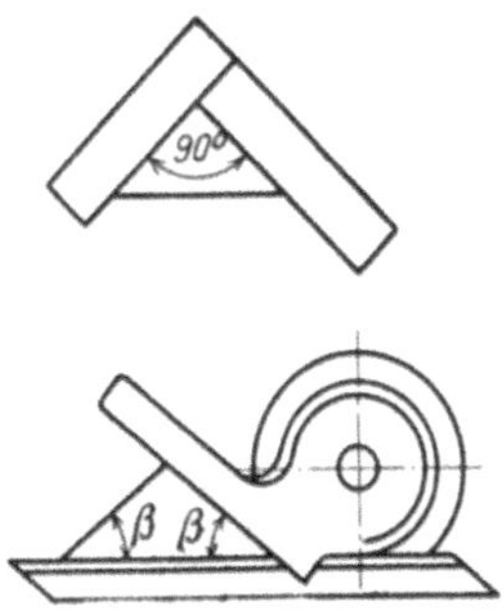

Abb. 909 und 910.

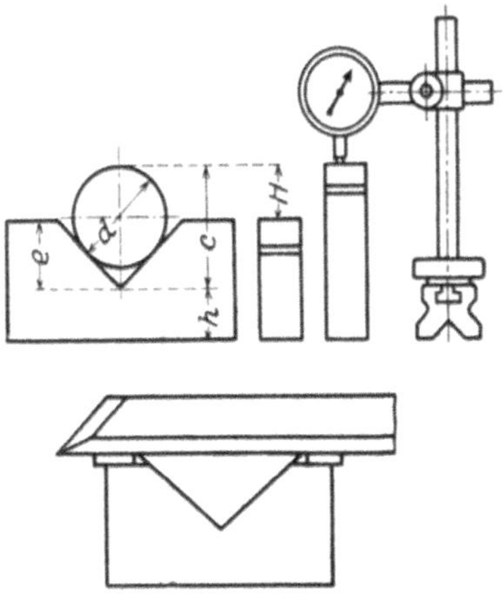

Abb. 911 und 912.

in der Lehre machen sich dabei bemerkbar und können berichtigt werden.

An dem Lehrblock wird zunächst der Winkel von 90° nach der Gegenlehre eingearbeitet; um die Breite b genau zu bekommen, wird zum

Messen ein runder Dorn zu Hilfe genommen. Aus dem Maß d dieses Dornes und den Winkelfunktionen wird das Maß c berechnet; von diesem Maß wird $e = \frac{b}{2}$ in Abzug gebracht, so daß das meßbare Maß H gefunden ist. Um auch das Maß h messen zu können, werden Parallelendmaße von der Höhe $h + c$ zusammengestellt und von diesen mit Hilfe einer Meßuhr die Höhenlage des runden Hilfsdornes kontrolliert, Abb. 911. Die symmetrische Lage des Winkels von 90^0 wird nach Abb. 912 festgestellt.

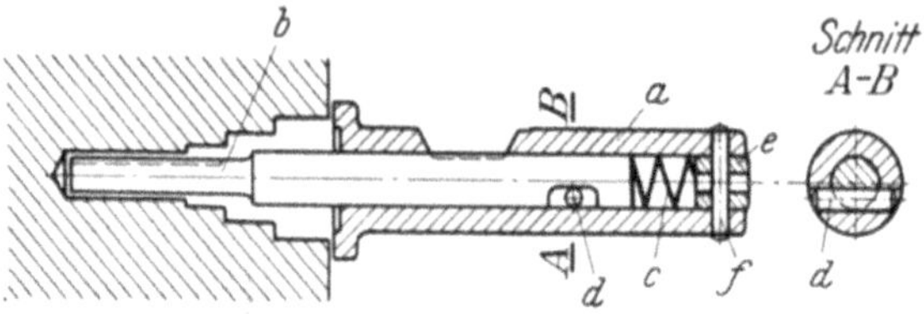

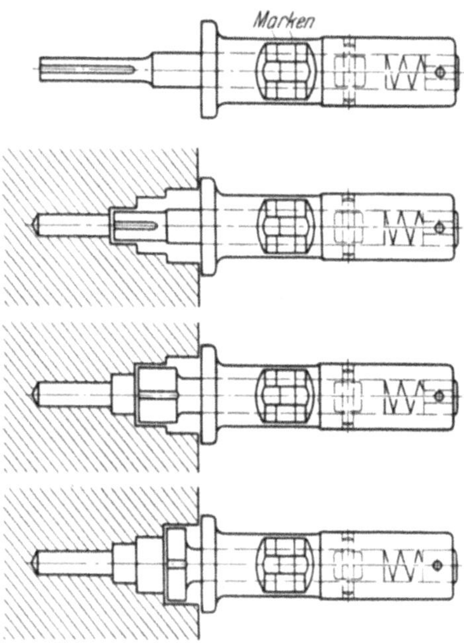

Abb. 913 bis 918.

Für das Messen von Lochtiefen, das insbesondere im Apparatebau sehr häufig vorkommt, können Lehren nach Abb. 913—915 Verwendung finden. In einer als Griff ausgebildeten Hülse a ist der Meßstift b axial verschiebbar angeordnet; eine Spiralfeder c drückt bei Gebrauch der Lehre den Meßstift gegen den Boden des zu messenden Loches. Die Lochtiefe wird durch Marken, die am Meßstift und an einem Fenster der Hülse a angebracht sind, abgelesen; es ist je ein Paar Marken für die größte und kleinste Lochtiefe vorgesehen. Das Herausfallen des Meßstiftes aus der Hülse wird durch einen Stift d verhindert. Die Abb. 916—918 zeigen, wie die vier Tiefen des abgesetzten Loches notgedrungen vier verschiedene Lehren geschaffen werden müssen, wie aber das teuerste Teil dieser Lehren, nämlich der Griff a bei allen Lehren gleich ist und nur die Meßstifte verschiedene Form haben. Dadurch wird natürlich die Herstellung der Lehren wesentlich verbilligt. Die Hülsen a sind weiterhin so ausgebildet, daß ihre Herstellung möglichst einfach ist; die Bohrung zur Aufnahme des Meßstiftes geht glatt durch und wird am hinteren Ende durch eine kurze Buchse e

verschlossen, die durch einen Stift *f* gehalten wird. Diese Herstellungsart ist billiger, als wenn zur Aufnahme des Meßstiftes ein Sackloch gebohrt werden müßte. Sind in einem Betriebe vieler solcher Lehren nötig, so lohnt es, solche Griffe zu normen und in größerer Stückzahl vorrätig zu halten. Man bekommt dann im Bedarfsfalle die Lehren sehr schnell und billig. Zu beachten ist noch bei solchen Lehren, daß sie so zu konstruieren sind, daß sich keine Luftsäcke bilden können; im vorliegenden Falle ist aus diesem Grunde die Buchse *e* mit einer zentralen Bohrung versehen, die den Luftein- und -austritt in die Bohrung des Griffes gestattet, während die Meßstifte mit einer halbrunden Längsnut versehen sind, die das Entweichen der Luft aus dem zu messenden Loch ermöglicht.

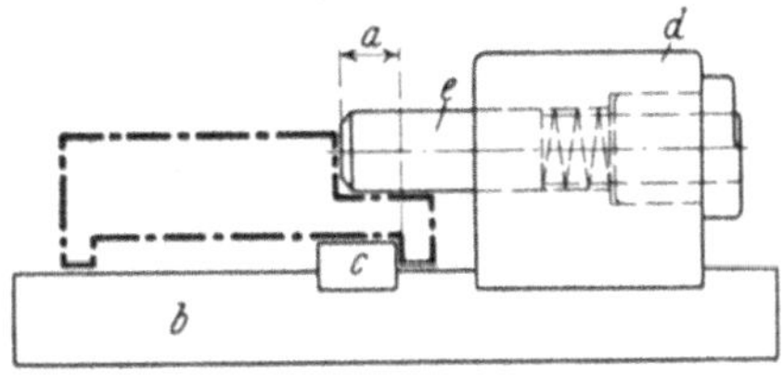

Abb. 919.

Fühlstiftlehren. Die Anwendung einer Fühlstiftlehre nach Abb. 865 zeigt Abb. 919; an dem Werkstück ist der Abstand *a* zu messen. Zu dem Zwecke wird das Teil auf eine Platte *b* aufgelegt, in der eine Leiste *c* eingelassen ist. In dem gleichfalls auf der Platte befestigten Bock *d* ist der Meßstift *e* geführt. Die Funktion der Lehre ist nach dem zu Abb. 865 u. 866 bereits Gesagten ohne weiteres verständlich.

Die Lehre läßt sich für den gleichen Zweck auch mit Meßuhr ausrüsten, Abb. 920. Diese Ausführung hat den Vorteil, daß man nicht auf das Gefühl des die Messung Ausführenden angewiesen ist. Der Nachteil besteht in der Empfindlichkeit der Meßuhr und der damit gegebenen Notwendigkeit der häufigen Kontrolle der Lehre.

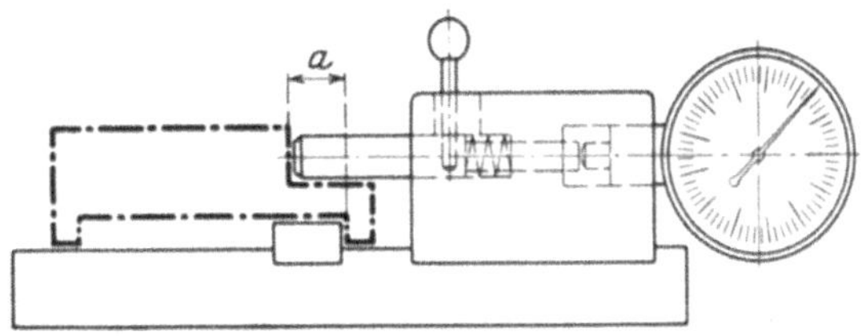

Abb. 920.

Die bisher behandelten Lehren waren passiver Art, d. h. sie dienen dazu, festzustellen, ob die danach hergestellten Teile die vorgeschriebenen Abmessungen haben oder nicht.

Eine andere Art Lehren, deren Anwendung in Deutschland leider noch wenig verbreitet ist, die aber die Möglichkeit bieten, die Herstellungszeiten der Teile erheblich zu verringern, sind die Einstellehren. Mit diesen soll nicht nur festgestellt werden, ob ein Teil paßt oder nicht, sie sollen vielmehr ermöglichen, die Schneidwerkzeuge vor Beginn des Schnittes so einzustellen, daß die Bearbeitungsstellen die richtigen Abmessungen erhalten. Solche Lehren wirken also in gewissem Sinne aktiv, weil sie angeben, was geschehen soll.

Anwendung von Parallelendmaßen. Sehr oft bietet sich die Möglichkeit, an den Vorrichtungen Meßflächen anzubringen, nach denen die

Abb. 921.

Werkzeuge mit Hilfe von Parallelendmassen eingestellt werden können. Beispiele dafür sind in den Abb. 595, 630—633 u. 639 angeführt. Ein weiteres Beispiel bietet das Anschlagdrehen; denn die dabei benutzten Endmaße sind auch Einstellehren. Das Parallelendmaß bildet überhaupt eine geradezu ideale Einstellehre; es ist von denkbar einfachster Form, von größter Genauigkeit, verhältnismäßig billig und im Gebrauch wenig empfindlich.

In Abb. 921 ist gezeigt, wie an einer Hobelmaschine ein Schlichtstahl zum Hobeln einer Fläche, die von einer bereits fertigen Fläche genauen Höhenabstand haben soll, von dieser Fläche aus mit Hilfe von Endmaßen eingestellt wird. Die Höheneinstellung eines Stirnfräsers an einer Vertikalfräsmaschine zeigt Abb. 922. Es sind auch hier zwei Flächen in genauem Höhenabstande zu bearbeiten. Dies geschieht so,

Abb. 922.

daß zuerst die untere Fläche gefräst wird, wobei an dem durch Pfeil kenntlich gemachten Anschlag die Anschlagschraube direkt aufliegt, während beim Fräsen der höhergelegenen Fläche unter die Anschlagschraube ein Endmaß von der Größe des gewünschten Höhenabstandes gelegt wird. Das Verfahren ist also das gleiche wie beim Anschlagdrehen. Beim Fräsen runder Teile kann gleichfalls das Einstellen der Fräser zur Mitte des Werkstückes durch Anwendung von Endmaßen erleichtert werden, wie in Abb. 923 u. 924 dargestellt ist.

Einstellehren. Eine sehr einfache Spezialeinstellehre zeigt Abb. 925. Das Prisma an dem Schlitten einer Werkzeugmaschine soll gehobelt werden; das Maß l von Spitze zu Spitze Prisma soll genau sein. Nach-

Abb. 923.

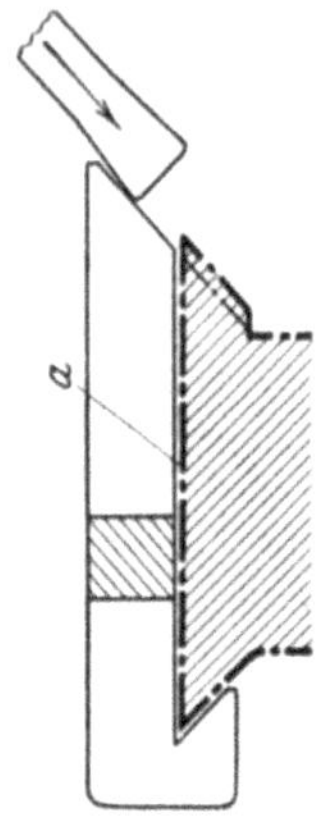

Abb. 926.

Abb. 924.

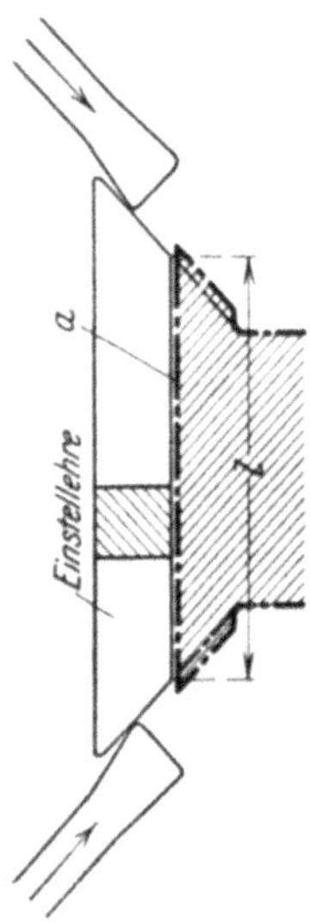

Abb. 925.

dem die Fläche a des Werkstückes gehobelt ist, wird, wie in der Abbildung dargestellt, die Lehre auf diese Fläche a aufgelegt und beide Supporte der Maschine so eingestellt, daß die eingespannten Stähle nach der Lehre den richtigen Abstand voneinander haben. Darauf werden mit beiden Supporten zugleich die Prismaflächen heruntergestochen, wobei der Vorschub in Pfeilrichtung erfolgt. Wird nur mit einem Support gearbeitet, so würde die Lehre nach Abb. 926 auszubilden sein, die nach dem Bearbeiten der Fläche *a* und der einen Prismafläche zur Anwendung gelangt.

Für Schlitten mit entgegengesetztem Prisma können entsprechende Lehren nach Abb. 927 u. 928 Anwendung finden. Der Lehrenkörper ist hier aus Gußeisen, da die Einstellseite hochgekröpft sein muß, um das Lehrstück mit der Einstellfläche befestigen zu können. Das Werkstück ist bei Anwendung der Lehre an den Flächen *a* und *b* fertig bearbeitet. Die Lehre wird auf die Fläche *a* gelegt und an die Fläche *b* herangeschoben. Das Lehrstück *c* ist aus Stahl gefertigt und gehärtet; es ist mit

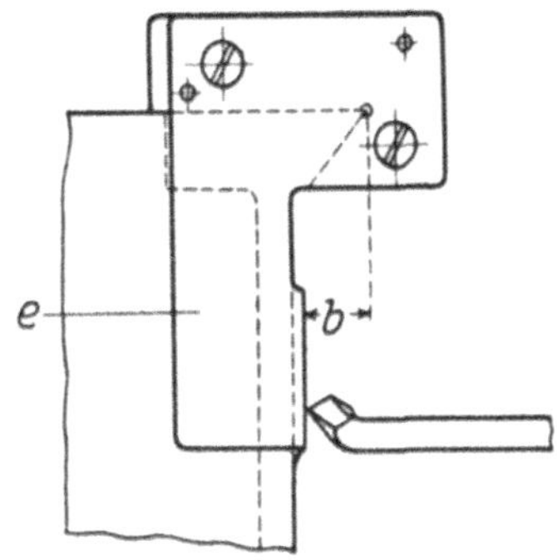

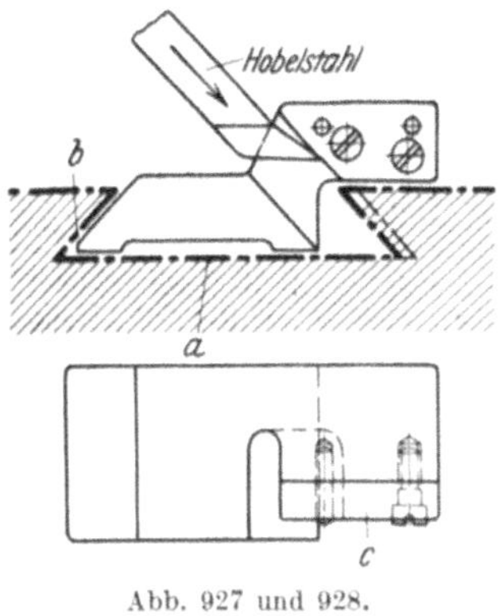

Abb. 927 und 928.

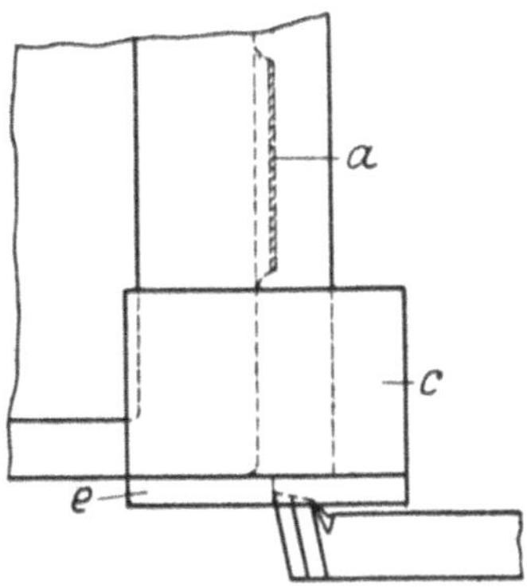

Abb. 929 und 930.

je zwei Schrauben und Stiften am Lehrenkörper befestigt. Die Einstellung des Hobelstahles geschieht in der dargestellten Weise.

Für eine seitliche Arbeitsfläche *a* an einem Schlitten, die einen genauen Abstand *b* von der Prismakante haben soll, ist eine Einstellehre nach Abb. 929 u. 930 vorgesehen. Die Einstellehre besteht aus einem Gußklotz *c*, der am Prisma des Konsols Anlage findet; an der Stirnfläche des Klotzes ist eine Lehrplatte *e* mit Schrauben und Stiften befestigt. Der Hobelstahl wird, wie in der Abbildung dargestellt, nach der Lehrfläche eingestellt und die Fläche *a* mit dieser Stahlstellung übergehobelt. Für die Kontrolle ist eine besondere Lehre nach Abb. 931 vorgesehen, die mit Fühlstift ausgerüstet ist.

Nicht immer gestalten sich die Aufgaben so einfach, wie eben geschildert; so ist die Herstellung eines Drehbankbettes außerordentlich schwierig, wenn an die Ausführung der Arbeit hohe Anforderungen gestellt werden. Betrachten wir das in Abb. 932 dargestellte Profil eines

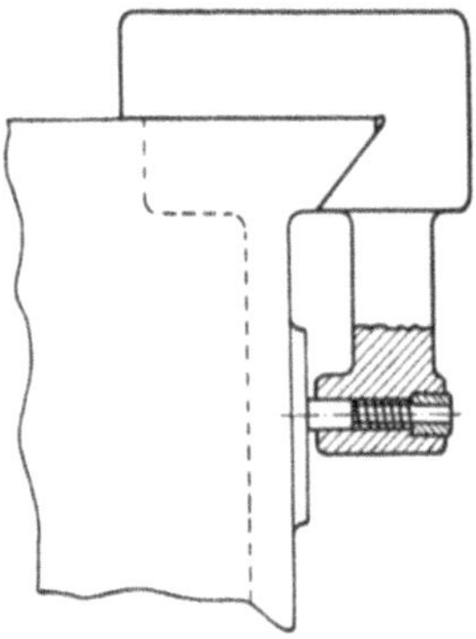

Abb. 931.

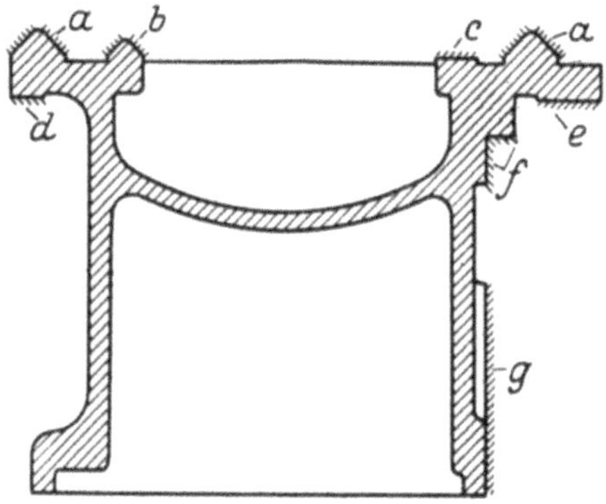

Abb. 932.

solchen Drehbankbettes; die V-Prismen *a* sollen genaue Winkel haben und symmetrisch zur Wagerechten stehen; sie sollen ferner genauen Abstand voneinander und gleiche Höhenlage haben. Das Prisma *b* soll gleichfalls genauen Winkel, symmetrische Lage, genauen Abstand, sowohl in der Wagerechten als auch in der Senkrechten, von den Prismen *a* haben. Die Fläche *c* wird in Zusammenhang mit dem Prisma *b* benutzt, muß also zu diesem eine genaue Lage haben. Die unteren Flächen *d* und *e* sollen genauen Höhenabstand von den Prismen erhalten; desgleichen ist die Lage der Flächen *f* und *g* von den Prismen zu beziehen. Alle aufgezählten Arbeitsstellen sind mit einer Toleranz von 0,02 mm auszuführen. Die übrigen Arbeitsflächen gehen frei; für diese ist eine Toleranz von 0,2 mm zulässig.

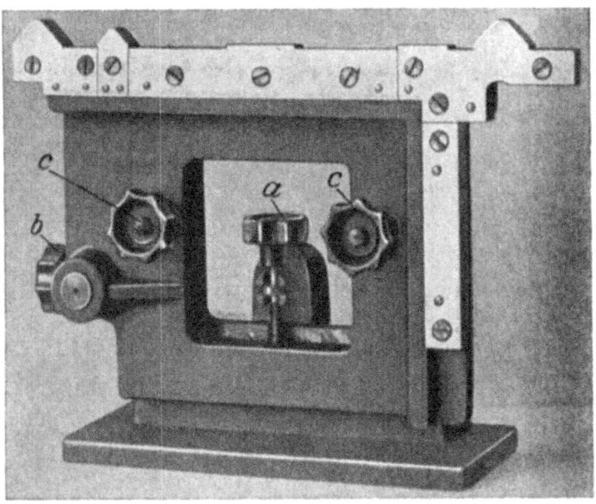

Abb. 933.

Um die recht schwierige Arbeit zu erleichtern und die Erreichung der erwähnten großen Genauigkeit zu ermöglichen, wurde eine Einstelllehre nach Abb. 933 geschaffen, die alle Arbeitsflächen des Bettes aufweist. Die Lehre wird in geringem Abstande vom Stirnende des Bettes auf die Hobelmaschine aufgespannt, Abb. 934, und die Stähle danach eingestellt. Beim Hobeln ergibt sich oft, daß die Betten etwas krumm sind; der Hobler muß dann aufmerksam die Materialabnahme so verteilen, daß alle Arbeitsflächen rein werden. Aus diesem Grunde kommt es dann vor, daß die ganze Höhe des Bettes etwas kleiner oder größer wird, was an sich bedeutungslos ist, aber bei der Konstruktion der Lehre

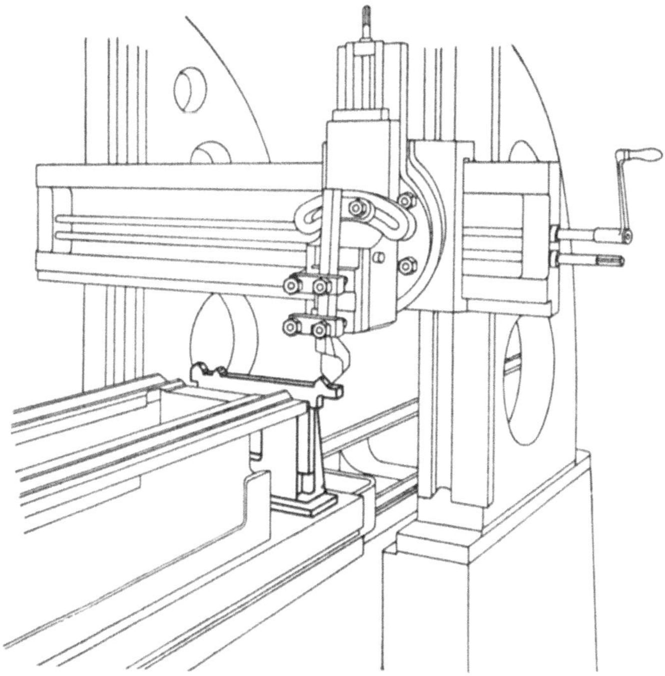

Abb. 934.

berücksichtigt werden mußte, da sonst bei Abweichung von dem Gesamthöhenmaß die Lehre nicht benutzt werden könnte. Die Lehre wurde deswegen so eingerichtet, daß das ganze Profil sowohl in der Höhe als auch seitlich verstellt werden kann. Die Höhenverstellung geschieht durch die Schraube *a* (Abb. 933) und die Seitenverstellung durch die Schraube *b*. Nach dem richtigen Einstellen wird die verstellbare Lehrplatte an dem Aufnahmewinkel durch die Schrauben *c* festgeklemmt.

Wie aus der Abbildung zu ersehen, ist die eigentliche gehärtete Lehre nicht aus einem Stück gefertigt, vielmehr ist das Profil aus fünf Lehrstücken zusammengesetzt, die auf einer Gußeisenplatte befestigt sind. Dies geschah aus Rücksicht auf die Herstellungsschwierigkeiten. Es wäre schon außerordentlich schwierig, das ganze Profil in weichem Zustande mit einer zulässigen Toleranz von 0,005 mm herzustellen, und beim Mißlingen einer der vielen Flächen wäre die ganze Lehre nachzuarbeiten oder gar zu verwerfen. Ferner wäre das Härten der komplizierten Platte nicht einfach, das Fertigstellen nach dem Härten in der verlangten Genauigkeit aber mit übergroßen Schwierigkeiten verbunden und die Ausschußgefahr ebenfalls sehr groß. Aus diesen Gründen wurde das Profil unterteilt; die einzelnen Stücke wurden mit möglichst großer Genauigkeit vorgearbeitet; das Härten bereitete keinerlei Schwierigkeiten. Nach dem Härten wurden die einzelnen Stücke geschliffen und die genauen Meßstellen justiert. Schließlich wurden die Teile an der Aufnahmeplatte angespannt, genau ausgerichtet und die Schraubenlöcher in die Aufnahmeplatte gebohrt. Die Teile wurden dann angeschraubt, nochmals genau ausgerichtet und dann die Prisonstiftlöcher gebohrt.

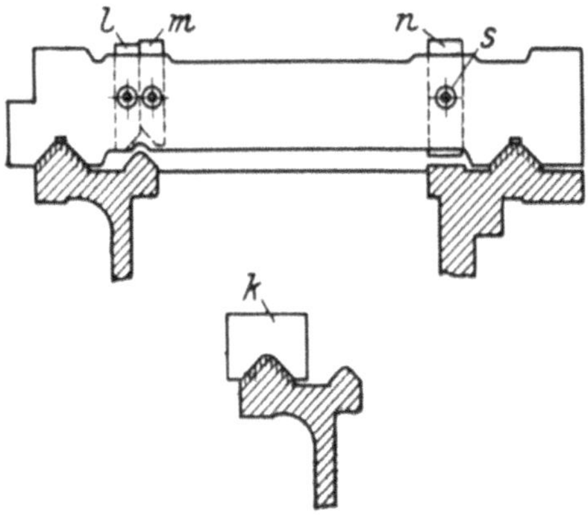

Abb. 935 und 936.

Zum Messen der bearbeiteten Flächen dienen eine Anzahl weiterer Lehren; zunächst ein Meßblock *k* (Abb. 935) zum Prüfen der Prismenwinkel. Der Block hat eine Länge von etwa 1,5 Prismenbreite; das Prisma ist mit größter Genauigkeit hergestellt; der ganze Block gehärtet. Die Anwendung erfolgt so, daß auf die Prismenflächen des Blockes etwas Tusche aufgetragen und das Prisma dann angerieben wird. Auf diese Weise wird leicht festgestellt, ob die Prismenflächen des Bettes hohl oder bucklig sind und der Prismenwinkel stimmt. Die Meßgenauigkeit ist sehr groß.

Die weitere Messung erstreckt sich auf die Lage der einzelnen Gleitflächen zueinander. Hierfür ist eine Lehre nach Abb. 936 vorgesehen. Die beiden Hauptprismen *a* sind direkt in die Lehrplatte eingearbeitet. Um genau festzustellen, ob die Lehre auf den einzelnen Flächen dieser Prismen gleichmäßig aufliegt, wird nacheinander an jeder Prismenfläche zwischen Lehre und Werkstück ein Papierstreifen von 0,02 mm Dicke und etwa 15 mm Breite gelegt und versucht, bei aufruhender Lehre den Streifen zu entfernen. Die Lage des Prismas *b* und der Fläche *c* wird durch die an der Lehre angebrachten Fühlstifte *l*, *m* und *n* geprüft. Diese Fühlstifte sind von gleicher Art wie der in Abb. 865 dargestellte, nur daß sie in diesem Falle rechteckigen Querschnitt haben. In Abb. 936 sind diese Fühlstifte abgehoben und durch Kordelschrauben *s* festgehalten, damit sie beim Prüfen der Prismen *a* nicht stören. Abb. 937 zeigt die Arbeitsweise der Fühlstifte; die linke Fläche des Prismas *b* hat die richtige Lage; die obere Fläche des Fühlstiftes liegt also in gleicher Höhe mit der entsprechenden Fläche des Lehrenkörpers. Dagegen liegt die rechte Prismafläche und die Fläche *c* zu hoch; die Fühlstifte stehen also mit ihren oberen Flächen über die entsprechenden Meßflächen des Lehrenkörpers hinaus. Wie bereits zu Abb. 865 erwähnt, sind bei diesen Messungen Fehler von 0,02 mm mühelos festzustellen.

Es ist klar, daß die Herstellung eines derartigen Lehrensatzes außerordentlich kostspielig ist, zumal, wenn man eine sehr große Genauigkeit der Ausführung verlangt und diese Genauigkeit auch wirklich mit geeigneten Mitteln nachprüft. Die Einrichtung kann sich auch nur bezahlt machen, wenn eine große Anzahl von Werkstücken herzustellen ist. Ist dies aber der Fall, so sind die erreichten Vorteile um so größer, denn durch die Einstellehre (Abb. 933) wird die Ausführung der recht schwierigen Hobelarbeit wesentlich erleichtert und beschleunigt; die nach den Lehren gehobelten Betten passen genau zu den zugehörigen Schlitten, die nach gleichartigen Lehren bearbeitet werden, so daß sich ein Aufeinanderpassen erübrigt und auch die noch nötige Schabearbeit auf ein Mindestmaß beschränkt wird.

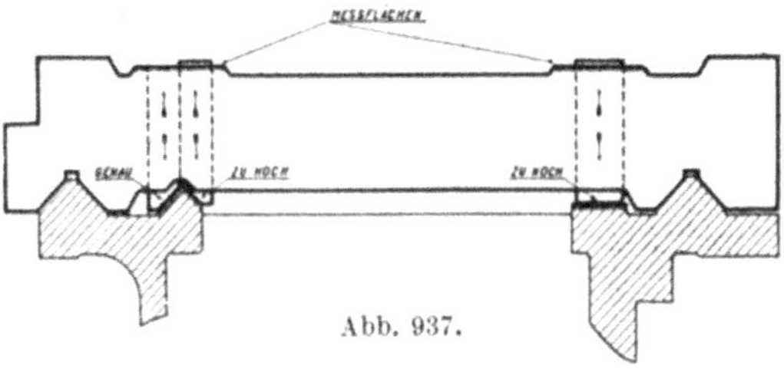

Abb. 937.

Für Betriebe, in denen Lehren mit V- oder schwalbenschwanzförmigen Prismen häufig herzustellen sind und bei denen an den zugehörigen Werkstücken viele Maße von Mitte oder Spitze Prisma eingehalten werden müssen, empfiehlt sich die Anschaffung von Lehren, die die Feststellung dieser Maße direkt gestatten.

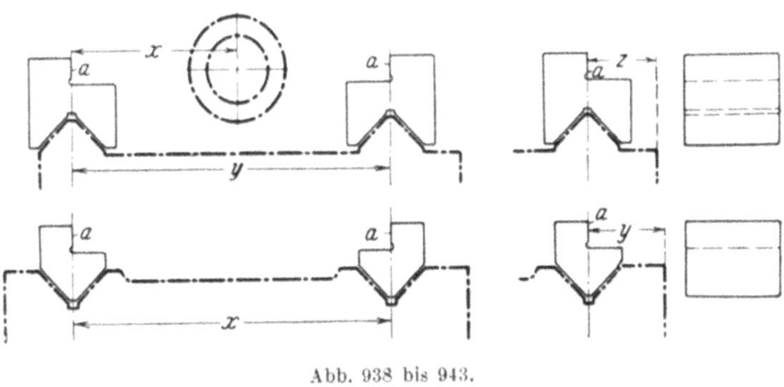

Abb. 938 bis 943.

Abb. 938—940 zeigt ein paar solcher Lehren für V-Prismen; die Meßflächen *a* der Lehrböcke sind genau auf Mitte Prisma gearbeitet, so daß irgendwelche Maße, die von Mitte Prisma bezogen sind, z. B. die in den Abbildungen angegebenen Maße *x*, *y* und *z* direkt gemessen werden können. Die Lehrböcke müssen genügend lang sein, damit sie sicher aufliegen. Für entgegengesetzte Prismen lassen sich die Lehren in gleichem Sinne nach Abb. 941—943 ausbilden.

Für schwalbenschwanzförmige Prismen sind derartige Lehren deswegen besonders vorteilhaft, weil die Messungen von der Spitze eines solchen Prismas nicht direkt ausführbar sind. Abb. 944 u. 945 zeigt einen Lehrblock für Messungen von der inneren Spitze eines Prismas. Die Meßfläche *a* liegt genau in Höhe der Prismaspitze; die Breite *c* des Meßblockes ist genau auf ein rundes Maß gebracht, z. B. 40 oder 50 mm, so daß die Fläche *b* ebenfalls als Meßfläche benutzt werden kann. Wird die Fläche *a* zum Messen benutzt (Maß *x*), so sind die Sollmaße in ihrer wirklichen Größe direkt zu messen, während bei Benutzung der Fläche *b* (Maß *y*) das Maß *c* des Lehrblockes vom Sollmaß abzuziehen ist.

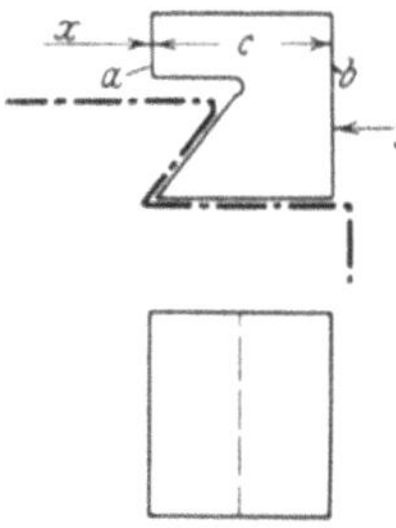

Abb. 944 und 945.

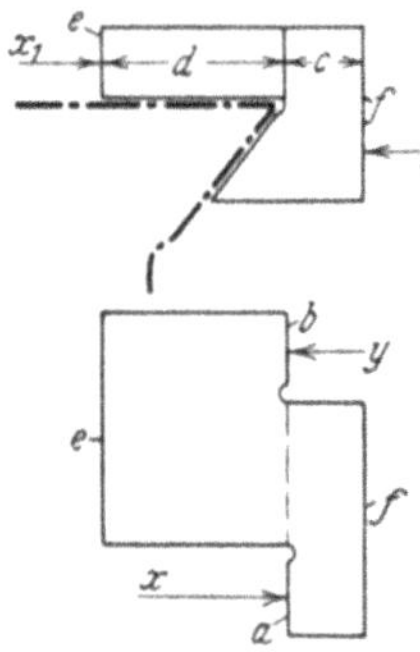

Abb. 946 und 947.

Abb. 946 u. 947 zeigt einen Lehrblock für Messungen von der Außenspitze eines Prismas. Hier sind zwei entgegengesetzt liegende Flächen *a* und *b* genau auf die Höhe der Prismaspitze hingearbeitet. Außerdem ist noch die Meßfläche *e* im Abstande *d* und die Meßfläche *f* im Abstande *c* von der Prismaspitze vorgesehen. Die Maße *d* und *c* stellen wieder runde Zahlen dar. Es können nun sowohl die Meßflächen *a* und *b* für die Maße *x* und *y*, als auch die Meßflächen *e* und *f* für die Maße *x* und *y* benutzt werden.

Mit Hilfe solcher Lehren lassen sich besonders bei kleiner Serien- und Einzelfabrikation sehr oft teuere Speziallehren ersparen; durch die Einfachheit und große Sicherheit der Messungen ist es möglich, die Arbeitszeit zu verringern und die Güte des Fabrikates zu heben. Werden die Lehren sehr genau hergestellt, so kann man sie auch als Originallehren zur Anfertigung anderer Lehren benutzen und damit die Herstellungskosten dieser bedeutend verringern. Sind die herzustellenden Prismen in der Größe sehr verschieden, so ist es natürlich angebracht, auch die Lehrklötze in einigen verschiedenen Größen anzuschaffen.

Lehren zum Messen winklig stehender Bohrungen. Eine im Maschinenbau sehr häufig vorkommende Arbeit besteht darin, in Teile zwei oder mehr Lagerstellen so zu bohren, daß diese rechtwinklig zueinander, jedoch in gleicher Höhe liegen; z. B. Bohrungen für Kegelradgetriebe. Es ist natürlich nötig, auch solche Arbeiten zu kontrollieren; leider ist jedoch bis heute noch kein Meßwerkzeug im Handel erhältlich, mit dem die nötigen Messungen ausgeführt werden können.

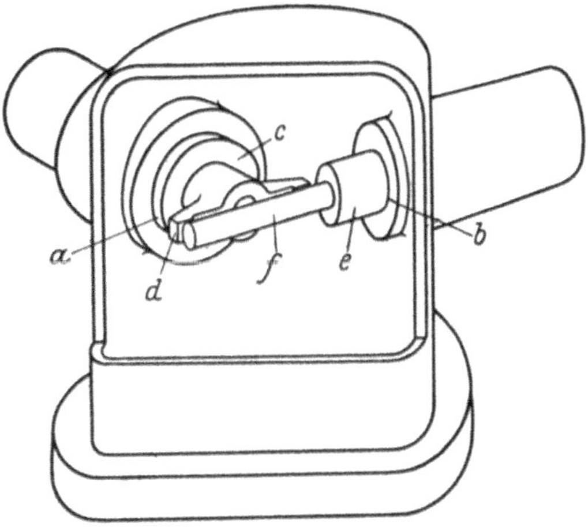

Abb. 948.

In Abb. 948 ist gezeigt, wie an zwei rechtwinklig zueinander stehenden Bohrungen diese Winkelstellung geprüft wird. In die Bohrung *a* ist eine Reduktionsbuchse *c* und in diese ein Lehrdorn *d* gesteckt, der an einem Ende mit einem Querbalken versehen ist. Dieser Querbalken hat zwei kleine Meßflächen, die genau in einer Ebene und senkrecht zur Achse des

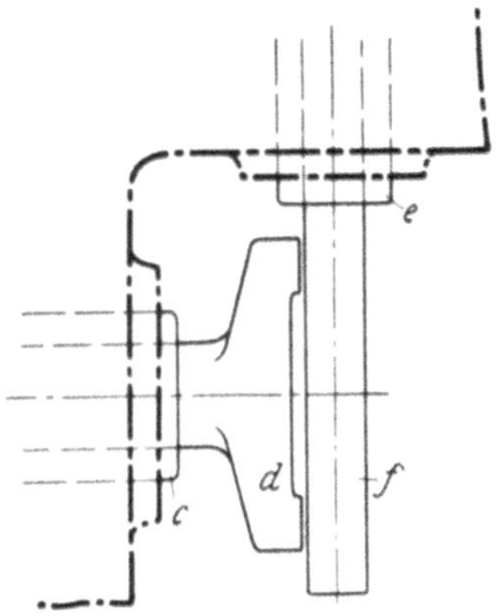

Abb. 949.

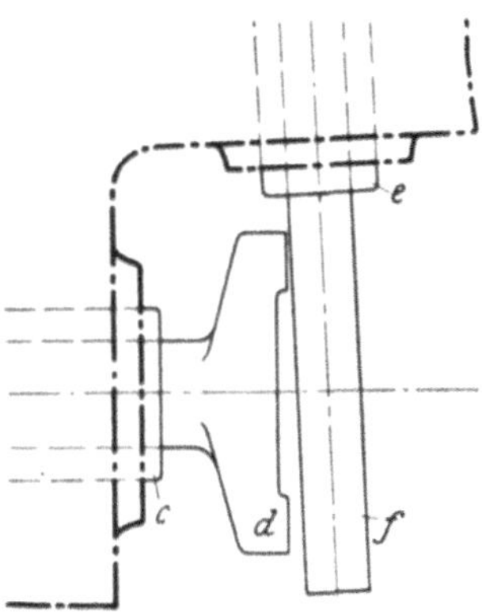

Abb. 950.

Dornes *d* liegen. In die Bohrung *b* ist gleichfalls eine Reduktionsbuchse *e* und ein glatter zylindrischer Lehrdorn *f* gesteckt. Das Messen geschieht so, daß der Dorn *d* in axialer Richtung so weit vorgeschoben wird, bis er den Dorn *f* berührt. Erfolgt die Berührung an beiden Meßflächen gleichmäßig, Abb. 949, so stehen beide Bohrungen im rechten Winkel; kommt nur eine der Meßflächen zur Anlage, Abb. 950, so stehen die Bohrungen schief zueinander. Die Dorne *d* und *f* sind von verhältnismäßig kleinem Durchmesser, um sie mit Hilfe der Reduktionsbuchsen in alle vorkommenden Bohrungen aufnehmen zu können.

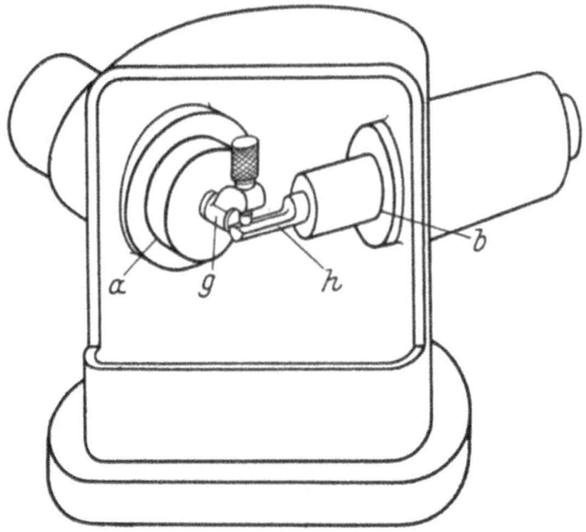

Abb. 951.

Zum Prüfen, ob die Bohrungen in einer Ebene liegen, dient eine Lehre nach Abb. 951; der Dorn *g* ist an einem Ende mit einem Kloben versehen, in dem rechtwinklig zur Dornachse eine Mikrometerschraube angebracht ist. Der Dorn *h* ist an einem Ende wie ein Kanonenbohrer abgesetzt, dessen Fläche genau in der Achse des Dornes liegt, Abb. 952 bis 954. Die Dorne werden so in Stellung gebracht, daß bei Betätigung der Mikrometerschraube diese auf die Meßfläche des Dornes *h* ungefähr in der Mitte trifft. Die Mikrometerschraube ist so eingestellt, daß sie auf Null steht, wenn ihre Meßfläche in Höhe der Achse des Dornes *g* liegt. Man kann also, wenn die Achsen der Löcher *a* und *b* nicht in einer Ebene liegen, die Maßabweichung direkt ablesen. Auch hier sind aus gleichem Grunde wie in dem vorhergegangenen Beispiel Reduktionsbuchsen angewandt.

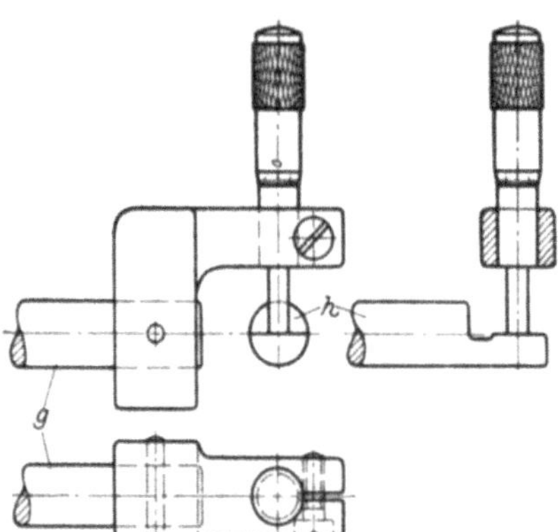

Abb. 952 bis 954.

Eine andere Lehre für den gleichen Zweck zeigt Abb. 955 bis 957. Auch hier werden zwei Dorne *i* und *k* benutzt; der Dorn *i* hat einen Vierkantkopf, in den ein runder Zapfen *z* so eingesetzt ist, daß seine Achse genau rechtwinklig zur Dornachse und in einer Ebene mit dieser liegt. Der Zapfen am Kopf hat genau den gleichen Durchmesser wie der Dorn *k*; je eine Stirnfläche des Zapfens und des Dornes sind ausgespart, so daß nur Kreisringflächen von etwa 2 mm Breite stehenbleiben, die geschliffen werden.

Die Kanten beider Teile müssen scharf sein. Die beiden Dorne werden so zueinander in Stellung gebracht, daß sich die Meßflächen berühren, Abb. 955—957. Liegen nun die zu messenden Bohrungen nicht in einer Ebene, so gelingt es nicht, den Zapfen *z* und den Dorn *k* so zu-

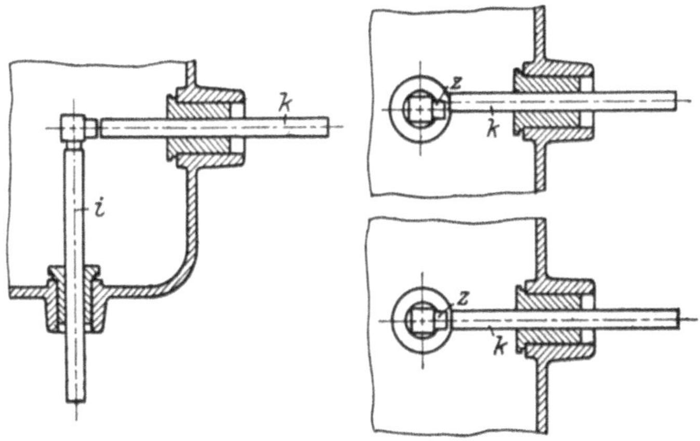

Abb. 955 bis 957.

einander zu stellen, daß beim Abfühlen mit Daumen und Zeigefinger (Abb. 959) kein Absatz fühlbar ist; man fühlt vielmehr deutlich auch ganz geringe Verlagerungen (etwa noch 0,02 mm). Liegen dagegen die Achsen in einer Ebene, so fallen auch die Achsen von *z* und *k* zusammen, und man kann beim Abfühlen keinen Absatz feststellen.

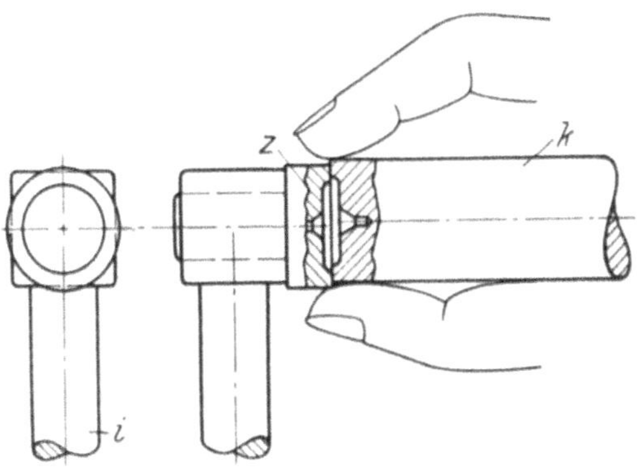

Abb. 958 und 959.

Natürlich müssen alle solche Lehren sehr genau hergestellt und mit einer gewissen Sorgfalt behandelt werden. Hat man ständig Arbeiten auszuführen, bei denen die Lehren Verwendung finden, so ist zu empfehlen, die Reduktionsbuchsen für alle vorkommenden Maße vorzusehen, damit man im Bedarfsfalle nicht auf die Anfertigung der Buchsen warten muß. Die Buchsen können aus Gußeisen gefertigt werden; besser sind jedoch solche aus Stahl, die dann gehärtet und geschliffen sein müssen. Die Anwendung des ganzen Verfahrens ist nur dann wirtschaftlich, wenn die hergestellten Bohrungen innerhalb der zulässigen Toleranzen passen.

Die Herstellung von Vorrichtungen.

Die Herstellung der Vorrichtungen soll natürlich möglichst rationell geschehen, um ihre Gestehungskosten niedrig zu halten. Bei diesem Bestreben wird oft der falsche Weg eingeschlagen, daß man die Vorrichtungen roh zusammensetzt und auf Ausarbeitung der Einzelteile verzichtet. So hergestellte Vorrichtungen ergeben selten eine gute Arbeit; meist leidet auch die Handlichkeit unter der Ausführung, so daß bei der Benutzung unnötig große Verlustzeiten entstehen. Man darf auch bei der Herstellung von Vorrichtungen deren Zweck, Zeit zu sparen und genaue Arbeit zu erzielen, nicht aus den Augen verlieren. Aus diesem Grunde muß alles geschehen, was zur Erhöhung der Qualität des Fabrikates und zur Verbilligung beitragen kann. Die Aufnahmen für das Werkstück müssen einwandfrei ausgeführt sein, die Spannmittel richtig wirken und die Bedienungselemente, wie Schrauben, Muttern, Hebel, müssen handlich sein. Alle Stellen, die von den Händen des die Vorrichtung benutzenden Arbeiters berührt werden, müssen abgegratet, wenn möglich abgerundet sein; denn Teile mit scharfen Kanten lassen sich nicht so leicht und schnell hantieren, wie solche mit abgerundeten. Der Hersteller der Vorrichtungen sollte sich in die Lage des Arbeiters versetzen, der mit den Vorrichtungen arbeiten soll; ist die Vorrichtung unhandlich und sind die Einzelteile mit Grat behaftet, so daß der Arbeiter sich die Hände verletzt, oder ist das Einlegen und Entfernen des Werkstückes umständlich und mit Gefahr für den Arbeiter verbunden, so ist es nur verständlich, wenn der Arbeiter die Vorrichtung ungern benutzt. Im andern Falle kann man sehr oft beobachten, wie Arbeiter gut durchgebildete und sorgfältig ausgeführte Vorrichtungen mit einer gewissen Freudigkeit bedienen. Dieses Moment wurde leider bisher bei uns viel zu wenig beachtet; es ist aber von größter Bedeutung zur Hebung der Arbeitsfreudigkeit. Ferner werden durch gute Vorrichtungen die Arbeiter angeregt, ihrerseits Vorschläge zu machen für weitere Verbesserungen. Diese Mitarbeit der Arbeiter ist gleichfalls von hohem Wert; nicht nur, daß das Unternehmen aus den vorgeschlagenen Verbesserungen Nutzen zieht, auch die Schaffensfreude der Arbeiter wird gehoben, wenn man ihre Meinungen vernünftig anhört und ihren Anregungen nachgeht.

Da die Vorrichtungen in den allermeisten Fällen Einzelausführungen sind, so ist es unausbleiblich, daß auch einmal eine solche entsteht, die nicht restlos allen Anforderungen genügt und hier und da Mängel aufweist. Diese Mängel werden natürlich viel leichter überwunden, wenn der Arbeiter, der eine solche Vorrichtung benutzt, nicht wie eben geschildert, durch Ungeschicklichkeiten in der Ausführung verstimmt ist.

Der Vorrichtungenkonstrukteur oder der Konstruktionsleiter sollte die Werkstattausführung seiner Schöpfungen ständig verfolgen, um etwa noch nachträglich auftretende Schwierigkeiten und Mängel zu beheben; er soll ferner darauf sehen, daß Ausführungsfehler der oben erwähnten Art vermieden werden. Dieses Verfolgen der Herstellung sollte auch dazu benutzt werden, die dabei gemachten Erfahrungen bei der Konstruktion weiterer Vorrichtungen zu verwerten. Man soll dabei den Grundsatz gelten lassen: Fehler sind bis zu einem gewissen Grade entschuldbar, doch dürfen sie nicht wiederholt werden.

Das Verfahren, Vorrichtungen herzustellen, richtet sich natürlich nach dem Umfange des Betriebes und nach der Art des Fabrikates.

Sind viele kleine Vorrichtungen herzustellen, so ergibt sich von selbst, daß alle Einzelteile dafür in der Werkzeugmacherei hergestellt werden. Dagegen kann es in Betrieben, die Präzisionsmaschinen herstellen, für die auch größere Vorrichtungen nötig sind, angebracht sein, die Vorrichtungenkörper im Betriebe zu bearbeiten, da es unwirtschaftlich ist, den Werkzeugbau mit vielen großen Werkzeugmaschinen zu belasten, die nicht oft benutzt werden.

Die Arbeiten der Werkzeugmacherei kann man entweder so verteilen, daß man den einzelnen Werkzeugmachern die einzelnen Vorrichtungen zur vollständigen Herstellung übergibt, d. h. so, daß der Mann alle Hobel-, Fräs- und Bohrarbeiten selbst ausführt, oder so, daß ihm die Einzelteile vorgearbeitet übergeben werden und er nur das Zusammenpassen und Fertigstellen auszuführen hat; das Bearbeiten der Einzelteile wird dann von Maschinenarbeitern ausgeführt.

Das erste Verfahren bedingt eine größere Anzahl von guten Werkzeugmachern, die auch alle vorkommenden Maschinenarbeiten mit Ausnahme der Dreherarbeit in angemessener Zeit und genügender Genauigkeit ausführen können; die Maschinen werden dabei unregelmäßig besetzt, wodurch sich ein verhältnismäßig großer Maschinenpark als nötig erweist. Diesen Nachteilen steht der Vorteil gegenüber, daß weniger Verwaltungsarbeit nötig ist, die Arbeit schneller durch die Werkstatt läuft, daß viel Ausschuß vermieden wird und — bei Vorhandensein guter Werkzeugmacher — die Arbeit sauberer wird.

Nach dem zweiten Verfahren werden die Einzelteile von Maschinenarbeitern vorgearbeitet; da es sich fast ausschließlich um Einzelherstellung handelt und Teile der verschiedensten Form vorkommen, so kann selbst der Spezialist aus der Teilzeichnung oft nicht ersehen, worauf es jeweilig ankommt. Da außerdem bei Einzelfertigung der Prozentsatz der Ausschußarbeit viel größer ist als bei Serien- und Massenfabrikation, so ergibt sich ein ungewöhnlich großer Ausschußsatz. Um dies zu vermeiden, wird dann oft der Fehler begangen, an Paßstellen zu viel Material zum Anpassen zuzugeben. Dadurch wird aber die Arbeit des Werkzeugmachers vermehrt, besonders die Feilarbeit. Es entstehen nicht nur höhere Kosten, auch die Güte der Arbeit verringert sich, denn die Feilarbeit ist nicht so genau wie gute Maschinenarbeit.

Die Arbeitszerlegung hat weiter den Nachteil, daß sie einen größeren Verwaltungsapparat erfordert. Die Vorteile sind: bessere Ausnutzung der Werkzeugmaschinen, geringe Herstellungskosten und geringere Anzahl guter Werkzeugmacher.

Mit beiden Verfahren lassen sich Erfolge erzielen; es kommt eben alles auf die Geschicklichkeit der Leitung, auf die Güte der Vorarbeit im Konstruktionsbureau und auf den Grad der Erziehung der Leute an.

Die Maschinen, die in der Werkzeugmacherei gebraucht werden, sollten von bester Qualität sein. Da, wie bereits mehrfach erwähnt, fast nur Einzelarbeiten in Frage kommen und bei diesen die Nebenzeiten den übergroßen Teil der Gesamtarbeitszeit ausmachen, so ist besonders hoher Wert auf große Handlichkeit der Maschinen zu legen und lieber auf große Spanleistungen zu verzichten, die doch nur selten ausgenutzt werden. Um die Güte der Arbeit zu heben und besonders die genaue Einhaltung von Paßstellen in Längenmaßen zu ermöglichen, sollte die Anwendung von Parallelendmaßen zum Einstellen der Maschinen und Werkzeuge planmäßig durchgeführt werden. An den Vorrichtungenteilen sollte möglichst wenig durch Feilen passend gemacht werden, da die Feilarbeit viel teurer und weniger genau ist als die Maschinenarbeit. In einer gut geleiteten Werkzeugmacherei sollten Stroh- und Armfeilen nicht benutzt werden; Teile, die damit bearbeitet werden, gehören auf die Shaping-, Fräs- oder Schleifmaschine.

Zu den schwierigsten Arbeiten im Vorrichtungenbau gehört die genaue Herstellung schiefwinklig gelegener Flächen und das Bohren der Bohrbuchsenlöcher in Vorrichtungen.

Was die Herstellung schiefwinklig gelegener Flächen betrifft, so ist die Form und Größe der vorkommenden Vorrichtungen so mannigfaltig, daß sich bestimmte Regeln dafür nicht aufstellen lassen, zumal alles davon abhängt, welche Maschinen und sonstigen Hilfsmittel zur Verfügung stehen. Doch sollte beim Messen schiefer Winkel möglichst weitgehend das „Sinuslineal", das im Abschnitt über Lehren behandelt ist, angewandt werden. Im übrigen bieten verstellbare Aufspannwinkel und Schraubstöcke zahlreiche Möglichkeiten, die Teile in schiefwinkliger Lage auszuspannen. Derartige verstellbare Aufspannmittel sind gewöhnlich mit einer Gradeinteilung zum Einstellen der gewünschten Winkel versehen. Diese Gradeinteilungen sind meist nicht genau; man verlasse sich daher nicht darauf, sondern prüfe bei Teilen, die genau sein sollen, die Einstellung mit dem Sinuslineal. Die entstehende Mehrarbeit beim Aufspannen und Ausrichten wird reichlich wettgemacht durch Ersparnisse an Nacharbeit und Vermeidung von Ausschuß.

Bohren der Bohrbuchsenlöcher. Bei der Herstellung der Aufnahmelöcher für die Bohrbuchsen in Bohrvorrichtungen werden die verschiedensten Verfahren angewandt. Die Schwierigkeit bei dieser Arbeit besteht darin, die Löcher in bestimmtem Abstand von anderen oder von irgendwelchen Flächen zu bohren. Für die Wahl des Verfahrens ist natürlich in erster Linie maßgebend, mit welcher Genauigkeit die erwähnten Abstände passen sollen und in welcher Häufigkeit derartige Arbeiten vorkommen. Ferner ist maßgebend, ob in der Hauptsache kleine und einfache oder auch größere und kastenförmige Vorrichtungen herzustellen sind.

Das einfachste und roheste Verfahren besteht darin, die Vorrichtung wie ein Maschinenteil anzureißen und die Löcher nach dem Anriß zu bohren. Nicht selten versucht man, die bei diesem Verfahren auftretenden Differenzen in den Lochabständen dadurch zu berichtigen, daß man die Löcher einseitig ausfeilt oder ausschabt und darauf von Hand nachreibt. Die so ausgeführte Arbeit ist sehr teuer und sehr unzuverlässig.

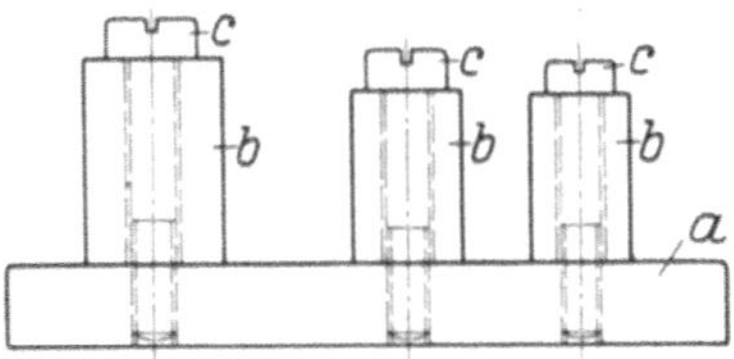

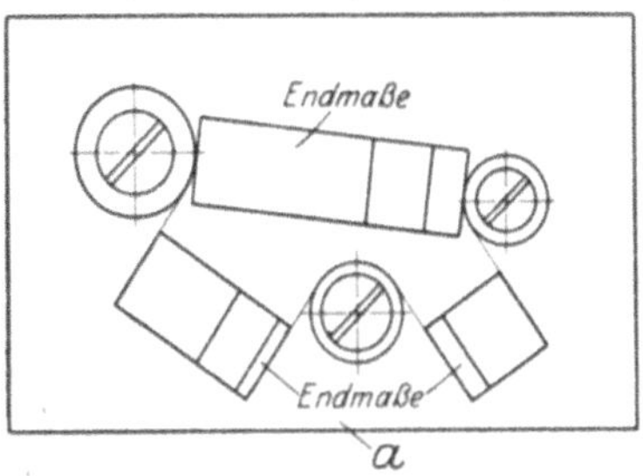

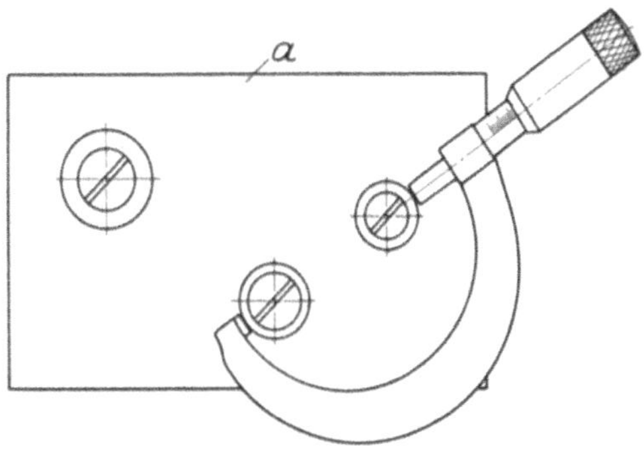

Abb. 960 bis 962.

Besser ist das sogenannte Knopfverfahren, Abb. 960—962. Hierbei werden in die Bohrplatte *a* an den Stellen, wo die Buchsenlöcher gebohrt werden sollen, Schraubenlöcher in ungefähr richtigem Abstande gebohrt. Darauf werden Buchsen (Knöpfe) *b* mit den Schrauben *c* auf der Platte lose befestigt; die Bohrung der Buchsen ist 1—2 mm größer als der Schraubendurchmesser, so daß man nach leichtem Anziehen der Schrauben die Buchsen quer zur Achse durch leichte Schläge verschieben kann. Der Außendurchmesser der Buchsen ist auf ein rundes Maß genau geschliffen. Man stellt nun mit Hilfe von Parallelendmaßen (Abb. 961) oder Mikrometerschrauben (Abb. 962) die Buchsen auf genaue Entfernung ein und zieht dann die Schrauben fest an. Darauf wird die Bohrplatte auf die Planscheibe einer Drehbank gespannt und nach der ersten Buchse mittels Meßuhr so ausgerichtet, daß sie schlagfrei läuft, Abb. 963. In der erreichten Stellung wird dann die Bohrplatte fest-

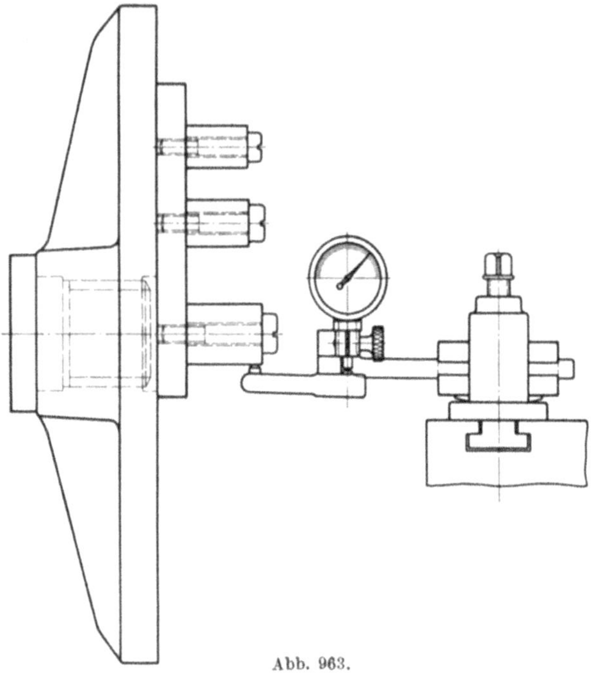

Abb. 963.

gespannt, die erste Buchse entfernt und das Loch gebohrt, wobei darauf zu achten ist, daß das fertige Loch nicht schlägt. Nach Fertigstellung des ersten Loches wird für das folgende die Platte nach der zweiten Buchse ausgerichtet, das entsprechende Loch gebohrt und so fort. Das Verfahren erscheint etwas umständlich; bei einiger Übung werden damit jedoch ganz gute Ergebnisse erzielt. Für große Vorrichtungen, die man nicht ohne weiteres auf die Planscheibe einer Drehbank spannen kann, ist das Verfahren nicht anwendbar.

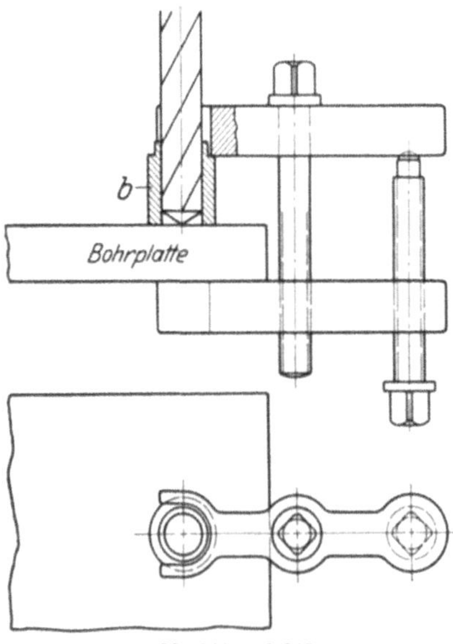

Abb. 964 und 965.

Ein anderes, ähnliches Verfahren (Patent Mothes) ist in Abb. 964 u. 965 dargestellt; auch hier werden Buchsen *b* angewandt, die in der eben beschriebenen Weise ausgerichtet werden. Das Festspannen auf der zu bohrenden Bohrplatte geschieht jedoch durch Parallelschraubenzwingen, deren Spanneisen an einem Ende gabelförmig ausgebildet sind, so daß sie einen angedrehten Hals der Buchsen umschließen und die Bohrung freilassen. Die Buchsen werden zur Führung des Bohrers benutzt, so daß die Arbeit auf der Bohrmaschine ausgeführt werden kann, also einfacher ist. Vor allem aber fällt das zeitraubende Ausrichten der Bohrplatte auf der Drehbank fort und damit gleichzeitig eine Fehlerquelle.

In vielen Betrieben, besonders aber in Werkstätten, die Vorrichtungen für fremde Firmen herstellen, kommt es vor, daß die Lochentfernungen

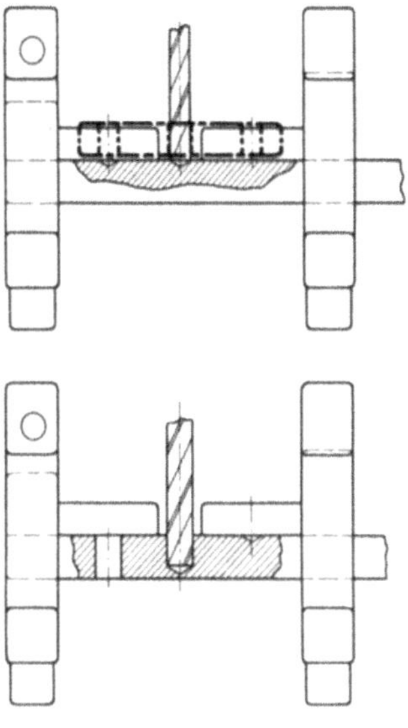

Abb. 966 und 967.

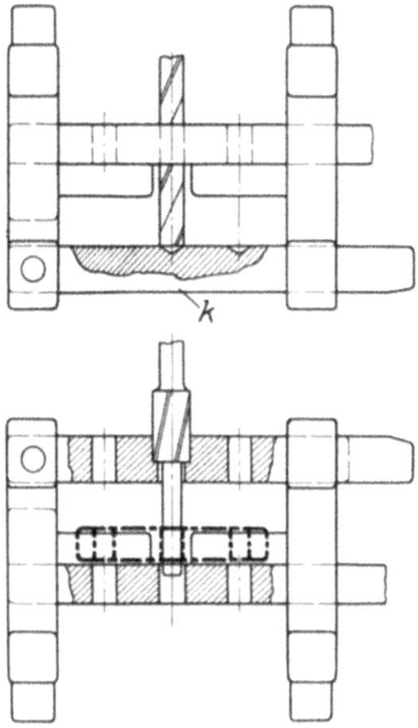

Abb. 968 und 969.

der herzustellenden Bohrvorrichtungen nach vorhandenen fertigen Werkstücken ausgeführt werden müssen. Dabei ist es schwierig, die Lochentfernungen des Musterteiles auf die Vorrichtung zu übertragen. Geschickte Werkzeugmacher haben zur Behebung dieser Schwierigkeit folgende Methode entwickelt, die besonders für kleine Vorrichtungen mit Klappe vorteilhaft ist: Die Vorrichtung wird fertiggestellt bis auf die Aufnahmelöcher für die Bohrbuchsen. Darauf wird die Klappe entfernt, das Musterteil in die Vorrichtung gelegt und festgespannt. Man bohrt nun vorsichtig durch das Musterteil die Auflageplatte an, Abb. 966, so daß gerade die volle Bohrerspitze in die Platte eingedrungen ist. Darauf wird das Musterteil entfernt und die Löcher in der Platte mit einem etwa 1 mm größeren Bohrer durchgebohrt, Abb. 967, wobei keine besondere Sorgfalt aufzuwenden ist. Nunmehr wird die bis dahin entfernt gewesene Klappe *k* eingesetzt, die Vorrichtung umgekehrt, so daß die Füße nach oben stehen (Abb. 968) und durch die Auflageplatte die Löcher in die Klappe gebohrt. Darauf wird wieder das Musterteil eingespannt und mit einem Zapfensenker *S* (Abb. 969) die Löcher in der Klappe aufgesenkt. Die Zapfensenker haben besonders lange Zapfen, die genau in die Löcher des Musterteiles passen müssen. Der Durchmesser des schneidenden Teiles entspricht dem Außendurchmesser der Bohrbuchsen. Die so aufgesenkten Löcher haben genau die gleichen Abstände wie die des Musterteiles, da sich die Senker im Musterteil und nicht in den größer vorgebohrten Löchern der Platte und der Klappe führen. Die Zapfensenker müssen natürlich sehr genau hergestellt werden und das Aufsenken ist mit großer Vorsicht auszuführen.

Das Bohren größerer Vorrichtungen wird häufig auf Fräsmaschinen ausgeführt; in vielen Betrieben sind wohl auch Fräsmaschinen mit be-

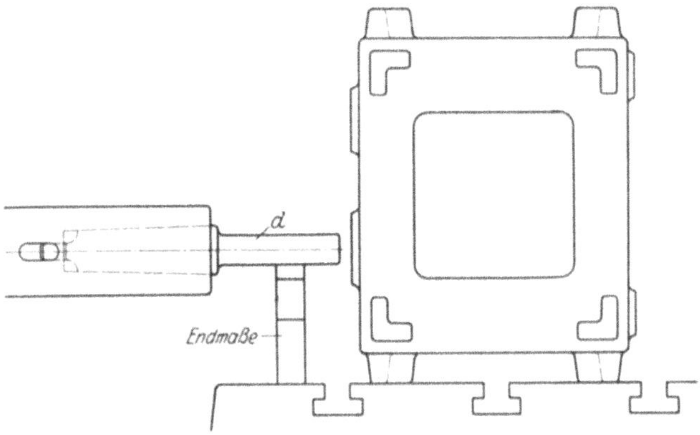

Abb. 970.

sonderen Hilfseinrichtungen zum Einstellen der Lochentfernungen ausgerüstet. Man kann jedoch mit Vorteil diese Arbeiten auch auf einem guten Horizontalbohrwerk ausführen; dies ist besonders dann zu empfehlen, wenn die Vorrichtungen so groß sind, daß das Aufspannen auf der Fräsmaschine unsicher wird. Bei der Auswahl eines Bohrwerkes für diesen Zweck sollte man ganz besonders auf leichte und bequeme Verstellbarkeit der einzelnen Maschinenglieder sehen, da von der genauen Einstellung der Maschine die Güte der ausgeführten Arbeit abhängt und das Einstellen den größten Teil der Gesamtarbeit darstellt.

Das Einstellen selbst kann folgendermaßen geschehen: In die Arbeitsspindel der Maschine wird ein Hilfsdorn *d* gesteckt (Abb. 970), dessen zylindrischer Teil genau auf ein rundes Maß geschliffen ist. Man stellt nun, wie in der Abbildung gezeigt, mit Hilfe von Endmaßen den gewünschten Abstand von der Aufspannfläche, von einer Aufspannfläche der Vorrichtung, von einer bereits vorhandenen Bohrung

(Abb. 971) oder von mehreren solcher Meßstellen aus ein. Darauf wird der Dorn *d* entfernt und das Loch in den Vorrichtungenkörper mit

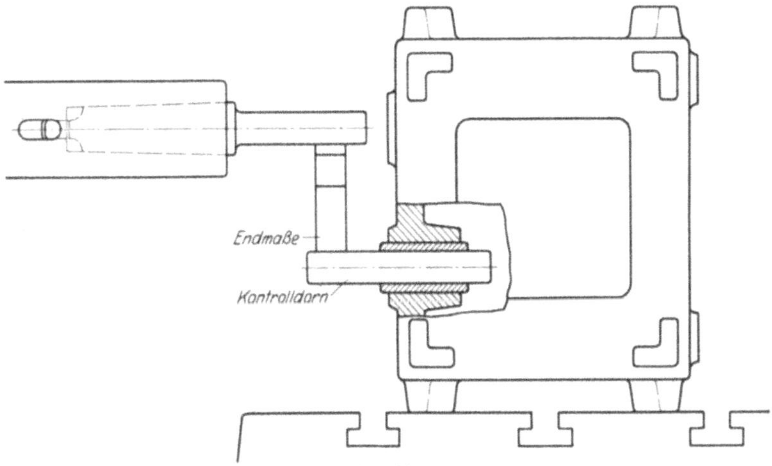

Abb. 971.

fliegenden Werkzeugen gebohrt, und zwar wird, wie in Abb. 972—974 gezeigt, zuerst vorgebohrt (wenn das Loch nicht vorgegossen ist), dann mit einer oder mehreren Bohrstangen nachgebohrt und schließlich gerieben. Dabei ist darauf zu achten, daß die Bohrstange alles einseitig stehende Material restlos fortnimmt, da nur dann die Achse des fertigen Loches genau mit der Bohrspindel zusammenfällt. Der letzte Span der Bohrstange darf daher nur klein sein; auch sollte zum Aufreiben nicht mehr als 0,1 mm im Durchmesser stehenbleiben.

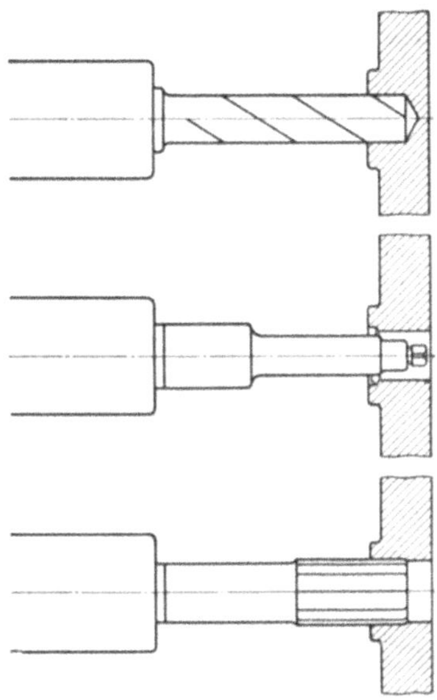

Abb. 972 bis 974.

Sind mehrere hintereinanderliegende Löcher, die eine gemeinsame Achse haben, zu bohren, so ist ein zwar wenig bekanntes, aber sehr gutes Verfahren zu empfehlen: Angenommen, es sei ein Teil mit zwei gleich großen oder verschieden großen Bohrungen *g* und *k* herzustellen, Abb. 975 u. 976, so wird zunächst die Bohrung *g* in eben beschriebener Weise mit einer Bohrstange ausgebohrt und nach Grenzlehre passend aufgerieben. Das so hergestellte Loch fluchtet genau mit der

Arbeitsspindel der Maschine. Zum Bohren des Loches *k* wird in der Arbeitsspindel eine Führungshülse *h* befestigt, die am vorderen Ende einen Innenkonus zur Aufnahme von Werkzeugen trägt. Die Hülse ist außen genau auf den Durchmesser des Loches *g* geschliffen und führt sich in diesem, so daß sie eine Verlängerung der Bohrspindel darstellt, Abb. 977

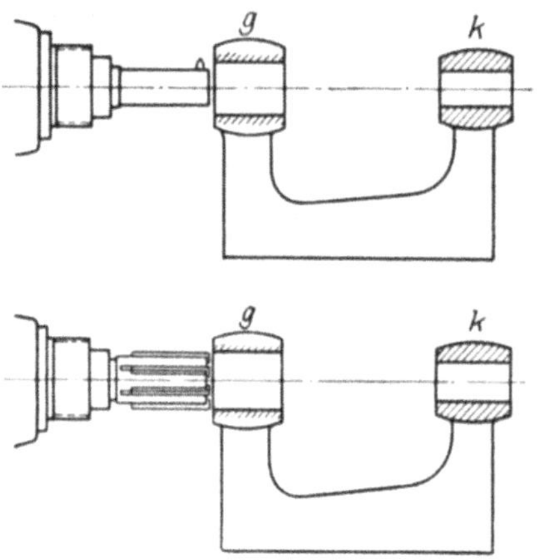

Abb. 975 und 976.

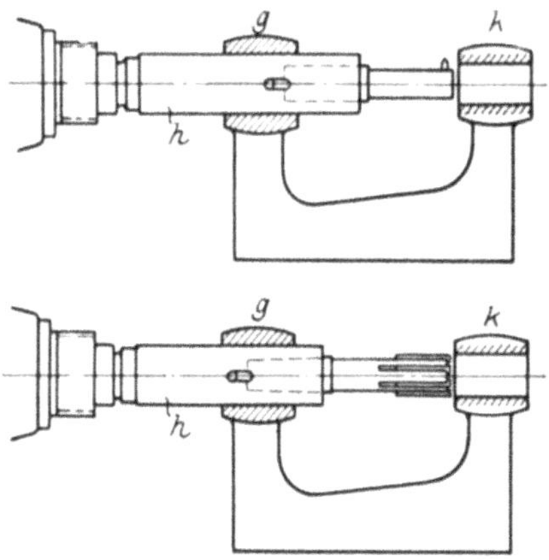

Abb. 977 und 978.

u. 978. In die Hülse werden nun die nötigen Bohrstangen und Reibahlen zum Bohren des Loches *k* eingesteckt und dieses in gleicher Weise wie das Loch *g* gebohrt.

Abb. 979.

Die sehr kurzen und einfachen Werkzeuge gestatten kräftige Späne und geben Gewähr für eine genaue Arbeit. Der Hauptvorteil des Verfahrens besteht darin, daß die danach hergestellten Bohrungen gut fluchten. Sind in einem Betriebe viele derartige Arbeiten auszuführen, so ist es ratsam, die Führungshülsen *h* zu normen und in der nötigen Anzahl vorrätig zu halten. Vorbedingung für die Anwendbarkeit des Verfahrens ist, daß die hergestellten Bohrungen innerhalb der normalen Grenzen passen, da sonst die Führungshülsen entweder nicht in die Bohrungen hineingehen oder darin zuviel Spiel haben. Das Verfahren ist sowohl beim

Bohren von kastenförmigen Vorrichtungen anwendbar, als auch bei der Herstellung von Maschinenteilen.

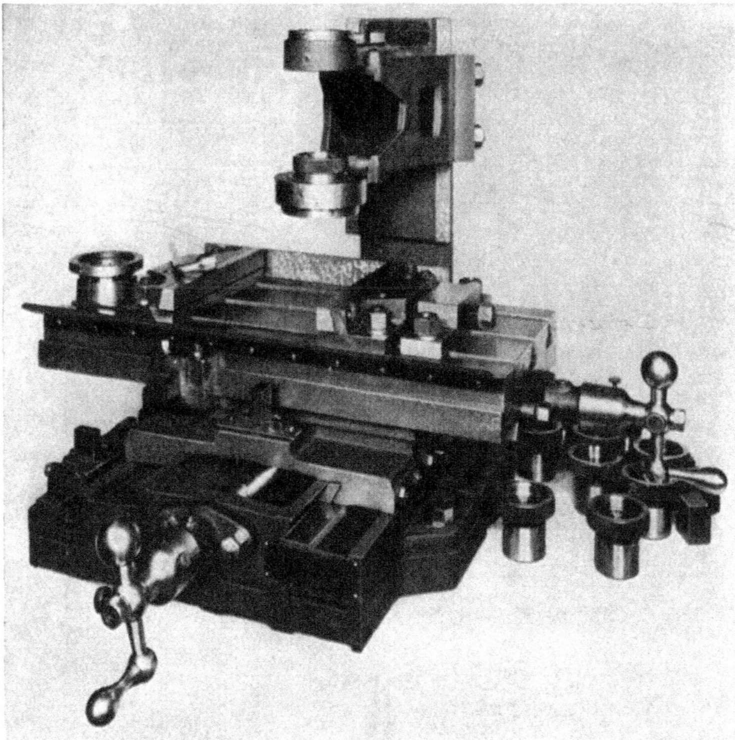

Abb. 980.

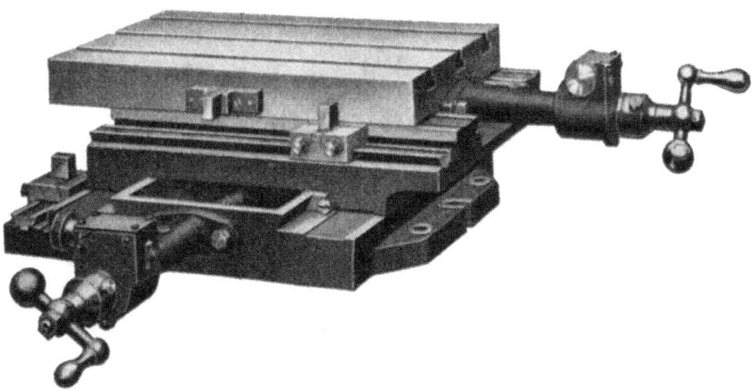

Abb. 981.

Da Bohrvorrichtungen in großer Anzahl hergestellt werden, so ist ohne Frage in vielen Betrieben Bedürfnis nach Spezialmaschinen zum Bohren solcher Vorrichtungen vorhanden. Einige Werkzeugmaschinen-

Abb. 982.

Abb. 983.

fabriken haben zwar Fräsmaschinen mit besonderen Einrichtungen zum Bohren von Vorrichtungen versehen und bringen diese auf den Markt, doch ihre Verbreitung ist gering. Der Grund hierfür dürfte mit darin zu

Abb. 984.

suchen sein, daß man der rationellen Herstellung von Vorrichtungen nur in verhältnismäßig wenigen Betrieben die Aufmerksamkeit zuwendet, die nötig ist; ferner betrachtet man leider heute noch in vielen Werken den Werkzeugbau als notwendiges Übel und als Unkostenquelle, ohne zu bedenken, daß gerade ein gut eingerichteter Werkzeugbau mit zum Fundament für den Aufbau einer wirtschaftlichen Fabrikation gehört. Wenn irgend möglich, sollte jeder Betrieb, in dem Bohrvorrichtungen in größerer Anzahl ständig in Arbeit sind, eine Spezialmaschine zum Bohren der Vorrichtungen besitzen.

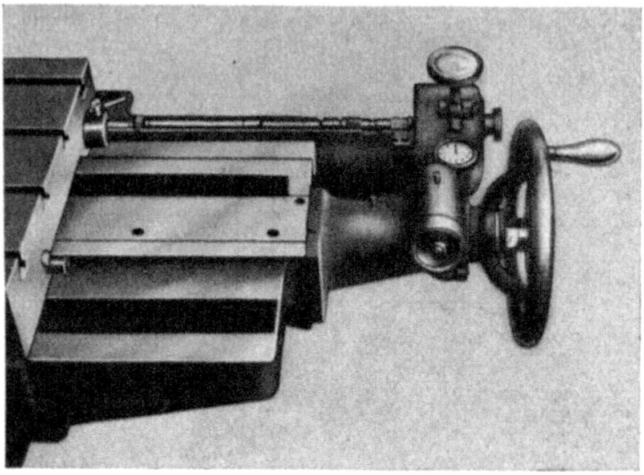

Abb. 985.

Eine verhältnismäßig einfache Einrichtung zum Bohren kleiner Vorrichtungen zeigt Abb. 979. Ein Kreuzsupport trägt eine Aufspannplatte

Abb. 986.

zur Aufnahme der zu bohrenden Vorrichtungen. Die Aufspannplatte ist mit zwei rechtwinklig zueinander stehenden Anschlagleisten versehen, gegen die die Vorrichtungen gelegt werden, so daß das Ausrichten erleichtert ist. Die Bewegung der Schlitten kann mit Hilfe von Anschlägen, die mit Mikrometerschrauben ausgerüstet sind, sehr genau begrenzt werden, so daß die Verschiebung der aufgespannten Vorrichtung in der Wagerechten um bestimmte Entfernungen mit großer Genauigkeit erfolgen kann. Die senkrechte Wand des Supportes trägt einen in der Höhe verstellbaren Bock, der mit einer Bohrbuchse versehen ist, durch die der Vorrichtungenkörper gebohrt wird. Die Einrichtung erscheint besonders für die Herstellung kleiner Vorrichtungen geeignet.

Abb. 987.

Eine andere Konstruktion[1]) nach gleichem Prinzip zeigt Abb. 980. Die Einrichtung ist jedoch kräftiger und für größere Vorrichtungen gedacht; die Führung für das Bohrwerkzeug durch zwei Lager ist sehr sicher; für die vorkommenden verschieden großen Bohrungen sind auswechselbare Buchsen vorgesehen. Die Einstellung der Lochentfernungen geschieht durch Endmaße, die zwischen Anschläge an den Seiten der Schlitten geklemmt werden. Beide Einrichtungen können auf Bohrmaschinen benutzt werden.

Eine andere Lösung der Aufgabe zeigt Abb. 981. Ein mit besonderer Genauigkeit hergestellter Kreuzsupport ist in gleicher Weise wie in dem in Abb. 980 dargestellten Beispiele mit Anschlägen zur Benutzung von Endmaßen ausgerüstet. Man kann nun den Support sowohl wagerecht aufspannen (Abb. 982) und senkrecht auf einer Fräsmaschine bohren,

[1]) Hersteller: The Hermas Machine Co., Inc., Hawthorwe, U.S.A.

oder den Support senkrecht gegen einen Winkel spannen und horizontal bohren, Abb. 983. Die Abb. 982 zeigt übrigens deutlich die Art, wie die Endmaße zwischen die Anschläge gebracht werden.

Eine große Spezialmaschine zum Bohren von Vorrichtungen[1]) zeigt Abb. 984. Die Maschine gleicht im Aufbau einer Senkrechtfräsmaschine. Die Schlitten sind in ähnlicher Weise wie bei den vorher beschriebenen Einrichtungen mit Anschlägen für die Verwendung von Endmaßen ausgerüstet; jedoch ist die Einrichtung insofern verfeinert, als der Anpreßdruck für die Endmaße an Meßuhren ablesbar ist (Abb. 985), so daß die denkbar größte Gewähr für die Genauigkeit der Einstellung geboten ist. Der Arbeitsbereich der Maschine gestattet auch das Bohren größerer Vorrichtungen, Abb. 986 u. 987.

[1]) Hersteller: Pratt u. Whitney, Hartfold, U.S.A.

Sachverzeichnis.

GPSR Compliance

The European Union's (EU) General Product Safety Regulation (GPSR) is a set of rules that requires consumer products to be safe and our obligations to ensure this.

If you have any concerns about our products, you can contact us on ProductSafety@springernature.com

In case Publisher is established outside the EU, the EU authorized representative is:

Springer Nature Customer Service Center GmbH
Europaplatz 3
69115 Heidelberg, Germany

Batch number: 10682323

Printed by Printforce, the Netherlands